# 超临界二氧化碳燃煤发电理论与技术

# Theory and Technology for Supercritical Carbon Dioxide Coal-fired Power Generation

徐进良　孙恩慧　齐建荟　著

科 学 出 版 社

北　京

## 内 容 简 介

超临界二氧化碳($sCO_2$)循环是热功转换领域的重要共性关键技术。本书是对徐进良教授团队在 $sCO_2$ 循环领域已有研究成果的梳理，聚焦 $sCO_2$ 燃煤发电基础理论与关键技术。全书共 9 章，分别对 $sCO_2$ 多级压缩循环、$sCO_2$ 燃煤发电系统烟气热能复叠利用方法、超临界传热理论、$sCO_2$ 对流传热实验、$sCO_2$ 燃煤锅炉、$sCO_2$ 回热器优化设计、$sCO_2$ 透平和压缩机等展开论述。

本书涉及 $sCO_2$ 循环领域的循环构建方法、流动传热理论、关键部件设计等内容，可供相关专业本科生、研究生以及太阳能、核能、余热利用等领域有关系统设计、关键部件开发的工程技术人员参考。

**图书在版编目(CIP)数据**

超临界二氧化碳燃煤发电理论与技术=Theory and Technology for Supercritical Carbon Dioxide Coal-fired Power Generation / 徐进良，孙恩慧，齐建荟著. —北京：科学出版社，2024.2

ISBN 978-7-03-077996-0

Ⅰ. ①超…　Ⅱ. ①徐…　②孙…　③齐…　Ⅲ. ①超临界-二氧化碳-燃煤机组-发电　Ⅳ. ①TM612

中国国家版本馆CIP数据核字(2024)第020170号

责任编辑：范运年 / 责任校对：王萌萌
责任印制：师艳茹 / 封面设计：陈　敬

**科学出版社**出版
北京东黄城根北街 16 号
邮政编码: 100717
http://www.sciencep.com
北京中科印刷有限公司印刷
科学出版社发行　各地新华书店经销
*
2024 年 2 月第　一　版　开本：720 × 1000　1/16
2024 年 2 月第一次印刷　印张：25
字数：490 000

**定价：168.00 元**

(如有印装质量问题，我社负责调换)

# 序

水蒸气朗肯循环广泛应用于燃煤、太阳能、核能发电，是热力发电的主流技术。提高主蒸汽温度是提高发电效率的一种方法，但金属材料的耐温极限限制了发电效率进一步提升，当蒸汽温度达到约 700℃时，材料腐蚀严重。另外，水蒸气发电涉及气液相变，热惯性大，制约了发电系统的灵活性。超临界二氧化碳(简称 $sCO_2$)发电以 $CO_2$ 为循环工质进行热功转换，因不涉及气液相变，所以具有效率高和灵活性强的双重优势，对于支撑可再生能源大比例接入具有重要意义。20 世纪 50～60 年代提出了 $sCO_2$ 循环，最近 20 多年来，由于能源环境问题的重要性，该循环重新受到国内外学术界和工业界广泛关注。目前对于太阳能和核能 $sCO_2$ 循环，已进行了较多的基础研究和技术研发。

该书是关于 $sCO_2$ 燃煤发电理论和技术的专著。鉴于我国国情，燃煤发电需发挥压舱石作用，并支撑新能源大比例接入。$sCO_2$ 燃煤发电出现了新的科学技术问题，主要体现在 $sCO_2$ 循环和锅炉的耦合方面：$sCO_2$ 循环适合中高温热源，如何实现锅炉烟气热量全温区吸收是一个挑战性难题；$sCO_2$ 循环的流量特别大，如采用传统锅炉设计，超大的锅炉压降可引起管道堵塞并增大压缩机耗功；$sCO_2$ 管内传热系数不大，需攻克受热面温度控制的关键技术。为此，2018 年我国开始实施了国家重点研发计划项目“超高参数高效二氧化碳燃煤发电基础理论与关键技术研究”，该书作者徐进良教授与西安交通大学、华中科技大学、安徽工业大学、东南大学、浙江大学、中国科学院工程热物理研究所等单位合作，取得了创新性成果，2022 年通过项目结题验收。

该书紧密围绕 $sCO_2$ 循环和锅炉热源耦合关键科学技术问题，重点阐述了该书作者四方面研究成果。①提出多级压缩循环，突破了再压缩循环的局限性；提出能量复叠利用原理，解决了烟气热量全温区吸收的难题。②发展超临界类沸腾理论，提出了超临界三区传热模型，重新诠释了超临界传热的异常现象，延伸出超临界能量传递转换的新方向。③提出 1/8 分流减阻原理及模块化 $sCO_2$ 锅炉设计，解决了锅炉大压降的难题，并提出 $sCO_2$ 锅炉管壁温度控制的关键技术。④提出印刷电路板回热器的串并联方法，解决了单台回热器无法满足中大型 $sCO_2$ 机组对大回热量的需求，同时对 $sCO_2$ 压缩机和透平的设计也进行了描述。

作为学术专著，该书具有鲜明特色。该书从构建燃煤 $sCO_2$ 发电系统出发，采用系统思维及相互联系的观点，提出了 s$CO_2$ 燃煤发电的科学技术问题，以解决问题为脉络，深入浅出地阐述问题的由来，并从科学层面阐明问题的解决办法及取得的效果。该书内容翔实，s$CO_2$ 燃煤发电的研究内容涵盖了工程热物理的所有分支学科，包括热力学、流体力学、传热学、多相流、燃烧、气动等，还涉及热物理学科与其他学科(如材料、机械等)的交叉，具有鲜明的学科交叉特色。该书作为学术专著，涉及 s$CO_2$ 发电的多个方面，不仅深入剖析了科学问题，包括新概念、新原理和新方法，还注重关键技术，如 s$CO_2$ 锅炉创新构型、冷却壁及壁温控制等关键技术。该书读者对象为广大从事 s$CO_2$ 循环研究的专家学者、研究生、工程技术人员，对于科技管理人员也具有参考价值。为此，我很乐意向读者推荐该书。

何雅玲

中国科学院院士

西安交通大学教授

2023 年 11 月 30 日

# 前　言

20 世纪 50～60 年代提出 $sCO_2$ 循环，包含压缩、吸热、做功、回热及冷却过程。单压缩循环因效率低被再压缩循环代替。$sCO_2$ 循环提出后并未得到关注，近 20 多年来，全球面临低碳清洁的能源需求，$sCO_2$ 循环才逐渐成为研究热点。与水蒸气朗肯循环相比，$sCO_2$ 循环在中高温热源条件下具有明显的效率优势。$sCO_2$ 循环为气态循环，负荷变化速率快。$sCO_2$ 循环是第四代核能的重要内容，目前已对核能 $sCO_2$ 循环进行了较多研究。核能和太阳能 $sCO_2$ 循环可分为直接式和间接式，直接式采用 $sCO_2$ 直接吸收堆芯或太阳能吸热器的热量，间接式采用另一工质吸收热源热量并通过中间换热器将热量传递给 $sCO_2$ 循环。

我国煤多气少，煤炭应发挥压舱石作用，燃煤发电还需具有良好的灵活性，支撑新能源大比例接入，为实现我国“双碳”目标做出贡献。2018 年，“超高参数高效二氧化碳燃煤发电基础理论与关键技术研究”被列为国家重点研发计划项目，徐进良教授作为项目负责人，以燃煤 $sCO_2$ 循环和太阳能及核能 $sCO_2$ 循环的异同点为突破口，提炼出 $sCO_2$ 循环和燃煤锅炉耦合的关键科学问题。从剖析再压缩循环(RC)比单级压缩循环(SC)效率高的原因出发，发现 RC 可拆分成两个 SC，并且两个 SC 的协同效应是 RC 效率增益的原因。受该协同效应启发，本书提出并证明 $sCO_2$ 多级压缩循环适合燃煤、核能、太阳能等不同热源，建议燃煤发电采用三级压缩循环，为提高效率提供了新思路。为实现烟气热量全温区吸收，本书提出顶循环、底循环、空气预热器分别吸收高温(550～1500℃)、中温(380～550℃)、低温(120～380℃)烟气热量，符合能量梯级利用原理。为了突破底循环效率低于顶循环的局限性，本书提出能量复叠利用原理，消除了顶循环和底循环间的效率差。

经典超临界传热理论将超临界流体视为单相流体，通常引入单相传热中的浮升力和流动加速效应来处理超临界传热，各研究者提出的计算公式适用参数范围窄，精度不高。20 世纪 60～70 年代，根据超临界传热与亚临界沸腾传热相似的现象，学者们提出了“类沸腾”(pseudo-boiling)的概念。然而，超临界类沸腾理论处于初期发展阶段，许多现象、规律和机理尚未被揭示。近年来，由于超临界流体广泛的工业应用，超临界类沸腾概念逐渐得到关注。作者从宏观和微观两方面，结合理论和实验，开展了一系列超临界类沸腾相关研究。理论方面，采用分子动力学模拟发展了超临界流体三区模型，发现了类两相区的类气泡和混沌特性，在微观分子尺度层面证实了超临界多相结构的存在；基于超临界传热与亚临界沸腾的类比，引入超临界两相物性及无量纲参数组，建立了超临界多相流理论，在宏观层面奠定了超临界类沸腾传热的理论基础。实验方面，开展了超高参数和宽广参数范围 $sCO_2$ 对流传热实验，根据超临界类沸腾过程中的蒸发动量力与惯性力的竞争关系，发现超临界 SBO 数可作为正常传热和传热恶化的临界判据，并基于超临界 $K$ 数拟合得到高精度传热关联式，该式适用宽参数范围、不同工质、不同传热条件。超临界类沸腾的相关研究为超临界技术的应用奠定了理论基础，对于 $sCO_2$ 发电系统，特别是动态运行可能碰到的临界点问题，具有重要意义。超临界类沸腾理论对于深入认识超临界流体，如超临界水捕获干热岩热量、深海天然气水合物等，同样具有重要意义。

一般来说，锅炉以水为工作介质。作为重要的热源设备，对 $sCO_2$ 锅炉的研究却很少。因 $sCO_2$ 循环要求，$sCO_2$ 锅炉流量是水蒸气锅炉的 6～8 倍。如果采用传统水蒸气锅炉设计，锅炉压降可超过 10MPa，引起流动堵塞。另外，超大锅炉压降大幅增大了压气机耗功，如透平入口压力为 20MPa，在 10MPa 锅炉压降条件下，压缩机输出压力需高达 30MPa，增大压缩机厂用电，作者称之为压降惩罚效应。为减小锅炉压降，必须采用大直径冷却管(如 100mm)，但该管无法加工制造。受动物肺部呼吸减阻分形原理的启发，作者提出 1/8 减阻原理及锅炉模块化设计，编制了 $sCO_2$ 燃煤机组耦合锅炉热负荷分布、流动传热特性的热力学分析计算软件，计算表明 1/8 减阻原理及锅炉模块化设计可将 $sCO_2$ 锅炉压降减小到比水蒸气锅炉更低的水平，彻底解决了锅炉大压降问题。由于 $CO_2$ 进入锅炉的温度比水进入水蒸气锅炉的温度高约 200℃，因此控制锅炉各级受热面温度(特别是冷却壁温度)非常重要。为此，作者提出了“锅”和“炉”综合调控策略，结合锅炉系统设计，将冷却壁温度控制在材料允许的温度范围内。锅炉模块化设计和壁温控制方法构成了冷却壁创新构型关键技术。

总之，本书紧密围绕燃煤发电国家重大需求，提炼出 $sCO_2$ 循环和热源耦合的关键科学问题，取得了创新性成果，本书是对这些成果的总结。超临界类沸腾研究被评价为“清晰证明了超临界类沸腾……提高了超临界类沸腾研究的可信度，为后续研究提供了驱动力”。模块化锅炉设计被评价为“首次发现”“误差最小”“革新式策略”。燃煤 $sCO_2$ 循环构建的工作被评价为“重要工作”“创新方法”。研究成果为建立燃煤 $sCO_2$ 示范机组提供了支撑，获得了 1000MW 燃煤 $sCO_2$ 发电效率 51.03%，比水蒸气发电效率提高了 4%，每年节煤 14 万 t、$CO_2$ 减排 29 万 t。研究进展被中国教育电视台、《科技日报》报道。徐进良教授发起并主持了首届 $sCO_2$ 动力循环国际会议，并受邀在 *Energy* 出版了专辑。

本书的出版希望为广大从事 $sCO_2$ 发电研究的工程技术人员、研究生及科技项目管理人员提供参考，推进 $sCO_2$ 关键技术研发、示范及商业运行。本书虽然以燃煤 $sCO_2$ 循环为研究对象，但对于太阳能及核能 $sCO_2$ 循环也具有重要的参考价值。

本书的出版是许多教师及研究生共同努力的结果，感谢王清洋博士、朱兵国博士、余雄江博士、刘超博士、王艳博士、张海松博士、刘广林博士、闫晨帅博士和山东大学肖永清硕士研究生对本书撰写的贡献，感谢科学出版社范运年编辑对本书出版的辛勤付出。本书难免存在疏漏，欢迎广大读者批评指正。

作　者

2023 年 5 月于华北电力大学

# 目　录

# 第1章 绪　论

## 1.1 $sCO_2$循环概述

超临界二氧化碳($sCO_2$)循环是以$sCO_2$为工质的布雷顿循环，$sCO_2$循环于20世纪50年代被提出[1]，由于工业技术限制，当时并未引起太多关注。21世纪初，在寻求第四代核能发电替代循环时，美国认为$sCO_2$循环能够代替水蒸气发电[2]，具有很大的发展潜力，随后日本、韩国、法国、中国等国家纷纷开始启动相关项目[3-5]。近年来，$sCO_2$循环的关注度逐年升高并成为研究热点。最简单的$sCO_2$循环为单回热布雷顿循环(simple recuperated cycle，SC)，如图1-1所示。该循环效率较低，但流程简单，通常应用于小容量机组或作为余热吸收优化的基础循环来应用。

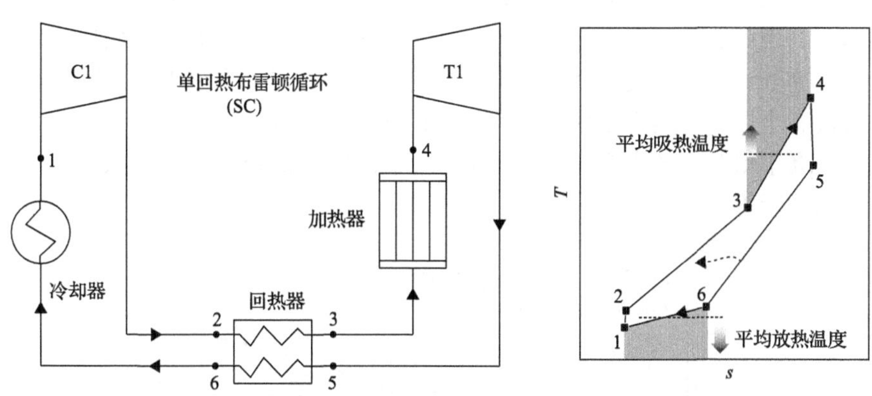


图1-1　回热过程对效率提升的作用

在$sCO_2$循环领域应用最多的是再压缩循环(recompression cycle，RC)。如图1-2所示，再压缩循环的主要流程为：工质经透平(T1)做功后进入高温回热器(HTR)低压侧，在HTR低压侧与高压侧工质换热后进入低温回热器(LTR)低压侧，工质在LTR低压侧出口进行分流，一部分工质进入冷却器并将热量释放到环境，另一部分工质进入辅助压缩机(C2)被压缩，进入冷却器的工质冷却后进入压缩机(C1)被压缩，压缩后的工质进入LTR高压侧，在LTR高压侧出口处原本分流的两部分工质汇合并进入HTR，随后工质进入加热器升温，升温后的工质进入T1做功，至此完成循环。该循环在高温光热发电[6,7]、新一代核电[2,8]、燃煤发电[9,10]、舰船动力[11,12]等领域被广泛应用。Sun等[13,14]在再压缩循环基础上提出多级压缩回热循环的概念，进一步提升了 $sCO_2$ 循环的效率潜力，对于该项成果将在第 2 章展开介绍。

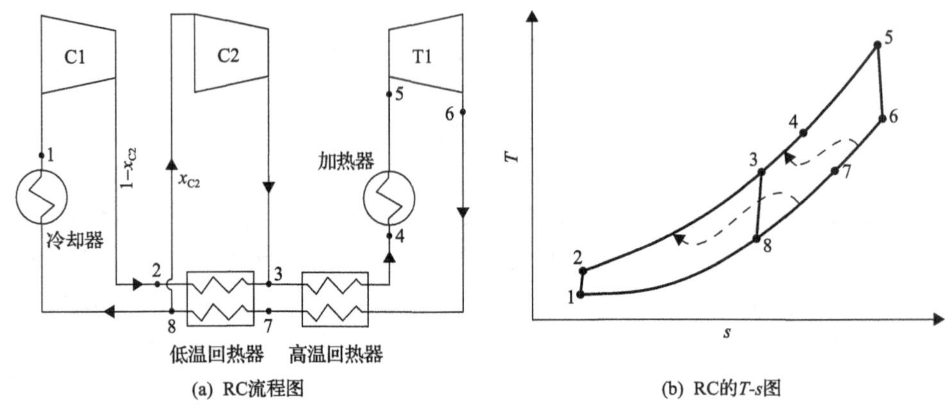


图 1-2　RC 的流程图及 $T$-$s$ 图

针对 $sCO_2$ 循环开展研究是因为相比于水蒸气朗肯循环，$sCO_2$ 循环在某些方面能够体现出明显的竞争力。目前，以水为工质的朗肯循环是动力工程领域的主流技术[15]，现已非常成熟，其效率的提升空间较小[16,17]。$sCO_2$ 动力循环相比于水蒸气朗肯循环具有三个优势[15,16]：①$CO_2$ 化学性质稳定，高温下与金属材料反应弱，为进一步提高主蒸汽参数奠定了基础；②当主蒸汽温度超过 550℃时，$sCO_2$ 循环效率高于水蒸气朗肯循环，如图 1-3 所示；③$sCO_2$ 循环的整个系统在高压下运行，系统紧凑。

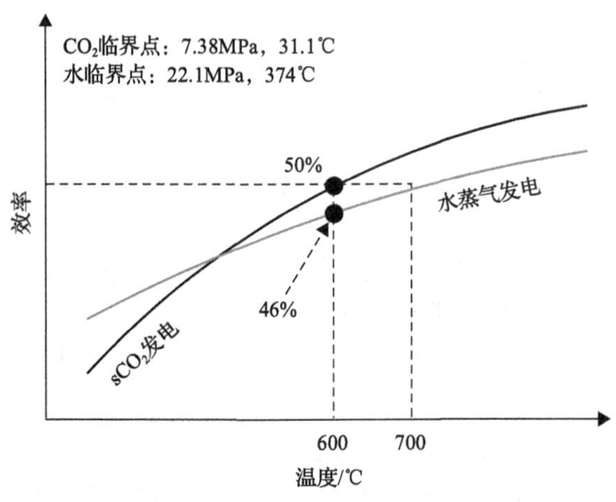


图 1-3　$sCO_2$ 循环的效率潜力

近年来，美国能源部资助 STEP(Supercritical Transformational Electric Power project)计划，开发了 10MW 级 $sCO_2$ 动力循环，目前已到测试阶段[18]；我国西安

热工研究院有限公司开发了基于燃气热源的 5MW 级 $sCO_2$ 动力循环，目前已投运[19]。本书作者承担了国家重点研发计划"超高参数高效超临界二氧化碳燃煤发电基础理论与关键技术研究项目"以及国家自然科学基金重点项目"不同额定负荷及部分负荷运行对燃煤 $sCO_2$ 循环的影响"，系统论证了超临界二氧化碳循环的效率优势及其应用于燃煤发电领域的经济性优势，同时攻克了多项关键技术[20-24]。随着部分示范机组的开发，该技术逐渐向商业化靠近，预示着较好的应用前景，在多种应用场景具备应用潜力，如图 1-4 所示，是国内外研究的热点前沿领域。其中，CSP（concentrating solar power）代表聚光太阳能，WHR（waste heat recovery）代表余热回收，ORC（organic Rankine cycle）代表有机朗肯循环，$\eta_{th}$ 代表循环热效率。

图 1-4　$sCO_2$ 循环在多种应用场景具备应用潜力

$sCO_2$ 循环的发展大致经历了三个时期。第一个时期是 Sulzer[1]于 1950 年提出的闭式 $sCO_2$ 循环，由于透平排气参数较高，故冷热流体直接换热的单回热布雷顿循环的出现是顺其自然的。第二个时期是 Feher[25]对 $sCO_2$ 循环进行的详细分析，认为 $sCO_2$ 循环具有热效率高、结构紧凑、不易与透平叶片发生腐蚀、放热无相变等特点，指出 $sCO_2$ 循环在航天领域、发电领域、舰船领域都具有应用前景。同一时期，Angelino[26]在 1968 年提出了多种基本循环，最显著的特征就是通过两级压缩或膨胀的形式构建循环，其中最典型的就是再压缩循环，并指出其具有替代水蒸气朗肯循环的潜力。再压缩循环的结构简单、效率较高，至今仍是 $sCO_2$ 循环中讨论最多的循环形式之一。

在这之后的几十年中，$sCO_2$ 循环淡出了研究人员的视线，直到 21 世纪初它才再次受到关注，形成了第三个发展时期。21 世纪初，为了进一步提高核电的效率和安全性，美国、法国、加拿大、日本、英国等国共同提出了第四代核电技术的概念，并着手开展相关研究[27]。在第四代核电技术的热功转换系统中，$sCO_2$

循环得到了广泛关注[28]。2004 年，Dostal 等[2]对 $sCO_2$ 循环在核电领域的应用进行了全面分析，比较了几种不同结构的 $sCO_2$ 循环的热力学特性，研究了 $sCO_2$ 循环在核电中的技术经济性，并与几种其他工质的循环进行了比较，认为 $sCO_2$ 循环在核电领域具有很好的应用前景。在这之后，除了核电领域，$sCO_2$ 循环应用于其他热源的研究也越来越多。在众多领域中，$sCO_2$ 循环都展示出了其优势和应用潜力。这一时期的核心是形成了更为完善的循环优化理论，同时实验研究也逐步展开。

在核能领域，钠冷快堆是下一代核反应堆的重要候选者。然而，以往设计都是采用直接加热式蒸汽朗肯循环吸收利用钠冷快堆的热量。其中存在一个重要的安全性问题，即钠和水会发生反应。为了避免钠水反应的危险，可将氦布雷顿循环和 $sCO_2$ 布雷顿循环运用于钠冷快堆。部分研究表明，$sCO_2$ 循环相对于氦布雷顿循环具有更大的优势。例如，Ahn 等[29]研究比较了各种布雷顿循环应用于小型反应堆的性能，包括 $sCO_2$ 布雷顿循环，氦布雷顿循环和氮循环并根据透平和中间冷却器的数量设计了几种不同的循环布置。结果发现，$sCO_2$ 循环在各种循环模式下均有相对较高的循环热效率，且换热器体积较小。Al-Sulaiman 等[30]针对 20MW 的小型核反应堆研究了部件尺寸是如何影响氦布雷顿循环的性能，并将 $sCO_2$ 布雷顿循环（回热、简单间冷、两次间冷）与氦布雷顿循环进行了对比，指出其将是核反应堆很好的替代循环。美国阿贡国家实验室的 Moisseytsev 等[31]以钠冷快堆为例，综合分析了再压缩循环、再压缩循环带间冷布置等多种布置形式，通过对比认为再压缩循环结构合理、效率较高，在透平入口参数为 471.8℃、19.84MPa 时，其效率可达 39.1%。2011 年，西班牙卡米亚斯大学的 Linares 等[32]针对核聚变反应堆分析了将再压缩循环应用于核聚变反应堆的特性。并认为相比于氦冷循环，再压缩循环更具效率优势，同时与水机组相比，再压缩循环部件小巧，更适合与核聚变反应堆结合。

$sCO_2$ 循环最早应用于核能，后来逐步应用于太阳能、地热能及高温燃料电池等，其中以太阳能应用最为广泛。太阳能发电系统早在 20 世纪就已提出，对于低温热源（＜300℃）采用有机朗肯循环，对于高温热源（500～600℃）采用蒸汽朗肯循环。随着对 $sCO_2$ 循环研究的开展，其对太阳能发电系统的应用潜力也逐渐受到科研工作者们的关注。

2012 年前，关于太阳能系统 $CO_2$ 发电循环的研究主要集中在跨临界循环。2006～2008 年，日本建立了 $sCO_2$ 循环实验台，从理论和实验上对循环参数进行了优化分析[33-37]。2012 年后，关于太阳能发电系统的研究重心转移到了 $sCO_2$ 布雷顿循环上。2013 年美国国家可再生能源实验室（NREL）的 Turchi 等[38]对 $sCO_2$ 循环应用于塔式太阳能领域进行探索，认为当再压缩循环与中间冷却和再热布置耦合时，其效率有望超过 50%，达到美国能源部 SunShot 计划的要求。2013 年澳大利亚昆士兰大学的 Singh 等[39]针对 $sCO_2$ 循环应用于槽式太阳能领域进行了研究，循环选用单回热布雷顿循环，主要研究了系统的动态特性，他认为 $sCO_2$ 循环压缩机运行在近临界区有利于减小压缩功，但同样由于近临界区物性非线性变化使循环运行时对参数的变化十分敏感。Garg 等[40]对比了 $sCO_2$ 布雷顿循环、跨临界 $CO_2$ 循环和亚临界 $CO_2$ 循环的性能，从热效率、输出功、不可逆程度上进行了对比分析。研究发现，$sCO_2$ 循环在透平入口温度为 820K 时的效率是 30%，而亚临界 $CO_2$ 循环需要在 978K 时才能达到相同的循环热效率。在给定透平入口温度下，$sCO_2$ 布雷顿循环的输出功是亚临界 $CO_2$ 循环的 5 倍。同样，前者的不可逆程度大于后者，而跨临界 $CO_2$ 循环性能处于二者中间。

在余热吸收领域。Echogen 公司[41]对一个 250kW 的 $sCO_2$ 循环系统进行了实验研究，认为 $sCO_2$ 循环可以通过紧凑的部件在较宽的热源温度范围内实现高效率，达到了减少系统占地面积、降低资本和运营成本的目的。Di Bella[42]对 MT-30 型燃气轮机余热回收 $sCO_2$ 系统进行了热力学分析，以尽可能增加舰艇原动机推进系统的功率为目标，获得了最佳运行参数，系统输出功率提高了 20%。Cao 等[43]对级联 $CO_2$ 底循环进行研究，利用遗传算法进行了优化，结果表明相比传统蒸汽朗肯循环的效率提高了 4.44%，且可以应用于不同功率级别的燃气轮机。

煤基 $sCO_2$ 发电技术可分为直接式和间接式。直接式循环以煤气或天然气为燃料，燃料与氧气、二氧化碳的混合物在燃烧室中燃烧后驱动透平做功，其优势为效率高，且易进行碳捕获[44,45]。但同时也存在巨大挑战，如 30MPa 以上的高压燃烧如何实现，混合工质条件下材料更易腐蚀[46]。相比于直接式循环，间接式燃煤发电系统更易实现工业应用，间接式燃煤发电系统以锅炉作为燃烧与传热部件，通过换热管将燃烧产物的热量传递给 $sCO_2$ 循环工质，$sCO_2$ 在闭式循环内流动。目前正在研究间接式燃煤发电系统的国家主要有法国和中国，美国近年来也开始启动相关项目。法国电力公司[47]在 2013 年提出了 $sCO_2$ 循环燃煤发电与碳捕捉耦合的概念设计，锅炉选用塔式煤粉炉，热力系统采用再热再压缩循环布置。

我国着力发展间接式 $sCO_2$ 燃煤发电系统。本书作者在热力循环构建、关键部件创新设计等方面取得了原创性成果[13,20,48-51]。作者研究了 $sCO_2$ 燃煤发电循环及能量传递转换机理，建立了 $sCO_2$ 燃煤发电热学优化理论框架，创新性地引入协同学原理建立多级压缩 $sCO_2$ 循环，提出“多级压缩+再热+间冷” $sCO_2$ 循环效率提升路径和能量复叠利用原理，解决了烟气热量全温区吸收的难题。在主蒸汽温度为 630℃的条件下，获得了 51.03%的发电效率，比水蒸气发电效率高 4～5 个百分点，表现出明显的效率优势。同时，该项目建立了超临界多相流理论框架及三区传热模型，通过分子动力学(molecular dynamics，MD)模拟确定类相变转换温度，提出了无量纲参数群，并以此表达类液相和类气相间质量、动量及能量的相互作用，重新诠释了超临界传热的异常现象，延伸出新的超临界能量传递转换研究方向。建立了 $sCO_2$ 对流传热系统，弥补了国际上相关传热数据的不足，在超临界类沸腾框架下，获得了 $sCO_2$ 锅炉冷却壁正常传热和传热恶化的临界条件。提出了1/8分流减阻原理及模块化锅炉设计，将 $sCO_2$ 锅炉压降降低到与水蒸气锅炉类似甚至更低的水平，消除了压降惩罚效应，创新了模块化 $sCO_2$ 锅炉关键技术。研究了燃煤 $sCO_2$ 发电全生命周期评价（LCA），表明与水蒸气发电相比，$sCO_2$ 发电可降低总环境污染潜值 3.80%及总资源消耗潜值 7.85%。研究了燃煤 $sCO_2$ 发电动态特性，提出了热端和冷端控制方法，表明 $sCO_2$ 循环具有更快的负荷调节特性。研究了燃煤 $sCO_2$ 发电的容量尺度准则，对于 100MW 容量以上机组，必须采用模块化锅炉设计，对于 100MW 容量以下机组，则无须采用模块化锅炉设计。

目前我国能源结构正在转型，需要构建新能源占比逐渐提高的新型电力系统，$sCO_2$ 可应用于太阳能、核能、燃煤发电等领域，预期具有高效、高灵活性的特点，是目前重点关注和发展的领域。我国能源资源为富煤、贫油、少气的特点，现阶段煤电仍是主力电源，因此面向国家需求，围绕高效、高灵活性目标，开发新一代燃煤发电技术具有重要意义。在此背景下，我们出版本书，希望能够抛砖引玉，促进 $sCO_2$ 燃煤发电技术的发展。

## 1.2 $sCO_2$ 燃煤发电的难点与挑战

在国家重点研发计划项目“超高参数高效二氧化碳燃煤发电基础理论与关键技术”的支持下，本书作者等开展了 $sCO_2$ 燃煤发电研究，针对 1000MW 燃煤 $sCO_2$ 发电，研究热力学循环构建、实现给定边界条件下 51%发电效率的目标，围绕 $sCO_2$ 锅炉冷却壁高热流密度的条件，研究 $sCO_2$ 对流传热特性，并梳理了 $sCO_2$ 燃煤发电系统需解决的关键挑战性难点[24]。

### 1.2.1 挑战 1：如何挖掘 $sCO_2$ 循环的效率潜力？

水蒸气朗肯循环的热功转换已非常成熟，实用的超临界水蒸气动力循环发电效率已达 47%以上，是通过多级抽气-回热，并辅助再热实现的，可看成是水蒸气循环效率的效率极限。为充分挖掘 $sCO_2$ 循环的效率优势，有必要探索 $sCO_2$ 循环的极限效率及遵循原理。

基本的 $sCO_2$ 循环是单回热布雷顿循环，Feher[25]在 1967 年最早发表的文章中对该循环进行了分析，该循环由透平、加热器、回热器、压缩机、冷却器组成。继 Feher 之后，Angelino[26,52]在 1968～1969 年分别发表了两篇文章，在文章中除 SC 外又提出了四种循环，分别为预压缩循环（pre-compression cycle，PRCC）、再压缩循环、分级膨胀循环（split expansion cycle，SEC）、部分冷却循环（partial cooling cycle，PACC），提出这些循环的目的就是希望通过对循环结构的优化来得到性能更出色的循环。为了提高 $sCO_2$ 循环的效率，衍生了多种 $sCO_2$ 循环，如再压缩循环、再压缩+间冷循环、再压缩+再热循环(图 1-2 和图 1-5)。

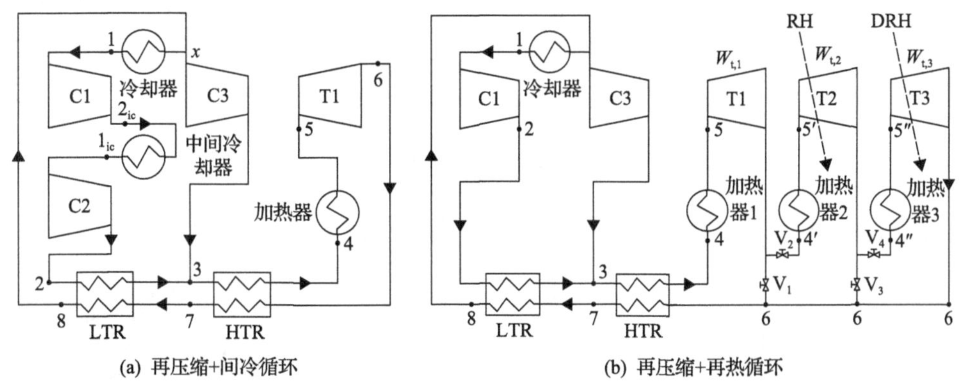


图 1-5 典型的 $sCO_2$ 循环[23]

直到 1980 年，诸多学者针对 $sCO_2$ 循环与热源结合的特性、实验验证等方面进行了研究，如与核能热源、舰船动力系统等结合[53,54]，或者通过实验验证系统性能[55]，这一时期没有对基本循环结构的创新，仍是延续 Feher 与 Angelino 的循环结构。1980～2000 年关于 $sCO_2$ 循环的相关研究很少，自 2000 年以后到现在，$sCO_2$ 循环又重新回到学术界与工业界的视野，麻省理工学院(MIT)[56-58]、美国阿贡国家实验室(ANL)[31,59-61]、美国西南研究院(SWRI)[62-65]、东京工业大学(TIT)[4,66,67]、西安交通大学(XJTU)[3,68-71]、华北电力大学(NCEPU)[23,72]等机构都开始了对 $sCO_2$ 循环的研究，循环结构上对 RC 与 SC 的讨论较多，或者围绕 RC 与 SC 进行优化。

总之，目前文献中报道并在工程中采用的是再压缩循环，简称 RC 循环，它由两个压缩机和两个回热器构成，效率高于简单布雷顿循环。那么，RC 循环是否为具有最高效率的终极循环？能否找到更好的循环使其效率高于 RC 循环？

### 1.2.2 挑战 2：如何实现锅炉烟气热量的全温区吸收？

$sCO_2$ 循环适合中高温热源，如热源温度高于 550℃。考虑最终排烟温度约 120℃，550～120℃的中低温烟气余热不可能全部由空气预热器吸收。另外，对于炉膛尾部的受热面，由于循环侧 $CO_2$ 温度偏高，所以炉侧烟气和循环侧 $CO_2$ 传热温差减小，使锅炉尾部烟道换热器面积增大。

图 1-6 进一步解释了为何 $sCO_2$ 循环存在余热问题，图中的加热器 1、加热器 2、加热器 3 为驱动 $sCO_2$ 循环的热源，空气预热器吸收低温烟气余热。设 $T_{fg,i}$ 为经过 $sCO_2$ 循环吸热后的烟气温度，$T_{fg,o}$ 为烟气进入空气预热器前的温度。由于 $T_{fg,i}>T_{fg,o}$，所以有待吸收的烟气余热总量为

$$Q_{re} = \dot{m}_{fg} c_{p,fg} (T_{fg,i} - T_{fg,o}) \tag{1-1}$$

式中，$\dot{m}_{fg}$为烟气流量；$c_{p,fg}$为烟气定压比热容。$T_{fg,i}$和$T_{fg,o}$与对应点的$CO_2$温度$T_4$和二次风温度$T_{sec\ air}$的关系如下：

$$T_{fg,i} = T_4 + \Delta T_{p,4} \tag{1-2}$$

$$T_{fg,o} = T_{sec\ air} + \Delta T_{p,air} \tag{1-3}$$

式中，$\Delta T_{p,4}$为$T_{fg,i}$与$T_4$的温差；$\Delta T_{p,air}$为烟气和二次风温间的温差。

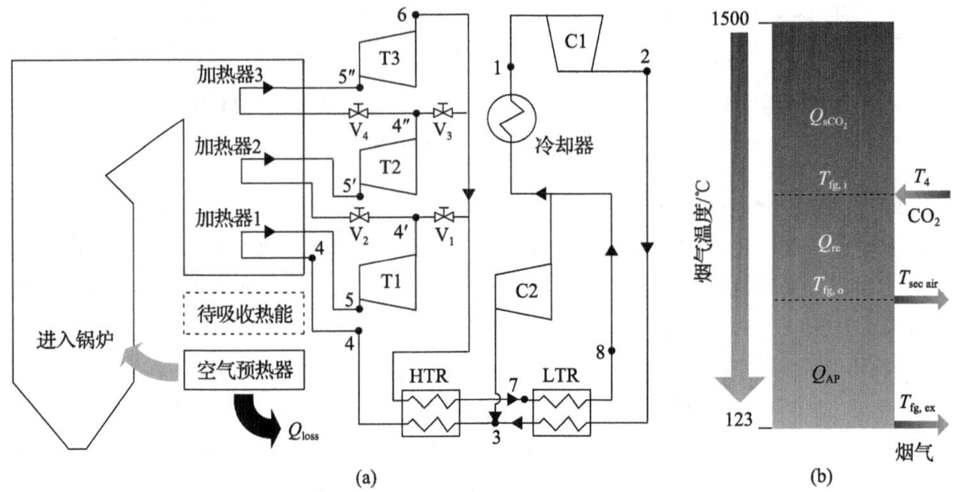


图 1-6　燃煤 $sCO_2$ 循环中有待吸收的烟气余热来源[73]

现有的解决方法主要有两种：①从 $sCO_2$ 循环分流一部分 $CO_2$ 吸收余热(添加烟气冷却器 FGC)；②提高二次风温度吸收余热。

第一种方法是目前讨论较多的方法。Le Moullec[47]和 Mecheir 等[74]提出从主压缩机出口分流一部分 $CO_2$ 工质进入锅炉尾部烟道吸热，由于主压缩机出口的 $CO_2$ 温度较低，故将锅炉尾部烟道分隔为并列的两部分，其中一路烟气用于加热空气预热器中的空气，另一路用于加热 FGC 中的 $CO_2$。Bai 等[75]、Zhang 等[76]、Park 等[77]提出从辅压缩机出口引出一部分 $CO_2$ 工质进入锅炉尾部烟道吸热，由于辅压缩机出口的 $CO_2$ 温度较高，故锅炉尾部烟道无须分隔，可将 FGC 布置在空气预热器上部。但该方法有一点需要指出，抽取工质的位置对系统性能有较大影响，需要更详细的分析。

第二种方法一般不会单独使用，而与其他方法配合使用，进一步吸收烟气余热。主要原因有两点：①目前空气预热器二次风温度最高为 400℃[78]，Le Moullec[47]、Mecheir 等[74]在设计系统时甚至将二次风温提高到约 500℃，这已经超出现有工程应用的限值；②由于空气焓低于烟气焓，且二次风量小于烟气量，即随着二次风温度的提高，烟气与空气的温差逐渐缩小，故二次风温的提高存在极限。所以如果能够通过技术创新，使该方法符合工程实际，那么通过调节二次风温来调节尾部烟道的能量平衡将是一种有效手段。

总之，中低温烟气热量吸收是燃煤热源与 $sCO_2$ 循环耦合时面临的关键问题之一，如果不能实现烟气热量全温区吸收，即使循环效率高，但低的锅炉效率会严重削弱发电效率。目前关于燃煤 $sCO_2$ 烟气余热吸收方法的研究有限，需探索综合性能最优的创新性方法。

### 1.2.3 挑战 3：如何应对大流量引起的压降惩罚效应？

$sCO_2$ 循环具有深度回热的特点，导致 $sCO_2$ 进入锅炉的温度偏高。由于 $sCO_2$ 在锅炉中呈类气态，且锅炉进出口温差小，所以 $sCO_2$ 跨过锅炉的焓差小，$sCO_2$ 的循环流量为

$$\dot{m} \sim \frac{Q}{\Delta h} \tag{1-4}$$

对于水蒸气朗肯循环，水经过锅炉加热后的焓为约 2170kJ/kg。对于 $sCO_2$ 循环，该焓增仅为约 136kJ/kg。按此推算，$sCO_2$ 循环的流量比水蒸气循环的流量高一个量级。如果按传统的水蒸气锅炉设计，$sCO_2$ 锅炉压降将达到无法接受的地步，产生严重的压降惩罚效应。因此，如何缓解或消除压降惩罚效应是燃煤 $sCO_2$ 发电的另一挑战。

文献中 $sCO_2$ 机组锅炉的主流压降小主要是通过增大冷却壁管径实现的。东方锅炉厂 1000MW 水机组冷却壁管内径 23.1mm[79]，然而 Le Moullec[47]设计的 1000MW 级 $sCO_2$ 机组主流冷却壁管内径 50mm，再热冷却壁管内径 70mm，Yang 等[80]设计的 300MW 级 $sCO_2$ 机组冷却壁主流管内径 80mm，再热冷却壁管内径 78mm。大管径缓解了炉内受热面大压降的问题，但会造成管壁厚增大，壁温升高，很有可能超出选材的许用温度，影响锅炉安全性。所以，亟须通过技术创新来缓解 $sCO_2$ 锅炉大流量引起的压降惩罚效应。

### 1.2.4 挑战 4：如何对锅炉受热面温度进行有效控制？

以上挑战主要围绕热力循环构建及燃煤系统热源耦合的关键问题，拟提出高效的大容量燃煤 $sCO_2$ 发电系统概念设计，而探究 $sCO_2$ 的流动传热特性对于设备及系统的概念设计具有重要支撑作用。与水蒸气锅炉相比，$sCO_2$ 锅炉工质入口温度高，换热系数低，所以 $sCO_2$ 锅炉换热管壁温偏高，尤其是烟气温度高达 1500℃的炉膛缺乏低温工质的有效冷却，故冷却壁极易超温爆管。因此，如何设计与优

化冷却壁的布置，降低冷却壁壁温，保证其安全运行，成为 $sCO_2$ 锅炉设计的关键难点。因此，需深入揭示超临界传热机理，提出高精度传热关联式。全面了解 $sCO_2$ 的流动传热规律是系统和部件设计的基础。

虽然，现有关于 $sCO_2$ 管内对流换热的研究已积累了大量实验数据，但大多数可用的 $sCO_2$ 传热数据主要集中在 8MPa 压力、近临界温度和小热流密度[81,82]。其中工况参数，如管径、质量流量、压力、入口温度等参数对超临界流体(supercritical fluid, SF)的传热特性十分敏感，是影响 SF 换热的主要因素[83-86]。到目前为止，所有超临界流体传热系数关联式均是在单相流体假设下获得的，将超临界传热的异常现象归结为物性变化引起的浮升力和流动加速效应的影响[87-90]。诸多文献报道了两类 SF 传热系数的关联方法，第一类为 $Nu = CRe_{b}^{n_1} Pr_{b,ave}^{n_2} H$ ，其中 $Nu$、$Re_b$ 和 $Pr_{b,ave}$ 分别为努塞尔数、雷诺数和普朗特数，$H$ 为物性修正因子，表示管壁温度与主流温度下物性参数(密度 $\rho$ 、导热系数 $\lambda$ 和动力黏度 $\mu$ 等)的比值。Jackson[87]、Bishop 等[91]、Jackson 等[92]及 Gupta 等[93]提出的关联式就属于这类形式。第二类为 $Nu = CRe_{b}^{n_1} Pr_{b,ave}^{n_2} Bu^{n_3} Ac^{n_4}$ ，$n_1$～$n_4$ 为常数，可由实验数据拟合得到，$Bu$ 和 $Ac$ 分别为浮升力修正因子和加速效应修正因子，用来表征浮升力和流动加速效应对传热的影响。但是，从文献中报道的数值模拟研究中发现，对于 $sCO_2$ 管内流动传热，在同一工况下，冷却边界条件下的传热系数大于加热边界条件下的传热系数，这与经典单相对流的理论矛盾，如图 1-7 所示。

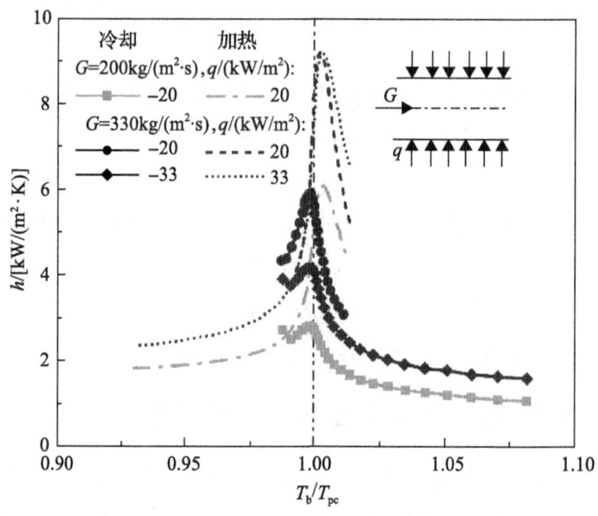


图 1-7　不同边界条件下 $sCO_2$ 管内流动的局部传热系数随主流无量纲温度的变化[94]

传热恶化(HTD)对于超临界机组的安全运行至关重要。文献中报道了不同的关联式，最简单的方法是通过绘制 $q_{w,CHF}$-$G$ 曲线来鉴别正常传热和传热恶化，如

$q_{w,CHF}$=0.453$G$[95]，$q_{w,CHF}$=58.97+0.745$G$[96]及 $q_{w,CHF}$=0.2$G^{1.2}$[97]。这些关联式仅适合作者的实验，难以外推。压力对临界热流密度有着显著影响，以上关联式并未考虑压力影响，难以接受。其他研究者引入更多参数来关联临界热流密度，表达式形式为 $q_{w,CHF} = C_0 G^{C_1} d_i^{C_2} P^{C_3} T_{in}^{C_4}$，式中，$G$、$d_i$、$P$ 和 $T_{in}$ 分别为质量流速、内径、压力和流体进口温度，这类关联式完全采用数据拟合方法，并不能反映物理本质。文献中报道了浮升力和流动加速效应准则，不同研究者采用这些准则分析 SF 传热得到的结论很不一致[98]，近年的综述论文也得出类似结论[99,100]。基于单相流体假设研究超临界传热面临巨大挑战，继续按此思路，难以有大的突破。

在 SF 基础研究领域，单相流体假设受到质疑。理论研究方面，多数学者采用分子动力学模拟方法，根据 SF 热物性确定 Widom 线。Simeoni 等[102]和 Gallo 等[103]发现 Widom 线可将超临界区域划分为类液和类气两相，它们具有不同的热力学和动力学特性。超临界两相的存在推动了超临界类沸腾概念的发展。Banuti[104]采用类沸腾概念解释了 SF 跨越 Widom 线从类液到类气转变的过程。与亚临界等温相变不同，在一个固定的超临界压力下，类沸腾发生在一个有限的温度区间($T_s$, $T_e$)，当流体吸收热量从 $T_s$ 达到 $T_e$ 时。Ha 等[101]发现超临界压力下存在 Widom 三角形，此区域外分别为类液和类气相，其内部为液气两相混合物，如图 1-8 所示，图 1-8(a)中，黑色表示类液，白色表示类气，图 1-8(b)为 Widom 三角形。

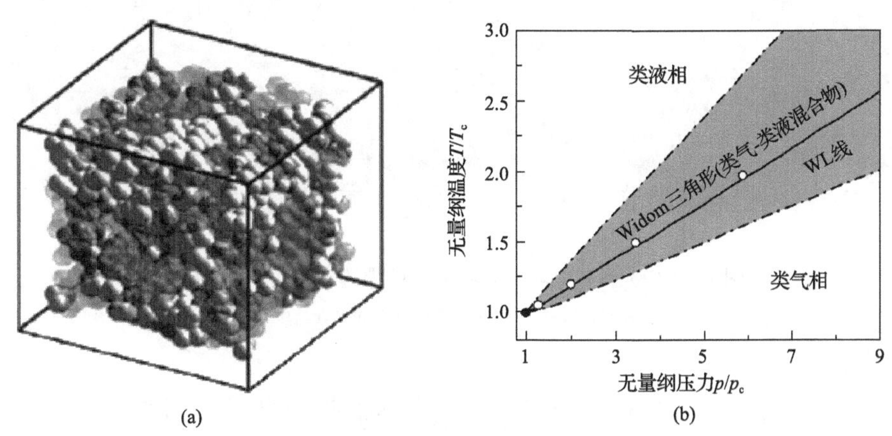


图 1-8　超临界流体类液和类气分子标识[101]

Maxim 等[105]通过中子成像测量方法量化分析了超临界水类沸腾过程的热力学和结构动力学特性，证实了超临界类沸腾与亚临界沸腾的相似性，因此 SF 类沸腾与亚临界沸腾有类似之处。不同之处则在于 SF 类沸腾相变发生在 $T_s$～$T_e$ 的温度区间，而亚临界沸腾发生在恒定的饱和温度下。实验研究方面，20 世纪 60～70 年代，根据 SF 传热与亚临界沸腾传热相似的现象，提出了“类沸腾”概念[106,107]。实验表明，在临界点附近，随热流密度增大，传热呈类气泡传热，进一步增大了热流密度，气泡聚合产生气膜并发生类膜态沸腾传热，蒸气导热系数低引起了传热系数快速下降。Tamba 等[108]采用铂丝加热 $CO_2$ 池，在超临界压力下观察到和亚临界沸腾非常相似的现象：随着热流密度增大，依次观察到类气泡、类气柱、类气膜对应亚临界核态沸腾到膜态沸腾的转变，如图 1-9 所示。超临界类沸腾和亚临界沸腾具有非常相似的特征，采用类沸腾理论解释 SF 管内传热特性是非常合理和必要的。

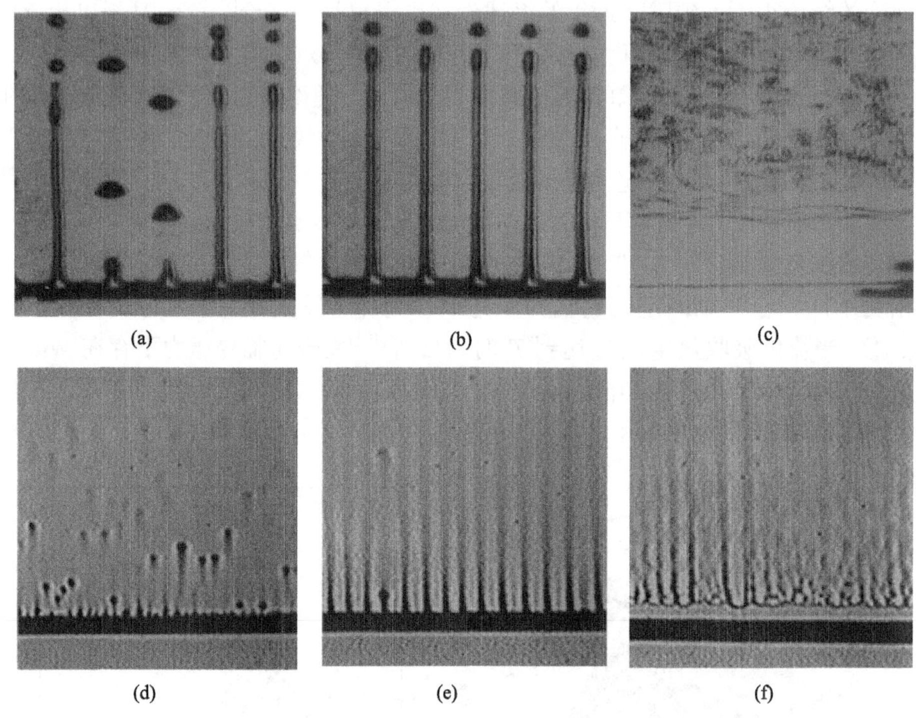

图 1-9 $CO_2$ 在亚临界与超临界下的沸腾现象实验照片[108]

(a)～(c) 亚临界，压力 7.30MPa；(d)～(f) 超临界，压力 7.38MPa

## 1.3 $sCO_2$ 燃煤发电系统构建的研究进展

目前煤炭作为一次能源在全球用能结构中扮演着重要角色[109]，其储量大、易开采、使用经验丰富。以中国为例，煤在一次能源消费结构中占 75%，为世界燃煤消费总量的 1/4。尤其是电力部门，火电机组占总装机容量的 70%以上，其中绝大多数为燃煤的汽轮机电站[110]。然而煤炭的使用加重了环保负担，加剧了温室效应[111]，在这样的现状下，开发先进动力循环技术提高机组性能对煤炭的高效清洁利用具有重要意义。而 $sCO_2$ 循环作为一类先进动力循环在燃煤火力发电领域具有潜在优势，其特性需要深入探究。

针对 $sCO_2$ 燃煤发电的研究最早由2013年法国电力公司的Le Moullec[47]提出，该方案通过 $sCO_2$ 循环与碳捕捉技术配合，实现了 $CO_2$ 高效脱除，但锅炉选用塔式煤粉炉，其热力系统采用再压缩循环带二次再热布置形式，并从高压压缩机出口引出一部分工质进入锅炉吸热并汇入高温回热器高压侧出口，通过这种分流吸热的方法可以吸收尾部烟气余热，系统总利用效率可达41.35%。2016年，法国电力公司的Mecheri等[74]在Moullec的基础上去掉了碳捕捉部分，单独分析了 $sCO_2$ 循环应用于燃煤火力发电的特点，其锅炉选用π式煤粉炉，并以二次再热再压缩循环为基础，重点探究了分流与空预器相对布置形式对锅炉效率的影响，得出在汽轮机入口参数为30MPa、620℃时系统的理论总效率可达47.8%，而超临界朗肯循环火电机组的最高效率为45%，故法国电力公司的初步分析证明了 $sCO_2$ 循环在效率上具有优势。2017年，西安热工院的Yang等[80]针对π式煤粉炉构建了与Mecheri相似的热力循环，循环采用一次再热(Reheating, RH)布置，对于尾部烟道余热的吸收同样采用了分流吸热的形式，但分流位置从高压压缩机出口移到了辅压缩机出口。

直至2017年，学术界对 $sCO_2$ 燃煤发电的研究仍停留在热力学系统分析上，对该系统关键问题的揭示仍有不足，体现在1.2节揭示的关键难点与挑战的认识并不清楚。例如，在锅炉设计中，现有 $sCO_2$ 机组锅炉主流压降的选取要远小于水机组锅炉压降，文献中 $sCO_2$ 机组锅炉主流压降小的原因主要有两点：①冷却壁管径大，②受热面管数多。以东方锅炉厂1000MW水机组为例，冷却壁管内径23.1mm，管数778根[79]；Moullec[47]设计的1000MW、$sCO_2$ 机组主流冷却壁管内径50mm，2400根，再热冷却壁管内径70mm，管数1200根；Yang等[80]设计的300MW、$sCO_2$ 机组冷却壁主流管内径80mm，管数172根，再热冷却壁管内径78mm，管数412根。现有针对管内换热的实验研究认为相对于小管径，大管径管子更容易发生传热恶化现象[82]，另外，小管径的承压能力大于大管径，故增大管径会增加冷却壁运行时的安全隐患。在重点研发计划中，本书作者团队系统梳理了 $sCO_2$ 燃煤发电面临的关键难点问题，具体整理如下。

### 1.3.1 $sCO_2$ 燃煤发电系统热学优化理论

该成果包括3个部分。

#### 1. 多级压缩 $sCO_2$ 循环[13]

$sCO_2$ 再压缩循环从简单的布雷顿(单压缩机)发展而来，其效率优势的原因并未明晰。文献中采用多次再热提高循环效率，但缺乏提高效率的普适原理和方法。为此，有必要进一步深入探索。本书作者在国际上率先提出多压缩 $sCO_2$ 循环，它

可看成由一个 $sCO_2$ 循环(A 循环)和另一个简单的布雷顿循环(B 循环)耦合而成。引入协同学思想，对两个循环的热力学参数进行优化，使两个循环的流体在汇合点处的温压参数相同，减小了由流体混合引起的可用能损失。在该系统中，简单布雷顿循环的多余热量不排向环境，而排放到 A 循环。这样，简单布雷顿循环的名义效率是 1，实现了多级压缩循环效率大于 A 循环效率。根据主蒸气温压参数，确定了可采用的最大压缩级数，多级压缩 $sCO_2$ 循环效率可逼近卡诺循环效率，获得了 $sCO_2$ 循环的极限效率。针对 1.2 节中描述的挑战 1，回答了再压缩循环不是 $sCO_2$ 发电的终极循环，三压缩循环效率大于再压缩循环效率，多级压缩 $sCO_2$ 循环是提高 $sCO_2$ 循环效率的广义原理。

2. 能量复叠利用原理[9]

本书作者提出了顶底复合循环实现锅炉烟气热量全温区吸收，基本原理是顶循环吸收锅炉 550℃以上的高温烟气热量，底循环吸收 380～550℃的烟气热量，380℃以下的低温烟气热量由空气预热器吸收。为了提高底循环效率，本书作者提出了新的底循环-分级加热循环(split heating cycle，SHC)，可在宽温区范围内具有更高效率。

顶底复合循环遵循“温度对口，梯级利用”原则，解决了烟气热量全温区吸收的问题，但由于底循环的运行温度比顶循环低，所以底循环效率比顶循环低。为了克服这一不足，本书作者提出了能量复叠利用原理，核心思想是在高温烟气区域设置复叠区，复叠区的烟气热量既被顶循环吸收，又被底循环吸收。因此，底循环不仅吸收了全部中温烟气热量，还吸收了部分高温烟气热量，提高了底循环吸热温度及透平入口温度，使底循环和顶循环具有相同的效率，消除了顶底循环间的效率差，从而提升了整个系统的效率。对于燃煤发电系统，最大㶲损发生在高温烟气与管内工质的传热过程中，能量复叠利用使高温烟气㶲损减小，底循环借用高温烟气的能量品位是提高底循环效率的核心机理。

注意到顶底循环的温压参数相同，但流经各部件的流量不同，能量复叠利用可实现两个循环的部分设备共享，从而简化了系统。在主蒸气参数 700℃/35MPa 的条件下，能量复叠利用原理将底循环热效率从 50.89%提高到 55.87%，体现了能量复叠利用相比能量梯级利用的优势，是能量梯级利用的继承和发展，可推广应用到其他热力系统中。

3. 超临界类沸腾传热理论[112]

$sCO_2$ 循环涉及多个传热设备，例如，锅炉由若干换热器集成而成，包括冷却壁、过热器、再热器等，回热器及冷却器也是超临界传热设备。发电系统存在启动、变工况及停机等偏离设计工况，超临界对流传热跨越的参数范围广。因此，需深入揭示超临界传热机理，提出高精度传热关联式。经典热力学将超临界流体处理为单相、均匀的流体结构，将超临界传热的异常现象归结为由物性引起的浮升力和加速效应，这一理论框架在处理超临界传热方面遇到了挑战：①传热关联式预测精度低、误差大；②多数关联式只适合作者的实验参数范围，难以外推；③多数关联式只适合特定工质，缺乏普适性。

本书作者另辟蹊径，建立了超临界多相流理论框架及三区传热模型，包括类液区、类两相区及类气区[113]。“类沸腾”定义为超临界流体受到加热时，会产生壁温飞升、噪声、类气泡等现象，这与亚临界沸腾类似。类沸腾概念在 20 世纪 60 年代提出，但未得到足够重视，仍然按照单相流体假设处理超临界传热问题。

超临界流体分子动力学模拟：在温度-压力相图上，采用分子动力学模拟确定了两个二级相变的转换温度：类沸腾起始点温度 $T^-$、类沸腾终结温度 $T^+$，类似于亚临界相变传热中的饱和温度。当给定超临界压力时，随温度上升，超临界流体依次呈现类液、类两相、类气相分布。在类两相区，首次给出类气泡的证据，本书作者称为超临界流体三区模型。

建立多相流理论框架：在分子动力学研究的基础上，建立超临界多相流理论框架。在类两相区，分别采用 $T^-$和 $T^+$定义类液和类气相物性参数。定义超临界相变焓为超临界流体在 $T^-$和 $T^+$间的焓差，类比于亚临界相变的气化潜热。定义超临界类蒸气含气率，与亚临界压力的蒸气质量含气率相类比。基于超临界和亚临界类比，提出了若干无量纲准则数，如液相雷诺数、气相雷诺数、弗劳德数、类沸腾数、$K$ 数等来表达类液相和类气相间质量、动量及能量相互作用，采用这些无量纲数，从新视角解释了超临界传热的异常现象和机理。

超临界类沸腾理论的应用：在高温高压实验台上获取了丰富的实验数据，基于新提出的 $K$ 数，表征管壁类气膜蒸发动量力与来流惯性力的相对重要性，获得了超临界正常传热和传热恶化间的临界准则数。对于实际工程应用，可用于预测发生传热恶化的临界条件。进一步，采用 $K$ 数拟合了圆管均匀加热、垂直上升流动条件下的传热系数，通过与其他拟合公式及实验数据的比较，发现本书作者提出的关联式具有最好的预测精度。

### 1.3.2 $sCO_2$ 燃煤发电系统的设计方法和设计条件

本书包括三方面创新性工作，描述如下。

1. 燃煤 $sCO_2$ 循环构建及 51%发电效率的实现[114]

集成 1.3.1 节的理论成果，推荐以三压缩+二次再热+间冷作为燃煤发电循环的主要形式：三压缩循环提高系统内部回热，提高吸热温度；二次再热提高吸热温度；间冷降低系统的放热温度，降低压缩机耗功，减少厂用电。考虑到循环和锅炉热源耦合的关键问题，采用能量复叠利用原理“吃干榨净”烟气热量。本书采用锅炉模块化设计，抑制了压降惩罚效应。

基于以上循环编制热力循环计算软件，该软件耦合了热力学、流动及传热部件机理。在 1000MW 额定容量下，采用典型烟煤，在 35MPa 主蒸气压力、630℃主蒸气温度、三级透平等熵效率 91.58%/91.86%/92.39%、锅炉效率 94.71%、水冷条件下，获得了 51.03%的发电效率。研究表明，$sCO_2$ 发电与水蒸气发电具有不同的特点，体现为：①$sCO_2$ 发电效率比水蒸气发电效率高 4～5 个百分点，效率优势明显；②在 1000MW 净发电量条件下，压缩机耗功约 560MW，厂用电比例较大；③回热器承担的热负荷在约 3700MW，是净发电量的 3～4 倍，表现出大回热的特点。

2. $sCO_2$ 燃煤发电的经济性评价[115]

为了推动 $sCO_2$ 燃煤发电系统的商业应用，对基于能量复叠利用的三压缩 $sCO_2$ 燃煤发电系统进行了热力学分析与经济性评价。在经济性模型中，应用受热面分流与热负荷匹配策略解决 $sCO_2$ 锅炉质量流量大、冷却壁进口温度高等问题，参考锅炉常用选材，在材料边界条件下，得到了 $sCO_2$ 燃煤锅炉受热面用钢选材方案，构建了 $sCO_2$ 锅炉经济性评价模型。采用美国能源部 DOE 给出的最新 $sCO_2$ 动力循环透平与回热器的成本模型，在合理构建燃煤发电系统经济性模型的基础上，分析了 $sCO_2$ 燃煤发电系统的经济性并与先进超临界燃煤水机组系统比较。通过分析得到，由于受热面管材等级提高、管子加粗、$CO_2$ 换热能力小于水及锅炉结构复杂等因素，$sCO_2$ 锅炉造价相比于超超临界水锅炉造价提高了 36%；揭示了 $sCO_2$ 机组回热器夹点温差与系统经济性之间的制约关系，存在最佳夹点温差使系统经济性最优，从而为回热器设计提供了准则。经济分析结果表明：$sCO_2$ 机组每千瓦装机的单位投资成本是水机组的 1.29 倍；平准化度电成本 LCOE 为 60.56 美元/MW·h，与 USC 相比降低了 1.32%。通过对关键经济因素进行敏感性分析，指出了提升 $sCO_2$ 燃煤发电机组经济竞争优势的设计标准，即开发更经济的紧凑式换热器，维持较高的年利用小时数。

3. $sCO_2$ 燃煤发电系统的容量尺度准则[116]

1000MW 燃煤机组概念设计研究延伸出两个问题：①1000MW 容量机组的研究结果能否直接推广应用到中小容量机组？②机组容量对发电系统性能的影响规律是什么？立足于解答以上两个问题，本书研究了(50～1000MW)燃煤发电系统，通过理论推导及数值模拟，获得了 $sCO_2$ 燃煤机组随机组容量的尺度标度律，探析了锅炉特征尺寸、长度/体积比、比表面积、质量流速和摩擦压降的变化对发电容量的影响机理，揭示了机组容量对系统性能的影响规律，获得了 $sCO_2$ 燃煤系统发电关键部件随机组容量的尺度准则。结果表明：①随着机组容量减小，炉膛比表面积增大，$sCO_2$ 在管内的通流截面积增大，质量流速减小，锅炉内压降减小，循环效率提高，即压降惩罚效应逐渐减弱，与传统锅炉设计相比，锅炉模块化设计减小了流动阻力,降低了压缩机耗功,具有更高的效率;②当机组容量大于 100MW 时，必须采用锅炉模块化设计，以降低阻力。当机组容量小于 100MW 时，由于压降惩罚效应很小，可不采用模块化设计。本研究给出了锅炉部件尺寸随机组容量的标度律规律，也为建立其他关键部件的标度律奠定了基础，有助于理解 $sCO_2$ 燃煤发电不同容量的特性规律。

### 1.3.3　$sCO_2$ 锅炉冷却壁的传热机理及冷却壁创新构型

本书包括三方面工作，描述如下。

1. 建成高温高压 $sCO_2$ 对流传热系统[112]

$sCO_2$ 燃煤发电系统中的多个设备均涉及了 $sCO_2$ 传热问题，运行条件较为苛刻。例如，锅炉冷却壁向阳面的热流密度大，背阳面热流密度低，近乎绝热。国际上的 $sCO_2$ 传热数据范围较窄，体现在：①压力集中在 8MPa 近临界压力附近；②以圆管均匀加热为主；③管径小于 10mm。现有的传热数据难以支撑 $sCO_2$ 发电系统的设计要求，本书作者建立了高温高压 $sCO_2$ 对流传热系统，如图 1-10 所示，由流体泵送系统、电加热系统、冷却系统、回热系统、数据采集系统等组成。压力高达 25MPa，热流密度高达 500kW/m$^2$，可进行全周均匀加热及半周非均匀加热实验研究，获取的实验数据不仅支撑锅炉冷却壁设计，而且为发展新的超临界传热理论提供基准数据。本实验设施的建成弥补了国际上 $sCO_2$ 传热数据的不足。

图 1-10　华北电力大学超高参数 $CO_2$ 流动传热实验平台[117]

2. 超临界传热系数关联式[118]

采用5560个超临界流体传热数据点(其中,2028个$sCO_2$数据点来源于本书作者,3532个数据点来源于18篇文献),拟合$sCO_2$、水和R134a在垂直上升管内定热流密度边界条件下的传热系数,获得传热关联式$Nu = 0.0012Re_b^{0.9484}Pr_b^{0.718}K^{-0.0313}$,该误差远小于文献中广泛引用公式的误差,且适用于不同工质、管径、正常传热和传热恶化。$K$的指数为–0.0313,表明$K$数对超临界流体传热具有抑制作用,符合物理机理。该关联式成功解释了压力对超临界传热的影响,随压力的增大,$i_{pc}$增大,从类液到类气的质量传递减小,$K$减小,传热改善。

3. $sCO_2$锅炉模块化设计[24]

针对1.2节描述的挑战1,为了突破传统热力学分析的局限性,通过工程热物理学科内部交叉,综合进行热力学、流体力学及传热学分析。通过对再压缩、间冷及再热循环分析,表明这些措施能够提高机组效率,但加热器压降降低了机组发电效率。特别在热力学要求条件下,$sCO_2$循环流量是水蒸气机组的6~8倍,$sCO_2$锅炉严重堵塞。因此,本书创新性地提出了1/8减阻原理及锅炉模块化设计:将受热面长度$L$、烟气质量流量$\dot{m}_{fg}$及吸热量$Q$的全流模式转换成2个受热面,每个受热面长度均为$0.5L$,流量为$0.5m$,而两个受热面总长度、总流量与总吸热量与全流模式相等。根据流体力学的基本关系式,分流模式将锅炉压降减小为全流模式的1/8,产生锅炉模块化设计。基于这一原理,编制了$sCO_2$燃煤机组耦合锅炉热负荷分布、流动传热特性的热力学分析计算软件,计算表明1/8减阻原理及锅炉模块化设计将$sCO_2$锅炉压降减小到比水蒸气锅炉更低的水平,彻底解决了锅炉大压降的问题。

由于$CO_2$进入锅炉的温度比水进入水蒸气锅炉的温度高约200℃,并且$sCO_2$传热系数为3~5kW/(m$^2$·K),因此控制锅炉各级受热面的温度(特别是冷却壁温度)非常重要。本书作者提出了“锅”和“炉”综合调控策略,结合锅炉系统设计,将冷却壁温度控制在材料允许的温度范围内。锅炉模块化设计和壁温控制方法构成了冷却壁创新构型设计新方法的内容。

## 1.4 $sCO_2$流动传热的研究进展

在经典热力学理论中,超临界流体被认为是均一、稳定的单相流体。与常物性流体不同的是,超临界流体在近拟临界点处有显著的热物性变化。因此,在大多数先前的超临界传热研究中,对超临界流体采取了单相假设,并将剧烈的物性变化考虑在内,超临界流体的传热问题通常是对单相流体流动传热问题的修正[119]，国内外学者围绕超临界流体传热做了许多工作[120-125]。单相流体框架下的对流传热系数关联式可分为两类，一类是由考虑传热管道近壁区流体温度与主流流体温度差异导致的流体物性的剧烈变化，在关联式中添加物性修正因子：$Nu=CRe_{b}^{n_1}Pr_{b,ave}^{n_2}H$ [87,93]，其中，$Nu$、$Re_b$ 和 $Pr_{b,ave}$ 分别为主流流体的努塞尔数、雷诺数及普朗特数，$H$ 为近壁区流体的物性修正因子，该数值等于管壁温度与主流温度下物性参数(如密度 $\rho$、导热系数 $\lambda$ 和动力黏度 $\mu$ 等)的比值。在此思路下，不同作者提出的传热系数预测与实验数据具有很大误差，部分误差大于 300%，失去了预测意义；不同预测模型之间有很大偏差，参数适用范围窄，不具备普适性[92]。

另一类关联式通过引入浮升力和流动加速效应对传热系数进行修正：$Nu=CRe_{b}^{n_1}Pr_{b,ave}^{n_2}Bu^{n_3}Ac^{n_4}$ [92]，式中，$Bu$ 为浮升力修正因子，$Ac$ 为加速效应修正因子。有学者认为当 $Bu>10^{-5}$ 时，浮升力的影响显著；当 $Bu<10^{-5}$ 时，浮升力效应可以忽略。后来，为了评价超临界传热受浮升力效应的影响程度，在无量纲准则数 $Bu$ 的基础上，提出了改进的无量纲准则数 $Bu^*$，$Bu^*$ 数的表达式为

$$Bu^*=\frac{Gr}{Re_{b}^{3.425}Pr_{b}^{0.8}} \tag{1-5}$$

式中，$Gr$ 为格拉晓夫数，$Gr=\frac{g\beta_{b}q_{w}d_{i}^{4}}{\lambda_{b}\nu_{b}^{2}}$；$Re_b=\frac{Gd_i}{\mu_b}$；$Pr_b=\frac{\mu_b c_{p,b}}{\lambda_b}$。

有学者认为，当 $Bu^*<6\times10^{-7}$ 时，浮升力效应并不会对超临界传热产生影响；当 $6\times10^{-7}<Bu^*<8\times10^{-6}$ 时，浮升力将导致超临界传热恶化的发生；当 $Bu^*>8\times10^{-6}$ 时，浮升力将强化超临界传热[87]。基于浮升力和流动加速效应提出的无量纲准则数在不同研究团队获得了不同的结论[126]。文献[127]中的实验发现正常传热和传热恶化的数据点交叉分布在浮升力临界准则数两侧，进一步验证了基于单相框架浮升力、加速效应提出的准则数与传热恶化现象无明显关联。

超临界传热中出现的异常现象难以采用单相流体传热理论来解释，而这些现象与亚临界沸腾的现象非常类似。基于超临界传热与亚临界沸腾的相似现象，文献中提出了“类沸腾”概念[105,106,126,128-131]。许多学者都观察到了类沸腾现象，但对超临界类沸腾的定义、内涵、外延、科学价值及意义等都没有过多的详细描述。

按照传统热力学的定义，亚临界存在相变温度(饱和温度)。对于超临界流体，任何施加给工质的能量使工质温度升高，不存在等温相变过程。1965 年，Widom[132]表明亚临界压力气液界面厚度等于流体密度波动的分子关联长度(molecular correlation length)。任一超临界压力都与类临界温度 $T_{pc}$($T_{pc}>T_c$)相对应，$T_c$ 为临

界温度，定压比热和热膨胀系数在 $T_{pc}$ 处达到最大值。1972 年，Widom 将一系列类临界点在 $p$-$T$ 相图上描绘成 Widom line（简称 WL 线），如图 1-11 所示。2010 年，Simeoni 等[102]通过非弹性 X 射线散射及分子动力学模拟表明 WL 线可将超临界区域划分为类液区（liquid-like，LL）和类气区（vapor-like，VL），其他研究人员也得出了类似结论[103,133,134]。超临界流体在一定温压参数范围内具有不均匀物质结构（inhomogeneous structure），颠覆了人们对超临界流体均匀物质结构的认知[135-139]。Banuti[104]采用热力学方法，提出了超临界流体跨越 WL 线的类沸腾转换温度的计算方法。2018 年，Ha 等[101]引入机器学习方法对超临界流体分子进行标记，发现 P-T 相图中存在 Widom 三角形，三角形内是类液区和类气区的混合物，三角形边界外的区域是纯液体和纯气体区，诠释了超临界流体存在分子尺度气液两相混合物。

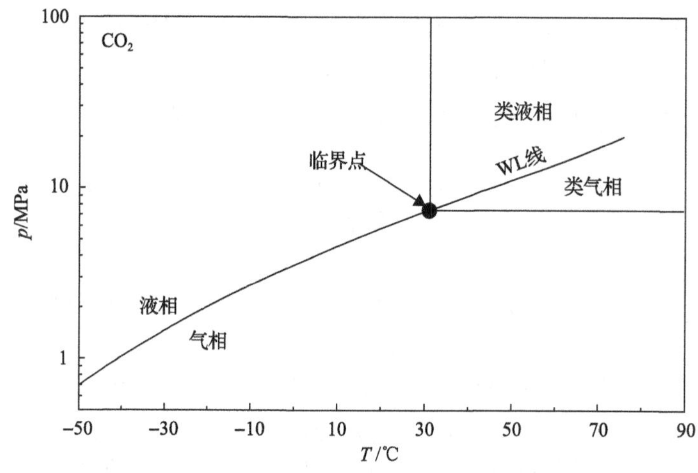


图 1-11　s$CO_2$ WL 线、类液区和类气区划分及定压比热最大值点

经典热力学理论认为超临界流体具有单相均匀的物质结构，不存在界面和表面张力。然而，分子动力学模拟展示了 WL 线，在其两侧分布类液区和类气区，超临界流体跨越 WL 线发生相变，近年来又揭示了存在气液混合物的 Widom 三角形。超临界流体池式传热表现出类沸腾的特征，强制对流传热恶化可用类沸腾概念加以解释。因而，学者尝试引入超临界流体表面张力的概念。需要指出的是，亚临界表面张力可发生在等温条件下，但超临界压力下的表面张力需要温度梯度，这是因为超临界流体沸腾发生在一个温度区间内，均匀温度不能产生超临界相变和表面张力。1997 年，Tamba 等[140]通过分子动力学模拟证实，在温度梯度下超临界流体的表面张力不为 0。遗憾的是，关于超临界表面张力的进一步研究还未见报道。

基于超临界流体的两相结构，国际上对超临界和亚临界传热的实验现象进行了定性对比。在一定温压参数范围内，超临界传热可呈现核态及膜态传热，这与亚临界沸腾类似[108]。然而，缺乏两者之间的定量类比。近年来，本书作者率先尝试对两者的定量类比，并取得了一系列研究成果。理论方面，在微观层面采用分子动力学研究，发现超临界流体内部存在纳米尺度气泡，证实了超临界两相共存结构；在宏观层面提出了超临界传热三区模型，并建立了超临界传热理论的多相流框架。实验方面，开展了宽参数范围 $sCO_2$ 对流传热的实验，提出了制约类气膜厚度的超临界沸腾数 SBO 及 $K$ 数，实现了类沸腾理论在超临界传热领域的实际应用。理论和实验的成果将分别在本书第 4 和第 5 章进行详细叙述。

在流动传热理论的基础上，$sCO_2$ 循环应该应用何种换热器也是研究的重点之一。与水蒸气循环相比，$sCO_2$ 循环透平膨胀比低，透平出口工质温度很高。为了提高循环效率，需要采用回热器回收乏汽热量，提高循环吸热温度，降低循环放热温度。只有在充分回热的基础上，$sCO_2$ 循环才能体现出效率优势。通常，$sCO_2$ 循环内部回热量巨大，再压缩循环中回热量可达到净输出功的 3～4 倍。同时，回热器运行参数可达到约 560℃、约 30MPa[20]，需要采用耐高温的高合金钢，其成本在电厂总成本中的占比高达 30%以上[141]。而对于目前已发展成熟的水蒸气朗肯循环及燃气循环，回热成本则很低。因此，发展高效、紧凑、经济的回热器对于 $sCO_2$ 循环系统至关重要。

工业生产中常见的换热器为管壳式换热器、板式换热器，但管壳式换热器的最高运行压力约 20MPa，且换热效果差，体积比庞大，不适用于大容量回热过程。而板式换热器的运行压力通常不高于 2.8MPa[142]，远达不到 $sCO_2$ 循环工况的要求。目前应用较广泛的是印刷电路板换热器（PCHE）。PCHE 于 20 世纪 80 年代在悉尼大学开发，1985 年开始由 Heatric 公司进行商业化生产[143]。其工艺特点包含以下几方面：流道的制作类似于印刷电路板的制造过程，在金属板上进行化学蚀刻形成；采用扩散焊接技术将蚀刻有流道的金属板在高温和高压下堆叠成整块[144]，如图 1-12（a）所示。扩散焊接技术使 PCHE 具有基材强度和耐高压能力[144]。因此，PCHE 对温度和压力的承受能力很大，达到–200～800℃，压力高达 60MPa[144,145]。同时，PCHE 的换热能力强，传热面积密度高达 2500m$^2$/m$^3$，紧凑、易实现模块化设计，目前已广泛应用于各个领域，如海上油气处理、浮式液化天然气、高温反应堆冷却器、新一代核能发电、$sCO_2$ 循环发电换热器等[146]。

PCHE 是目前 $sCO_2$ 领域最有前景的换热器之一。Jiang 等[147]研究了 10MWe 循环系统回热器的动态响应特性，与传统的管壳式换热器相比，由于其金属质量小、传热系数高，所以响应速度较快。同时，PCHE 在 $sCO_2$ 小型实验台测试中获得了满意的效果[148]。目前，在 $sCO_2$ 领域中最大的应用实践是美国 Net Power 公司已建成的 50MWth 示范机组，回热器采用 Heatric 公司生产的 PCHE。高温段温度自约 700℃降至 550℃，运行压力 30MPa，采用镍基合金 617；低温段温度继续降至 60℃,采用 316L 不锈钢[44]。美国的“STEP”项目(Supercritical Transformational Electric Power project)10MWe 示范机组中的 50MWth 高温回热器已从 Heatric 公司订购[149]。以上两项应用均尚未发布相关实际运行数据。

近年来，关于 PCHE 的研究进展主要集中在优化通道结构和尺寸，以降低压降，增强传热。传统的通道结构为直线形与 Z 形，由于通道的水力直径尺度约 1mm，Z 形结构具有较大的压降。在相同的换热条件下，S 形 PCHE 将压降降低到 Z 形 PCHE 的 1/5[151]。翼形通道 PCHE 将阻力降到 Z 形通道 PCHE 的 1/20[152]。Z 形通道结构如图 1-12(b)所示。从流动传热角度，S 形和翼形的性能更优异。但从制造角度分析，S 形和翼形的接触面积小，制造成本更高[153]。

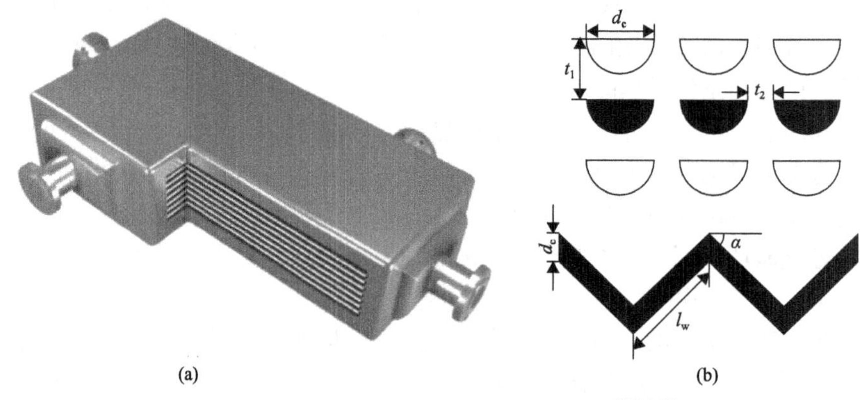


图 1-12　PCHE 换热器整块及流道结构图[144,150]

目前学者对通道内的流动传热特性进行了实验及模拟研究，并总结了大量经验公式。由于实验数据多数远离拟临界区，所以在计算拟临界区数据时需要对物性进行修正。针对直通道的传热计算，不同的经验公式体现出较高的一致性[150]。但其他通道结构的经验公式多数仅能用于结构尺寸相似的 PCHE，不具有通用性[150]。此外，有一些文献进行了换热系数、压降及成本的优化研究，但通常基于欧拉数和努塞尔数之间的关系，以 PCHE 的投资成本和运行成本为目标函数，对不同工况下的换热系数和压降分配权重[150]。

PCHE 的缺点主要包括：①流道尺寸通常为 1～4mm，极易堵塞，仅能用于无腐蚀或微量腐蚀的环境[145]，对于材料选择及工质的要求很高，造价及运行成本高；②扩散焊工艺使设备为整体化设计，但设备冷热侧流体的最高压差达到 22MPa 以上，冷热端温差接近 300℃，如何处理热应力成为难题[145,154]；③基本无法检修，整块设备辨别是否发生泄漏及泄漏点在何处是挑战[145]；④虽然提出了一些利用高压蒸汽或化学溶剂清洗的方法[155]，但在极小的通道尺寸下保证清洁到位仍然很困难；⑤从经济性考虑，成本偏高，使系统整体经济性下降。以上问题在设备应用于大型商业机组时更为突出。因此，进一步优化 PCHE 的几何结构、细分材料、获得特定工作条件下更精确的关联式，可以提高设计精度，降低制造成本。同时，开发清除弯曲通道中杂质的新方法，降低热应力，对 PCHE 的大规模利用具有重要意义。

## 1.5　$sCO_2$ 旋转机械的研究进展

$sCO_2$ 旋转机械是 $sCO_2$ 燃煤发电系统热功转换的关键部件，其通流设计方法、密封封严特性、转子部件稳定性直接关系到整个发电系统是否能够高效可靠运行。国外对透平机械的研究开始较早，在气动性能、部件设计及机理分析方面均有较深入研究，并进行了实验研究。美国（Sandia 国家实验室、西南研究院（SwRI）、Echogen、GE、Net Power）、日本（东京工业大学/TIT）、韩国（韩国能源研究所/KIER）等已经建立了多个 $sCO_2$ 实验回路，详见表 1-1[67,156-160]。

**表 1-1　国外 $sCO_2$ 循环实验回路[23]**

| 团队 | 循环型式及透平型式 | 设计条件 |
|---|---|---|
| SwRI、GE 等（美国） | 简单回热循环；<br>轴流式透平 | 容量：约 1MW<br>透平：715℃/25MPa/21000r/min |
| Sandia 国家实验室（美国） | 再压缩循环；<br>2 个透平-发电机-压缩机（TAC） | 容量：250kW<br>透平：715℃/13.5MPa/75000r/min |
| KAPL、BAPL（美国） | 简单回热循环；<br>1 个 TAC 与 1 个透平 | 容量：100kW<br>透平：299℃/16.5MPa/75000r/min |
| Echogen（美国） | 简单回热循环；<br>透平-发电机与透平-泵 | 容量：约 7MW；透平：低于 550℃<br>透平-发电机 30000r/min |
| TIT（日本） | 简单回热循环；<br>1 个 TAC | 容量：10kW<br>透平：277℃/11.9MPa/69000r/min |
| KIER（韩国） | 跨临界循环；<br>轴流式透平-发电机，液体泵 | 容量：25.7kW<br>透平：200℃/13.5MPa/45000r/min |
|  | 跨临界回热循环；<br>径向透平-发电机和液体泵 | 容量：2～5kW<br>透平：500℃/13.0MPa |
| KAERI、KAIST<br>POSTECH（韩国） | 回热循环；<br>1TAC，1 个透平，1 个压缩机 | 容量：300kW<br>透平：500℃/14～20MPa |
| Net Power（美国） | Allam 循环天然气示范电厂 | 容量；约 25MW |

轴承、密封和转子动力学的稳定性问题一直受到高度重视。KIER 采用传统的碳机械密封和油润滑倾斜轴承两种透平-发电机型式进行实验，结果表明 $CO_2$ 泄漏是实现 $sCO_2$ 循环高性能的关键挑战之一。Sandia 国家实验室针对 125kW $sCO_2$ 透平及压气机的动力部件性能开展了大量实验研究[161]，并对多种不同密封结构的封

严性能、运行寿命进了测量[162,163]。他们认为小功率 $sCO_2$ 动力装置(透平、压气机)动静间隙存在严重的工质泄漏、鼓风损失、动静碰磨、气流激振等问题；大容量透平机械可消除转速高引起的问题，分析了 0.3～300MW 的透平机械及零部件选型[164]，认为示范机组宜选择 3～20MW 容量。

SwRI 和 GE 完成了 10MW 轴流式透平的设计和在 1MW 循环回路中的初始测试。干气密封采用压力和弹簧激发聚合物密封[165]。当透平尺度放大超过 50MW 时，受限于长、大直径转子锻件的可用性，需要对组装转子设计进行更改，并给出一种 450MW 的组装透平转子的概念设计[63]。目前，正在开发一种新的薄膜表面密封设计，在轴转速高达 3600r/min，将 $CO_2$ 泄漏量从超临界压力限制到接近大气压力[166]，正在建设及调试全尺寸密封实验台。他们对 10MW 压缩机进行了详细设计，采用内驱动可变进口导叶保证压缩机在宽运行范围内具有高效率，并采用背靠背结构[167]。压缩机的紧凑性对设备的封装提出了挑战。对于冷凝问题，美国西南研究院及 GE 评价了 $sCO_2$ 压缩机内冷凝的影响，并比较了不同的技术措施，认为湿气压缩机比传统的分离液体或加热方法更有前景[168]。

此外，围绕压缩机的实际气体效应及冷凝相变进行了一系列机理研究。荷兰代尔夫特理工大学的 Pecnik 等编写了真实气体的 Navier-Stokes 方程求解器，研究了估算工质热力学性质参数的方法[169]。通过数值分析，得到了工质可能进入气-液两相区的位置[170]，分析了气动性能并绘制了性能曲线，结果表明压缩机效率的定性预测结果比较令人满意[171]。

MIT 的 Baltadjiev 等提出了 $sCO_2$ 压缩机实际气体效应的评价方法及冷凝的判断方法[172,173]，为实际流体内部流动行为的深入研究奠定了基础。他们认为热力学性质在临界点的奇异行为阻止了数值格式捕获重要的气体动力学效应，而经典成核理论可能无法准确描述该区域发生的相变过程。

KAIST[174-176]对 $sCO_2$ 压缩机进行了数值分析及实验研究，比较了临界点附近三种滞止态到静态的转换方法对 $sCO_2$ 压缩机设计的影响，认为基于定义的转换方法精确度最高，但计算量非常大；在实验中发现，压缩机在临界点附近运行会出现非常高的性能测量不确定度。为此，他们开发了设计工具 KAIST_TMD，并得到径向/轴向涡轮机械的变工况性能图，与桑迪亚实验室径向压缩机数据对比发现模型预测的性能数据趋势相似，结果可接受。他们还发现理想气体假设可引起内部损失估算的误差，应修正外部损失模型以匹配测量结果。

国内的 $sCO_2$ 透平机械研究开展时间短，公开文献少，主要停留在热力设计、气动分析及强度校核阶段。针对 $sCO_2$ 压缩机与透平的实验验证及实际运行研究还未见公开报道。西安交通大学的叶轮机械研究所自 2013 年开始进行 $sCO_2$ 透平机械的研究[177]。工质物性的精确计算主要通过调用 NIST 数据库实现。他们对离心压缩机进行了设计，认为无叶扩压段可以有效削弱凝结现象[177]。他们对叶顶间隙内的流动进行了分析，阐述了叶顶区域二氧化碳两相流流动的形成与发展机理[178]，并采用数值模拟方法研究了 s$CO_2$ 离心压缩机叶轮应力数值变化的特点，为离心压缩机叶轮的选材提供了一定参考[179]。他们完成了 15MW 单级轴流式透平和 1.5MW 单级向心式透平的设计，并进行了强度校核计算；对汽封间隙和齿数对透平性能的影响进行了研究，发现迷宫式汽封结构可以有效抑制轴流式透平叶顶的泄露损失[180]。西安热工研究院与重庆江增船舶重工有限公司合作，基于西安热工研究院正在建设的 5MW 等级 s$CO_2$ 火力发电实验平台，采用自编一维涡轮设计程序、AXIAL 软件及 AXCENT 软件设计了 2 级轴流透平，研究了高压透平设计工况和变工况气动特性。结果表明透平的变工况性能良好。设计工况下高低压透平等熵效率分别达到 82.88%和 82.26%[181,182]。

中国科学院相关团队建设有兆瓦级 s$CO_2$ 压缩机测试通用实验台，已经完成了兆瓦级 s$CO_2$ 压缩机和透平部件的研制；中国船舶重工集团公司第 719 研究所、中国核动力研究院等也在开发相应功率等级的 s$CO_2$ 发电系统。国内已经具备开发百千瓦级至兆瓦级的 s$CO_2$ 向心式透平及系统的基础。此外，东方电气、上海电气、哈尔滨电气、中国船舶重工集团有限公司第 703 所等机构在涡轮设备方面都具有较强的研发能力或工程经验。其中，东方电气与上海电气设计制造的 s$CO_2$ 透平与压缩机已有实际运行业绩。

在重点研发计划中，西安交通大学李军团队[183,184]围绕旋转机械设计，针对 s$CO_2$ 透平自主研发需要解决子午流道气动设计、高密流叶片和动静匹配优化、动静间隙流动控制密封结构方面的关键核心问题，揭示了 s$CO_2$ 轴流透平高密流小焓降的流动率和热功转换机理，明晰了高密流小焓降叶型流动损失产生的机理，提出了 s$CO_2$ 透平三维动静叶片和级间匹配优化设计方法。他们自主设计了 1000MW 级、50MW 级 s$CO_2$ 轴流透平高密流小焓降三维叶片型线和枞树型叶根结构，建立了 1000MW 级、50MW 级 s$CO_2$ 轴流透平气动性能和强度校核数值分析模型，所设计的 s$CO_2$ 轴流透平气动性能和强度安全性满足设计要求。他们提出了极高转速小尺寸 0.2MW 级 s$CO_2$ 原理样机的总体结构、转子冷却与隔热系统结构、旋转部件离心压缩机和向心透平的设计方案。基于相似理论和模化准则，他们建立了 0.2MW 级 s$CO_2$ 原理样机空气介质实验测量体系，并实验测量了研制的 0.2MW 级 s$CO_2$ 原理样机离心压缩机和向心透平的气动性能。他们提出了 s$CO_2$ 透平动静间隙动密封非定常气流激振转子动力特性预测数学模型，创新发展了 s$CO_2$ 透平动密封多频涡动、动网格和转子动力特性系数提取的数值方法。他们自主设计了 1000MW 级 s$CO_2$ 透平轴端干气密封和级间动密封结构，提出了 0.2MW 级 s$CO_2$ 原理样机离心压缩机和向心透平端部密封新结构。本课题揭示了 s$CO_2$ 透平热功转换机理，形成了 $sCO_2$ 透平的自主研发能力。

结论和经验总结如下：①$sCO_2$ 循环已成功实验，其中大部分采用小型径流式透平机械（10kWe～1MW）；②小型实验回路效率较低，有时输出参数低于设计值；③二氧化碳泄漏严重，降低了系统性能；④大型轴流式透平机械可能不会出现小型径流式透平机械类似的问题。建议研究方向：①应将实际气体效应纳入数值模型，提高设计精度；②彻底解决轴承、密封、转子动力稳定性等技术问题；③期望出现透平转子的一体化设计方案，尤其是轴流式透平机械；④压缩机和透平的最大等熵效率应基于可靠的数值/实验工作。

## 1.6 本章小结

为了实现碳达峰碳中和目标，一方面，需发挥煤炭“压舱石”作用，支撑清洁煤炭发电。另一方面，大力发展可再生能源，实现多能源互补，保证能源安全。$sCO_2$ 煤炭发电由于热源温度高，相比于水蒸气发电机组，具有明显的效率优势，减少了 $CO_2$ 排放。同时，$sCO_2$ 发电机组设备少、体积小、机组惯性小、非常灵活、可实现快速升降负荷，这对于水蒸气发电来说是难以实现的。$sCO_2$ 发电对于平衡电网负荷波动，保持供给侧和需求侧平衡具有重要意义，是未来发展的方向。近年来，$sCO_2$ 动力循环受到国内外高度重视，各国都投入了较大的人力物力进行研发，我国各团队在该领域针对关键技术进行突破，形成系统的热力系统构建、关键设备工作机理及经过实验验证的理论和方法，从而支撑我国 $sCO_2$ 煤炭发电事业的发展。

## 参考文献

[1] Sulzer G. Verfahren zur erzeugung von arbeit aus warme: Swiss Patent, 269599[P]. 1950-07-15.

[2] Dostal V, Driscoll M J, Hejzlar P, et al. A supercritical carbon dioxide cycle for next generation nuclear reactors[J]. 2004: 265-282.

[3] Li M J, Zhu H H, Guo J Q, et al. The development technology and applications of supercritical $CO_2$ power cycle in nuclear energy, solar energy and other energy industries[J]. Applied Thermal Engineering, 2017, 126: 255-275.

[4] Utamura M. Thermodynamic analysis of part-flow cycle supercritical $CO_2$ gas turbines[J]. Journal of Engineering for Gas Turbines and Power, 2010, 132(11): 1-7.

[5] Kim Y M, Kim C G, Favrat D, et al. Transcritical or supercritical $CO_2$ cycles using both low-and high-temperature heat sources[J]. Energy, 2012, 43(1): 402-415.

[6] Wang K, He Y L, Zhu H H, et al. Integration between supercritical $CO_2$ Brayton cycles and molten salt solar power towers: A review and a comprehensive comparison of different cycle layouts[J]. Applied Energy, 2017, 195: 819-836.

[7] Xiao T Y, Liu C, Wang X R, et al. Life cycle assessment of the solar thermal power plant integrated with air-cooled supercritical $CO_2$ Brayton cycle[J]. Renewable Energy, 2022, 182: 119-133.

[8] 黄彦平, 王俊峰. 超临界二氧化碳在核反应堆系统中的应用[J]. 核动力工程, 2012, 33(3): 21-27.

[9] Wang Z F, Sun E H, Xu J L, et al. Effect of flue gas cooler and overlap energy utilization on supercritical carbon

dioxide coal fired power plant[J]. Energy Conversion and Management, 2021, 249: 114866.

[10] Liu M, Zhang X W, Yang K X, et al. Optimization and comparison on supercritical $CO_2$ power cycles integrated within coal-fired power plants considering the hot and cold end characteristics[J]. Energy Conversion and Management, 2019, 195: 854-865.

[11] Hou S Y, Wu Y D, Zhou Y D, et al. Performance analysis of the combined supercritical $CO_2$ recompression and regenerative cycle used in waste heat recovery of marine gas turbine[J]. Energy Conversion and Management, 2017, 151: 73-85.

[12] Pan P C, Yuan C Q, Sun Y W, et al. Thermo-economic analysis and multi-objective optimization of S-$CO_2$ Brayton cycle waste heat recovery system for an ocean-going 9000 TEU container ship[J]. Energy Conversion and Management, 2020, 221: 113077.

[13] Sun E H, Xu J L, Li M J, et al. Synergetics: The cooperative phenomenon in multi-compressions S-$CO_2$ power cycles[J]. Energy Conversion and Management: X, 2020, 7: 100042.

[14] 李航宁，孙恩慧，徐进良．多级回热压缩超临界二氧化碳循环的构建及分析[J]．中国电机工程学报，2020, 40(S1): 211-221.

[15] Rankine W J M. A Manual of the Steam Engine and Other Prime Movers[M]. Saskatchewan: Sagwan Press, 1882.

[16] Tumanovskii A G, Shvarts A L, Somova E V, et al. Review of the coal-fired, over-supercritical and ultra-supercritical steam power plants[J]. Thermal Engineering, 2017, 64: 83-96.

[17] 杨勇平, 杨志平, 徐钢, 等. 中国火力发电能耗状况及展望[J]. 中国电机工程学报, 2013; 33: 1-11.

[18] Liese E, Albright J, Zitney S A, et al. Startup, shutdown, and load-following simulations of a 10 MW supercritical $CO_2$ recompression closed Brayton cycle[J]. Applied Energy, 2020, 277: 115628.

[19] 纪宇轩, 邢凯翔, 岑可法, 等. 超临界二氧化碳布雷顿循环研究进展[J]. 动力工程学报, 2022, 42(1): 1-9.

[20] Sun E H, Xu J L, Hu H, et al. Overlap energy utilization reaches maximum efficiency for S-$CO_2$ coal fired power plant: A new principle[J]. Energy Conversion and Management, 2019, 195: 99-113.

[21] Sun E H, Xu J L, Li M J, et al. Connected-top-bottom-cycle to cascade utilize flue gas heat for supercritical carbon dioxide coal fired power plant[J]. Energy Conversion and Management, 2018, 172: 138-154.

[22] Zhu B G, Xu J L, Wu X M, et al. Supercritical "boiling" number, a new parameter to distinguish two regimes of carbon dioxide heat transfer in tubes[J]. International Journal of Thermal Sciences, 2019, 136: 254-266.

[23] Xu J L, Liu C, Sun E H, et al. Perspective of S-$CO_2$ power cycles[J]. Energy, 2019, 186: 115831.

[24] Xu J L, Sun E H, Li M J, et al. Key issues and solution strategies for supercritical carbon dioxide coal fired power plant[J]. Energy, 2018, 157: 227-246.

[25] Feher E G. The supercritical thermodynamic power cycle[J]. Energy Conversion, 1968, 8(2): 85-90.

[26] Angelino G. Carbon dioxide condensation cycles for power production[J].Journal of Engineering for Gas Turbines and Power, 1968, 90(2): 287-295.

[27] Stanculescu A. Worldwide status of advanced reactors (GEN IV) research and technology development[J]. Encyclopedia of Nuclear Energy, 2021: 478-489.

[28] Wu P, Ma Y D, Gao C T, et al. A review of research and development of supercritical carbon dioxide Brayton cycle technology in nuclear engineering applications[J]. Nuclear Engineering and Design, 2020, 368: 110767.

[29] Ahn Y, Lee J I. Study of various Brayton cycle designs for small modular sodium-cooled fast reactor[J]. Nuclear Engineering and Design, 2014, 276: 128-141.

[30] Al-Sulaiman F A, Atif M. Performance comparison of different supercritical carbon dioxide Brayton cycles integrated with a solar power tower[J]. Energy, 2015, 82: 61-71.

[31] Moisseytsev A, Sienicki J J. Transient accident analysis of a supercritical carbon dioxide Brayton cycle energy converter coupled to an autonomous lead-cooled fast reactor[C]//International Conference on Nuclear Engineering. 2006, 42444: 623-634.

[32] Linares J I, Herranz L E, Moratilla B Y, et al. Brayton power cycles for electricity generation from fusion reactors[J]. Journal of Energy and Power Engineering, 2011, 5(7): 590-599.

[33] Yamaguchi H, Zhang X R, Fujima K, et al. Solar energy powered Rankine cycle using supercritical $CO_2$[J]. Applied Thermal Engineering, 2006, 26(17-18): 2345-2354.

[34] Zhang X R, Yamaguchi H, Fujima K, et al. Study of solar energy powered transcritical cycle using supercritical carbon dioxide[J]. International Journal of Energy Research, 2006, 30(14): 1117-1129.

[35] Zhang X R, Yamaguchi H, Uneno D, et al. Analysis of a novel solar energy-powered Rankine cycle for combined power and heat generation using supercritical carbon dioxide[J]. Renewable Energy, 2006, 31(12): 1839-1854.

[36] Zhang X R, Yamaguchi H, Uneno D. Experimental study on the performance of solar Rankine system using supercritical $CO_2$[J]. Renewable Energy, 2007, 32(15): 2617-2628.

[37] Zhang X R, Yamaguchi H, Fujima K, et al. Theoretical analysis of a thermodynamic cycle for power and heat production using supercritical carbon dioxide[J]. Energy, 2007, 32(4): 591-599.

[38] Turchi C S, Ma Z, Neises T W, et al. Thermodynamic study of advanced supercritical carbon dioxide power cycles for concentrating solar power systems[J]. Journal of Solar Energy Engineering, 2013, 135(4): 1-7.

[39] Singh R, Rowlands A S, Miller S A. Effects of relative volume-ratios on dynamic performance of a direct-heated supercritical carbon-dioxide closed Brayton cycle in a solar-thermal power plant[J]. Energy, 2013, 55: 1025-1032.

[40] Garg P, Kumar P, Srinivasan K. Supercritical carbon dioxide Brayton cycle for concentrated solar power[J]. The Journal of Supercritical Fluids, 2013, 76: 54-60.

[41] Held T J, Vermeersch M L, Xie T, et al. Parallel cycle heat engines: U. S. Patent 9,284,855[P]. 2016-03-15.

[42] Di Bella F A. Gas turbine engine exhaust waste heat recovery using supercritical $CO_2$ Brayton cycle with thermoelectric generator technology[C]//Energy Sustainability. American Society of Mechanical Engineers, 2015, 56840: V001T04A003.

[43] Cao Y, Ren J Q, Sang Y Q, et al. Thermodynamic analysis and optimization of a gas turbine and cascade $CO_2$ combined cycle[J]. Energy Conversion and Management, 2017, 144: 193-204.

[44] Allam R, Martin S, Forrest B, et al. Demonstration of the Allam cycle: An update on the development status of a high efficiency supercritical carbon dioxide power process employing full carbon capture[J]. Energy Procedia, 2017, 114: 5948-5966.

[45] Allam R J, Fetvedt J E, Forrest B A, et al. The oxy-fuel, supercritical $CO_2$ Allam cycle: New cycle developments to produce even lower-cost electricity from fossil fuels without atmospheric emissions[C]//Turbo Expo: Power for Land, Sea, and Air. American Society of Mechanical Engineers, 2014, 45660: V03BT36A016.

[46] Strakey P A. Oxy-combustion flame fundamentals for supercritical $CO_2$ power cycles[R]. National Energy Technology Laboratory (NETL), Pittsburgh, PA, Morgantown, WV (United States), 2017.

[47] Le Moullec Y. Conceptual study of a high efficiency coal-fired power plant with $CO_2$ capture using a supercritical $CO_2$ Brayton cycle[J]. Energy, 2013, 49: 32-46.

[48] Fan Y H, Tang G H, Yang D L, et al. Integration of S-$CO_2$ Brayton cycle and coal-fired boiler: Thermal-hydraulic analysis and design[J]. Energy Conversion and Management, 2020, 225: 113452.

[49] Xu J L, Sun E H, Li M J, et al. Key issues and solution strategies for supercritical carbon dioxide coal fired power plant[J]. Energy, 2018, 157: 227-246.

[50] Zhou J, Zhu M, Tang Y F, et al. Innovative system configuration analysis and design principle study for different capacity supercritical carbon dioxide coal-fired power plant[J]. Applied Thermal Engineering, 2020, 174: 115298.

[51] 徐进良, 刘超, 孙恩慧, 等. 超临界二氧化碳动力循环研究进展及展望[J]. 热力发电, 2020, 49(10): 1-10.

[52] Angelino G. Real gas effects in carbon dioxide cycles[C]//ASME 1969 Gas Turbine Conference and Products Show, Cleveland, Ohio, 1969, GT-102.

[53] Gokhshtein D P, Verkhivker G P. Use of carbon dioxide as a heat carrier and working substance in atomic power stations[J]. Soviet Atomic Energy, 1969, 26(4): 430-432.

[54] Combs O V. An investigation of the supercritical $CO_2$ cycle (Feher cycle) for shipboard application[D]. Cambridge: Massachusetts Institute of Technology, 1977.

[55] Hoffmann J R, Feher E G. 150 kWe supercritical closed cycle system[J]. Journal of Engineering for Power, 1971, 93(1): 70-80.

[56] Dostal V, Driscoll M J, Hejzlar P, et al. A supercritical carbon dioxide cycle for next generation nuclear reactors [D]. Massachusetts: Massachusetts Institute of Technology, 2004.

[57] Trinh T Q. Dynamic response of the supercritical $CO_2$ Brayton recompression cycle to various system transients[D]. Cambridge: Massachusetts Institute of Technology, 2009.

[58] Pope M A. Thermal hydraulic design of a 2400 MW th direct supercritical $CO_2$-cooled fast reactor[D]. Cambridge: Massachusetts Institute of Technology, 2006.

[59] Floyd J, Alpy N, Moisseytsev A, et al. A numerical investigation of the $sCO_2$ recompression cycle off-design behaviour, coupled to a sodium cooled fast reactor, for seasonal variation in the heat sink temperature[J]. Nuclear Engineering and Design, 2013, 260: 78-92.

[60] Sienicki J J, Moisseytsev A, Fuller R L, et al. Scale dependencies of supercritical carbon dioxide Brayton cycle technologies and the optimal size for a next-step supercritical $CO_2$ cycle demonstration[C]//S-$CO_2$ power cycle symposium. Albuquerque, NM (United States) 2011.

[61] Guo J F, Huai X L, Cheng K Y, et al. The effects of nonuniform inlet fluid conditions on crossflow heat exchanger[J]. International Journal of Heat and Mass Transfer, 2018, 120: 807-817.

[62] Dyreby J J, Klein S A, Nellis G F, et al. Modeling off-design and part-load performance of supercritical carbon dioxide power cycles[C]//Turbo Expo Power Land, Sea, Air[J]. American Society of Mechanical Engineers, 2013: 55294.

[63] Bidkar R A, Mann A, Singh R, et al. Conceptual designs of 50 MW and 450 MW supercritical $CO_2$ turbomachinery trains for power generation from coal. Part 1: cycle and turbine[C]//5th International Symposium-Supercritical $CO_2$. San Antonio, Texas, 2016, 2: 28-31.

[64] McClung A, Brun K, Delimont J, et al. Comparison of supercritical carbon dioxide cycles for oxy-combustion[C]// Turbo Expo: Power for Land, Sea, and Air. American Society of Mechanical Engineers, Beijing, 2015, 56802: V009T36A006.

[65] Allison T C, Moore J J, Hofer D, et al. Planning for successful transients and trips in a 1 MW-scale high-temperature $sCO_2$ test loop[C]//Turbo Expo: Power for Land, Sea, and Air. American Society of Mechanical Engineers, Oslo, 2018, 51180.

[66] Kato Y, Nitawaki T, Muto Y, et al. Medium temperature carbon dioxide gas turbine reactor[J]. Nuclear Engineering and Design, 2004, 230(1-3): 195-207.

[67] Utamura M, Hasuike H, Ogawa K, et al. Demonstration of supercritical $CO_2$ closed regenerative Brayton cycle in a bench scale experiment[C]//Turbo Expo: Power for Land, Sea, and Air. American Society of Mechanical Engineers,

2012, 44694: 155-164.

[68] Liu B L, Cao L Z, Wu H C, et al. Pre-conceptual core design of a small modular fast reactor cooled by supercritical $CO_2$[J]. Nuclear Engineering and Design, 2016, 300: 339-348.

[69] Li H, Su W, Cao L Y, et al. Preliminary conceptual design and thermodynamic comparative study on vapor absorption refrigeration cycles integrated with a supercritical $CO_2$ power cycle[J]. Energy Conversion and Management, 2018, 161: 162-171.

[70] Wu C, Wang S S, Feng X J, et al. Energy, exergy and exergoeconomic analyses of a combined supercritical $CO_2$ recompression Brayton/absorption refrigeration cycle[J]. Energy Conversion and Management, 2017, 148: 360-377.

[71] Wang K, He Y L. Thermodynamic analysis and optimization of a molten salt solar power tower integrated with a recompression supercritical $CO_2$ Brayton cycle based on integrated modeling[J]. Energy Conversion and Management, 2017, 135: 336-350.

[72] Tong Y J, Duan L Q, Pang L P, et al. Off-design performance analysis of a new 300 MW supercritical $CO_2$ coal-fired boiler[J]. Energy, 2021, 216: 119306.

[73] Sun E H, Xu J L, Hu H, et al. Single-reheating or double-reheating, which is better for S-$CO_2$ coal fired power generation system?[J]. Journal of Thermal Science, 2019, 28: 431-441.

[74] Mecheri M, Le Moullec Y. Supercritical $CO_2$ Brayton cycles for coal-fired power plants[J]. Energy, 2016, 103: 758-771.

[75] Bai Z W, Zhang G Q, Li Y Y, et al. A supercritical $CO_2$ Brayton cycle with a bleeding anabranch used in coal-fired power plants[J]. Energy, 2018, 142: 731-738.

[76] Zhang Y F, Li H Z, Han W L, et al. Improved design of supercritical $CO_2$ Brayton cycle for coal-fired power plant[J]. Energy, 2018, 155: 1-14.

[77] Park S H, Kim J Y, Yoon M K, et al. Thermodynamic and economic investigation of coal-fired power plant combined with various supercritical $CO_2$ Brayton power cycle[J]. Applied Thermal Engineering, 2018, 130: 611-623.

[78] Wang L M, Deng L, Tang C L, et al. Thermal deformation prediction based on the temperature distribution of the rotor in rotary air-preheater[J]. Applied Thermal Engineering, 2015, 90: 478-488.

[79] 樊泉桂. 超超临界锅炉设计及运行[M]. 北京：中国电力出版社, 2010.

[80] Yang Y, Bai W G, Wang Y M, et al. Coupled simulation of the combustion and fluid heating of a 300 MW supercritical $CO_2$ boiler[J]. Applied Thermal Engineering, 2017, 113: 259-267.

[81] Ehsan M M, Guan Z, Klimenko A Y, et al. A comprehensive review on heat transfer and pressure drop characteristics and correlations with supercritical $CO_2$ under heating and cooling applications[J]. Renewable and Sustainable Energy Reviews, 2018, 92: 658-675.

[82] Rao N T, Oumer A N, Jamaludin U K, et al.State-of-the-art on flow and heat transfer characteristics of supercritical $CO_2$ in various channels[J]. The Journal of Supercritical Fluids, 2016, 116: 132-147.

[83] Shitsman M E. Impairment of the heat transmission at supercritical pressures[J]. Teplofizika Vysokikh Temperatur, 1963, 1(2): 267-275.

[84] Zhu X J, Bi Q C, Yang D, et al. An investigation on heat transfer characteristics of different pressure steam-water in vertical upward tube[J]. Nuclear Engineering and Design, 2009, 239(2): 381-388.

[85] Shen Z, Yang D, Xie H Y, et al. Flow and heat transfer characteristics of high-pressure water flowing in a vertical upward smooth tube at low mass flux conditions[J]. Applied Thermal Engineering, 2016, 102: 391-401.

[86] Zhang Q, Li H X, Kong X F, et al. Special heat transfer characteristics of supercritical $CO_2$ flowing in a

vertically-upward tube with low mass flux[J]. International Journal of Heat and Mass Transfer, 2018, 122: 469-482.

[87] Jackson J D. Fluid flow and convective heat transfer to fluids at supercritical pressure[J]. Nuclear Engineering and Design, 2013, 264: 24-40.

[88] Jiang P X, Zhang Y, Xu Y J, et al. Experimental and numerical investigation of convection heat transfer of $CO_2$ at supercritical pressures in a vertical tube at low Reynolds numbers[J]. International Journal of Thermal Sciences, 2008, 47(8): 998-1011.

[89] Cui Y L, Wang H X. Experimental study on convection heat transfer of R134a at supercritical pressures in a vertical tube for upward and downward flows[J]. Applied Thermal Engineering, 2018, 129: 1414-1425.

[90] Kim D E, Kim M H. Experimental study of the effects of flow acceleration and buoyancy on heat transfer in a supercritical fluid flow in a circular tube[J]. Nuclear Engineering and Design, 2010, 240(10): 3336-3349.

[91] Bishop A A, Sandberg R O, Tong L S. Forced-convection heat transfer to water at near-critical temperatures and supercritical pressures[R]. Westinghouse Electric Corp, Pittsburgh, Pa. Atomic Power Div., 1964.

[92] Jackson J D, Hall W B. Influences of buoyancy on heat transfer to fluids flowing in vertical tubes under turbulent conditions[C]//Turbulent Forced Convection in Channels and Bundles, Hemisphere, New York, USA, 1979, 2: 613-640.

[93] Gupta S, Saltanov E, Mokry S J, et al. Developing empirical heat-transfer correlations for supercritical $CO_2$ flowing in vertical bare tubes[J]. Nuclear Engineering and Design, 2013, 261: 116-131.

[94] Zhang H Y, Guo J F, Huai X L, et al. Thermodynamic performance analysis of supercritical pressure $CO_2$ in tubes[J]. International Journal of Thermal Sciences, 2019, 146: 106102.

[95] Zhang G, Li Y, Dai Y J, et al. Heat transfer to supercritical water in a vertical tube with concentrated incident solar heat flux on one side[J]. International Journal of Heat and Mass Transfer, 2016, 95: 944-952.

[96] Mokry S, Pioro I, Farah A, et al. Development of supercritical water heat-transfer correlation for vertical bare tubes[J]. Nuclear Engineering and Design, 2011, 241(4): 1126-1136.

[97] Yamagata K, Nishikawa K, Hasegawa S, et al. Forced convective heat transfer to supercritical water flowing in tubes[J]. International Journal of Heat and Mass Transfer, 1972, 15(12): 2575-2593.

[98] Chen W W, Fang X D, Xu Y, et al. An assessment of correlations of forced convection heat transfer to water at supercritical pressure[J]. Annals of Nuclear Energy, 2015, 76: 451-460.

[99] Huang D, Li W. A brief review on the buoyancy criteria for supercritical fluids[J]. Applied Thermal Engineering, 2018, 131: 977-987.

[100] Huang D, Wu Z, Sunden B, et al. A brief review on convection heat transfer of fluids at supercritical pressures in tubes and the recent progress[J]. Applied Energy, 2016, 162: 494-505.

[101] Ha M Y, Yoon T J, Tlusty T, et al. Widom delta of supercritical gas-liquid coexistence[J]. The Journal of Physical Chemistry Letters, 2018, 9(7): 1734-1738.

[102] Simeoni G G, Bryk T, Gorelli F A, et al. The Widom line as the crossover between liquid-like and gas-like behaviour in supercritical fluids[J]. Nature Physics, 2010, 6(7): 503-507.

[103] Gallo P, Corradini D, Rovere M. Widom line and dynamical crossovers as routes to understand supercritical water[J]. Nature Communications, 2014, 5(1): 5806.

[104] Banuti D T. Crossing the Widom-line–supercritical pseudo-boiling[J]. The Journal of Supercritical Fluids, 2015, 98: 12-16.

[105] Maxim F, Contescu C, Boillat P, et al. Visualization of supercritical water pseudo-boiling at Widom line crossover[J]. Nature Communications, 2019, 10(1): 4114.

[106] Kafengauz N L, Fedorov M I. Excitation of high-frequency pressure oscillations during heat exchange with diisopropylcyclohexane[J]. Journal of Engineering Physics, 1966, 11(1): 63-67.

[107] Ackerman J W. Pseudoboiling heat transfer to supercritical pressure water in smooth and ribbed tubes[J]. Journal of Heat Transfer, 1970: 490-497.

[108] Tamba J, Takahashi T, Ohara T, et al. Transition from boiling to free convection in supercritical fluid[J]. Experimental Thermal and Fluid Science, 1998, 17(3): 248-255.

[109] Sathre R, Gustavsson L, Le Truong N. Climate effects of electricity production fuelled by coal, forest slash and municipal solid waste with and without carbon capture[J]. Energy, 2017, 122: 711-723.

[110] 金红光, 林汝谋. 能的综合梯级利用与燃气轮机总能系统[M]. 北京: 科学出版社, 2008.

[111] Liu Z, Guan D B, Wei W, et al. Reduced carbon emission estimates from fossil fuel combustion and cement production in China[J]. Nature, 2015, 524(7565): 335-338.

[112] Zhu B G, Xu J L, Wu X M, et al. Supercritical "boiling" number, a new parameter to distinguish two regimes of carbon dioxide heat transfer in tubes[J]. International Journal of Thermal Sciences, 2019, 136: 254-266.

[113] Wang Q Y, Ma X J, Xu J L, et al. The three-regime-model for pseudo-boiling in supercritical pressure[J]. International Journal of Heat and Mass Transfer, 2021, 181: 121875.

[114] Wang Z F, Zheng H N, Xu J L, et al. The roadmap towards the efficiency limit for supercritical carbon dioxide coal fired power plant[J]. Energy Conversion and Management, 2022, 269: 116166.

[115] Xu J L, Wang X, Sun E H, et al. Economic comparison between s$CO_2$ power cycle and water-steam Rankine cycle for coal-fired power generation system[J]. Energy Conversion and Management, 2021, 238: 114150.

[116] Liu C, Xu J L, Li M J, et al. Scale law of s$CO_2$ coal fired power plants regarding system performance dependent on power capacities[J]. Energy Conversion and Management, 2020, 226: 113505.

[117] 朱兵国. 超临界二氧化碳垂直管内对流换热研究[D]. 北京: 华北电力大学, 2020.

[118] Zhu B G, Xu J L, Yan C S, et al. The general supercritical heat transfer correlation for vertical up-flow tubes: K number correlation[J]. International Journal of Heat and Mass Transfer, 2020, 148: 119080.

[119] Cengel Y A, Boles M A, Kanoğlu M. Thermodynamics: An Engineering Approach[M]. New York: McGraw-hill, 2011.

[120] 李志辉, 姜培学, 赵陈儒, 等. 超临界 $CO_2$ 在垂直圆管内对流换热实验研究[J]. 工程热物理学报, 2008, 29(3): 461-464.

[121] Jiang P X, Zhang Y, Zhao C R, et al. Convection heat transfer of $CO_2$ at supercritical pressures in a vertical mini tube at relatively low Reynolds numbers[J]. Experimental Thermal and Fluid Science, 2008, 32(8): 1628-1637.

[122] 徐峰, 郭烈锦, 白博峰. 管内超临界压力水的混和对流换热[J]. 工程热物理学报, 2005, 26(1): 76-79.

[123] 毛宇飞, 郭烈锦. 超临界水活塞效应传热现象的数值模拟[J]. 自然科学进展, 2006, (4): 457-462.

[124] Fan Y H, Tang G H, Li X L, et al. Correlation evaluation on circumferentially average heat transfer for supercritical carbon dioxide in non-uniform heating vertical tubes[J]. Energy, 2019, 170: 480-496.

[125] Fan Y H, Tang G H. Numerical investigation on heat transfer of supercritical carbon dioxide in a vertical tube under circumferentially non-uniform heating[J]. Applied Thermal Engineering, 2018, 138: 354-364.

[126] 张海松, 朱鑫杰, 朱兵国, 等. 浮升力和流动加速对超临界 $CO_2$ 管内流动传热影响[J]. 物理学报, 2020, 69(6): 136-145.

[127] Zhu B G, Xu J L, Zhang H S, et al. Effect of non-uniform heating on s$CO_2$ heat transfer deterioration[J]. Applied Thermal Engineering, 2020, 181: 115967.

[128] Shiralkar B S. Discussion:"pseudoboiling heat transfer to supercritical pressure water in smooth and ribbed tubes"

[J]. Journal of Heat Transfer, 1970, 92(3): 497.

[129] Knapp K K, Sabersky R H. Free convection heat transfer to carbon dioxide near the critical point[J]. International Journal of Heat and Mass Transfer, 1966, 9(1): 41-51.

[130] Knapp K K. An experimental investigation of free convection heat transfer to carbon dioxide in the region of its critical point[D]. California: California Institute of Technology, 1965.

[131] Stewart E, Stewart P, Watson A. Thermo-acoustic oscillations in forced convection heat transfer to supercritical pressure water[J]. International Journal of Heat and Mass Transfer, 1973, 16(2): 257-270.

[132] Widom B. Surface tension and molecular correlations near the critical point[J]. The Journal of Chemical Physics, 1965, 43(11): 3892-3897.

[133] Raman A S, Li H, Chiew Y C. Widom line, dynamical crossover, and percolation transition of supercritical oxygen via molecular dynamics simulations[J]. The Journal of Chemical Physics, 2018, 148(1): 014502.

[134] Fomin Y D, Ryzhov V N, Tsiok E N, et al. Thermodynamic properties of supercritical carbon dioxide: Widom and Frenkel lines[J]. Physical Review E, 2015, 91(2): 022111.

[135] Metatla N, Lafond F, Jay-Gerin J P, et al. Heterogeneous character of supercritical water at 400℃ and different densities unveiled by simulation[J]. RSC Advances, 2016, 6(36): 30484-30487.

[136] Swiatla-Wojcik D, Szala-Bilnik J. Transition from patchlike to clusterlike inhomogeneity arising from hydrogen bonding in water[J]. The Journal of Chemical Physics, 2011, 134(5): 054121.

[137] Skarmoutsos I, Samios J. Local density augmentation and dynamic properties of hydrogen-and non-hydrogen-bonded supercritical fluids: A molecular dynamics study[J]. The Journal of Chemical Physics, 2007, 126(4): 044503.

[138] Skarmoutsos I, Dellis D, Samios J. The effect of intermolecular interactions on local density inhomogeneities and related dynamics in pure supercritical fluids. A comparative molecular dynamics simulation study[J]. The Journal of Physical Chemistry B, 2009, 113(9): 2783-2793.

[139] Song W, Maroncelli M. Local density augmentation in neat supercritical fluids: the role of electrostatic interactions[J]. Chemical Physics Letters, 2003, 378(3-4): 410-419.

[140] Tamba J, Ohara T, Aihara T. MD study on interfacelike phenomena in supercritical fluid[J]. Microscale Thermophysical Engineering, 1997, 1(1): 19-30.

[141] Weiland N T, Lance B W, Pidaparti S R. $SCO_2$ power cycle component cost correlations from DOE data spanning multiple scales and applications[C]//Turbo Expo: Power for Land, Sea, and Air. American Society of Mechanical Engineers, 2019, 58721: V009T38A008.

[142] 朱聘冠, 加热设备. 换热器原理及计算[M]. 北京: 清华大学出版社, 1987.

[143] Nikitin K, Kato Y, Ngo L. Printed circuit heat exchanger thermal-hydraulic performance in supercritical $CO_2$ experimental loop[J]. International Journal of Refrigeration, 2006, 29(5): 807-814.

[144] Le Pierres R, Southall D, Osborne S. Impact of mechanical design issues on printed circuit heat exchangers [C]//Holton Heath: Proceedings of $SCO_2$ power cycle symposium. University of Colorado Bolder, Colorado, 2011.

[145] Kwon J S, Son S, Heo J Y, et al. Compact heat exchangers for supercritical $CO_2$ power cycle application[J]. Energy Conversion and Management, 2020, 209: 112666.

[146] Huang C Y, Cai W H, Wang Y, et al. Review on the characteristics of flow and heat transfer in printed circuit heat exchangers[J]. Applied Thermal Engineering, 2019, 153: 190-205.

[147] Jiang Y, Liese E, Zitney S E, et al. Design and dynamic modeling of printed circuit heat exchangers for supercritical carbon dioxide Brayton power cycles[J]. Applied Energy, 2018, 231: 1019-1032.

[148] Ahn Y, Bae S J, Kim M, et al. Review of supercritical $CO_2$ power cycle technology and current status of research and development[J]. Nuclear Engineering and Technology, 2015, 47(6): 647-661.

[149] Marion J, Kutin M, McClung A, et al. The STEP 10MW $sCO_2$ pilot plant demonstration[C]//Turbo Expo: Power for Land, Sea, and Air. American Society of Mechanical Engineers, 2019, 58721: V009T38A031.

[150] Chai L, Tassou S A. A review of printed circuit heat exchangers for helium and supercritical $CO_2$ Brayton cycles[J]. Thermal Science and Engineering Progress, 2020, 18: 100543.

[151] Tsuzuki N, Kato Y, Ishiduka T. High performance printed circuit heat exchanger[J]. Applied Thermal Engineering, 2007, 27(10): 1702-1707.

[152] Kim D E, Kim M H, Cha J E, et al. Numerical investigation on thermal-hydraulic performance of new printed circuit heat exchanger model[J]. Nuclear Engineering and Design, 2008, 238(12): 3269-3276.

[153] Liu G X, Huang Y P, Wang J F, et al. A review on the thermal-hydraulic performance and optimization of printed circuit heat exchangers for supercritical $CO_2$ in advanced nuclear power systems[J]. Renewable and Sustainable Energy Reviews, 2020, 133: 110290.

[154] Urquiza E, Lee K, Peterson P F, et al. Multiscale transient thermal, hydraulic, and mechanical analysis methodology of a printed circuit heat exchanger using an effective porous media approach[J]. Journal of Thermal Science and Engineering Applications, 2013, 5(4): 041011.

[155] Brun, K, Peter F, Richard D. Fundamentals and Applications of Supercritical Carbon Dioxide ($sCO_2$) Based Power Cycles[M]. Sawston: Woodhead publishing, 2017.

[156] Moore J, Cich S, Day M, et al. Commissioning of a 1 MW supercritical $CO_2$ test loop[C]//The 6th International Supercritical $CO_2$ Power Cycles Symposium, Pittsburgh, 2018.

[157] Moore J J, Nored M G. Novel concepts for the compression of large volumes of carbon dioxide[C]//Turbo Expo: Power for Land, Sea, and Air, Berlin, 2008, 43178: 645-653.

[158] Conboy T, Pasch J, Fleming D. Control of a supercritical $CO_2$ recompression Brayton cycle demonstration loop[J]. Journal of Engineering for Gas Turbines and Power, 2013, 135(11): 111701.

[159] Clementoni E M, Cox T L, Sprague C P. Startup and operation of a supercritical carbon dioxide Brayton cycle[J]. Journal of Engineering for Gas Turbines and Power, 2014, 136(7): 071701.

[160] Cho J, Shin H, Cho J, et al. Preliminary power generating operation of the supercritical carbon dioxide power cycle experimental test loop with a turbo-generator[C]//Proceedings of the 6th International Symposium-Supercritical $CO_2$ Power Cycles, Pittsburgh, 2018: 27-29.

[161] Wright S A, Conboy T M, Rochau G E. Break-even power transients for two simple recuperated S-$CO_2$ Brayton cycle test configurations[R]. Albuquerque, NM (United States): Sandia National Lab.(SNL-NM), 2011.

[162] Conboy T. Gas bearings and seals development for supercritical $CO_2$ turbomachinery[R]. Sandia National Laboratories, Albuquerque, NM, Technical Report No. SAND2012-8895, 2012.

[163] Conboy T M. An approach to turbomachinery for supercritical brayton space power cycles[R]. Albuquerque, NM, and Livermore, CA (United States):Sandia National Laboratories (SNL), 2012.

[164] Fleming D, Holschuh T, Conboy T, et al. Scaling considerations for a multi-megawatt class supercritical $CO_2$ Brayton cycle and path forward for commercialization[C]//Turbo Expo: Power for Land, Sea, and Air. Copenhagen: ASME, 2012, 44717: 953-960.

[165] Moore J, Day M, Cich S, et al. Testing of a 10MW supercritical $CO_2$ turbine[C]//Proceedings of the 47th Turbomachinery Symposium. Turbomachinery Laboratory, Texas A&M Engineering Experiment Station, San Antonio, 2018.

[166] Rimpel A, Smith N, Wilkes J, et al. Test rig design for large supercritical $CO_2$ turbine seals[C]//The Sixth International Supercritical $CO_2$ Power Cycle Symposium, Pittsburgh, 2018: 1-14.

[167] Cich S D, Moore J, Mortzheim J P, et al. Design of a supercritical $CO_2$ compressor for use in a 10 MW power cycle[C]//The 6th International Supercritical $CO_2$ Power Cycles Symposium, Pittsburgh, 2018.

[168] Poerner M, Musgrove G, Beck G. Liquid $CO_2$ formation, impact, and mitigation at the inlet to a supercritical $CO_2$ compressor[C]//Turbo Expo: Power for Land, Sea, and Air, Seoul, ASME, 2016, 49873: V009T36A005.

[169] Pecnik R, Rinaldi E, Colonna P. Computational fluid dynamics of a radial compressor operating with supercritical $CO_2$[J]. Journal of Engineering for Gas Turbines and Power, 2012, 134(12): 122301.

[170] Rinaldi E, Pecnik R, Colonna P. Steady state CFD investigation of a radial compressor operating with supercritical $CO_2$[C]//Turbo Expo: Power for Land, Sea, and Air, Seoul, ASME, 2013, 55294: V008T34A008.

[171] Rinaldi E, Pecnik R, Colonna P. Numerical computation of the performance map of a supercritical $CO_2$ radial compressor by means of three-dimensional CFD simulations[C]//Turbo Expo: Power for Land, Sea, and Air, D ü sseldorf, ASME, 2014, 45660: V03BT36A017.

[172] Lettieri C, Yang D, Spakovszky Z. An investigation of condensation effects in supercritical carbon dioxide compressors[J]. Journal of Engineering for Gas Turbines and Power, 2015, 137(8): 082602.

[173] Baltadjiev N D, Lettieri C, Spakovszky Z S. An investigation of real gas effects in supercritical $CO_2$ centrifugal compressors[J]. Journal of Turbomachinery, 2015, 137(9): 091003.

[174] Lee J, Baik S, Cho S K, et al. Issues in performance measurement of $CO_2$ compressor near the critical point[J]. Applied Thermal Engineering, 2016, 94: 111-121.

[175] Lee J, Lee J I, Yoon H J, et al. Supercritical carbon dioxide turbomachinery design for water-cooled small modular reactor application[J]. Nuclear Engineering and Design, 2014, 270: 76-89.

[176] Lee J, Kuk Cho S, Lee J I. The effect of real gas approximations on S-$CO_2$ compressor design[J]. Journal of Turbomachinery, 2018, 140(5): 051007.

[177] 丰镇平, 赵航, 张汉桢, 等. 超临界二氧化碳动力循环系统及关键部件研究进展[J]. 热力透平, 2016, 45(2): 85-94.

[178] 赵航, 邓清华, 黄雯婷, 等. 超临界二氧化碳离心压缩机叶顶两相流动研究[J]. 工程热物理学报, 2015, (7): 1433-1436.

[179] 赵航, 邓清华, 王典, 等. 超临界二氧化碳离心压缩机应力数值分析[C]//高等教育学会工程热物理专业委员会第二十一届全国学术会议论文集——工程热力学专辑, 扬州, 2015.

[180] Zhang H Z, Zhao H, Deng Q H, et al. Aerothermodynamic design and numerical investigation of supercritical carbon dioxide turbine[C]//Turbo Expo: Power for Land, Sea, and Air. American Society of Mechanical Engineers, Montreal, 2015, 56802: V009T36A007.

[181] 韩万龙, 丰镇平, 王月明, 等. 超临界二氧化碳高压涡轮气动设计及性能[J]. 哈尔滨工业大学学报, 2018, 50(7): 192.

[182] Han W L, Zhang Y F, Li H Z, et al. Aerodynamic design of the high pressure and low pressure axial turbines for the improved coal-fired recompression $SCO_2$ reheated Brayton cycle[J]. Energy, 2019, 179: 442-453.

[183] Li Z G, Li Z C, Li J, et al. Leakage and rotordynamic characteristics for three types of annular gas seals operating in supercritical $CO_2$ turbomachinery[J]. Journal of Engineering for Gas Turbines and Power, 2021, 143(10): 101002.

[184] Deng Q H, Jiang Y, Hu Z F, et al. Condensation and expansion characteristics of water steam and carbon dioxide in a Laval nozzle[J]. Energy, 2019, 175: 694-703.

# 第 2 章　$sCO_2$ 多级压缩循环的研究

## 2.1　引　　言

$sCO_2$ 单回热布雷顿循环(SC)的效率较低，再压缩循环(RC)在 SC 的基础上增加了一级压缩机，同时单级回热器被分为高温与低温回热器，目前 RC 已被广泛应用。本章参考水蒸气朗肯循环多级抽汽回热的思路，从协同学视角解释了 RC 比 SC 效率高的原因，RC 可被拆分为两个单压缩循环 SC1 和 SC2，每个单压缩循环含一个压缩机和一个回热器。RC 的余热通过 SC1 的冷却器向环境释放，SC2 的余热释放到 SC1，不释放到环境，因此 SC2 的名义效率为 1。SC1 和 SC2 的协同作用使 RC 的效率大于 SC1 的效率。RC 流量被分配到两个压缩机，优化了两个分流流量占比，流体混合㶲损为 0，这就是 RC 比 SC 效率高的原因。因此，作者提出多级压缩 $sCO_2$ 循环：$n$ 级压缩循环可视为 $n$–1 级压缩循环和单级压缩循环 SC 的耦合，各压缩机在最佳分流比时不产生流体混合㶲损，从而实现 $n$ 级压缩循环效率高于 $n$–1 级压缩循环。本章证明了多级压缩 $sCO_2$ 循环适合燃煤、核能、太阳能等不同热源，建议燃煤发电采用三级压缩循环 TC，这为提高系统发电效率提供了新思路。

## 2.2　$sCO_2$ 多级压缩循环的发展过程

自 20 世纪中叶 $sCO_2$ 循环诞生时起，研究人员就开始研究如何提高 $sCO_2$ 循环的效率。1968 年，Angelino[1]和 Feher[2]分别对 $CO_2$ 循环的结构及热力学特性进行研究，提出了单回热布雷顿循环、再压缩循环、预压缩循环、部分冷却循环等循环结构，开启了对 $sCO_2$ 循环结构优化的探索。

在以提高效率为目标的循环结构优化中，间冷、再热、回热是较常用的优化方法[3-5]，即通过降低和提高循环的平均放热与吸热温度使循环接近同温限内的卡诺循环效率。$sCO_2$ 循环同样可应用上述三种方法，且其回热优化独具特点。因为相比于回热，间冷与再热可以作为功能模块直接与循环耦合，过程明确，而回热为压缩回热过程作用于循环内部，包含压缩、换热、流量分配等多个过程，因此对循环回热特性的揭示还是 $sCO_2$ 广义循环构建的关键。

目前，针对 $sCO_2$ 循环回热过程的认识还处于多级压缩回热的阶段。这一认识的形成经历了较长过程，首先从单级压缩的单回热布雷顿循环发展到以再压缩循环为代表的两级压缩循环。现阶段的主流仍是围绕再压缩循环进行研究，然而随着对循环认识的逐渐深入，作者意识到相比于水蒸气朗肯循环，围绕再压缩循环构建的系统其效率优势逐渐弱化[6]，这促使我们进一步探索 $sCO_2$ 循环的优化问题，进而发展出了多级压缩回热循环。

对多级压缩回热的认识大致经历了三个时期，第一个时期是 Sulzer 在 1950 年提出的闭式 $sCO_2$ 循环[7]，由于透平排气参数较高，故冷热流体直接换热的单回热布雷顿循环的出现是顺其自然的。第二个时期是 Angelino 在 1968 年提出的多种基本循环[1]，其最显著的特征就是通过两级压缩或膨胀的形式构建循环，其中最典型的循环形式就是再压缩循环，再压缩循环的结构简单、效率较高，至今仍是 $sCO_2$ 循环中讨论最多的循环形式之一[8-11]。

第三个时期是近年来，一些研究者以再压缩循环为基础，将 $sCO_2$ 循环回热过程的认识推广到多级压缩回热过程。其中，2009 年，美国阿贡国家实验室的 Moisseytsev 等[12]认为再压缩循环通过分流压缩使低温回热器内高低压两侧的比热容与质量流量乘积更加接近，从而提高了低温回热器的效能，并基于该思路，首先提出在再压缩循环的基础上，进一步将高温回热器一分为二，通过分流压缩进一步缩小高温回热器高低压两侧的比热容与质量流量乘积之差，提高高温回热器的效能。这种循环比再压缩循环多一个压缩机和回热器，被他称为双级再压缩循环，并认为该循环效率要低于再压缩循环。

与 Moisseytsev 的思路类似，2018 年清华大学姜培学教授课题组[13]从温度滑移的角度，提出在再压缩循环的基础上增加一级分流压缩过程，能显著降低高温回热器的平均换热温差，进一步提高回热器高低压两侧的温度滑移匹配性。与 Moisseytsev 的结果不同，结果显示该循环效率相比于再压缩循环有明显提升。以目前的视角看，两者结果的差异在于 Moisseytsev 构建的回热过程忽略了分流压缩过程对回热的影响，分流比例错配，使得汇流㶲损增大，系统性能降低。

2020 年本书作者连续发表了两篇文章[14,15]，第一篇从再压缩循环入手，对循环进行拆分，证明了对于 $sCO_2$ 再压缩循环，可将其拆分为两个单回热布雷顿循环。通过协同原理解释了再压缩循环效率比单回热布雷顿循环效率更高的原因，并在此基础上总结了多级压缩循环构建的规律。第二篇通过热力学第一定律，对再压缩循环的分流过程进行了分析，推导得出了多级压缩循环构建的规律，从理论上证明了压缩回热过程与间冷过程和再热过程相同，都是循环结构优化的基本方法，且证明了压缩回热级数越高，循环效率越高，并给出了成功构建多级压缩循环需要满足的条件。上述两篇文章分别从定性和定量的角度探索了多级压缩循环的构建方法，初步摆脱了循环参数对循环结构的影响，从理论角度证明了多级压缩循环的高效性。

目前针对多级压缩循环的研究也在逐渐展开，如 2018 年，Al-Sulaiman[16]对太阳能驱动的双级再压缩循环进行了分析，研究了不同参数变化对系统的影响。当透平进口温度为 580℃时，循环效率达到了 47%，考虑镜场效率、集热器效率等，系统的发电效率最高达到了 29.6%。本书作者针对 $sCO_2$ 燃煤发电系统进行了研究，通过三级压缩循环配合模块化锅炉的结构创新，循环在 35MPa/630℃主气参数下，发电效率达到 50.27%，该效率也凸显出 $sCO_2$ 循环应用于燃煤发电领域的效率潜力[6]。

本章首先以协同学为引，通过拆分法分析了再压缩循环效率高于单回热循环的原因，并以此为启发系统说明多级压缩循环的构建方法，最后对热源适用性进行了讨论。

## 2.3　$sCO_2$ 再压缩循环中的协同效应

再压缩循环系统流程如图 2-1(a)所示，该循环的透平和压缩机等熵效率、部件压降、透平入口温压参数、冷却器出口温压参数及回热器夹点参数为已知参数，工况表如表 2-1 所示。本书作者应用 Fortran 语言编制了循环计算程序，为了证明计算程序的通用性，以再压缩循环为例，对比文献数据进行了模型验证[17]。$CO_2$ 的物性从 NIST 数据库调用，NIST 是美国国家标准技术研究所的简称，其开发的 REFPROP[18](reference fluid properties)软件是一款国际权威的工质物性计算软件，REFPROP 现被很多研究项目用作物性数据源，或者作为计算结果准确性的参考数据源。

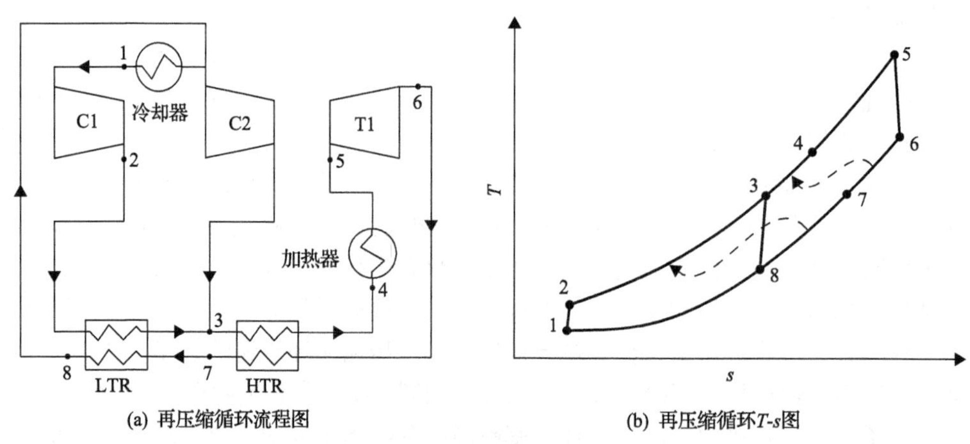


(a) 再压缩循环流程图　(b) 再压缩循环 $T$-$s$ 图

图 2-1　再压缩循环[19]

再压缩循环的主要流程为：工质经透平(T1)做功后进入高温回热器(HTR)低压侧，在 HTR 低压侧与高压侧工质换热后进入低温回热器(LTR)低压侧，工质在 LTR 低压侧出口进行分流，一部分工质进入冷却器将热量释放到环境，另一部分工质进入辅助压缩机(C2)压缩，进入冷却器的工质冷却后进入压缩机(C1)压缩，压缩后的工质进入 LTR 高压侧，在 LTR 高压侧出口处原本分流的两部分工质汇合后进入 HTR，随后工质进入加热器升温，升温后的工质进入 T1 做功，至此完成循环。RC 对应的 *T-s* 图如图 2-1(b)所示。

**表 2-1　再压缩循环的相关计算参数**

| 参量 | 数值 |
| --- | --- |
| 透平入口温度 $T_5$/℃ | 550～850 |
| 透平等熵效率 $\eta_{T,s}$/% | 90 |
| 压缩机 C1 入口温度 $T_1$/℃ | 32 |
| 压缩机 C1 入口压力 $p_1$/MPa | 7.9 |
| 压缩机 C1 出口压力 $p_2$/MPa | 15～30 |
| 压缩机等熵效率 $\eta_{C,s}$/% | 89 |
| 换热器压降 $\Delta p$/MPa | 0.13 |
| LTR 与 HTR 的夹点温差（$\Delta T_{LTR}$ 与 $\Delta T_{HTR}$）/℃ | 10 |

本书根据热力学第一定律建立了热力系统各部件的模型。各部件计算方法如下。

透平等熵效率 $\eta_{T,s}$ 及输出功 $W_T$：

$$\eta_{T,s}=\frac{h_{in}-h_{out}}{h_{in}-h_{out,s}},\quad W_T=\dot{m}_T(h_{in}-h_{out}) \tag{2-1}$$

式中，$h$ 为 $CO_2$ 的焓值；$\dot{m}$ 为质量流量；下标 in 为入口；下标 out 为出口；下标 s 为等熵；下标 T 为透平。

压缩机等熵效率 $\eta_{C,s}$ 及耗功 $W_C$：

$$\eta_{C,s}=\frac{h_{out,s}-h_{in}}{h_{out}-h_{in}},\quad W_C=\dot{m}_T(h_{out}-h_{in}) \tag{2-2}$$

式中，下标 C 为压缩机。

热源换热量：

$$Q_h=\dot{m}_h(h_{h,out}-h_{h,in}) \tag{2-3}$$

式中，下标 h 为热源。

冷却器换热量：

$$Q_c = \dot{m}_c(h_{c,in} - h_{c,out}) \tag{2-4}$$

式中，下标 c 为冷却器。

回热器能量平衡方程：

$$\dot{m}_{HP}\left(h_{HP,in} - h_{HP,out}\right) = \dot{m}_{LP}\left(h_{LP,out} - h_{LP,in}\right) \tag{2-5}$$

式中，下标 HP 为回热器高压侧；下标 LP 为回热器低压侧。

热效率计算公式：

$$\eta_{th} = \frac{W_T - \sum W_C}{Q_h} \tag{2-6}$$

### 2.3.1 协同作用简述

目前在很多领域都发现了协同作用现象，本书作者在热力循环构造领域揭示了协同作用现象，并应用该现象成功指导了 $sCO_2$ 循环的系统构造，循环效率进一步提升。在循环构造领域，协同作用体现在有效效果部分的叠加，通过协同作用构建了 $sCO_2$ 多级压缩循环。

协同作用最初由 Haken 首先提出[20]，最初含义是通过系统内部各子系统之间的合作或竞争使系统在宏观上体现出规律性。他列举了三个典型案例。第一个案例是激光，它是通过激励源激发激光器得到的，激励源发出的能量有大有小，当能量较小时，激发出的激光为几米长的短光迹，然而当能量达到某一值时，可释放出达 30 万公里的光迹，这表明激光器的内部状态已经完全发生转变，此时随机振荡的原子天线转变为自组织的振荡，这是一个从无序到有序的过程。第二个案例是平底容器内的液体若从底部均匀加热，当液体上下表面温差很小时，液体没有宏观运动，然而当温度梯度达到某一值时，流体出现宏观运动，体现出规则的六边形流动形式，这一流动形式也称为伯纳利对流，此时也是一个从无序到有序的过程。第三个案例是 Belousov-Zhabotinsky 反应，即反应过程在宏观层面上会出现颜色振荡或环形图案等现象，这也是一个从无序到有序的过程。

随着该概念的发展，协同作用的含义逐渐转变为各种分散作用在联合中使总效果优于单独效果之和的相互作用，这种增效既包含 1+1＞2 的正协同，也包含 1+1＜2 的负协同[21]，并在诸多领域深度揭示了复杂系统表现的复杂现象的原因。例如，Brook 等[22]在生态学领域揭示了物种灭绝的驱动因素之间存在协同作用，物种灭绝的主要因素有 3 个，分别为栖息地破坏、捕猎、气候变化，每一种因素都会对物种多样性丧失起作用，但当某些因素同时存在时，其作用效果并不能简单叠加，需要将灭绝过程视为一个协同过程，此时针对这一过程的预测才能接近现实。Rhind[23]在化学制药领域同样揭示了协同作用的存在，如黎巴嫩生鲜精油对两种结肠癌细胞株有生长抑制作用，并在该精油中提取了 3 种可能的有效成分，分别为乙酸芳樟酯、松油醇和樟脑，但当每种成分单独作用时，只有乙酸芳樟酯有轻微效果，其余两种均没有效果，而当乙酸芳樟酯与松油醇混合后对两种细胞株分别有 33%和 45%的抑制效果，当三者混合时，效果最好，对两种细胞株分别有 50%和 64%的抑制效果。Yoshida 等[24]在生物材料制备领域也发现了这种协同作用现象。双室粒子与细胞的选择性结合程度可通过对双室离子的表面修饰优化实现，当没有修饰时，双室粒子与细胞的结合没有极性，当用聚乙二醇对双室粒子进行表面改性后，双室粒子与细胞的结合程度减弱，而用链霉亲和素对用聚乙二醇修饰后的双室粒子进一步进行表面修饰后，该粒子与细胞结合时会体现出明显极性。除上述领域外，在物理学、社会学、经济学等学科的某些现象中均体现出协同效应[25-27]。该概念作为一种普遍存在的现象，对多种学科的发展起到了重要作用。图 2-2 展示了这一作用的直观图景，即存在协同作用时，各子系统之间的性能并不是全加性的，而是在协同作用下存在效果的增益。

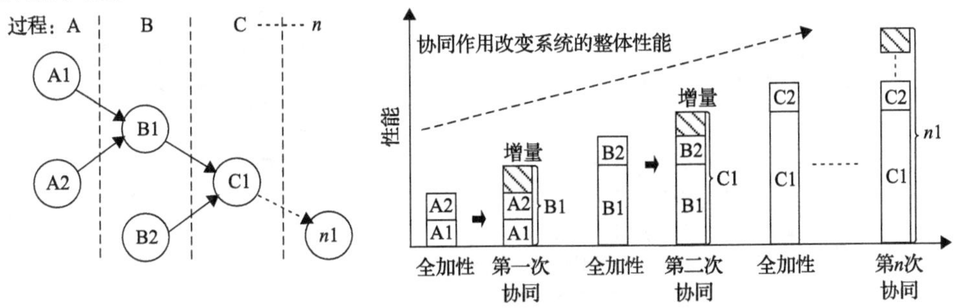


图 2-2 协同作用使得系统性能得到提升[14]

热功转换过程是通过构造循环来实现的，通常通过热力学第一定律、第二定律来评价所构造的循环性能，但热力学第一定律和第二定律本身并没有给出具体的循环优化结构，而是给出可能的优化方向，如㶲损失大的部件要想办法减小㶲损失，但如何减小㶲损失是通过人为经验决定的。即基于一、二定律的分析是揭示现象，并不对具体循环结构进行指导。本书作者以 $sCO_2$ 循环为例，揭示了循环构造领域存在协同作用，并通过协同作用现象有效指导了新循环的构造，形成了多级压缩 $sCO_2$ 循环。同时，解答了 $sCO_2$ 循环发展过程中面临的一些疑问，如 RC 是如何构建的？RC 是最高效的 $sCO_2$ 循环吗？我们该如何寻找这样的循环？本节以 $sCO_2$ 循环为例研究以下三部分内容。

(1)揭示循环构造领域存在协同作用。

(2)通过协同作用思想指导循环构造。

(3)循环能够进行协同作用的条件。

该部分的循环计算方法与前述计算方法相同，以下仅对区别进行说明。本书作者认为存在流量分配的循环可以应用拆分的方法将循环拆解为两个更为基本的循环，如 RC 可以拆分为 SC1 和 SC2，如图 2-3 所示，其中 SC2 各点温压参数与 RC 对应的各点温压参数相同，SC1 除 4′、7′点外也与 RC 对应的各点温压参数相同，将 SC1 单独视为一个整体时，4′点焓值可根据 SC1 回热器 TR[LTR(a)、HTR(a)]能量平衡方程计算。

$$h_2 - h_{4'} = h_8 - h_6 \tag{2-7}$$

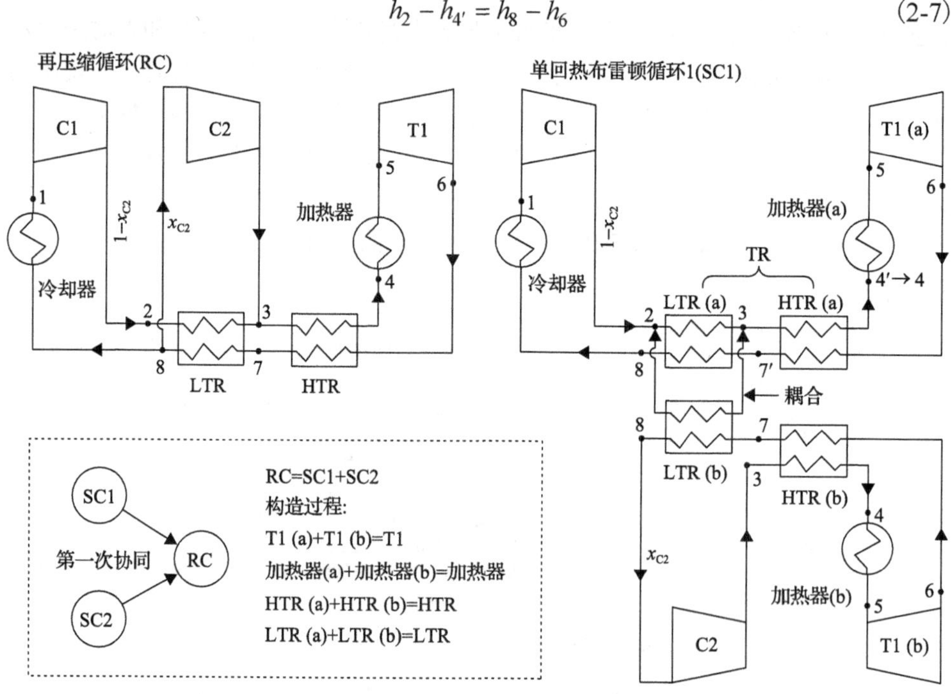


图 2-3　再压缩循环拆解为两个单回热布雷顿循环[14]

同样 7′也可以根据 LTR(a)两侧能量平衡方程计算。SC1 的回热器 LTR(a)和 HTR(a)本为一体，可以总称为 TR，其两侧工质质量流量相同，这是为了体现 SC1 与 SC2 的协同过程才将 TR 人为地划分为 LTR(a)和 HTR(a)。本书作者对每个回热器都限制了夹点温差，如 RC 的两个回热器 LTR 与 HTR 的夹点温差 $\Delta T_{LTR}$ 与 $\Delta T_{HTR}$ 都为 10℃，拆分后由于 LTR(a)和 HTR(a)为同一个回热器 TR，故拆分后 HTR(a)的夹点温差并不为 10℃，具体温度可根据能量平衡方程计算。当 SC1 与 SC2 进行协同作用后，此时 4′点转变为 4 点，SC1 的 4 点温压参数与 SC2、RC 的 4 点是相同的。具体计算流程图如图 2-4 所示。本书作者通过协同思想进一步提出了 TC 和 FC，TC 和 FC 皆遵循上述计算方法。

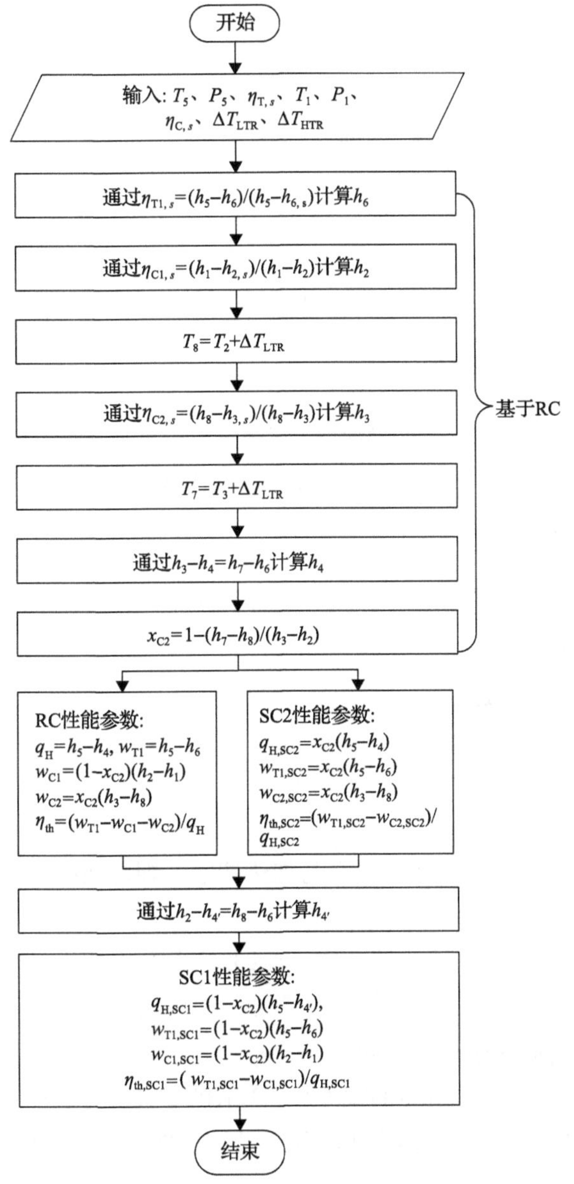


图 2-4　循环计算流程图[14]

循环的热力学第二定律计算可通过下述方法展开。各状态点的比㶲值由 $e=h-T_0s$ 计算，假设在参考状态下（温度为 $T_0$），焓值和熵值都为零，$T_0$ 为环境温度。循环的输入比㶲$e_{en}$ 为

$$e_{en}=q_r(1-T_0/T_r) \tag{2-8}$$

式中，$q_r$为单位质量热源吸热量。

透平的㶲损系数 $i_T$ 为

$$i_T = [(e_{in} - e_{out}) - w_T] / e_{en} \tag{2-9}$$

式中，$w_T$为透平输出比功。

压缩机的㶲损系数 $i_C$ 为

$$i_C = [w_C - (e_{out} - e_{in})] / e_{en} \tag{2-10}$$

回热器的㶲损系数 $i_{TR}$ 为

$$i_{TR} = [(e_{LP,in} - e_{LP,out}) - (e_{HP,out} - e_{HP,in})] / e_{en} \tag{2-11}$$

式中，下标 HP 为回热器高压侧；下标 LP 为回热器低压侧。

冷却器的㶲损系数 $i_c$ 为

$$i_c = (e_{c,in} - e_{c,out}) / e_{en} \tag{2-12}$$

式中，下标 c 为冷却器。

热源加热器㶲损系数 $i_h$ 为

$$i_h = [e_{en} - (e_{out} - e_{in})] / e_{en} \tag{2-13}$$

式中，下标 h 为热源。

循环的㶲效率 $\eta_{II}$ 可以用净输出㶲与加热器输入㶲之间的比值来定义，表示为

$$\eta_{II} = \frac{w_T - \sum w_C}{e_{en}} = 1 - \sum i_{com} \tag{2-14}$$

式中，下标 com 为循环中的各个部件。

同时，为了更清晰地揭示协同效应，2.5 节的循环计算并没有考虑系统压降，所以计算得到的热效率较高，但由于各循环计算标准相同，故不影响得到的结论。

### 2.3.2　再压缩循环效率高于单回热循环的原因

协同作用的一个特点是系统由多个子系统构成，子系统之间的协同使系统的性能提升。那么在热力循环里是否也存在这样的现象呢？我们首先以再压缩循环为例，RC 效率高、结构简单，是各类 $sCO_2$ 循环中的主要研究对象，那么 RC 是怎样构造出来的？

图 2-3 中 RC 质量流量在 8 点后进行分流，一部分进入冷却器，一部分进入

C2，此时流量的分配将 RC 拆分成两个循环，分别为单回热布雷顿循环 1(SC1)和单回热布雷顿循环 2(SC2)，其中 SC1 由冷却器、C1、LTR(a)、HTR(a)、加热器(a)、T1(a)组成，SC2 由 C2、LTR(b)(可视为 SC2 的冷却器)、HTR(b)、加热器(b)、T1(b)组成。所以，可以认为 RC 循环是由两个单回热布雷顿循环组成的，即 RC=SC1+SC2。拆分与构造过程是可逆的，RC 的构造过程是，将 SC2 的 LTR(b)原本应释放到环境的热量 $x_{C2}(h_7-h_8)$ 释放到 SC1 的 LTR(a)，释放后 SC1 的 7′点转化为 7 点，4′点转化为 4 点，此处的 7 点与 4 点与 RC 及 SC2 对应的 7 点和 4 点的温压参数相同，此时就可以将 SC1 循环的 LTR(a)、HTR(a)、加热器(a)、T1(a)与 SC2 的 LTR(b)与 HTR(b)、加热器(b)、T1(b)合并。因此，RC 系统由两个子系统 SC1 和 SC2 构成，这符合协同作用过程的特点。

协同作用的效果如图 2-5 所示，图 2-5 为 RC 及 SC1、SC2 的 *T-s* 图，RC 循

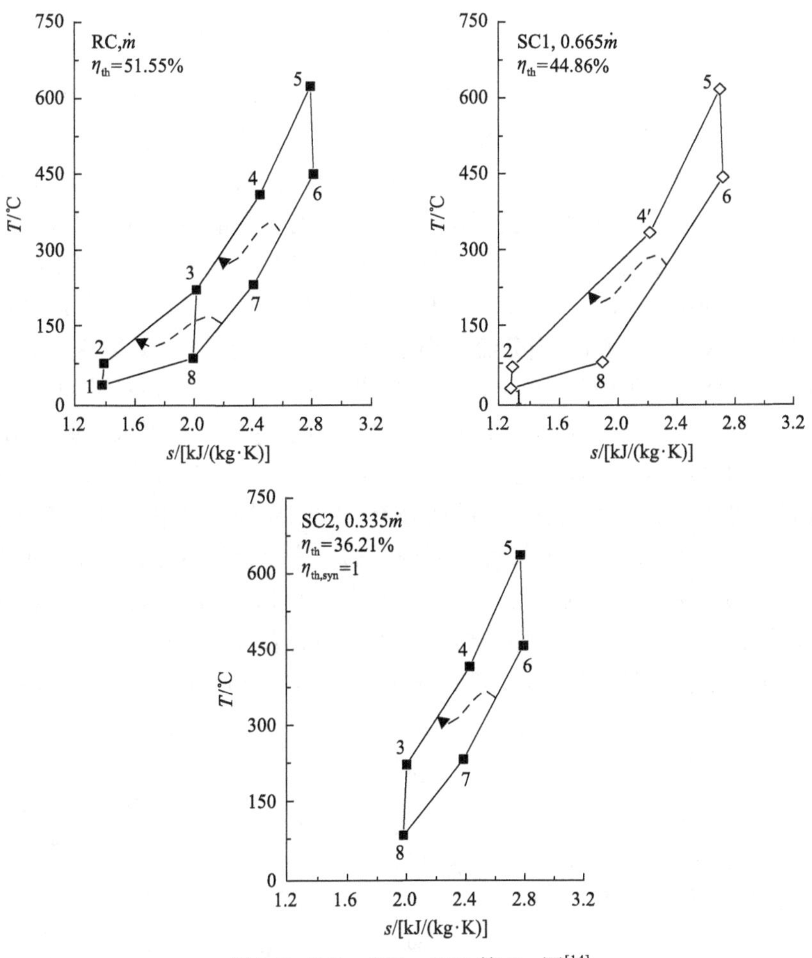


图 2-5　RC、SC1、SC2 的 *T-s* 图[14]

环效率在主气参数为 $T_5$=620℃，$p_5$=30MPa 时达到 51.55%，而拆分后 SC1 的主气参数与冷却器出口参数均与 RC 相同，但效率仅为 44.86%，这体现出从单回热布雷顿循环到再压缩循环过程效率的提升。拆分后 SC2 的热效率为 36.21%，但由于本该通过 LTR(b)释放到环境的热量以回热方式释放给了 SC1 中的 LTR(a)高压侧，故 SC2 并没有向环境排热，根据循环热效率的定义式 $\eta_h=1-Q_c/Q_h$，其中，$Q_c$ 为循环向环境的放热量，$Q_h$ 为循环从热源的吸热量，由于 SC2 的 $Q_c=0$，故该循环的热效率等效为 1。这就是再压缩循环效率高的原因，即循环在单回热布雷顿循环的基础上叠加了一个效率为 1 的单回热布雷顿循环。由上述分析可知，RC 的效率优势是两个最基本的单回热布雷顿循环通过参数匹配或相互合作得到的，这一过程体现了循环构造中的协同作用。

$$\eta_{th}=\frac{w_{net}}{q_r}=\frac{(1-x_{C2})\left[h_5-h_6-(h_2-h_1)\right]+x_{C2}\left[h_5-h_6-(h_3-h_8)\right]}{(1-x_{C2})(h_5-h_4)+x_{C2}\left[h_5-h_6-(h_3-h_8)\right]}=\frac{A+C}{B+C} \tag{2-15}$$

但是，通过协同原理提高系统性能的过程并不是没有条件的，其中最重要的一点就是 SC1 与 SC2 的流量比例要达到最佳。达到最佳分流比的条件是 C2 出口温度与 LTR 高压侧出口温度相同，即在保证 LTR 与 HTR 夹点温差的条件下将汇流的混合损失最小化。在最佳分流比条件下循环的效率最高，有很多文献针对再压缩循环的这一特性进行了分析[12, 28, 29]。这里给出温度变化特征，图 2-6(a)为 $T_3$ 随分流比变化的特点，图中 $T_{3b}$ 为 C2 出口温度，C2 属于 SC2，$T_{3a}$ 为 LTR 高压侧出口温度，LTR 属于 SC1，当分流比小于最佳分流比时，即 $T_{3b}>T_{3a}$，此时由于两者温度不同将存在汇流混合的损失，这意味着 SC1 与 SC2 进行协同时并不是最佳状态。同样，当分流比大于最佳分流比时，$T_8$ 与 $T_2$ 的温差增大，此时 SC1 与 SC2 进行协同时也不是最佳状态，如图 2-6(b)所示。只有当分流比为最佳分流比时，协同效果才是最好的，当偏离最佳分流比时循环的热效率与㶲效率均降低，如图 2-7 所示。通过图 2-4 的计算过程得到的分流比就是最佳分流比。本书后续的计算结果都是在最佳分流比的条件下得到的。此外，还需保证 SC2 的压缩机耗功小于透平耗功，此时叠加循环的热效率才能等效为 1，否则为–1。由于压缩机耗功应小于透平耗功是构建循环的基本规则，故这一条件在后文不再赘述。

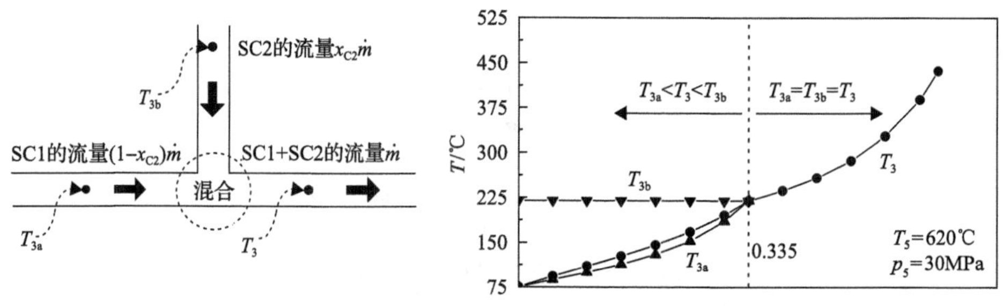

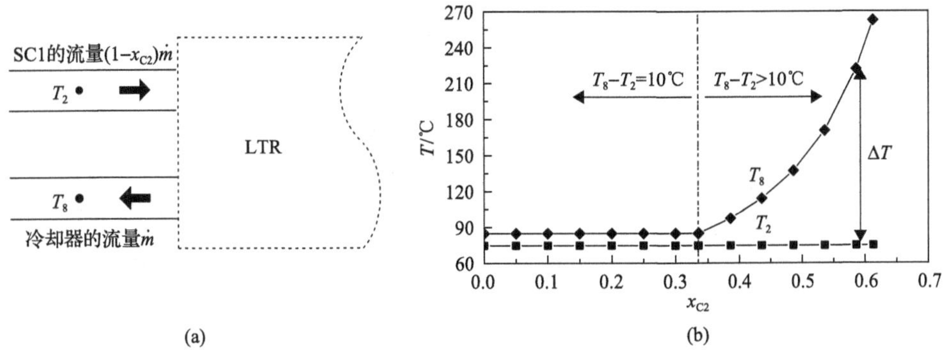


图 2-6　变分流比条件下 LTR 两侧温差的变化情况[14]

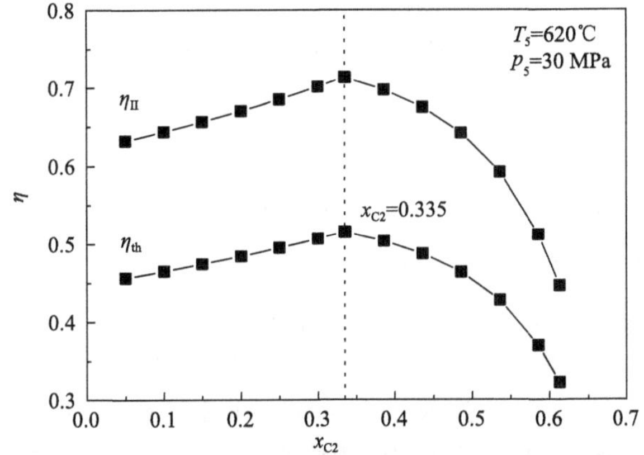


图 2-7　循环的热效率与㶲效率随分流比的变化情况[14]

## 2.4　多级压缩 $sCO_2$ 循环

当揭示了循环构造中存在协同作用后，我们希望应用协同作用来指导循环的构造，这里回顾图 2-2 中体现的协同作用思想，并将其应用到 $sCO_2$ 循环构造中，即在 RC 上再叠加一个基本循环进行进一步的协同。如图 2-8 所示，在 RC 上叠加一个单回热布雷顿循环 3(SC3)，此时可以构造出三压缩循环(TC)，具体构造过程与再压缩循环的构造过程类似，即将 RC 的 HTR 拆分为 MTR(a)和 HTR(a)，SC3 的冷却器为 MTR(b)，两者协同时，SC3 的 MTR(b)将原本应释放到环境的热量释放给 RC 的 MTR(a)高压侧，释放热量后，RC 的 8′点转化为 8 点，5′点转化为 5 点，此处的 8 点与 5 点与 TC 及 SC3 对应的 8 点和 5 点相同，协同后 SC3 同样没有向环境释放热量，其余部件 HTR(a)与 HTR(b)、加热器(a)与加热器(b)、T1(a)与 T1(b)可依次进行合并，此时 RC 与 SC3 合并为一个整体，构成 TC。

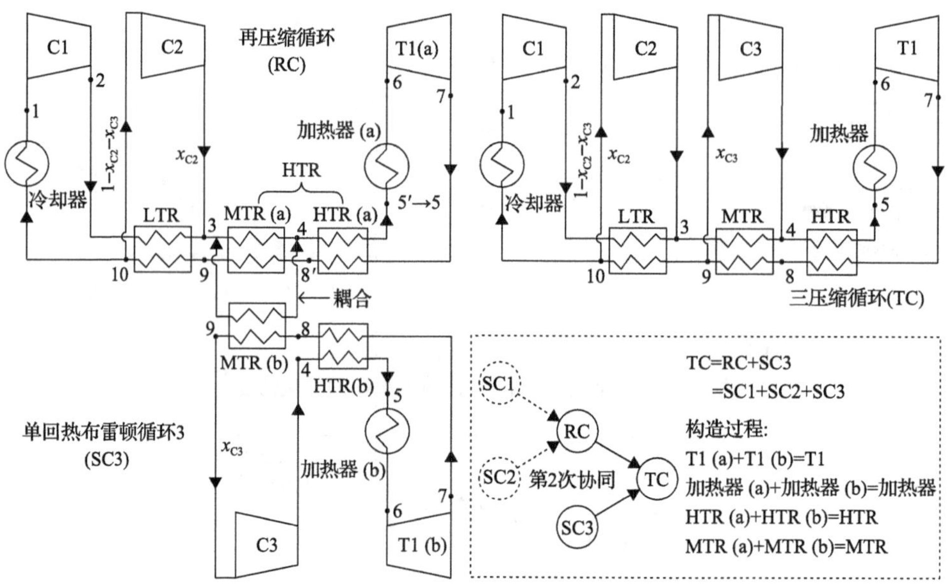


图 2-8　基于协同作用思想的三压缩循环的构造过程[14]

图 2-9 为 RC 及 SC3、TC 的 *T-s* 图，TC 循环效率在主气参数为 $T_6$=620℃、$P_6$=30MPa 时达到 52.54%，此时 RC 的效率为 51.55%，故 TC 的效率在 RC 的基础上实现了大幅提高。SC3 的效率为 14.16%，但由于 SC3 并没有将热量释放到环境，故其效率等效为 1，考虑到 RC 是由 SC1 和 SC2 构成的，所以 TC 也可以认为是由 SC1、SC2 和 SC3 通过协同作用构成的，三者分别占 56.87%、28.66%和 14.47%的份额。TC 在本书并不是第一次出现，Moisseytsev 等[12]在文章中同样提出了 TC 结构，但其结论与 RC 相比，TC 并没有效率优势。但经过分析发现，该 TC 结构的分流比并不是最佳的，就像 RC 的分流比 $x_{C2}$ 的变化对效率有显著影响一样[12, 28, 29]，TC 的 $x_{C2}$ 与 $x_{C3}$ 的变化同样对效率产生影响，故分流比是需要进行优化的。本书在计算过程中保证两点假设：①压缩机出口与回热器出口的汇流处不存在温差与压差；②保证每个回热器的夹点为设计值。TC 的分流比就是根据上述假设得到的。Mecheri 等[30]也在文章中提到了三压缩结构，但并没有计算具体算例，仅推测出三压缩结构可以减小回热器内部温差进而提高效率。相比于上述文献凭经验构造循环，本书通过协同思想获得了循环构造的内在逻辑，并有效指导了循环构造。

至此，不仅发现了热力循环构造过程的协同作用，同时应用协同作用指导了热力循环的进一步构造，效率得到了显著提高。同时，发现基本循环之间的协同作用使效率提升的关键在于叠加等效效率为 1 的部分。基于这样的思想还可以进一步构造出四压缩循环，如图 2-10 所示。

RC, $0.8553\dot{m}$
(SC1, $0.5687\dot{m}$,
SC2, $0.2866\dot{m}$)
$\eta_{th}$=51.55%

SC3, $0.1447\dot{m}$
$\eta_{th}$=14.16%
$\eta_{th,syn}$=1

TC, $\dot{m}$
$\eta_{th}$=52.54%

$T$/℃

$s$/[kJ/(kg·K)]

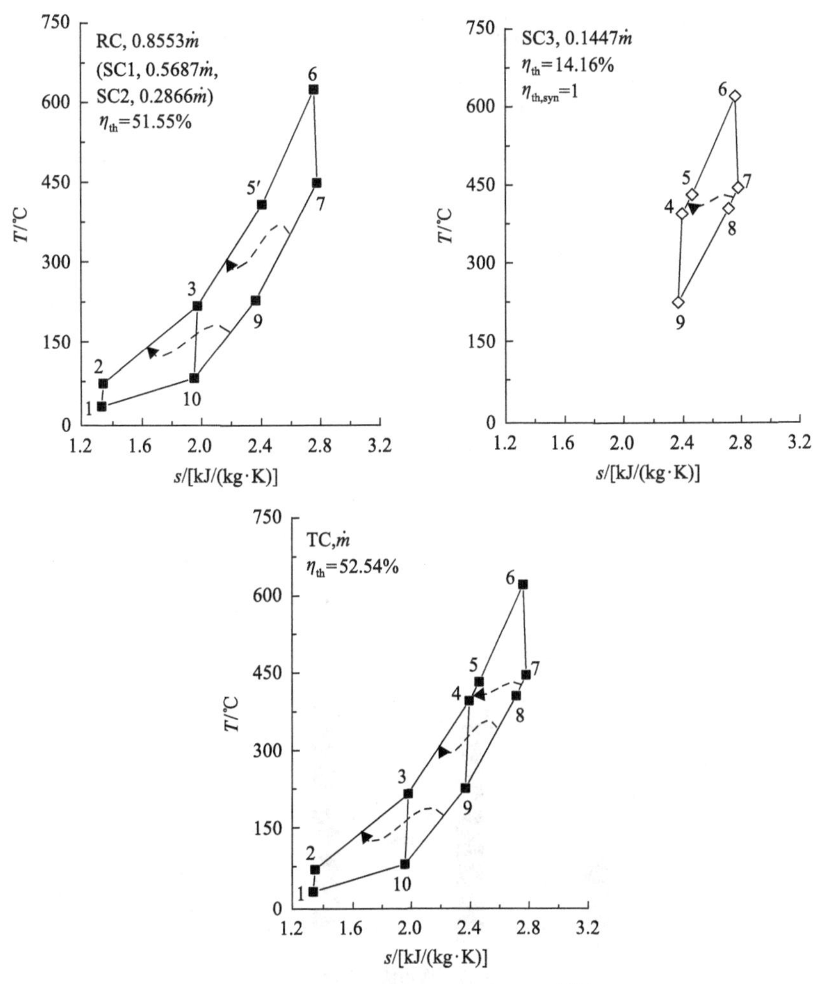

图 2-9　RC、SC3、TC 的 $T$-$s$ 图[14]

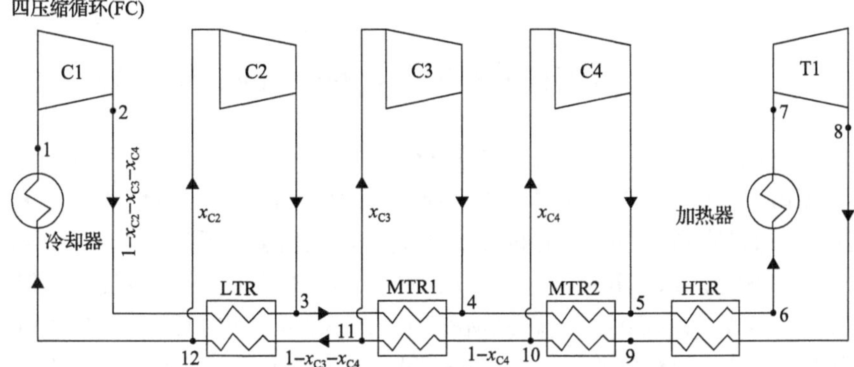


图 2-10　基于协同作用思想构造出的四压缩循环[14]

综上所述，对循环构造中的协同作用做一个总结，上述构造过程在形式上与效果上均与协同作用相同，即子系统之间的相互作用使总系统的性能高于各子系统单独作用的总和，所以这种构造过程体现了循环构造领域的协同作用。如图2-11(a)所示，这种构造是可持续的，这为循环构造提供了指导方向，因此可以作为指导循环构造的方法。

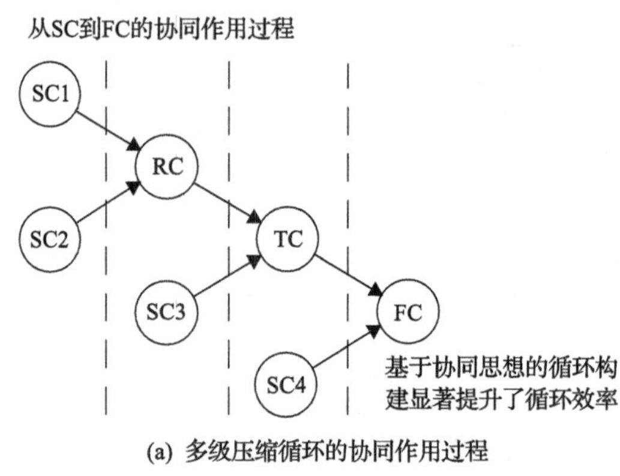


(a) 多级压缩循环的协同作用过程

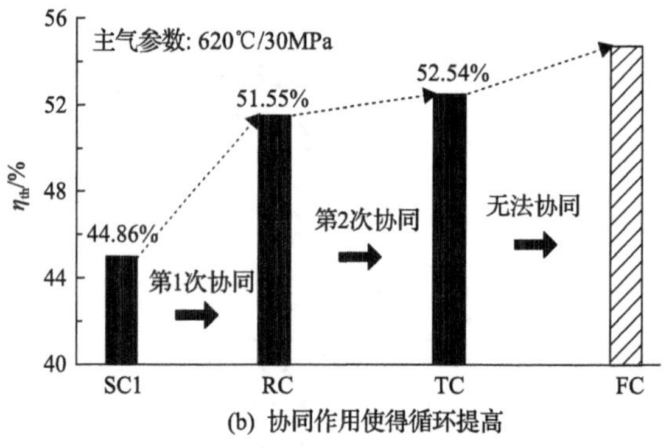


(b) 协同作用使得循环提高

图 2-11　多级压缩循环协同作用过程[14]

## 2.5　不同热源条件下的循环筛选

2.4 节的图 2-11(a)展示了循环构造过程协同作用的抽象过程，即 SC1 与 SC2 通过协同作用构造出了 RC，RC 与 SC3 通过协同作用构造出了 TC，TC 与单回热布雷顿循环通过协同作用构造出 FC，同时每一次构造都使循环热效率有所提升，如图 2-11(b)所示。这里我们注意到，从 SC 到 TC 过程的效率一直提高，但对于 FC，当主气参数 $T_{mv}$=620℃、$p_{mv}$=30MPa 时，并不能构造出 FC。这意味着协同作用的构造过程受协同对象的制约，实际过程的协同作用并不是无限进行的。

通过分析发现，成功进行协同作用的条件是末级压缩机出口焓值小于热源入口焓值，也可以表述为在相同压缩机出口压力下，末级压缩机出口温度 $T_{Cn,o}$ 小于热源入口温度 $T_{h,in}$。如图 2-12 所示，对于 RC 而言，末级压缩机为 C2，其出口温度为 $T_3$，工质在热源处的入口温度为 $T_4$，当 $T_4>T_3$ 时，就可以构造 RC。RC 通过协同作用构造出 TC 后，TC 的末级压缩机为 C3，当 C3 的出口温度 $T_4$ 小于热源加热器入口温度 $T_5$ 时（$T_4<T_5$），则可以成功构造出 TC，若 $T_4>T_5$，则认为构造失败，此时压缩机用一部分耗功替代热源吸热来加热工质，该部分热量是由压缩机的机械功转热，故效率低，同时热源受热面布置复杂。因此，能够构造成功的极限情况就是末级压缩机出口温度 $T_{Cn,o}$ 等于热源加热器入口温度 $T_{h,in}$，对于 RC 就是 $T_3=T_4$，对于 TC 就是 $T_4=T_5$，在此情况下，RC、TC 等的高温回热器 HTR 消失，故本书作者认为能够进行协同的边界条件为 $T_{Cn,o}\leqslant T_{h,in}$。图 2-13 为根据 $T_{Cn,o}=T_{h,in}$ 条件绘制的循环构造分区图，横、纵坐标分别为主气压力和温度，通过分区可以直观地得到在某一主气参数下能够实现几次协同，例如，若主气参数位于 FC 区域，那么从 SC 到 FC 的循环都可以构造，若主气参数位于 RC 区域，那么 SC、RC 可以构造，但 TC 和 FC 则无法构造。又如，当 $sCO_2$ 循环应用于太阳能领域时，若主气温压参数处于图 2-13 中的 FC 区域内，此时循环有机会成功构造出 FC，而当循环以燃煤为热源时，通常主气温压参数处于 TC 区域内，此时循环就无法构造出 FC。这就说明循环的协同作用受热源条件的制约。

在基本循环外，通常还会在循环上添加再热布置，添加再热布置后能够进行协同作用的边界条件不变，仍为 $T_{Cn,o}\leqslant T_{h,in}$。图 2-14 是根据能够进行协同作用的极限条件 $T_{Cn,o}=T_{h,in}$ 绘制的循环构造分区图，与无再热的循环构造分区图相比，添加再热布置后系统更容易构造出经过多次协同的循环。例如，当主气参数为 550℃/20MPa，无再热布置的系统无法构造出 FC，但对于有再热布置的系统则可

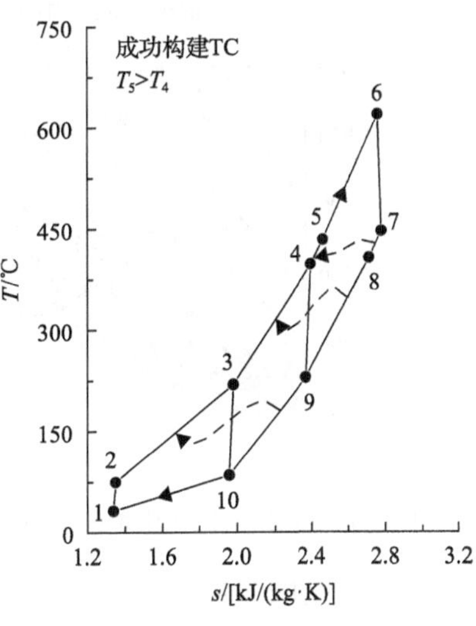

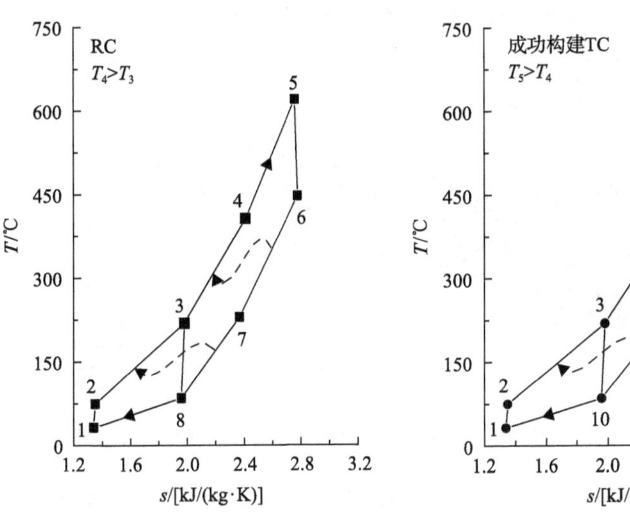

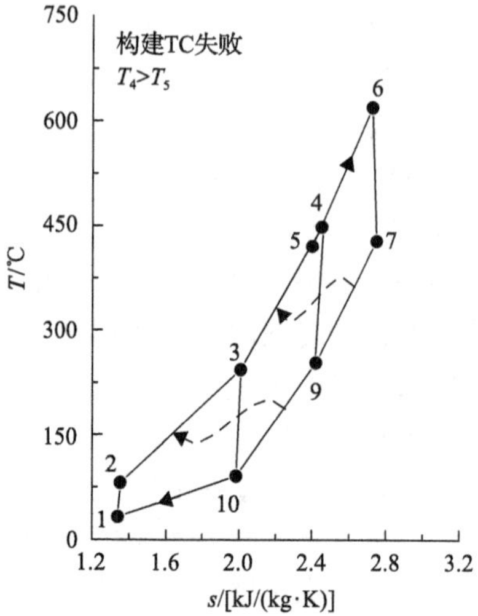


图 2-12　构造多级压缩循环的条件[14]

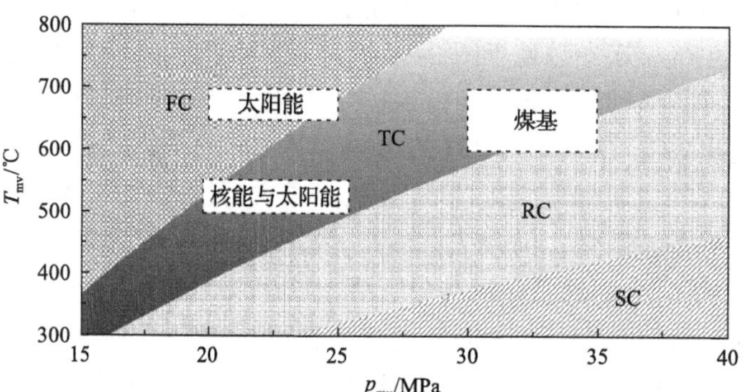


图 2-13　根据协同作用条件得到的循环构造分区图[14]

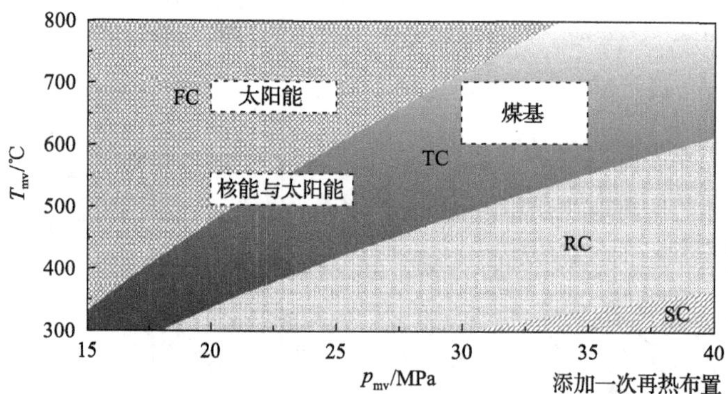


图 2-14　根据协同作用条件得到的添加再热布置后循环构造分区图[14]

以构造出 FC。这是因为再热使工质在热源内的吸热温差减小，系统能够在更低的主气温度时构造出某一种循环。这就解释了为什么当主气参数为 550℃/20MPa 无再热的系统无法构造出 FC，但对于有再热的系统则可以构造出 FC。

那么所构造的不同循环的效果怎样呢？图 2-15 为不同热源条件下各类循环的效率图。对于任意一种热源，从 RC 到 FC 的循环效率均有所提高。对于核能热源，从 RC 到 TC 循环的效率从 47.43%提高到 49.47%，效率提高了 2.04%，这体现出由循环结构的改变带来的巨大效率增益，从 TC 到 FC 的效率从 49.47%提高到 49.63%，效率提高了 0.16%。当循环添加一次再热(reheating，RH)布置时，效率增益趋势与无再热相似，循环热效率从 RC+RH 到 TC+RH 提高了 2.21%，从 TC+RH 到 FC+RH 提高了 0.28%，所以从效率角度考虑，相比于 RC，基于 TC 的循环极大地提高了效率，且比 FC 更简单、效率损失很小。

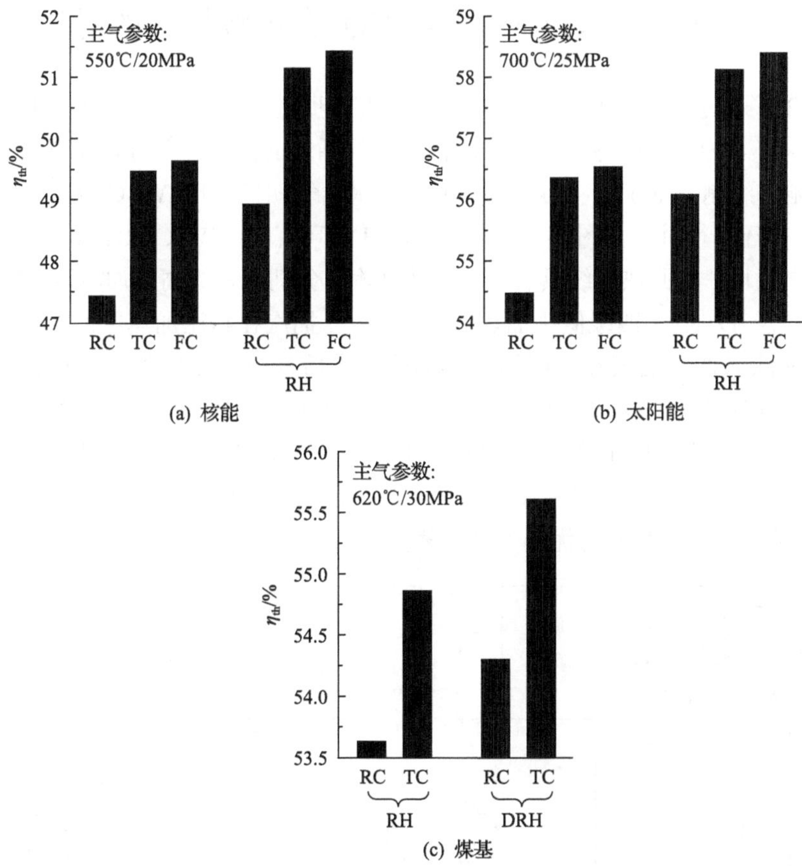


图 2-15　考虑热源特点时多级压缩循环的效果[14]

此外，TC 的效率为 49.47%，RC+RH 的效率为 48.92%，即 TC 即使不添加再热布置，也高于 RC+RH，且能够提供 0.55%的效率优势。因此，如果考虑再热布置对核能、太阳能热源设计造成的复杂性，TC 的引入就具有强烈的竞争力，即仅增加一个压缩机，并将高温回热器拆分为两个，其效果就比 RC+RH 的效果好。

当热源为燃煤发电时，无法构造出基于 FC 的循环，图 2-15(c)对比了循环添加一次再热与二次再热时的效率差异。同样地，基于 TC 的效率比基于 RC 的效率提高了很多，如 RC+RH 的效率为 53.63%，而 TC+RH 的效率为 54.86%，效率提升了 1.23%。同时，二次再热(double reheating，DRH)也能显著提高循环效率，TC+DRH 的效率为 55.61%，相比于 TC+RH，效率提高了 0.75%，但根据 2.4 节的研究，一次再热与二次再热在选择上需要慎重考虑，因为再热压降对效率的影响非常明显，对循环的选择还需构造具体的热源模型分析。

## 2.6　水蒸气朗肯循环与 $sCO_2$ 布雷顿循环的对比

第 2 章通过协同作用使 $sCO_2$ 循环效率进一步提升，提高了 $sCO_2$ 循环在效率方面的优势。为了说明通过协同作用构造出的循环的优越性并分析压降对系统性能的影响，编制了基于一次再热八级回热的水蒸气朗肯循环(WRC+RH)程序，并与 $sCO_2$ 循环进行对比。图 2-16 为 WRC+RH 循环流程，WRC+RH 被广泛应用于燃煤发电领域，其回热系统具有八级回热抽汽，分别为三级高压加热器(H1-H3)、一级除氧器(DTR)、四级低压加热器(H5-H8)。抽汽在高压加热器加热给水后逐级自流入除氧器，抽汽在低压加热器加热给水后逐级自流到凝汽器(CND)热井中，凝汽器热井中的凝结水由凝结水泵(P1)升压流经低压加热器并最终进入除氧器。除氧器中的饱和水由给水泵(P2)加压后流经高压加热器并送入锅炉。从流程图上可见，WRC+RH 流程的复杂程度远超过一次再热三压缩 $sCO_2$ 循环(TC+RH)，TC+RH 结构简单、紧凑的优势十分显著。

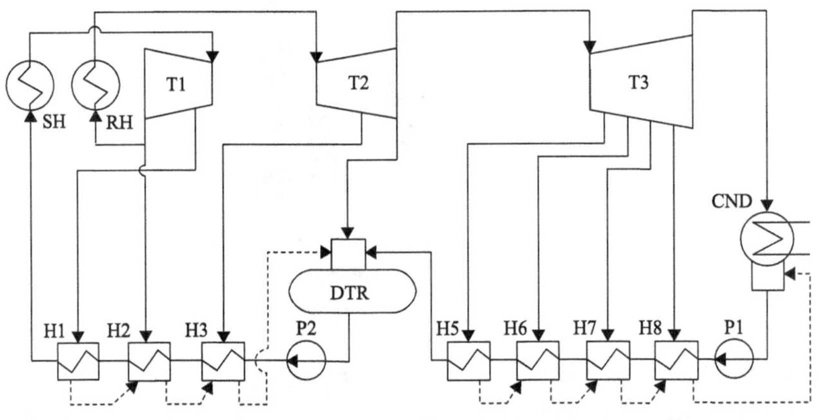


图 2-16　一次再热八级回热的水蒸气朗肯循环流程图[6]

本节共涉及 3 类热源，对应每一类热源，水蒸气朗肯循环都为一次再热八级回热的水蒸气朗肯循环，为保证两类循环的可比性，WRC+RH 的汽轮机等熵效率等关键参数与 $sCO_2$ 循环对应参数相同，给水温度为 300℃，其余参数在表 2-2 和表 2-3 中列出，循环比较结果如图 2-17 所示。

**表 2-2　回热系统压损及端差参数**

| | H1 | H2 | H3 | H4(DEA) | H5 | H6 | H7 | H8 |
|---|---|---|---|---|---|---|---|---|
| 抽汽压损/% | 3 | 3 | 3 | 5 | 5 | 5 | 5 | 5 |
| 加热器出口端差/℃ | –1.7 | 0 | 0 | 0 | 2.8 | 2.8 | 2.8 | 2.8 |
| 疏水端差/℃ | 5.6 | 5.6 | 5.6 | 0 | 5.6 | 5.6 | 5.6 | 5.6 |

**表 2-3　回热抽汽相关参数**

| | 煤基 | | | 核能 | | | 太阳能 | | |
|---|---|---|---|---|---|---|---|---|---|
| | 抽汽压力/MPa | 抽汽温度/℃ | 抽汽比率 | 抽汽压力/MPa | 抽汽温度/℃ | 抽汽比率 | 抽汽压力/MPa | 抽汽温度/℃ | 抽汽比率 |
| H1 | 8.6434 | 409.16 | 0.1026 | 8.6434 | 413.51 | 0.1561 | 8.6434 | 507.30 | 0.0259 |
| H2 | 4.6489 | 322.09 | 0.0582 | 2.9507 | 269.43 | 0.0537 | 7.6040 | 486.33 | 0.0576 |
| H3 | 2.8346 | 543.99 | 0.0314 | 1.6792 | 468.31 | 0.0299 | 5.0550 | 633.31 | 0.0341 |
| H4(DTR) | 1.3684 | 440.05 | 0.0553 | 1.3684 | 440.05 | 0.0207 | 1.3680 | 440.05 | 0.1147 |
| H5 | 0.6385 | 341.28 | 0.0391 | 0.6385 | 341.28 | 0.0384 | 0.6385 | 341.28 | 0.0399 |
| H6 | 0.2655 | 240.22 | 0.0380 | 0.2655 | 240.22 | 0.0373 | 0.2655 | 240.22 | 0.0387 |
| H7 | 0.0915 | 135.39 | 0.0356 | 0.0915 | 135.39 | 0.0350 | 0.0915 | 135.39 | 0.0363 |
| H8 | 0.0260 | 65.86 | 0.0320 | 0.0260 | 65.86 | 0.0315 | 0.0260 | 65.86 | 0.0327 |

本书作者首先注意到，对于透平入口参数为 550℃/20MPa 等级的循环，RC+RH 与 WRC+RH 两者效率接近，分别为 48.92%和 48.97%，这一结果与诸多文献的结论相同，即 $sCO_2$ 循环的效率优势体现在 550℃之上。但是，当 TC、FC 等循环构造成功后，这一结论被打破，如 TC 的效率为 49.47%，TC+RH 的效率为 51.13%，相对于 WRC+RH 均体现出了明显的效率优势。对于太阳能、燃煤热源，随着循环透平入口参数的提高，$sCO_2$ 循环的效率优势同样得到进一步提高，如适用于太阳能热源的 700℃/25MPa 等级循环 TC+RH 的效率为 56.38%，WRC+RH 的效率为 53.08%，两者效率差距较大。同样，适用于燃煤热源的 620℃/30MPa 等级循环 TC+RH 的效率为 54.87%，WRC+RH 的效率为 51.75%，$sCO_2$ 循环同样展现出了明显的效率优势。此处对于 3 类热源的 WRC+RH 给水温度均为 300℃，因为给水温度过高，给水会在省煤器中沸腾，无法保证锅炉水冷壁进口形成一定的欠焓，水冷壁容易出现水动力不稳，影响锅炉的安全运行，但给水温度越高，循环的平均吸热温度也越高，循环效率越高，通常 620℃/30MPa 等级一次再热八

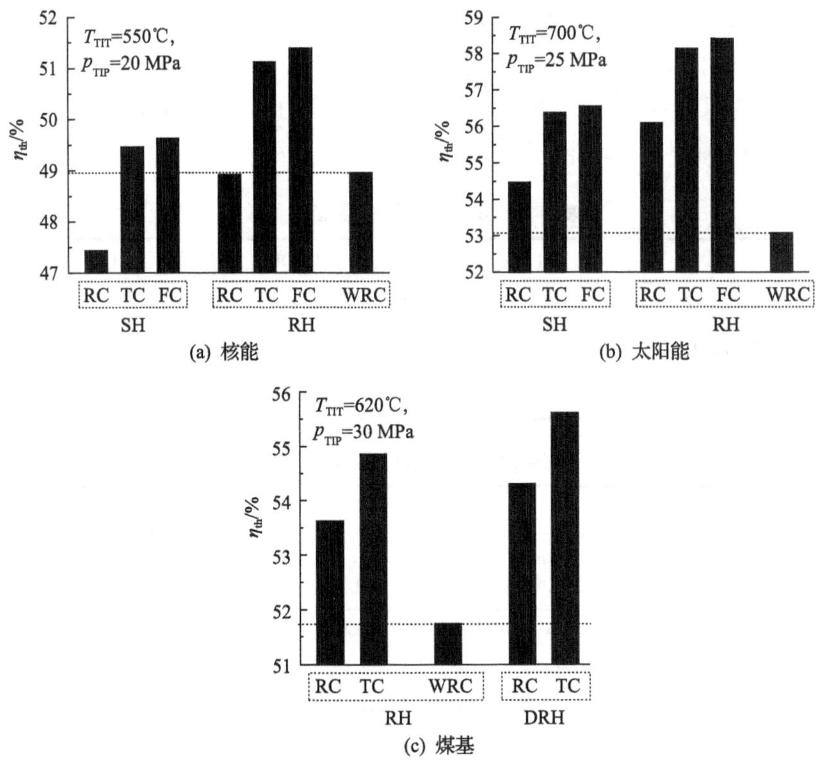


图 2-17 水蒸气朗肯循环与 $sCO_2$ 循环的比较[6]

级回热的水蒸气朗肯循环的给水温度为 300℃左右，故本书为了简便起见，对不同热源的循环，给水温度都为 300℃。

对于带再热布置的循环，其压降损失可分为两类。第一类压降为循环的热源、回热器、冷却器压降，其中热源压降通常占主要部分，该部分压降由压缩机或泵承担，直接体现在压缩机或泵的耗功增加。第二类为再热压降，该部分压降不增加泵的耗功，但会减少透平做功。两类压降损失一增一减，使循环效率降低。

图 2-18(a)为第一类压降(仅改变热源压降)对 RC+RH、TC+RH 和 WRC+RH 三者循环热效率的影响。其中，TIP 为透平入口压力，TIT 为透平入口温度。从图中可以看出，热源压降对 $sCO_2$ 循环效率的影响非常明显，当热源压降从 0 升至 6MPa 时，RC+RH 的热效率从 53.63%降至 49.51%，下降了 4.12%，TC+RH 的循环热效率从 54.87%降至 49.68%，下降了 5.19%，而 WRC+RH 的循环热效率仅从 51.75%下降到了 51.56%，下降了 0.19%。两者对效率影响的差异主要是由于布雷顿循环由压缩机驱动，朗肯循环由泵驱动，对于可逆过程，两者的耗功都可由 $w=-\int_1^2 \frac{1}{\rho}\mathrm{d}p$ 表示，由于水的密度远大于 $CO_2$ 的密度，所以泵的耗功远小于压缩耗功。

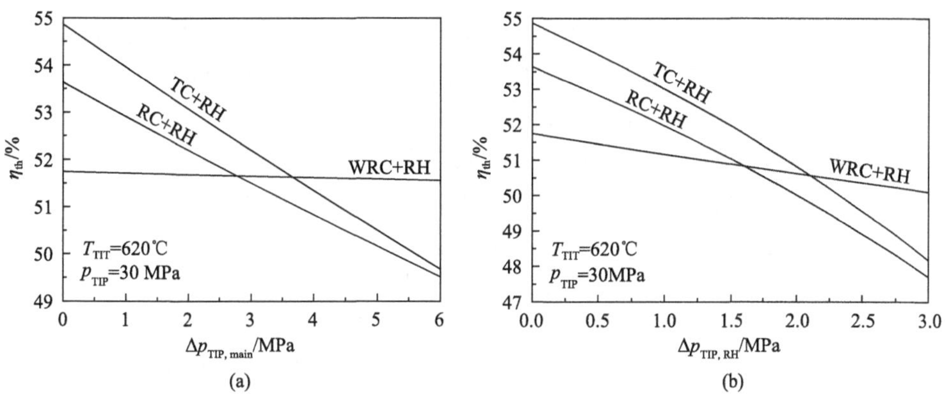


图 2-18　主流与再热压降对系统效率的影响[6]

图 2-18(b)为第二类压降(再热压降)对 RC+RH、TC+RH 和 WRC+RH 三者循环热效率的影响。从图中可以看出，再热压降对 $sCO_2$ 循环效率的影响同样明显，当再热压降从 0 升至 3MPa 时，RC+RH 的循环热效率从 53.63%降至 47.70%，下降了 5.93%，TC+RH 的循环热效率从 54.87%降至 48.17%，下降了 6.70%，而 WRC+RH 的热效率仅从 51.75%下降到了 50.10%，下降了 1.65%。再热压降对 $sCO_2$ 循环效率的影响更加明显的原因主要是 $sCO_2$ 循环的透平排气压力较高，通常接近临界压力 7.38MPa，而水机组汽轮机的排汽压力为 6kPa，故水机组在透平内的压降更大，所以在相同再热压降损失的条件下，对水机组效率影响更小。通常水机组再热压降为 0.2～0.3MPa，在此范围内，$sCO_2$ 循环仍体现出了巨大的效率优势。但是，对于第一类压降需要特别关注，因为当压降较大时，两类循环的效率出现交叉。例如，在热源压降为 3.7MPa 时，TC+RH 与 WRC+RH 的热效率相同，这意味着当热源压降大于 3.7MPa 时，TC+RH 不再有效率优势，RC+RH 与 WRC+RH 效率相同时的热源压降为 2.8MPa，故当热源压降大于 2.8MPa 时，RC+RH 就失去了效率优势。因此对于 $sCO_2$ 循环，探索降低压降的措施十分重要。

## 2.7　本 章 小 结

高效循环的构建离不开对循环广义特性的研究，本章基于再压缩循环探索了多级压缩循环的构建方法，针对上述方法的研究使我们对 $sCO_2$ 循环的优化有了更广泛、更深入的认识，具体分为以下几个方面。

(1)基于 $sCO_2$ 循环，在循环领域揭示了协同现象，即可以认为再压缩循环(RC)是由两个基本的单回热布雷顿循环(SC)通过协同的方式构造的，两个子系统 SC 之间的相互协同可使总系统 RC 的性能提高。例如，在主气参数为 620℃/30MPa，两个子系统 SC1 和 SC2 单独运行时，效率分别为 44.86%和 36.21%，而当协同作用发生时，SC2 将原本应释放到环境的热量释放给 SC1，故协同后 SC1 的热效率等效为 1，两者协同构成 RC，效率为 51.55%，即协同作用有效提升了效率。这也解释了 RC 效率高于 SC 的原因。

(2) 协同现象可以解释 RC 的由来，同样也可以用于指导循环的构造。从 RC 的形成过程可知，其效率高的原因在于 SC1 与 SC2 协同后相当于在 SC1 的基础上叠加了一个等效效率为 1 的循环。借用这一思想，同样可以在 RC 上进一步叠加等效效率为 1 的循环，即将 RC 与 SC3 进行协同，进而构造出三压缩循环 (TC)。当主气参数为 620℃/30MPa 时，RC 的效率为 51.55%，TC 的效率为 52.54%，从 RC 到 TC 其循环效率的巨大增益证明了通过协同思想指导循环构造的有效性，依据这一思路还可以继续构造效率更高的新循环，如四压缩循环 (FC)。这突破了针对 $sCO_2$ 循环的研究以再压缩循环为基础的现状，显著提高了 $sCO_2$ 循环的效率潜力。

(3) 协同作用并不是无限进行的，它受主气参数的制约，如当主气参数为 620℃/30MPa 时，可以顺利构造出 RC 与 TC 但不能构造出 FC。通过分析得出，成功进行协同作用的条件是末级压缩机出口焓值小于热源入口焓值。也可以表述为在相同压缩机出口压力下，末级压缩机出口温度 $T_{Cn,o}$ 小于热源入口温度 $T_{h,in}$。

(4) 本章对 $sCO_2$ 循环与水蒸气朗肯循环的效率进行比较，并重点分析了压降对两类循环的影响。从中发现相比于水蒸气朗肯循环，$sCO_2$ 循环对锅炉压降的变化更为敏感，两类循环随压降的增大其效率存在交叉，如果无法对 $sCO_2$ 锅炉压降形成有效控制，那么 $sCO_2$ 循环将失去其效率优势。

(5) 基于协同思想提出的多级压缩回热思想与水蒸气朗肯循环的多级抽汽回热思想形成对照，这是完善 $sCO_2$ 布雷顿循环优化理论的重要一步。

## 参 考 文 献


[1] Angelino G. Carbon dioxide condensation cycles for power production[J]. Journal of Engineering for Power, 1968, 90(3): 287-295.

[2] Feher E G. The supercritical thermodynamic power cycle[J]. Energy Conversion, 1968, 8(2): 85-90.

[3] Bejan A. Advanced Engineering Thermodynamics[M]. New York: John Wiley & Sons, 2016.

[4] 王丰. 热力学循环优化分析[M]. 北京: 国防工业出版社, 2014.

[5] 陈则韶. 高等工程热力学[M]. 北京: 中国科学技术大学出版社, 2014.

[6] 孙恩慧. 超高参数二氧化碳燃煤发电系统热力学研究[D]. 北京: 华北电力大学, 2020.

[7] Sulzer G. Verfahren zur erzeugung von arbeit aus warme[J]. Swiss Patent, 1950, 269599: 15.

[8] Li H W, Sun Y, Pan Y Y, et al. Preliminary design, thermodynamic analysis and optimization of a novel carbon dioxide based combined power, cooling and distillate water system[J]. Energy Conversion and Management, 2022, 255: 115367.

[9] Thanganadar D, Fornarelli F, Camporeale S, et al. Off-design and annual performance analysis of supercritical carbon dioxide cycle with thermal storage for CSP application[J]. Applied Energy, 2021, 282: 116200.

[10] Trevisan S, Guédez R, Laumert B. Thermo-economic optimization of an air driven supercritical $CO_2$ Brayton power cycle for concentrating solar power plant with packed bed thermal energy storage[J]. Solar Energy, 2020, 211: 1373-1391.

[11] Sathish S, Kumar P, Nassar A. Analysis of a 10 MW recompression supercritical carbon dioxide cycle for tropical climatic conditions[J]. Applied Thermal Engineering, 2021, 186: 116499.

[12] Moisseytsev A, Sienicki J J. Investigation of alternative layouts for the supercritical carbon dioxide Brayton cycle for a sodium-cooled fast reactor[J]. Nuclear Engineering and Design, 2009, 239(7): 1362-1371.

[13] Zhang F Z, Zhu Y H, Li C H, et al. Thermodynamic optimization of heat transfer process in thermal systems using $CO_2$ as the working fluid based on temperature glide matching[J]. Energy, 2018, 151: 376-386.

[14] Sun E H, Xu J L, Li M J, et al. Synergetics: The cooperative phenomenon in multi-compressions S-$CO_2$ power cycles[J]. Energy Conversion and Management: X, 2020, 7: 100042.

[15] 李航宁，孙恩慧，徐进良. 多级回热压缩超临界二氧化碳循环的构建及分析[J].中国电机工程学报，2020: 40(zk): 211-221.

[16] Al-Sulaiman F A. On the auxiliary boiler sizing assessment for solar driven supercritical $CO_2$ double recompression Brayton cycles[J]. Applied Energy, 2016, 183: 408-418.

[17] Dostal V, Driscoll M J, Hejzlar P. A supercritical carbon dioxide cycle for next generation nuclear reactors[D]. Massachusetts: Massachusetts Institute of Technology, 2004.

[18] Lemmon E W, Huber M L, McLinden M O. NIST reference fluid thermodynamic and transport properties-REFPROP[J]. NIST Standard Reference Database, 2002, 23: v7.

[19] Xu J L, Sun E H, Li M J, et al. Key issues and solution strategies for supercritical carbon dioxide coal fired power plant[J]. Energy, 2018, 157: 227-246.

[20] Haken H. Synergetics[J]. Physics Bulletin, 1977, 28(9): 412.

[21] Van der Sanden M C A, De Vries M J. Science and Technology Education and Communication: Seeking Synergy[M]. Berlin: Springer, 2016.

[22] Brook B W, Sodhi N S, Bradshaw C J A. Synergies among extinction drivers under global change[J]. Trends in Ecology & Evolution, 2008, 23(8): 453-460.

[23] Rhind J P. Aromatherapeutic Blending: Essential Oils in Synergy[M]. London: Singing Dragon, 2015.

[24] Yoshida M, Roh K H, Mandal S, et al. Structurally controlled bio - hybrid materials based on unidirectional association of anisotropic microparticles with human endothelial cells[J]. Advanced Materials, 2009, 21(48): 4920-4925.

[25] Jellinek J, Güvenç Z B, Farrugia L J. The Synergy between Dynamics and Reactivity at Clusters and Surfaces[M]. Berlin: Springer Science & Business Media, 2012.

[26] Flynn B B, Flynn E J. Synergies between supply chain management and quality management: Emerging implications[J]. International Journal of Production Research, 2005, 43(16): 3421-3436.

[27] Nabeshima T. Synergy in Supramolecular Chemistry[M]. Florida: CRC Press, 2014.

[28] Le Moullec Y. Conceptual study of a high efficiency coal-fired power plant with $CO_2$ capture using a supercritical $CO_2$ Brayton cycle[J]. Energy, 2013, 49: 32-46.

[29] 曹春辉，李惟毅. 夹点对超临界二氧化碳布雷顿再压缩循环性能的影响[J]. 化工进展，2017, 36(11): 3986-3992.

[30] Mecheri M, Le Moullec Y. Supercritical $CO_2$ Brayton cycles for coal-fired power plants[J]. Energy, 2016, 103: 758-771.

# 第 3 章　$sCO_2$ 燃煤发电系统烟气热能复叠利用方法

## 3.1　引　　言

为了解决 $sCO_2$ 循环燃煤发电系统面临的烟气余热吸收问题，本书作者提出了分流加热循环，在高温(550～1500℃)、中温(380～550℃)、低温(120～380℃)三个温区实现烟气热量的有效吸收，符合能量梯级利用原理。进一步，为了突破底循环效率低于顶循环的局限性，在能量梯级利用的基础上，提出能量复叠利用原理：在高温烟气区设置重叠区，复叠区的烟气热量既由顶循环吸收，又由底循环吸收。底循环不仅吸收了全部的中温烟气热量，还吸收了部分高温烟气热量，从而提高了底循环平均吸热温度。本章阐明了能量复叠利用的优点：①消除顶循环和底循环间的效率差；②顶循环和底循环流量不同，但温压参数相近，底循环除中温烟气吸热器外，其他设备均可和顶循环共享，简化了系统。本章揭示了在能量复叠利用中，底循环因借用高温烟气能量的品位，降低了化学能释放和吸收间的㶲损，是提高效率的机理。

## 3.2　能量复叠利用原理

图 3-1 是能量梯级利用的原理图[1]。此处将烟气梯级划分为三个温区，分别为

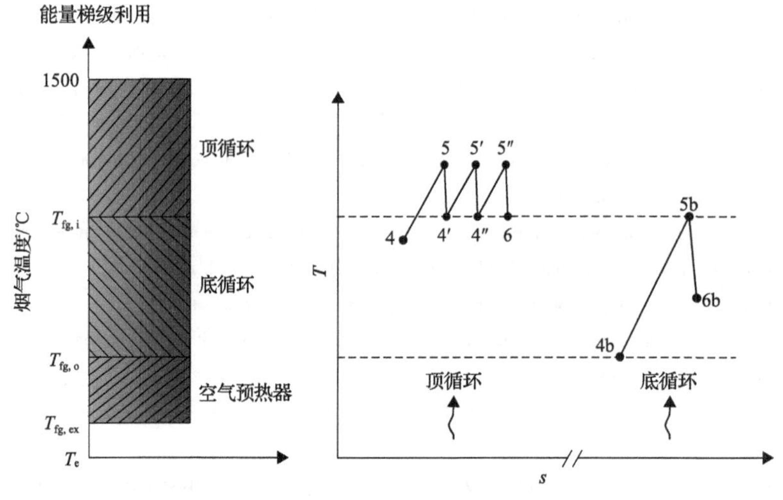


图 3-1　能量梯级利用的原理图

1500℃～$T_{fg,i}$、$T_{fg,i}$～$T_{fg,o}$ 和 $T_{fg,o}$～$T_{fg,ex}$。其中，约 1500℃设定为火焰温度，$T_{fg,i}$ 为高、中温区的分界温度，$T_{fg,o}$ 为中、低温区的分界温度，对于燃煤锅炉，$T_{fg,i}$ 为烟气流经 $sCO_2$ 循环后的温度，$T_{fg,o}$ 为烟气进入空气预热器的温度，$T_{fg,ex}$ 为锅炉出口烟温。此时，当构建复合循环时，顶、底循环分别吸收高、中温区的热量，空气预热器吸收低温烟气的热量。上述过程的吸热与膨胀过程如图 3-1 所示，其中，$T$ 和 $s$ 分别为温度和熵。对于顶循环，45、4′5′和 4″5″为多级加热过程，54′、5′4″和 5″6 为多级膨胀过程。对于底循环，其加热和膨胀过程为 4b5b 和 5b6b，其中，b 为底循环。对于能量梯级利用，烟气侧和 $CO_2$ 侧的温度始终是连续的，满足 $T_{5b}=T_{4'}$ 的准则。

对于运行在高温热源 $T_a$ 和低温热源 $T_r$ 之间的热机，其卡诺循环效率 $\eta_{th}$ 为

$$\eta_{th}=1-\frac{T_r}{T_a} \tag{3-1}$$

对于非定温加热和放热过程，其效率可修正为

$$\eta_{th}\approx 1-\frac{T_{ave,r}}{T_{ave,a}} \tag{3-2}$$

式中，$T_{ave,a}$ 为平均吸热温度；$T_{ave,r}$ 为平均放热温度。$T_{ave,a}$ 和 $T_{ave,r}$ 可定义为[2,3]

$$T_{ave,a}=\frac{\sum_{i=1}^{n_h}Q_{h,i}}{\sum_{i=1}^{n_h}\Delta S_{h,i}}=\frac{\sum_{i=1}^{n_h}\dot{m}_i\left(h_{h,out,i}-h_{h,in,i}\right)}{\sum_{i=1}^{n_h}\dot{m}_i\Delta s_{h,i}} \tag{3-3}$$

$$T_{ave,r}=\frac{\sum_{i=1}^{n_c}Q_{c,i}}{\sum_{i=1}^{n_c}\Delta S_{c,i}}=\frac{\sum_{i=1}^{n_c}\dot{m}_i\left(h_{c,out,i}-h_{c,in,i}\right)}{\sum_{i=1}^{n_c}\dot{m}_i\Delta s_{c,i}} \tag{3-4}$$

式中，$Q$ 为热负荷；$\dot{m}$ 为循环质量流量；$h$ 为工质焓值；$\Delta s$ 为过程熵增，$i$ 为第 $i^{th}$ 加热或冷却过程。如 45 为第一个加热过程（$i$=1），4′5′为第二个加热过程（$i$=2）；$n_h$ 和 $n_c$ 分别为总的加热或冷却过程数；下标 in 和 out 分别为第 $i^{th}$ 过程的进口和出口状态；下标 h 和 c 分别为加热和冷却过程。

对于能量梯级利用，$T_{5b}$(底循环的最高温度)与 $T_{4'}$(顶循环在烟道中的最低温度)相等。因此，底循环的平均吸热温度低于顶循环的平均吸热温度，因此两个循环之间存在效率差距。

除能量梯级利用外，图 3-2 是新提出的能量复叠利用原理。在高温烟气区增加了一个复叠利用区域，该区域覆盖了烟气温度在 $T_{fg,i}+T_\delta$～$T_{fg,i}$ 的范围，其中 $T_\delta$ 为偏差温度。这一复叠区域的热能不仅由顶循环吸收，同时也被底循环吸收，从而提高了底循环最高温度 $T_{5b}$，即 $T_{5b}>T_{4'}$，使底循环效率趋近于顶循环效率。同时，仍然保持了一个适当的 $T_{4b}$ 以保证烟道内中温区的热能得到高效吸收。至此我们提出了一个一般意义上的复叠加热概念。此处，循环工质既可以是本书研究的 $sCO_2$，也可以是其他循环中的其他类别工质，如水、有机工质等。

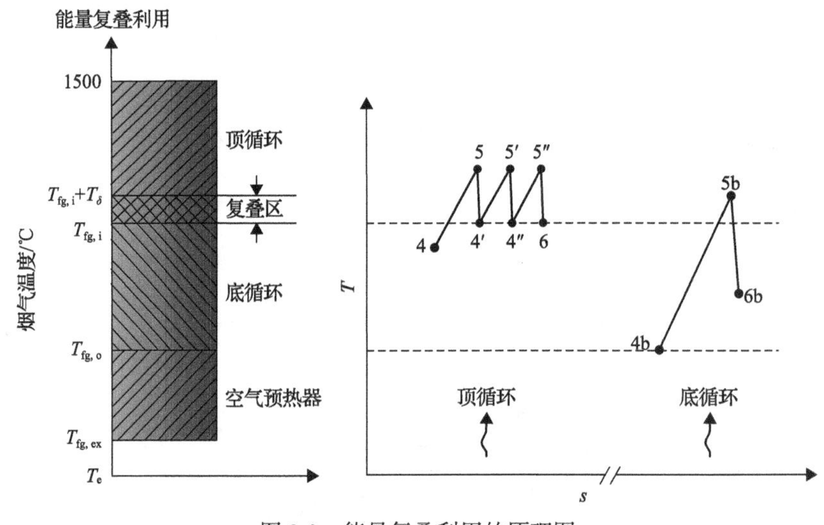

图 3-2　能量复叠利用的原理图

本章以 $sCO_2$ 循环为例，首先阐述两种常用的能量梯级利用方法，进而在 3.3 节应用能量复叠利用原理通过案例 A～案例 D 的逐步优化实现了顶循环与底循环效率相同的效果。顶底循环效率相同改变了“底循环运行在更低的温度水平使底循环效率低于顶循环效率”这一传统观念。

能量复叠利用使效率提升可从能量品位的角度理解。在炉内，火焰温度与循环工质之间的温差非常大。假设火焰温度为约 1500℃，循环的最高温度为 600～700℃，则温差可达 800～900℃。能量梯级利用使炉内烟气与循环工质之间的换热过程造成巨大的㶲损。与之相反，能量的复叠利用则深度利用了高温烟气的可用能。换句话说，高温烟气具有足够的能力将底循环的循环工质温度提高到与顶循环相似的水平。

## 3.3　$sCO_2$燃煤发电系统烟气热能梯级利用方法

$sCO_2$循环应用于燃煤发电领域的一个关键问题是烟气热能全温区吸收问题。图 3-3(a)为 $sCO_2$循环与燃煤锅炉耦合示意图，$sCO_2$循环在炉内吸收煤燃烧产生的热量，空气在空气预热器内吸收烟气热量。烟气温度在炉内是连续降低的，需要被全温区吸收，如图 3-3(b)所示，$T_{fg,i}$为烟气流经 $sCO_2$循环后的温度，$T_{fg,o}$为烟气进入空气预热器的温度。若 $T_{fg,i}>T_{fg,o}$，则烟道内存在待吸收的余热。$T_{fg,i}$与 $T_{fg,o}$可通过式(3-5)和式(3-6)表示为

$$T_{fg,i}=T_4+\Delta T_{p,4} \tag{3-5}$$

$$T_{fg,o}=T_{sec\ air}+\Delta T_{p,air} \tag{3-6}$$

式中，$T_4$为 $CO_2$工质在锅炉烟道内的最低温度；$T_{sec\ air}$为二次风温度；$\Delta T_{p,4}$为 $T_{fg,i}$与 $T_4$的温差；$\Delta T_{p,air}$为空气预热器烟气内侧入口与空气侧出口的温差。

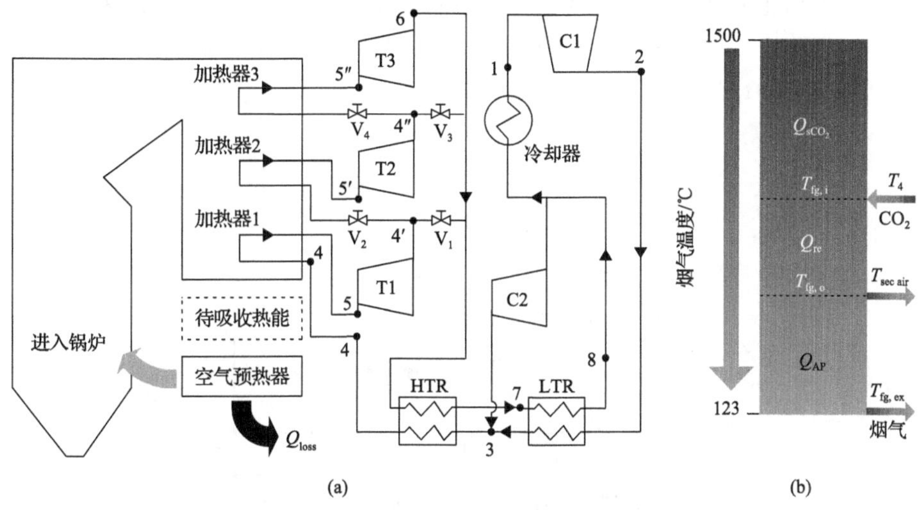


图 3-3　$sCO_2$循环燃煤发电系统

对于水蒸气朗肯循环，当机组为二次再热超超临界机组时，省煤器入口水的温度(水进入锅炉的最低温度，对应 $T_4$)大致在 340℃[4]，此时通过空气预热器就可以将剩余烟气的热能充分吸收，即实现 $T_{fg,i}=T_{fg,o}$。但对于 $sCO_2$循环，在相同主气温压参数条件下，再压缩循环 $T_4$为约 400℃，当循环采用二次再热布置时 $T_4$为～500℃，此时若保证锅炉排烟温度和空气温度不变，则 $T_{fg,i}>T_{fg,o}$，故 $sCO_2$机组锅炉尾部烟道存在待吸收的余热。若余热得不到有效吸收，则锅炉排入环境

的热量提高，锅炉效率降低，从而降低热力系统的总效率，故相比于水蒸气机组，$sCO_2$机组需要考虑如何高效、合理地解决余热问题。

目前有两个思路来解决余热问题，第一个是调节循环运行参数，缩小余热温区，减少余热总量；第二个是温区一定，充分将余热高效吸收。对于第一个思路，可以命名为参数调节法，该方法是通过提高二次风温度或降低$CO_2$在锅炉烟道内的最低温度来缩小余热温区。第二个思路是通过烟气冷却器或构建复合循环将余热吸收。烟气冷却器法的核心是从循环侧抽取温度较低的$CO_2$进入烟道吸收热量。构建复合循环则是添加底循环来吸收余热。本章将针对两种典型的余热吸收方法进行讨论。

### 3.3.1　通过提高二次风温度吸收余热

为了缩小余热的温区，需要提高烟气进入空气预热器的温度($T_{fg,o}$)，而提高$T_{fg,o}$的方式是通过提高二次风温度($T_{sec\ air}$)实现的。但空气预热器的温度并不能无限制提高。图 3-4 为回转式空气预热器的工作原理图，空气预热器大致包含三个部分：烟气部分、一次风部分、二次风部分。通常一次风和二次风的温度和作用不同，一次风主要携带煤粉，其温度与煤种相关。例如，对于烟煤，这一温度通常为～300℃[5]。二次风主要是为炉膛提供充足的氧气，以维持炉内的稳定燃烧[6]，其温度可以适当提高。

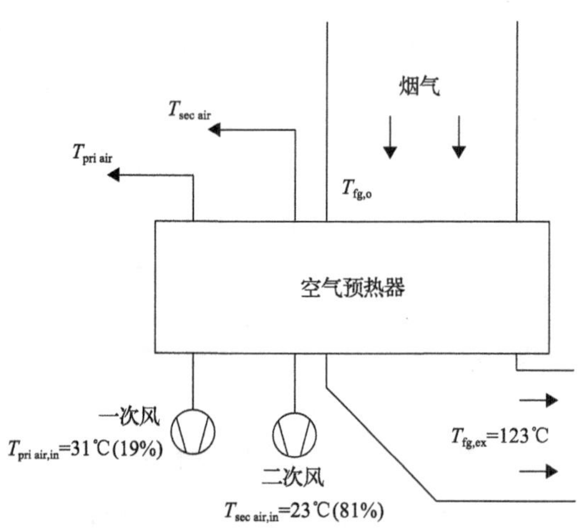


图 3-4　三分仓回转式空气预热器示意图[7]

空气预热器内的能量平衡为

$$\dot{m}_{fg}c_{p,fg}\left(T_{fg,o}-T_{fg,ex}\right)=0.81\dot{m}_{air}c_{p,air}\left(T_{sec\ air}-T_{sec\ air,in}\right)+0.19\dot{m}_{air}c_{p,air}\left(T_{pri\ air}-T_{pri\ air,in}\right) \tag{3-7}$$

上式也可改写为

$$T_{\text{sec air}} = \frac{1}{1-0.81\varepsilon_{\text{R}}}\left(T_{\text{fg,ex}} - \Delta T_{\text{p,air}}\right) - \frac{0.19}{1-1/(0.81\varepsilon_{\text{R}})}\left(T_{\text{pri air}} - T_{\text{pri air,in}}\right) + \frac{T_{\text{sec air,in}}}{1-1/(0.81\varepsilon_{\text{R}})} \tag{3-8}$$

式中，$\varepsilon_{\text{R}}$ 为 $\dot{m}_{\text{air}}c_{\text{p,air}}/(\dot{m}_{\text{fg}}c_{\text{p,fg}})$；$\dot{m}_{\text{air}}$ 为空气质量流量；$c_{\text{p,air}}$ 为空气定压比热容；$\dot{m}_{\text{fg}}$ 为烟气质量流量；$c_{\text{p,fg}}$ 为烟气定压比热容。煤种性质见表 3-1，其余各参数见表 3-2。

**表 3-1 设计煤种的收到基成分** （单位：%）

| $C_{\text{ar}}$ | $H_{\text{ar}}$ | $O_{\text{ar}}$ | $N_{\text{ar}}$ | $S_{\text{ar}}$ | $A_{\text{ar}}$ | $M_{\text{ar}}$ | $V_{\text{daf}}$ | $Q_{\text{net,ar}}$ |
|---|---|---|---|---|---|---|---|---|
| 61.70 | 3.67 | 8.56 | 1.12 | 0.60 | 8.80 | 15.55 | 34.73 | 23442 |

表中，$C$、$H$、$O$、$N$、$S$、$A$、$M$、$V$、$Q$ 分别为碳、氢、氧、氮、硫、灰分、水分、挥发分、收到基低位发热量；ar 为收到基；daf 为干燥无灰基。

**表 3-2 $sCO_2$ 循环与锅炉耦合计算相关参数**

| 参量 | 值 |
|---|---|
| 透平入口温度 $T_5$/℃ | 550～700 |
| 透平入口压力 $p_5$/MPa | 30 |
| 透平等熵效率 $\eta_{\text{T,s}}$/% | 93 |
| 压缩机 C1 的入口温度 $T_1$/℃ | 32 |
| 压缩机 C1 的入口压力 $p_1$/MPa | 7.6 |
| 压缩机的等熵效率 $\eta_{\text{C,s}}$/% | 89 |
| 除加热器外的换热器压降 $\Delta p$/MPa | 0.1 |
| 回热器夹点温差（$\Delta T_{\text{LTR}}$ 与 $\Delta T_{\text{HTR}}$）/℃ | 10 |
| 一次风温度 $T_{\text{pri air}}$/℃ | 320 |
| 一次风入口温度 $T_{\text{pri air,in}}$/℃ | 31 |
| 一次风占总风量的比例/% | 19 |
| 二次风入口温度 $T_{\text{sec air,in}}$/℃ | 23 |
| 二次风占总风量的比例/% | 81 |
| 过量空气系数 | 1.2 |
| 锅炉排烟温度 $T_{\text{fg, ex}}$/℃ | 123 |
| 环境温度 $T_{\text{e}}$/℃ | 20 |

从式(3-8)可知，$T_{sec\ air}$是$\varepsilon_R$的函数，$\varepsilon_R$是空气与烟气的质量流量与定压比热容乘积的比值。当取定煤种和过量空气系数后，就可以计算$\dot{m}_{air}/\dot{m}_{fg}$。同时，烟气的定压比热容也大于空气的比热容，因为燃料中的可燃质、水分在燃烧后变为烟气，而烟气中的$CO_2$和$H_2O$等的比热容较大，故相同温度条件下空气焓低于烟气焓，如图 3-5 所示，且两者的焓差随温度的提高逐渐增大。这意味着当烟气传递给空气一定热量时，烟气的温度变化比空气小，同时二次风量占总风量的 81%，即二次风温度的提升速率更快，故随二次风温的提升，空气预热器入口烟气与出口二次风的温差逐渐减小，如图 3-6 所示。在设计煤种下，当二次风温提高到～532℃时两者温差接近 0℃，故此温度为二次风能够有效吸热的极限温度，即二次风温不可以无限制提高。

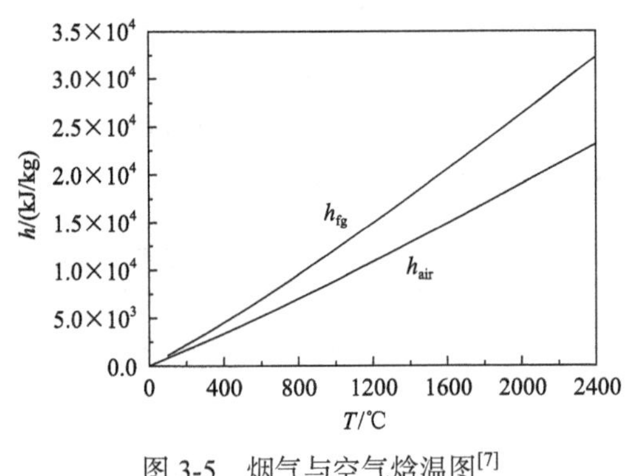


图 3-5　烟气与空气焓温图[7]

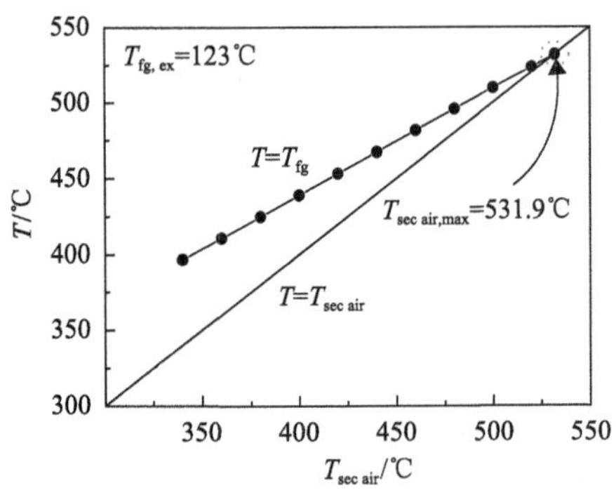


图 3-6　烟气温度与二次风温度的关系[7]

### 3.3.2　通过烟气冷却器吸收余热

烟气冷却器法的核心是从循环侧分流一部分温度较低的$CO_2$工质进入尾部烟道吸热，通过这种方法可以有效地吸收炉内余热。热力系统如图 3-7 所示，对应的 *T-s* 图如图 3-8 所示。

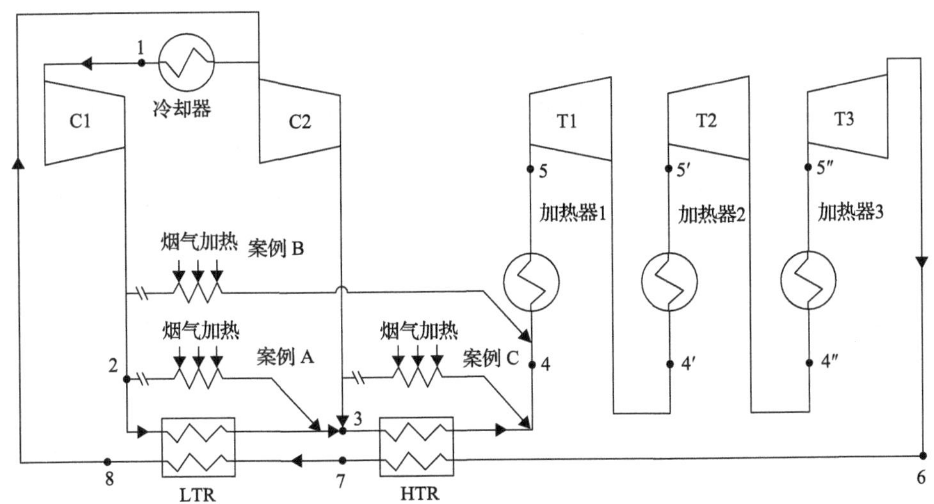


图 3-7　烟气冷却器与循环的三种结合方式[8]

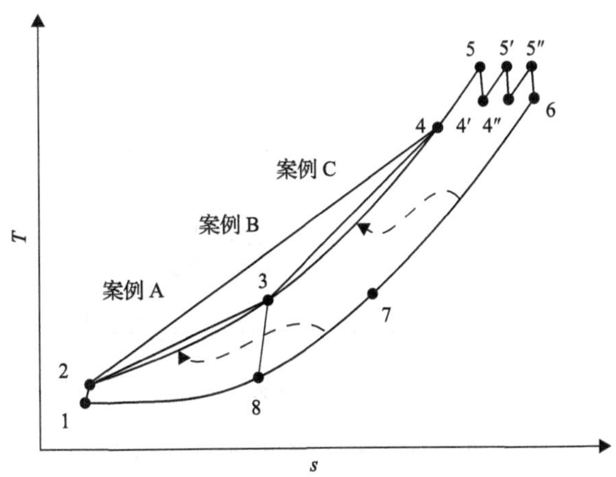


图 3-8　烟气冷却器与循环的三种结合方式的 $T$-$s$ 图[7]

该部分以二次再热再压缩循环为基础，通过锅炉压降计算模型得到的二次再热布置主流受热面(加热器 1)压降为 1.24MPa，一次再热受热面(加热器 2)压降为 0.18MPa，二次再热受热面(加热器 3)压降为 0.23MPa。烟气冷却器法共有三种吸热方案，分别为案例 A～案例 C。

案例 A：从主压缩机 C1 出口引出 $CO_2$ 工质进入锅炉尾部烟道吸热后汇入低温回热器 LTR 高压侧出口。

案例 B：该方案相当于案例 A 与案例 C 的叠加，即案例 B 等效于先从 2 点分流进入尾部烟道吸热后汇入 3 点，再从 3 点分流进入尾部烟道吸热后汇入 4 点，如图 3-7 所示。

案例 C：从高温回热器 HTR 高压侧入口引出 $CO_2$ 工质进入锅炉尾部烟道吸热后汇入 HTR 高压侧出口。

案例 A 对循环各参数的影响如图 3-9(a)所示，分流进入锅炉尾部烟道的比例 $x_{abs}$(进入烟气冷却器的流量与系统总流量的比值)对热力系统各点的参数变化没有影响，各状态点的参数值不随 $x_{abs}$ 变化，但循环效率随分流比的增大而降低，当 $x_{abs}$ 从 0 升高至 0.1 时，循环热效率从 51.81%降低至 49.47%。案例 C 对循环各参数的影响如图 3-9(b)所示，对于案例 C，分流可提高 HTR 高压侧出口温度 $T_4$，这是由于随着 $x_{abs}$ 的增大，HTR 高压侧出口 4 点的焓值增大，$T_4$ 升高。$x_{abs}$ 与 $h_4$ 的关系如下：

$$h_4 = h_3 + \frac{h_6 - h_7}{1 - x_{abs}} \tag{3-9}$$

式中，$h$ 为 $CO_2$ 的焓值；$x_{abs}$ 为流入烟气冷却器的流量与系统总流量的比值。

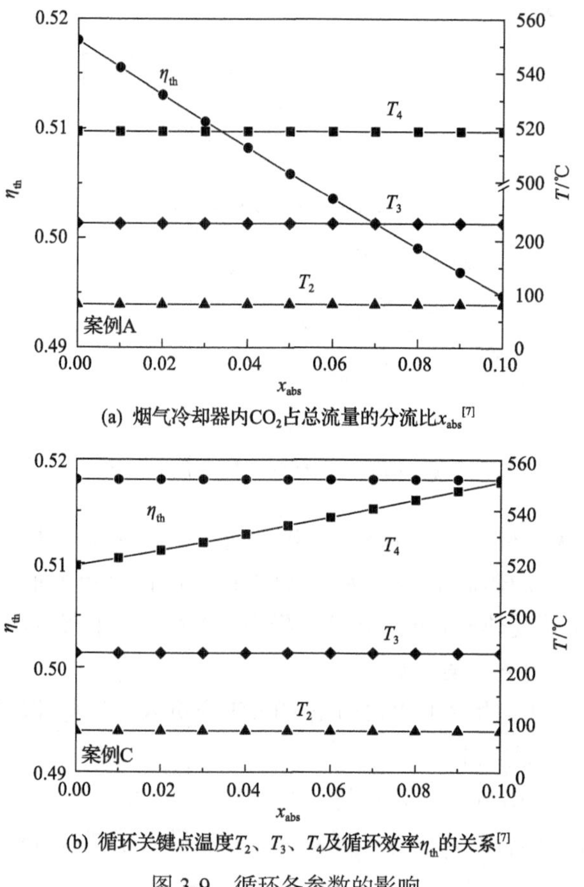


(a) 烟气冷却器内$CO_2$占总流量的分流比$x_{abs}$[7]

(b) 循环关键点温度$T_2$、$T_3$、$T_4$及循环效率$\eta_{th}$的关系[7]

图 3-9　循环各参数的影响

同时，案例 C 的循环效率不随分流比变化，这一特性使得该布置更具吸引力。

案例 A 与案例 B 对效率的影响差异可通过下述分析来理解。对于案例 A，分流进入炉内的流量等于进入辅压缩机 C2 流量的减少量，即随着 $x_{abs}$ 的增大，循环分流进入辅压缩机 C2 的流量减小，两者的关系如下：

$$x_{C2} = 1 - x_{abs} - \frac{h_7 - h_8}{h_3 - h_2} \tag{3-10}$$

式中，$x_{C2}$ 为流入压缩机 C2 的流量与系统总流量的比值。

分流比例的改变使压缩机总耗功量改变，如图 3-10 所示单位质量流量条件下压缩机的总耗功量降低，但炉内的吸热量远大于压缩机耗功量的减少量，故循环热效率降低。案例 C 热效率不变的特点可通过图 3-11 解释，图中 $Q_{boiler}$ 代表热力系统从热源吸收的热量，$Q_{bh}$ 代表热力系统的回热量，从热力系统高压压缩机出口（C2 出口）分流 $x_{abs}$ 的工质进入锅炉吸热的吸热量如图中红色阴影所示，由于透平 T3 出口温度 $T_6$、低温回热器低压侧出口温度 $T_8$ 不变，即热力系统的回热量不变，

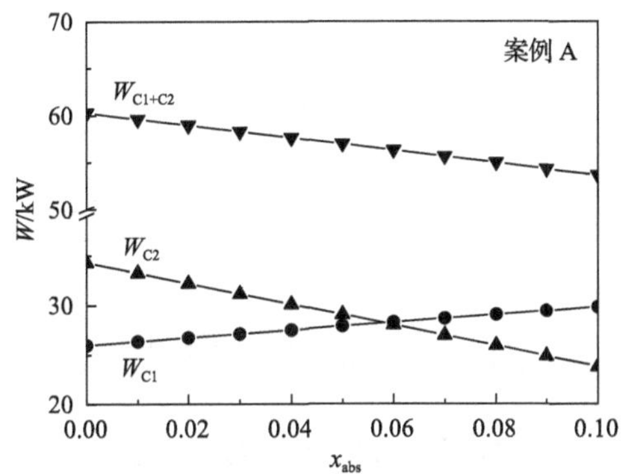


图 3-10　分流比 $x_{abs}$ 对案例 A 压缩机系统耗功量的影响[9]

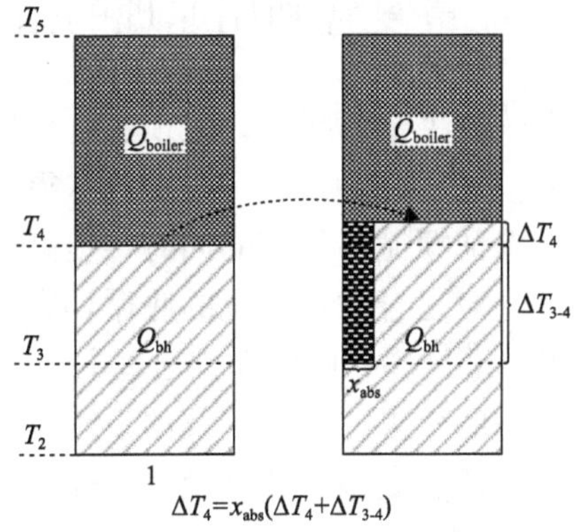


图 3-11　案例 C 扩宽了循环在炉内的吸热温区[9]

故图中 $T_4-T_2=\Delta T_4+T_4-T_2-x_{abs}(\Delta T_4+\Delta T_{3\text{-}4})$，整理后可得$\Delta T_4=x_{abs}(\Delta T_4+\Delta T_{3\text{-}4})$，这说明案例 C 分流吸热的吸热量等于加热器 1 吸热的减少量，即热力系统的总吸热量没有变化，同时案例 C 的净输出功不变，所以案例 C 的热效率不变。

图 3-12 为案例 A 与案例 C 的二次风温度与分流比的关系，在该计算过程中为了保证系统的锅炉效率不变，系统的排烟温度为 123℃。从图中可以看出，随着分流比的增大，二次风温 $T_{sec\ air}$ 逐渐降低，如分流比从 0.03 升高至 0.1，案例 A 的 $T_{sec\ air}$ 从 517℃降至 362℃，案例 C 的 $T_{sec\ air}$ 从 510℃降至 255℃。由上述结果可见，案例 A 并不适用于燃煤发电，因为其热效率较低，而 $T_{sec\ air}$ 较高。案例 C 是适合于燃煤发电的布置形式，但对于案例 C，随着分流比的增大其 HTR 高压侧出口温度 $T_4$ 升高，故 $T_6$ 与 $T_4$ 的温差缩小，所以案例 C 是通过损耗回热系统的回热潜力来吸收尾部烟道余热的。

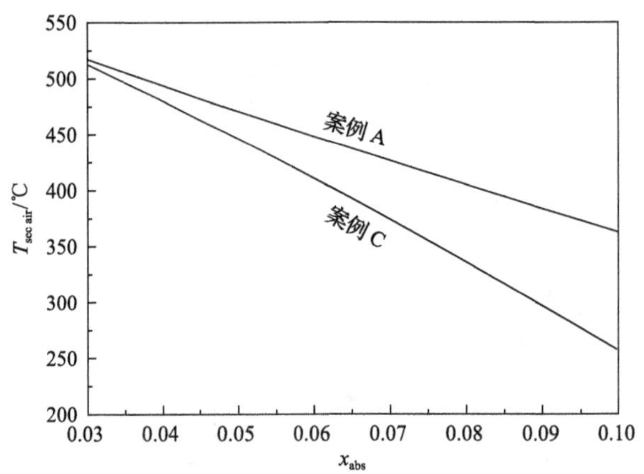


图 3-12　两类系统的二次风温度与分流比 $x_{abs}$ 的关系[9]

## 3.4　基于能量复叠利用原理的循环优化

构建复合循环可以有效解决余热问题，但顶、底循环之间的效率差距使得复合循环系统仍存在效率损失，此时余热问题仍没有得到彻底解决。基于能量复叠利用的循环优化可在保证顶循环效率的同时，提高底循环效率，从而使复合循环系统总效率提高。针对复合循环系统的底循环在吸收余热过程中仍存在效率损失问题，本节基于能量复叠利用原理，通过案例 A～案例 D 的逐步优化实现了顶、底循环效率相同的效果。本节涉及的系统以再压缩循环为基础，构建顶、底复合循环，其中，顶、底循环分别吸收燃煤产生的高温热量和尾部烟道余热，并通过参数匹配法将顶、底循环连接，使系统简化。此处提出彻底解决余热问题的判据：当底循环的平均吸热温度和平均放热温度与顶循环相同时，余热问题可得到彻底解决。本节共涉及 4 种循环(案例 A～案例 D)，案例 A～案例 D 的顶循环都为二次再热再压缩循环(DRH)，优化过程主要针对底循环进行，其中每种循环以前一种循环为基础，逐步得到彻底解决余热问题的 $sCO_2$燃煤发电系统。

### 3.4.1　案例 A：顶底复合循环

第一种循环为顶底循环复合系统(案例 A)，如图 3-13 所示。该系统的特点是循环侧的温度能够衔接，底循环透平的入口温度等于加热器 2 的入口温度($T_{5b}=T_{4'}$)。即高温烟气的热量由顶循环吸收，中温烟气的热量由底循环吸收，低温烟气的热量由空气预热器吸收，最后烟气废热排入环境。但同时由于底循环的透平入口温度低于顶循环透平入口温度，故底循环工质的平均吸热温度低于顶循环平均吸热温度。循环的部分设计参数如表 3-2 所示，其中当透平入口温度为 700℃时，透平入口压力为 35MPa。

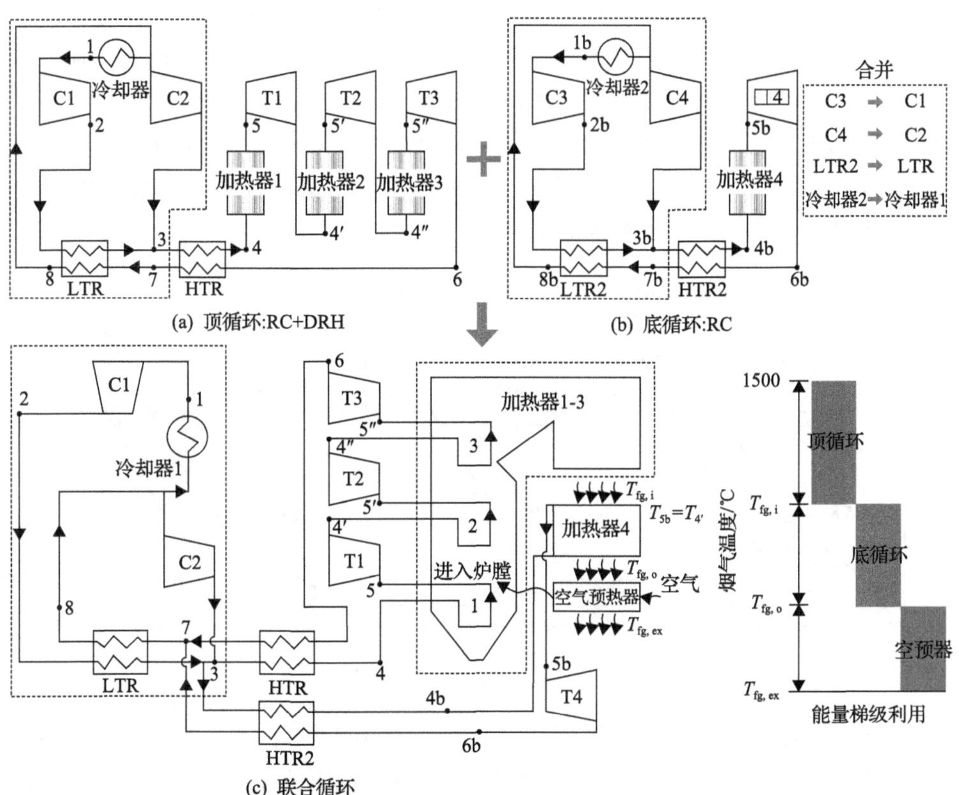


图 3-13　案例 A：基于烟气热能梯级利用的 CTB(RC+DRH+RC)[10]

平均吸热温度 $T_{\text{ave,a}}$ 和平均放热温度 $T_{\text{ave,r}}$ 可用下式计算[2,3]：

$$T_{\text{ave,a}} = \frac{\sum Q_{\text{h}}}{\sum \Delta S} = \frac{\sum \dot{m}\left(h_{\text{out}} - h_{\text{in}}\right)}{\sum \dot{m}\left(s_{\text{out}} - s_{\text{in}}\right)} \tag{3-11}$$

式中，$Q_{\text{h}}$ 为锅炉内的吸热量；$h_{\text{in}}$、$h_{\text{out}}$ 分别为加热器进、出口焓；$s_{\text{in}}$、$s_{\text{out}}$ 分别为加热器进、出口熵；$\Delta S$ 为吸热熵增。

$$T_{\text{ave,r}} = \frac{\sum Q_{\text{c}}}{\sum \Delta S} = \frac{\sum \dot{m}\left(h_{\text{in}} - h_{\text{out}}\right)}{\sum \dot{m}\left(s_{\text{in}} - s_{\text{out}}\right)} \tag{3-12}$$

式中，$Q_{\text{c}}$ 为冷却器的放热量；$h_{\text{in}}$、$h_{\text{out}}$ 分别为冷却器进、出口焓；$s_{\text{in}}$、$s_{\text{out}}$ 分别为冷却器进、出口熵；$\Delta S$ 为放热熵减。

根据式(3-11)和式(3-12)可以计算当透平入口参数为 700℃/35MPa 时，顶循环二次再热再压缩循环(RC+DRH)的平均吸热温度为 631.07℃，热效率($\eta_{\text{th,t}}$)为 55.87%，底循环再压缩循环(RC)的平均吸热温度为 510.43℃，热效率($\eta_{\text{th,b}}$)为 50.89%，顶底循环复合后的系统热效率($\eta_{\text{th,s}}$)为 55.22%。两个循环的冷却器因通过参数匹配法进行了合并，所以两者的平均放热温度相同，都为 49.29℃，如图 3-14 所示。所以顶、底循环之间的效率差距可仅用平均吸热温度的差异来表示，这意味着想要彻底解决余热问题，就需要在保证平均放热温度的同时，使底循环的平均吸热温度达到顶循环的平均吸热温度。

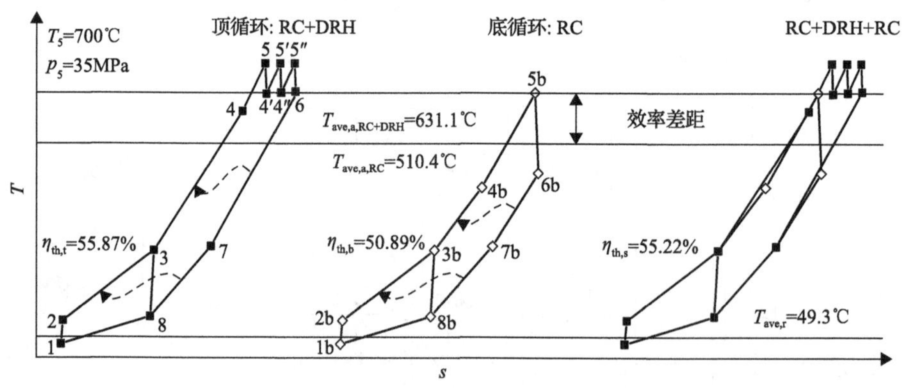


图 3-14　案例 A 的 $T$-$s$ 图($T_{5\text{b}}=T_{4'}$)[10]

根据这一指导原则，案例 A 无法彻底解决余热问题，因为底循环的平均吸热温度较低。同时，案例 A 的顶、底循环之间的效率差距是较大的，如图 3-15(a)所示，这一差距大致维持在 0.64%[图 3-15(b)]。如此大的效率差距需要构建更高

效的 $sCO_2$ 燃煤发电系统。由于烟气流经 $sCO_2$ 循环后的热量需要通过空气预热器吸收，所以这里给出案例 A 空气预热器系统的运行特点：当透平入口温度从 600℃升高至 700℃时，空气预热器一次风出口温度始终保持不变，设定为 320℃，二次风出口温度需根据空气预热器的热负荷计算，从透平入口温度 600℃对应的 291.8℃升高至透平入口温度 700℃对应的 396.4℃，这一温度范围仍在现有工程经验范围内[11]，传统的空气预热器形式仍可满足需求。

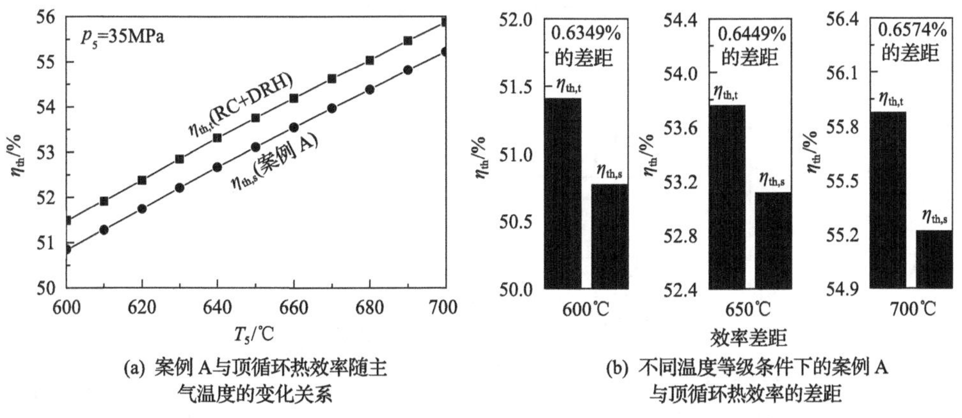


(a) 案例 A 与顶循环热效率随主气温度的变化关系

(b) 不同温度等级条件下的案例 A 与顶循环热效率的差距

图 3-15　案例 A 热效率与顶循环热效率之间的比较[10]

### 3.4.2　案例 B：顶底复叠循环

能量梯级利用与能量复叠利用的透平入口参数各有特点，即

$$\begin{cases} T_{5b} = T_{4'}, & \text{能量梯级利用} \\ T_{5b} = T_5 = T_{5'} = T_{5''}, & \text{能量复叠利用} \end{cases} \tag{3-13}$$

能量梯级利用的准则是“底循环透平入口 $CO_2$ 温度与顶循环在锅炉入口的 $CO_2$ 温度相同”，而能量复叠利用的原理则保证“顶、底循环每个透平入口 $CO_2$ 温度均相等”。案例 B 是基于能量复叠利用的循环系统，如图 3-16 所示，案例 B 与案例 A 的构建方法相同，都是由顶、底循环参数匹配法构建得到的，其中顶循环为二次再热再压缩循环（RC+DRH），底循环为再压缩循环（RC），与案例 A 相比，案例 B 的底循环加热器分为加热器 4a 和加热器 4b，其中加热器 4a 与案例 A 中的加热器 4 相同，均使 $CO_2$ 工质被加热到加热器 2 的入口温度，而加热器 4b 负责将 $CO_2$ 进一步加热到与透平入口温度 $T_5$ 相同。因此，底循环与顶循环透平入口温度是相同的（$T_{5b}$=$T_5$），即不再是底循环仅吸收中温热能，它还要吸收一部分高温热能。

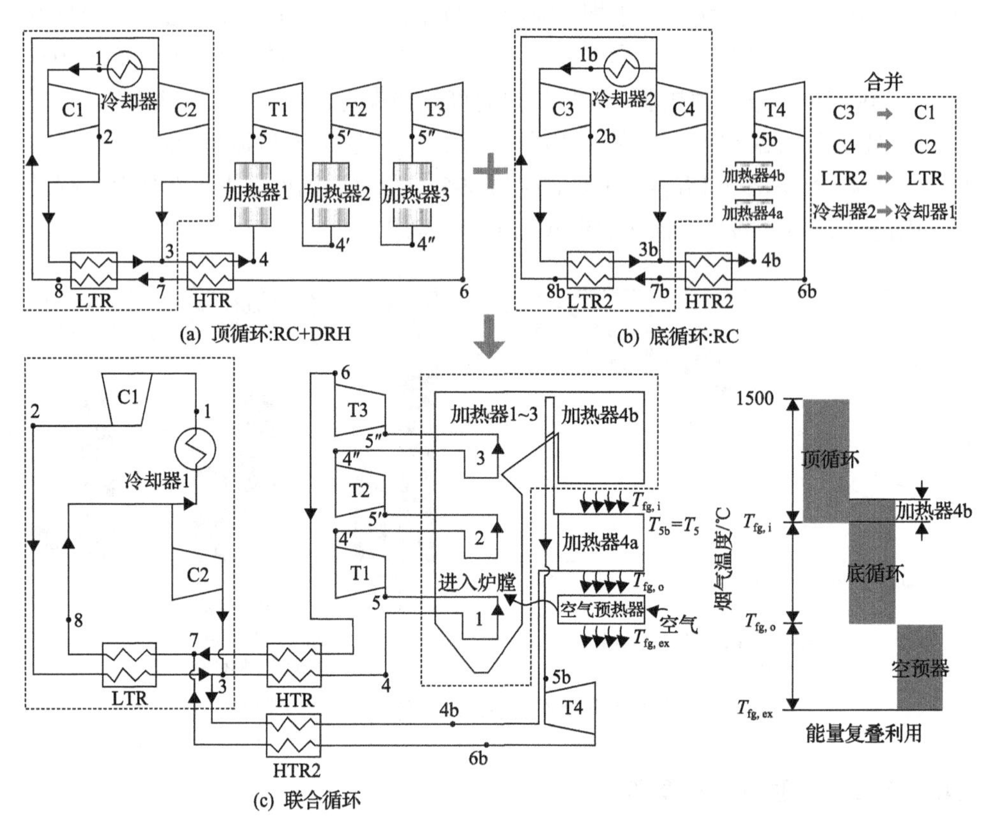

图 3-16　案例 B：基于烟气热能复叠利用的 CTBO(RC+DRH+RC)[10]

通过这种构造方法，当透平入口参数为 700℃/35MPa 时，底循环的平均吸热温度得以提高，从案例 A 的 510.43℃提高到 571.96℃，如图 3-17 所示。这意味着案例 B 相比于案例 A 更接近彻底解决余热这个问题，但平均吸热温度的提高并不

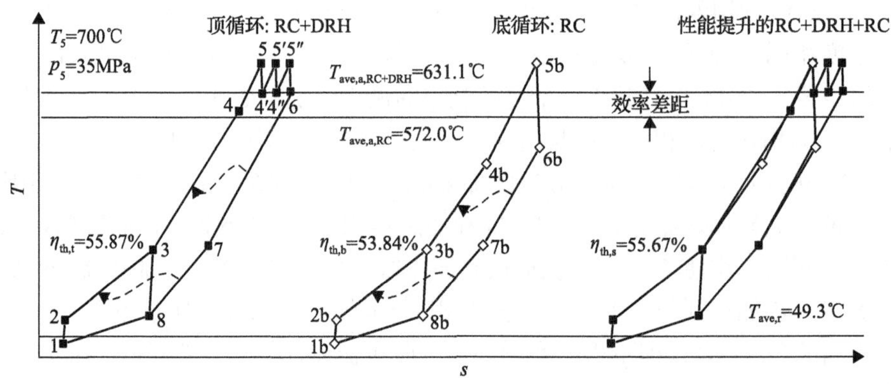


图 3-17　案例 B 的 $T$-$s$ 图($T_{5b}$=$T_5$=$T_{5'}$=$T_{5''}$)[10]

是没有代价，第一个代价是需要额外增加一个加热器4b，第二个代价是空气预热器内二次风温度需要提高，如当透平入口温度从600℃升高至700℃时，空气预热器一次风出口温度仍设定为320℃，但二次风温度需要从案例A的291.8～396.4℃升高到 361.3～473.9℃，升高后的二次风温度超过了现有工程经验范围，需要构造新的高温空气预热器。

虽然空气预热器系统与传统空气预热器系统不同，但案例 B 有效提高了系统效率，从图3-18(a)可以看出，案例B的效率相比于案例A已经有了很大提高，很接近RC+DRH的效率，两者的效率差距从0.64%左右降低至0.20%左右[图3-18(b)]。但这仍然没有彻底解决余热问题，因为顶、底循环之间仍有效率差距。所以什么样的循环能够彻底解决余热问题？这里重新回顾平均吸热温度，当平均放热温度相同时，只有底循环的平均吸热温度达到顶循环的平均吸热温度，才能够彻底解决余热问题。所以，只有当底循环的做功过程采用与顶循环相同的二次再热布置，才能使平均吸热温度进一步提高。根据这一构想我们构建了案例C。

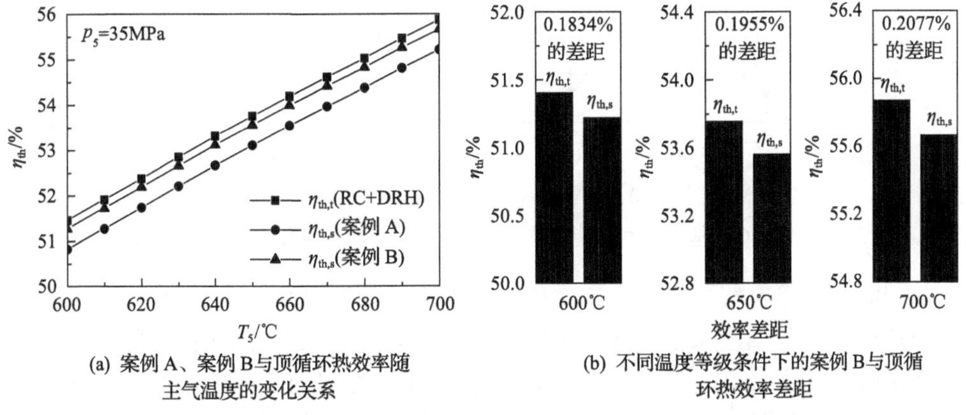


(a) 案例A、案例B与顶循环热效率随主气温度的变化关系

(b) 不同温度等级条件下的案例B与顶循环热效率差距

图3-18 案例B热效率与顶循环热效率之间的比较[10]

### 3.4.3 案例C：带高温冷却器的顶底复叠循环

案例C的底循环采用二次再热布置，且底循环二次再热布置的透平运行参数与顶循环相同，这就可以实现顶底循环再热系统的合并，透平 T4-6 与透平 T1-3 合并，加热器5-6与加热器2-3合并，而加热器1与加热器4a-4b无法合并，因为顶循环HTR高压侧出口(4点)的$CO_2$首先进入炉膛吸热，底循环HTR2高压侧出口(4b点)的$CO_2$首先进入尾部烟道吸收烟气余热，如图3-19所示。

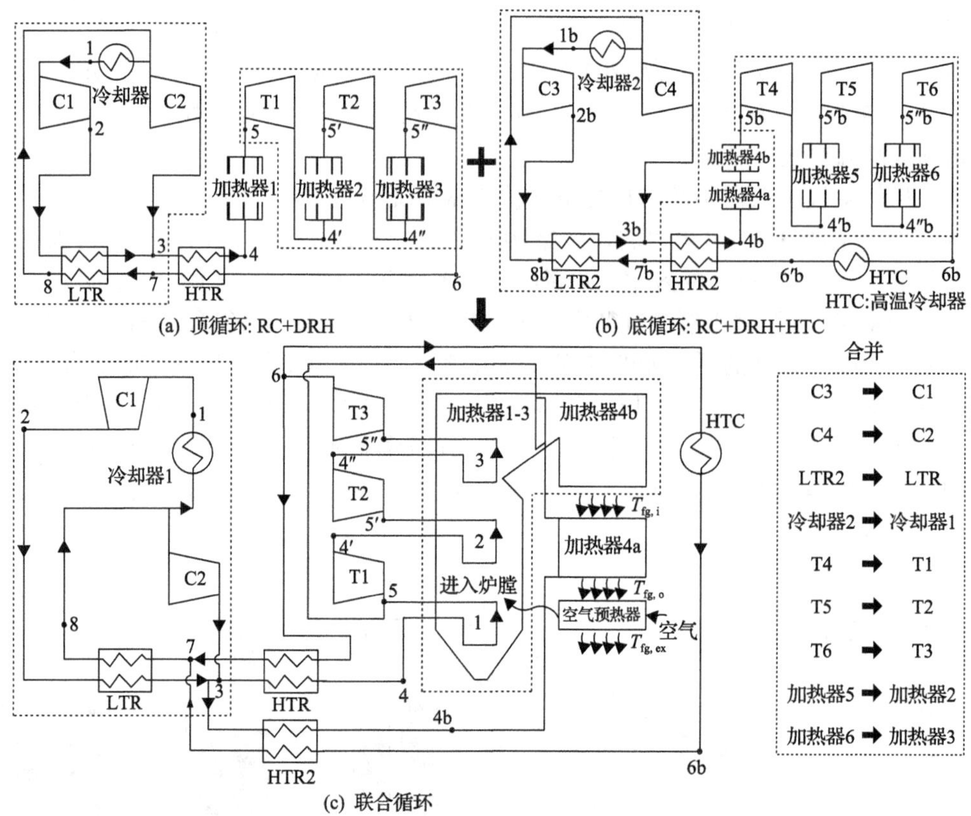


图 3-19　案例 C：基于烟气热能复叠利用的 CTBO(RC+DRH+RC+DRH+HTC)[10]

同时，由于空气预热器内二次风温度无法无限制提高，案例 B 的二次风温已经达到较高的温度水平，故对于案例 C，为了通过 $sCO_2$ 循环将尾部烟道的余热完全吸收，在计算时保证了案例 C 与案例 B 有相同的空气预热器热负荷，所以底循环进入锅炉的最低温度 $T_{4b}$(案例 C)应与案例 B 的 $T_{4b}$ 相同。但对于案例 C，由于再热布置使 $T_{6b}$ 温度提高，所以为了保证 $T_{4b}$，在底循环透平出口需要添加冷却器，此时才能够保证 $T_{4b}$(案例 C)=$T_{4b}$(案例 B)，此处该冷却器称为高温冷却器(HTC)。

从图 3-20 可以看出，底循环应用二次再热布置确实可以提高循环的平均吸热温度，顶底循环的平均吸热温度从案例 B 的 571.96℃提升到 591.28℃。但由于 HTC 需要将一部分热量释放到环境中，故底循环的平均放热温度升高，由 49.29℃升至 169.85℃，因此底循环效率降低。

由于 HTC 的存在，案例 C 的效率极大降低。如图 3-21(a)所示，在 700℃/35MPa 的条件下时，底循环效率($\eta_{th,b}$)从案例 B 的 53.84%降至案例 C 的 37.12%。案例 C

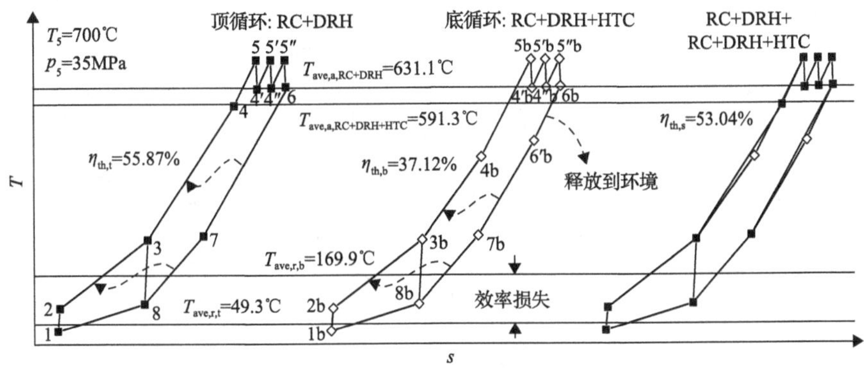


图 3-20　案例 C 的 $T$-$s$ 图(底循环与顶循环具有相同的做功过程)[10]

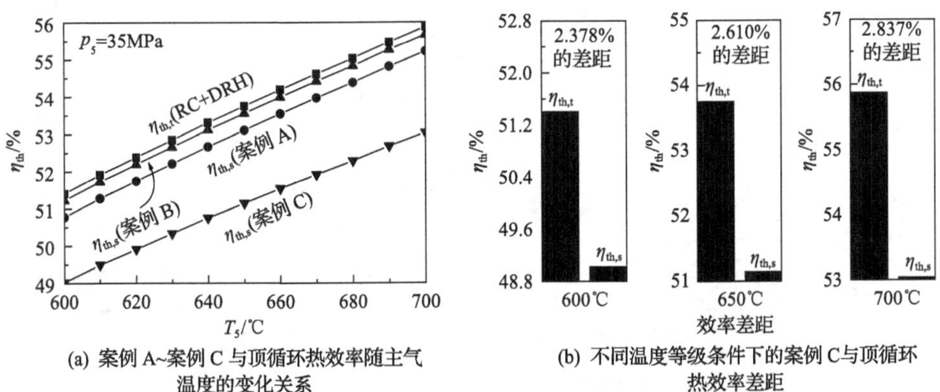


(a) 案例 A~案例 C 与顶循环热效率随主气温度的变化关系

(b) 不同温度等级条件下的案例 C与顶循环热效率差距

图 3-21　案例 C 热效率与顶循环热效率之间的比较[10]

与 RC+DRH 的效率差距可达 2.6%，远高于案例 A 和案例 B，如图 3-21(b)所示。从能量平衡的角度看，案例 C 并没有高效地吸收余热，因为余热被吸收到 $sCO_2$ 循环后，又从 HTC 处释放到环境中，这部分高品位能量并没有得到高效利用，反而降低了循环的热效率。

### 3.4.4　案例 D：带外置式空气预热器的顶底复叠循环

如何将案例 C 中 HTC 释放到环境中的热量利用起来呢？根据这一问题，我们提出了案例 D。案例 D 与案例 C 的区别在于将案例 C 中的加热器 4a 拆分成加热器 4a′和加热器 4a″，同时将 HTC 替换为 EAP，EAP 是外置式空气预热器，如图 3-22 所示。与 HTC 将热量释放到环境不同，EAP 包含的原本应释放到环境的热量由在空气预热器内升温后的二次风进一步吸收，随后该二次风返回锅炉辅助燃烧，通过这一布置可将 EAP 内 $CO_2$ 工质的热量带入锅炉，从而实现热量的循环利用。

(a) 顶循环: RC+DRH

(b) 底循环: RC+DRH+EAP

(c) 联合循环

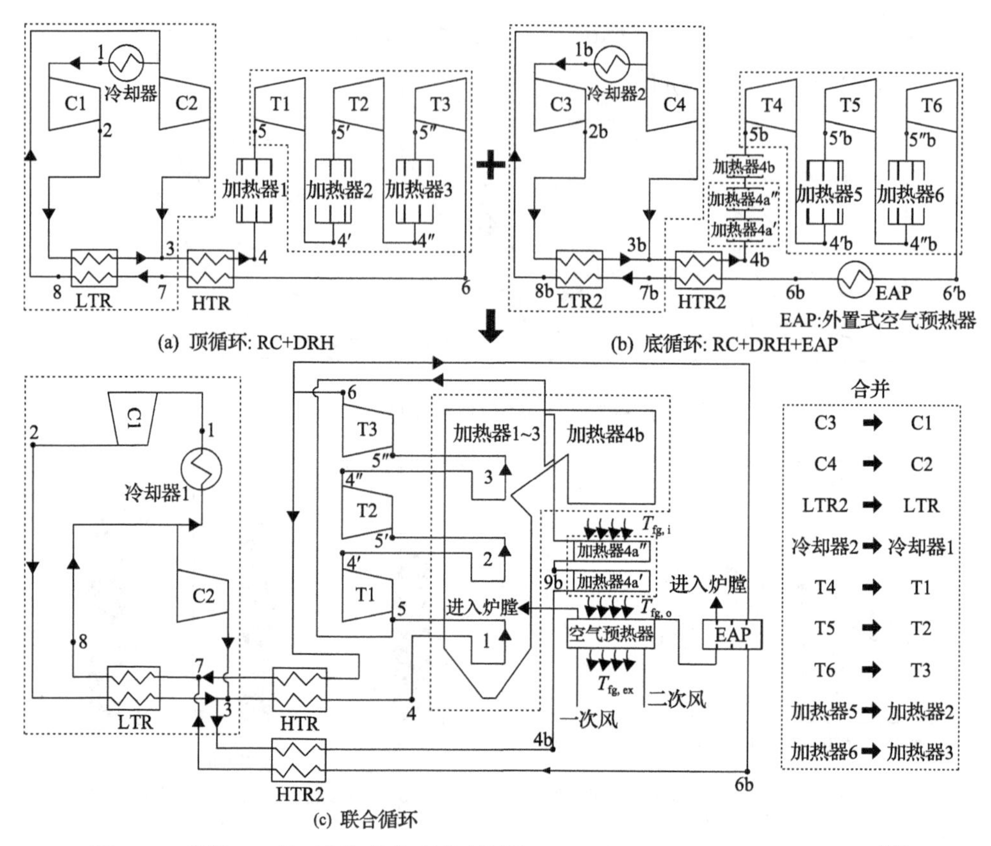

图 3-22　案例 D：基于烟气热能复叠利用的 CTBO(RC+DRH+RC+DRH+EAP)[10]

图 3-23 为这种热量的吸收过程，EAP 内的高温 $CO_2$ 工质将热量 $Q_{EAP}$ 传递给从空气预热器内流出的二次风。随后二次风将这部分热量送回锅炉，并参与锅炉

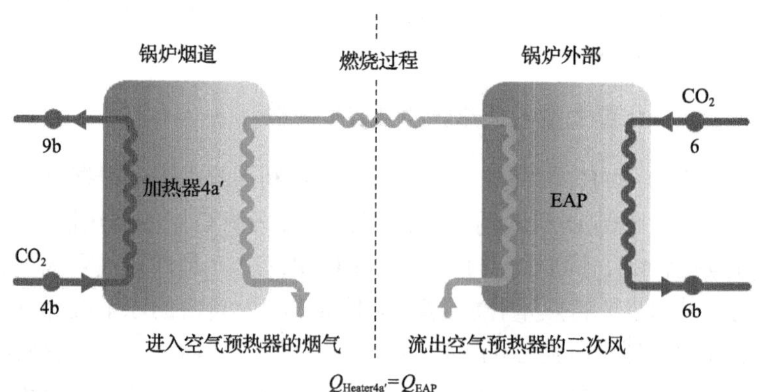


图 3-23　通过空气在 EAP 与加热器 4a′之间实现回热[10]

内的燃烧过程，在燃烧过程中这部分能量的品位得到提升，最后在加热器 4a′中烟气将 $Q_{Heater\ 4a'}$的热量传递给 $CO_2$，且 $Q_{Heater\ 4a'}=Q_{EAP}$，这意味着在案例 C 中原本应释放到环境的热量经二次风的吸收并返回锅炉后得到重新利用。此处需要注意，加热器 4a′和加热器 4a″原本就是一个整体，但为了便于理解将该受热面拆分，使加热器 4a″的热负荷 $Q_{Heater\ 4a''}$恰好等于 EAP 的热负荷 $Q_{EAP}$。

由于 $Q_{EAP}$ 返回锅炉，并最终等效于加热器 4a′的热负荷，所以案例 C 主流 $CO_2$ 的加热过程 4b-5b 转化为 case D 的 9b-5b，如图 3-24 所示，经过参数匹配法合并后，顶底循环在点 7(7b)与点 6(6b)处的温压参数相同，即在单位质量流量条件下，6-7 过程的放热量 $Q_{6-7}$ 与 6b-7b 过程的放热量 $Q_{6b-7b}$ 相等。对于顶循环，6—7 过程的能量 $Q_{6-7}$ 通过 HTR 释放到 3-4 过程。对于底循环，6b—7b 的过程被分解为两个过程，6′b-7b 过程的能量 $Q_{6'b-7b}$ 通过 HTR2 释放到 3b-4b 过程，6b—6′b 过程的能量 $Q_{6b-6'b}$ 通过 EAP 首先带入锅炉内参与煤的燃烧，随后生成的烟气将该部分能量 $Q_{6b-6'b}$ 释放到 4b-9b 过程，且 $Q_{6'b-7b}+Q_{6'b-7b}=Q_{6b-7b}$，这意味着 $Q_{6b-7b}$ 被连续释放到了 3b-9b 的过程中，这与顶循环 $Q_{6-7}$ 释放过程的效果是相同的，所以点 4 与点 9b 的温压参数也是相同的，故 9b-5b 的过程与顶循环 4-5 的加热过程相同，并且由于顶、底循环的再热过程是相同的，所以此时底循环的平均吸热温度与顶循环相同。同时，由于案例 C 通过 HTC 释放到环境的热量在案例 D 中返回锅炉得到利用，所以案例 D 的底循环放热温度也与顶循环相同，此时顶、底循环的平均吸热温度与平均放热温度相同，案例 D 的热效率与 RC+DRH 相同，即余热问题得到彻底解决，如图 3-25 所示。

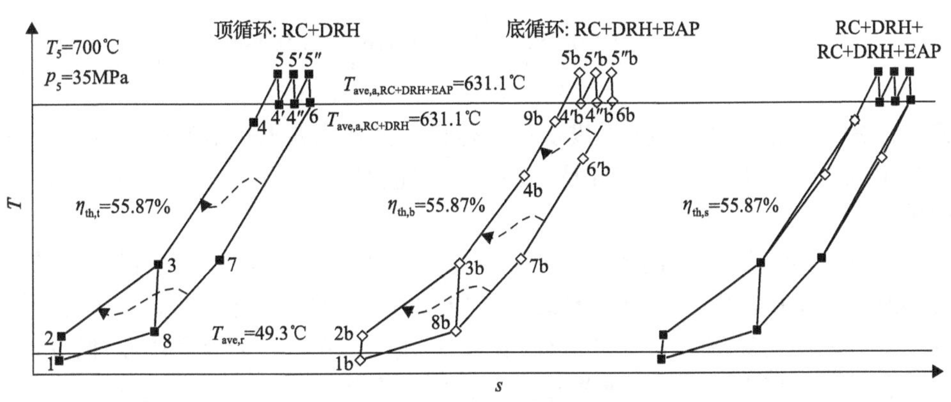


图 3-24　案例 D 的 $T$-$s$ 图(底循环与顶循环具有相同的做功过程)[10]

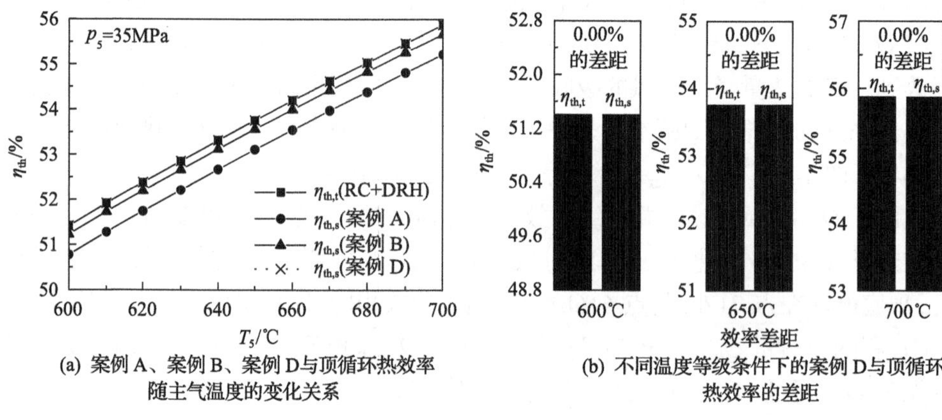

(a) 案例 A、案例 B、案例 D与顶循环热效率随主气温度的变化关系

(b) 不同温度等级条件下的案例 D与顶循环热效率的差距

图 3-25　案例 D 热效率与顶循环热效率之间的比较[10]

## 3.5 本 章 小 结

图 3-26 总结了案例 A～案例 D 的优化路线图，通过逐步优化获得了最高的系统热效率($\eta_{th,s}$)。图中的主气参数为 700℃/35MPa，且在每一步优化过程中保证了 4 个案例的顶循环都具有相同的平均吸热温度($T_{ave,a}$=631.1℃)、平均放热温度($T_{ave,r}$=49.3℃)和热效率($\eta_{th,t}$=55.87%)，这就是期望底循环通过能量复叠利用原理来实现的目标。当计算系统热力学第二定律的效率时，煤的烟值($e_{coal}$)可通过下式计算[12]：

$$e_{coal} = Q_f\left(1.0064 + 0.1519\frac{H_{ar}}{C_{ar}} + 0.0616\frac{O_{ar}}{C_{ar}} + 0.0429\frac{N_{ar}}{C_{ar}}\right) \tag{3-14}$$

式中，各参数见表 3-1；$Q_f$为煤低位发热量。循环的各点烟值及部件的烟损失可基于 2.5 节所述方法进行计算。$CO_2$、空气和烟气的物性可通过 REFPROP 调用[13]。

案例 A→案例 B：案例 A 是根据能量梯级利用原理构建的。其底循环的平均吸热温度为 510.4℃，顶、底循环之间平均吸热温度的差异导致两者效率的差异巨大。案例 B 与案例 A 的循环流程相同，但由于应用能量复叠利用原理，所以案例 B 的底循环平均吸热温度提高到 572.0℃。伴随着平均吸热温度的提高，系统热效率$\eta_{th,s}$也从 55.22%提高到 55.67%。烟效率从 51.31%提高到 51.73%(图 3-26 所示)。

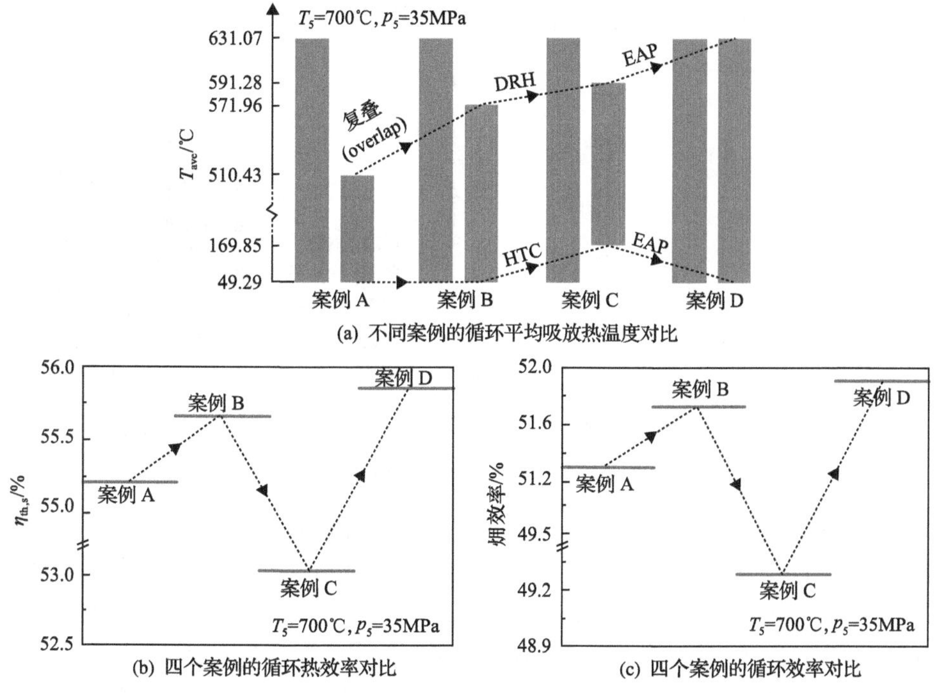


(a) 不同案例的循环平均吸放热温度对比

(b) 四个案例的循环热效率对比

(c) 四个案例的循环效率对比

图 3-26　从案例 A～案例 D 的优化效果[10]

案例 B→案例 C：案例 C 的底循环应用了能量复叠利用与二次再热布置，故底循环的平均吸热温度从案例 B 的 572.0℃提高到案例 C 的 591.3℃。同时，由于额外热量需要被释放到环境中，故案例 C 底循环的平均放热温度提高至 169.9℃。所以，尽管案例 C 的平均吸热温度明显提高，但较高的平均放热温度仍然造成了巨大的效率损失。其系统热效率从案例 B 的 55.67%降到案例 C 的 53.04%。㶲效率则从 51.73%降至 49.29%。

案例 C→案例 D：为了降低案例 C 底循环的平均放热温度，案例 D 引入 EAP 代替 HTC。由于 EAP 将原本应释放到环境的热量吸收后返回锅炉，所以案例 D 的底循环与顶循环具有相同的平均吸热温度和平均放热温度，这使两者之间具有相同的热效率。同时，其㶲效率为 51.92%，也高于案例 A～案例 C。

图 3-27 为每个案例的部件㶲损。整个系统的㶲损被分为 5 类，分别为锅炉、回热器、冷却器、透平、压缩机㶲损。每一个分类均包含了同类部件，如对于案例 A，回热器包含 LTR、HTR、HTR2，透平包含 T1-T3，压缩机包含 C1 和 C2。图 3-27(a)表明，对于四个案例，透平、压缩机、回热器的㶲损变化很小。但随着平均吸热温度的提高，锅炉㶲损逐渐降低。此处需要特别注意案例 C 的冷却器㶲损。与其他案例相比，案例 C 的冷却器㶲损明显提高，其系统的㶲效率显著降低。图 3-27(b)为案例 D 的㶲损分布。基于上述分析可知，能量分析与㶲分析的结论

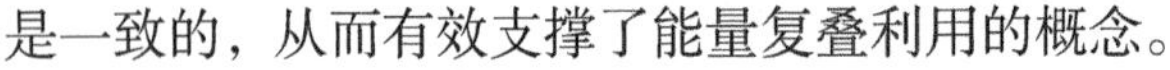
是一致的，从而有效支撑了能量复叠利用的概念。

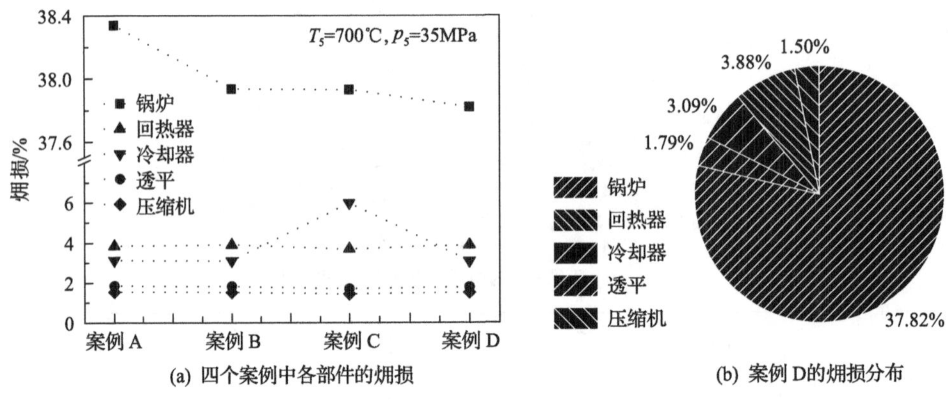

(a) 四个案例中各部件的㶲损　　(b) 案例 D的㶲损分布

图 3-27　案例 A～案例 D 各部件㶲损比较[10]

能量梯级利用原理已经提出了很多年，应用该原理成功指导了多种能量系统的构建，如超临界水蒸气朗肯循环、燃气轮机复合循环等[14,15]。此外，该原理也可以用于包含物理能、化学能等复合系统的研究[14,16]。通常应用该原理的系统其顶底循环运行在不同的温度水平，所以顶循环效率高于底循环效率。对于 $sCO_2$ 循环，炉内烟气与 $CO_2$ 的传热温差巨大，尤其是高温烟气区域。在这种情况下，应用能量梯级利用指导构建的系统可以有效地将能量充分吸收，但会显著增加传热过程的㶲损。而应用能量复叠利用原理构建的系统不仅能吸收中温区烟气的热能，同时也深度利用了高温区烟气的可用能。这意味着能量复叠利用可以减少烟气与 $CO_2$ 传热过程的㶲损，从而提高系统效率。这一思路同样有可能扩展并应用于其他能源系统中。

## 参 考 文 献


[1] Wang Z F, Sun E H, Xu J L, et al. Effect of flue gas cooler and overlap energy utilization on supercritical carbon dioxide coal fired power plant[J]. Energy Conversion and Management, 2021, 249: 114866.

[2] Bejan A. Advanced engineering thermodynamics[M]. New York: John Wiley & Sons, 2016.

[3] 陈大燮. 动力循环分析[M]. 上海: 上海科学技术出版社, 1981.

[4] Zhou L Y, Xu G, Zhao S F, et al. Parametric analysis and process optimization of steam cycle in double reheat ultra-supercritical power plants[J]. Applied Thermal Engineering, 2016, 99: 652-660.

[5] Chen H, Pan P Y, Shao H S, et al. Corrosion and viscous ash deposition of a rotary air preheater in a coal-fired power plant[J]. Applied Thermal Engineering, 2017, 113: 373-385.

[6] Basu P, Kefa C, Jestin L. Boilers and Burners: Design and Theory[M]. Berlin: Springer Science & Business Media, 2012.

[7] Sun E H, Xu J L, Hu H, et al. Single-Reheating or Double-Reheating, Which is Better for $sCO_2$ Coal Fired Power Generation System[J]. Journal of Thermal Science, 2019, 28: 431-441.

[8] Xu J L, Sun E H, Li M J, et al. Key issues and solution strategies for supercritical carbon dioxide coal fired power

plant[J]. Energy, 2018, 157: 227-246.

[9] 孙恩慧. 超高参数二氧化碳燃煤发电系统热力学研究[D]. 北京: 华北电力大学, 2020.

[10] Sun E H, Xu J L, Hu H, et al. Overlap energy utilization reaches maximum efficiency for S-$CO_2$ coal fired power plant: A new principle[J]. Energy Conversion and Management, 2019, 195: 99-113.

[11] Wang L M, Deng L, Tang C L, et al. Thermal deformation prediction based on the temperature distribution of the rotor in rotary air-preheater[J]. Applied Thermal Engineering, 2015, 90: 478-488.

[12] 傅秦生. 能量系统的热力学分析方法[M]. 西安: 西安交通大学出版社, 2005.

[13] Lemmon E W, Huber M L, McLinden M O. NIST reference fluid thermodynamic and transport properties—Refprop[J]. NIST Standard Reference Database, 2002, 23: v7.

[14] Zhang G Q, Zheng J Z, Yang Y P, et al. Thermodynamic performance simulation and concise formulas for triple-pressure reheat HRSG of gas-steam combined cycle under off-design condition[J]. Energy Conversion and Management, 2016, 122: 372-385.

[15] Tumanovskii A G, Shvarts A L, Somova E V, et al. Review of the coal-fired, over-supercritical and ultra-supercritical steam power plants[J]. Thermal Engineering, 2017, 64: 83-96.

[16] Jin H, Ishida M. Reactivity study on a novel hydrogen fueled chemical-looping combustion[J]. International Journal of Hydrogen Energy, 2001, 26(8): 889-894.

# 第 4 章　超临界传热理论

## 4.1　引　　言

超临界动力循环中存在诸多的超临界传热设备，如 $sCO_2$ 锅炉、回热器、冷却器、透平/压缩机等，在这些设备中超临界流体(supercritical fluid，SF)进行能量传递/转换过程。超临界动力循环设备运行包括稳态和瞬态。其中，在稳态运行条件下，超临界流体的流动传热问题对于机组安全运行至关重要。如果超临界传热设计不当，将直接导致超温爆管，威胁发电系统安全。另外，机组在变工况过程中，传热设备中将发生工质流体相的转换，直接影响设备运行寿命。

从 20 世纪 50 年代开始，为发展超临界核能及燃煤发电进行了一系列超临界传热的实验研究，以支撑关键加热原件的设计和运行。在工程应用领域中，按照传统热力学思路，超临界流体被处理成完全的单相流体，即均匀的物质结构[1]。在超临界传热中，对于强化传热及传热恶化现象，引入单相传热的浮升力和流动加速效应，因此各研究者提出的计算公式的适用参数范围窄，不能统一其他研究者的实验数据[2]。在实际运行中，传热恶化将导致管壁温度飞升，引起超温爆管[3]。按照单相传热思路，难以理解其发生机理并提出更好的预测公式。由于理论不成熟，超临界水蒸气发电系统设计需要依赖大量的实验数据，以覆盖电站实际运行工况参数，需要投入巨大的人力物力[4]。对于 $sCO_2$ 发电，当前正处于探索阶段[5]。

在超临界流体基础研究领域，单相流体假设受到质疑。理论研究方面，采用分子动力学模拟方法，从超临界流体热物性的角度出发，发现存在 Widom 线，在 Widom 线两侧分布有类液和类气两个区域[6]。物理学家采用 X 射线等方法证实，跨越 Widom 线时参数响应完全不同[7]。实验研究方面，20 世纪 60～70 年代，根据超临界传热与亚临界沸腾传热具有相似现象，提出了“类沸腾”(pseudo-boiling)概念[8,9]。实验表明，在临界点附近，随热流密度增大，传热呈类气泡传热，进一步增大热流密度，气泡聚合产生气膜并发生类膜态沸腾传热，因蒸汽导热系数低而引起传热系数快速下降[8,9]。这一现象与水滴在高温表面上产生蒸汽膜并将高温表面和液滴分开的著名的 Leidenfrost 效应类似[10]。本书作者等近年来开展了一系列超临界类沸腾理论研究，本章将对其进行详细讨论。4.2 节介绍微观层面超临界流体的分子动力学模拟，重点从分子层面研究了超临界流体类两相区内的异质结构，发现纳米尺度气泡和类两相区混沌特性[11,12]。4.3 节针对宏观层面，基于工程应用的需求，对超临界类沸腾和亚临界沸腾进行类比，建立了包含类液、类气和类两相的超临界传热三区模型，重点针对类两相区的处理，包括物性参数选取、无量纲参数群、表面张力等，形成基于多相流的理论框架，为实际工程应用提供理论和方法指导[13]。

## 4.2　超临界类沸腾的分子动力学模拟

超临界流体存在于自然界中，并在工程实际得到了广泛应用。传统热力学中假设超临界流体分子在空间上均匀分布。随着科学技术的发展，发现按这一假设建立的相关理论和实际相差较大，严重制约了超临界技术的规模化应用。本书作者等采用分子动力学模拟，对受限和非受限空间内超临界流体的相分布进行重新审视。研究发现，超临界流体具有类液和类气状态共存的结构，类似于亚临界压力下的气液共存状态，呈现出含有类气泡结构的多相流特征。这一发现为超临界压力下多相流理论的发展奠定了基础。

### 4.2.1　非受限空间内超临界相分布

1. 非受限空间超临界流体分子动力学模拟的物理模型

本书作者在模拟过程中选择了具有周期性边界条件的立方体盒子，类似于大海中的一滴水。虽然模拟着眼于微观纳米尺度，但同样可以反映宏观状态的性质。物理模型如图 4-1 所示，立方体盒子满足 $L_x=L_y=L_z=L$。为了提高计算精度，在不同工况下需确保系统内均含有 10976 个原子[14,15]。当给定温度和压力时，密度被

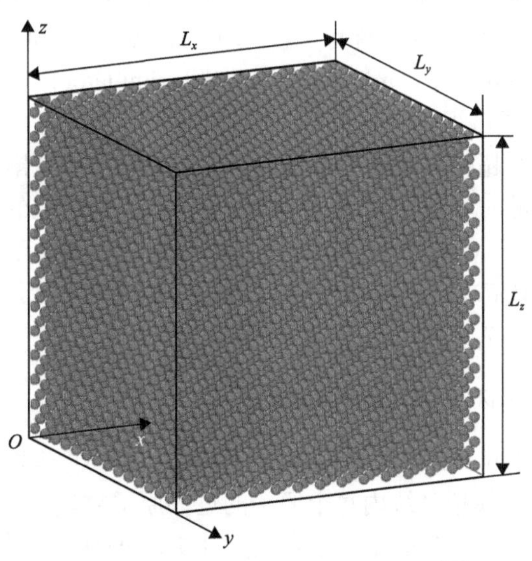


图 4-1　分子动力学模拟的物理模型[11]

唯一确定。为了保证模拟盒子中的原子数量，不同模拟工况对应不同的盒子尺寸，当模拟系统参数处于临界点时，模拟盒子的尺寸为 $L_x=L_y=L_z=32.5331\sigma_{\rm or}$，其中，$\sigma_{\rm or}$ 为尺寸参数。模拟过程中的截断半径取 $5.8\sigma_{\rm or}$ [16]，当原子间距离超过截断半径时，相互作用可忽略不计。

模拟系统中每个粒子的运动都遵循牛顿第二定律，则有

$$\boldsymbol{F}_i = m_i\boldsymbol{a}_i \Rightarrow \frac{\mathrm{d}^2\boldsymbol{r}_i}{\mathrm{d}t^2} = \frac{\boldsymbol{F}_i}{m_i} \tag{4-1}$$

式中，$t$ 为时间；$m_i$ 为原子 $i$ 的质量；$\boldsymbol{a}_i$ 和 $\boldsymbol{r}_i$ 分别为其加速度和位置向量；$\boldsymbol{F}_i$ 为作用在原子上的总矢量力。

在模拟过程中，氩原子之间可以使用 Lennard-Jones 势函数，表达式为[17,18]

$$\phi(r) = 4\varepsilon_{\rm or}\left[\left(\frac{\sigma_{\rm or}}{r_{\rm a}}\right)^{12} - \left(\frac{\sigma_{\rm or}}{r_{\rm a}}\right)^{6}\right] \tag{4-2}$$

式中，$r_{\rm a}$ 为原子之间的距离；$\varepsilon_{\rm or}$ 为能量参数，$\varepsilon_{\rm or}=1.67\times10^{-21}$J，反映了原子之间相互作用强度；$\sigma_{\rm or}$ 为尺寸参数，$\sigma_{\rm or}=3.405\times10^{-10}$m，反映了原子的直径大小[19]。

采用 Velocity-Verlet 算法对运动方程进行求解，时间步长为 $0.00046\tau$(1fs)，其中，$\tau$ 为特征时间，满足 $\tau=\sqrt{m\sigma_{\rm or}^2/\varepsilon_{\rm or}}=2.16\times10^{-12}$s。在模拟过程中，对整个系统施加正则(NVT)系综，采用 Nosé-Hoover 控温方法控制系统温度[20,21]。每个算例均运行 600 万步，前 100 万步是弛豫平衡过程，确保系统的温度和压力达到设定值，后 500 万步用于参数统计。模拟使用开源大规模原子/分子并行模拟器(large-scale atomic/molecular massively parallel simulator，LAMMPS)[22]，使用 OVITO 软件进行原子可视化。

模拟盒子中初始超临界流体原子按面心立方晶格(FCC)排布，在不同温压参数的作用下，流体随时间演化成不同结构。分子动力学模拟的压力和温度范围分别为(1.0～3.5)$p_{\rm c}$ 和(1.0～2.2)$T_{\rm c}$。需要对每个压力下，多个不同的温度工况进行模拟计算，所有模拟工况点在 $p_{\rm rt}$-$T_{\rm rt}$ 相图上的分布如图 4-2 所示，其中无量纲压力 $p_{\rm rt}=p/p_{\rm c}$，无量纲温度 $T_{\rm rt}=T/T_{\rm c}$。

2. 超临界流体三区边界的确定及对比

目前主要采用 Ten Wolde and Frenkel(TWF)[23]方法对非均匀流体的结构进行研究。TWF 方法根据模拟系统内每个原子的近邻原子数量，对每个原子进行类气和类液属性的标识。图 4-3(a)是一个半径为 $1.5\sigma_{\rm or}$ 的球体，内部包括目标原子 $i$ 和近邻原子 $j$($j$=1, 2, ⋯, $n$)，其中，$n$ 为除目标原子外球体内包含的最多原子数。

实际上，近邻原子数法是一种统计方法，如图 4-3(b)所示。由图可知，在亚临界压力下，近邻原子数 5 是气体和液体的分界线。当近邻原子数 $n<5$ 时，目标原子被定义为类气体，当 $n\geqslant 5$ 时，目标原子被定义为类液体。

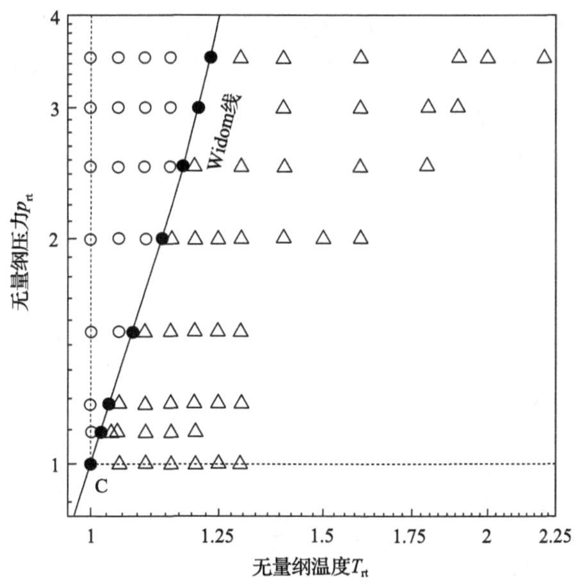


图 4-2　模拟工况点在 $p_{rt}$-$T_{rt}$ 相图上的分布[11]

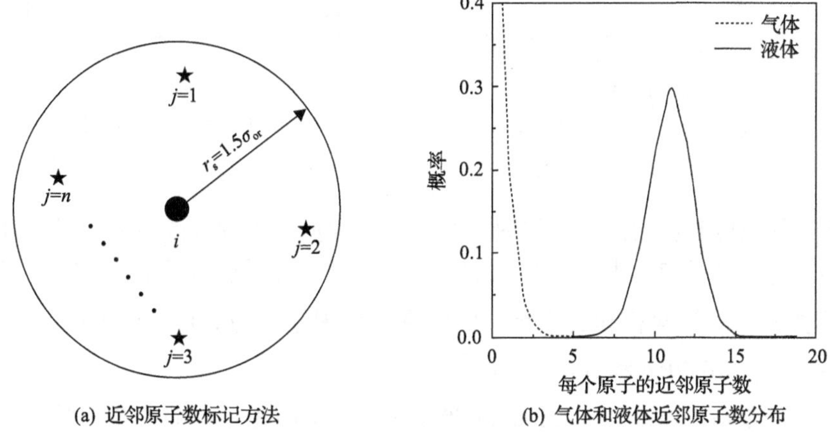


图 4-3　近邻原子标记及分布[10]

根据模拟盒子内类气原子数与总原子数的比值，可以得到超临界流体类液相、类两相和类气相三区分布的温度边界 $T_s$ 和 $T_e$。在亚临界压力下，质量含气率（$\chi_{gas}$）是影响各种性能参数的重要因素[24]，通常用两相混合物中的蒸气占比进行表征。本节将超临界流体的质量含气率定义为 $\chi_{gas}=n_{gas}/n$，其中，$n_{gas}$ 和 $n$ 分别为模拟系统内的类气原子数和总原子数。当压力恒定时，$\chi_{gas}$ 随温度的升高而增加；当温度恒定时，$\chi_{gas}$ 随压力的增大而减小，如图 4-4(a)所示。在亚临界压力下，通常采用“10%～90%”方法定义气液界面[25]，即当流体密度大于 0.9 倍的饱和液体密度时，流体被定义为液相；当流体密度小于 0.1 倍的饱和液体密度时，流体被定义为气相，介于二者之间则被定义为两相。将该方法推广到超临界压力，则 $\chi_{gas}$ 在不同压力下随温度的变化曲线与 $\chi_{gas}=0.1$ 和 $\chi_{gas}=0.9$ 分别有一个交点，这两个交点对应的温度就是超临界流体类两相区的起始温度 $T_s$ 和终止温度 $T_e$。这两个温度边界可以将超临界流体划分为三区，该方法为近邻原子数法，详见图 4-4(b)。类液相、类两相和类气相三区对应质量含气率的范围分别为 $\chi_{gas}<0.1$、$0.1\leqslant\chi_{gas}\leqslant0.9$ 和 $\chi_{gas}>0.9$。

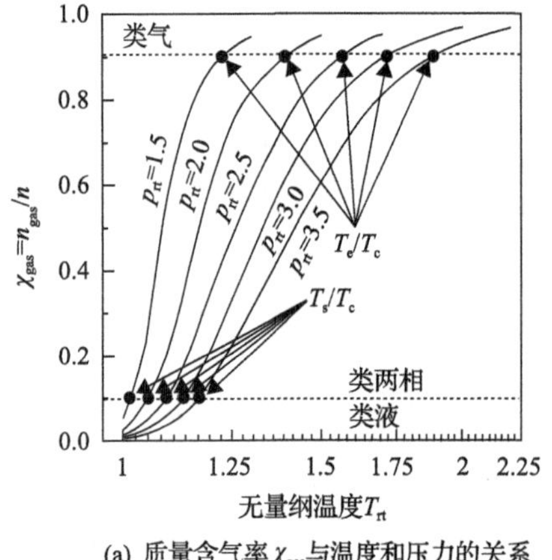


(a) 质量含气率 $\chi_{gas}$ 与温度和压力的关系

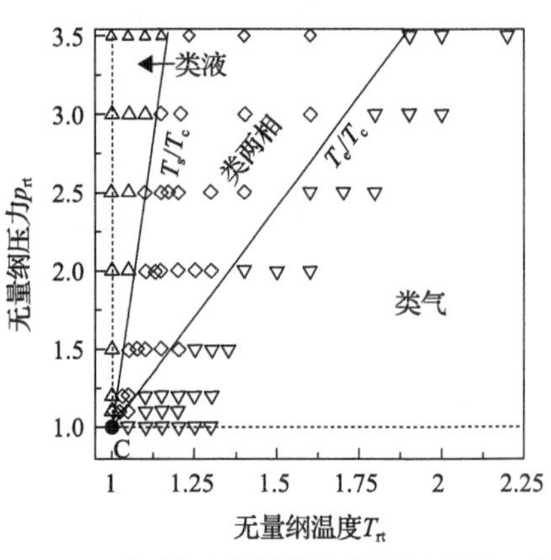


(b) 通过两个过渡边界将超临界氩划分为三个区域

图 4-4　近邻原子数法确定超临界流体的三区[11]

密度随温度和压力的变化如图 4-5 所示。根据上述方法得到每个压力对应的两个温度边界 $T_s$ 和 $T_e$。根据温度边界和压力，可以得到超临界流体三区的密度边界，即类液相、类两相和类气相三区的密度范围分别为 $\rho\sigma_{or}^3>0.4956\pm0.004$、$0.1755<\rho\sigma_{or}^3<0.4956$ 和 $\rho\sigma_{or}^3<0.1755\pm0.01$。

径向分布函数(radial distribution function，RDF)是指局部密度与平均密度的比值，计算表达式为[26]

$$g(r_c)=\frac{1}{\rho_{ave}4\pi r_c^2\delta r_c}\frac{\sum_{t=1}^{N_t}\sum_{j=1}^{n}\Delta n(r_c\to r_c+\delta r_c)}{n\times N_t}\tag{4-3}$$

式中，$\rho_{ave}$ 为系统的平均密度；$N_t$ 为计算的总时间(步数)；$\Delta n$ 为 $r_c\to r_c+\delta r_c$ 的

原子数目；$r_c$ 为与目标原子的距离；$\delta r_c$ 为设定的距离差；$n$ 为总原子数。$g(r_c)$ 随 $r_c$ 的增大逐渐趋于 1。

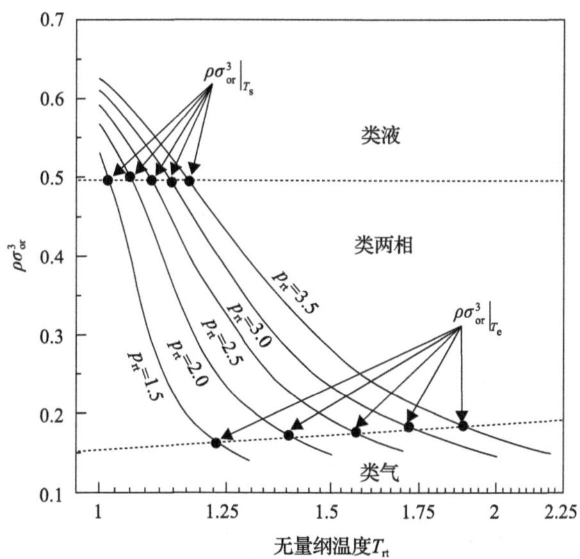


图 4-5　数密度与约化温度($T_{rt}$)和约化压力($p_{rt}$)之间的关系(这两个密度边界 $\rho\sigma_{or}^3\big|_{T_s}$ 和 $\rho\sigma_{or}^3\big|_{T_e}$ 将超临界流体划分为类液、类两相和类气三区[11])

固体、液体和气体三种状态的原子间距离不同。其中，气体原子间的距离最大，且位置变化较快。所以，无论在长程或短程，气体都呈现出无序状态，可概括为“长程和短程均无序”[27]，径向分布函数在第一个峰值后迅速衰减到 1，没有明显的峰值/谷值。相比之下，液体原子的排列既不像气体那样完全没有规律，也不像固态那样具有较强的规律性，而是处于二者之间，表现出“短程有序、长程无序”的排列规律。径向分布函数第一谷值 $g_{min}$ 和第一峰值 $g_{max}$ 的比值 $\varepsilon_g=g_{min}/g_{max}$，该经验值最初用来探究冻结和融化的问题[28]。本章将该方法用于确定温度边界 $T_s$ 和 $T_e$。在类液区，$g(r_c)$ 的振荡较大，出现了多个明显的峰值和谷值。但在类气区，$g(r_c)$ 的振荡较小，第一个峰值后曲线迅速衰减到 1，如图 4-6(a)所示。当 $p_{rt}$=1.5 时，类两相区 $g(r_c)$ 曲线的变化趋势介于类液和类气之间。

经验参数 $\varepsilon_g$ 随温度的变化趋势如图 4-6(b)所示，以 $p_{rt}$=1.5 为例，曲线包括 $at_1$、$bt_2$ 两段线性部分和 $t_1t_2$ 曲线部分。低温区的线性部分在 $t_1$ 结束，$t_1$ 对应超临界流体类两相区的起始温度 $T_s$。高温区的线性部分在 $t_2$ 结束，$t_2$ 对应超临界流体类两相区的终止温度 $T_e$。采用相同的方法可以得到 $\varepsilon_g$ 随温度和压力的变化曲线，如图 4-7 所示。从图中可以看出，在定压工况下，随温度升高，$\eta$ 值增大；沿等温线，随压力的增大，$\eta$ 值逐渐减小，不同压力下的温度边界 $T_s$ 和 $T_e$ 分别满足

$\varepsilon_g = -0.4445 + 0.00642 T_s/T_c$ 和 $\varepsilon_g = -0.4034 + 0.1132 T_e/T_c$ 的线性变化规律。

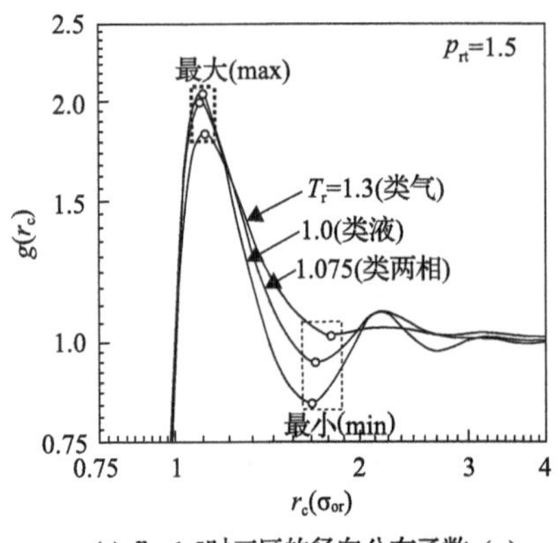


(a) $p_{rt}$=1.5时三区的径向分布函数$g(r_c)$

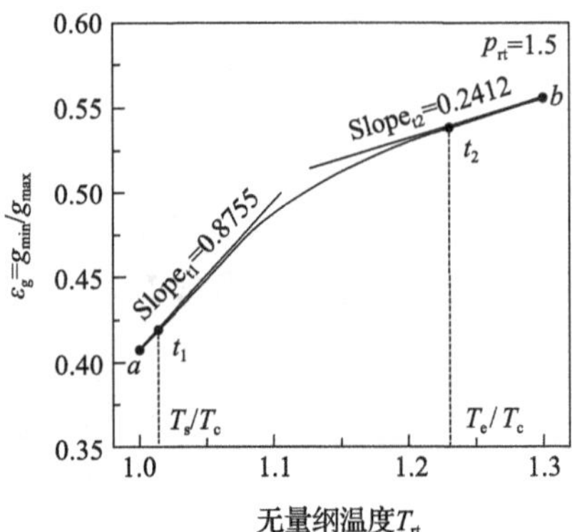


(b) $p_{rt}$=1.5时曲线$\varepsilon_g = g_{min}/g_{max}$随温度的变化及三个部分

图 4-6　径向分布函数确定过渡边界[11]

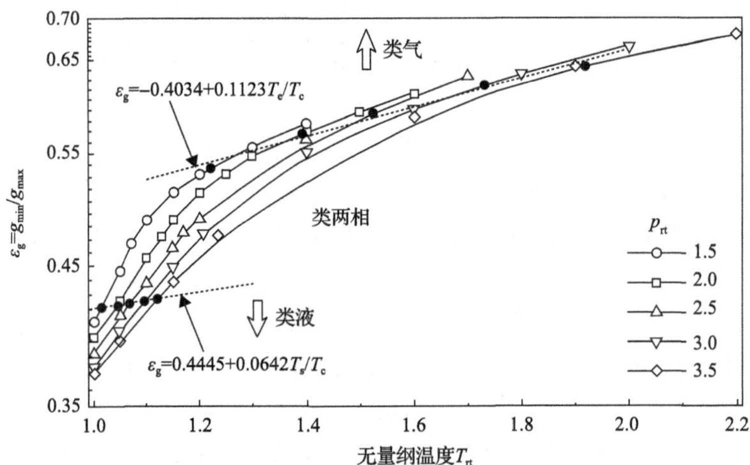


图 4-7　不同压力和温度下$\varepsilon_g$的变化曲线[11]

过剩熵是流体在相同温度和压力下相对于理想气体的熵，定义为

$$S^{ex} = S - S_{id} \tag{4-4}$$

式中，$S$ 为流体的总熵；$S_{id}$ 为理想气体的总熵。$S^{ex}$ 可以用多体相关函数的展开式表示，但通常用二体过剩熵 $S^{(2)}$ 近似。对于 Lennard-Jones 系统，在较大的密度范围内，二体过剩熵 $S^{(2)}$ 对系统过剩熵 $S^{ex}$ 的贡献为 85%～95%[29]。因此，可以采用 $S^{(2)}$ 估算系统的 $S^{ex}$ ，$S^{(2)}$ 可通过 $g(r_c)$ 计算得到[30]：

$$S^{(2)} = -2\pi\rho_{ave}k\mathrm{B}\int\left[g(r_c)\ln g(r_c) - g(r_c) + 1\right]r_c^2\mathrm{d}r_c \tag{4-5}$$

式中，$k_B$ 为玻耳兹曼常数。$S^{(2)}$ 依赖于径向分布函数 $g(r_c)$，用来描述流体的有序程度。对于完全无序系统(即理想气体)，$S^{(2)}=0$；对于有序结构，$S^{(2)}$ 则为较大负值(完美晶格排列的 $S^{(2)}\to-\infty$)，$S^{(2)}$ 提供了一种描述系统无序程度的方法[31]。本章采用 $\ln[-S^{(2)}/k_B]$ 对相关参数进行分析。

二体过剩熵是表征流体有序度的重要参数，在给定压力下，根据二体过剩熵可以得到在该压力下的温度边界 $T_s$ 和 $T_e$。当 $p=1.5p_c$ 时，二体过剩熵的无量纲对数形式随温度的变化如图 4-8(a)所示。与径向分布函数的方法类似，曲线包括两段线性部分和一段曲线部分，二体过剩熵线性部分的结束点 $t_1$ 和 $t_2$ 分别对应两个温度边界 $T_s$ 和 $T_e$。采用此方法可以得到不同压力下的温度边界 $T_s$ 和 $T_e$，将超临界流体划分为类液相、类两相和类气相三区，如图 4-8(b)所示。

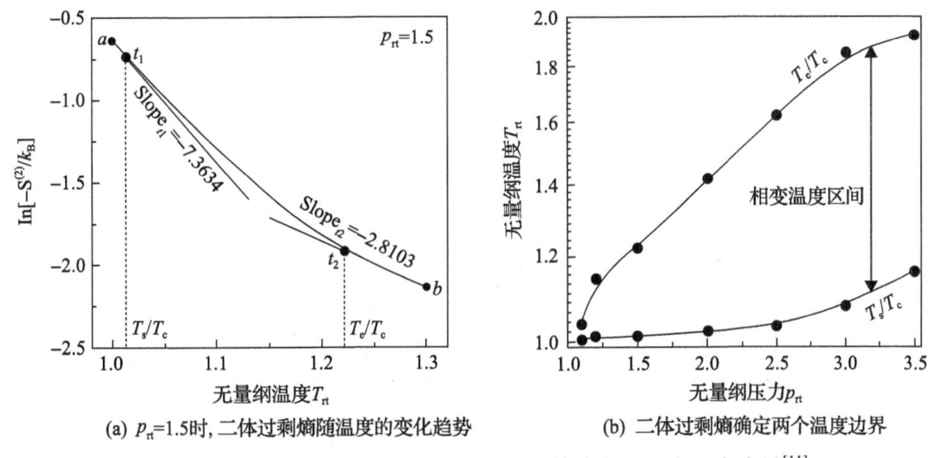


图 4-8　二体过剩熵随温度的变化趋势及其确定的两个温度边界[11]

众所周知，亚临界相变是饱和温度下的等温相变。而超临界流体相变是非等温相变，类沸腾发生的温度区间为 $T_s$～$T_e$。基于近邻原子数法、径向分布函数法和二体过剩熵法确定了温度边界 $T_s$ 和 $T_e$，如图 4-9 所示，两个过渡温度将超临界流体划分为类液、类两相和类气三个区域。三种方法的结果对比详见图 4-9 和表 4-1。对比三种方法，发现通过不同方法得到的结果具有较好的一致性，在低压力下吻合得较好。随着压力增加，偏差有增大趋势，但偏差范围较小，精度较好。

焓值随压力的变化曲线如图 4-10 所示。在亚临界压力下，汽化潜热确定了液体转变为气体所需要的能量，该能量随压力的增加而降低，在临界压力下达到零。根据分子动力学模拟得到两个温度边界 $T_s$ 和 $T_e$，两个温度边界将超临界区划分为类液相类两相和类气相三区，其中，类两相区也是超临界流体的类沸腾区，类沸腾焓定义为 $\Delta h_t=h_{T_s}-h_{T_e}$，是定压比热容($c_p$)在 $T_s$～$T_e$ 温度区间的积分。$\Delta h_t$ 随压力的增加呈现出以下变化趋势：① $\Delta h_t$ 曲线在 $1<p_{rt}<1.6$ 时呈非单调上升；② $\Delta h_t$

曲线在 $1.6<p_{rt}<2.0$ 时接近水平变化；③$p_{rt}>2.0$ 时出现第二个上升阶段。$\Delta h_t$ 由 $\Delta h_{pt}$ 和 $\Delta h_{th}$ 两部分组成，即 $\Delta h_t = \Delta h_{pt} + \Delta h_{th}$。其中，$\Delta h_{pt}$ 与亚临界压力下的潜热作用类似，用于克服分子间作用力，拉大分子之间距离；$\Delta h_{th}$ 则用来提高系统温

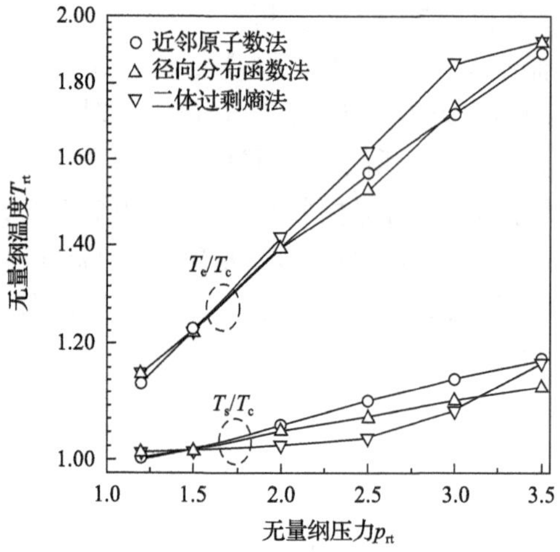


图 4-9 不同方法得到的两个转变温度与压力的关系[11]

**表 4-1 采用不同方法确定 $T_s$ 和 $T_e$ 之间的误差[11]**

| 不同压力下类沸腾起始无量纲温度($T_s/T_c$) | | | |
|---|---|---|---|
| 无量纲压力 $p_{rt}$ | 近邻原子数法 | 径向分布函数方法 | 二体过剩熵方法 |
| 1.02 | — | 1.00157 | 1.00349 |
| 1.2 | 1.0023 | 1.0108 | 1.0119 |
| 1.5 | 1.015 | 1.0137 | 1.0128 |
| 2.0 | 1.055 | 1.0466 | 1.0229 |
| 2.5 | 1.095 | 1.0682 | 1.0342 |
| 2.0 | 1.134 | 1.0962 | 1.0790 |
| 2.5 | 1.170 | 1.1202 | 1.1619 |
| 不同压力下类沸腾终止无量纲温度($T_e/T_c$) | | | |
| 无量纲压力 $p_{rt}$ | 近邻原子数法 | 径向分布函数方法 | 二体过剩熵方法 |
| 1.02 | — | 1.11890 | 1.08018 |
| 1.2 | 1.127 | 1.1434 | 1.1454 |
| 1.5 | 1.227 | 1.2201 | 1.2217 |
| 2.0 | 1.393 | 1.3919 | 1.4161 |
| 2.5 | 1.566 | 1.5243 | 1.6199 |
| 2.0 | 1.717 | 1.7307 | 1.8574 |
| 2.5 | 1.887 | 1.9182 | 1.9216 |

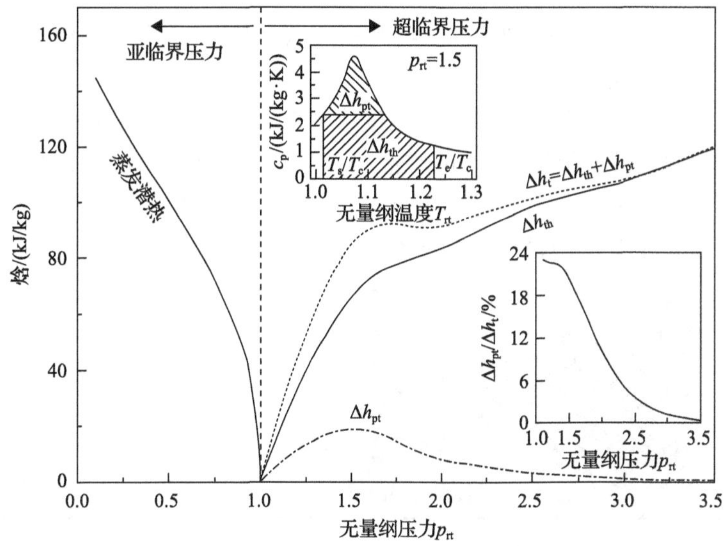


图 4-10　焓值随压力的变化趋势[11]

度，与亚临界压力下的显热类似。克服分子间作用力的能量与总能量的比值为 $\Delta h_{pt}/\Delta h_t$，当 $p_{rt}$＜1.6 时，$\Delta h_{pt}$ 占总能量约 22%，而后随着压力的增加而衰减，当 $p_{rt}$＞3.0 时，$\Delta h_{pt}$ 变得不再重要。该部分能量是超临界流体中形成类气泡的主要原因。

3. 超临界流体的多相流属性

本书作者等提出采用网格着色法确定模拟系统内流体的类液、类两相和类气状态。将 $y$ 方向上中心厚度为 $10\sigma_{or}$ 的区域在 $xz$ 平面内划分成大小为 $1\sigma_{or}\times1\sigma_{or}$ 的若干网格，如图 4-11 所示。根据分子动力学模拟结果可以确定每个格子的数密度，根据图 4-5，采用网格着色技术，将 $\rho\sigma_{or}^3>0.4956$ 类液相和 $\rho\sigma_{or}^3<0.1755$ 的

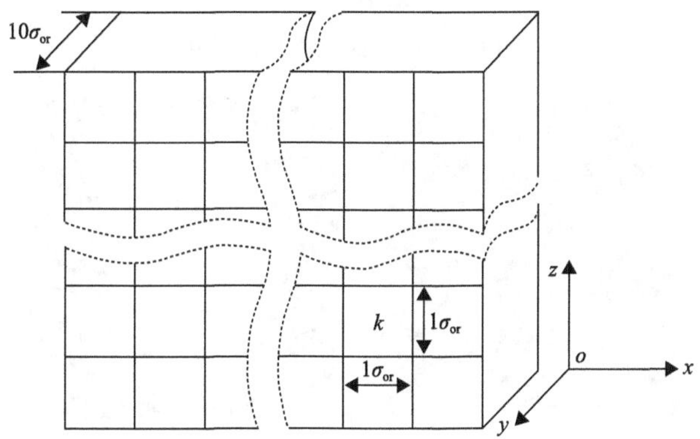


图 4-11　网格着色法(根据密度大小将每个格子标记为类液、类两相和类气区[11])

类气相对应的格子分别填充为深灰色和白色，$0.1755<\rho\sigma_{\text{or}}^{3}<0.4956$ 的类两相对应的格子填充为浅灰色。

图 4-12 为类液区、类气区和两个温度边界对应工况的相分布特征。由图可知，$T\leqslant T_{\text{s}}$ 和 $T\geqslant T_{\text{e}}$ 时分别呈现出连续的类液相和类气相。在类液区、类液区和类两相的温度边界上，主要以深灰色的类液状态为主。在类液相区、类两相和类气相区的温度边界上，主要以白色的类气状态为主。

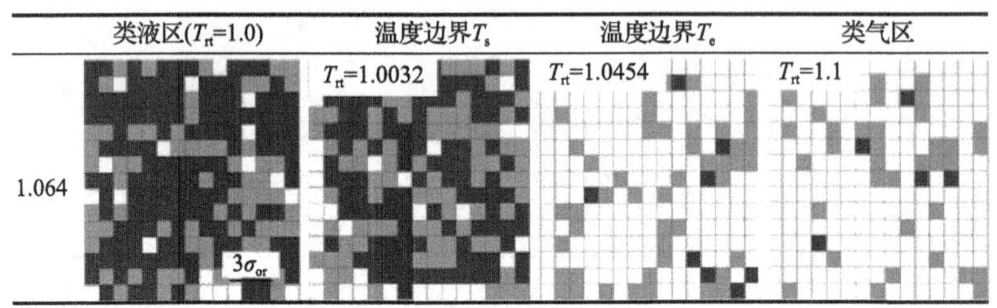


图 4-12　类液区、类气区和两个温度边界的相分布[11]

不同压力下类两相区的相图分布如图 4-13 所示。从图中可以看出，类两相区有明显空隙，空隙内部具有低密度的类气性质。形成的空隙具有非常明显的弯曲界面。以 $p_{\text{rt}}$=1.064，$T_{\text{rt}}$=1.0056 的工况为例，对空隙内部的原子分布进行观察，如图 4-14 所示。从中发现空隙具有以下特征：①空隙并不是“真空”状态，内部

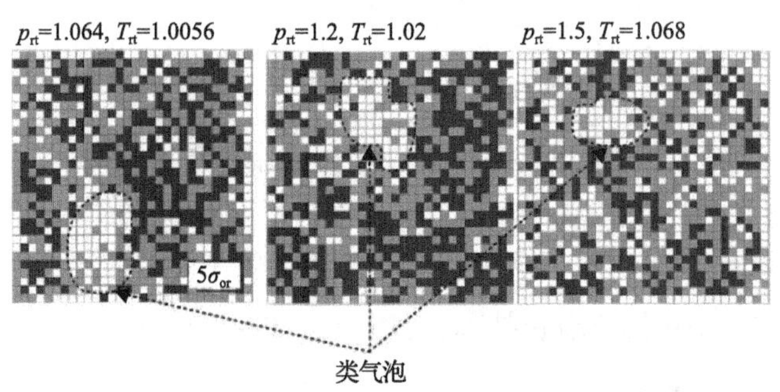


图 4-13　类两相区的类气泡结构[11]

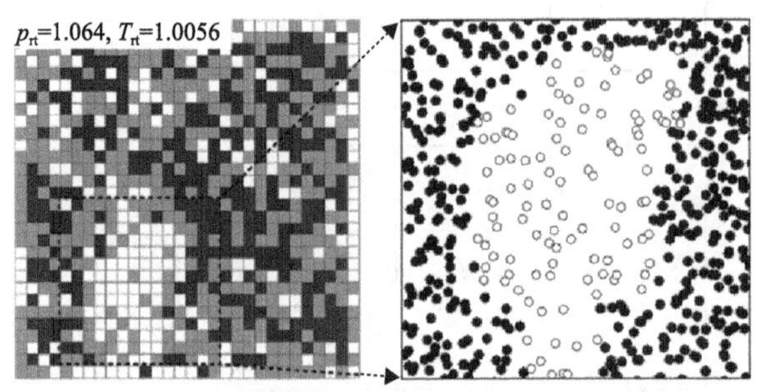


图 4-14　$1.064p_{\text{c}}$、$1.0056T_{\text{c}}$ 工况下的网格着色及原子分布[11]

有稀疏分布的原子；②空隙具有明显的弯曲界面。这两个特征证明超临界流体的类两相区具有类气泡特征，当 $p\sim1.5p_c$ 或更高压力时，类气泡现象仍然存在。

非线性分析在亚临界两相流中得到了广泛应用，此外非线性分析也应用于经济、天气预报、电子信号等领域[32-34]。超临界流体的异质结构特性非常复杂。密度是分子动力学模拟中比较容易获得的参数。本章选择 $y$ 方向厚度为 $10\sigma_{or}$ 的中心切片层进行密度统计，该切片内的无量纲密度为

$$\rho_{local}\sigma_{or}^3=\frac{\sigma_{or}^3}{A\Delta y(J_S-J_E+1)}\sum_{J_S}^{J_E}n_{local} \tag{4-6}$$

式中，$J_S$ 和 $J_E$ 分别为统计数据的开始和结束时间；$A$ 为 $xz$ 平面的面积（$A=L_xL_z$），$\Delta y=10\sigma_{or}$；$n_{local}$ 为切片内的原子总数。

亚临界压力下的多相系统多表现出混沌特性。本节对超临界流体是否具有混沌特征进行探究，如果超临界流体出现混沌特性，那么这就是超临界流体中存在类气泡结构的证据。不同模拟工况下，中心切片层内的密度时序曲线如图 4-15 所示。模拟过程中系统的平均密度是恒定的，中心切片层内的密度波动反映了切片内与其相邻区域之间质量交换的频率和强度。对系统平衡后 5ns 内的 1000 个数据样本进行非线性分析，采用均方根偏差（$e_s$）可以定量确定局部密度的波动幅值，$e_s$ 的表达式为

$$e_s=\sqrt{\frac{\sum_{i=1}^{n}e_i^2}{n}}\times100\% \tag{4-7}$$

式中，单个数据点的误差 $e_i$ 为

$$e_i=\frac{\rho_{local}-\rho_{ave}}{\rho_{ave}} \tag{4-8}$$

式中，$\rho_{local}$ 和 $\rho_{ave}$ 分别为局部密度和平均密度。由图 4-15 可知，类两相区的 $e_s$ 较大，说明该区密度波动的振幅大于类液区和类气区。

模拟系统动力学的自由度可由关联维数确定，关联维数是确定系统动力学特性所需要的最小独立变量个数，是进行定量分析的重要参数。关联维数 $D_2$ 的表达式[35,36]为

$$D_2=\lim_{r\to0}\frac{\lg C(r_d)}{\lg r_d} \tag{4-9}$$

式中，$C(r_d)$ 为关联积分，满足 $C(r_d)=\frac{2}{N_d(N_d-1)}\sum_{j=1}^{N_d}\sum_{i=j+1}^{N_d}\theta(r_d-|\vec{x}_i-\vec{x}_j|)$，其中，$\theta(\bullet)$

为 Heaviside 函数，则有

$$\theta(x)=\begin{cases}0, & x\leqslant 0\\ 1, & x>0\end{cases} \tag{4-10}$$

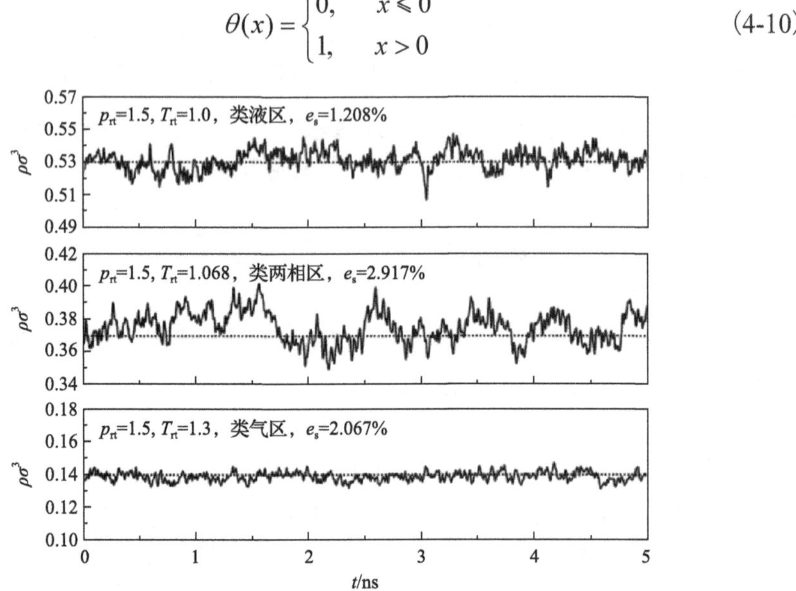


图 4-15　$y$ 方向上 10 $\sigma_{or}$ 厚切片内密度波动的时间序列曲线[11]

根据上述方法得到不同模拟工况下时序曲线关联维数和嵌入维数的关系，如图 4-16 所示。在类液区和类气区，关联维数随嵌入维数的增加呈单调上升趋势，表现为随机特性。在类两相区，关联维数随嵌入维数的增加而逐渐增大，随后达到一个饱和值，表现为混沌特性。

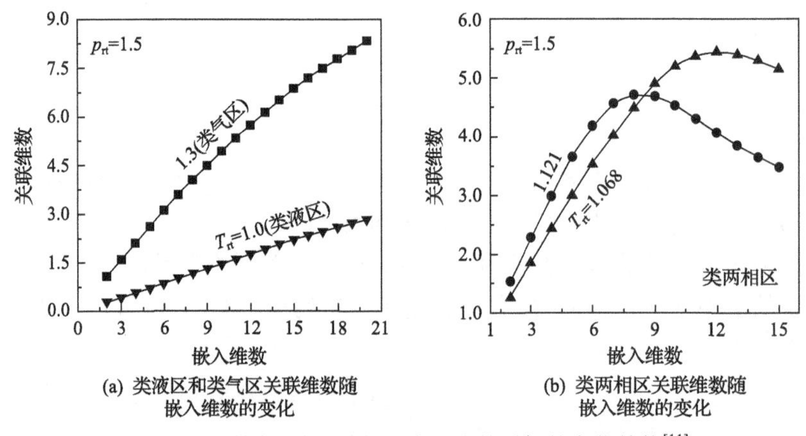


(a) 类液区和类气区关联维数随嵌入维数的变化

(b) 类两相区关联维数随嵌入维数的变化

图 4-16　不同区关联维数随嵌入维数增加的变化趋势[11]

相空间重构是非线性动力分析的另一个重要方法，系统动力学可以用相空间中单个运动点的轨迹来表示。系统在演化过程中连续状态的集合称为吸引子。将

密度时序曲线 $X$ 进行相空间重构，得到$\{X(t), X(t+\tau_D), X(t+2\tau_D), \dots X(t+(n-1)\tau_D\}$，其中，$n$ 为嵌入维数。图 4-17 为不同模拟工况的吸引子相图。类液区和类气区吸引子相图充满大量无规律的线条，无法观察到内部结构，同时吸引子往中心收缩，表明类液区和类气区的密度时序曲线具有一定的随机性。类两相区吸引子存在局部的稀疏区和稠密区，由多个环线叠加而成，具有精细的内部结构，表明密度时序曲线具有较强的混沌特性，类似于亚临界压力下两相流的结构特征。

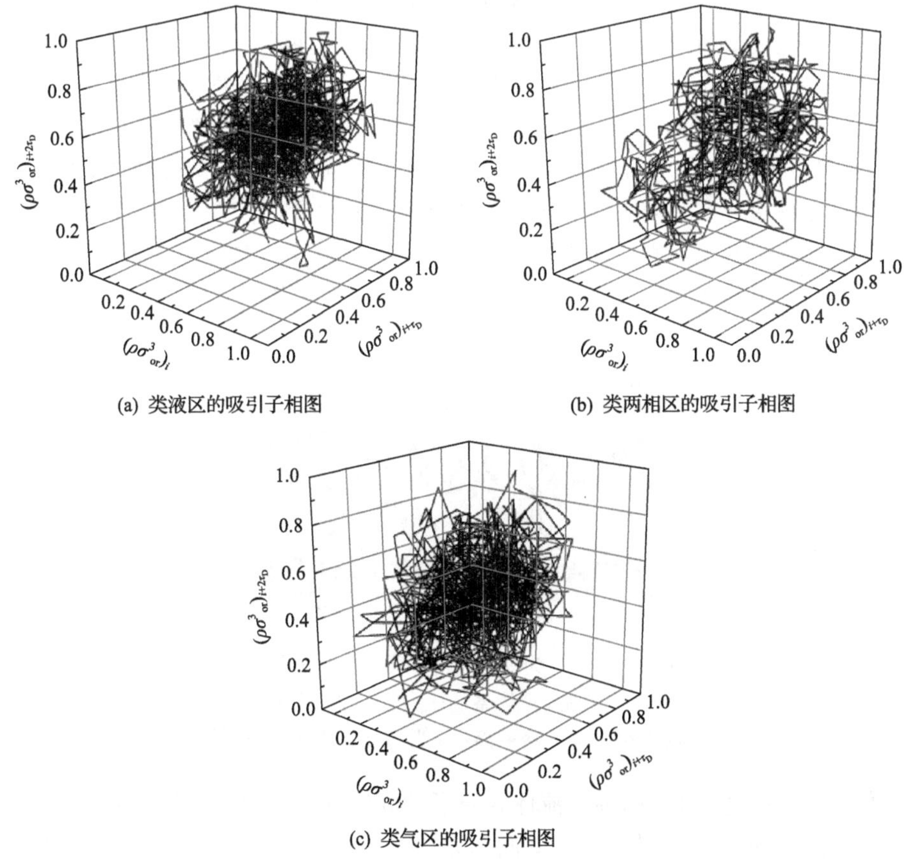


(a) 类液区的吸引子相图

(b) 类两相区的吸引子相图

(c) 类气区的吸引子相图

图 4-17　类液区、类两相区和类气区的吸引子相图[11]

### 4.2.2　受限空间内的超临界相分布

研究表明，页岩气在满足经济体持续增长需求的同时减少了 $CO_2$ 排放[37]。国内外页岩气勘探开发的迅速发展促进了对页岩气微观储存的研究，有超过 80%的页岩空隙位于纳米尺度[38]。利用超临界流体对页岩进行压裂后可以观察到明显的裂缝，在压裂过程中，超临界流体更容易在页岩的微孔隙中流动，它能达到水的压裂效果[39,40]，但超临界流体表现出更好的驱替能力。研究发现，将超临界 $CO_2$

注入油田或气田进行驱油和吹扫不仅可以提高采收率，还可以实现 $CO_2$ 地质封存[3,41,42]，是一种高效、清洁的页岩气开采技术。目前对受限空间内超临界流体的行为研究较少。已有文献主要从受限空间内超临界流体的吸附、扩散和结构特性及流动输运等几个方面开展研究。

1. 受限空间超临界流体分子动力学模拟的物理模型

为了模拟受限空间内超临界流体的相分布，受限空间内超临界流体分子动力学模拟的物理模型如图 4-18 所示。模拟盒子在 $x$ 和 $y$ 两个方向上均采用周期性边界条件，$z$ 方向下壁面固定，上壁面为可移动的“活塞”壁面。模拟系统尺寸满足 $L_x$=$L_y$=30 $\sigma_{\rm or}$，在不同边界条件的作用下，通过改变通道高度来控制系统压力。模拟系统的固体壁面采用金属铂，铂原子按照 FCC 晶格排列，密度为 21.45kg/m$^3$，上下壁面每侧均有 8 层原子，分别包含 12635 个铂原子。两个壁面之间充满超临界氩流体，流体采用与固体原子相同的排列方式，流体初始状态为类液相、类两相和类气相，系统内分别对应 17100 个、13294 个和 5200 个氩原子。

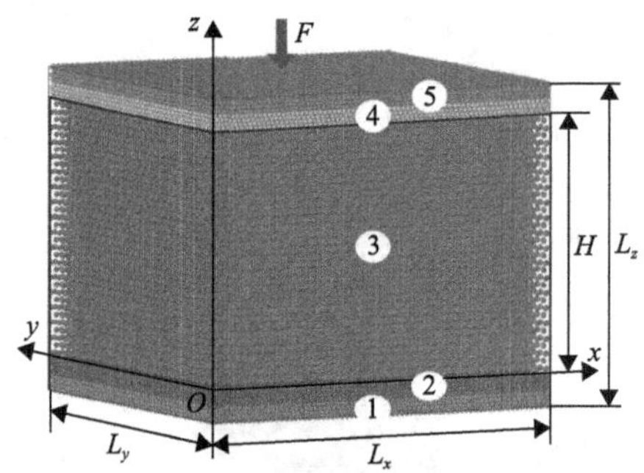


图 4-18　模拟系统的物理模型（1 和 5 为固体壁面原子，1 为固定壁面，5 为“活塞”壁面，在外力作用下移动，控制模拟体系的压力；2 和 4 为温度控制层原子，2 为热壁面，4 为冷壁面；3 为超临界流体原子）[12]

本节在模拟过程中，超临界流体氩原子和固体壁面铂原子之间均采用式(4-2)中的 Lennard-Jones 势函数。对于壁面铂原子，$\varepsilon_{\rm s}$=83.5×10$^{-21}$J，反映原子之间相互作用的强度，$\sigma_{\rm s}$=2.475×10$^{-10}$m，反映原子的直径大小[19]。

当超临界氩流体和固体壁面铂相互作用时，为了获得不同强度的壁面润湿性，采用修正的 Lennard-Jones 势函数模型[43]：

$$\phi(r{\rm a}) = 4\alpha\varepsilon_{\rm sf}\left[\left(\frac{\sigma_{\rm sf}}{r{\rm a}}\right)^{12} - \beta\left(\frac{\sigma_{\rm sf}}{r{\rm a}}\right)^{6}\right] \tag{4-11}$$

式中，$\varepsilon_{\rm sf}$ 和 $\sigma_{\rm sf}$ 通过 Lorentz-Berthelot 混合准则得到[44]，对应的能量参数 $\varepsilon_{\rm sf} = (\varepsilon_{\rm s} \cdot \varepsilon_{\rm f})^{0.5}$=11.81×10$^{-21}$J，尺寸参数 $\sigma_{\rm sf} = (\sigma_{\rm s} + \sigma_{\rm f})/2$=2.94×10$^{-10}$m，下标 s

和 f 分别表示固体和流体；$\alpha$ 为调节流固原子间吸引程度的参数；$\beta$ 为调节流固原子间排斥程度的参数。

通过调节系数 $\alpha$ 和 $\beta$，可以得到不同的壁面润湿性。在模拟过程中，保持 $\alpha$= 0.14 不变，通过改变 $\beta$ 值控制壁面的润湿性。当 $\beta$=0.1～1.0 时，对应亚临界压力下的壁面接触角为 180°～0°。$\beta$ 值越大，壁面的润湿性越强，接触角越小。现有技术无法直接确定超临界流体和壁面之间的润湿性，因此借鉴亚临界压力下流体的润湿性对超临界流体进行标定。在本节模拟过程中，保持势能参数 $\alpha$=0.14 不变，改变 $\beta$ 值控制壁面润湿性。对 $\beta$=0.9 和 $\beta$=0.2 的工况进行分子动力学模拟。

压力在分子动力学模拟过程中很难控制，文献中通过调节空隙的体积以维持流体压力在恒定值[45,46]。将上壁面的压力控制层设置为“活塞”形式，压力控制层在外力作用下可上下移动，是一种机械控压方式[46]。一个恒定向下的力施加在“活塞”壁面的原子上，其大小满足

$$F = pA \tag{4-12}$$

$$\boldsymbol{F}_{\mathrm{i}} = pA/n_{\mathrm{p}} \tag{4-13}$$

式中，$F$ 为作用在“活塞”上的总力；$\boldsymbol{F}_{\mathrm{i}}$ 为作用在每个原子上的总矢量力；$A$ 为活塞的总面积($A=L_x\times L_y$)；$p$ 为目标压力($1.5p_{\mathrm{c}}$)；$n_{\mathrm{p}}$ 为“活塞”壁面的总原子数。

模拟过程中的时间步长取 $0.001\tau$。模拟主要包括三个阶段。首先，对整个系统施加正则系综，控制整个系统温度为$(T_{\mathrm{hot}}+T_{\mathrm{cold}})/2$，其中，$T_{\mathrm{hot}}$ 为热壁面温度，$T_{\mathrm{cold}}$ 为冷壁面温度。当模拟达到平衡后，撤掉现有的温度控制，采用 Langevin 控温法[47]将热、冷壁面的温度分别控制为 $T_{\mathrm{hot}}$ 和 $T_{\mathrm{cold}}$，并对“活塞”壁面施加外力以控制系统压力，该过程需要长时间运行，才能使系统压力、温度等参数达到目标值。在模拟系统达到平衡后，需要再运行 $2000\tau$，以用于各物理参数的统计。

由 4.2.1 节的模拟结果可知，每个压力都对应两个温度边界 $T_{\mathrm{s}}$ 和 $T_{\mathrm{e}}$，将超临界流体划分为类液、类两相和类气三区[12]。为了揭示不同初始状态流体在受限空间内的相分布和传热特性与壁面润湿性的关系，本节对压力为 $1.5p_{\mathrm{c}}$，不同初始状态(类液 $a_1$、类两相 $a_2$ 和类气 $a_3$)的超临界流体进行分子动力学模拟，模拟状态点如图 4-19 所示。

当压力为 $1.5p_{\mathrm{c}}$ 时，类两相区的起止温度分别为 154.5K 和 181.6K，流体数密度随温度的变化趋势如图 4-20 所示。该压力下的密度边界为 $(\rho\sigma_{\mathrm{or}}^3)\big|_{T_{\mathrm{s}}}=0.4798$ 和 $(\rho\sigma_{\mathrm{or}}^3)\big|_{T_{\mathrm{e}}}=0.1696$，类液相、类两相和类气相三区对应的密度区间分别为 $\rho\sigma_{\mathrm{or}}^3>0.4798$、$0.1696<\rho\sigma_{\mathrm{or}}^3<0.4798$ 和 $\rho\sigma_{\mathrm{or}}^3<0.1696$。本节的模拟工况参数如表 4-2 所示。

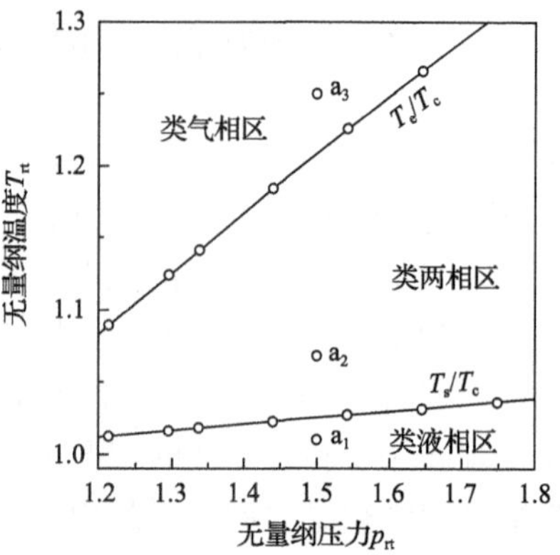


图 4-19　模拟工况点在相图上的分布[12]

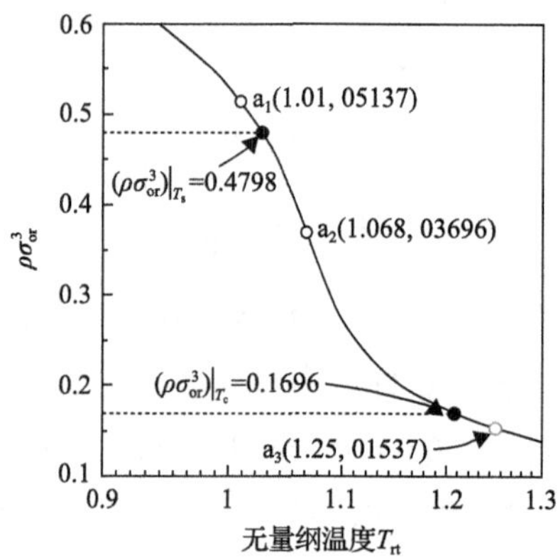


图 4-20　$1.5p_c$时密度随温度的变化趋势及模拟状态点 $a_1$、$a_2$ 和 $a_3$ 的初始位置[12]

**表 4-2　模拟工况点参数**[12]

| | 初始状态流体密度($\rho\sigma^3$) | 初始状态流体温度/K | 热壁面温度/K | 冷壁面温度/K | (冷热)壁面润湿性($\alpha$=0.14) |
|---|---|---|---|---|---|
| ($a_1$)类液相 | | | | | |
| 1 | 0.5137 | 152.2 ($k_BT/\varepsilon$=1.2582) | 167.2 ($k_BT/\varepsilon$=1.3822) $T_s<T_{hot}<T_e$ | 137.2 ($k_BT/\varepsilon$=1.1342) $T_{cold}<T_s$ | $\beta$=0.9(8.7°) |
| 2 | | | | | $\beta$=0.2(160.8°) |
| ($a_2$)类两相 | | | | | |
| 1 | 0.3696 | 160.9 ($k_BT/\varepsilon$=1.3305) | 175.9 ($k_BT/\varepsilon$=1.4545) $T_s<T_{hot}<T_e$ | 145.9 ($k_BT/\varepsilon$=1.2065) $T_{cold}<T_s$ | $\beta$=0.9(8.7°) |
| 2 | | | | | $\beta$=0.2(160.8°) |
| ($a_3$)类气相 | | | | | |
| 1 | 0.1537 | 188.4 ($k_BT/\varepsilon$=1.5572) | 203.4 ($k_BT/\varepsilon$=1.6813) $T_{hot}>T_e$ | 173.4 ($k_BT/\varepsilon$=) $T_s<T_{cold}<T_e$ | $\beta$=0.9(8.7°) |
| 2 | | | | | $\beta$=0.2(160.8°) |

2. 等温受限空间内超临界流体的相分布

4.2.1 节对非等温受限空间内超临界流体的相分布特性进行了探究。本节对等温受限空间内超临界流体的相分布进行研究，并揭示相分布与壁面润湿性的关系。在强润湿性（$\beta_{up}=\beta_{bot}=0.9$）和弱润湿性（$\beta_{up}=\beta_{bot}=0.2$）壁面的作用下，类两相区超临界流体的原子位型图和一维密度分布如图 4-21 所示。从图中可以看到，在强壁面润湿性的作用下，流体在近壁区聚集形成类液层，中心域仍以类两相状态存在，具有明显的类气泡特征。在等温和相同壁面润湿性的作用下，一维密度曲线具有较好的对称性，包括 2 个近壁区的类液层 B$(z_0)$和 A$(z_{top})$（$z_0$ 和 $z_{top}$ 分别为流体域 $z$ 方向的起点和终点）和 1 个类两相区(AB)，上下壁面形成的类液层对称分布，厚度约为 1.81 $\sigma_{or}$，如图 4-21(a)所示。在弱壁面润湿性作用下的原子位型图和密度曲线如图 4-21(b)所示，近壁区形成类气层，模拟盒子的高度增加，平均密度降低为 0.3091。由三维原子位型图发现近壁区以类气状态原子为主，中心区则是气液两相的混合物。一维密度曲线由两个近壁区的类气层 B$(z_0)$和 A$(z_{top})$和 1

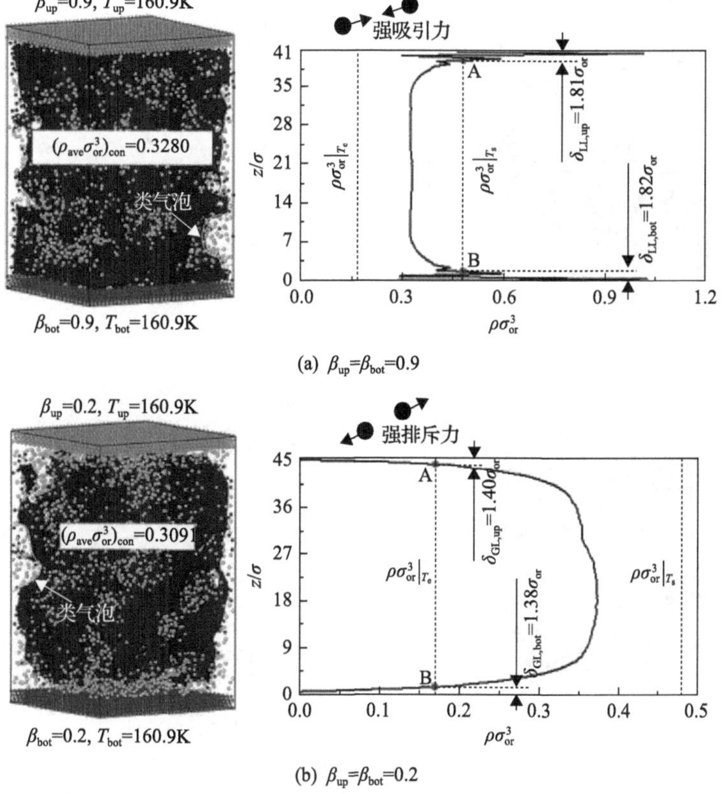


图 4-21　初始为类两相状态时，等温受限空间内三维原子位型图和一维密度分布[12]

个类两相区(*AB*)组成，由于类气泡的位置具有随机性，所以密度曲线会发生对称性破缺，但上下壁面的类气层呈对称分布，厚度约为 1.39$\sigma_{or}$。这两种状态分别与亚临界压力下的环状流和 Leidenfrost 现象类似。

3. 非等温受限空间内超临界流体的相分布

在对等温受限空间内超临界流体相分布模拟的基础上，本节对不同初始状态(类液、类两相和类气)的超临界流体，在壁面温差为 30K，不同壁面润湿性作用下进行模拟，得到如下结论。

(1)初始为类液状态($a_1$)。受限空间内类液状态的超临界流体在不同壁面润湿性和温度的作用下重新进行自组织并形成新的相分布。图 4-22 为在强壁面润湿性和弱润湿性作用下的三维原子位型图和一维密度分布，其中，黑色表示类液原子，白色表示类气原子。由图 4-22(a)可知，在强壁面润湿性($\beta_h=\beta_c=0.9$)的作用下，壁面对近壁区流体的原子具有较强吸引力，原子在近壁区聚集，易在近壁区形成高密度的类液区，主流区流体密度降低，出现类气泡结构。由一维密度分布可知，

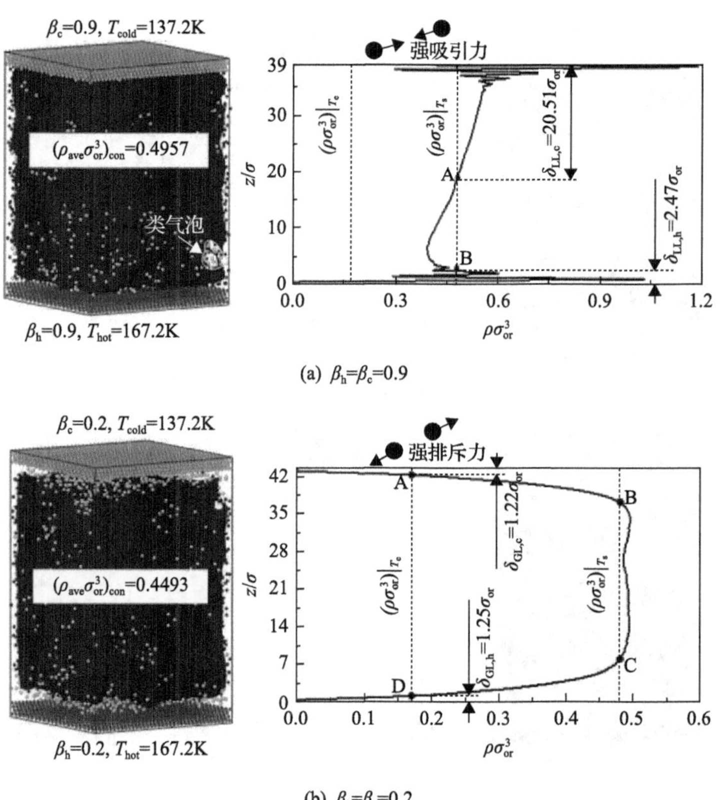


图 4-22　初始为类液状态时，非等温受限空间内三维原子位型图和一维密度分布[12]

近壁区的密度具有明显的分层现象。根据密度边界$(\rho\sigma_{\mathrm{or}}^3)\big|_{T_\mathrm{s}}$和$(\rho\sigma_{\mathrm{or}}^3)\big|_{T_\mathrm{e}}$，可以将一维密度曲线划分为两个类液区 B$(z_0)$和 A$(z_{\mathrm{top}})$和一个类两相区 AB。热壁面和冷壁面处形成的类液层厚度分别为$\delta_{\mathrm{LL,h}}=2.47\sigma_{\mathrm{or}}$和$\delta_{\mathrm{LL,c}}=20.51\sigma_{\mathrm{or}}$，冷壁面类液层厚度约是热壁面的 8.5 倍。主流区流体呈现类两相状态，并在原子位型图上观察到类气泡结构。

$\beta_\mathrm{h}=\beta_\mathrm{c}=0.2$ 的弱壁面润湿性工况的相分布如图 4-22(b)所示，近壁区的流体原子在壁面斥力的作用下被推向通道中央，近壁区原子数减少，形成类气层。由一维密度分布可知，两个密度边界将密度曲线划分为 5 个区域，包括两个类气区(D$(z_0)$和 A$(z_{\mathrm{top}})$)、2 个类两相区(AB 和 CD)和 1 个类液区(BC)。热壁面和冷壁面的类气层厚度分别为$\delta_{\mathrm{GL,h}}=1.25\sigma_{\mathrm{or}}$和$\delta_{\mathrm{GL,c}}=1.22\sigma_{\mathrm{or}}$，近壁区类气层的形成与亚临界压力下的 Leidenfrost 现象类似。

(2)初始为类两相状态($\mathrm{a}_2$)。在强润湿性($\beta_\mathrm{h}=\beta_\mathrm{c}=0.9$)和弱润湿性($\beta_\mathrm{h}=\beta_\mathrm{c}=0.2$)壁面的作用下,流体的三维原子位型图和一维密度分布如图 4-23 所示。由图 4-23(a)

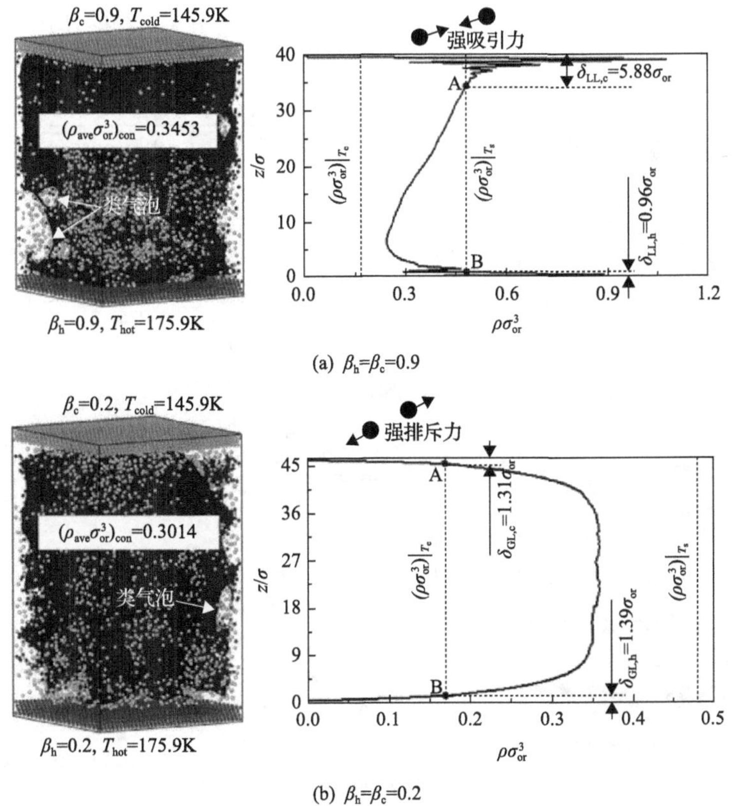

(a) $\beta_\mathrm{h}=\beta_\mathrm{c}=0.9$


(b) $\beta_\mathrm{h}=\beta_\mathrm{c}=0.2$

图 4-23　初始为类两相状态时，非等温受限空间内三维原子位型图和一维密度分布[12]

可知，在壁面引力的作用下，原子在强润湿性壁面（$\beta_h=\beta_c=0.9$）处聚集并形成近壁区的类液层，但受温度的影响，热壁面附近原子的运动加剧，导致热壁面类液原子的数小于冷壁面，在通道主流区存在明显的类气泡结构。

一维密度曲线由 2 个类液层（B（$z_0$）和 A（$z_{top}$））和 1 个类两相区（AB）组成，热壁面和冷壁面类液层的厚度分别为 0.96 $\sigma_{or}$ 和 5.88 $\sigma_{or}$。弱润湿性壁面（$\beta_h=\beta_c=0.2$）对近壁区的原子具有较强斥力，近壁区原子减少，形成类气层，主流类两相区（$AB$）存在类气泡结构。密度曲线包含 2 个近壁区的类气层（B（$z_0$）和 A（$z_{top}$））和 1 个类两相区（$AB$），热壁面和冷壁面类气层的厚度分别为 1.39 $\sigma_{or}$ 和 1.31 $\sigma_{or}$。超临界类气层的形成与亚临界压力下的 Leidenfrost 现象类似，如图 4-23（b）所示。

（3）初始为类气状态（$a_3$）。在强润湿性壁面（$\beta_h=\beta_c=0.9$）的作用下，仍会出现环状流现象，如图 4-24（a）所示。壁面对近壁区流体的原子有较强的吸引力，原子在近壁区聚集，具有类液属性的原子占比增大，且冷壁面比热壁面的聚集效果更好。一维密度分布曲线由 2 个近壁区的类液层（D（$z_0$）和 A（$z_{top}$））、两个类两相区（AB 和 CD）和通道中央的类气区（BC）组成。热壁面类液层的厚度为 1.36 $\sigma_{or}$，冷壁面类液层的厚度为 1.82 $\sigma_{or}$。在弱润湿性壁面（$\beta_h=\beta_c=0.2$）的作用下，壁面对

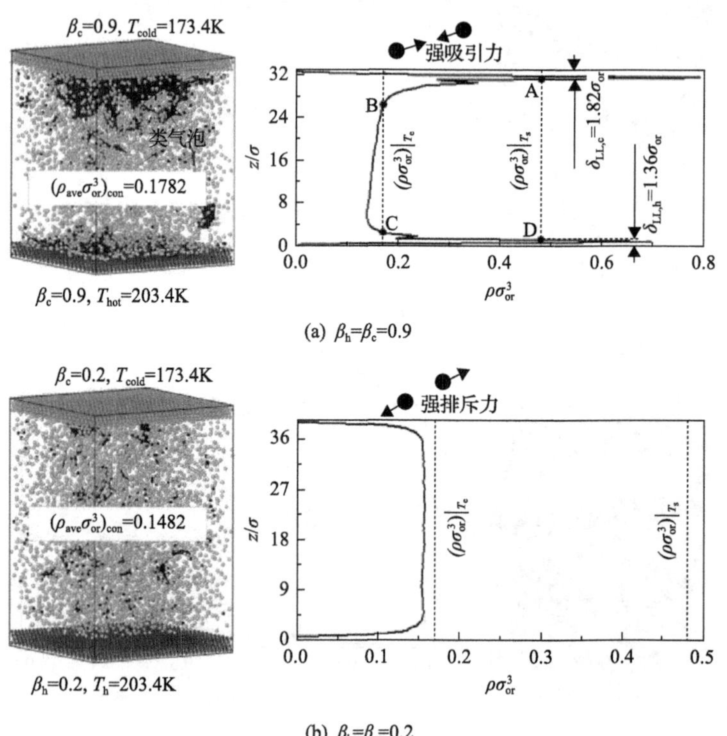


(a) $\beta_h=\beta_c=0.9$

(b) $\beta_h=\beta_c=0.2$

图 4-24　初始为类气状态时，非等温受限空间内三维原子位型图和一维密度分布[12]

近壁区原子的斥力将近壁区流体原子向通道中部，但整个通道内的密度仍处于类气相，与非受限空间内超临界流体的相分布状态保持一致，如图 4-24(b)所示。

初始状态不同的超临界流体，在不同壁面润湿性的作用下产生不同的相分布。此外，壁面温度也会影响近壁处类液层/类气层的厚度。强润湿性壁面对近壁区流体原子以引力为主，原子被束缚在近壁区，难以逃逸，此时壁面能垒较高，流体原子难以克服能垒进行自由移动，原子在近壁区聚集，形成高密度的类液层。弱润湿性壁面对近壁区的流体原子以斥力为主，在壁面斥力的作用下，近壁区的流体原子被推向通道中央，从而在近壁处形成类气层。流体原子在近热壁面处的热运动较强，原子易克服壁面能垒的束缚，发生逃逸。冷壁面则对近壁区的原子有冷凝效应，原子的热运动显著减弱，流体原子易在近壁处形成稳定的聚集层。因此，冷壁面会形成比热壁面更厚(薄)的类液层(类气层)。等温工况下，传热效应消失，相同的壁面润湿性可在近壁区形成对称的类液/类气层。在非受限空间内，若流体温度高于 $T_e$，流体则为类气状态，若流体温度低于 $T_s$，流体则为类液状态。但在受限空间内，在强润湿性壁面的作用下，会在近壁区形成类液层。同样，当壁面温度低于 $T_s$ 时，近壁区流体处于类液状态，但在弱润湿性壁面的作用下，在近壁区形成类气层。由此可知，受限空间内超临界流体的相分布主要受壁面润湿性的影响，温度效应较弱。

4. 受限空间内含气率及类液/类气层分布

为了定量分析各参数与壁面润湿性和壁面温度之间的关系，本节以初始为类两相状态的超临界流体为例，对通道内流体的质量含气率、近壁区类液/类气层厚度随壁面润湿性的变化进行分析，如图 4-25 所示。由图 4-25(a)可知，受限通道内超临界流体的质量含气率均大于非受限空间，受限空间内的含气率随壁面润湿性增强（$\beta$ 增大）呈现出先增大后减小的变化趋势。等温模拟工况($T_{bot}=T_{up}=160.9$K)和非等温模拟工况($T_{hot}=175.9$K，$T_{cold}=145.9$K)对应的流-固作用参数转变阈值分别为 $\beta=0.4$ 和 $\beta=0.35$。等温和非等温系统，近壁面类液层和类气层的厚度（$\delta$）与通道高度($H$)的比值（$\delta/H$)随 $\beta$ 的变化趋势，如图 4-25(b)所示。当 $T_{bot}=T_{up}=160.9$K 时，上下壁面形成对称分布的类液/类气层，当 $\beta\leqslant0.35$ 时，近壁区将形成类气层。当 $\beta\geqslant0.6$ 时，近壁区形成类液层，且类液层的厚度随 $\beta$ 的增大而增加。对于非等温工况($T_{hot}=175.9$K，$T_{cold}=145.9$K)，冷/热壁面均在 $\beta\leqslant0.5$ 时形成类气层，且 $\delta/H$ 的值随 $\beta$ 的增大而减小。冷/热壁面在 $\beta\geqslant0.7$ 时形成类液层，冷壁面处类液层的 $\delta/H$ 均大于热壁面，且冷壁面类液层的厚度随 $\beta$ 的增大逐渐增加。当 $\beta=(0.7\sim0.85)$时，热壁面类液层的厚度占比维持在一个水平线上，随着 $\beta$ 进一步增加，在壁面传热效应的作用下，近壁区原子的热运动增加，导致类液层厚度的占比呈下降趋势。由此可知，在壁面润湿性和温度的共同作用下，弱润湿性壁面(小 $\beta$)处易形成类气层，强润湿性壁面(大 $\beta$)处易形成类液层，壁面和温度效应在中等强度润湿性壁面作用下减弱，不能在近壁区形成类液层/类气层，呈现出和非受限空间类似的超临界流体特征。

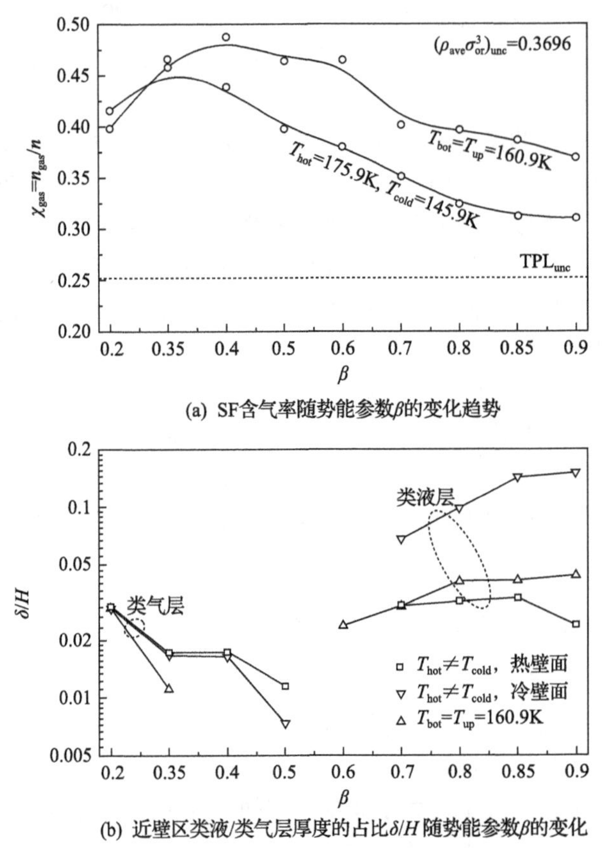


(a) SF含气率随势能参数$\beta$的变化趋势

(b) 近壁区类液/类气层厚度的占比$\delta/H$随势能参数$\beta$的变化

图 4-25　初始为类两相状态，等温和非等温模拟系统的参数随固-流势能参数 $\beta$ 的变化[12]

不同初始状态的超临界流体，在不同壁面润湿性和温度的作用下，通道内的流体原子重新进行自组织，形成与非受限空间完全不同的相分布，通过三维原子位型图和一维密度分布，得到以下结论：①在强润湿性($\beta_h=\beta_c$=0.9)壁面的作用下，初始状态不同的超临界流体均形成与亚临界压力下环状流类似的结构，在近壁面形成类液层；②在弱润湿性($\beta_h=\beta_c$=0.2)壁面的作用下，当初始状态为类液相和类两相时，会出现和亚临界压力下 Leidenfrost 现象类似的结构，且在热壁面处形成比冷壁面更厚的类气层。当初始状态为类气时，整个通道内充满类气属性的原子，与非受限空间的状态类似。此外，对等温受限空间内类两相状态的超临界流体进行模拟，发现在等温工况下，流体相分布仅受壁面润湿性的影响，强壁面润湿性($\beta_{up}=\beta_{bot}$=0.9)的近壁区形成类液层，弱壁面润湿性($\beta_{up}=\beta_{bot}$=0.2)的近壁区形成类气层。

## 4.3 超临界传热三区模型

4.2 节通过分子动力学模拟发现超临界类两相区内存在纳米气泡，证明了超临界流体具有多相流属性[11]。本节基于超临界类沸腾与亚临界沸腾的类比，建立超临界传热三区模型，重点针对类两相区提出物性参数选取、无量纲参数组、相关实验和理论方法等，为超临界类沸腾概念在超临界传热研究中的推广应用提供理论基础[13]。

首先回顾亚临界压力下相变传热的理论框架。

### 4.3.1 亚临界沸腾基本理论框架

亚临界沸腾是从液相到气相的相变过程，沸腾系统属于两相系统。亚临界沸腾三区模型已有较完善的理论，如图 4-26(a)所示，管内流动沸腾可分为液相区、两相区和气相区。亚临界沸腾的有量纲和无量纲参数[图 4-27(a)]和数值/实验研究方法描述如下。

(1) 流体热物性参数：在任意的亚临界压力下，存在相应的饱和温度 $T_{sat}$。蒸发潜热 $i_{LV}$ 表征流体从饱和液到饱和气转化所需要的能量。表面张力 $\sigma_{sur}$ 表征单位长度弯曲的液气界面的拉伸力，是分析沸腾系统界面现象的一个重要参数。

由于沸腾系统同时涉及饱和液及饱和气，对于液相和气相分别具有一组热物性参数，包括密度 $\rho$、定压比热容 $c_p$、动力黏度 $\mu$、导热系数 $\lambda$ 等。通常，下标“L”和“V”分别表示饱和液相和饱和气相。表 4-3 列出了亚临界沸腾的相关热物性参数。

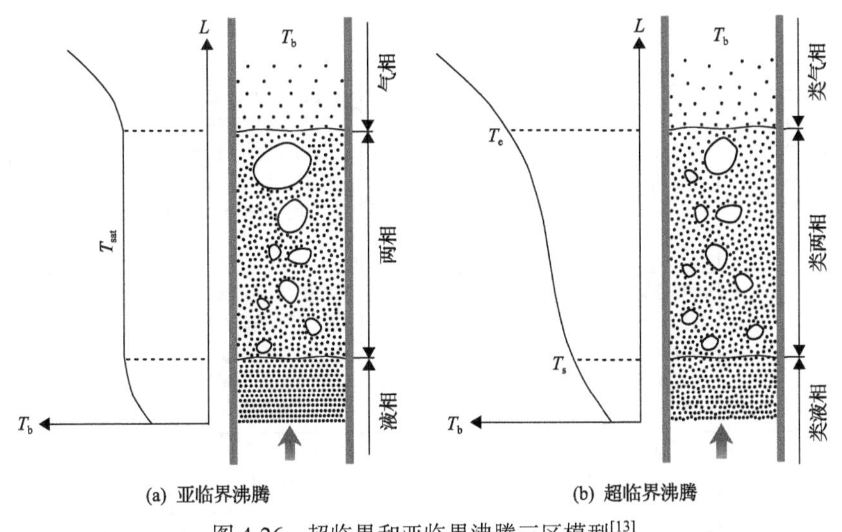


图 4-26　超临界和亚临界沸腾三区模型[13]

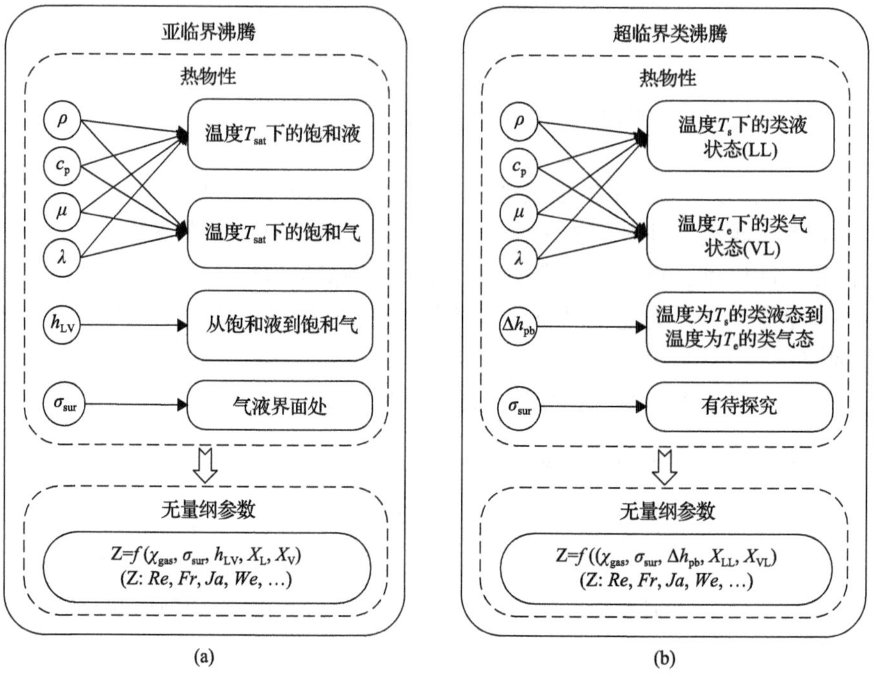


图 4-27　亚临界沸腾与超临界类沸腾理论框架[13]

**表 4-3　一定压力下亚临界沸腾与超临界类沸腾重要热物性表[13]**

| | 亚临界沸腾 | | 超临界类沸腾 | | |
|---|---|---|---|---|---|
| | 参数 | 物理意义 | 参数 | 物理意义 | 计算方法 |
| 相态转变温度 | $T_{sat}$ | 亚临界沸腾发生于一固定温度下 | $T_s$、$T_e$ | 超临界类沸腾发生在一个温度区间 | 利用热力学方法 |
| 密度 | $\rho_L$、$\rho_V$ | 对每一个物性而言，此处都有一对值，一个对应饱和液，一个对应饱和气 | $\rho_{LL}=\rho(T_s)$<br>$\rho_{VL}=\rho(T_e)$ | 物性随温度连续变化，但在类沸腾温度区间$(T_s,T_e)$之外的变化不明显，故用一对值来表征类液相和类气相 | 利用$T_s$和$T_e$作为类液相(LL)和类气相(VL)的特征温度得到物性参数 |
| 比热 | $c_{p,L}$、$c_{p,V}$ | | $c_{p,LL}=c_p(T_s)$<br>$c_{p,VL}=c_p(T_e)$ | | |
| 黏度 | $\mu_L$、$\mu_V$ | | $\mu_{LL}=\mu(T_s)$<br>$\mu_{VL}=\mu(T_e)$ | | |
| 热导率 | $\lambda_L$、$\lambda_V$ | | $\lambda_{LL}=\lambda(T_s)$<br>$\lambda_{VL}=\lambda(T_e)$ | | |
| 相变焓 | $h_{LV}$ | 潜热是饱和液转化为饱和气所需要的能量，这部分能量用于在沸腾发生时扩大分子间距 | $\Delta h_{pb}=h(T_e)-h(T_s)$ | 类沸腾焓是类液相转化为类气相所需要的能量，这部分能量一部分用于扩大分子间距，一部分用于加热流体自身 | 计算$T_e$和$T_s$之间的焓值差 |
| 表面张力 | $\sigma_{sur}$ | 表面张力表示气液界面处单位长度上的力 | $\sigma_{sur}=f(\nabla T)$ | 超临界表面张力只存在于有温度梯度的情况下，且其值取决于温度梯度 | 需要未来继续研究 |

(2)无量纲参数：表 4-4 列出了亚临界沸腾的相关无量纲参数。在热力学平衡状态，质量含气率定义为

$$\chi_{\text{gas}} = \frac{h_{\text{ave}} - h_{\text{L}}}{h_{\text{LV}}} \tag{4-14}$$

式中，$h_{\text{ave}}$ 为主流平均比焓值；$\chi_{\text{gas}}$ 为质量含气率。其他无量纲参数可基于 $\chi_{\text{gas}}$、$\sigma_{\text{sur}}$、$h_{\text{LV}}$、饱和液和饱和气的热物性参数及沸腾工况参数来定义，用于表征液相和气相之间的质量、动量和能量的相互作用。

**表 4-4　亚临界沸腾与超临界类沸腾的无量纲参数表**[13]

| 参数 | 亚临界沸腾计算公式 | 物理意义 | 应用 | 超临界类沸腾计算公式 |
|---|---|---|---|---|
| 质量含气率 $\chi_{\text{gas}}$ | $\chi_{\text{gas}} = \frac{h_{\text{ave}} - h_{\text{L}}}{h_{\text{LV}}}$ | 气相质量占气液两相混合物质量之比 | 用于得到两相混合物的平均性质和其他无量纲参数；用于关联两相流动和传热 | $\chi = \frac{h_{\text{b}} - h_{\text{LL}}}{\Delta h_{\text{pb}}} = \frac{h_{\text{b}} - h_{\text{LL}}}{h_{\text{VL}} - h_{\text{LL}}}$ |
| 雷诺数 $Re$ | $Re = \frac{GD}{\mu_{\text{ave}}}$<br>$Re_{\text{L}} = \frac{G(1-\chi_{\text{gas}})d}{\mu_{\text{L}}}$<br>$Re_{\text{V}} = \frac{G\chi_{\text{gas}}D}{\mu_{\text{V}}}$ | 惯性力与黏性力之比 | 用于两相流动模型 | $Re = \frac{GD}{\mu_{\text{b}}}$<br>$Re_{\text{LL}} = \frac{G(1-\chi_{\text{gas}})D}{\mu_{\text{LL}}}$<br>$Re_{\text{VL}} = \frac{G\chi_{\text{gas}}D}{\mu_{\text{VL}}}$ |
| 弗洛德数 $Fr$ | $Fr = \frac{G^2}{\rho_{\text{ave}}^2 gD}$<br>$Fr_{\text{L}} = \frac{G^2(1-\chi_{\text{gas}})^2}{\rho_{\text{L}}^2 gD}$<br>$Fr_{\text{V}} = \frac{G^2\chi_{\text{gas}}{}^2}{\rho_{\text{V}}^2 gD}$ | 惯性力与重力之比 | 用于描述水平管或倾斜管内部流动冷凝或对流沸腾 | $Fr = \frac{G^2}{\rho_{\text{b}}^2 gD}$<br>$Fr_{\text{LL}} = \frac{G^2(1-\chi_{\text{gas}})^2}{\rho_{\text{LL}}^2 gD}$<br>$Fr_{\text{VL}} = \frac{G^2\chi_{\text{gas}}{}^2}{\rho_{\text{VL}}^2 gD}$ |
| 雅各比数 $Ja$ | $Ja = \frac{\rho_{\text{L}}}{\rho_{\text{V}}}\frac{c_{\text{p,L}}\Delta T}{h_{\text{LV}}}$ | 在某一确定过热度下的显热与潜热之比 | 在过冷流体流动沸腾中表征显热的重要性 | $Ja = \frac{\Delta h_{\text{th}}}{\Delta h_{\text{st}}}$ |
| 沸腾数 $Bo$ 和 SBO | $Bo = \frac{q}{Gh_{\text{LV}}}$ | 蒸发动量力与惯性力之比 | 用于流动沸腾临界热流密度的建模及确定沸腾模式 | $SBO = \frac{q}{Gh_{\text{pc}}}$ |
| $K$ 数 | $K = \left(\frac{q}{Gh_{\text{LV}}}\right)^2 \frac{\rho_{\text{L}}}{\rho_{\text{V}}} = Bo^2 \frac{\rho_{\text{L}}}{\rho_{\text{V}}}$ | | | $K = \left(\frac{q}{Gh_{\text{w}}}\right)^2 \frac{\rho_{\text{b}}}{\rho_{\text{w}}}$ |
| 邦德数 $Bd$ | $Bd = \frac{g(\rho_{\text{L}} - \rho_{\text{V}})D^2}{\sigma_{\text{sur}}}$ | 浮升力与表面张力之比 | 用于确定微通道中浮升力是否重要 | $Bd = \frac{g(\rho_{\text{LL}} - \rho_{\text{VL}})D^2}{\sigma_{\text{sur}}}$ |
| 韦伯数 $We$ | $We = \frac{G^2 D}{\rho_{\text{ave}}\sigma_{\text{sur}}}$ | 惯性力与表面张力之比 | 用于关联两相流动 | $We = \frac{G^2 D}{\rho_{\text{b}}\sigma_{\text{sur}}}$ |
| 毛细数 $Ca$ | $Ca = \frac{\mu_{\text{L}} G}{\rho_{\text{L}}\sigma_{\text{sur}}}$ | 黏性力与表面张力之比 | 对描述沸腾传热下的气泡动力学非常有用 | $Ca = \frac{\mu_{\text{LL}} G}{\rho_{\text{LL}}\sigma_{\text{sur}}}$ |

雷诺数 $Re$ 表征惯性力和黏性力的比值。两相流的主流雷诺数定义如下。

$$Re = \frac{GD}{\mu_{ave}} \tag{4-15}$$

式中，$G$ 为质量流速；$D$ 为管道直径；$\mu_{ave}$ 为平均黏度系数，定义为 $\mu_{ave} = \chi_{gas}\mu_V + (1-\chi_{gas})\mu_L$。液相雷诺数和气相雷诺数可定义为

$$Re_L = \frac{G(1-\chi_{gas})D}{\mu_L}, \quad Re_V = \frac{G\chi_{gas}D}{\mu_V} \tag{4-16}$$

弗洛德数 $Fr$ 表征惯性力和浮升力之间的比值，其中，主流弗洛德数、液相弗洛德数、气相弗洛德数定义如下：

$$Fr_{ave} = \frac{G^2}{\rho_{ave}^2 gD}, \quad Fr_L = \frac{G^2(1-\chi_{gas})^2}{\rho_L^2 gD}, \quad Fr_V = \frac{G^2\chi_{gas}{}^2}{\rho_V^2 gD} \tag{4-17}$$

雅各比数表征显热与潜热之比：

$$Ja = \frac{\rho_L}{\rho_V}\frac{c_{p,L}\Delta T}{h_{LV}} \tag{4-18}$$

沸腾数 $Bo$ 和 $K$ 数定义如下[49]：

$$Bo = \frac{q}{Gh_{LV}}, \quad K = Bo^2\frac{\rho_L}{\rho_V} = \left(\frac{q}{Gh_{LV}}\right)^2\frac{\rho_L}{\rho_V} \tag{4-19}$$

$Bo$ 数和 $K$ 数均表示蒸发动量力与惯性力之间的相对关系，但后者进一步考虑了两相之间的密度差。$Bo$ 数可看作一无量纲热流密度，可将热流密度、质量流量和流体性质关联在一起。因为 $Bo$ 数和 $K$ 数表征了气泡脱离受热面的容易程度，所以它们对于预测管内流动沸腾的临界热流密度具有重要作用[50]。

基于沸腾过程中表面张力的重要作用，有多个无量纲数表征不同力与表面张力的相对关系，即

$$Bd = \frac{g(\rho_L-\rho_V)D^2}{\sigma_{sur}}, \quad Ca = \frac{\mu_L G}{\rho_L\sigma_{sur}}, \quad We = \frac{G^2 D}{\rho_L\sigma_{sur}} \tag{4-20}$$

式中，邦德数 $Bd$ 为浮升力与表面张力之比；毛细数 $Ca$ 为黏性力与表面张力之比；韦伯数 $We$ 为惯性力与表面张力之比。

(3)数值模拟和实验方法：对于亚临界沸腾，分子动力学有助于理解基本现象，

如纳米尺度的气泡成核和成长[51,52]。格子玻尔兹曼方法用于处理介观尺度下的沸腾[53]。计算流体力学(CFD)适用于计算宏观尺度下的沸腾[54]。由于界面现象在沸腾过程中占主导地位，故采取流体体积法(VOF)和水平集方法捕捉动态液气界面[54]。对于各种加热表面和通道形状中的沸腾换热也积累了大量的实验数据[55,56]。

### 4.3.2　超临界传热三区模型

通过类比亚临界沸腾，本节提出了超临界类沸腾三区模型，包含类液区(LL)、类两相区(TPL)和类气区(VL)，如图 4-26(b)所示。三区模型的相关有量纲和无量纲参数描述如下[图 4-27(b)]。

(1)有量纲参数：亚临界压力下的沸腾发生在恒定的饱和温度 $T_{sat}$ 下，但在超临界压力下的类沸腾发生在一个温度区间内——从类沸腾起始温度 $T_s$ 到类沸腾终止温度 $T_e$。$T_s$ 和 $T_e$ 的计算基于热力学方法[57,58]，在焓值-温度曲线中，过拟临界点的切线与热力学液相极限线和气相极限线相交得到类沸腾温度。在超临界压力下，类液区、类两相区和类气区三个状态分别以区间 $T<T_s$、$T_s<T<T_e$ 和 $T>T_e$ 分布在相图中，如图 4-28 所示，类似于亚临界压力下的液相区、两相区和气相区。类沸腾焓定义为 $T_s \sim T_e$ 对应的焓值之差[59]。

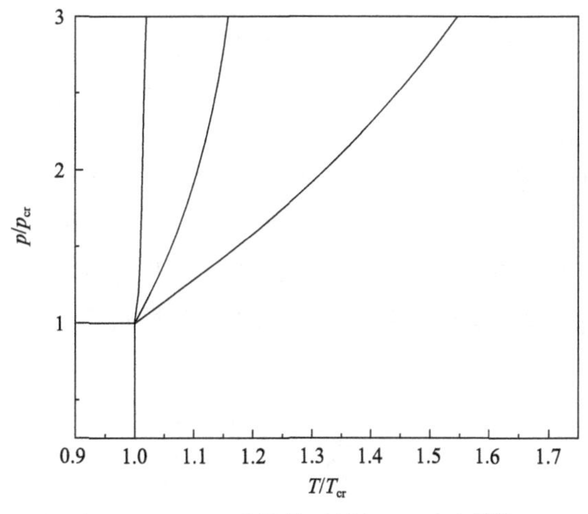


图 4-28　$CO_2$ 流体的无量纲 $p$-$T$ 相图[13]

图 4-29(a)给出了亚临界和超临界压力范围内 $CO_2$ 的相变焓变化曲线。在亚临界压力下的 $h_{LV}$ 和超临界压力下的 $\Delta h_{pb}$ 以临界压力为界呈现出近似对称分布。不同于亚临界压力条件，超临界类沸腾焓 $\Delta h_{pb}$ 可以分为显热部分($\Delta h_{th}$)和潜热部分($\Delta h_{st}$)[59]。

如图 4-10，随着压力的增大，$\Delta h_{th}$ 的占比增大而 $\Delta h_{st}$ 的占比减小。因此，低超临界压力下的超临界传热显示出与亚临界沸腾相似的类沸腾特性，这也可以用于解释一些学者在低超临界压力下观察到的类似气泡现象[60,61]。类沸腾效应在 $3p_c$ 的超高压下可以忽略。

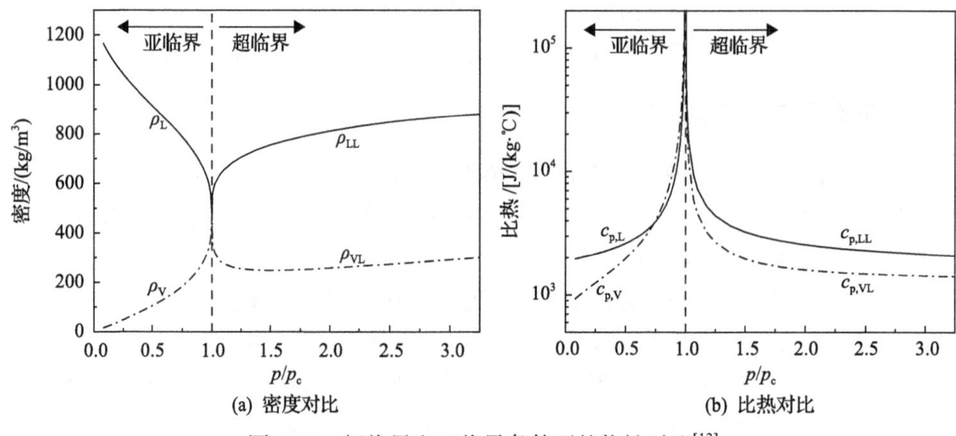


(a) 密度对比　　(b) 比热对比

图 4-29　超临界和亚临界条件下的物性对比[13]

使用 $T_s$ 和 $T_e$ 作为参考温度，可进一步定义类液相和类气相的热物性。图 4-29(a)和(b)为亚临界和超临界状态下的密度 $\rho$ 和定压比热容 $c_p$，分别表现出以临界压力为分界线的类似对称分布。在两个压力范围内，每种热物性都分别有两组数值：在亚临界压力下分别表征饱和液相和饱和气相，在超临界压力下分别表征类液相和类气相。表 4-3 列出了类沸腾的相变温度、类沸腾焓和热物性，并与亚临界对应的参数进行了比较。

(2)无量纲参数：通过与亚临界沸腾的相关参数进行类比，提出一系列超临界类沸腾无量纲参数，如表 4-4 所示。一些其他常见的无量纲参数(如 $Nu$ 和 $Pr$)已经在超临界传热中普遍使用，且定义没有歧义，故此处不将其包含在表 4-4 内。

第一个描述超临界传热的无量纲数是超临界类质量含气率 $\chi_{gas}$，基于热力学定义如下：

$$\chi_{gas} = \frac{h_b - h_{LL}}{\Delta h_{pb}} = \frac{h_b - h_{LL}}{h_{VL} - h_{LL}} \tag{4-21}$$

式中，$h_b$ 为主流比焓值；$\chi_{gas}$ 为超临界类气相质量在流体总质量中的占比。

雅各比数定义为 $\Delta h_{th}$ 与 $\Delta h_{st}$ 的比值，以超临界类沸腾焓值的形式表示，用于表征超临界类沸腾焓值中显热与潜热能量之比，即

$$Ja = \frac{\Delta h_{th}}{\Delta h_{st}} \tag{4-22}$$

$Ja$ 数可表征不同超临界压力下类沸腾效应的重要性：低超临界压力下的小 $Ja$

数表示显著的类沸腾效应；而超临界压力下的大 *Ja* 数表示可忽略类沸腾效应，传热特性类似单相对流传热。

基于类液相和类气相的热物性参数可定义表征类液相和类气相之间的质量、动量和能量交换的无量纲数。主流、类液相和类气相的雷诺数可定义为

$$Re = \frac{GD}{\mu_{\mathrm{b}}}, \quad Re_{\mathrm{LL}} = \frac{G(1-\chi_{\mathrm{gas}})D}{\mu_{\mathrm{LL}}}, \quad Re_{\mathrm{VL}} = \frac{G\chi_{\mathrm{gas}}D}{\mu_{\mathrm{VL}}} \tag{4-23}$$

式中，$\mu_{\mathrm{b}}$、$\mu_{\mathrm{LL}}$ 和 $\mu_{\mathrm{VL}}$ 分别以主流温度 $T_{\mathrm{b}}$、类沸腾起始温度 $T_{\mathrm{s}}$ 和类沸腾终点温度 $T_{\mathrm{e}}$ 为特征温度。类似地，弗洛德数可定义为

$$Fr = \frac{G^2}{\rho_{\mathrm{b}}^2 gD}, \quad Fr_{\mathrm{LL}} = \frac{G^2(1-\chi_{\mathrm{gas}})^2}{\rho_{\mathrm{LL}}^2 gD}, \quad Fr_{\mathrm{VL}} = \frac{G^2\chi_{\mathrm{gas}}^2}{\rho_{\mathrm{VL}}^2 gD} \tag{4-24}$$

式中，$Fr$、$Fr_{\mathrm{LL}}$ 和 $Fr_{\mathrm{VL}}$ 分别为主流弗劳德数、类液相弗劳德数和类气相弗劳德数，表征惯性力与重力之间的相对关系。

受 Kandlikar[49]提出的亚临界沸腾数和 *K* 数的启发，本节提出超临界类沸腾下的超临界沸腾数 SBO[62]和 *K* 数[63]（将在第 4.3 节中详细描述）其目的是更好地理解和准确预测超临界类沸腾的临界热流密度。对于加热条件下的超临界流体管内对流换热，管壁上覆盖类气膜，而类液相在管道中心处流动。传质过程发生在类气相和类液相的界面处，类气膜厚度沿流动方向逐渐增加，由于类气相的低导热率产生而使传热恶化。界面处的传质产生了蒸发动量力，将类气流体固定在壁面上。另外，由于对流产生的惯性力可推动类气相脱离壁面，从而减小类气膜的厚度。SBO 数和 *K* 数反映了蒸发动量力与惯性力之间的竞争，通过控制类气膜的厚度能够影响超临界传热。

$$SBO = \frac{q}{Gh_{\mathrm{pc}}}, \quad K = \left(\frac{q}{Gh_{\mathrm{w}}}\right)^2 \frac{\rho_{\mathrm{b}}}{\rho_{\mathrm{w}}} \tag{4-25}$$

式中，$h_{\mathrm{pc}}$ 为拟临界点位置的比焓值；下标“b”和“w”分别表示主流条件和壁面条件。

在亚临界压力下，*Bd*、*Ca*、*We* 等无量纲数可用于描述表面张力和其他力的相对关系。基于亚临界沸腾和超临界类沸腾的类比，提出如下问题：超临界类沸腾是否有表面张力的概念？在经典理论中，超临界流体为均质流体，内部没有界面存在，故不存在表面张力。然而，如果人们接受超临界类沸腾的类气相和类液相界面的概念，则超临界压力下存在表面张力。目前，关于超临界压力下表面张力的研究很少。Tamba 等[64]利用分子动力学模拟发现，在非均匀温度场下超临界流体内部表面张力并不为零。因此，暂时认可超临界流体中表面张力的概念，从

而定义如下无量纲参数，即

$$Bd = \frac{g(\rho_{\mathrm{LL}} - \rho_{\mathrm{VL}})D^2}{\sigma_{\mathrm{sur}}}, \quad Ca = \frac{\mu_{\mathrm{LL}} G}{\rho_{\mathrm{LL}} \sigma_{\mathrm{sur}}}, \quad We = \frac{G^2 D}{\rho_{\mathrm{LL}} \sigma_{\mathrm{sur}}} \tag{4-26}$$

与亚临界沸腾类似，$Bd$ 用于反映由类液相和类气相之间的密度差而产生的浮升力与表面张力之间的竞争，$Ca$ 表示黏性力与表面张力之间的竞争，$We$ 描述惯性力与表面张力之间的竞争。

### 4.3.3　超临界传热三区模型的应用

1. 超临界类质量含气率 $\chi_{\mathrm{gas}}$

图 4-30 以比较温度 $T/T_c$ 和质量含气率为坐标绘制了 $CO_2$ 的三区模型，展示了不同超临界压力下的相分布。其中类液相区、类两相区和类气相区分别对应类质量含气率范围 $\chi_{\mathrm{gas}}<0$、$0<\chi_{\mathrm{gas}}<1$ 和 $\chi_{\mathrm{gas}}>1$。针对垂直上升管内超临界水和超临界 $CO_2$ 在加热条件下的对流换热，从文献中采集了大量的实验数据点，包括文献[9]、文献[65]～[73]中超临界水的数据点共 3523 个和文献[74]～[78]中超临界 $CO_2$ 的数据点共 3575 个。图 4-31(a)和图 4-31(b)以 $Nu$ 比值($Nu/Nu_{\mathrm{DB}}$)和类质量含气率 $\chi_{\mathrm{gas}}$ 为坐标，将这些数据进行处理并绘图。其中，$Nu$ 为文献中实验测得的努塞尔数，$Nu_{\mathrm{DB}}$ 是用 Dittus-Boelter(DB)公式在相应实验工况下计算得到的努塞尔数：

$$Nu_{\mathrm{DB}} = 0.023Re^{0.8}Pr^{0.4} \tag{4-27}$$

式中，$Re$ 和 $Pr$ 以主流温度确定；$\chi_{\mathrm{gas}}$ 通过主流温度 $T_b$ 和实验压力下的类沸腾温度确定。

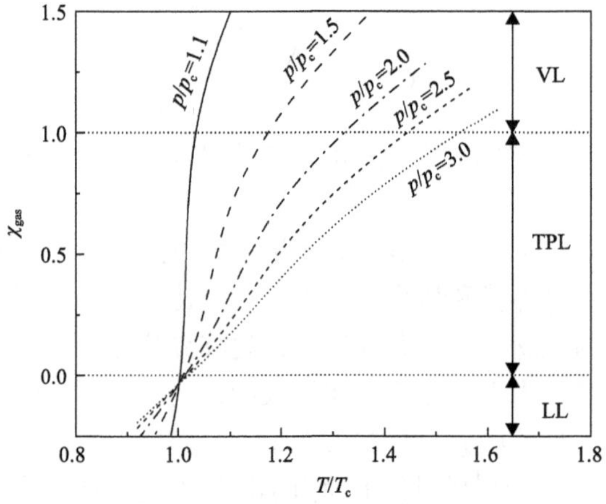


图 4-30　不同压力下 $CO_2$ 类质量含气率变化图[13]

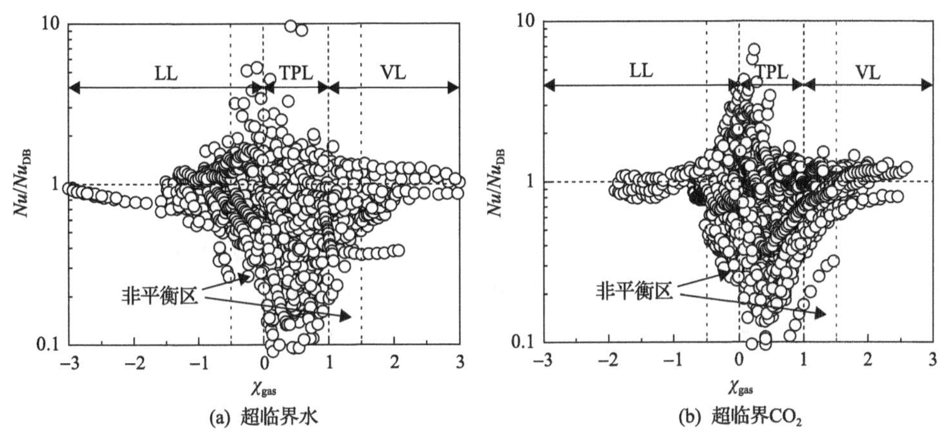


图 4-31　$Nu/Nu_{DB}$与类质量含气率$\chi_{gas}$关系图[13]（超临界水的数据来自于文献[9]、[65]～[73]，超临界 $CO_2$ 的数据来自文献[74]～[78]）

$Nu/Nu_{DB}$=1 意味着可以通过单相对流传热的 DB 关联式准确预测超临界传热特性，而 $Nu/Nu_{DB}$ 偏离 1 表示超临界传热特性偏离单相流体对流传热。$Nu/Nu_{DB}$ 可以大于 1(对应传热强化)，也可以小于 1(对应传热恶化)。图 4-31(a) 和(b) 显示，对于超临界水[图 4-31(a)]和超临界 $CO_2$[图 4-31(b)]，最大的偏差出现在类两相区 $0<\chi_{gas}<1$ 处，偏差大致为 10 倍(0.1～10)，表明用单相对流传热的 DB 关联式无法准确预测此区域的超临界传热。在$-3<\chi_{gas}<0.5$ 的类液区和 $\chi_{gas}>1.5$ 的类气区，$Nu/Nu_{DB}$ 接近 1，表明超临界传热与单相流体对流传热特性吻合得很好。在类两相区相邻的两个区域($-0.5<\chi_{gas}<0$ 和 $1<\chi_{gas}<1.5$)，$Nu/Nu_{DB}$ 仍然偏离 1，但幅度较小。值得一提的是，这两个区域的边界($\chi_{gas}$=0.5 和 $\chi_{gas}$=1.5)仅是基于图像观察得到的，并没有实际物理意义。产生这种偏差的一个可能原因是类沸腾温度 $T_s$ 与 $T_e$ 的计算方法，目前文献中并没有统一的定义方法，从而影响了这三区模型中三个区域转化边界的位置。另一个可能原因是热非平衡效应，而类质量含气率 $\chi_{gas}$ 是基于热平衡条件定义的。在亚临界压力下，当热流密度足够大时，即使主流温度低于饱和温度，也有可能会发生沸腾，称作过冷沸腾[79]。对于超临界类沸腾，由于类液区和类两相区以 $T_s$ 作为分界线，负 $\chi_{gas}$ 区 $Nu$ 偏离单相流体对流传热可能是发生了过冷类沸腾。这就是说，超临界类沸腾可能发生在主流温度低于 $T_s$ 的情况，这还需要进一步研究。类似的分析也适用于 $\chi_{gas}>1$ 的区域，其中，Nu 与单相流体假设的偏离也可归因于局部热非平衡效应。

通过计算三个区域内的 $Nu$ 相对误差，包括平均相对误差 $e_A$、平均绝对误差 $e_R$ 和均方根相对误差 $e_S$，可量化图 4-31(a) 和(b) 中的偏离度：

$$e_A=\frac{1}{n}\sum_{i=1}^{n}e_i,\quad e_R=\frac{1}{n}\sum_{i=1}^{n}\left|e_i\right|,\quad e_S=\sqrt{\frac{1}{n}\sum_{i=1}^{n}e_i^2} \tag{4-28}$$

式中，$e_i$为单个数据点的误差，定义为

$$e_{\mathrm{i}}=\frac{Nu_{\mathrm{DB}}-Nu_{\exp}}{Nu_{\exp}} \tag{4-29}$$

对于图 4-31(a)中的超临界水而言，三个区域的误差分别为：类气区，$e_A$=15.7%，$e_R$=24.6%，$e_S$=41.9%；类两相区，$e_A$=152.8%，$e_R$=157.1%，$e_S$=230.8%；类气区，$e_A$=59.9%，$e_R$=64.9%，$e_S$=85.9%。对于图 4-31(b)中的超临界 $CO_2$ 而言，三个区域的误差分别为：类液区，$e_A$=9.0%，$e_R$=35.3%，$e_S$=56.2%；类两相区，$e_A$=88.3%，$e_R$=99.9%，$e_S$=172.2%；类气区，$e_A$=20.4%，$e_R$=28.1%，$e_S$=46.4%。可见对于这两种超临界流体，类两相区的误差远大于类液区和类气区的误差。

综上所述，引入超临界类质量含气率，并提供超临界三区模型的分界准则，进一步有效解释了在超临界下类两相区的传热特性偏离单相流体对流传热的结果。这种偏离是由类沸腾导致的两相结构所引起的，这表明在类两相区内有必要考虑类沸腾的两相效应。

### 2. 超临界传热三区模型对层流化传热特性的解释

本节采用新引入的超临界类液相雷诺数解释超临界压力下的异常传热特性。图 4-32(a)为文献[80]中 $sCO_2$ 在内径为 0.27mm 竖直管中垂直向上流动传热的实验结果。图 4-32(a)展示了 $p$=8.6MPa，$G$=582.2kg/m$^2$s 和 $q$=0.0300, 0.0581, 0.0886, 0.1130MW/m$^2$ 条件下的努塞尔数沿轴向流动随 $L/D$ 的变化[80]。从图中可以看出，努塞尔数随热流密度 $q$ 的变化是非单调的：随着 $q$ 的增加，在 0.0300～0.0581MW/m$^2$ 范围内努塞尔数增加，而在热流超过 0.0581MW/m$^2$ 后努塞尔数减小。

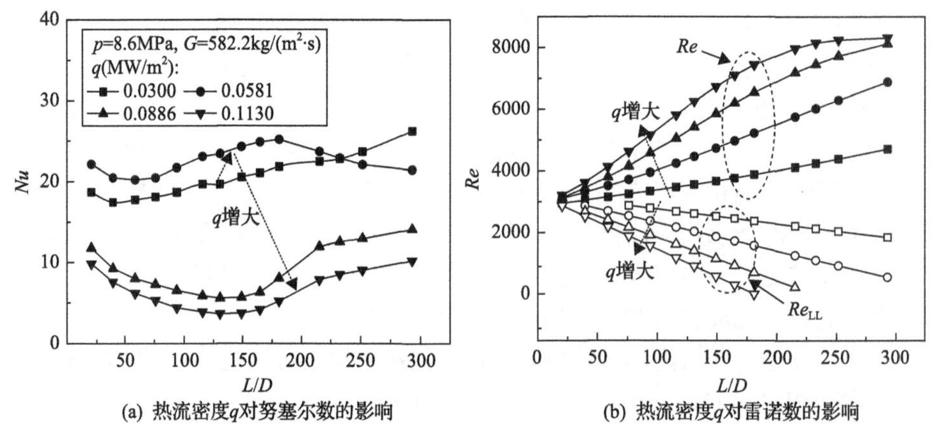


图 4-32　$Nu$ 数和主流 $Re$ 数沿管的变化(实验数据来自参考文献[80])

为了解释这种非单调的变化，在图 4-32(b)中绘制了主流雷诺数与类液相雷诺

数的曲线。主流 $Re$ 数已被广泛应用于关联超临界传热[81,82]，但此处不能解释上述非单调变化。图 4-32(a)显示，当 $q$=0.0886MW/m$^2$ 和 $q$=0.1130MW/m$^2$ 时，部分位置的局部努塞尔数小于 5，表现出层流特性，然而主流 $Re$ 数为 3000～8000，处于过渡区或湍流区。

上述矛盾可通过引入类液相雷诺数 $Re_{\mathrm{LL}}$ 来解释。沿着流动方向，随着温度的升高，主流流体黏度降低，主流 $Re$ 数增加。然而，流体沿流动方向被持续加热，类质量含气率增大，$Re_{\mathrm{LL}}$ 降低。如图 4-32(b)所示，在 $q$=0.0886MW/m$^2$ 和 0.1130MW/m$^2$ 工况下观察到的层流传热位置对应的 $Re_{\mathrm{LL}}$ 较小：在 $q$=0.0886MW/m$^2$ 条件下，$Re_{\mathrm{LL}}$ 在 $L/D$=230 处降为 0；在 $q$=0.1130MW/m$^2$ 条件下，$Re_{\mathrm{LL}}$ 在 $L/D$=180 处降为 0。另外，在较低的热流密度下($q$=0.0300MW/m$^2$ 和 $q$=0.0581MW/m$^2$)，类质量含气率较低，因此类两相区的流动特性并不受 $Re_{\mathrm{LL}}$ 控制，主流 $Re$ 数仍能很好地解释低热流密度下的行为。由于 0.0581MW/m$^2$ 工况下的主流 $Re$ 数较高，故努塞尔数较高，保持了过渡流或湍流的传热特性。

值得一提的是，本节对于 $Re_{\mathrm{LL}}$ 的成功应用是定性而非定量的，基于此单一实例的讨论可能不适用于其他情况。尽管如此，$Re_{\mathrm{LL}}$ 为理解超临界下的某些特殊传热行为提供了另一种思路。

### 3. 超临界传热三区模型对水平管传热现象的解释

在亚临界压力两相系统中，弗洛德数可以表征倾斜管和水平管中的流动和传热。例如，Xing 等[83]使用弗洛德数关联了 R245fa 在不同倾角下的传热系数；Kandlikar[84]提出了一个包含弗洛德数的关联式，用以预测水平管内流动沸腾的临界热流密度。对于超临界传热，过往研究中未曾采用弗洛德数描述传热特性。本节通过分析水平管中的超临界传热特性验证弗洛德数的应用。

图 4-33 描述了文献[85]中报道的在内径 26mm、长度 2m 的水平管中加热超临界水的实验结果，显示了沿管周向的非均匀传热行为。基于文献[85]原始图 5b 中的实验结果，图 4-33 以 $h_2/h_1$ 和 $\chi_{\mathrm{gas}}$ 为坐标重新绘制数据图，其中，$h_1$ 和 $h_2$ 分别为顶母线和底母线处的传热系数。$h_2/h_1>1$，表明底母线位置的传热优于顶母线处，这是由于管道底部被温度较低、密度较大的流体占据，而顶部被温度较高、密度较小的流体占据。将 $q$=0.20MW/m$^2$ 和 $q$=0.30MW/m$^2$ 的结果进行比较，可以看出随着热流密度的增加，沿管道周向的传热不均匀性更加显著。

这种非均匀传热可以用三区模型和弗洛德数解释。由于主流密度的降低，弗洛德数沿管道流向逐渐增大。在类液区 $\chi_{\mathrm{gas}}<0$ 的情况，弗洛德数很小，表明重力作用很重要，流体密度变化导致热、冷流体分别占据管上、下部，流动“分层”，因此 $h_2/h_1>1$。当逐渐接近两相区时，类沸腾的影响逐渐增大，两相分层效应逐渐增大，$h_2/h_1$ 随 $\chi_{\mathrm{gas}}$ 的增加而增大，并且在位于类两相区 $\chi_{\mathrm{gas}}$ 约 0.2 处达到峰值。类质

量含气率 $\chi_{gas}$ 超过 0.2 后，由于弗洛德数增加到 10 以上，重力作用逐渐减弱，流动分层效应变弱，沿管道周向以 $h_2/h_1$ 表示的传热差异迅速减小。在类气区，$\chi_{gas}>1$，$h_2/h_1$ 接近 1，弗洛德数非常大，表现为惯性力占据绝对主导，完全抑制了重力作用。

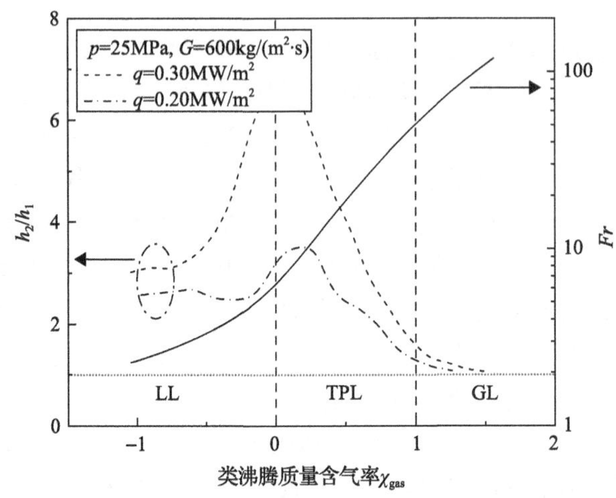


图 4-33　弗洛德数对水平管中顶部母线和底部母线之间传热差的影响（实验结果来自参考文献[85]）

4. 超临界传热中的 SBO 数和 K 数

根据超临界类沸腾概念，在超临界传热中，传热恶化是由于近壁面类气膜增厚，类似于亚临界膜态沸腾，从而导致壁温飞升[86,87]。类气层的生长受到蒸发动量力和惯性力之间的相互竞争[62]，其中前者倾向于将类气膜固定在壁面上，而后者倾向于减小类气膜的厚度。SBO 数和 $K$ 数代表这两种力之间的竞争，此部分内容将在第 5 章详细介绍，此处不再赘述。

### 4.3.4　未来研究展望

在经典理论中，超临界流体中不存在表面张力。然而，类沸腾实验中观察到的各种现象，包括类气泡、类气膜、噪声和壁温飞升等[60-62,88]，与亚临界沸腾的现象极为相似。这些现象表明在超临界压力下，类液相和类气相之间确实存在界面相互作用。如果此界面的概念是正确，那么应该存在类液相和类气相界面上的表面张力。此外，学者们在压力略高于临界压力的超临界流体中观察到了气泡[61]，这是超临界非零表面张力的直接证据。

Tamba 等[64]在非均匀温度场下对超临界 Lennard-Jones 流体进行了分子动力学模拟，并在高于临界压力下获得了 Ar 的非零表面张力。当存在温度梯度时，超临界压力下的分子动力学模拟得到了类似于亚临界液-气界面的结构。当与亚临界液-气界面进行比较时，发现模拟得到的超临界表面张力值与实验测量值相吻合。研究表明，在超临界流体中也存在界面，且界面张力对超临界传热有重要影响。

界面概念和表面张力参数的提出将完善超临界类沸腾的理论框架，连接超临界类沸腾和亚临界沸腾理论。因此，建议今后应对超临界流体中的表面张力效应进行实验测量和数值模拟研究。

对于亚临界压力下的两相流动和传热，目前已经建立了多种实验方法来研究泡状流、塞状流、环弹过渡流和环状流等多种流型及界面特性[55]。本书建议将高速流动可视化、电导探针和光学纤维法等亚临界沸腾研究方法用于超临界类沸腾研究，在不同工质和压力下测量获得一些重要参数，如 $T_s$、$T_e$ 和类液膜厚度等。

此外，尽管文献中已有关于超临界水和超临界 $CO_2$ 等工质的大量实验数据，但可用的实验数据仅涵盖了较窄的压力和温度范围[86,87,89]，因此不够完善。随着对超临界技术应用的需求，建议进行更多的超临界传热实验，以扩展数据库，提供更多关于超临界传热特性的信息。此外，大多数可用文献基于单相流体假设关联实验数据，今后可尝试采用本节提出的三区模型理论框架对实验结果进行分析。

## 4.4　本 章 小 结

20 世纪中后期，超临界类沸腾现象开始逐步被研究人员发现，但超临界类沸腾理论直到近年来才逐渐得到关注。本章综述了超临界类沸腾理论的提出背景及已有进展，之后详细讨论了微观尺度超临界流体相界面结构、相分布、相间作用，以及将超临界类沸腾与亚临界沸腾进行类比得出的超临界三区模型。

现阶段，超临界类沸腾理论的发展主要基于微观层面对超临界流体结构的研究，通过 Widom 线将超临界流体划分为类液和类气两相，这存在一定的局限性。本章采用不同方法对受限和非受限空间内超临界流体的相分布规律进行探究。对于非受限空间内的超临界流体，两个转变温度将超临界区划分为类液、类两相和类气三个区，在类两相区发现超临界流体纳米尺度的类气泡特征，证明在压力明显高于临界压力时仍存在类气泡特征；引入非线性动力学分析方法确定类两相区具有混沌特性，与亚临界压力下的两相流规律类似。对于受限空间内的超临界流体，壁面润湿性和温度影响超临界流体的相分布模式：在强润湿性和弱润湿性壁面下，近壁区形成类液层和类气层，且冷壁面具有比热壁面更厚(薄)的类液层(类气层)。在近壁区形成类液层的相分布模式与亚临界环状流的结构类似；在近壁区形成类气层的工况与亚临界 Leidenfrost 现象一致；将超临界流体相分布与亚临界流型进行类比，证明了超临界流体的多相结构特征。

从宏观角度考虑，超临界流体的两相结构意味着超临界流动传热过程与亚临界沸腾与两相流过程的相似性。基于这一相似性，本章对超临界三区模型进行了简介，提出超临界类沸腾的理论框架，包括一系列有量纲和无量纲参数组，并以此描述超临界类两相区内相间的质量、动量、能量的相互作用。三区模型形成了超临界类沸腾过程的系统性理论，将为未来超临界流动传热过程的基础研究与实际应用提供理论指导。

## 参 考 文 献


[1] Cengel Y, Boles M, Kanoglu M. Thermodynamics: An Engineering Approach[M]. 9th. New York: McGraw-Hill Education, 2018.

[2] Pizzarelli M. The status of the research on the heat transfer deterioration in supercritical fluids: A review[J]. International Communications in Heat and Mass Transfer, 2018, 95: 132-138.

[3] Xu J L, Sun E H, Li M J, et al. Key issues and solution strategies for supercritical carbon dioxide coal fired power plant[J]. Energy, 2018, 157: 227-246.

[4] Wang H, Leung L K H, Wang W, et al. A review on recent heat transfer studies to supercritical pressure water in channels[J]. Applied Thermal Engineering, 2018, 142: 573-596.

[5] Xu J L, Liu C, Sun E H, et al. Perspective of $sCO_2$ power cycles[J]. Energy, 2019, 186: 115831.

[6] Gallo P, Corradini D, Rovere M. Widom line and dynamical crossovers as routes to understand supercritical water[J]. Nature Communications, 2014, 5(1): 5806.

[7] Simeoni G G, Bryk T, Gorelli F A, et al. The widom line as the crossover between liquid-like and gas-like behaviour in supercritical fluids[J]. Nature Physics, 2010, 6(7): 503-507.

[8] Kafengauz N L, Fedorov M I. Excitation of high-frequency pressure oscillations during heat exchange with diisopropylcyclohexane[J]. Journal of Engineering Physics, 1966, 11(1): 63-67.

[9] Ackerman J W. Pseudoboiling heat transfer to supercritical pressure water in smooth and ribbed tubes[J]. Journal of Heat Transfer, 1970, 92(3): 490-497.

[10] Lee G C, Kang J Y, Park H S, et al. Induced liquid-solid contact via micro/nano multiscale texture on a surface and its effect on the Leidenfrost temperature[J]. Experimental Thermal and Fluid Science, 2017,84: 156-164.

[11] Xu J L, Wang Y, Ma X J. Phase distribution including a bubblelike region in supercritical fluid[J]. Physical Review E, 2021,104(1): 014142.

[12] 王艳. 纳米尺度超临界流体相分布研究[D]. 北京：华北电力大学(北京), 2022.

[13] Zhang H S, Xu J L, Wang Q Y, et al. Multiple wall temperature peaks during forced convective heat transfer of supercritical carbon dioxide in tubes[J]. International Journal of Heat and Mass Transfer, 2021,172: 121171.

[14] Yoshii N, Okazaki S. A large-scale and long-time molecular dynamics study of supercritical Lennard-Jones fluid—An analysis of high temperature clusters[J]. The Journal of Chemical Physics, 1997, 107(6): 2020-2033.

[15] Yoshii N, Okazaki S. Molecular dynamics study of structure of clusters in supercritical Lennard-Jones fluid[J]. Fluid Phase Equilibria, 1998, 144(1-2): 225-232.

[16] Ghosh K, Krishnamurthy C V. Molecular dynamics of partially confined Lennard-Jones gases: Velocity autocorrelation function, mean squared displacement, and collective excitations[J]. Physical Review E, 2018, 98(5): 052115.

[17] Allen M P, Tildesley D J. Computer Simulation of Liquids[M]. 2th. Oxford: Oxford University Press, 2017.

[18] Valverde J. Molecular modelling: Principles and applications[J]. Briefings in Bioinformatics-BIB, 2001, 2(2): 199, 200.

[19] Nagayama G, Tsuruta T, Cheng P. Molecular dynamics simulation on bubble formation in a nanochannel[J]. International Journal of Heat and Mass Transfer, 2006, 49(23-24): 4437-4443.

[20] Hoover W G. Canonical dynamics: Equilibrium phase-space distributions[J]. Physical Review A, 1985, 31(3): 1695-1697.

[21] Nosé S. A unified formulation of the constant temperature molecular dynamics methods[J]. The Journal of Chemical Physics, 1984, 81(1): 511-519.

[22] Plimpton S. Fast parallel algorithms for short-range molecular dynamics[J]. Journal of Computational Physics, 1995, 117(1): 1-19.

[23] Wolde P R, Frenkel D. Computer simulation study of gas-liquid nucleation in a Lennard-Jones system[J]. The Journal of Chemical Physics, 1998, 109(22): 9901-9918.

[24] Carey V P, Liquid-Vapor Phase-Change Phenomena: An Introduction to the Thermophysics of Vaporization and Condensation Processes in Heat Transfer Equipment[M]. 3rd. Boca Raton: CRC Press, 2020.

[25] Julin J, Shiraiwa M, Miles R E, et al. Mass accommodation of water: Bridging the gap between molecular dynamics simulations and kinetic condensation models[J]. The Journal of Physical Chemistry A, 2013, 117(2): 410-420.

[26] 陈正隆, 徐为人, 汤立达. 分子模拟的理论与实践[M]. 北京: 化学工业出版社, 2007.

[27] Barrat J L, Hansen J P. Basic Concepts for Simple and Complex Liquids[M]. Cambridge: Cambridge University Press, 2003.

[28] Wendt H R, Abraham F F. Empirical criterion for the glass transition region based on Monte Carlo simulations[J]. Physical Review Letters, 1978, 41: 1244-1246.

[29] Li Y, Cui M, Peng B, et al. Adsorption behaviors of supercritical Lennard-Jones fluid in slit-like pores[J]. Journal of Molecular Graphics and Modelling, 2018, 83: 84-91.

[30] Han S. Anomalous change in the dynamics of a supercritical fluid[J]. Physical Review E, 2011, 84: 051204.

[31] Truskett T M, Torquato S, Debenedetti P G. Towards a quantification of disorder in materials: Distinguishing equilibrium and glassy sphere packings[J]. Physical Review. E, 2000, 62: 993-1001.

[32] Sundararajan P, Stroock A D. Transport phenomena in chaotic laminar flows[J]. Annual Review of Chemical and Biomolecular Engineering, 2012, 3: 473-496.

[33] Bradley E, Kantz H. Nonlinear time-series analysis revisited[J]. Chaos: An Interdisciplinary Journal of Nonlinear Science, 2015, 25: 097610.

[34] Wang S F, Mosdorf R, Shoji M. Nonlinear analysis on fluctuation feature of two-phase flow through a T-junction[J]. International Journal of Heat and Mass Transfer, 2003, 46: 1519-1528.

[35] Schuster H G. Deterministic Chaos: An Introduction[M]. New York: John Wiley & Sons, 2006.

[36] Qu J, Wu H, Cheng P, et al. Non-linear analyses of temperature oscillations in a closed-loop pulsating heat pipe[J]. International Journal of Heat and Mass Transfer, 2009, 52: 3481-3489.

[37] Xie G, Xu X, Lei X, et al. Heat transfer behaviors of some supercritical fluids: A review[J]. Chinese Journal of Aeronautics, 2022, 35: 290-306.

[38] Cocero M J, Cabeza A, Abad N, et al. Understanding biomass fractionation in subcritical & supercritical water[J]. The Journal of Supercritical Fluids, 2018, 133: 550-565.

[39] Peterson A A, Vogel F, Lachance R P, et al. Thermochemical biofuel production in hydrothermal media: A review of sub- and supercritical water technologies[J]. Energy & Environmental Science, 2008, 1: 32-65.

[40] Lebonnois S, Schubert G. The deep atmosphere of Venus and the possible role of density-driven separation of $CO_2$ and $N_2$[J]. Nature Geoscience, 2017, 10: 473-477.

[41] Qian L, Wang S, Xu D, et al. Treatment of municipal sewage sludge in supercritical water: A review[J]. Water Research, 2016, 89: 118-131.

[42] Crespi F, Gavagnin G, Sánchez D, et al. Supercritical carbon dioxide cycles for power generation: A review[J]. Applied Energy, 2017, 195: 152-183.

[43] Nagayama G, Kawagoe M, Tokunaga A, et al. On the evaporation rate of ultra-thin liquid film at the nanostructured surface: A molecular dynamics study[J]. International Journal of Thermal Sciences, 2010, 49: 59-66.

[44] Delhommelle J, MilliÉ P. Inadequacy of the Lorentz-Berthelot combining rules for accurate predictions of equilibrium properties by molecular simulation[J]. Molecular Physics, 2001, 99: 619-625.

[45] Liu Y, Zhang X. Molecular dynamics simulation of nanobubble nucleation on rough surfaces[J]. Journal of Chemical Physics, 2017, 146: 164704.

[46] Shahmardi A, Tammisola O, Chinappi M, et al. Effects of surface nanostructure and wettability on pool boiling: A molecular dynamics study[J]. International Journal of Thermal Sciences, 2021, 167: 106980.

[47] Schneider T, Stoll E. Molecular-dynamics study of a three-dimensional one-component model for distortive phase transitions[J]. Physical Review B, 1978, 17: 1302-1322.

[48] McMillan P F, Stanley H E. Going supercritical[J]. Nature Physics, 2010, 6: 479-480.

[49] Kandlikar S G. Heat transfer mechanisms during flow boiling in microchannels[J]. Journal of Heat Transfer-Transactions of the Asme, 2004, 126: 8-16.

[50] Kandlikar S G. Evaporation momentum force and its relevance to boiling heat transfer[J]. Journal of Heat Transfer-Transactions of the Asme, 2020, 142(10): 100801.

[51] Zhou W J, Li Y, Li M J, et al. Bubble nucleation over patterned surfaces with different wettabilities: Molecular dynamics investigation[J]. International Journal of Heat and Mass Transfer, 2019, 136: 1-9.

[52] Zhang L Y, Xu J L, Liu G L, et al. Nucleate boiling on nanostructured surfaces using molecular dynamics simulations[J]. International Journal of Thermal Sciences, 2020, 152: 106325.

[53] Gong S, Cheng P. Lattice Boltzmann simulations for surface wettability effects in saturated pool boiling heat transfer[J]. International Journal of Heat and Mass Transfer, 2015, 85: 635-646.

[54] Wang X Y, Wang Y F, Chen H J, et al. A combined CFD/visualization investigation of heat transfer behaviors during geyser boiling in two-phase closed thermosyphon[J]. International Journal of Heat and Mass Transfer, 2018,121: 703-714.

[55] Carey V P. Phenomena L V P C. An Introduction to the Thermophysics of Vaporization and Condensation Processes in Heat Transfer Equipment[M]. Washington DC: CRC Press, 1992.

[56] Kandlikar S G. Handbook of phase change: Boiling and condensation[J]. Routledge, 2019: 22-23.

[57] Maxim F, Karalis F, Boillat P, et al. Thermodynamics and Dynamics of Supercritical Water Pseudo-Boiling[J]. Advanced Science, 2021, 8(3): 2002312.

[58] Banuti D T. Crossing the Widom-line-Supercritical pseudo-boiling[J]. Journal of Supercritical Fluids, 2015, 98: 12-16.

[59] Wang Q Y, Ma X J, Xu J L, et al. The three-regime-model for pseudo-boiling in supercritical pressure[J]. International Journal of Heat and Mass Transfer, 2021, 181: 121875.

[60] Knapp K K, Sabersky R H. Free convection heat transfer to carbon dioxide near the critical point[J]. International Journal of Heat and Mass Transfer, 1966, 9: 41-51.

[61] Tamba J, Takahashi T, Ohara T, et al. Transition from boiling to free convection in supercritical fluid[J]. Experimental Thermal and Fluid Science, 1998, 17: 248-255.

[62] Zhu B G, Xu J L, Wu X M, et al. Supercritical "boiling" number, a new parameter to distinguish two regimes of carbon dioxide heat transfer in tubes[J]. International Journal of Thermal Sciences, 2019, 136: 254-266.

[63] Zhu B G, Xu J L, Yan C S, et al. The general supercritical heat transfer correlation for vertical up-flow tubes: K number correlation[J]. International Journal of Heat and Mass Transfer, 2020, 148: 119080.

[64] Tamba J, Ohara T, Aihara T. MD study on interfacelike phenomena in supercritical fluid[J]. Microscale Thermophysical Engineering, 1997, 1(1): 19-30.

[65] Lei X L, Li H X, Zhang W Q, et al. Experimental study on the difference of heat transfer characteristics between vertical and horizontal flows of supercritical pressure water[J]. Applied Thermal Engineering, 2017, 113: 609-620.

[66] Mokry S, Pioro I, Farah A, et al. Development of supercritical water heat-transfer correlation for vertical bare tubes[J]. Nuclear Engineering and Design, 2011, 241: 1126-1136.

[67] Pan J, Yang D, Dong Z C, et al. Experimental investigation on heat transfer characteristics of water in vertical upward tube under supercritical pressure, Hedongli Gongcheng/Nuclear Power Engineering[J]. International Journal of Heat & Mass Transfer, 2011, 32: 75-80.

[68] Yamagata K, Nishikawa K, Hasegawa S, et al. Forced convective heat transfer to supercritical water flowing in tubes[J]. International Journal of Heat and Mass Transfer, 1972, 15: 2575-2593.

[69] Wang J, Li H, Yu S, et al. Investigation on the characteristics and mechanisms of unusual heat transfer of supercritical pressure water in vertically-upward tubes[J]. International Journal of Heat and Mass Transfer, 2011, 54: 1950-1958.

[70] Mokry S, Pioro I, Kirillov P, et al. Supercritical-water heat transfer in a vertical bare tube[J]. Nuclear Engineering and Design, 2010, 240: 568-576.

[71] Huang Z G, Li Y L, Zeng X K, et al. Experimental and numerical simulation of supercritical water heat transfer in vertical upward circular tube[J]. Yuanzineng Kexue Jishu/Atomic Energy Science and Technology, 2012, 46: 799-803.

[72] Shen Z, Yang D, Xie H Y, et al. Flow and heat transfer characteristics of high-pressure water flowing in a vertical upward smooth tube at low mass flux conditions[J]. Applied Thermal Engineering, 2016, 102: 391-401.

[73] Wang F, Yang J, GU H, et al. Experimental research on heat transfer performance of supercritical water in vertical tube[J]. Atomic Energy Science and Technology, 2013, 47: 933.

[74] Zhang Q, Li H X, Kong X F, et al. Special heat transfer characteristics of supercritical $CO_2$ flowing in a vertically-upward tube with low mass flux[J]. International Journal of Heat and Mass Transfer, 2018, 122: 469-482.

[75] Kline N, Feuerstein F, Tavoularis S. Onset of heat transfer deterioration in vertical pipe flows of $CO_2$ at supercritical pressures[J]. International Journal of Heat and Mass Transfer, 2018, 118: 1056-1068.

[76] Kim D E, Kim M H. Experimental investigation of heat transfer in vertical upward and downward supercritical $CO_2$ flow in a circular tube[J]. International Journal of Heat and Fluid Flow, 2011, 32: 176-191.

[77] Bae Y Y, Kim H Y, Kang D J. Forced and mixed convection heat transfer to supercritical $CO_2$ vertically flowing in a uniformly-heated circular tube[J]. Experimental Thermal and Fluid Science, 2010, 34: 1295-1308.

[78] Kim H Y, Kim H, Song J H, et al. Heat transfer test in a vertical tube using $CO_2$ at supercritical pressures[J]. Journal of Nuclear Science and Technology, 2007, 44: 285-293.

[79] Warrier G R, Dhir V K. Heat transfer and wall heat flux partitioning during subcooled flow nucleate boiling—A review[J]. Journal of Heat Transfer-Transactions of the Asme, 2006, 128: 1243-1256.

[80] Jiang P X, Zhang Y, Zhao C R, et al. Convection heat transfer of $CO_2$ at supercritical pressures in a vertical mini tube at relatively low reynolds numbers[J]. Experimental Thermal and Fluid Science, 2008, 32: 1628-1637.

[81] Jackson J D. Fluid flow and convective heat transfer to fluids at supercritical pressure[J]. Nuclear Engineering and Design, 2013, 264: 24-40.

[82] Gupta S, Saltanov E, Mokry S J, et al. Developing empirical heat-transfer correlations for supercritical $CO_2$ flowing in vertical bare tubes[J]. Nuclear Engineering and Design, 2013, 261: 116-131.

[83] Xing F, Xu J L, Xie J, et al. Froude number dominates condensation heat transfer of R245fa in tubes: Effect of inclination angles[J], International Journal of Multiphase Flow, 2015, 71: 98-115.

[84] Kandlikar S G. A General Correlation for Saturated Two-Phase Flow Boiling Heat Transfer Inside Horizontal and Vertical Tubes[J]. Journal of Heat Transfer, 1990, 12: 219-228.

[85] Yu S, Li H, Lei X, et al. Experimental investigation on heat transfer characteristics of supercritical pressure water in a horizontal tube[J]. Experimental Thermal and Fluid Science, 2013, 50: 213-221.

[86] Huang D, Wu Z, Sunden B, et al. A brief review on convection heat transfer of fluids at supercritical pressures in tubes and the recent progress[J]. Applied Energy, 162: 494-505.

[87] Wang J Y, Guan Z Q, Gurgenci H, et al. Computational investigations of heat transfer to supercritical $CO_2$ in a large horizontal tube[J]. Energy Conversion and Management, 2018, 157: 536-548.

[88] Goldmann K. Special heat transfer phenomena for supercritical fluids[R]. Nuclear Development Corp of America, 1956.

[89] Ehsan M M, Guan Z, Klimenko A Y. A comprehensive review on heat transfer and pressure drop characteristics and correlations with supercritical $CO_2$ under heating and cooling applications[J]. Renewable and Sustainable Energy Reviews, 2018, 92: 658-675.

# 第 5 章　$sCO_2$ 对流传热实验

## 5.1　引　　言

在第 4 章超临界传热理论研究的基础上，本章描述开展的实验研究。目前，国内外学者已对 $sCO_2$ 对流传热实验进行了诸多研究，但运行参数主要集中在约 $8\times10^6$Pa 近临界压力区，实验段大多采用小管径，主要针对均匀加热垂直上升流动，缺乏超临界压力、大管径及非均匀加热工况的实验数据。同时，长期以来在传统超临界单相流体对流传热理论的框架下，考虑变物性、浮升力和流动加速效应对超临界传热的影响不足以揭示其传热机理，体现在各传热关联式所适合的参数范围很窄，与实验数据相比误差大等。因此，本章搭建 $sCO_2$ 流动换热实验台，研究在大管径内均匀/非均匀加热工况下 $sCO_2$ 对流换热特性，并基于第 4 章超临界类沸腾传热理论，通过对亚临界压力沸腾传热和超临界压力传热的类比分析，提出超临界沸腾数 SBO 和超临界 $K$ 数，SBO 数和 $K$ 数表征类气、类液界面传质引起的膨胀动量力与对流引起的惯性力的比值。这两个无量纲数有效控制了气膜厚度，小的 SBO 数和 $K$ 数对应薄的气膜厚度和良好的传热状态。反之亦然，大的 SBO 数和 $K$ 数对应厚的气膜厚度和不好的传热状态。新的无量纲数成功处理了超临界传热，获得了高精度传热关联式，可用于预测管内对流传热系数。

## 5.2　$sCO_2$ 对流传热实验及方法

### 5.2.1　实验系统及实验段

实验台搭建在华北电力大学低品位能源多相流与传热北京市重点实验室。实验台系统原理如图 5-1 所示。该实验系统设计的压力和温度分别为 $25\times10^6$Pa 和 500℃。整个实验回路由 1Cr18Ni9Ti 不锈钢管材料制成，除流量调节段外其他管路都覆以保温棉以减小系统散热。实验系统主要包括抽真空注液系统、制冷系统、$CO_2$ 工质循环回路、冷却回路、电加热系统和数据采集系统等。由于不凝性气体的存在会影响 $CO_2$ 的换热，所以在充注 $CO_2$ 前需排除系统内的不凝性气体。本实验使用的 $CO_2$ 为工业普通二氧化碳，纯度在 99.0%以上。主循环回路中的 $CO_2$ 由柱塞泵(Depamu 往复泵)驱动。柱塞泵出口的 $CO_2$ 一路进入缓冲罐，稳定系统压力。安装在缓冲罐后的科氏流量计测量流量，然后进入回热器回收实验段出口工质热量。柱塞泵出口作为旁路调节主回路流量。$CO_2$ 被回热器加热后进入预热器并被加热到实验段入口所需温度，然后进入实验段。采用电加热系统加热预热段和实验段，整个加热系统的最大加热功率为 160kW。调节电压，可控制实验段进口温度 $T_{b,in}$ 和出口温度 $T_{b,out}$。实验段出口的 $CO_2$ 被冷却器和制冷机冷却后返回柱塞泵入口，完成一个循环。实验中，外壁面温度、主流温度、质量流量、进口压力及压差等信号由数据采集系统采集。$CO_2$ 充液回收系统由真空泵和 $CO_2$ 储气瓶等构成。

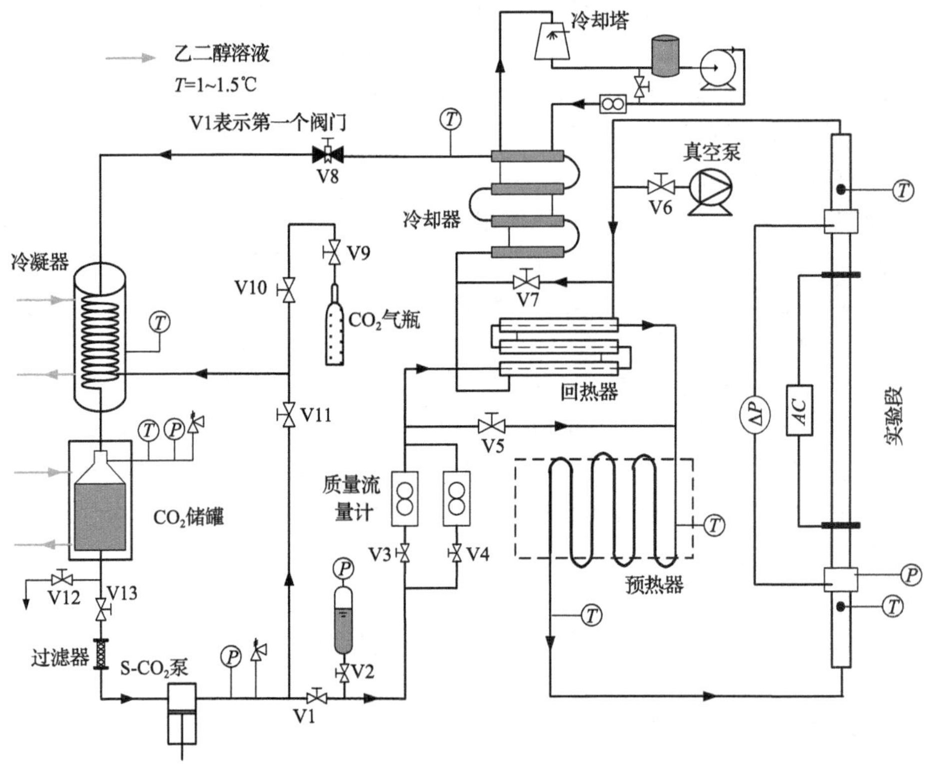


图 5-1 超高参数 $CO_2$ 流动传热实验系统原理图[1]

均匀加热垂直上升管实验段采用$\phi$12×2mm、$\phi$14×2mm 和$\phi$16×2mm 三种不同规格的 1Cr18Ni9Ti 不锈钢圆管，实验段的几何结构及测点布置如图 5-2 所示，实验段总长 3600mm，在其上游和下游各布置 800mm 长的流动稳定段，以消除入口和出口不稳定流动的影响。加热段外表面划分了 39 个截面，共焊接了 44 个热电偶，其中对于 1～34 截面，相邻截面的距离为 50mm，每个截面布置 1 个热电偶，对于 35～39 截面间距也为 50mm，每个截面布置 2 个热电偶。实验段外壁包裹 50mm 厚的绝热材料。实验段进出口温度由铠装热电偶测量，压力和压差分别由压力和压差传感器测量。

对于非均匀加热实验，采用电镀技术将 0.3mm 厚的纯银均匀电镀到不锈钢管的半边，由于纯银电阻率比不锈钢小一个数量级，根据电流的分流定律，大部分电流将在镀银半边侧流过，故热量主要产生在镀银侧，而未镀银一侧的发热量很小，从而实现半周非均匀加热。实验段采用$\phi$14mm×2mm1Cr18Ni9Ti 不锈钢管，图 5-3 为其几何结构及各测点布置，实验段总长 2800mm。两铜电极板间的距离为 1200mm，担负加热功能。

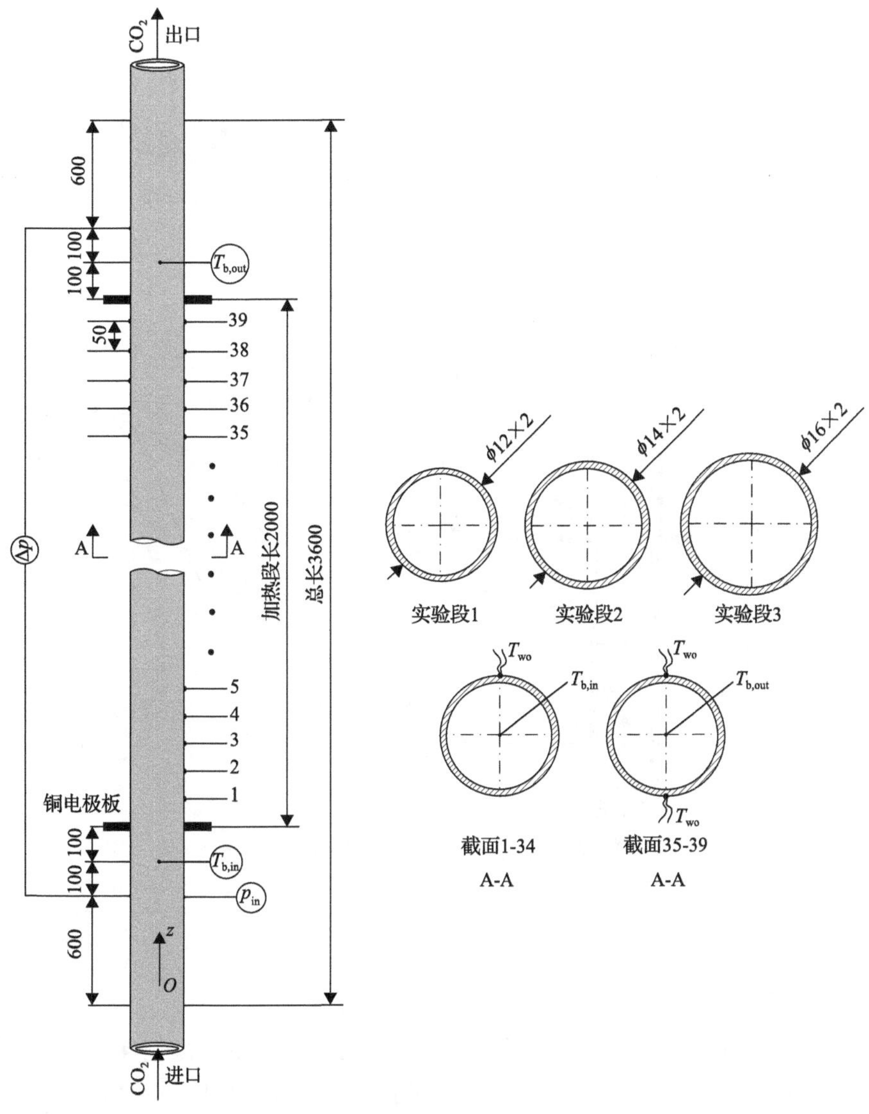


图 5-2　全周均匀加热实验段[2]（单位：mm）

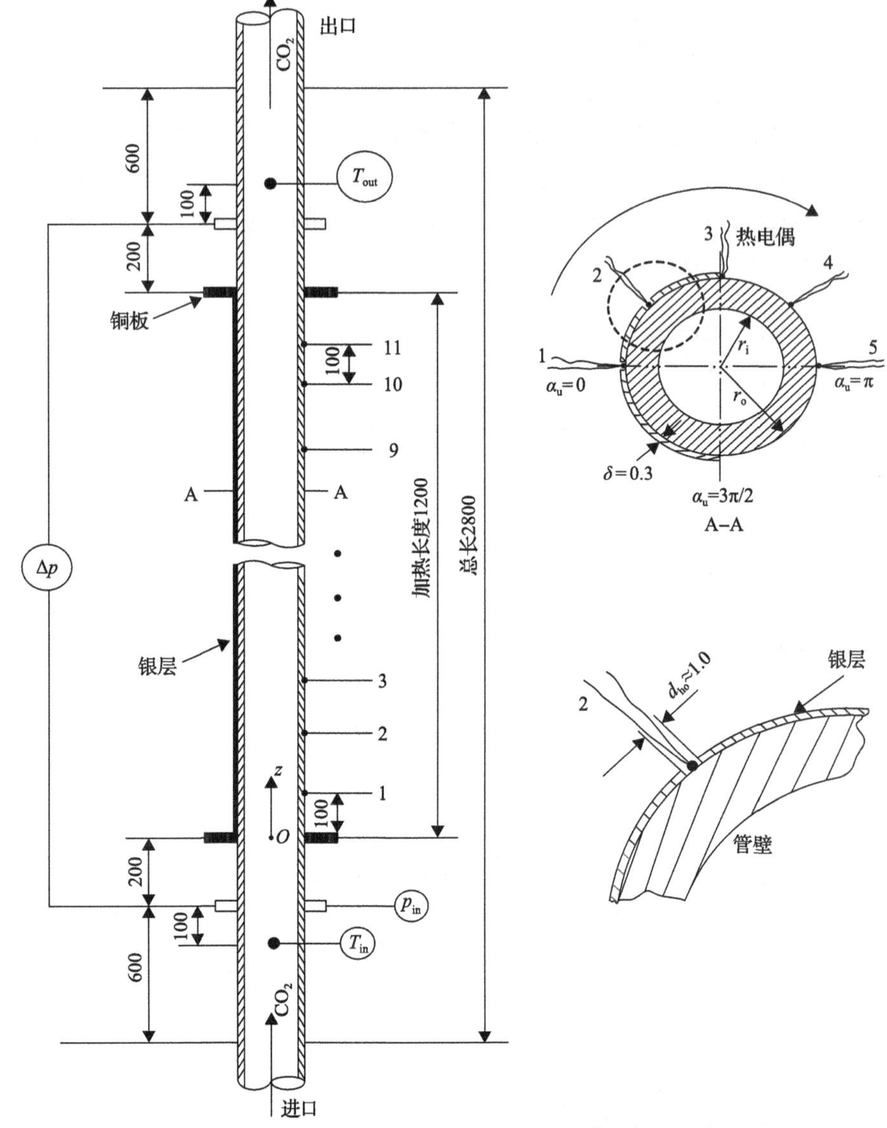


图 5-3 半周非均匀加热实验段[1](单位：mm)

### 5.2.2 数据处理

1. 热平衡计算

在实验过程中，虽然实验段外管壁包裹了 50mm 厚度的硅酸铝保温棉[常温下 $\lambda$=0.035W/(m·K)]，但由于实验过程中的实验段外壁温与环境温度相差较大，故实验段与周围环境的散热损失不能忽略。电加热功率 $P_e$ 为

$$P_e = U \cdot I \tag{5-1}$$

式中，$U$ 为施加在实验段两端的电压；$I$ 为流过的电流。

热平衡效率 $\eta_{th}$ 为实验段内部流动换热达到稳态时，实验段的实际热功率 $P_c$ 与电加热功率 $P_e$ 的比值。故 $\eta_{th}$ 可以表示为流过整个加热段流体的焓升与施加在加热段两端电压与电流乘积的比值，即

$$\eta_{th} = \frac{P_c}{P_e} = \frac{\dot{m}(h_{out} - h_{in})}{UI} \tag{5-2}$$

式中，$h_{in}$ 和 $h_{out}$ 分别为实验段进口焓和出口焓，由实验压力下的进口温度 $T_{b,in}$ 和出口温度 $T_{b,out}$ 确定。

根据获得的实验数据测试了不同实验工况下的热平衡，如图 5-4 所示，图中 $T_{pc}$ 为类临界温度。除 $T_{b,out}$ 接近 $T_{pc}$ 的工况外，大部分实验工况的热效率都在 90%以上，这是因为当 $T_{b,out}$ 接近 $T_{pc}$ 时，流体的比热 $c_p$ 会出现一个峰值，在给定的加热功率下，温升可能非常小，此时的温度测量误差可能会导致实际热平衡严重偏离真实值。因此，当 $T_{b,out}$ 在 $T_{pc}$ 附近时，通过流过整个加热段流体的焓升计算实验段的实际热功率 $P_c$ 是不合适的。

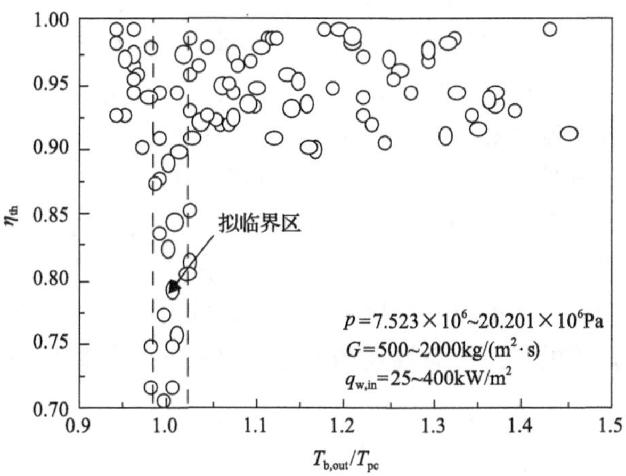


图 5-4　实验热平衡[2]

考虑到热功率均匀施加在实验段上，根据能量守恒定律有

$$P_c = P_e - \pi d_o L_h \cdot q_{loss} \tag{5-3}$$

式中，$d_o$ 为实验段外径；$L_h$ 为实验段加热长度；$q_{loss}$ 为实验段单位面积损失的热量，其大小与管壁温度和环境温度有关，$q_{loss}$ 可以通过最小二乘法拟合得到：

$$q_{loss} = 9.411 \times 10^{-8} \Delta T^3 + 1.017 \times 10^{-5} \Delta T^2 + 0.0231 \Delta T^2 + 0.1839 \tag{5-4}$$

$$\Delta T = T_{\text{wo, ave}} - T_0 \tag{5-5}$$

$$T_{\text{wo, ave}} = \frac{\sum_{i=1}^{39} T_{\text{wo}, i}}{39} \tag{5-6}$$

式中，$T_{\text{wo,ave}}$为平均外壁温；$T_0$为环境温度；$q_{\text{loss}}$是由实验出口温度远离类临界点的热平衡数据确定的纯经验关系式。采用这种方法得到的热平衡效率$\eta_{\text{th}}$大部分在0.95左右，在实验段出口温度远离类临界点时，与通过流过整个加热段的流体焓升计算得到的热平衡规律是一致的。对于实验出口温度在类临界点附近或流动发生不稳定性时，这种计算方法是合理的。

2. 数据处理

对于全周均匀加热垂直上升管，可近似为一维导热问题，其数据处理的方法较为简单，可参考文献[3]，这里不再赘述。对于半周非均匀加热垂直管，工质在管内对流换热过程中壁温和传热系数沿圆周方向的分布是不均匀的，所以在计算内壁温时需要考虑管壁沿周向的导热，即需要求解一个二维的温度场(忽略管壁沿轴向的导热)。由于内壁的边界条件是未知的，但可以根据测得的外壁温度和外壁边界条件求解内壁信息。显然，此问题的求解属于一种特殊的导热反问题。这类问题可以借助空间节点推进思想求解，采用文献[4]的求解方法编制计算程序进行求解。将测得的外壁温度和外壁热流密度作为外壁面的边界条件，通过热平衡分析可以求得邻近外壁的第二层节点的温度。同理，可由第二层节点的温度和传热量求得第三层节点的温度。当一直做到与内壁面相邻的控制体时，就获得了内壁面节点的温度，进一步可以求得内壁热负荷，下面讨论求解过程。

电加热镀银管温度场的求解问题是有内热源的二维稳态导热问题。在极坐标系中，描述有内热源的二维稳态温度场的导热偏微分方程如下[4]：

$$\frac{1}{r}\frac{\partial}{\partial r}\left(r\lambda\frac{\partial T}{\partial r}\right)+\frac{1}{r}\frac{\partial}{\partial \varphi}\left(\frac{\lambda}{r}\frac{\partial T}{\partial \varphi}\right)+S_{\text{i}}=0 \tag{5-7}$$

式中，$r$为实验段半径；$\lambda$为材料的导热系数；$S_{\text{i}}$为内热源；$\varphi$为周向角度。

纯银的导热系数为

$$\lambda = 429 - 0.07443T \tag{5-8}$$

对于半周镀银垂直上升管，由于其沿重力方向左右对称，所以计算时只取一半为计算区域($\alpha_{\text{u}}=0$到$\alpha_{\text{u}}=\pi$)。因此，在对称面上还应满足绝热条件

$$q=0 \tag{5-9}$$

由于银层和不锈钢管同时发热，但二者的导热系数及电阻率完全不同，因此在进行离散方程时必须分开处理，整个区域划分为镀银层和不锈钢管两部分，两个区域之间通过交界面上热流和壁温相等的条件进行联系。网格系统如图 5-5 所示，外壁面为径向第一层节点，内壁面为径向第 $M_t$ 层节点。

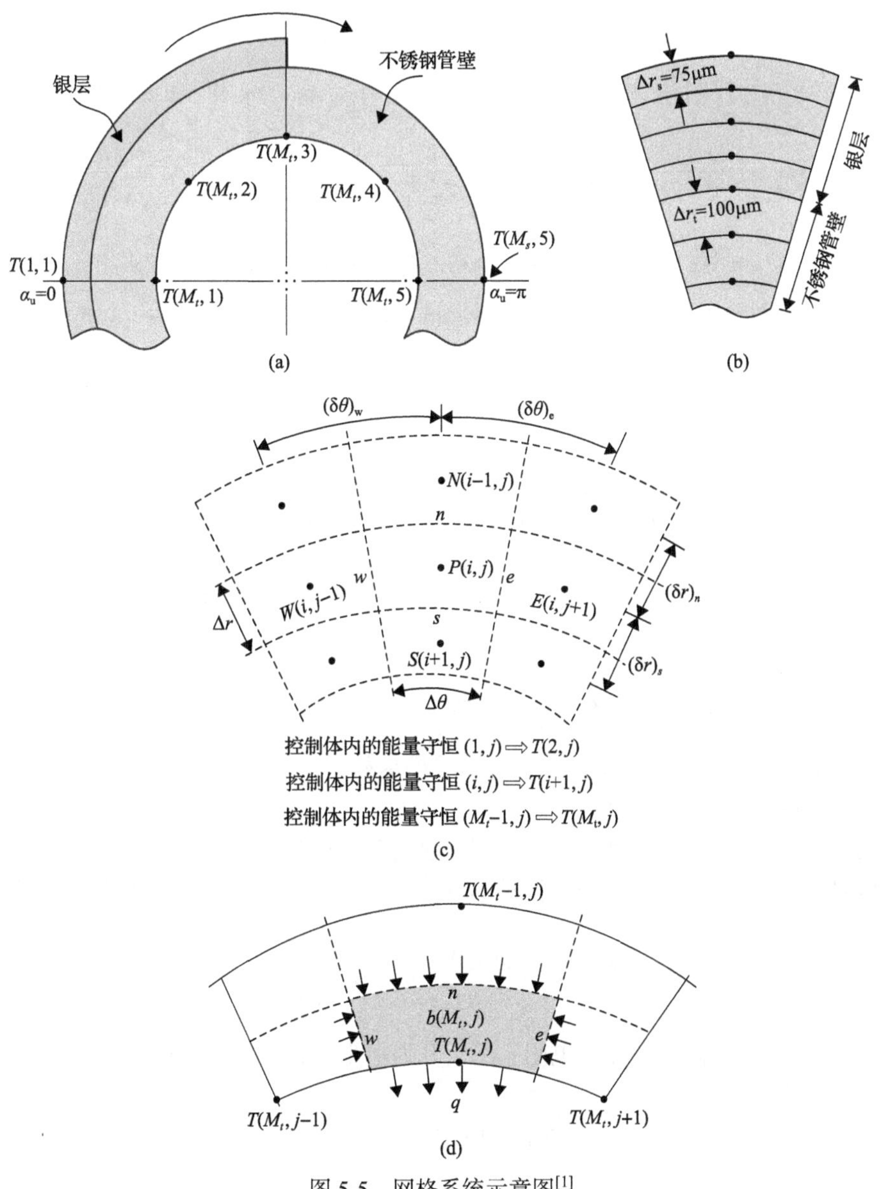


图 5-5　网格系统示意图[1]

对镀银层来说周向 3 个节点，对不锈钢管来说周向 5 个节点。实际计算中，将镀银沿径向划分为 4 等分，不锈钢层沿径向划分为 20 等分，即银层 $\Delta r_s$=75μm，不锈钢层 $\Delta r_t$=100μm，网格独立性验证表明这样的网格划分具有足够的计算精度。

对于任意内部节点温度 $T(i,j)$ 以及其相邻节点温度的关系式可将式(5-7)对控制容积 $P(i,j)$ 进行积分得到，参照图 5-5(c)可得到下式：

$$a_P T_P = a_W T_W + a_E T_E + a_N T_N + a_S T_S + Q(i,j) \tag{5-10}$$

式中，$Q(i,j)$ 为控制体 $(i,j)$ 的发热量，常系数 $a_W$、$a_E$、$a_N$ 和 $a_S$ 由下式确定：

$$a_W = \frac{\Delta r}{r_w(\delta_\theta)_w/\lambda_W}, \quad a_E = \frac{\Delta r}{r_e(\delta_\theta)_e/\lambda_E}, \quad a_N = \frac{r_n\Delta\theta}{(\delta_r)_n/\lambda_N}, \quad a_S = \frac{r_s\Delta\theta}{(\delta_r)_s/\lambda_S}$$

$$(\delta_\theta)_w = (\delta_\theta)_e = \Delta\theta, \quad (\delta_r)_n = (\delta_r)_s = \Delta r, \quad a_P = a_W + a_E + a_N + a_S$$

显然，可以用第 $i$ 和 $i$–1 层的节点温度直接求出第 $i$+1 层的节点温度：

$$T(i+1,j) = \frac{a_P T(i,j) - \left[a_W T(i,j-1) + a_E T(i,j+1) + a_N T(i-1,j)\right] - Q(i,j)}{a_S} \tag{5-11}$$

式(5-11)对 $i$ 从 2 到 $M_{t-1}$ 层的节点有效。

对于外边界，已知的节点温度只有一层，那么第二层节点温度的表达式：

$$T(2,j) = \frac{a_P T(1,j) - a_W T(1,j-1) - a_E T(1,j+1) - Q(1,j)}{a_S} \tag{5-12}$$

式中，$a_W = \dfrac{\Delta r}{2r_o\Delta\theta/\lambda_W}$，$a_E = \dfrac{\Delta r}{2r_o\Delta\theta/\lambda_E}$，$a_S = \dfrac{r_s\Delta\theta}{\Delta r/\lambda_S}$，$a_P = a_W + a_E + a_S$，$r_s = r_o - 0.5\Delta r$。其中，$\lambda_W$ 为控制容积西侧导热系数；$\lambda_E$ 为控制容积东侧导热系数；$\lambda_S$ 为控制容积南侧导热系数。

到此为止，各节点温度的代数方程已经得到，只要确定非线性源项 $Q(i,j)$，方程就可以进行迭代求解。非线性源项 $Q(i,j)$ 在银层和不锈钢管区域可由下式确定：

$$R(i,j) = \frac{\rho_e(i,j)}{A(i,j)}, \quad b(i,j) = \frac{U_z^2}{R(i,j)} \tag{5-13}$$

式中，$R(i,j)$ 为控制体 $(i,j)$ 的电阻；$\rho_e(i,j)$ 为电阻率；$A(i,j)$ 为网格的截面积；$U_z$ 为单位长度电压。

对于银层和不锈钢，单位长的总电阻为

$$R_t = \left(\sum_{i=1}^{M_t}\sum_{j=1}^{5}\frac{1}{R(i,j)}\right)^{-1} \tag{5-14}$$

因此，单位长总的发热量 $Q_z$ 为

$$Q_z = \frac{U_z^2}{R_t} \tag{5-15}$$

$Q_z$ 可由 $O_2$ 的吸热量确定：

$$Q_z = \frac{\dot{m}(h_{out} - h_{in})}{L_h} \tag{5-16}$$

式中，$\dot{m}$ 为质量流量；$h_{in}$ 和 $h_{out}$ 分别为实验段进、出口的焓值；$L_h$ 为有效加热长度。

由式(5-14)～式(5-16)可得到

$$Q(i,j) = \frac{R_t}{R(i,j)} \cdot \frac{\dot{m}(h_{out} - h_{in})}{L_h} \tag{5-17}$$

得到离散方程和非线性源项 $Q(i,j)$ 后，方程封闭可以求解，采用 CDMA 算法获得计算区域的温度场后，内壁局部热负荷可以采用第 $M_{t-1}$ 层和 $M_t$ 层的温度求得：

$$q_w(M_t,j) = \frac{\left[a_N T(M_t-1,j) + a_W T(M_t,j+1) + a_E T(M_t,j-1) - a_P T(M_t,j) + Q(M_t,j)\right]}{r\Delta\theta} \tag{5-18}$$

式中，$a_W = \dfrac{\Delta r}{2r_i\Delta\theta/\lambda_W}$，$a_E = \dfrac{\Delta r}{2r_i\Delta\theta/\lambda_E}$，$a_N = \dfrac{r_n\Delta\theta}{\Delta r/\lambda_N}$，$a_P = a_W + a_E + a_N$。

确定内壁温度和内壁热负荷分布后，内壁传热系数 $h$ 为

$$h = \frac{q_{w,\,in}}{T_{w,\,in} - T_b} \tag{5-19}$$

式中，$q_{w,in}$ 为内壁热流密度；$T_{w,in}$ 为内壁温；$T_b$ 为局部主流温度，由当地焓值和压力确定，当地焓值可由下式确定：

$$h_b(z) = h_{in} + \frac{q_{w,ave}\pi d_{in} L_0}{\dot{m}} \tag{5-20}$$

式中，$h_{in}$ 为进口焓值；$q_{w,ave}$ 为内壁平均热流密度；$d_{in}$ 为实验段直径；$L_0$ 为距离加热起始段的距离。

上述过程的具体计算包括两个步骤：第一步指定一轴向位置 $L_0$，第二步扫描

不同的 $L_0$，每一步对应一个特定的横截面。在特定的横截面上，根据式(5-20)确定 $T_b$ 并假设初始温度场。每个控制体 $Q(i,j)$ 的内部热源由式(5-17)确定，求解并更新温度场，一直到满足收敛准则为止。图 5-6 给出了计算流程图[3]。

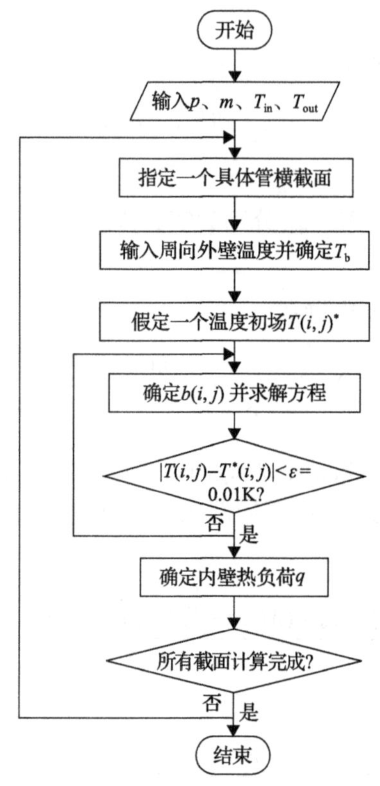


图 5-6　二维温度场和内壁热流计算流程图[1]

## 5.3　均匀加热条件下的实验结果及分析

### 5.3.1　热流密度的影响

图 5-7 给出了类临界温度附近全周均匀加热垂直上升管的实验结果，实验工况为：压力 $p$=7.8×10$^6$Pa，质量流速 $G$=519.5kg/(m$^2$·s)，热流密度 $q_{w,in}$=82.4～121kW/m$^2$。各分图结果均是在压力和质量流速一定的条件下，改变热流密度获得的。从图 5-7(a)中可以看出，当热流密度 $q_{w,in}$=82.4kW/m$^2$ 时，内壁温随主流焓值单调递增，此种传热模式称为正常传热(NHT)。当热流密度增大到 92kW/m$^2$ 时，壁温在类临界温度 $T_{pc}$ 下对应的焓值前出现峰值现象，称为传热恶化(HTD)。随着 $q_{w,in}$ 的增加，壁温增大，传热恶化越严重。同时，随着 $q_{w,in}$ 的增加壁温峰值点发生了

移动，当 $q_{w,in}$ 为 92kW/m$^2$ 时峰值点出现的位置为距离入口第四个热电偶处，而当 $q_{w,in}$ 变化到 121kW/m$^2$ 时峰值点落到了距离入口第三个热电偶处，也就是说 $q_{w,in}$ 的提高使传热恶化的发生提前到低焓值区。图 5-7(b) 为传热系数 $h$ 随焓值的变化规律，从图中可以看到，正常传热下的 $h$ 远大于传热恶化的情况，当发生传热恶化时，传热系数总的变化趋势为先减小并在类临界点附近达到最大值后又逐渐降低，并且随着 $q_{w,in}$ 的增加，传热系数呈下降趋势。关于 $q_{w,in}$ 对传热的影响机理在后面将进一步分析。

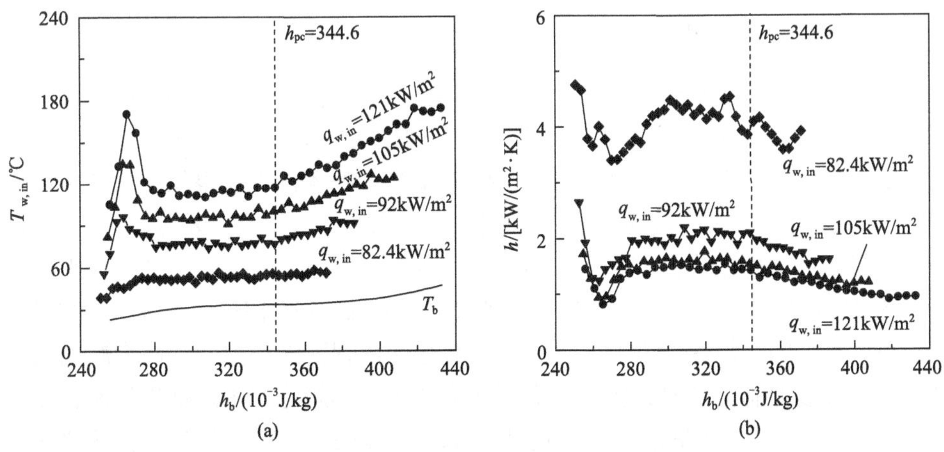


图 5-7 近临界区热流密度对 $sCO_2$ 传热的影响[1]

$sCO_2$ 发电系统的运行压力和温度参数范围广，压力高达 $2\times10^6$～$30\times10^6$Pa，进入冷却壁的工质温度一般在远离类临界温度区域，此时主流为纯类气流体。而目前关于高温压参数 $CO_2$ 在管内的传热实验研究还未见公开报道，实验数据空白。图 5-8 给出了 $CO_2$ 在远离类临界温度区 $q_{w,in}$ 对壁温和传热系数的影响规律。图中

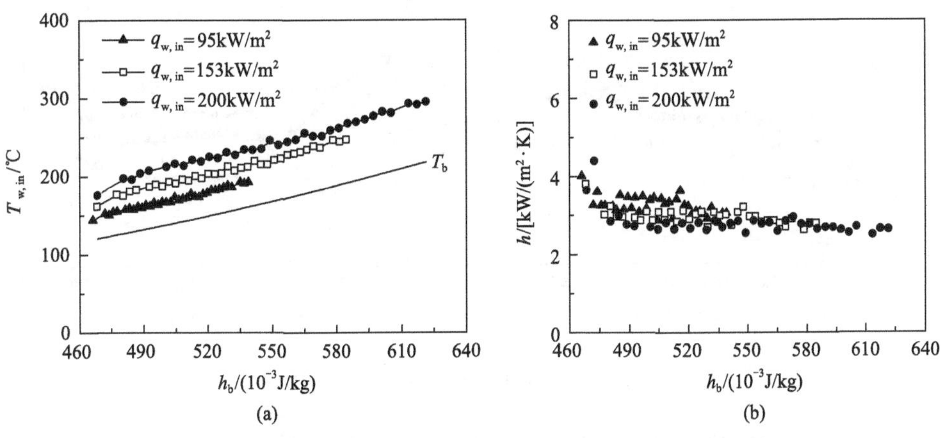


图 5-8 远离类临界温度区热流密度对 $sCO_2$ 传热的影响[1]

数据是在压力 $p$=20.6×$10^6$Pa，质量流速 $G$=1000kg/($m^2$·s)，入口温度 $T_{in}$=(120±1.5)℃(远离类临界温度)，$q_{w,in}$的变化范围为 95～200kW/$m^2$ 的条件下获得的。从图 5-8(a)中可以看出，在远离类临界温度的高入口温度下，内壁温在不同 $q_{w,in}$下的变化趋势一样，均随主流焓值的增加单调增加。$q_{w,in}$ 增大，壁温略有升高，但无传热恶化发生。图 5-8(b)为对应传热系数的变化规律，显然热流密度对传热系数的影响不大，这是因为当 $T_{in}$=(120±1.5)℃时，主流温度在远离类临界温度以后，此时主流为低密度的类气流体，其传热遵循强制对流传热。

### 5.3.2 运行压力的影响

图 5-9 给出了在类临界温度附近质量流速 $G$ 和热流密度 $q_{w,in}$一定的超临界工况下，压力对内壁温和传热系数的影响。图中数据是在质量流速 $G$=1001.5kg/($m^2$·s)，$q_{w,in}$=294.5kW/$m^2$，压力 $p$=(8.221～20.82)×$10^6$Pa 的条件下获得的。从图中可以看出，压力对传热具有明显的影响。如图 5-9(a)所示，当压力 $p$=8.221×$10^6$Pa 时，在类临界温度前壁温出现明显的飞升现象，对应的壁温峰值为 314.5℃。当压力 $p$=15.565×$10^6$Pa 时，虽然也发生传热恶化，但壁温峰值比压力 $p$=8.221×$10^6$Pa 时的小。这说明在高热流密度条件下，传热恶化的程度随压力的提高有减弱的趋势甚至可以被抑制。同时，压力的提高还降低了传热恶化发生的临界热流密度，例如，当 $p$=8.221×$10^6$Pa 时，热流密度 $q_{w,in}$为 294.5kW/$m^2$ 就发生了传热恶化，当压力 $p$=20.821×$10^6$Pa 时，在同样的热负荷下，壁温无明显飞升。对应地，传热系数 $h$ 随压力的增大而增大，如图 5-9(b)所示。关于类临界温度附近压力对传热的影响机理将在后面进一步解释。

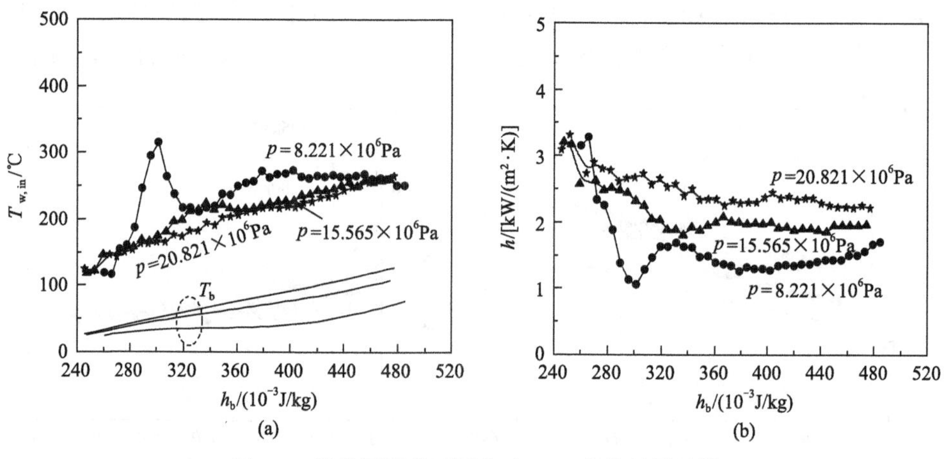


图 5-9 类临界温度区压力对 $sCO_2$ 传热的影响[1]

图 5-10 为 $CO_2$ 在远离类临界温度时压力对内壁温和传热系数的影响规律。图

中内壁温和传热系数的数据是在 $q_{w,in}$=200kW/m$^2$，质量流速 $G$=1000kg/(m$^2$·s)，入口温度 $T_{in}$=120℃(远离类临界温度)，压力 $p$ 的变化范围为(8.26～20.6)×10$^6$Pa的条件下获得的。从图 5-10(a)中可以看出，压力对壁温的影响较小，但在同一个主流温度下，压力越高壁温越低。例如，当主流温度为 151℃时，压力 $p$ 分别为8.26×10$^6$Pa、15.33×10$^6$Pa 和 20.6×10$^6$Pa 时对应的内壁温分别为 255℃、234.7℃和 223℃，壁温随压力的增大逐渐减小，传热出现了强化。图 5-10(b)为传热系数的变化规律。从图中可以看出，压力 $p$=20.6×10$^6$Pa 的传热系数略高于 $p$=8.26×10$^6$Pa 的情况。从 $CO_2$ 的物性图可知，$p$=20.6×10$^6$Pa 时的比热容和导热系数都略高于 $p$=8.26×10$^6$Pa 时的情况，在远离大比热区后，$CO_2$ 为纯类气流体，其传热为单相对流换热，因此压力的升高使传热出现了略微增强。

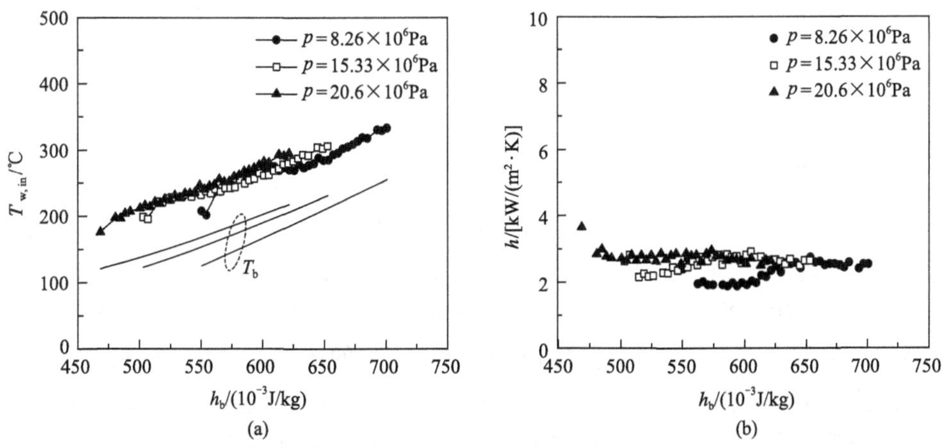


图 5-10　远离类临界温度区压力对 $sCO_2$ 传热的影响[1]

### 5.3.3　质量流速的影响

超临界流体传热中，质量流速对传热有着重要影响。图 5-11 给出了质量流速对内壁温和传热系数的影响规律，实验工况为：压力 $p$=8.221×10$^6$Pa，$q_{w,in}$=244.3kW/m$^2$，$G$=744.5～1252.3kg/(m$^2$·s)。从图中可以看出，在压力和壁面热流密度一定的条件下，内壁温随 $G$ 的增大而降低，相应的传热系数 $h$ 随质量流速的增大而增大。在压力 $p$=8.221×10$^6$MPa，壁面热流密度 $q_{w,in}$=244.33kW/m$^2$ 的条件下，质量流速 $G$ 分别为 744.5kg/(m$^2$·s)和 1252.3kg/(m$^2$·s)对应工况的最高壁温分别为305℃和 146℃，最大传热系数则从 1.9kW/(m$^2$·K)升高到 4.5kW/(m$^2$·K)，传热得到明显改善。所以，在其他参数保持一定的条件下，增大质量流速可以改善传热，降低壁温，甚至可以推迟或消除传热恶化。质量流速对传热的影响机理将在后面部分进行解释。

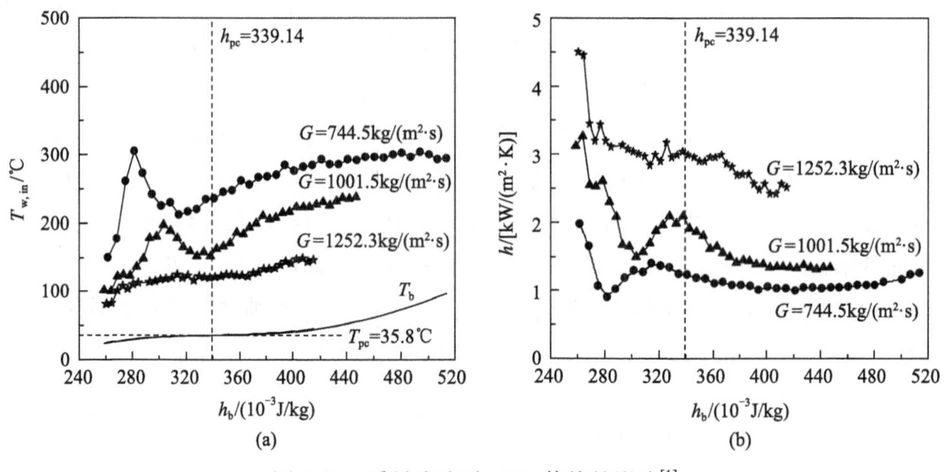


图 5-11 质量流速对 $sCO_2$ 传热的影响[1]

### 5.3.4 入口温度的影响

图 5-12 给出了入口温度对传热的影响，图中横坐标为主流焓值，纵坐标分别为内壁温和传热系数，图中工况为：$p=8.76\times10^6$Pa，$G$=1120kg/(m$^2$·s)，$q_{w,in}$=300kW/m$^2$。从图中可以看出，当 $T_{in}<T_{pc}$ 时，壁温在类临界温度前出现突然飞升的现象，达到峰值点后又逐渐下降，即传热出现了恶化，对应的传热系数先减小然后在类临界温度附近又开始恢复。但是，当 $T_{in}>T_{pc}$ 时在同样的超临界工况下，壁温沿主流焓值单调上升，无明显的壁温峰值出现，这意味着超临界流体传热恶化的发生和入口温度有着密切联系，即传热恶化只发生在 $T_{in}<T_{pc}$ 时。上述现象的解释将在下一部分给出。

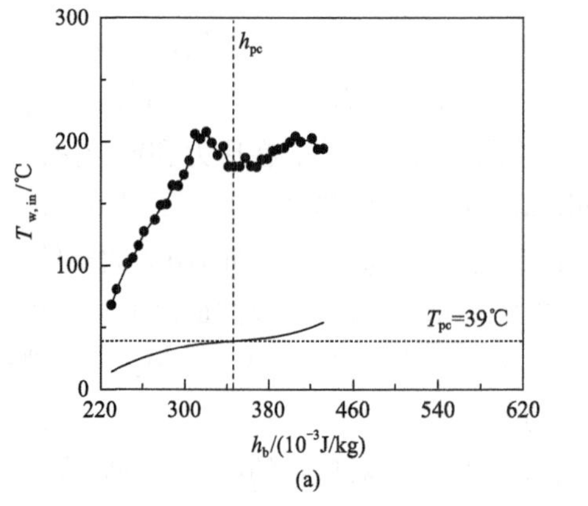


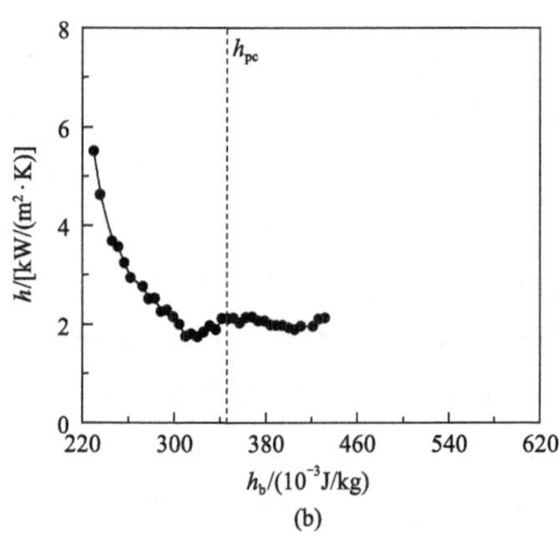

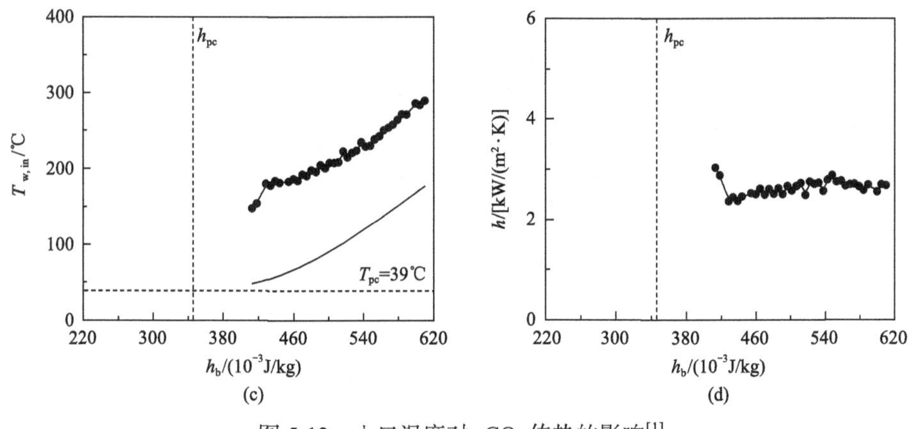


图 5-12　入口温度对 sCO$_2$ 传热的影响[1]

### 5.3.5　超临界沸腾数

通过与亚临界沸腾的类比，本书作者提出了超临界沸腾数 SBO 和 $K$ 数，并以此表征类气膜蒸发动量力与惯性力的相对重要性，控制类气膜厚度，影响传热。图 5-13(a)为亚临界压力下气泡在管壁的生长及脱离，图 5-13(b)为超临界压力下贴近壁面类气膜的生长。在亚临界压力下，热流密度 $q_{w,in}$ 作用于壁面，$t$ 时刻气泡体积为 $V$，$t+\Delta t$ 时刻气泡体积为 $V+\Delta V$。由于气泡生长，气泡周围的液体因气泡膨胀受到挤压，并产生动量力 $F_{M'l}$。根据作用力与反作用力原理，气泡受到作用力 $F_{M'V}$，称为蒸发动量力，该力由气液界面的质量交换引起，具有将气泡黏附在壁面的趋势。另外，质量流速 $G$ 对气泡施加惯性力 $F_{I'}$，该力具有使气泡脱离壁面的趋势。以上两力的竞争决定气泡能否脱离壁面。当 $F_{M'V}$ 占优时，气泡难以脱离，聚合形成蒸气膜，降低传热系数；当 $F_{I'}$占优时，气泡容易脱离，加热面不断被新鲜液体冲刷，维持核态沸腾。无量纲参数 $K$ 表示蒸发动量力与惯性力比值[5]：

$$K=\frac{\text{蒸发动量力}(F_{M'V})}{\text{惯性力}(F_{I'})}=\left(\frac{q_{w,in}}{G\cdot i_{LV}}\right)^2\frac{\rho_l}{\rho_v}=Bo^2\frac{\rho_l}{\rho_v} \tag{5-21}$$

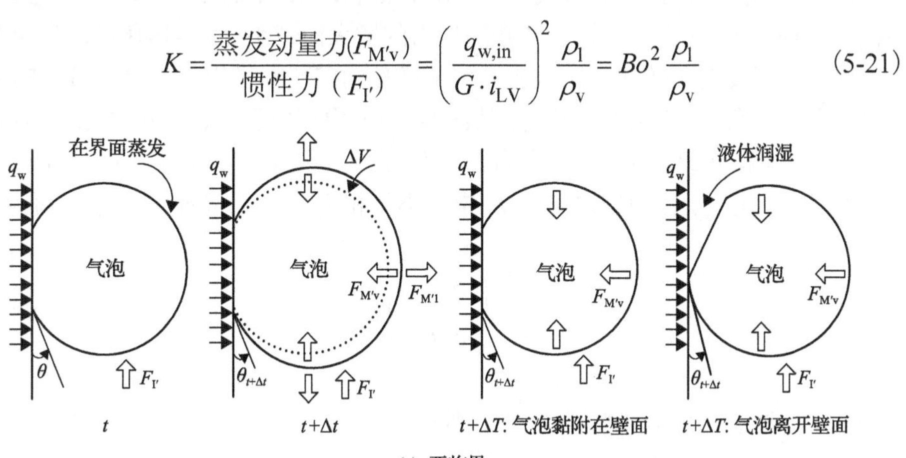

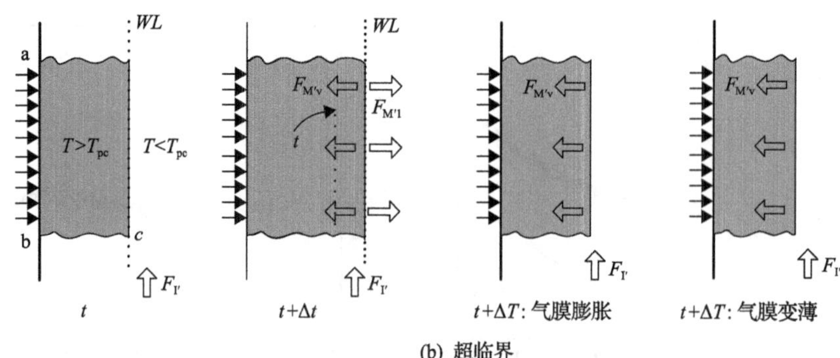

(b) 超临界

图 5-13　亚临界与超临界传热类比的物理模型[3]

$K$ 数制约气泡脱离壁面的难易程度，$K$ 数越大，气泡越难脱离壁面。式(5-21)中，$q_{w,in}$ 为热流密度；$G$ 为质量流速；$i_{LV}$ 为汽化潜热；$Bo$ 为沸腾数，反映了 $q$、$G$ 及热物性的综合影响。

对于超临界对流沸腾，近壁区为类气膜，管中心为类液，采用类临界温度 $T_{pc}$ 划分类液和类气的界面，气膜增长引起蒸发动量力，$G$ 产生惯性力效应，用 $\Delta h_s$ 代替 $i_{LV}$，定义超临界 $K$ 数为

$$K=\left(\frac{q_{w,\,in}}{G\cdot\Delta h_s}\right)^2\frac{\rho_{T_s}}{\rho_{T_e}} \tag{5-22}$$

式中，$\Delta h_s$ 为超临界相变焓；$\rho_{T_s}$ 和 $\rho_{T_e}$ 分别为类液相密度和类气相密度。引入超临界 $K$ 数研究超临界传热，它反映了对管壁类气膜的影响，$K$ 数直接控制着类气膜的厚度。$K$ 数越大，气膜越厚，传热弱化。反之，$K$ 数越小，气膜越薄，对应的传热越好。

图 5-14 为压力对 $T_s$ 和 $T_e$ 及 $\Delta h$ 和 $K$ 的影响，$\Delta T$ 在临界压力时为 0，且随压力的增大而增大[图 5-14(a)]。$K$ 数随压力的增大而减小[图 5-14(b)]，意味着压力越大，气膜变薄，传热得到改善。为了避免确定超临界相变焓 $\Delta h_s$ 带来的不确定性，引入常数 $k$，定义 $k=\Delta h/h_{pc}$。从图 5-14(c)中可以看出，$k$ 和 $\Delta h_s$ 随压力的增大而增大，$k$ 在 0.235～0.707，表明 $h$ 和 $h_{pc}$ 在同一量级。类似地，用主流温度 $T_b$ 定义类液相密度 $\rho_{T_s}$，用管壁温度 $T_w$ 定义类气相密度 $\rho_w$。因此，$K$ 数可写为

$$K=\left(\frac{q_{w,\,in}}{G\cdot h_{pc}}\right)^2\frac{\rho_b}{\rho_w} \tag{5-23}$$

式中，$\dfrac{q_{w,\,in}}{G\cdot h_{pc}}$ 为超临界沸腾数 SBO。则有

$$\mathrm{SBO} = \frac{q_{\mathrm{w,in}}}{G \cdot h_{\mathrm{pc}}} \tag{5-24}$$

式中，$q_{\mathrm{w,in}}$ 为内壁热流密度；$h_{\mathrm{pc}}$ 为类临界焓值；$G$ 为质量流速。

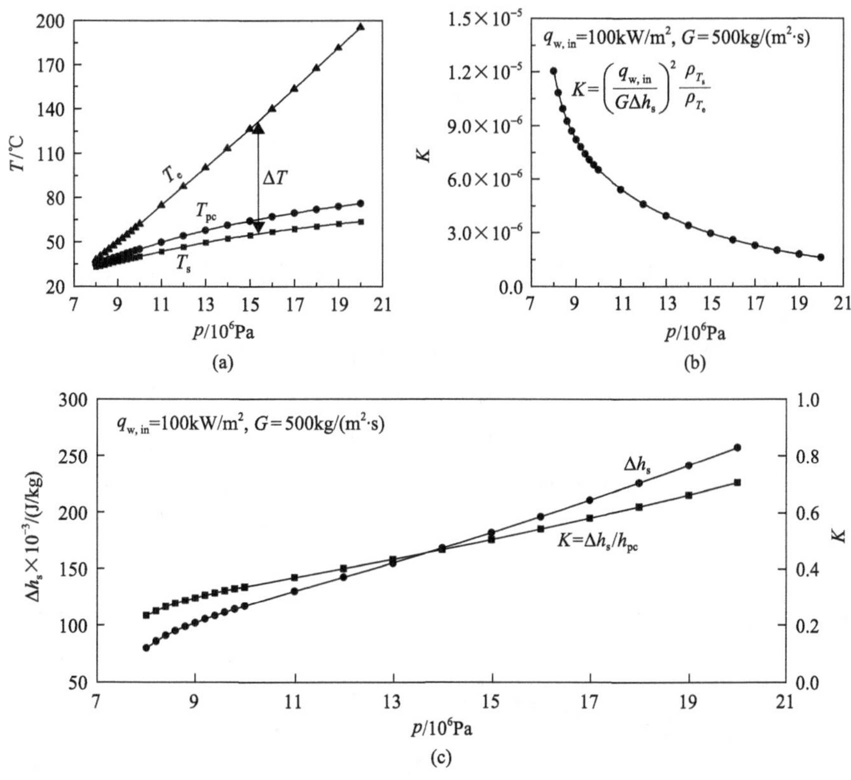


图 5-14　sCO$_2$ 类沸腾时压力对 $T_s$、$T_e$、$K$ 和 $\Delta h_s$ 的影响[3]

根据上述的理论分析和推导可以得到影响超临界传热重要的无量纲数 SBO 和 $K$，SBO 和 $K$ 数可以很好地解释实验中观察到的现象。sCO$_2$ 传热系数随热流密度的增大而减小，这是由于热流 $q_{\mathrm{w,in}}$ 增大，界面质量 $q_{\mathrm{w,in}}/h_{\mathrm{pc}}$ 传递增大，也就是超临界 $K$ 数增大，类气膜厚度变厚，传热减弱。相反地，质量流速 $G$ 增大，传热明显增强，这主要是由于 $G$ 增大，惯性力增大，超临界 $K$ 数变小，类气膜厚度变小。当压力增大时，对应的类临界焓值 $h_{\mathrm{pc}}$ 增大，界面质量传递 $q_{\mathrm{w,in}}/h_{\mathrm{pc}}$ 减弱，超临界 $K$ 数减小，类气膜厚度变小，传热得到改善。当入口温度 $T_{\mathrm{in}} < T_{\mathrm{pc}}$ 时，壁温在类临界温度前发生了传热恶化，但当 $T_{\mathrm{in}} > T_{\mathrm{pc}}$ 时在同样的超临界工况下，壁温沿主流焓值单调上升，无明显的壁温峰值出现。该现象同样可以用上述理论进行解释，当 $T_{\mathrm{in}} < T_{\mathrm{pc}}$ 时，主流温度跨越了类临界温度，说明在类临界温度前发生了类膜态沸腾现象，引起了壁温的飞升。当 $T_{\mathrm{in}} > T_{\mathrm{pc}}$ 时，这时主流为低密度的纯类气流体，其传热遵循单相对流传热，因此壁温沿主流焓值单调上升。

### 5.3.6 传热恶化起始点预测

超临界传热存在正常传热和传热恶化。但是，目前对于区分正常传热和传热恶化并没有统一的定义。已有的定量和定性判断超临界流体传热恶化的方法并不能合理地区分传热恶化、正常传热和强化传热的界限，甚至会产生混淆。本章对超临界流体正常传热与传热恶化的定义方法如图 5-15 所示，当壁温在整个主流焓值区间内光滑、均匀、连续地上升，不出现明显的峰值，则认为该工况是正常传热，见图 5-15(a)，图中工况参数为：$p$=20.013×10$^6$Pa，$G$=520kg/m$^2$，$q_{w,in}$=91.8kW/m$^2$，$d_i$=12mm。当壁温沿轴向分布不均匀，出现明显的快速升高然后再降低的过程，当满足 $T_b<T_{pc}<T_{w,in}$ 时，且壁温飞升值 $\Delta T$ 大于 8℃时，则认为发生传热恶化，见图 5-15(b)，图中工况参数为：$p$=8.012×10$^6$Pa，$G$=520kg/m$^2$，$q_{w,in}$=92.8kW/m$^2$，$d_i$=12mm。从实验结果来看，超临界流体传热减少或增强总是同时存在的，这样定义超临界流体传热的原因主要有两个：首先，当壁面温度突然升高时，表明该工况下的传热发生了明显异常，这可能是传热机理突然发生变化或传热减小达到最大程度，这样定义更能直观地区别超临界流体传热变化过程；其次，壁面温度突然飞升可能会导致严重后果，对工程应用中换热设备的安全性提出了很大的挑战，必须给予必要关注。

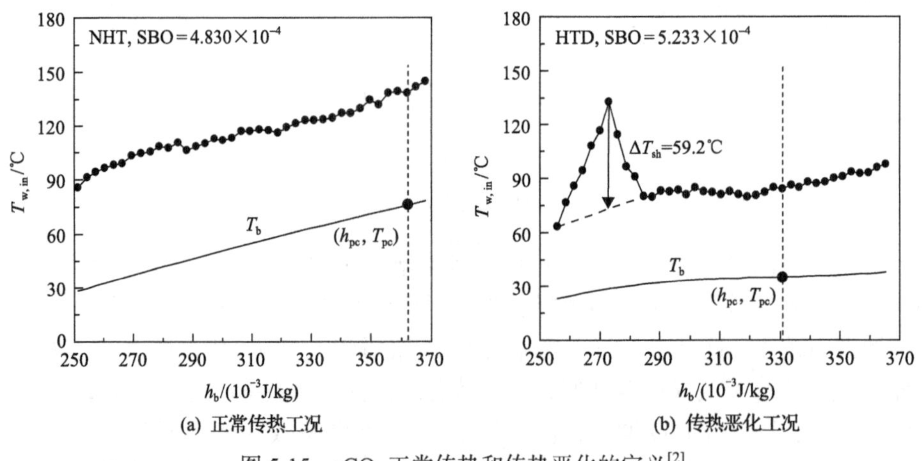

(a) 正常传热工况　　(b) 传热恶化工况

图 5-15　$sCO_2$ 正常传热和传热恶化的定义[2]

定义 $q_{w,CHF}$ 为临界热流密度，对应传热恶化。通过实验研究，将全周均匀加热得到的 79 个工况以 $Gh_{pc}$ 为横坐标，$q_{w,in}$ 为纵坐标并根据前面两种传热模式的定义绘制在图 5-16(a)中，图中空心的数据点取自文献[6]～[9]，可以得到上述两种传热模式存在一条明显的分界线，而分界线的斜率就是超临界沸腾数 SBO，其值为 5.126×10$^{-4}$，则

$$q_{w,CHF} = 5.126 \times 10^{-4} Gh_{pc} \tag{5-25}$$

为了更直观地得到其中的关系，以 SBO 数为横坐标，$q_{w,in}$ 为纵坐标绘制，如图 5-16(b)所示。从图中可以看出，SBO 数将传热分成两个区，当 SBO<$5.126\times10^{-4}$时，传热为正常传热(NHT)模式，当 SBO>$5.126\times10^{-4}$时为传热恶化(HTD)。同时，可以得到低于临界值 $5.126\times10^{-4}$，SBO 数越小传热越好，高于临界值 $5.126\times10^{-4}$，SBO 数越大传热恶化越严重，这与上述阐述的机理吻合。图 5-17 分别以横坐标 SBO 数和纵坐标飞升过热度 $\Delta T_{sh}$ 来描述两区传热。由图可知，当 SBO<$5.126\times10^{-4}$时，飞升过热度 $\Delta T_{sh}$ 很小，可以忽略不计，表现为正常传热模式。但是，当 SBO>$5.126\times10^{-4}$时，$\Delta T_{sh}$ 非常明显，对应于传热恶化。以上结果针对 $sCO_2$。

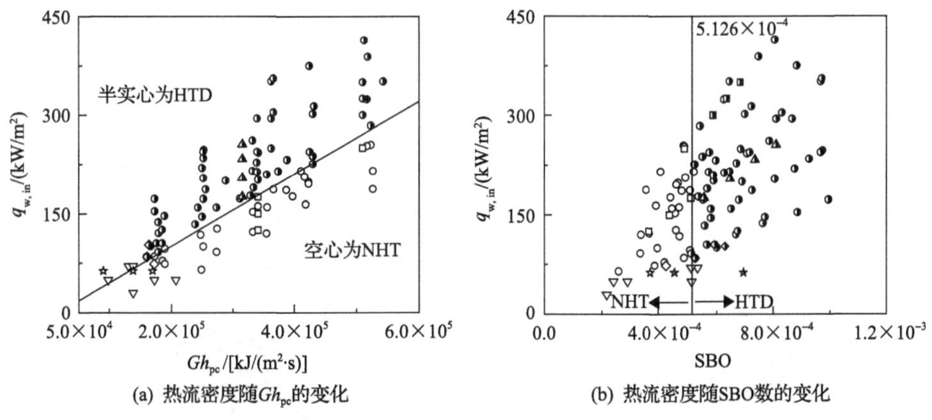


图 5-16　正常传热和传热恶化区

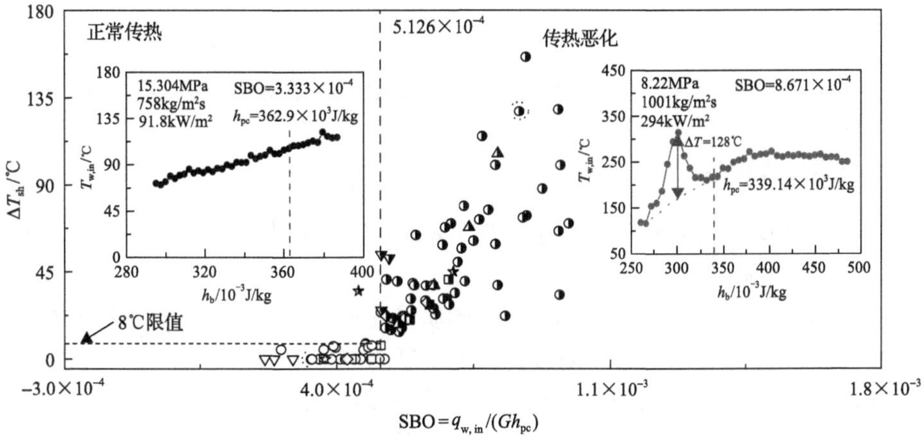


图 5-17　临界 SBO 数决定 $sCO_2$ 垂直管内强制对流正常传热和传热恶化间的转换[1]

为了检验超临界沸腾数 SBO 的通用性，本章搜集了 4 种工质($CO_2$、$H_2O$、

R134a、R22）的超临界对流传热数据，将结果汇总到图 5-18 中，发现存在和 $sCO_2$ 类似的结论，即存在超临界沸腾数的临界值，正常传热和传热恶化在跨越临界值时发生转换，不同工质间的区别在于临界值大小不同。对于超临界水、R134a 和 R22，SBO 数的临界值分别为 $2.018\times10^{-4}$、$1.653\times10^{-4}$ 和 $1.358\times10^{-4}$。

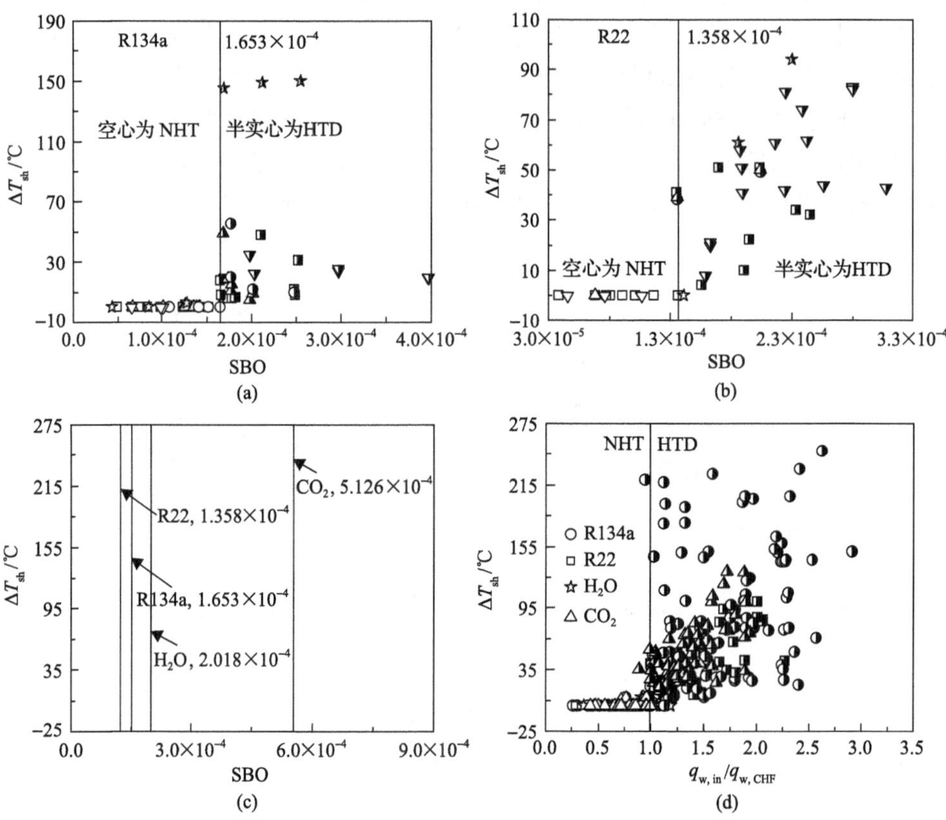


图 5-18 不同工质正常传热和传热恶化间的转换界限（图中数据来自文献[6]～[30]）[2]

### 5.3.7 壁温多峰现象

图 5-19 和图 5-20 为不同压力、热流密度和质量流速下，管径对壁面温度随焓值变化分布的影响。

图 5-19 为压力在 $8.021\times10^6$Pa 下不同质量流速和热流密度下的壁温分布。如图 5-19(a)所示，没有出现壁温明显升高再恢复的典型传热恶化过程，三个管径下的工况均为正常传热。在相同焓值下，随着管径由 8mm 增大到 12mm，壁温逐渐升高。因此，在正常传热下，管径增大，壁温升高，换热系数降低。

当热流密度增大到 182.6kW/m$^2$ 时，三个管径均不同程度地出现了传热恶化，即壁面温度突然升高再恢复的过程，如图 5.19(b)所示。8mm 管径在靠近类临界区附近出现了轻微恶化，壁温曲线相对光滑。随着管径增大到 10mm，恶化峰值向入口移动，壁温恶化峰值明显增大。进一步增加管径到 12mm，壁面温度出现两个峰值，第一个峰值非常陡峭，第二个峰值相对平缓，且恶化程度低于第一个峰值。当热流密度进一步增加到 $235.1kW/m^2$ 时，三个管径的壁温峰值均向入口端移动，壁温峰值分布曲线变得尖锐，如图 5-19(c)所示。当热流密度为 $176.7kW/m^2$ 时，这个热流密度与 $182.6kW/m^2$ 相近，当质量流速由 $750kg/(m^2·s)$ 减小到 $520kg/(m^2·s)$ 时，壁面温度随焓值的分布如图 5-19(d)所示，在 12mm 管径出现了三个峰值，10mm 和 8mm 管径传热恶化壁温均为一个峰值，和质量流速 $750kg/(m^2·s)$ 相比[图 5-21(b)]，壁温峰值变得更尖锐，温差更大，这表明在大管径下的小质量流速流动传热过程中更容易发生传热恶化。

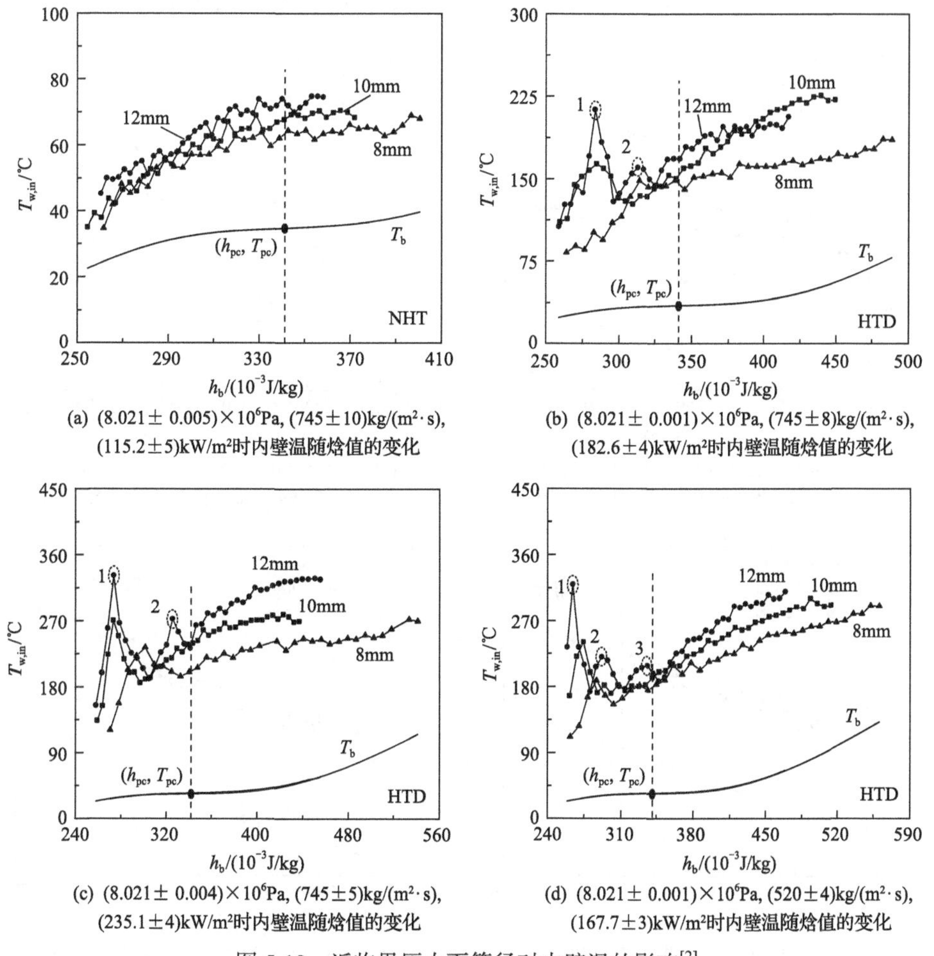


(a) $(8.021 \pm 0.005) \times 10^6Pa$, $(745 \pm 10)kg/(m^2·s)$, $(115.2 \pm 5)kW/m^2$ 时内壁温随焓值的变化

(b) $(8.021 \pm 0.001) \times 10^6Pa$, $(745 \pm 8)kg/(m^2·s)$, $(182.6 \pm 4)kW/m^2$ 时内壁温随焓值的变化

(c) $(8.021 \pm 0.004) \times 10^6Pa$, $(745 \pm 5)kg/(m^2·s)$, $(235.1 \pm 4)kW/m^2$ 时内壁温随焓值的变化

(d) $(8.021 \pm 0.001) \times 10^6Pa$, $(520 \pm 4)kg/(m^2·s)$, $(167.7 \pm 3)kW/m^2$ 时内壁温随焓值的变化

图 5-19　近临界压力下管径对内壁温的影响[2]

图 5-20 为压力分别为 $15.545 \times 10^6Pa$ 和 $20.013 \times 10^6Pa$ 时，不同质量流速和热

流密度下壁温随焓值的分布。如图 5-20(a)所示，对于压力为 $15.545\times10^6$Pa，当热流密度较小时，随着管径增大，三个管径的壁温没有出现传热恶化，相同焓值对应的壁温依次升高，这和低压下的正常传热类似。当热流密度增加到 125.5kW/m$^2$ 时，三个管径均发生了传热恶化，12mm 管径恶化最严重，8mm 管径恶化相对较小，如图 5-20(b)所示。对于压力为 $20.013\times10^6$Pa，当给定质量流速和热流密度，不同管径下壁温随焓值的分布如图 5-20(c)和(d)所示，和压力为 $15.545\times10^6$Pa 相比，随着压力增大，管径对壁温随焓值分布的影响变小。随着管径增大，当热流密度较小时，三个管径均为正常传热，相同焓值对应不同管径的壁温略微升高；当热流密度增加到 188.0kW/m$^2$ 时，三个管径均发生了传热恶化，但不同管径对应的恶化最大值相近且发生位置相近，相同焓值对应的壁温变化相对较小，这表明当压力升高时，管径对壁温随焓值分布的影响变小。

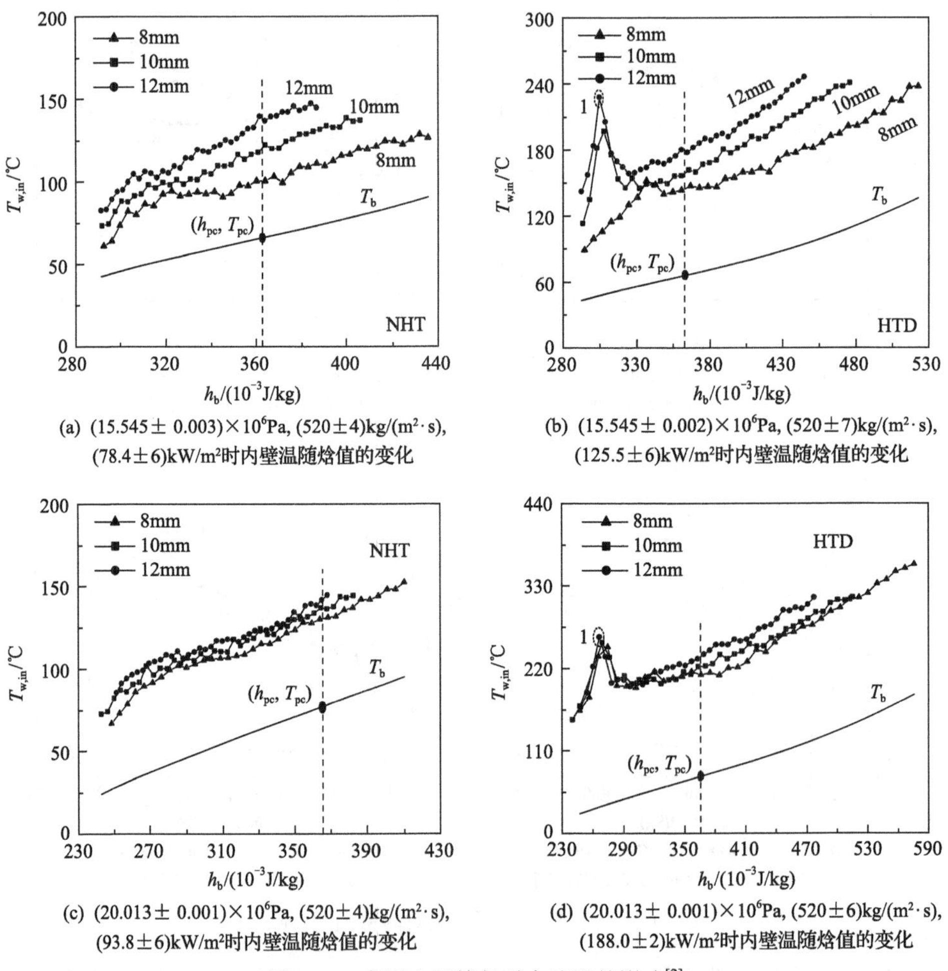


(a) $(15.545\pm0.003)\times10^6$Pa, $(520\pm4)$kg/(m$^2$·s), $(78.4\pm6)$kW/m$^2$时内壁温随焓值的变化

(b) $(15.545\pm0.002)\times10^6$Pa, $(520\pm7)$kg/(m$^2$·s), $(125.5\pm6)$kW/m$^2$时内壁温随焓值的变化

(c) $(20.013\pm0.001)\times10^6$Pa, $(520\pm4)$kg/(m$^2$·s), $(93.8\pm6)$kW/m$^2$时内壁温随焓值的变化

(d) $(20.013\pm0.001)\times10^6$Pa, $(520\pm6)$kg/(m$^2$·s), $(188.0\pm2)$kW/m$^2$时内壁温随焓值的变化

图 5-20　高压力下管径对内壁温的影响[2]

从上述实验结果可以看出，管径对流动传热过程有影响，影响程度与流动参数有关。首先，正常传热时，增大管径，相同焓值对应的壁温增加，换热系数减小，随着压力增大，管径对传热的影响逐渐减小；其次，当传热恶化发生时，在相同 $G$ 和 $q_{w,in}$ 的条件下，小管径能够减小恶化程度，这与 Shiralkar 和 Griffith[31] 得出的结论一致。但当压力增大到 $20.013\times10^6$Pa 时，管径对传热恶化没有明显影响，Yamashita 等[29]也曾指出，在传热恶化区域，没有观察到管径对传热有影响。Bae 等[6]在实验过程中发现在大管径的一定焓值范围内壁温略高。可见，管径对超临界传热恶化的影响非常复杂，不同研究者得出结论不一致的主要原因可能是由实验参数不同导致的。

从实验结果看，管径越大，则壁温越高，这主要是因为在给定质量流速下，管径的增大减小了管壁附近的速度梯度，减小了施加在气膜上的惯性力，故传热变差，而压力增大，流体的膨胀能力减小，减小了传热恶化程度。除此之外，实验中并没有观察到管径越大，壁温越低的实验现象。在不同的压力、管径、质量流速和热流密度的组合下，超临界传热可能会出现多次恶化的现象，这种现象也曾在 Bourke 等[32]和 Kline 等[33]的实验中报道过，但作者并没有对该实验现象进行解释和研究，关于这种现象发生的机理还不明确，也没有模型能够很好地对其进行描述。

图 5-21 给出了在不同条件下，观察到四种不同传热恶化的壁温和换热系数随焓值的分布，主要可以分为两大类，第一类如图 5-21(a)所示，壁温随焓值分布相对较光滑，没有观察到壁温突然飞升再恢复的过程，这种类型通常出现在小热流密度或高质量流速下；第二类如图 5-21(b)～(d)所示，当 $T_{in}<T_{pc}$ 时，壁面温度随焓值的变化出现明显波峰，这种类型传热恶化的起始点仅发生在 $T_b<T_{pc}<T_{w,in}$，通常发生大热流密度或低质量流速下。

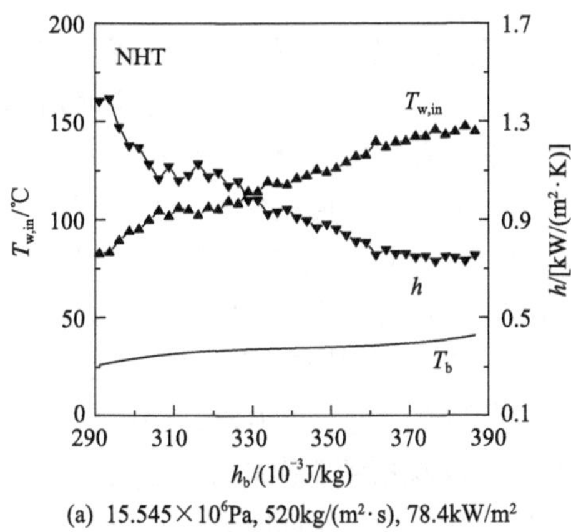


(a) $15.545\times10^6$Pa, 520kg/(m²·s), 78.4kW/m² 时内壁温随焓值的变化

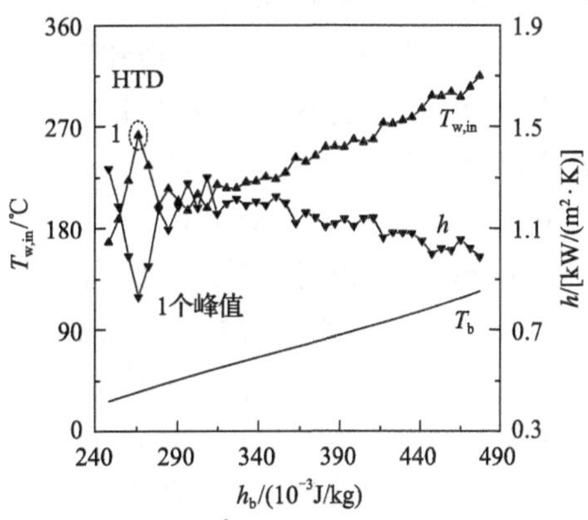


(b) $20.013\times10^6$Pa, 520kg/(m²·s), 188.0kW/m² 时内壁温随焓值的变化

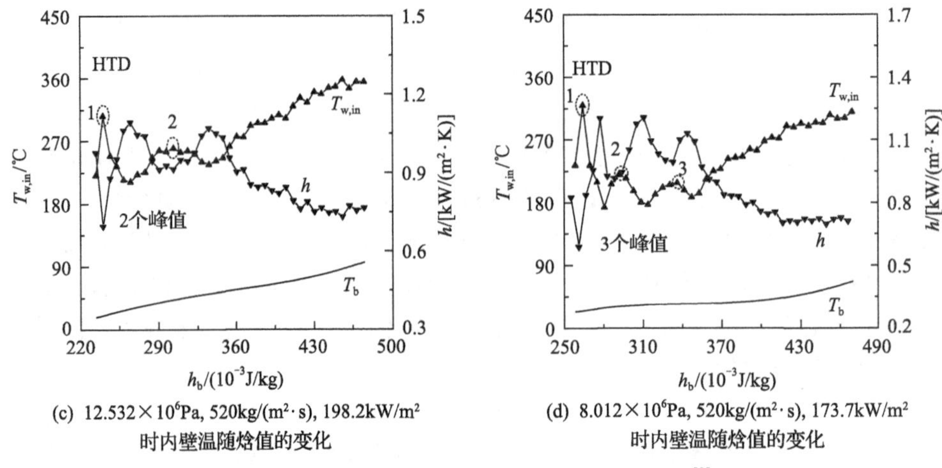


(c) 12.532×10⁶Pa, 520kg/(m²·s), 198.2kW/m²时内壁温随焓值的变化

(d) 8.012×10⁶Pa, 520kg/(m²·s), 173.7kW/m²时内壁温随焓值的变化

图 5-21　实验过程中观察到的四种传热模式[2]

在第二类传热恶化中，壁温的波峰数 $n$ 可能为 1, 2, 3, ⋯, $n$。当 $n$=1 时，如图 5-21(b)所示，这种类型的传热恶化最常见，这是因为当 $T_{pc}<T_{w,in}$ 或 $T_{pc}=T_{w,in}$ 时，近壁面首先出现气膜，类似于亚临界下的蒸汽层，而核心区的主流温度 $T_b<T_{pc}$，在 Widom 线上，由于蒸发引起的传质使气膜质量增加，增大了近壁区气膜的厚度，由于较大的密度梯度使气膜覆盖在壁面，故在某一焓值位置处出现了一个较厚的气膜。当惯性力足够大且足以抑制气膜膨胀引起的动量力时，气膜变薄，不会在近壁区充分膨胀，以保持正常传热，因此壁面没有明显的峰值；当惯性力不足以克制气膜膨胀引起的动量力时，气膜明显变厚，传热恶化，壁面峰值明显。当 $n>1$ 时，第一个壁温峰值通常高于第二个和第三个峰值，这种恶化需要更大的热流密度，且更容易出现在小质量流速和低压的情况下。由于气膜膨胀会使管内流体的类气和类液分布发生明显变化，改变管内的流场和温度场分布，进而导致超临界异常的流动传热特性。

图 5-22 给出了在不同管径和压力下 $q_{w,in}/G$ 和不同传热模式下的分布图，其中虚线表示由正常传热向传热恶化转换的界线，点划线表示 1 个峰值和 2 个峰值的界线，而短划线表示 2 个峰值和 3 个峰值的界线。图 5-22(a)和(b)为在 10mm 管径下，压力分别为 7.998×10⁶Pa 和 15.433×10⁶Pa 时，传热恶化时的壁温峰值与 $q_{w,in}/G$ 分布图，我们发现无论是低压力还是高压力，均没有发现多峰现象。但是，在 12mm 管径中观察到了多峰现象，如图 5-22(c)和(d)所示。对于压力为 8.012×10⁶Pa 的壁温分布与 $q_{w,in}/G$ 图谱，如图 5-22(c)所示，在给定质量流速下，随着热流密度增大，传热由正常逐渐向恶化转变，当热流超过一定值时，会出现 2 次恶化或 3 次恶化的现象，但在 12.532×10⁶Pa 下，仅观察到 2 次恶化。这是因为随着压力远离临界压力，类临界焓值升高，这表明当 $q_{w,in}/G$ 相同时，压力升高，而 SBO 数减小，流体吸收相同的热量，流体的膨胀能力变小，气膜不容易膨胀，近

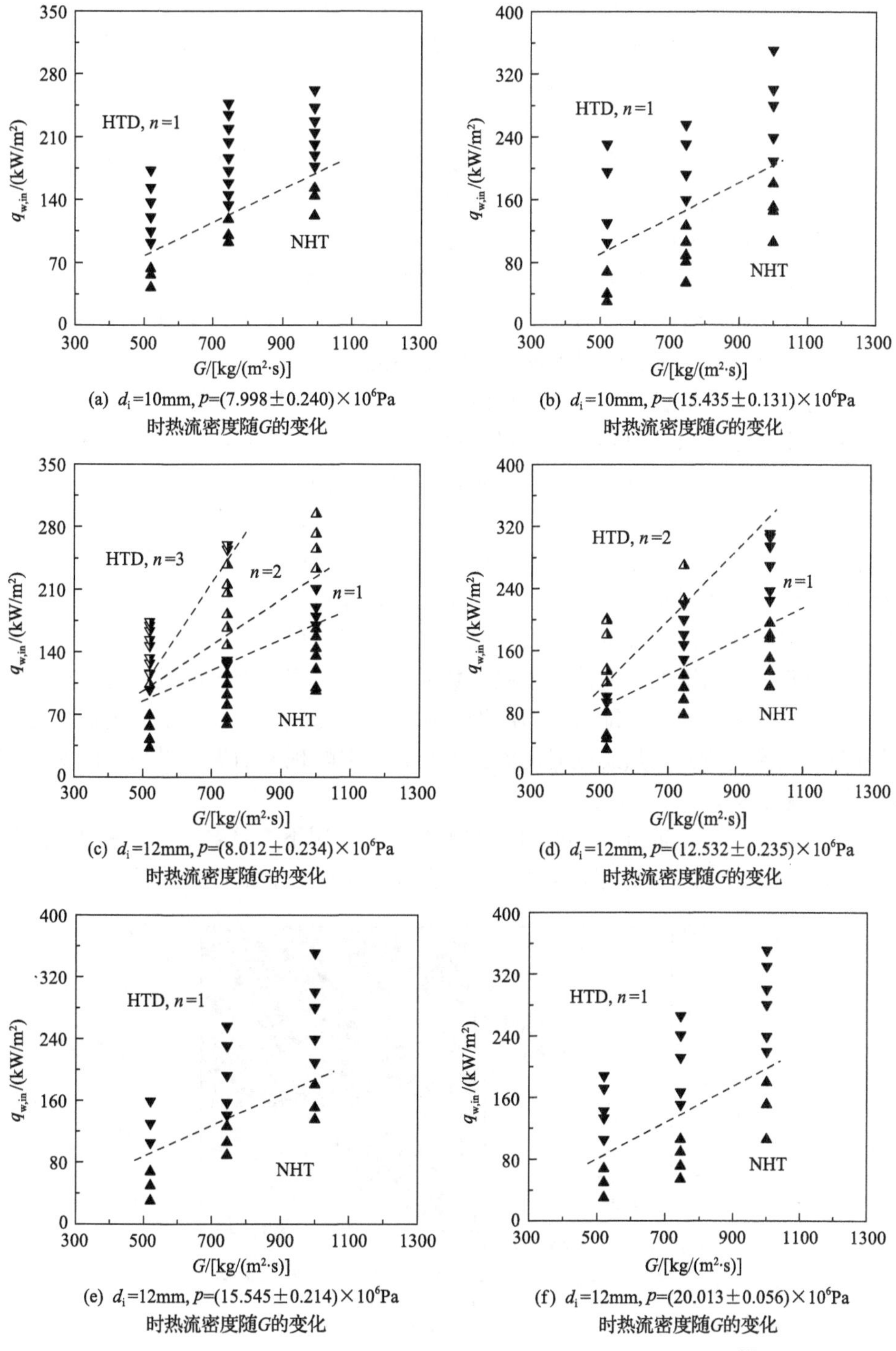


(a) $d_i$=10mm, $p$=(7.998±0.240)×$10^6$Pa 时热流密度随$G$的变化

(b) $d_i$=10mm, $p$=(15.435±0.131)×$10^6$Pa 时热流密度随$G$的变化

(c) $d_i$=12mm, $p$=(8.012±0.234)×$10^6$Pa 时热流密度随$G$的变化

(d) $d_i$=12mm, $p$=(12.532±0.235)×$10^6$Pa 时热流密度随$G$的变化

(e) $d_i$=12mm, $p$=(15.545±0.214)×$10^6$Pa 时热流密度随$G$的变化

(f) $d_i$=12mm, $p$=(20.013±0.056)×$10^6$Pa 时热流密度随$G$的变化

图 5-22　10mm 管径和 12mm 管径内不同压力下的传热模式图[2]

壁区的气膜厚度较小，因此在低压下正常与恶化转换 $q_{w,in}/G$ 比高压小。在给定压力和质量流速下，当热流密度低于临界热流密度时，为正常传热，此时的主要传热机理为过冷液体强制对流。随着热流密度超过临界值，s$CO_2$ 发生传热恶化，即气膜覆盖在壁面上阻碍了热量由近壁区向核心区传递。当传热恶化发生后，随着热流密度进一步增大，壁面附近的气膜变得更厚，传热恶化更严重，更容易发生多峰现象。当压力增大到 15.545×10$^6$Pa 和 20.013×10$^6$Pa 时，在所有的 $q_{w,in}/G$ 范围内，没有观察到多峰值现象，如图 5-22(e)和(f)所示。显然，压力升高能够抑制多峰出现。对于压力对传热恶化发生的影响，若给定 $q_{w,in}/G$ 的值，当压力较大时，传热表现为正常传热，但保持 $q_{w,in}/G$ 几乎不变，当压力减小时，传热表现为传热恶化，显然压力对超临界流体的影响是不能忽略的。

我们的实验结果表明，对于本章研究的三个管径范围内，改变管径并不能改变传热恶化的起始点，但影响了传热恶化的壁温峰值大小和数量。管径越大，传热恶化时的壁温温升也越大。这是因为在恒定的 $q_{w,in}/G$ 和压力情况下，管径越大，管壁附近的速度梯度越小，施加在气膜上的惯性力就越小。因此，其他参数相同的情况下，管径越大，近壁区的气膜就越厚，由于气膜的导热系数低，热阻变大，故传热更差。多峰现象只在 12mm 管径中出现，在直径较小的管径中没有出现，这是由于直径越大，壁温温升越大。除此之外，多峰现象只发生在低压力下，这是因为随着压力的增加，流体的膨胀系数减小，气膜膨胀难度增大，恶化程度变低。因此，近壁区的气膜随着压力的增大而变薄，与减小管径的规律类似，增大压力会使气膜变薄，传热恶化时的温升变小，故多峰现象消失，进一步的实验结果和解释见下文。

如图 5-23 所示，在正常传热和传热恶化两种情况下，壁温变化、壁温峰值数目和 SBO 数的分布情况。图 5-23 的左边是正常传热，它的温升非常小，右下角

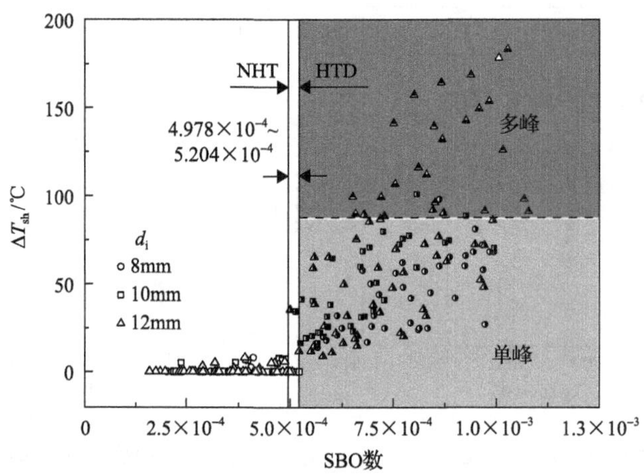


图 5-23　正常传热和传热恶化下，壁温变化、壁温峰值数目和 SBO 数分布[2]

为传热恶化的单峰类型，右上角为传热恶化的多峰类型。从图 5-23 可以看出，在传热恶化时，是否出现壁温多峰现象并不依赖于 SBO 数，却高度依赖壁面温升大小，多峰情况下的温升明显大于单峰情况。因此，直径越大，温升越大，壁温就可能形成多个峰值，多峰现象仅发生在传热恶化程度较大的 12mm 管径的部分工况下，并且恶化越严重，越容易发生多峰现象。在相同的 $p$、$G$ 和 $q_{\mathrm{w,in}}$ 下，$d_{\mathrm{i}}$ 增大，传热恶化越严重，壁面的气膜越厚，这可能使主流核心区过冷液体流过较厚气膜时，相互作用更强烈，而管径增大导致壁面附近的惯性力减小，这为出现多峰提供了可能。

这里，基于“类沸腾”机理讨论传热恶化及壁温多峰现象发生的原因。如前面所述，SBO 数可以用来衡量蒸发动量力和惯性力之间的竞争，当 SBO 数超过临界值时，蒸发动量力占主导地位，气膜开始变厚，较厚的气膜由于导热系数较低，热阻较大，传热恶化，壁温急剧升高，类似亚临界压力下的偏离核态沸腾。在壁温急剧上升后，达到一个最大值，然后壁温逐渐恢复正常，表明传热得到改善，气膜厚度减小。因此，壁面温度分布中的多个峰值对应气膜厚度多次变化，这表明形成了多个变厚的气膜，对核心区的流体形成多次节流效应。节流效应形成的原因可以从局部蒸发动量力和惯性力之间的竞争来理解。当传热恶化时，近壁区被气膜占据，而核心区则被类液流体占据。图 5-24(a)为典型单峰情况下的壁面温度分布，温度峰值对应气膜厚度的峰值，形成如图 5-24(b)所示的气孔。对于管内横截面的流量，由质量守恒有

$$\dot{m} = GA_{\mathrm{c}} = G_{\mathrm{g}}A_{\mathrm{g}} + G_{\mathrm{l}}A_{\mathrm{l}} \tag{5-26}$$

式中，$A$ 为面积；下标 c 为横截面，g 为类气，l 为类液。

当局部蒸发动量力相对局部惯性力较大时，壁面附近的气膜开始变厚，随着气膜厚度的逐渐增加，近壁区气膜所占的截面积逐渐增大，即类液所占的面积变小。在液、气质量分数相对不变的情况下，类液的质量流量 $G_{\mathrm{l}}A_{\mathrm{l}}$ 基本保持不变，类液面积 $A_{\mathrm{l}}$ 减小，表明类液质量流速 $G_{\mathrm{l}}$ 增大。换句话说，当“类两相”沿管道流动时，在壁温峰值位置的局部 $A_{\mathrm{l}}$ 减小，充当了孔口，使流动的流体体积收缩，类液流动速度增加，从而增加了界面处的局部惯性力 $\rho_{\mathrm{l}}u_{\mathrm{l}}^2$。同时，局部蒸发动量力 $(q''/h_{\mathrm{pc}})^2/\rho_{\mathrm{g}}$ 保持不变，这里的 $q''$ 是界面蒸发热流密度，单位 $\mathrm{kW/m^2}$。因此，在流体经过峰值后，由于类似孔板节流作用，局部惯性力再次超过局部蒸发动量力，气膜厚度减小，从而使传热恶化又逐渐恢复。如图 5-24(c)所示，流体沿管道流动时，最初局部蒸发动量力占主导，导致气膜厚度逐渐增大，壁温升高。随着气膜厚度的增加，局部惯性力逐渐恢复并占主导地位，导致气膜厚度减小，壁温降低。

值得注意的是，在目前的实验中，气膜厚度是无法测量的，因为类液相的截面积不容易得到，故类液相的局部速度 $u_{\mathrm{l}}$ 及局部惯性力 $F_{\mathrm{I}}$ 的大小无法确定。另外，

在蒸发动量力 $F_{M'V}=(q''/h_{pc})^2/\rho_g$ 方程中，“类沸腾”相变焓 $\Delta h_s$ 由类临界焓 $h_{pc}$ 简化代替，这是由于“类沸腾”相变焓 $\Delta h$ 的定义及其计算方法还有待进一步完善，因此 $h_{pc}$ 的简化表明局部 $F_{M'V}$ 方程只能用于定性分析。

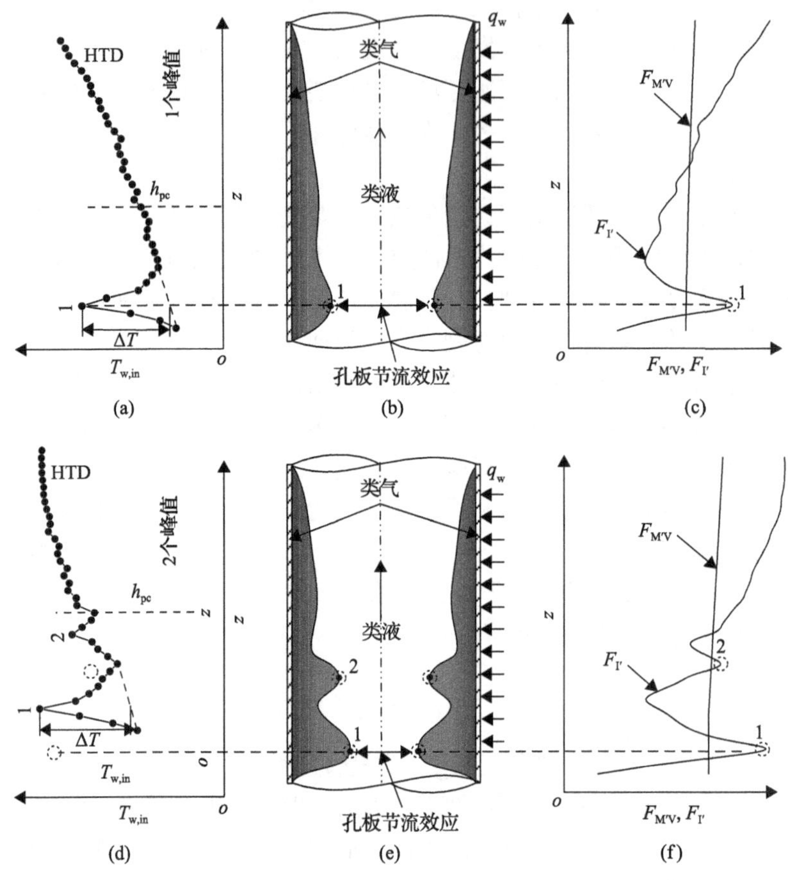


图 5-24　单峰((a)～(c))和双峰((d)～(f))发生机理[2]

图 5-24(d)为壁温双峰分布工况，两个壁温峰值对应两个气膜厚度峰值[图 5-24(e)]。同样，第一个峰值后气膜厚度减小的原因也是由类似孔板收缩效应引起的局部惯性力增大导致的。在第一个峰值恢复后，类液相的截面面积也随之恢复了，类液相的速度减小，局部惯性力变小。如图 5-24(f)所示，相对于不变的局部蒸发动量力，较小的局部惯性力使气膜再次变厚，从而在传热恶化时的壁温分布上产生第二个壁温峰值，这个峰值是因为第二孔板节流效应导致的。因此，轴向壁温出现两个峰值在本质上可归因于局部蒸发动量相对不变和沿管道方向的局部惯性力振荡。换句话说，局部蒸发动量力和局部惯性力沿管道方向交替支配，导致气膜厚度和壁温的振荡。当第一个峰值足够高时，即气膜足够厚，一个孔板

收缩不能完全抑制其厚度增大，由于蒸发动量力再次主导，气膜又开始生长，之后由于第二个孔收缩，气膜再次被抑制，又开始变薄，因此形成了第二个壁温峰值。同样，对于三个峰值的情况，在第二个峰值之后，小的局部惯性力无法抑制气膜增厚，局部蒸发动量力再次占主导地位，气膜再次生长，从而出现了第三个峰值，第三个峰的形成和恢复机理与第二个峰基本相同。

值得注意的是，上面讨论的局部惯性力和局部蒸发动量力之间的竞争不同于前面使用的 SBO 数进行分析。虽然 SBO 数在一定条件下也反映了惯性力和蒸发动量力之间的竞争，但关注的是整体行为，计算 SBO 数所用的量均为实验可直接测量的参数，因此 SBO 数只能用来确定传热恶化是否发生，却无法描述传热恶化具体行为，而采用局部惯性力和局部蒸发动量的分析则反映了沿管道截面的局部流动换热变化特性。虽然，缺乏沿管长方向气膜厚度的局部值，但基于“类沸腾”机理很好地解释了 $sCO_2$ 壁温多峰的现象。此外，未来还需要寻求气膜厚度的实验测量方法，例如，伽马射线法和微型热电偶法可以用于实验测量气膜的厚度，当伽马射线通过超临界流体时，不同的气膜厚度会导致不同的吸收特性，通过测量伽马射线的衰减，可以确定气膜的厚度。或者，通过在管内插入一个快速响应的微型热电偶，并精确控制其径向位置，可以测量给定径向坐标处的局部温度剖面，并测量“界面”的位置。

对于单峰和多峰情况的差异，本质上是由于传热恶化程度不同，即峰的“高度”不同导致的。如前所述，多峰情况下的温升比单峰情况更大，说明气膜更厚。因此，是否出现多个峰与第一个峰的气膜厚度有关，仅靠一次孔口节流不能充分抑制气膜膨胀，从而导致了后面的峰值。换句话说，只有当第一个壁温峰值足够大时，才会出现多个壁温峰值。当第一个峰值较小时，气膜相对较薄，孔口收缩后其厚度是稳定变化的，不会再次发生膨胀。这也可以解释为何多峰仅在 12mm 管径中被观察到，而不是在 8mm 和 10mm 管径中，表明管径越大气膜有更多的空间发展，可以引起多个峰值。

### 5.3.8　超临界传热系数的广义拟合

到目前为止，所有超临界传热系数关联式均是在单相流体假设的条件下获得的，预测值和实验值的差别较大，限制了应用。本章在超临界多相流的框架下，提出了均匀加热垂直上升管超临界对流传热系数关联式，不仅适合于 $CO_2$、$H_2O$，也适合有机工质，不仅适合正常传热，也适合传热恶化。采用 5560 个数据点，其中 2028 个 $sCO_2$ 数据点来源于本章，3532 个数据点来源于 18 篇文献[7,9,12-14,17,19,20,24,25,27,34-40]。最终获得的关联式为

$$Nu = 0.0012 Re_b^{0.9484} Pr_{b,\mathrm{ave}}^{0.718} K^{-0.0313} \tag{5-27}$$

为了评价本章提出的关联式预测值与实验数据的吻合程度，引入平均相对误差 $e_A$ (mean relative error)、算术平均绝对误差 $e_R$ (mean absolute relative error) 和均方根误差 $e_S$ (root-mean-square error)，分别表示预测值与测量值的偏离程度。对于某参数 $H$，每个数据点的相对误差为

$$e_i = \frac{H_{\text{pre}} - H_{\text{exp}}}{H_{\text{exp}}} \tag{5-28}$$

式中，$R_{\text{pre}}$ 和 $R_{\text{exp}}$ 分别为预测值和实验值。则三种误差表示为

$$e_A = \frac{1}{n}\sum_{i=1}^{n} e_i \times 100\%, \quad e_R = \frac{1}{n}\sum_{i=1}^{n} |e_i| \times 100\%, \quad e_S = \sqrt{\frac{1}{n}\sum_{i=1}^{n} e_i^2} \times 100\% \tag{5-29}$$

从工程应用的角度来说，壁温预测具有重要意义。图 5-25 给出了 $K$ 数关联式与其他 5 个关联式 (Bishop 等[41]、Jackson[42]、Jackson[43]、Gupta 等[44]和 Yu 等[45]) 通过迭代计算得到的内壁温和实验壁内温数据点的比较结果，由于内壁温范围较广，图中使用了对数坐标。$K$ 数关联式对壁温的预测同样表现出很好的预测性能，其 $e_A$、$e_R$ 和 $e_S$ 的值分别为 2.14%、9.29%和 13.82%，这对热表面温度的预测已经足够精确。Bishop 等[41]的关联式、Jackson[42]的关联式和 Yu 等[45]的关联式对壁温的预测性能表现出相当的精度。其中，Jackson[42]的关联式、Jackson[43]的关联式和 Yu 等[45]的关联式中 $e_A$ 值为负数，意味着低估了壁温，会对安全带来威胁。Gupta 等[44]的关联式 $e_A$ 值为正数且最大，表明高估了壁温。从其他两个指标来看，对壁温的预测，Gupta 等[44]的关联式也是最差的。图 5-25 表明本章提出的传热关联式预测结果的 $e_A$、$e_R$ 和 $e_S$ 在所有关联式中是最小的，所提出的关联式适合不同工质、管径、正常传热和传热恶化。关联式中 $K$ 数的指数为–0.0313，表明 $K$ 数对传热的抑制作用，符合相关物理机理。本章提出的关联式还成功解释了压力对超临界传热的影响，压力大，$h_{\text{pc}}$ 大，类气类液界面上的蒸发动量力减小，$K$ 数减小，传热得到改善，与实验测量完全吻合。

1. K 数关联式对本数据库实验工况的预测

图 5-26 为 $sCO_2$ 在不同管径 (8mm 和 10mm)、压力、质量流速和热流密度工况下，$K$ 数关联式和选取其他 5 个关联式 (Bishop 等[41]、Jackson[42]、Jackson[43]、Gupta 等[44]和 Yu 等[45]) 计算的壁温和换热系数与实验壁温和换热系数的比较结果。从图中可以看出，在低焓值区域内，Gupta 等[44]的关联式对壁温和传热系数的预测表现出很大偏差，计算壁温比实验壁温偏高。其他关联式的计算值和实验值吻合得较好。过了低焓值区，其他关联式计算值和实验值的差异逐渐增大。$K$ 数关联式在整个焓值区间都表现出很好的预测能力。

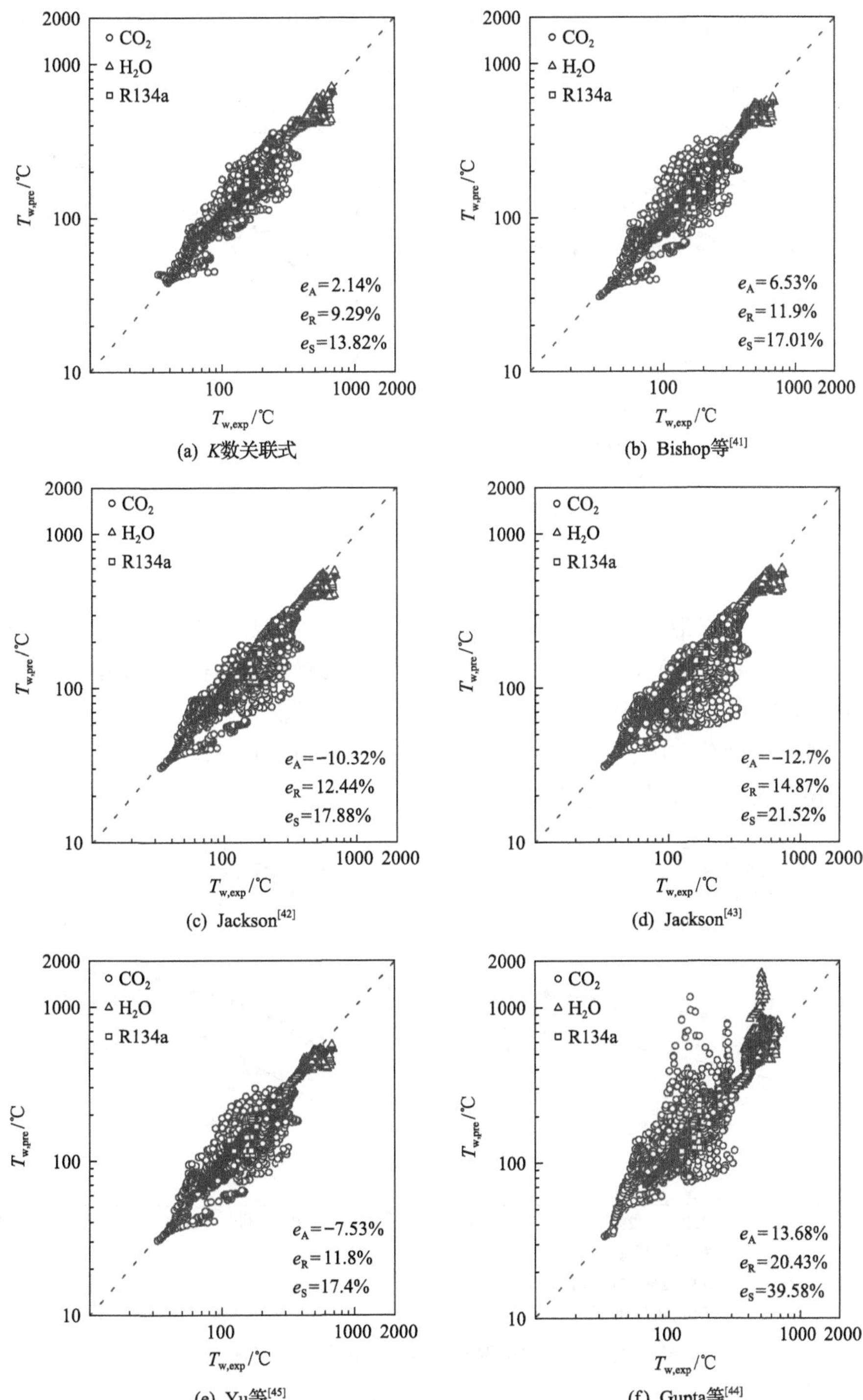


图 5-25 给定热流边界下 $K$ 数关联式和其他关联式预测内壁温和实验内壁温的比较[3]

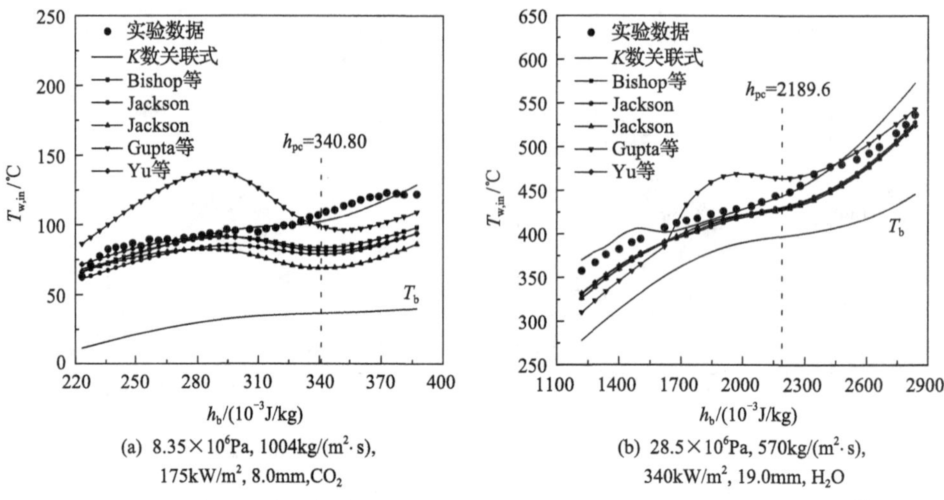


图 5-26　*K* 数关联式和其他关联式对近临界压力区和高压力区 $CO_2$ 数据评价[3]

2. 对本数据库外实验工况的预测

为了使 *K* 数关联式更具有通用性，本节收集了拟合数据库外的超临界 $CO_2$、$H_2O$、R134a 和 R22 的传热数据，并用 *K* 数关联式对其壁温进行了预测，预测结果如图 5-27 所示。各分图的结果显示，*K* 数关联式除对图 5-27(b) 中水的预测性能较差外，其他分图中，*K* 数关联式都能非常好地预测其壁温沿主流焓的分布，这充分说明 *K* 数关联式的适用性较强。

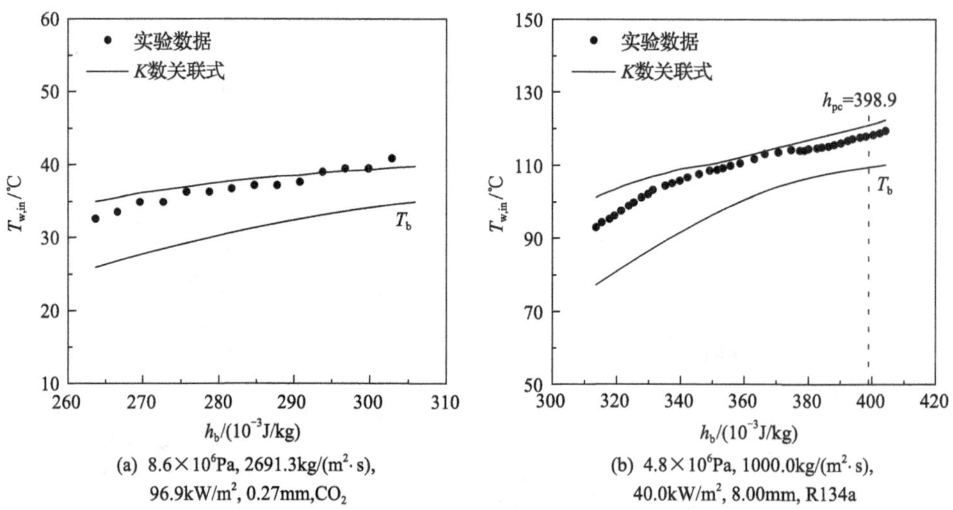


图 5-27　*K* 数关联式预测壁温和所选数据库外的实验壁温比较[46,47]

利用最小二乘法拟合获得的 *K* 数关联式，在已知热流和温度两类边界条件下，其误差都小于文献中广泛引用的公式，该公式适合不同工质、管径、正常传热和传热恶化。书中选取的广泛应用的关联式中，Bishop 等[41]的关联式表现出较好的预测性能，其他关联式的预测精度均不可接受。新关联式中的 $K$ 的指数为–0.0313，表明 $K$ 数对传热的抑制作用，符合相关物理机理。同时，本书还成功解释了压力对超临界传热的影响，压力大，$h_{pc}$ 大，类气类液界面的质量传递减弱，$K$ 数减小，传热得到改善。

# 5.4　非均匀加热条件下的实验结果及分析

## 5.4.1　壁温、内壁热流和传热系数的周向分布

图 5-28(a)～(c)分别给出了压力 $p$=7.85×10$^6$Pa，质量流速 $G$=503.9kg/(m$^2$·s)，

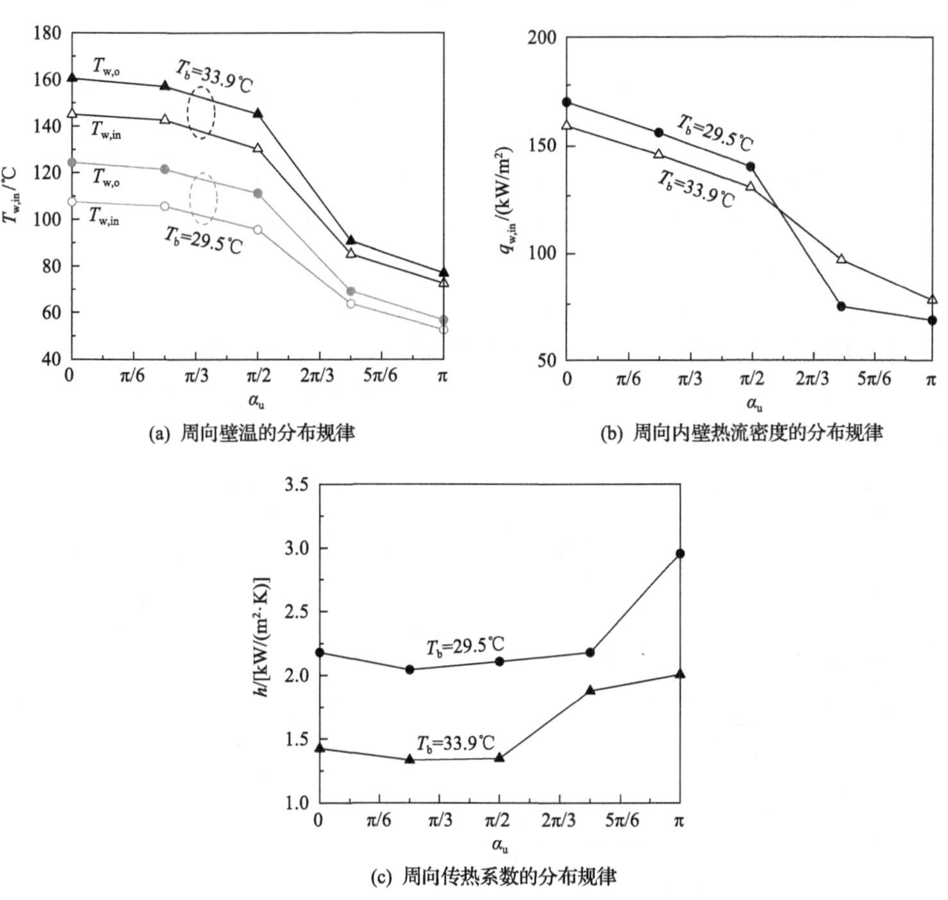


(a) 周向壁温的分布规律

(b) 周向内壁热流密度的分布规律

(c) 周向传热系数的分布规律

图 5-28　$p$=7.85×10$^6$Pa，$G$=503.9kg/m$^2$s，$q_{w,ave}$=120.3kW/m$^2$ 时周向壁温，内壁热流密度和传热系数的分布规律[1]

平均内壁热负荷 120.3kW/m$^2$ 时的周向壁温的条件下内壁热流密度和传热系数的分布规律，图中横坐标 $\alpha_u$=0 对应镀银面中点，$\alpha_u$=π 对应镀银背面中点。壁温的周向分布由热负荷决定，在镀银面高热负荷侧的温度远高于低热负荷侧，热负荷最高点在 $\alpha_u$=0 处，此时壁温最高，内外壁温的温差最大。热负荷最低点在 $\alpha_u$=π 处，此时壁温最低，内外壁温差最小。例如，当主流温度为 29.5℃时镀银层中点即 $\alpha_u$=0 处的热负荷最大为 169.9kW/m$^2$，内外壁温差为 17.3℃，背火面中点处热负荷最小为 68.5kW/m$^2$，内外壁温差为 5℃，其高热负荷侧中心与低热负荷侧中心约有 67.3℃的温差，管横截面温度的分布如图 5-28(a)所示。考察传热系数沿周向的变化，可以发现在不同的主流温度下，$h$ 沿圆周方向的变化规律一样，热流较高侧的 $h$ 变化很小，在热负荷最低点处的 $h$ 最大，$h$ 从 $\alpha_u$=0 到 $\alpha_u$=π 基本呈现递增规律。

### 5.4.2　热流密度对壁温的影响

图 5-29 给出了热流密度对壁温($\alpha_u$=0 即镀银侧中点)的影响规律，图中横坐标为主流焓值，纵坐标为外壁温，图中垂直短画线为在对应压力下的类临界焓值，$q_{w,\varphi=0}$ 为镀银侧中点的内壁热流密度。从图 5-28(a)中可以看出，当热流密度 $q_{w,\varphi=0}$ 为 112.2kW/m$^2$，壁温沿主流焓值单调增加，属于正常传热；当热流密度 $q_{w,\varphi=0}$ 增大到 144.1kW/m$^2$ 时，壁温出现峰值现象，即发生了传热恶化，并且随 $q_{w,\varphi=0}$ 的增加，恶化越严重。图 5-28(b)也表现出同样的规律，这里不再重复。上述传热现象同样可以用我们前面提出的 SBO 数和 K 数加以解释，随着热流密度 $q_{w,\varphi=0}$ 的增大，$q_{w,\varphi=0}/h_{pc}$ 增大，$q_{w,\varphi=0}/h_{pc}$ 表示在 Widom line 上的质量交换，$q_{w,\varphi=0}$ 增大，超临界 $K$ 数增大，大的超临界 $K$ 数表明膨胀力较惯性力占主导，此时低密度的类气流体不

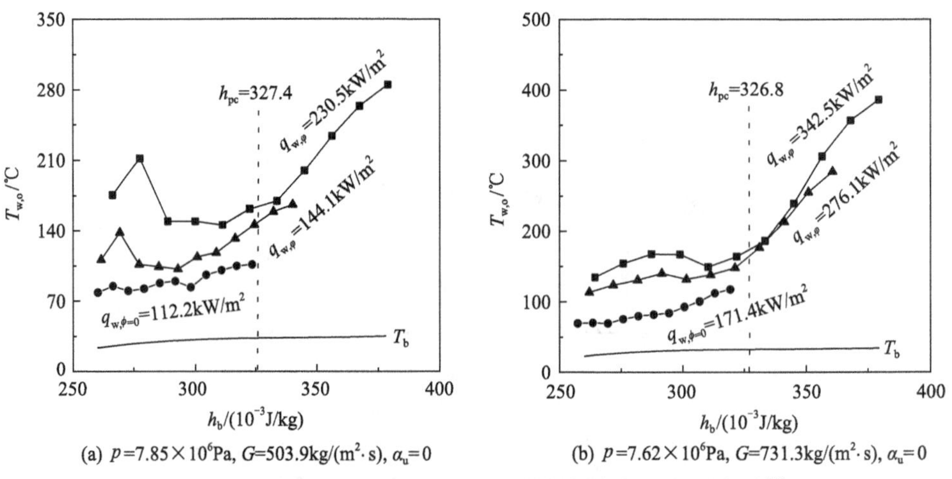


(a) $p$=7.85×10$^6$Pa, $G$=503.9kg/(m$^2$·s), $\alpha_u$=0　(b) $p$=7.62×10$^6$Pa, $G$=731.3kg/(m$^2$·s), $\alpha_u$=0

图 5-29　热流密度对壁温($\alpha_u$=0 即镀银侧中点)的影响规律[1]

断向外膨胀，使类气膜厚度在壁面增加，加大了传热热阻，这时壁温发生突然增大，传热出现危机。

### 5.4.3　质量流速和压力对壁温的影响

图 5-30(a)和(b)给出了质量流速和压力对外壁温的影响。由图 5-29(a)可知，在压力和壁面热流密度一定的条件下，壁温随质量流速的增大而降低，这是因为质量流速增大，K 数减小，意味着惯性力的作用占主导，抑制了类气膜的生长，气膜厚度减小，改善传热。所以在其他参数一定的条件下，增大质量流速可以改善传热，降低壁温，甚至消除传热恶化的发生。图 5-30(b)为在质量流速和壁面热流密度一定的超临界工况下，压力对外壁温的影响。从图中可以看出，增大压力可以降低壁温甚至可以消除传热恶化的发生。关于压力对传热影响同样可以用前面提出的新机理来解释，当系统压力增大时，对应的类临界焓值 $h_{pc}$ 在增大，$q_{w,\varphi=0}/h_{pc}$ 减小，也就是说抑制了气膜的膨胀，从而改善传热，实验结果与前述理论吻合。

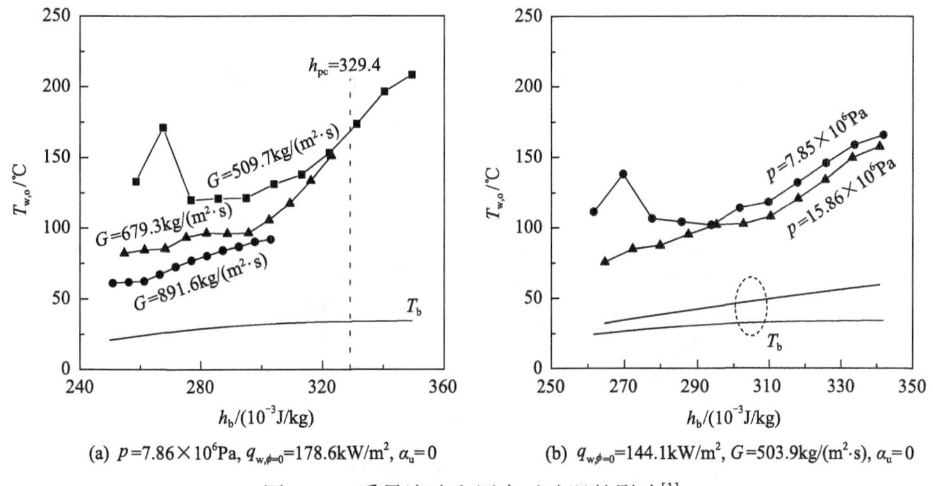


(a) $p=7.86\times10^6$Pa, $q_{w,\phi=0}$=178.6kW/m², $\alpha_u$=0　　(b) $q_{w,\phi=0}$=144.1kW/m², $G$=503.9kg/(m²·s), $\alpha_u$=0

图 5-30　质量流速和压力对壁温的影响[1]

### 5.4.4　均匀加热和非均匀加热壁温的比较

为了考察周向均匀和周向不均匀两种加热方式对 $sCO_2$ 在垂直上升管传热特性的影响，图 5-31 给出了两种加热方式下外壁温的比较，对于半周加热管采用镀银侧中点的壁温，二者比较的基准是压力 $p$、质量流速 $G$、内壁热流密度 $q_w$(对于全周均匀加热取内壁热流密度，半周加热为镀银侧中点的局部热流密度 $q_{w,\varphi=0}$)相近的工况。图中下标 u 表示均匀加热，下标 n 表示非均匀加热。从图中可以看出，半周加热的外壁温总体上低于全周加热工况，均匀加热时壁温出现了峰值，而非均匀加热无壁温峰值，表明半周加热的传热性能优于全周加热。然而，当主流温度超过类临界温度时，两种加热模式的壁温又出现了交叉，如果半周加热管的有效加热长度和全周加热保持一致，那么半周加热的壁温会超过全周加热。半周加热在低焓值和高焓值区对传热表现出负效应。这是因为传热恶化总是发生在类临界温度前，而非均匀加热改善了类沸腾传热。图 5-32 有助于更好地理解上述现象，

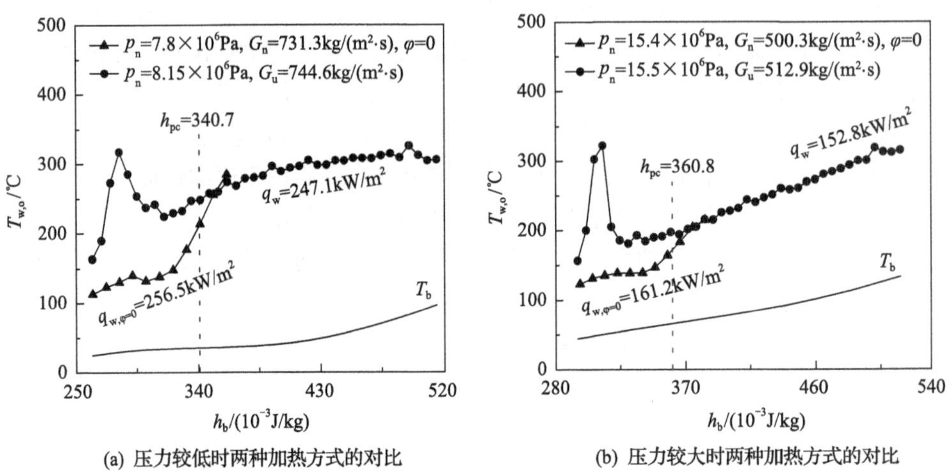

(a) 压力较低时两种加热方式的对比
(b) 压力较大时两种加热方式的对比


图 5-31　周向均匀和周向不均匀两种加热方式对 $sCO_2$ 在垂直上升管传热特性的影响[1]

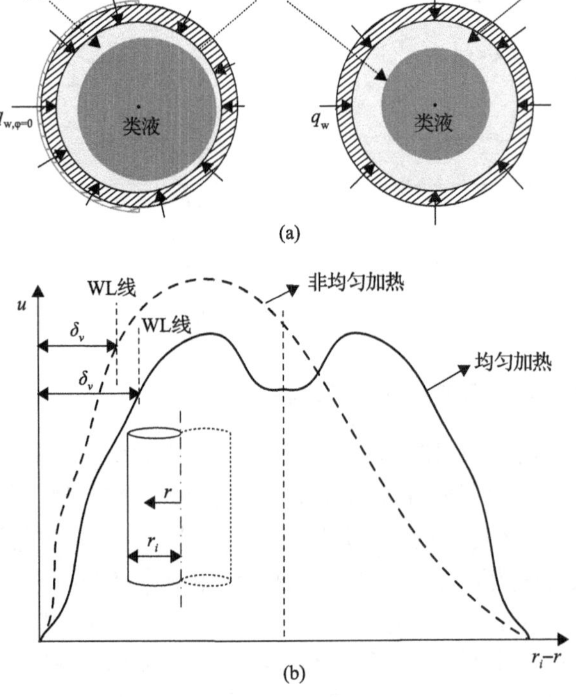


图 5-32　非均匀加热和均匀加热比较的传热机理[1]

我们知道，在均匀加热的通道内流体轴向速度呈对称分布，而在非均匀加热通道内，由于周向热流的不均匀分布，流场出现了非对称分布，具体表现为高热负荷侧流体流速高，而低热负荷侧流体的流速小。反映到超临界 $K$ 数中，速度大表明惯性力大，这说明当均匀加热取平均热负荷和非均匀加热取镀银中点的热负荷作比较时，非均匀加热的超临界 $K$ 数小于均匀加热，超临界 $K$ 数小则类气膜厚度小，传热得以改善。当 $CO_2$ 温度超过类临界温度时，流体表现为纯类气态，这时流体遵循单相流体传热，传热机理和在类临界点前完全不同。关于非均匀加热对 $CO_2$ 在类临界后的影响并不是本章重点关注的，还需要进一步探究，本章只关注类临界温度前的拟沸腾传热。

### 5.4.5　正常传热区和传热恶化区的划分

和全周均匀加热一样，对于半周非均匀加热，采用与全周加热同样的处理方法，传热恶化的定义也保持不变。我们对三个压力等级(约 $8\times10^6$Pa、约 $15\times10^6$Pa、约 $20\times10^6$Pa)的实验数据进行整理，将所有工况以 SBO 数为横坐标，镀银侧中点热流密度 $q_{w,\varphi=0}$ 为纵坐标绘制图 5-33，同样发现非均匀加热对前述两种传热模式存在明显分界线。临界 $SBO_{cr}=8.908\times10^{-4}$，当 $SBO<8.908\times10^{-4}$ 时，传热表现为正常传热模式，当 $SBO>8.908\times10^{-4}$ 时，为传热恶化。之前的研究中，对于全周加热得到的 SBO 数临界转换值为 $5.126\times10^{-4}$，其值小于半周加热，这说明在同样的运行条件下，全周加热更易发生传热恶化，半周加热延缓了传热恶化的发生。

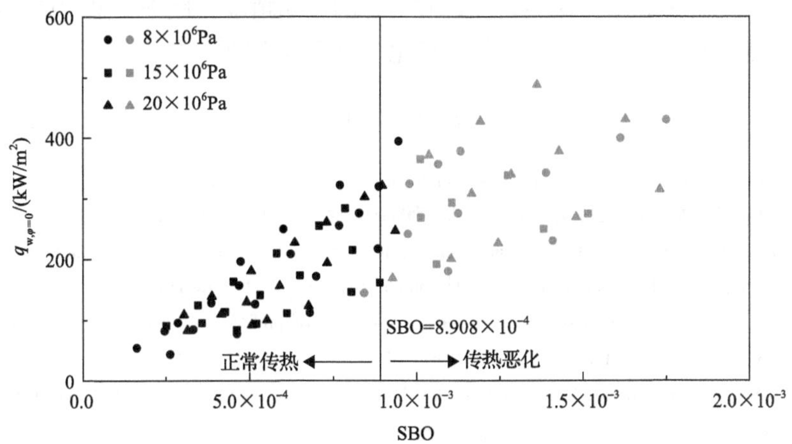


图 5-33　正常传热区和传热恶化区的划分[1]

对于非均匀加热来说，当地的 SBO 数可以表示为

$$SBO_{\varphi}=\frac{q_{w,\varphi}}{Gh_{pc}} \tag{5-30}$$

由于镀银侧吸收的热量来自银层和管本身的发热量，而非镀银层只吸收管自身的发热量。前面已经知道，镀银层的热负荷高于非镀银侧，$q_{w,\varphi=0}/h_{pc}$ 可以标度为类液向类气转换过程中的质量传递，这意味着镀银侧质量传递强于非镀银侧，镀银侧气膜变厚，所以镀银侧的传热系数小于非镀银侧(图 5-27)。

## 5.5 本章小结

本章主要研究和分析了 $sCO_2$ 在均匀加热和非均匀加热条件下的流动换热特性，并获得了不同管径和运行参数下 $sCO_2$ 的流动换热规律。

基于超临界类沸腾理论，通过对超临界压力类汽膜的受力分析，提出了两个新的无量纲参数，即超临界沸腾数 SBO 与 $K$ 数，用来表征气液界面传质引起的膨胀动量力与对流引起的惯性力的比值。这两个无量纲参数有效控制了气膜厚度，小的超临界沸腾数 SBO 和 $K$ 数，对应薄的汽膜厚度和良好的传热状态。反之亦然，大的超临界沸腾数 SBO 和 $K$ 数，对应厚的汽膜厚度和不好的传热状态。SBO 数和 $K$ 数成功揭示了实验观察到的现象。

结合文献中的实验数据，确定了 $sCO_2$、超临界水、超临界有机等四种工质在垂直上升流动条件下发生传热危机及壁温飞升的临界判据，为避免超温爆管提供了精准的关系式。同时，提出了新的超临界流体对流传热关联式，包含雷诺数、普朗特数及 $K$ 数。由于关联式仅包含一个额外的无量纲参数，所以容易求解并可避免发散。更重要的是，该关联式具有很好的预测精度，优于文献中广泛引用的关联式精度，并适合正常传热和传热恶化，也适合不同工质。

### 参考文献


[1] 朱兵国. 超临界二氧化碳垂直管内对流换热研究[D]. 北京: 华北电力大学, 2020.

[2] 张海松. 超临界流体垂直管流动传热"类沸腾"机理研究[D]. 北京: 华北电力大学, 2021.

[3] Zhu B G, Xu J L, Yan C S, et al. The general supercritical heat transfer correlation for vertical up-flow tubes: K number correlation[J]. International Journal of Heat and Mass Transfer, 2020, 148: 119080.

[4] Xu J L, Chen T K. A non-linear solution of inverse heat conduction problem for obtaining the inner heat transfer coefficient[J]. Heat Transfer Engineering, 1998, 19: 45-53.

[5] Kandlikar S G. Heat transfer mechanisms during flow boiling in micro channels[J]. Journal of Heat Transfer, 2014, 126: 8-16.

[6] Bae Y Y, Kim H Y, Kang D J. Forced and mixed convection heat transfer to supercritical $CO_2$ vertically flowing in a uniformly-heated circular tube[J]. Experimental Thermal & Fluid Science, 2010, 34(8): 1295-1308.

[7] Liu S H, Huang Y P, Liu G X, et al. Improvement of buoyancy and acceleration parameters for forced and mixed convective heat transfer to supercritical fluids flowing in vertical tubes[J]. International Journal of Heat and Mass Transfer, 2017, 106: 1144-1156.

[8] Xu R N, Luo F, Jiang P X. Buoyancy effects on turbulent heat transfer of supercritical $CO_2$ in a vertical mini-tube

based on continuous wall temperature measurements[J]. International Journal of Heat and Mass Transfer, 2017, 110: 576-586.

[9] Kim D E, Kim M H. Experimental investigation of heat transfer in vertical upward and downward supercritical $CO_2$ flow in a circular tube[J]. International Journal of Heat & Fluid Flow, 2011, 32(1): 176-191.

[10] Zhao M, Gu H Y, Cheng X. Experimental study on heat transfer of supercritical water flowing downward in circular tubes[J]. Annals of Nuclear Energy, 2014, 63: 339-349.

[11] 李虹波, 杨珏, 顾汉洋, 等. 竖直单管内超临界水传热恶化实验研究[M]. 北京: 中国原子能出版社, 2011: 472-478.

[12] 王磊. 垂直圆管内超临界水的传热特性研究[D]. 上海: 上海交通大学, 2012.

[13] Zhang G, Zhang H, Gu H Y, et al. Experimental and numerical investigation of turbulent convective heat transfer deterioration of supercritical water in vertical tube[J]. Nuclear Engineering and Design, 2012, 248: 226-237.

[14] 王飞, 杨珏, 顾汉洋, 等. 垂直管内超临界水传热实验研究[J]. 原子能科学技术, 2013, 47(6): 933-939.

[15] 胡志宏, 陈听宽, 孙丹. 近临界及超临界压力区垂直光管和内螺纹管传热特性的试验研究[J]. 热能动力工程, 2001, 16(3): 267-270, 348.

[16] 潘杰, 杨冬, 董自春, 等. 垂直上升光管内超临界水的传热特性试验研究[J]. 核动力工程, 2011, 32(1): 75-80.

[17] Shen Z, Yang D, Chen G M, et al. Experimental investigation on heat transfer characteristics of smooth tube with downward flow[J]. International Journal of Heat and Mass Transfer, 2014, 68: 669-676.

[18] Shen Z, Yang D, Xie H Y, et al. Flow and heat transfer characteristics of high pressure water flowing in a vertical upward smooth tube at low mass flux conditions[J]. Applied Thermal Engineering, 2016, 102: 391-401.

[19] Lei X L, Li H X, Zhang W Q, et al. Experimental study on the difference of heat transfer characteristics between vertical and horizontal flows of supercritical pressure water[J]. Applied Thermal Engineering, 2017, 113: 609-620.

[20] Zhu X J, Bi Q C, Yang D, et al. An investigation on heat transfer characteristics of different pressure steam-water in vertical upward tube[J]. Nuclear Engineering and Design, 2008, 239: 381-388.

[21] 胡志宏. 超临界和近临界压力区垂直上升及倾斜管传热特性研究[D]. 西安: 西安交通大学, 2001.

[22] Mokry S, Pioro I, Farah A, et al. Development of supercritical water heat transfer correlation for vertical bare tubes[J]. Nuclear Engineering and Design, 2011, 241(4): 1126-1136.

[23] Ackerman J W. Pseudoboiling heat transfer to supercritical pressure water in smooth and ribbed tubes[J]. Journal of Heat Transfer, 1970, 92(3): 490-497.

[24] Cui Y L, Wang H X. Experimental study on convection heat transfer of R134a at supercritical pressures in a vertical tube for upward and downward flows[J]. Applied Thermal Engineering, 2018, 129: 1414-1425.

[25] 张思宇. 超临界流体流动传热试验和模化研究[D]. 上海: 上海交通大学, 2015.

[26] 崔亚林, 王怀信. R134a 超临界压力下管内换热特性实验研究[J]. 中国电机工程学报, 2018, 38(8): 2376-2383, 2547.

[27] Kang K H, Chang S H. Experimental study on the heat transfer characteristics during the pressure transients under supercritical pressures[J]. International Journal of Heat and Mass Transfer, 2009, 52: 4946-4955.

[28] 陈佳跃, 熊珍琴, 肖瑶, 等. 垂直圆管内超临界 R134a 对流传热实验研究[J]. 核动力工程, 2016, 37(2): 27-31.

[29] Yamashita T, Yoshida S, Mori H, et al. Heat transfer study under supercritical pressure conditions for single rod test section[C]//Proceedings of the American Nuclear Society International Congress on Advances in Nuclear Power Plants, Seoul: 2005: 1548-1556.

[30] Dubey S K, Vedula R P, Iye K N, et al. Local heat transfer coefficient measurements using thermal camera for upward flow of Freon 22 in a vertical tube at supercritical conditions and development of correlations[J]. Nuclear

Engineering and Design, 2018, 328: 80-94.

[31] Shiralkar B S, Griffith P. Deterioration in heat transfer to fluids at supercritical pressure and high heat fluxes[J]. Journal of Heat Transfer, 1968, 91 (1) : 27-36.

[32] Bourke P J, Pulling D J, Gill L E, et al. Forced convective heat transfer to turbulent $CO_2$ in the supercritical region[J]. International Journal of Heat and Mass Transfer, 1970, 13 (8) : 1339-1348.

[33] Kline N, Feuerstein F, Tavoularis S. Onset of heat transfer deterioration in vertical pipe flows of $CO_2$ at supercritical pressures[J]. International Journal of Heat and Mass Transfer, 2018, 118: 1056-1068.

[34] Li Z H, Jiang P X, Zhao C, et al. Experimental investigation of convection heat transfer of $CO_2$ at supercritical pressures in a vertical circular tube[J]. Experimental Thermal and Fluid Science, 2010, 34: 1162-1171.

[35] Jiang K. An experimental facility for studying heat transfer in supercritical fluids[D]. Ottawa:University of Ottawa, 2015.

[36] Pioro I, Gupta S, Mokry S. Heat-transfer correlations for supercritical-water and carbon dioxide flowing upward in vertical bare tubes[C]//Heat Transfer Summer Conference. American Society of Mechanical Engineers, Puerto Rico: 2012, 44779: 421-432.

[37] Zahlan H, Groeneveld D C, Tavoularis S. Measurements of convective heat transfer to vertical upward flows of $CO_2$ in circular tubes at near-critical and supercritical pressures[J]. Journal of Engineering, 2015, 289: 92-107.

[38] Shen Z, Yang D, Xie H, et al. Flow and heat transfer characteristics of high-pressure water flowing in a vertical upward smooth tube at low mass flux conditions[J]. Applied Thermal Engineering, 2016, 102: 391-401.

[39] Mokry S, Pioro I, Farah A, et al. Development of supercritical water heat-transfer correlation for vertical bare tubes[J]. Nuclear Engineering Design, 2010, 241 (4) : 1126-1136.

[40] Zhang S Y,Gu H Y, Cheng X, et al. Experimental study on heat transfer of supercritical Freon flowing upward in a circular tube[J]. Nuclear Engineering Design, 2014, 280: 305-315.

[41] Bishop A A, Sandberg R O, Tong L S. Forced convection heat transfer to water at near-critical temperatures and super-critical pressures[C]//Pittsburgh: Westinghouse Electric Corporation, Atomic Power Division, 1964.

[42] Jackson J D. Influences of buoyancy on heat transfer to fluids flowing in vertical tubes under turbulent conditions[J]. Turbulent Forced Convection in Channels and Bundles, 1979, 2: 613-640.

[43] Jackson J D. Fluid flow and convective heat transfer to fluids at supercritical pressure[J]. Nuclear Engineering and Design, 2013, 264: 24-40.

[44] Gupta S, Saltanov E, Mokry S J, et al. Developing empirical heat-transfer correlations for supercritical $CO_2$ flowing in vertical bare tubes[J]. Nuclear Engineering Design, 2013, 261: 116-131.

[45] Yu J, Jia B, Wu D, et al. Optimization of heat transfer coefficient correlation at supercritical pressure using genetic algorithms[J]. Heat and Mass Transfer, 2009, 45: 757-766.

[46] Jiang P X, Zhang Y, Shi R F. Experimental and numerical investigation of convection heat transfer of $CO_2$ at supercritical pressures in a vertical mini-tube[J]. International Journal of Heat and Mass Transfer, 2008, 521: 3052-3056.

[47] 崔亚林. 超临界压力下 R134a 在垂直管中的换热特性实验研究[D]. 天津: 天津大学, 2017.

# 第 6 章　$sCO_2$ 燃煤锅炉

## 6.1 引　　言

锅炉将燃料的化学能转化为烟气热能，并通过换热面传递给循环工质，作为热源驱动循环做功发电，它是燃煤发电系统的关键换热部件。锅炉中的流动与传热直接影响着发电系统的经济性与安全性。以水为工质的锅炉已历时一百余年，自早期的单锅筒锅炉发展至现代的超临界直流锅炉，技术日臻完善，形成了一套理论体系。然而，当工质改变为 $sCO_2$ 时，由于工质物理及化学性质发生了显著变化，工质的流动及传热特性随之改变，从而引起烟气侧与工质侧的耦合特性发生改变，产生新的难点和挑战。本书在绪论中对 $sCO_2$ 燃煤发电系统的挑战进行了概述，在 $sCO_2$ 锅炉部件层面主要包括两个方面。①如何应对大流量引起的压降惩罚效应？由于 $sCO_2$ 循环需要采用深度回热提升循环效率，故工质在锅炉内焓增较小，由此导致循环流量比水蒸气循环大 6～8 倍，使锅炉换热管达到近乎堵塞的程度，压缩机耗功急剧增大，机组效率降低。②如何对锅炉受热面温度进行有效控制？与水蒸气锅炉相比，$sCO_2$ 锅炉受热面内工质温度偏高、管内对流换热系数偏低，换热管壁温偏高，而位于炉膛高热负荷区的冷却壁缺乏有效冷却，面临易于超温爆管的难题。本章围绕以上难点，详细描述了本书作者团队的研究进展。

## 6.2 $sCO_2$ 锅炉压降惩罚效应及模块化设计

为了消除 $sCO_2$ 锅炉压降惩罚效应，本书作者等提出了 1/8 减阻原理及锅炉模块化设计，本节将对相关内容进行详细描述[1]。

### 6.2.1 1/8 减阻原理

首先，建立简单的分析模型对机理进行阐述。假设锅炉内某一受热面，如炉膛内某一段冷却壁，如图 6-1(a)所示，受热面长度、工质流量分别为 $L$、$\dot{m}$，受热面接收的烟气侧热流密度为 $q$。因此，吸热量 $Q$ 可表示为

$$Q = qW_{\rm s}L \tag{6-1}$$

式中，$W_{\rm s}$ 为受热面宽度。

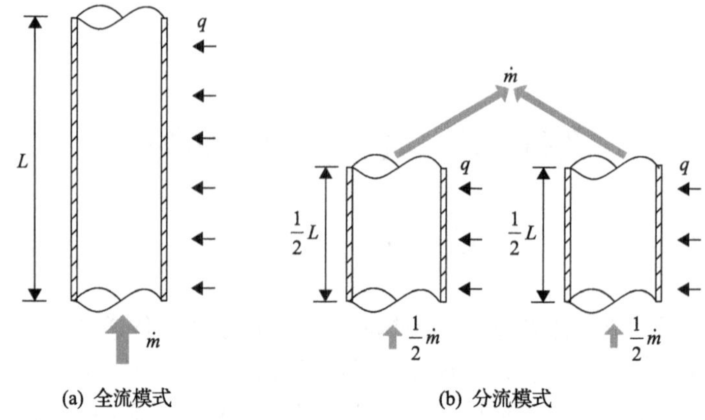


图 6-1　全流模式和分流模式的比较[2]

管内压降由摩擦压降、重力压降和加速压降组成，其中摩擦压降占比最大，表示为

$$\Delta p_{\mathrm{f}} = f \cdot \frac{L}{d_{\mathrm{i}}} \cdot \frac{G^2}{2\rho} \tag{6-2}$$

式中，$f$ 为摩擦阻力系数；$d_{\mathrm{i}}$ 为换热管内径；$G$ 为质量流速。

以上布置为传统的受热面布置方式，本书称为全流模式，如图 6-1(a)所示[2]。将以上受热面转换为 2 个，每个受热面长度、流量分别为 $0.5L$、$0.5\dot{m}$，如图 6-1(b)所示，称为分流模式。与全流模式相比，分流模式下受热面宽度及总长度不变，根据式(6-1)，受热面的总吸热量不变。然而，由于分流模式将长度 $L$ 及质量流速 $G$ 均减小为全流模式的一半，根据式(6-2)，摩擦压降可减小为全流模式的 1/8，即 1/8 减阻原理。

### 6.2.2　锅炉模块化设计

将 1/8 减阻原理应用于 $sCO_2$ 锅炉受热面，如冷却壁、过热器、再热器和预热器，可使受热面分为多个受热面模块，得到锅炉的模块化设计。传统的水蒸气锅炉采用全流模式，水冷壁为直流式；模块化 $sCO_2$ 锅炉的冷却壁与其他受热面均被分为若干模块，每个模块的流量为全流模式流量的一半。图 6-2 分别为采用模块化设计的一次再热和二次再热锅炉 $sCO_2$ 受热面布置及结构图[1]，图中“Md”表示模块。锅炉中的冷却壁、过热器和再热器均被分为多个模块，相同换热器的两个模块之间为并联关系。冷却壁模块的换热管布置方式通常可采用螺旋管圈或竖直管，建议 $sCO_2$ 锅炉采用竖直管。一方面，螺旋管圈增大了冷却壁压降，加剧了压降惩罚效应；另一方面，由于采用模块化设计，单个冷却壁模块高度受限，螺旋管长度受限，所以其减小热偏差的效果显著降低。本书作者等提出的锅炉模块化设计已申请并获得中国发明专利及美国发明专利授权[3,4]。

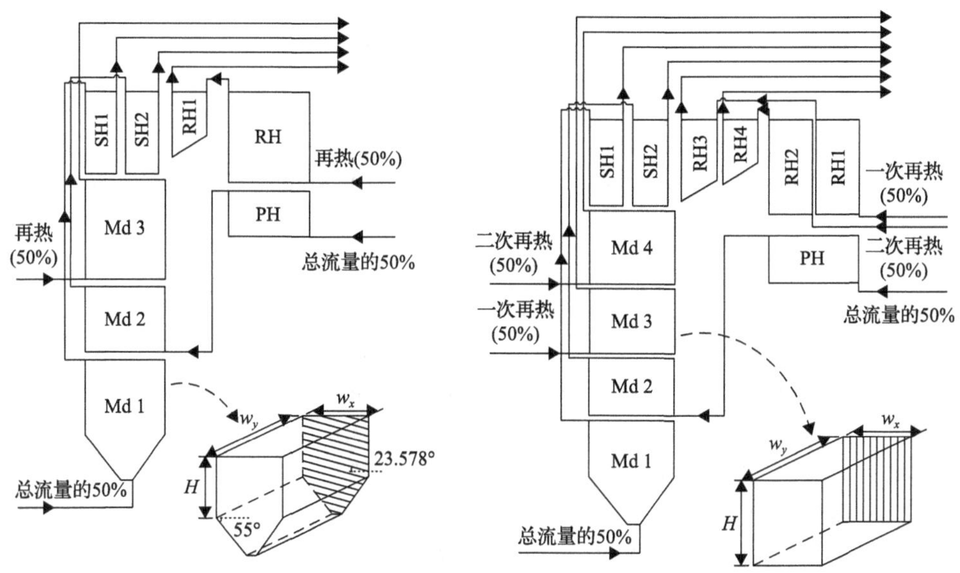


(a) 适合一次再热循环的锅炉模块化设计　(b) 适合二次再热循环的锅炉模块化设计

图 6-2　$sCO_2$锅炉模块化设计[1]

为了探索锅炉模块化设计抑制压降的效果，以 1000MW 燃煤发电系统为研究对象，建立了耦合 $sCO_2$循环及锅炉流动传热特性的数学模型，计算并比较全流模式与分流模式下锅炉的压降。循环采用一次再热再压缩循环并包含中间冷却过程，详见文献[1]。锅炉受热面布置如图 6-2(a)所示。下面以冷却壁模块为例介绍压降的计算模型。

冷却壁管压降由摩擦压降$\Delta p_{\mathrm{f}}$、重位压降$\Delta p_{\mathrm{g}}$与加速压降$\Delta p_{\mathrm{a}}$三部分组成[5]，即

$$\Delta p=\Delta p_{\mathrm{f}}+\Delta p_{\mathrm{g}}+\Delta p_{\mathrm{a}} \tag{6-3}$$

式中，各压降的单位均为 kPa。其中，$\Delta p_{\mathrm{a}}$仅由进出口物性参数决定[5]：

$$\Delta p_{\mathrm{a}}=G^2\left(\frac{1}{\rho_{\mathrm{o}}}-\frac{1}{\rho_{\mathrm{i}}}\right) \tag{6-4}$$

式中，$\rho_{\mathrm{o}}$与$\rho_{\mathrm{i}}$分别为模块出口与进口 $CO_2$密度。$\Delta p_{\mathrm{f}}$与$\Delta p_{\mathrm{g}}$是模块长度的函数，可通过积分获得：

$$\Delta p_{\mathrm{f}}=\int_{\text{whole-module-length}}\frac{f}{d_{\mathrm{i}}}\cdot\frac{G^2}{2\rho}\mathrm{d}z,\quad \Delta p_{\mathrm{g}}=\int_{\text{whole-module-length}}\rho g\mathrm{d}z \tag{6-5}$$

式中，$g$ 为重力加速度，$m/s^2$。摩擦阻力系数 $f$ 由下式计算[6,7]：

$$f=\frac{1}{3.24\lg^2\left[\left(\frac{\Delta/d_i}{3.7}\right)^{1.1}+\frac{6.9}{Re}\right]} \tag{6-6}$$

式中，$\Delta$ 为管内绝对粗糙度，按不锈钢选取，为 0.012mm[8]。$Re$ 为雷诺数：

$$Re=\frac{Gd_i}{\mu} \tag{6-7}$$

式中，$\mu$ 为 $CO_2$ 动力黏度，由工质温度与压力确定。

由于沿模块长度方向，$CO_2$ 的物性随温度升高而变化，因此沿长度方向将加热模块离散为多个微元，假设同一微元内 $CO_2$ 物性相同。当微元数 $n_m$ 取 200 时，继续增大 $n_m$ 对结果的影响很小，因此计算中取 $n_m$=200。

对于耦合 $sCO_2$ 循环及锅炉流动传热特性的数学模型，需将锅炉压降作为迭代参数进行迭代计算。求解步骤如下：①输入循环已知参数，如表 6-1 所示；②假设锅炉内换热模块的压降初始值；③对热力学循环进行计算，得到循环状态点参数、循环热效率和系统燃煤量；④计算 $sCO_2$ 锅炉各换热模块热量、结构参数和压降；⑤计算 $sCO_2$ 锅炉各换热模块压降的残差；⑥如果残差小于设定值，则停止计算。否则，重复上述步骤。

**表 6-1 考虑锅炉压降的循环设计参数**

| 参数 | 数值 |
|---|---|
| 透平入口温度 $T_5$/℃ | 620 |
| 透平入口压力 $p_5$/MPa | 30 |
| 透平等熵效率 $\eta_{T,s}$/% | 93 |
| 压缩机 C1 的入口温度 $T_1$/℃ | 32 |
| 压缩机 C1 的入口压力 $p_1$/MPa | 7.9 |
| 压缩机 C2 的入口温度 $T_{1,ic}$/℃ | 32 |
| 冷却器及各回热器压降 $\Delta p$/MPa | 0.1 |
| 压缩机的等熵效率 $\eta_{C,s}$/% | 89 |
| LTR 与 HTR 的夹点温差（$\Delta T_{LTR}$ 与 $\Delta T_{HTR}$）/℃ | 10 |

图 6-3 为全流模式与分流模式下冷却壁管内径和管数对冷却壁压降的影响[1]，其中(a)和(b)、(c)和(d)分图分别表示全流模式、分流模式下主加热器与再热器的压降。根据图 6-2(a)的锅炉模块布置图，冷却壁模块 1 与模块 3 分别属于锅炉

的主加热器与再热器，其压降分别在主加热器、再热器压降中占主导地位。对于全流模式的 $sCO_2$ 锅炉冷却壁，在较小内径(如 $d_i$<30mm)下，冷却壁模块 1 与模块 3 的压降都非常大。同时，冷却壁模块 1 的压降近似比模块 3 的压降大一个数量级。随着管径的增大，压降急剧减小。冷却壁换热管的数量 $n$ 也对压降具有显著影响。换热管数量越多，压降越小。

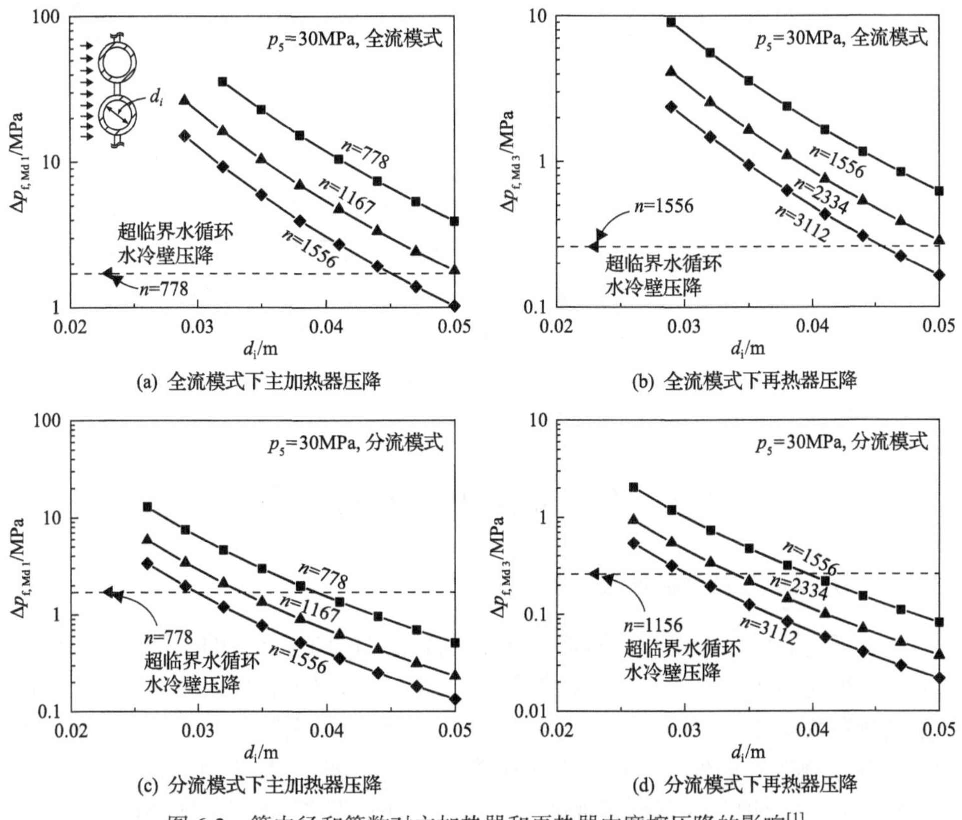


图 6-3　管内径和管数对主加热器和再热器中摩擦压降的影响[1]

分流模式和模块化设计显著降低了 $sCO_2$ 锅炉的压降，基本满足 1/8 减阻原理，如图 6-3(c)和(d)所示。例如，对于 $sCO_2$ 锅炉冷却壁模块 3，当内径为 $d_i$=41mm，$n$=1556 时，分流模式使压降自 1.16MPa 降低至 0.15MPa。基于分流模式，当采用常规内径尺寸时，$sCO_2$ 锅炉冷却壁的压降可以降低至与超临界水蒸气锅炉相同的水平。例如，对于 $sCO_2$ 锅炉，当内径 $d_i$=29mm，$n$=1167 时，主加热器的冷却壁模块 1 的压降为 3.421MPa；当内径 $d_i$=41mm，$n$=1167 时，其压降进一步降低至 0.619MPa，这对于 $sCO_2$ 锅炉是可以接受的。从图中可以看出，通过优化冷却壁换热管的管径和数量，分流模式和模块化设计可将 $sCO_2$ 锅炉压降降至低于超临界水锅炉的水平。

### 6.2.3　锅炉模块化设计的意义

在热力循环的要求下，$sCO_2$ 循环流量是水蒸气机组的 6～8 倍，如果使用常规直流锅炉设计(全流模式)，将导致 $sCO_2$ 锅炉压降大到堵塞的程度，形成压降惩罚效应。分流模式和模块化设计将锅炉每个模块的质量流量及长度近似减少一半，将锅炉压降近似减小为全流模式的 1/8，满足 1/8 减阻原理。1/8 减阻原理及锅炉模块化设计将 $sCO_2$ 锅炉压降降到比水蒸气锅炉更低的水平，彻底解决了锅炉压降惩罚问题。

自工业革命开始，锅炉在化石能源的规模化应用方面发挥了巨大作用，是将化石能源转换为热能的关键设备。但现有锅炉，包括电站锅炉和工业锅炉，均以水为工质，国际国内均未有成熟的二氧化碳锅炉商业应用。当锅炉的工质被替换为 $sCO_2$ 时，由于循环特性及 $sCO_2$ 本身的物理化学性质发生变化，传统水蒸气锅炉的设计理念已不能满足 $sCO_2$ 锅炉的需要，必须进行革新。本书作者等提出的锅炉模块化设计解决了锅炉压降惩罚效应的难题，为推进 $sCO_2$ 锅炉的应用奠定了理论基础，也为实际工程实施带来了便利，锅炉的各级模块在完成设计后，可由制造厂制造后运输到电站现场，进行积木式安装。

## 6.3　$sCO_2$ 锅炉壁温控制方法

### 6.3.1　$sCO_2$ 锅炉壁温控制研究思路

与水蒸气锅炉相比，$sCO_2$ 锅炉具有如下特点：①$sCO_2$ 锅炉的入口工质温度比水蒸气锅炉高约 150℃；②锅炉换热管内的 $CO_2$ 为远离拟临界点的类气态，管内对流换热系数仅 3～6kW/m$^2$K，远低于超临界水的换热系数。以上两个因素导致 $sCO_2$ 锅炉换热管壁温偏高，炉膛内冷却壁缺乏有效冷却，极易引起超温爆管。

实际上，“锅炉”的名称直观准确地表达了锅炉设备的特点与作用，“炉”表示燃料燃烧的场所；“锅”表示内部盛装有工质并使工质吸收热量的压力容器。“炉”与“锅”相耦合，实现将燃料的化学能转换为工质的内能，使工质达到动力循环所需要的热力学参数。

为了解决管壁超温的难题，本书从工程热物理的基本原理出发，明晰了 $sCO_2$ 锅炉中“锅”和“炉”的耦合机理，并进一步提出 $sCO_2$ 锅炉壁温控制的研究思路，即采用“锅”和“炉”解耦的研究方法，分别提出“锅”和“炉”的调控策略，降低冷却壁壁温，确保锅炉安全。再对“锅”和“炉”进行耦合集成分析，提出综合设计方案。

由于炉膛内换热量的 95%以上是通过辐射换热进行传递的，通常将炉膛内冷却壁视为辐射受热面。根据辐射换热的斯特藩-玻耳兹曼定律，冷却壁接收的热流密度正比于火焰或烟气温度的 4 次方与冷却壁外壁温的 4 次方之差(温度单位均为 K)。炉膛内火焰或烟气温度高达 1600℃，当冷却壁外壁温由 600℃升高至 700℃时，热流密度仅减小 2.7%。由此可知，热流密度主要取决于烟气温度，对冷却壁外壁温变化并不敏感。$sCO_2$锅炉与水锅炉相比，当炉膛尺寸及燃烧器布置差别不大时，炉膛内烟气温度场的差别较小，冷却壁热流密度差别较小。因此，对于炉膛辐射受热面，可以采用“锅”和“炉”解耦的方法进行研究。而对于半辐射受热面及对流受热面，由于对流换热同时取决于与烟气温度场、流场，解耦方法不再奏效，需进行“锅”和“炉”耦合的研究。

基于以上耦合机理分析，$sCO_2$锅炉冷却壁壁温控制的具体思路包括“炉”侧调控策略、“锅”侧调控策略及“锅”和“炉”的耦合集成。

(1)“锅”侧调控策略：为了应对锅炉压降惩罚效应的难题，$sCO_2$锅炉需要采用分流减阻原理，对受热面即“锅”侧进行模块化设计。锅炉内烟气温度自炉膛向尾部烟道逐渐降低，所以各换热模块工质温度和烟气温度对应关系的选择非常重要。从流动和传热的角度出发，宜选择高工质温度对应高烟气温度；而从控制壁温的角度出发，则应使低工质温度对应高烟气温度。因此，综合考虑各方面因素，对模块进行合理设计与布置，是“锅”侧调控要解决的重点问题。

(2)“炉”侧调控策略：热流密度直接影响冷却壁的壁温，以热流密度沿炉膛高度及宽度方向的分布为突破口，提出调控策略。降低热流密度的最大值及不均匀性有利于冷却壁壁温的降低，可总结为“温火燃烧，均匀分布”，如创新炉型结构、调整燃烧方案、采用烟气再循环等。

(3)“锅”和“炉”的耦合集成：综合“炉”侧与“锅”侧调控策略，针对不同发电容量机组，提出锅炉冷却壁的综合布置方案。

目前大型电站锅炉的冷却壁换热管型式为膜式壁，图 6-4 为膜式壁壁温的二

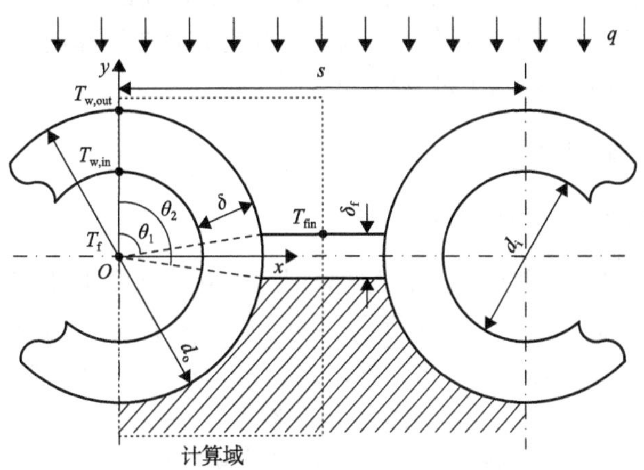


图 6-4　二维冷却壁计算模型[9]

维物理模型[9]，工质在管内流动，温度为 $T_f$，℃；换热管向火侧接收来自炉膛的辐射热流，热流密度用 $q$ 表示，$kW/m^2$；换热管背火侧为保温材料，假设为绝热条件；管壁向火侧中心处外壁温 $T_{w,out}$，内壁温 $T_{w,in}$，平均壁温 $T_w$ 为外壁温与内壁温的算数平均值，即 $T_w=1/2(T_{w,out}+T_{w,in})$；膜式壁鳍片端部温度 $T_{fin}$。根据对称性，模型的计算域为虚线所示区域。

根据经典的锅炉传热理论，膜式壁向火侧中心处平均壁温 $T_w$ 的计算公式如下[10]：

$$T_w = T_f + \mu_d \varepsilon_d q \left[ \frac{1}{h_c} + \frac{\delta}{\lambda(\varepsilon_d + 1)} \right] \tag{6-8}$$

式中，$\varepsilon_d$ 为管外径与内径之比，即 $\varepsilon_d = d_o/d_i$；$\mu_d$ 为管子正面中心处外壁热量分流系数，与管子节距比 $s/d_o$、$\varepsilon_d$ 及毕奥数有关；$1/h_c$ 为管内对流热阻；$\delta/[\lambda(\varepsilon_d+1)]$ 为管壁导热热阻。

由上式可知，冷却壁壁温由烟气侧热流密度、传热过程热阻及工质温度共同决定。根据本节所述 $sCO_2$ 锅炉中“锅”和“炉”的耦合机理，冷却壁属于炉膛辐射受热面，可采用“锅”和“炉”解耦的方法进行研究，$sCO_2$ 锅炉炉膛内烟气侧热流密度与水锅炉热流密度相似，因此可以借鉴水锅炉典型热流密度分布曲线，即热负荷分布曲线。

本书作者等针对冷却壁壁温控制的问题，以 1000MW 二次再热机组锅炉为研究对象，以锅炉内烟气热负荷分布与换热管内 $sCO_2$ 流动传热的耦合特性为出发点，建立耦合循环系统、锅炉设计及冷却壁流动传热的计算模型，进行了两个阶段的研究[9,11-13]：①考虑烟气侧热负荷沿烟气流动方向的不均匀分布特性，研究了烟气侧与工质侧的匹配策略；②考虑炉膛烟气侧热负荷的三维不均匀分布，研究了降低 $sCO_2$ 锅炉冷却壁壁温的综合策略。下面首先介绍计算模型与求解方法，然后分别对两个阶段的研究结果进行描述[9,11-13]。

### 6.3.2 计算模型与求解方法

1. $sCO_2$ 循环系统及锅炉模块划分

针对 1000MW 燃煤发电系统，循环采用基于能量复叠利用原理的顶底复合循环，包含二次再热过程，如图 6-5 所示[11]，具体构建方式详见本书第 3 章。其中，锅炉中加热器 1～4 分别表示主加热器、一次再热器、二次再热加热器及底循环加热器。根据锅炉的模块化设计理论，将加热器 1～3 分为并联的两路[14]，如图 6-6 所示。其中，加热器 1 的两路分别由两个串联模块组成，温度较低的模块 1a 和模块 1b 作为冷却壁模块布置在炉膛内；而加热器 2、3 各取一路分为两个串联模块，将低温模块(模块 2、模块 3)作为冷却壁模块。在此布置方式中，冷却壁包括 4 个模块，因此称为“4 模块方案”。图中，“Md”表示模块，点 a～d 表示冷却壁模块出口点。

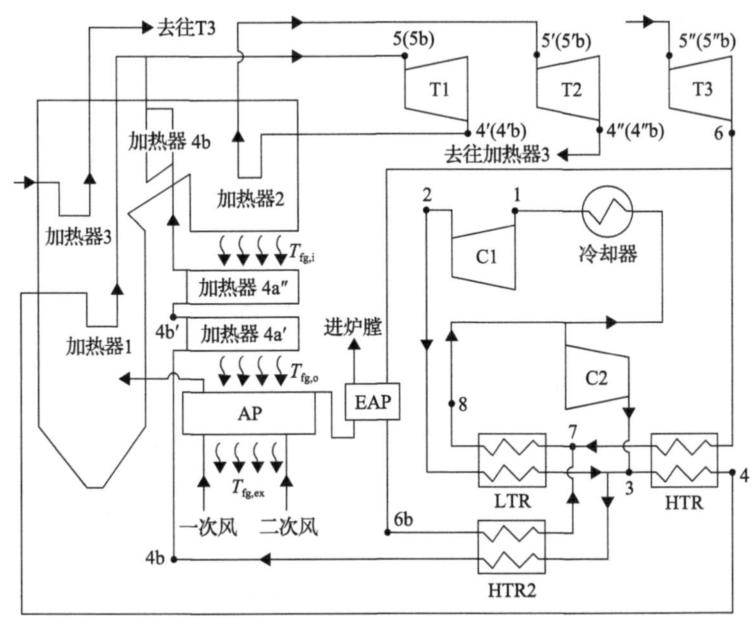


图 6-5　燃煤 $sCO_2$ 发电循环系统图[11]

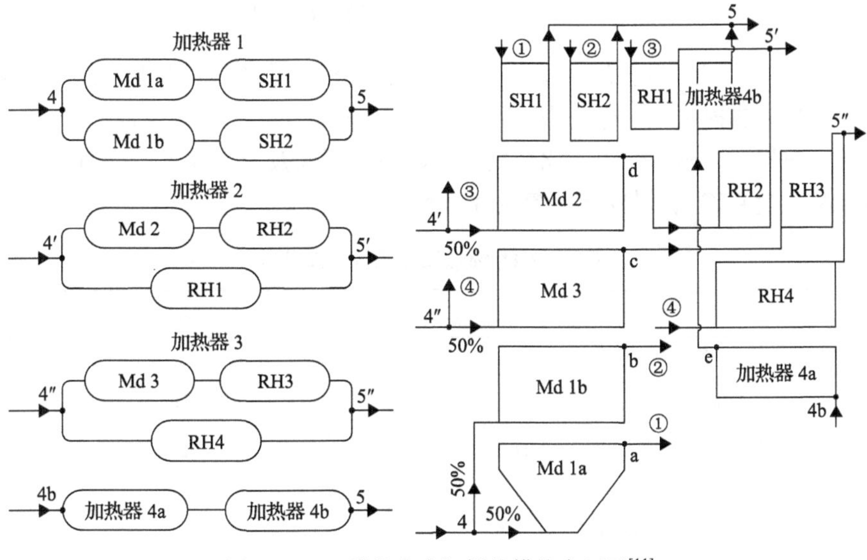


图 6-6　“4 模块方案”锅炉模块布置图[11]

在水锅炉的设计中，为了提高受热面管壁材料的安全性，通常需在受热面设计时进行优化匹配，使低温水匹配高温烟气或高热流密度。例如，来自省煤器的低温水进入炉膛水冷壁，水平烟道内的高温过热器或再热器采用顺流、逆流相结合的流动模式。在 $sCO_2$ 锅炉设计中，借鉴传统匹配方法，在满足锅炉达到排烟温度的前提下，使全部低温工质进入冷却壁。因此，将图 6-5 中加热器 2、加热器 3 的全部支路分为高温、低温模块串联，将温度较低的模块布置在炉膛内，得到“6 模块方案”，如图 6-7 所示[11]。

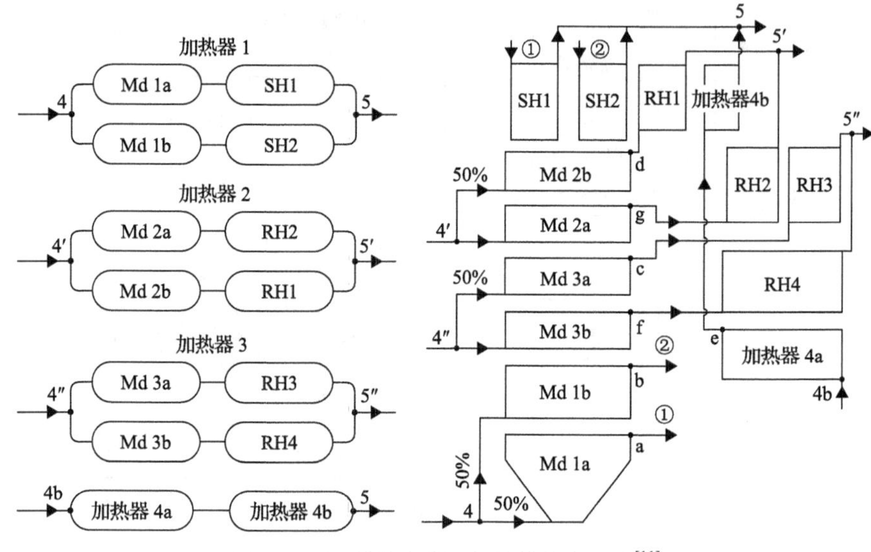


图 6-7　“6 模块方案”锅炉模块布置图[11]

计算模型采用的假设条件为：①系统稳态运行；②忽略发电系统通流管道的阻力损失与散热损失；③流体混合前具有相同的压力/温度，使其㶲损失降至最低；④忽略锅炉与透平通流管道、锅炉内集箱的散热损失及阻力损失。表 6-2 给出了 1000MW 容量 $sCO_2$ 燃煤发电系统设计参数。

**表 6-2　$sCO_2$ 燃煤发电系统已知参数**

| 参数 | 数值 |
|---|---|
| 透平入口温度/℃ | 620 |
| 高压透平入口压力/MPa | 30 |
| 主压缩机入口温度/℃及压力/MPa | 32/7.6 |
| 回热器夹点温差/℃ | 10 |
| 回热器压降/MPa | 0.1 |
| 透平/压缩机等熵效率 | 0.93/0.89 |
| 加热器 4a 烟气与工质温差/℃ | 40/30(冷端/热端) |

续表

| 参数 | 数值 |
|---|---|
| 锅炉高度/宽度/深度/m | 63/32/16 |
| 锅炉排烟温度/℃ | 123 |
| 冷风温度/℃ | 31/23（一次风/二次风） |
| 一次热风温度/℃ | 320 |
| 一次风/二次风占比 | 0.19/0.81（一次风/二次风） |
| 过量空气系数 | 1.2 |

2. $sCO_2$ 锅炉的计算

燃煤发电系统的净输出功为 1000MW，锅炉采用π型炉，燃烧器采用双切圆布置，锅炉炉膛模型详见图 6-8[11]，$x$-$y$-$z$ 坐标轴原点 $O$ 位于灰斗中心线所在平面，原点至折焰角中心线高度为炉膛高度 $H_{fur}$，原点至炉顶高度为锅炉高度 $H_b$。给定 $sCO_2$ 锅炉炉膛高度、宽度及深度值[15,16]，如表 6-2 所示。沿炉膛高度的热负荷不均匀性曲线取自水锅炉经验数据[16]，如图 6-8(a)所示。

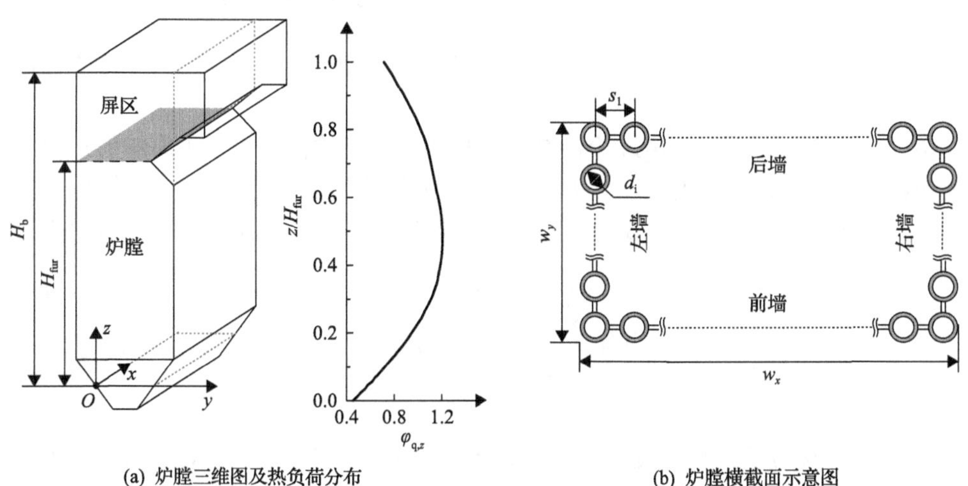


(a) 炉膛三维图及热负荷分布　　(b) 炉膛横截面示意图

图 6-8　锅炉炉膛计算模型[11]

当考虑炉膛三个维度的不均匀分布特性，炉膛任意位置处的热负荷值为

$$q_{z,x} = q_{ave} \cdot \varphi_{q,z} \cdot \varphi_{q,x}, \quad q_{z,y} = q_{ave} \cdot \varphi_{q,z} \cdot \varphi_{q,y} \tag{6-9}$$

式中，$\varphi_{q,x}$、$\varphi_{q,y}$ 与 $\varphi_{q,z}$ 分别为炉膛宽度、深度与高度方向的热负荷不均匀系数，图 6-8 仅表示了 $\varphi_{q,z}$ 曲线[16,17]，适用于仅考虑热负荷沿炉膛高度不均匀分布的工

况；$q_{ave}$ 为通过锅炉设计计算得到的炉膛内平均热负荷，$W/m^2$，可通过炉膛内传热计算进行求解。

对冷却壁模块的管子进行分组，假设同一管组内管子的热流条件相同[18]。结合水蒸气锅炉分组经验数据及 $sCO_2$ 锅炉的几何尺寸，将冷却壁前墙、后墙、左墙和右墙分别分为 24、24、11 和 11 换热管组。

假设第 $j$ 个冷却壁模块的吸热量为 $Q_j$，其模块高度 $(z_j - z_{j-1})$ 可根据下式确定：

$$Q_j = \int_{z_{j-1}}^{z_j} L_s q_z \mathrm{d}z \tag{6-10}$$

式中，$L_s$ 为高度 $Z_j$ 处炉膛周界，$L_s=2(w_x+w_y)$；$Z_j$ 为第 $j$ 个模块出口标高。可采用上式依次求出各个模块的位置与高度。

在传统锅炉中，通常采用在冷却壁管内增设节流孔板的方法进行流量调节，以消除冷却壁热偏差[10,16]。为了探究增设节流孔板对冷却壁壁温的影响，冷却壁流动传热特性的计算包括无节流孔板、增设节流孔板两种工况。当增设节流孔板时，应首先确定不同管组内需要设置的局部压降。假设增设节流孔板后，各个冷却壁管组出口工质温度相同。

根据热量平衡，第 $j$ 个冷却壁模块的第 $i$ 管组的质量流量 $\dot{m}_i$ 由下式计算：

$$\dot{m}_i (h_{\text{out},j} - h_{\text{in},j}) = \int_{z_{j-1}}^{z_j} w_i q_{z,x} \mathrm{d}z \tag{6-11}$$

式中，$h_{\text{out},j}$ 与 $h_{\text{in},j}$ 分别为第 $j$ 个冷却壁模块出口工质焓值、入口工质焓值；由此模块的出口及入口工质温度、压力确定；$w_i$ 为第 $i$ 管组的宽度。

进一步可计算第 $i$ 管组节流产生的局部阻力损失 $\Delta p_{\text{res},i}$ 与局部阻力系数 $\xi_i$[10]：

$$\Delta p_{\text{res},i} = \Delta p_{\max} - \Delta p_i \tag{6-12}$$

$$\xi_i = \frac{2\Delta p_{\text{res},i} \rho A_i^2}{\dot{m}_i^2} \tag{6-13}$$

式中，$\Delta p_i$ 为第 $i$ 管组的流动阻力损失；$\Delta p_{\max}$ 为此冷却壁模块所有管组的最大流动阻力损失；$\rho$ 为管内工质密度；$A_i$ 为第 $i$ 管组通流截面面积。

采用切比雪夫拟合公式，计算各个管组的水动力曲线，即

$$\Delta p_i = f_i(\dot{m}_{\text{total}}) \tag{6-14}$$

同理，可计算模块整体的流动特性曲线，即

$$\Delta p = F(\dot{m}_{\text{total}}) \tag{6-15}$$

根据上式可由模块整体的质量流量得到整体压降，将压降代入管组流动特性

曲线可得各管组的实际质量流量。

3. 锅炉冷却壁壁温的计算

传统的超临界锅炉通常采用内螺纹管及螺旋管圈来改善水冷壁传热问题[10,15]。本书 $sCO_2$ 锅炉冷却壁采用竖直管膜式壁。与螺旋管圈相比，竖直管增加了冷却壁管数量，有利于降低工质压降；同时，由于锅炉采用模块化设计，故将冷却壁沿高度方向分为多个模块，各模块高度降低，减小了流量偏差及热偏差的影响。此外，$sCO_2$ 锅炉冷却壁内 $CO_2$ 远离拟临界区，不存在超临界水锅炉中近临界区发生的传热恶化现象，根据传热研究进展[19-21]，目前对内螺纹管在远离拟临界区的强化传热效果尚未完全探明，还有待进一步研究。

图 6-4 给出了膜式壁壁温计算模型。膜式壁温度场求解模型可近似为二维稳态定边界条件导热问题[22,23]。模型采用的假设条件如下：①冷却壁管间不存在流量偏差及热偏差；②管壁及管内工质无轴向导热；③冷却壁管内径向工质物性均匀；④冷却壁背火侧为绝热边界。基于以上模型，采用数值模拟的方法对冷却壁管壁温度场进行求解。

计算域内控制方程如下[24]：

$$\frac{\partial}{\partial r}\left(r\lambda\frac{\partial T}{\partial r}\right)+\frac{\partial}{\partial \theta}\left(\frac{\lambda}{r}\frac{\partial T}{\partial \theta}\right)=0 \tag{6-16}$$

$$\frac{\partial}{\partial x}\left(\lambda\frac{\partial T}{\partial x}\right)+\frac{\partial}{\partial y}\left(\lambda\frac{\partial T}{\partial y}\right)=0 \tag{6-17}$$

式中，$T$ 为管壁温度；$\lambda$ 为管壁材料的导热系数。

式(6-16)和式(6-17)分别对应管壁的圆柱坐标系与鳍片的笛卡儿坐标系。

边界条件如下：

$$\begin{gathered}
-\lambda\left.\frac{\partial T}{\partial r}\right|_{r=r_{\mathrm{i}}}=h_{\mathrm{c}}(T-T_{\mathrm{f}})\,,\quad -\lambda\left.\frac{\partial T}{\partial r}\right|_{r=r_{\mathrm{o}},0\leqslant\theta\leqslant\theta_1}=q\cdot\varphi_\theta \\
T\Big|_{r=r_{\mathrm{o}},\theta_1\leqslant\theta\leqslant\theta_2}=T_{\mathrm{interface}}\,,\quad -\lambda\left.\frac{\partial T}{\partial r}\right|_{r=r_{\mathrm{o}},\theta_2\leqslant\theta\leqslant\pi}=0 \\
-\lambda\left.\frac{\partial T}{\partial r}\right|_{y=\delta_{\mathrm{f}}/2}=q\cdot\varphi_x\,,\quad -\lambda\left.\frac{\partial T}{\partial r}\right|_{y=-\delta_{\mathrm{f}}/2}=0
\end{gathered} \tag{6-18}$$

式中，$r_{\mathrm{i}}$、$r_{\mathrm{o}}$ 分别为内外半径，$r_{\mathrm{i}}=di/2$，$r_{\mathrm{o}}=do/2$；$T_{\mathrm{f}}$ 为管内工质温度；$\varphi$ 为冷却壁和翅片的角系数，由管壁结构参数决定，可通过交叉线法求解[23,25]；下标 $\theta$ 和 $x$

分别表示圆柱坐标系与笛卡儿坐标系。

式(6-18)中，$h_c$ 为管内对流换热系数，对其进行准确预测是求解壁温的关键环节。$sCO_2$ 锅炉冷却壁内工质温度较高，远离拟临界区。图 6-9 给出某二次再热 $sCO_2$ 锅炉冷却壁内工质定压热容 $c_p$ 随温度 $T$ 的变化曲线[9]，热力条件来自文献[1]，从中可见，冷却壁四个模块中的工质温度区间为 520～600℃，其运行压力对应的拟临界温度范围为 50～90℃，远低于工质温度，因此可将冷却壁管内的工质视为类气态。经典的传热理论认为：超临界传热可划分为三区，其中，远离拟临界区为正常传热区，采用 Dittus-Boelter(D-B)类单相传热关联式可得到较准确的换热系数[20,21,26]。因此，选用 D-B 公式计算管内工质的对流换热系数，即

$$h_c=0.023Re_f^{0.8}Pr_f^{0.4}\frac{\lambda_f}{d_i} \tag{6-19}$$

式中，$Re$ 和 $Pr$ 分别为雷诺数和普朗特数，$Re_f=\frac{G_f d_i}{\mu_f}$，$Pr_f=\frac{\mu_f c_p}{\lambda_f}$，其中，$d_i$ 为换热管内径；$\mu$ 为动力黏度；$G$ 为工质质量流速；下标 f 表示工质。

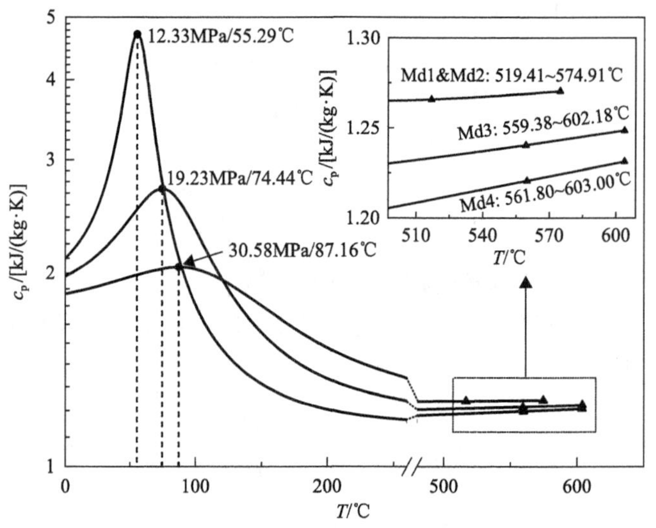


图 6-9　冷却壁内 $CO_2$ 物性远离拟临界区[9]

采用有限容积法对计算域进行离散，并建立离散方程和边界条件[24]，采用迭代法求解方程组，可得到管壁的温度场。采用块结构化网格对计算区域进行网格划分，采用区域分解的方法在重叠网格间传递信息[27]。

4. 冷却壁壁温的评价

锅炉受热面的壁温校核需要满足三个条件：①保证材料具有足够的机械强度；

②限制因管壁表面温度过高形成氧化皮；③不允许出现管壁温度的持久波动[10]。其中，管壁温度波动与锅炉的动态特性相关，本书不涉及。在冷却壁管的设计时，根据材料与设计壁温确定许用应力，并据此计算管壁厚度。因此，在机械强度的校核中，考察冷却壁管内外壁温的算术平均值即平均壁温 $T_w$ 是否低于设计壁温 $T_{w,l}$，防止管壁氧化的校核则考察管外最高壁温是否低于材料的允许使用温度 $T_{wo,l}$。据此可得到壁温校核计算的指标：

$$T_w < T_{w,l} \tag{6-20}$$

$$T_{w,out} < T_{wo,l} \tag{6-21}$$

式中，$T_w$ 与 $T_{w,out}$ 为管壁向火侧中心处的平均壁温与外壁温，如图 6-4 所示。

由于 $sCO_2$ 锅炉冷却壁壁温偏高，最高处接近 700℃，应选用耐温性能与水锅炉过热器同级或更强的材质。冷却壁材质选择奥氏体耐热钢 Super304H，其国际钢号为 10Cr18Ni9NbCu3BN，在超临界水锅炉中广泛应用于外壁温低于 705℃的换热管[28,29]。综合考虑冷却壁工质温度与烟气侧条件，冷却壁模块的管子设计壁温统一取为 $T_{w,l}$=650℃，相应的许用应力为 78MPa[28,29]。

#### 5. 锅炉换热管尺寸的确定

锅炉换热管为承压部件，管壁厚度根据压力容器设计标准，采用下式计算[30]：

$$\delta = \frac{pd_i}{2\varphi_{min}[\sigma] - p} + \delta_c \tag{6-22}$$

式中，$p$ 为计算压力；$\varphi_{min}$ 为最小减弱系数，取为 1；$\delta_c$ 为厚度附加量，考虑腐蚀等因素，取 1.0mm；$[\sigma]$ 为钢材许用应力，根据上一节的描述，取值为 78MPa。

锅炉换热管的管径对流动和传热有重要影响。根据 6.2 节，虽然 $sCO_2$ 锅炉的工质流量是同等容量水锅炉的 6～8 倍，当采用分流模式时，锅炉压降可降低至全流模式的～1/8，换热管规格采用与水锅炉相同等级即可使压降维持在较低水平。因此，可基于超临界水锅炉的经验选取 $sCO_2$ 锅炉换热管的管径。对于冷却壁，根据式(6-22)，内径大时，管壁厚度大，导热热阻大；同时，管内工质流速降低，对流热阻增大，综合导致壁温增大。同理，较小的内径有利于壁温降低，但内径过小可致锅炉压降提高，系统循环性能降低。综合对比后，冷却壁模块及对流换热模块均根据工作压力及温度范围选取适宜管径，如表 6-3 所示，并根据式(6-22)计算壁厚。其中，$s_1$、$s_2$ 分别为换热管横向节距与纵向节距。

表 6-3 锅炉内换热模块的几何参数 单位：mm

| 换热模块 | $d_i$ | $\delta$ | $s_1$ | $s_2$ |
|---|---|---|---|---|
| Md 1a, 1b | 25.5 | 7.2 | 51.9 | — |
| Md 2a, 2b | 30.0 | 5.4 | 53.0 | — |
| Md 3a, 3b | 30.0 | 4.2 | 49.9 | — |
| SH1 | 34.0 | 8.7 | 1800 | 66.8 |
| SH2 | 34.0 | 8.7 | 900 | 66.8 |
| RH1 | 40.0 | 6.9 | 300 | 69.9 |
| RH2 | 40.0 | 6.9 | 120 | 107.6 |
| RH3 | 48.0 | 5.4 | 130 | 117.6 |
| RH4 | 48.0 | 5.4 | 120 | 117.6 |
| 加热器 4a | 25.0 | 7.3 | 80 | 79.2 |
| 加热器 4b | 20.0 | 6.0 | 240 | 41.6 |

### 6.3.3 $sCO_2$ 锅炉烟气侧与工质侧的匹配

燃煤锅炉的烟气侧即“炉”侧，高温烟气自炉膛区域流向尾部烟道，温度自～1600℃逐渐降低至 150℃；锅炉的工质侧即“锅”侧，不同温度的工质在换热面内吸热升温。因此，通过改变工质的流动分布可以得到不同的烟气侧热负荷与工质侧温度匹配方案，并以降低冷却壁壁温为目标进行优化。由于烟气侧温度的跨度较大，且 $sCO_2$ 锅炉冷却壁为模块化设计，因此 $sCO_2$ 锅炉烟气侧与工质侧的匹配根据范围可分为两个层面：烟气全流程范围及炉膛冷却壁范围。

1. 烟气全流程范围烟气侧与工质侧的匹配

当锅炉换热模块布置采用“4 模块方案”(图 6-6)与“6 模块方案”(图 6-7)时，计算得到其冷却壁壁温分布，如图 6-10 所示[11]。图中分别表示了工质温度 $T_f$、平均壁温 $T_w$、外壁温 $T_{w,out}$ 及温度限制 $T_{wo,l}$ 与 $T_{w,l}$。由于采用模块化设计，曲线被分割为与模块对应的 4 条或 6 条曲线。冷却壁管内工质竖直向上流动，温度随炉膛高度的增加逐渐升高，模块出口处的壁温最高。通过对各模块出口处壁温的对比，取得最大值的位置最易于发生超温爆管，称为“热点”。如图 6-10(a)中模块 3 出口和图 6-10(b)中模块 3b 出口所示。

与“4 模块方案”相比，“6 模块方案”炉膛中上部的再热模块发生了显著变化，工质温度及壁温均大幅下降。平均壁温最高值由 668.1℃降低至 651.1℃，降幅达到 17℃；外壁温最高值由模块 3 转移至模块 1b。由此可知，“6 模块方案”能够显著降低冷却壁壁温。

图 6-11 为两个方案锅炉模块的热量分布与工质温度分布[11]。当由“4 模块方案”调整为“6 模块方案”时，再热器 RH1、RH4 分别拆分为串联的 2 个模块，

并将低温模块放入炉膛，成为再热模块 2b 与 3b。由于炉膛内的总热量近似不变，因此原再热模块的吸热量相应减小，与之串联的模块 RH3、RH2 的吸热量增大，所以冷却壁的再热模块数量由 2 个增加为 4 个，单个模块的吸热量近似降低 50%，工质温升近似降低 50%，工质出口温度大幅下降，如图 6-11(b)所示。

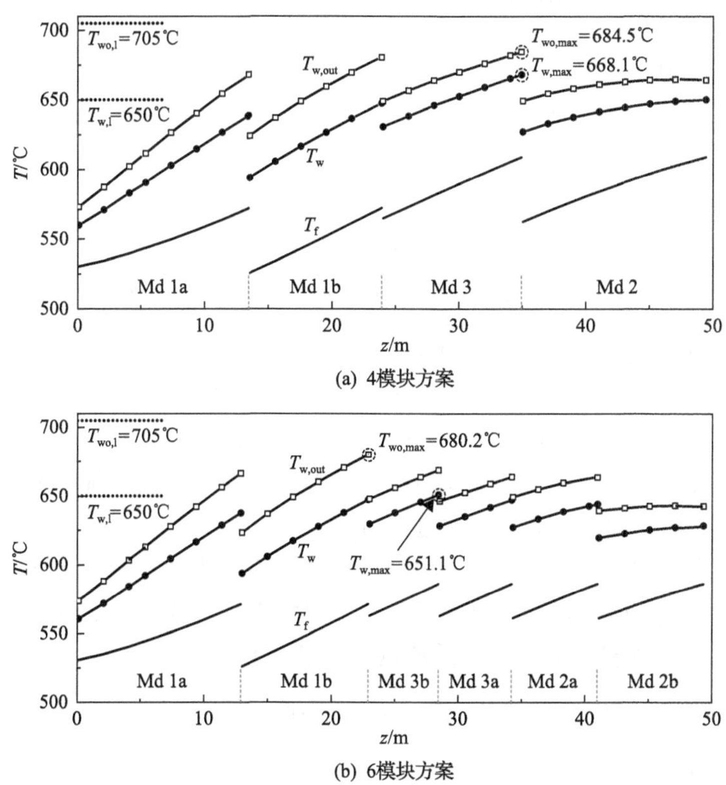


(a) 4模块方案

(b) 6模块方案

图 6-10　冷却壁壁温分布[11]

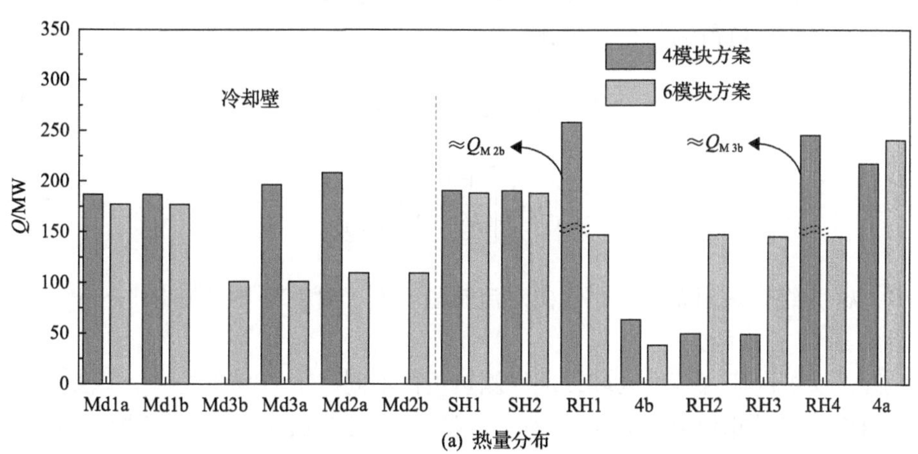


(a) 热量分布

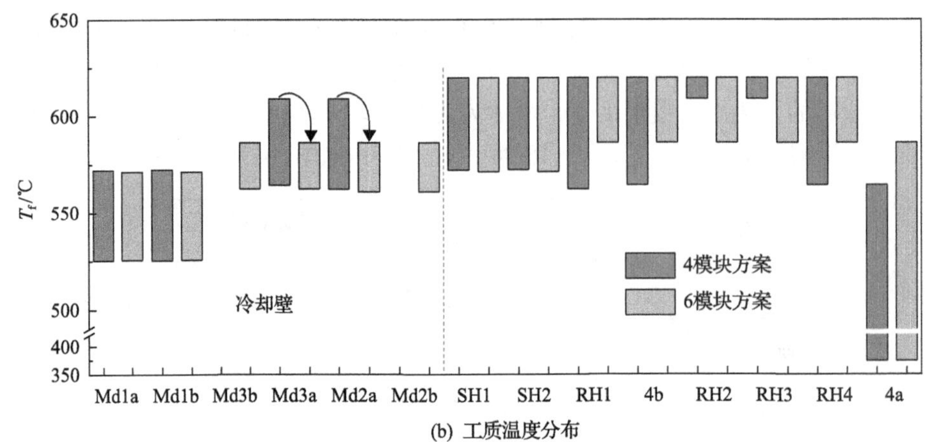


图 6-11　不同方案下换热模块热量分布与工质温度分布[11]

因此，“6 模块方案”使锅炉内主加热器与再热加热器的全部低温工质进入冷却壁，使低温工质匹配高热负荷，实现了锅炉烟气全温区范围内烟气侧与工质侧的优化匹配。对于二次再热锅炉，建议采用“6 模块方案”。锅炉烟气全流程范围内的优化匹配策略可概括为：遵循传统的低温工质匹配高热负荷方法，使低温工质优先进入炉膛，温度较高的工质进入对流烟道。

此外，由于“6 模块方案”中单个再热模块的吸热量减小，模块高度减小，再热器压降大幅下降，从而有利于循环热效率的提升。计算结果显示，与“4 模块方案”相比，“6 模块方案”的循环热效率提高了 0.70%。

2. 炉膛冷却壁范围烟气侧与工质侧的匹配[9]

1) 许用热负荷-热负荷匹配方法

经典传热理论中膜式壁向火侧中心处平均壁温 $T_w$ 的计算公式见式(6-8)，为了阐明壁温与热负荷的关系，将其写为

$$T_w = T_f + \Delta T_w = T_f + k_R q \tag{6-23}$$

$$k_R = \mu_d \varepsilon_d \left[ \frac{1}{h_c} + \frac{\delta}{\lambda(\varepsilon_d + 1)} \right] \tag{6-24}$$

式中，$k_R$ 为综合热阻系数，是管内对流热阻 $1/h_c$、管壁导热热阻 $\delta/[\lambda(\varepsilon_d+1)]$ 及参数 $\mu_d$ 与 $\varepsilon_d$ 的函数。

假设锅炉内任意两个区域，烟气侧热负荷不同；工质侧布置两个换热模块，工质温度不同，如图 6-12(a)和(b)所示。根据传统的热负荷-温度匹配方法(HTM)，

低温工质匹配高热负荷，模块 1 与模块 2 分别匹配高热负荷与低热负荷。由式(6-23)可知，当两个模块的 $k_R$ 值相同时，壁温 $T_w$ 仅由 $T_f$ 与 $q$ 决定，以上匹配可得到最优的壁温分布。然而，当两个模块的 $k_R$ 值不同时，例如，当 $k_{R1}>k_{R2}$ 时，式(6-23)中的温差$\Delta T_w=k_R q$ 对壁温 $T_w$ 的影响可能高于工质温度 $T_f$ 对 $T_w$ 的影响。这种情况下，热负荷-温度匹配方法可能不再适用，如图 6-12(c)所示，模块 1 取得更高的壁温并可能超温。因此，壁温不仅与工质温度 $T_f$ 与 $q$ 相关，还与综合热阻 $k_R$ 紧密相关。当不同模块的 $k_R$ 值差别不大时，其对壁温的影响可忽略不计，传统的匹配方法是有效的；但当 $k_R$ 值的差别足以改变温度趋势时，传统的匹配方法不再适用。基于以上现象，Liu 等[9]提出了“许用热负荷”的概念及许用热负荷-热负荷匹配(HHM)方法。根据式(6-20)，冷却壁平均壁温应满足 $T_w<T_{w,l}$。定义许用热负荷为使冷却壁平均壁温满足 $T_w=T_{w,l}$ 的热负荷值，根据式(6-23)和式(6-24)可写为

$$q_l=\frac{T_{w,l}-T_f}{k_R}=\frac{T_{w,l}-T_f}{\mu_d\varepsilon_d\left[\dfrac{1}{h_c}+\dfrac{\delta}{\lambda(\varepsilon_d+1)}\right]} \tag{6-25}$$

因此，许用热负荷为冷却壁在不超温条件下能承受的最大热负荷值。式(6-20)中的平均壁温指标可转换为热负荷指标，写为

$$q_l>q \tag{6-26}$$

式中，$q$ 为烟气侧热负荷。当 $q_l$ 高于烟气侧热负荷 $q$ 时，冷却壁安全，反之则超温。

许用热负荷-热负荷匹配方法将具有高许用热负荷的模块与炉膛内高热负荷区域进行匹配。在图 6-12 所示工况中，由于模块 1 的 $k_R$ 值高于模块 2，故其影响高于工质温度的影响，导致模块 1 的许用热负荷较低，因此模块 1 应布置于热负荷较低的区域，如图 6-12(d)所示。由此可见，当不同换热模块的 $k_R$ 值差别较大时，采用许用热负荷-热负荷匹配进行匹配设计可获得优化结果。

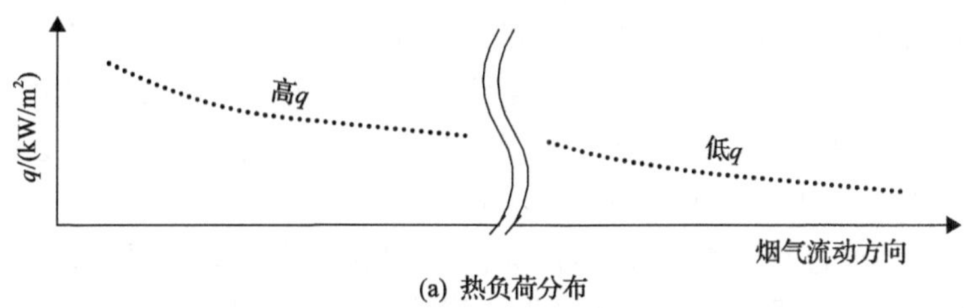

(a) 热负荷分布

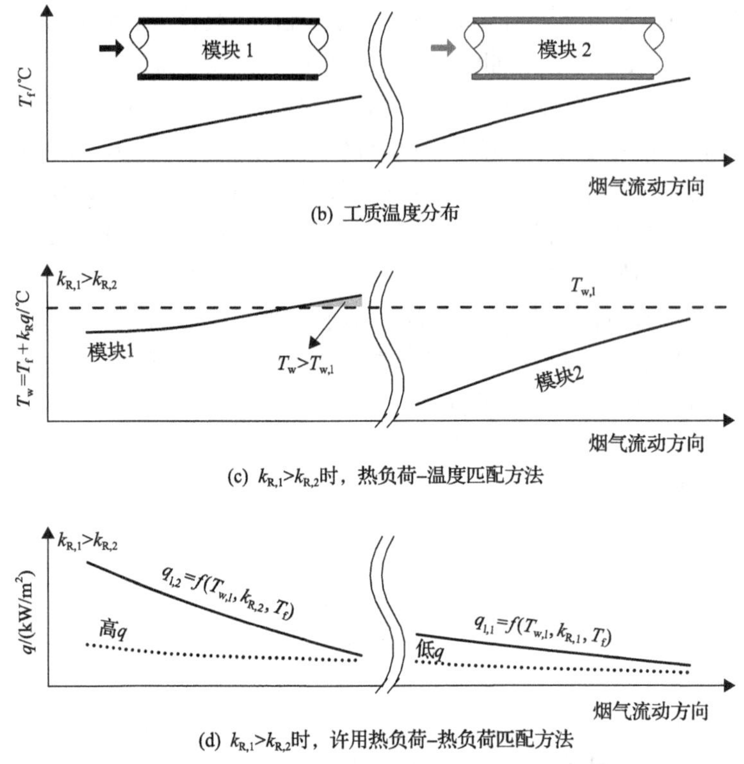


图 6-12　HTM 与 HHM 匹配方法的机理比较[9]

许用热负荷-热负荷匹配基于许用热负荷概念，将综合热阻 $k_R$ 引入换热模块匹配设计，发展了传统的热负荷-温度方法，为锅炉换热模块设计提供了简单的匹配路径。

2) 许用热负荷-温度匹配方法与热负荷-温度匹配方法对比

基于“4 模块方案”对以上匹配方法进行了计算验证。由图 6-10 可知，冷却壁各个模块热点位于工质出口位置。由于炉膛内热负荷沿炉高方向近似呈抛物线分布，在炉膛中部取得峰值，自中部向下及向上均逐渐减小。因此，对于布置在炉膛中部以下的冷却壁模块，当采用上升流时，工质温度与热负荷值沿管壁高度的变化趋势一致，在模块内部形成高工质温度-高热流密度的匹配，所以工质出口处壁温偏高。此种情况类似于换热器的顺流布置，不利于壁温降低。管内工质采用下降流即可解决此问题，在模块内部实现高工质温度-低热流密度的较优匹配。同时，$sCO_2$ 锅炉内工质温度较高，远离拟临界区，采用下降流并不会引起流动不稳定性等问题。因此，炉膛中部以下模块采用下降流。

图 6-13 为通过热负荷-温度匹配方法得到的最优冷却壁模块布置方案。根据热负荷分布曲线，模块进出口处热负荷值的大小关系为 $q_A<q_E<q_D<q_B<q_C$。

由 4 个模块出口工质温度可得到最优匹配方案，即模块 3 出口、模块 2 出口分别与点 *A*、点 *E* 匹配。此方案的最高平均壁温为 650.3℃。然而，以上布置方案并非最优方案。图 6-14 给出了通过许用热负荷-温度匹配方法得到的最优匹配方案，其中最高平均壁温为 647.7℃，比以上方案降低了 2.6℃，低于管壁允许温度。

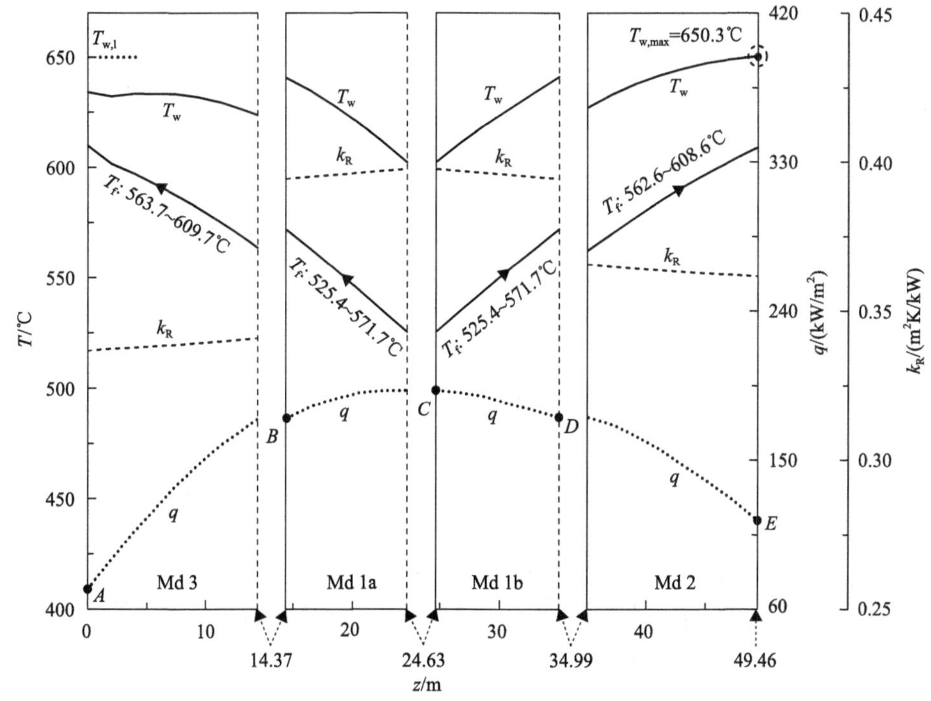


图 6-13　基于热负荷-温度匹配方法的最优布置方案[13]

两个方案的差别为模块 2 和 3 的布置。通过对比可知，与模块 3 相比，虽然模块 2 出口工质温度较低，但由于 $k_R$ 值较高，故其管壁在热流密度的作用下具有更高的温升，即$\Delta T_w=k_Rq$ 较大。计算各个模块的许用热负荷 $q_l$ 可知，模块 2 与模块 3 分别为 125.50kW/m$^2$ 与 137.18kW/m$^2$，模块 2 的 $q_l$ 最低，应布置在炉膛热负荷最低的位置，如图 6-14 所示。

以上计算结果表明，模块的许用热负荷代表模块承受炉膛热负荷的能力，许用热负荷-热负荷匹配方法对于 $sCO_2$ 锅炉冷却壁模块布置是有效的，能够获得最优的模块布置方案。许用热负荷-热负荷匹配可将冷却壁模块承受热负荷的能力发挥到最大。理论上，当模块数量接近无穷大时，冷却壁整体将获得最小的壁温。然而应注意到，许用热负荷-热负荷匹配也有其局限性，限制其降低壁温的效果。与常规“4 模块布置”方案相比，热负荷-温度匹配方法使热点的平均壁温降低了

17.8℃[图 6-10(a)与图 6-13]，而许用热负荷-热负荷匹配进一步使热点的平均壁温降低了 2.6℃，效果并不显著。这是由于，一方面，工程实际中冷却壁的模块数量有限；另一方面，冷却壁模块的尺寸差别较小，$k_R$ 值差别较小，许用热负荷-热负荷匹配方法的降温效果与热负荷-温度匹配方法接近。因此，在以上情况下，可采用热负荷-温度匹配方法布置锅炉换热面。

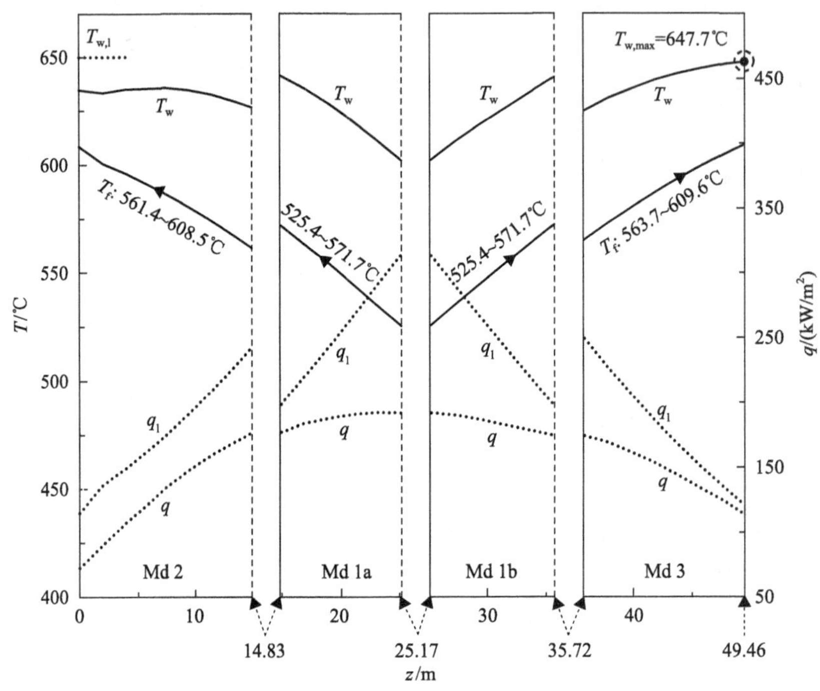


图 6-14 基于许用热负荷-热负荷匹配方法的最优布置方案[13]

3. 烟气侧与工质侧的综合匹配策略

以上分别分析了烟气全流程范围及炉膛冷却壁范围内烟气侧与工质侧的匹配策略，本节描述其综合运用结果。根据前文描述，常规的“4 模块方案”下冷却壁的最高平均壁温达到 668.1℃，超温较严重；而进行烟气全流程范围匹配后得到“6 模块方案”，壁温大幅降低(图 6-10)。进一步地，采用 HHM 进行炉膛冷却壁范围内的优化匹配。结果显示，在优化匹配后的“6 模块方案”中，各模块的许用热负荷均高于炉膛热负荷，壁温降低，最高平均壁温为 641.3℃，如图 6-15 所示。

因此，$sCO_2$ 锅炉烟气侧与工质侧的综合匹配策略可概括为：在烟气全流程范围内，借鉴传统的低温工质与高热负荷匹配方法，使进入锅炉的低温工质优先进入冷却壁；在炉膛冷却壁范围内，采用许用热负荷与热负荷匹配方法，将许用热负荷高的冷却壁模块布置在热负荷较高的位置。在 $sCO_2$ 模块化锅炉设计中，采用以上方法可有效降低冷却壁壁温，缓解冷却壁超温问题。

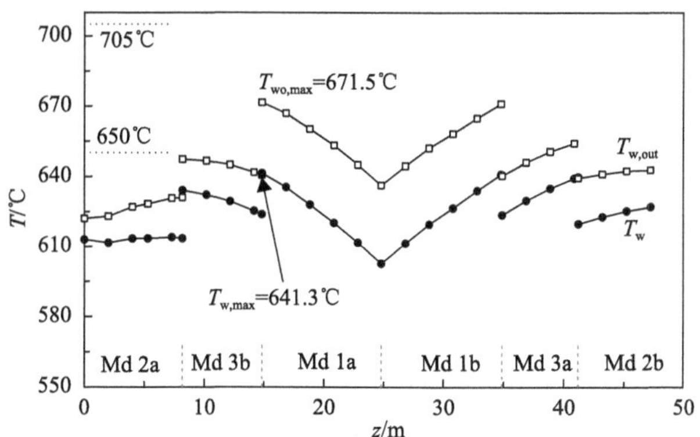


图 6-15　优化匹配后的“6 模块方案”冷却壁壁温分布[13]

### 6.3.4　降低 $sCO_2$ 锅炉冷却壁壁温的综合策略

上节分析了 $sCO_2$ 锅炉中热负荷沿烟气流动方向的不均匀性，提出锅炉换热模块布置时烟气侧与工质侧的优化匹配策略。本节基于以上研究基础，着眼于炉膛冷却壁的基本传热过程，剖析了冷却壁热负荷与工质的热耦合特性，提出降低 $sCO_2$ 锅炉冷却壁壁温的综合策略。

1. $sCO_2$ 锅炉冷却壁降温技术

在工程实际中，热负荷沿炉膛宽度方向分布不均将引起冷却壁管内工质受热不均及流量不均，加剧管壁热点的危险性。因此，本节考虑了热负荷在炉膛内的三维不均匀分布特性。图 6-16(a)给出了锅炉的三维模型，包括冷却壁、水平烟道、竖直烟道及其中的换热模块。从四个方面着手改善烟气侧与工质侧的热耦合，降低冷却壁壁温。

1)优化炉膛宽度方向的匹配(CWD)

图 6-16(b)为炉膛深度方向($y$ 方向)典型的热负荷曲线[16]。$sCO_2$ 锅炉的冷却壁采用竖直管膜式壁结构，假设冷却壁不同但换热管中工质质量流速相同，则布置于高热负荷区域的管子工质温度更高，壁温更高。因此，应对热负荷和 $CO_2$ 质量流量进行优化匹配，实现冷却壁管子出口工质温度的均匀分布。借鉴水锅炉经验，在冷却壁管入口增加节流孔板调节管内的质量流量，中部采用较大的节流压降，而两侧较小，如图 6-16(b)所示。

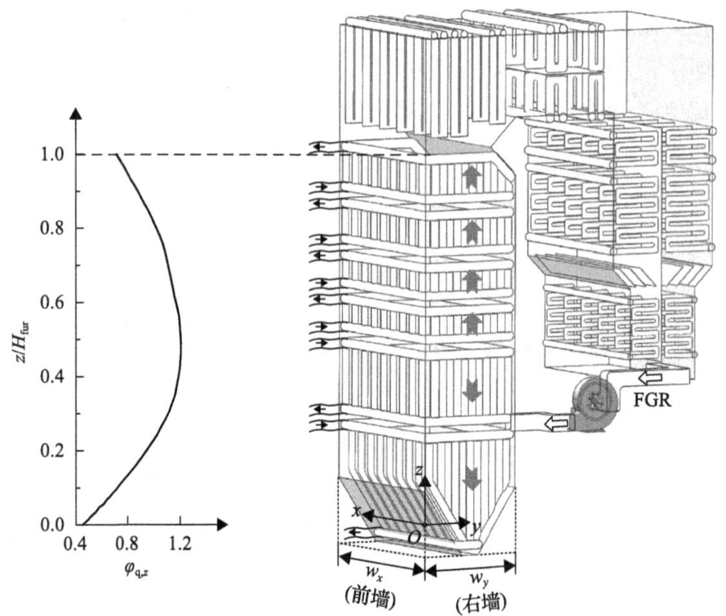


(a) 锅炉三维模型及炉高方向热负荷分布

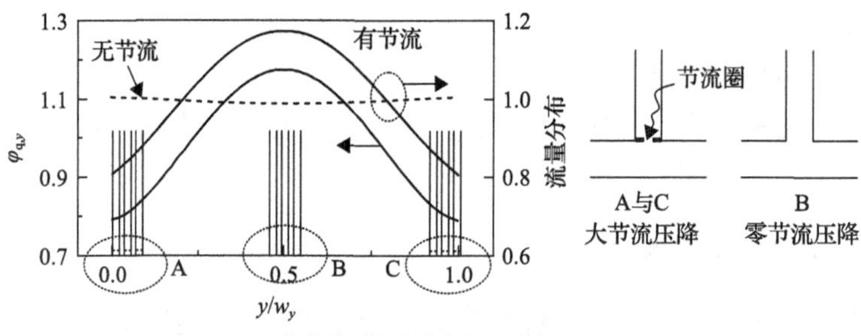


(b) 优化炉膛宽度方向的匹配(CWD)

图 6-16　$sCO_2$ 锅炉冷却壁降温综合策略[12]

2) 采用烟气再循环降低炉膛内热负荷(FGR)

烟气再循环将锅炉尾部烟道中的一部分低温烟气通过再循环风机送入炉膛，可降低锅炉辐射受热面吸热比例，提高对流受热面吸热比例，在水锅炉中通常用于调节二次再热蒸气的温度[10, 31]。采用烟气再循环后，由于低温烟气的影响，炉膛内烟气温度水平下降，辐射热流密度降低，因此可降低冷却壁壁温。

3) 优化炉膛高度方向的匹配(CHD)

由于火焰中心的影响，热负荷沿炉高方向呈抛物线分布，在中部区域获得峰值，向底部和顶部逐渐减小，如图 6-16(a)所示[16]。对于中部以下区域，冷却壁采用下降流可使工质温度与热负荷实现更优匹配。

4) 强化管内对流换热(EHT)

水蒸气锅炉广泛采用强化传热管提高锅炉的经济性与安全性。$sCO_2$锅炉冷却壁管内采用强化换热措施，可降低管内对流热阻，降低壁温。本书假设强化换热管的管内对流传热系数和摩擦阻力系数是普通光管的 1.5 倍，探讨了强化管内对流换热对降低冷却壁壁温的效果。

图 6-4 给出了冷却壁管壁温度计算模型，根据式(6-25)可知，降低工质温度 $T_f$、减小烟气侧热负荷 $q$、减小热阻 $1/h_c$ 和 $\delta/\lambda\,(\varepsilon_d+1)$ 可降低管壁温度。根据上述降低冷却壁壁温的各项技术分析可知其降低壁温的原理，如图 6-17 所示。为了探明上述技术降低壁温的效果，首先计算参考工况的壁温(工况 1a)；然后，将四种技术逐步叠加，分别得到相应壁温的结果，并进行对比分析。

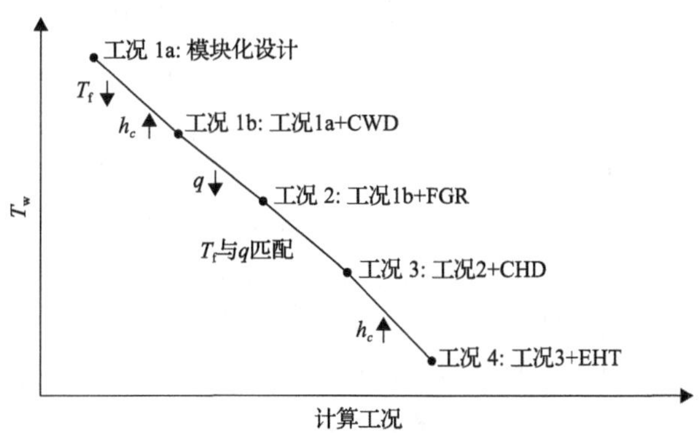


图 6-17　降低冷却壁壁温的工况路线图[12]

2. CWD 对冷却壁壁温的影响

图 6-18 为管内节流的作用机理，以模块 1b 的右墙为例。当不采用节流时，模块内各管组的质量流速近乎相等，如图 6-18(b)所示。因此，各管组内工质焓增的分布取决于热负荷分布，出口工质温度分布近似呈抛物线，中部温度偏高，两

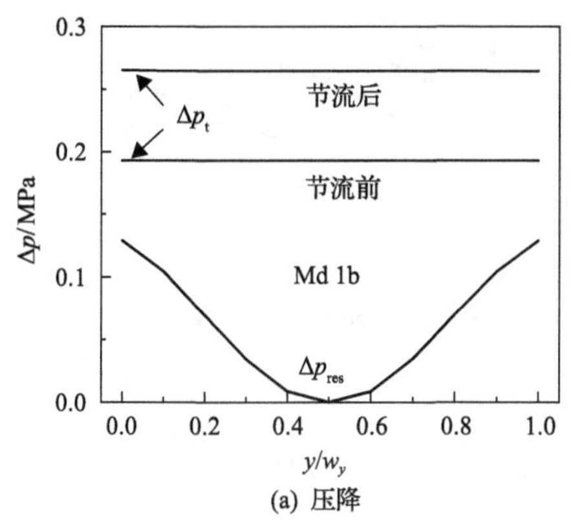


(a) 压降

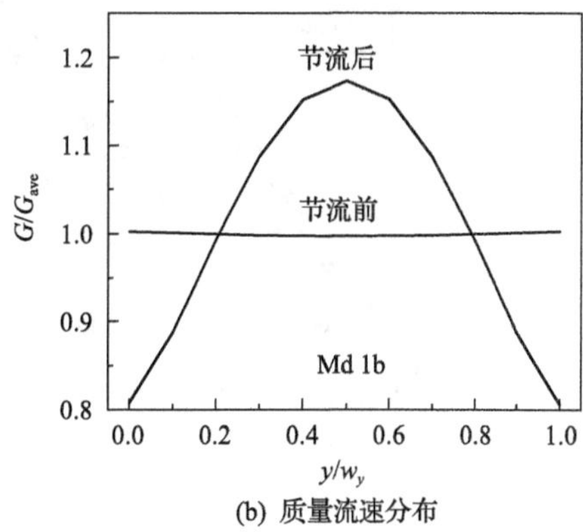


(b) 质量流速分布

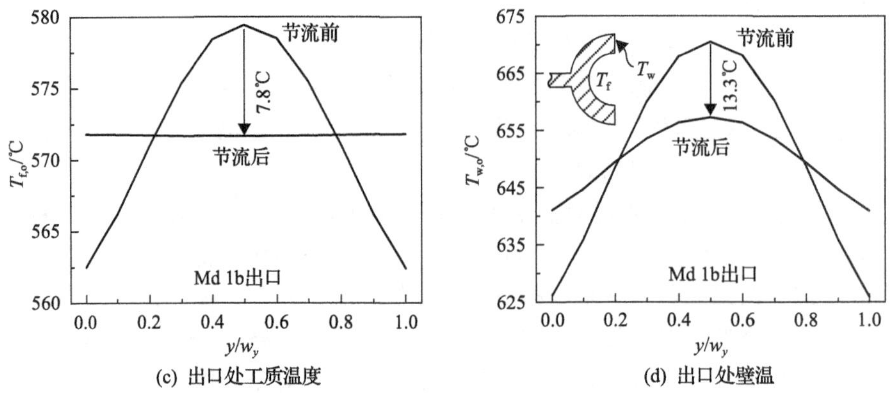


图 6-18　CWD 对冷却壁壁温的影响(以模块 1b 右墙为例)[12]

侧温度偏低，如图 6-18(c)所示。这进一步导致了壁温的偏差，从图 6-18(d)可知，此面墙各管组出口处壁温最高值与最低值的差别近 45℃。

采用节流可以显著改善以上情况。沿炉膛宽度方向，节流压降的分布规律近似与热负荷相反，各管组质量流速分布与热负荷分布相一致，因此各管组出口处工质温度近似相等，如图 6-18(a)～(c)所示。节流后，各管组出口处壁温分布显著趋于均匀，如图 6-18(d)所示。同时，对于热负荷较高的中部区域，由于节流后工质质量流速增大，提高了管内对流换热系数，因此冷却壁壁温降幅比工质温度降幅更大。通过以上分析可知，节流技术使炉膛宽度方向实现了更优的匹配，使冷却壁壁温降低。

图 6-19 为节流前与节流后冷却壁平均壁温沿炉高的分布。节流前后平均壁温的最大值 $T_{w,max}$ 均位于模块 1b 出口处，节流使其降低 13.3℃。与 $T_{w,l}$=650℃相比，两工况下均有较多位置的超温，需采取进一步降温措施。

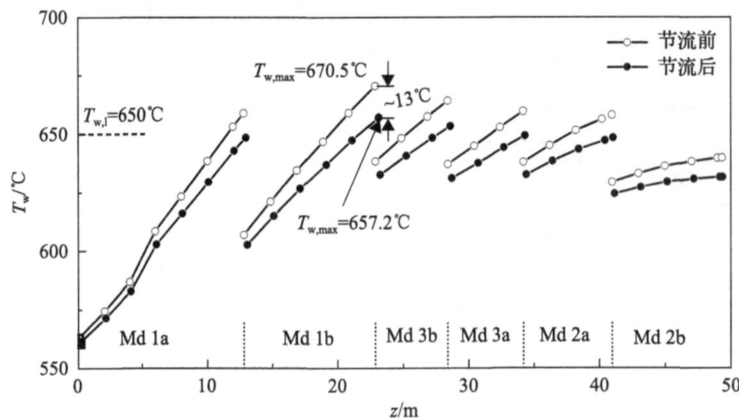


图 6-19　冷却壁各模块壁温在无节流(工况 1a)与节流(工况 1b)条件下沿炉高的分布[12]

同时应注意到，节流使冷却壁内的压降上升[图 6-18(a)]。表 6-4 给出了节流前后锅炉压降与循环热效率的变化。根据模块的串联、并联关系计算了各个支路的压降。其中，冷却壁压降几乎主导了各个支路的压降，对流受热面压降较小。再热器压降较低，与水锅炉相当。节流后，冷却壁模块压降均有较显著的提高。锅炉压降增幅与冷却壁保持一致。锅炉压降增加使循环热效率降低约 0.34%。

**表 6-4　冷却壁管内节流对锅炉压降及循环效率的影响**

| | | 节流前(工况 1a) | | 节流后(工况 1b) | |
|---|---|---|---|---|---|
| | 模块 | 压降/MPa | 总压降/MPa | 压降/MPa | 总压降/MPa |
| 加热器 1 | Md 1a | 0.3209 | 0.7671 | 0.5241 | 0.9793 |
| | Md 1b | 0.1930 | | 0.2649 | |
| | SH1 | 0.4456 | | 0.4553 | |
| | SH2 | 0.5261 | | 0.5376 | |
| 加热器 2 | Md 2a | 0.1243 | 0.2271 | 0.1693 | 0.2834 |
| | Md 2b | 0.1536 | | 0.2096 | |
| | RH1 | 0.0824 | | 0.0840 | |
| | RH2 | 0.0735 | | 0.0738 | |
| 加热器 3 | Md 3a | 0.1343 | 0.1910 | 0.1836 | 0.2420 |
| | Md 3b | 0.1284 | | 0.1754 | |
| | RH3 | 0.0567 | | 0.0584 | |
| | RH4 | 0.0585 | | 0.0596 | |
| 循环热效率/% | | 52.09 | | 51.75 | |

3. FGR 对冷却壁壁温的影响

烟气再循环同时影响了冷却壁的烟气侧与工质侧。增加烟气再循环后，由于炉膛内引入低温烟气，炉膛内整体烟气温度水平下降，热负荷减小。图 6-20 中，$x_{FGR}$表示再循环烟气流量与烟气总流量的比值，随着 $x_{FGR}$ 自 0 增大至 0.3，炉膛内绝热燃烧温度 $T_{fg,a}$ 与炉膛出口烟气温度 $T_{fg,fur\text{-}o}$ 均逐渐降低，但后者变化较平缓。因此，炉膛内的总换热量逐渐下降，冷却壁的平均热负荷 $q_{ave}$ 逐渐减小。热负荷减小可使冷却壁壁温降低。

下面分析 FGR 对工质侧的影响。如前文所述，锅炉内总烟气热量由顶循环和底循环共同吸收；底循环加热器 4a 吸收锅炉中温烟气热量。由于再循环烟气需从加热器 4a 出口抽取(图 6-16)，故 FGR 使加热器 4a 的烟气热量增加，底循环工质流量增大，而进入主加热器 Heater1 的工质流量减小，如图 6-20(b)中分流比变化曲线所示。同时，由于炉膛内换热量降低，模块 1a、1b 出口工质温度逐渐升高；而模块 2a、2b、3a、3b 工质流量近似不变，因此出口工质温度逐渐降低，如图 6-20(c)所示。

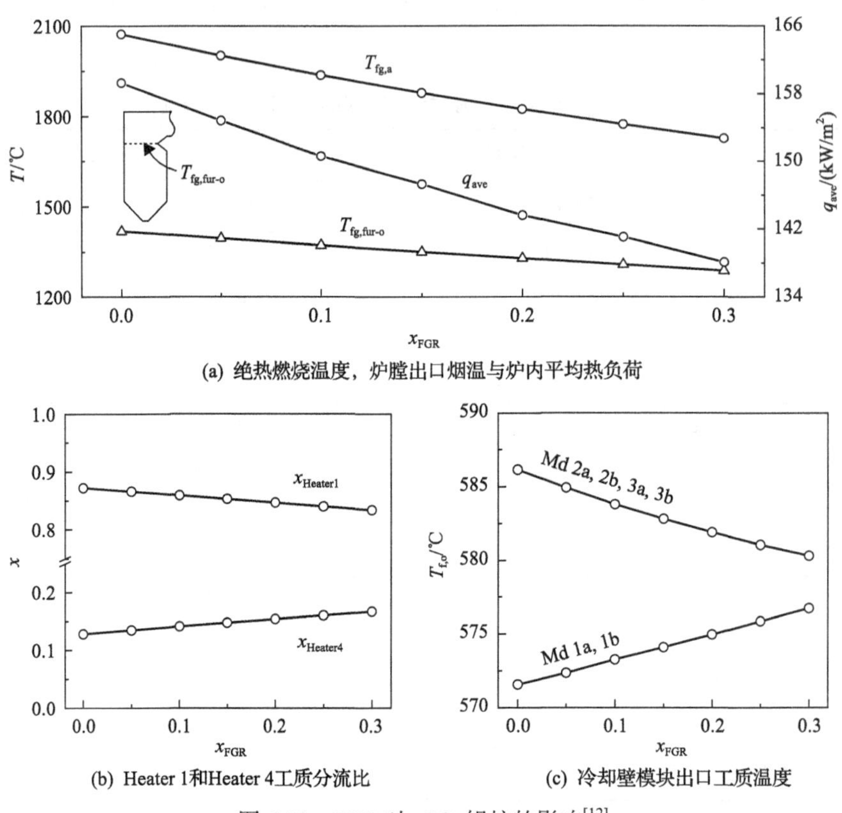


(a) 绝热燃烧温度，炉膛出口烟温与炉内平均热负荷

(b) Heater 1和Heater 4工质分流比

(c) 冷却壁模块出口工质温度

图 6-20　FGR 对 $sCO_2$ 锅炉的影响[12]

图 6-21 以模块 1b、3b 和 2a 为例表示了 FGR 对冷却壁壁温的影响，与另外三个模块相比，此三个模块壁温偏高。随着 FGR 比例增大，三个模块出口处壁温均逐渐降低，但模块 1b 的变化幅度显著小于另外两个模块。由此可知，FGR 可同时影响烟气侧热负荷与工质侧温度，但工质侧温度对壁温的影响更明显；FGR 可显著降低再热器模块的壁温，对主加热器模块的降温效果则不显著。

当烟气再循环比例为 0.25 时，再热器模块壁温低于 650℃，钢材具有一定的安全裕量，主加热器模块 1b 温度为 652.8℃，仍高于允许温度，如图 6-21 所示。因此，工况 2($x_{FGR}$=0.25)的冷却壁热点仍位于模块 1b 出口处，与工况 1b 相比，热点平均壁温降低了 4.4℃。

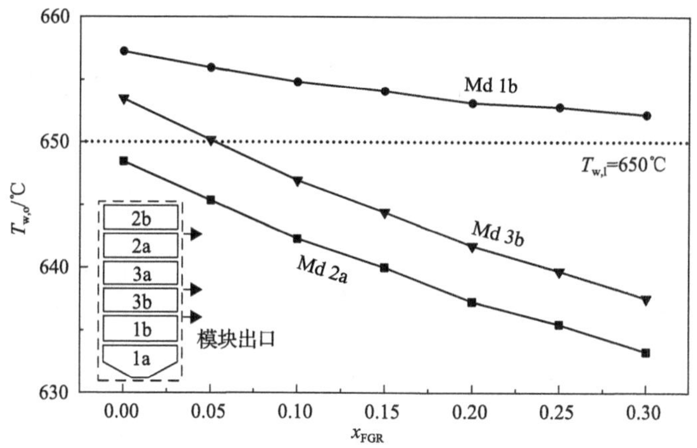


图 6-21　冷却壁模块 1b、3b、2a 出口处壁温随 $r_{FGR}$ 的变化[12]

4. CHD 对冷却壁壁温的影响

根据前文描述，沿炉膛高度方向热负荷近似呈抛物线分布，在燃烧器附近存在峰值。峰值点以下区域，热负荷随炉高逐渐增大；峰值点以上区域，热负荷随炉高逐渐减小[图 6-16(a)]。锅炉冷却壁模块中，管内工质的流动方向会影响工质温度与热负荷的匹配关系，进而影响冷却壁壁温。在峰值点以下区域，当工质为上升流时，在模块内形成高热负荷与高工质温度的匹配，壁温升高。采用下降流可使高热负荷与低工质温度匹配，有效降低壁温。类比换热器的顺流、逆流结构发现，采用下降流类似于逆流结构。图 6-22 分析了流动方向对炉膛下部区域冷却壁模块 1a、1b 壁温的影响。对于模块 1a，采用下降流后冷却壁壁温降低 37.8℃，且壁温的分布更加均匀；模块 1b 的热负荷曲线较平缓，壁温降幅较小，为 6.8℃。结果表明，炉膛下部模块采用下降流能够显著降低冷却壁壁温。因此，在工况 3 中，热负荷峰值点以下区域采用下降流，热负荷峰值点以上区域采用上升流。与

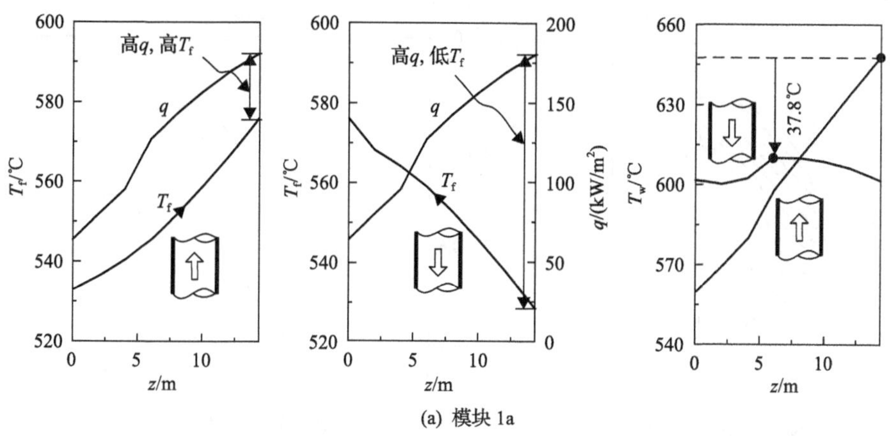


(a) 模块 1a

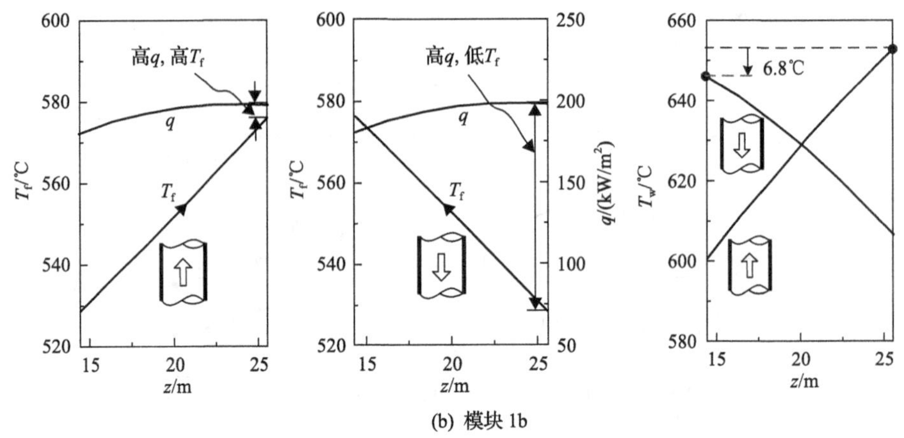


图 6-22　上升流与下降流 $T_f$ 与 $q$ 的匹配情况及壁温[12]

工况 2 相比，工况 3 的热点仍位于模块 1b，壁温降低至 646.0℃，低于许用温度(650℃)，但安全裕量较小。

5. EHT 对冷却壁壁温的影响

传热过程中，冷却壁壁温由管内对流热阻与管壁导热热阻共同决定，如图 6-23(a)所示，忽略管壁周向受热不均。根据式(6-24)，可得到管内对流热阻 $R_{cv}=1/h_c$，管壁导热热阻 $R_{cd}=\delta/\lambda(\varepsilon_d+1)$。图 6-23(b)为管内对流热阻在总热阻中的占比，基于工况 3 数据。6 个模块中，管内对流热阻占比均高于 50%，其中，二次再热模块更高，达到 70%以上，其次为一次再热模块、主加热器模块。主要原因在于，工质物性变化使管内对流热阻变化，同时再热模块中工质压力的降低使管壁厚度减小，导热热阻减小。

本节初步探索了冷却壁管内强化传热对壁温的影响，假设管内对流换热系数与摩擦阻力系数同时增加至 1.5 倍，即工况 4。图 6-23(c)对比了管内强化传热前

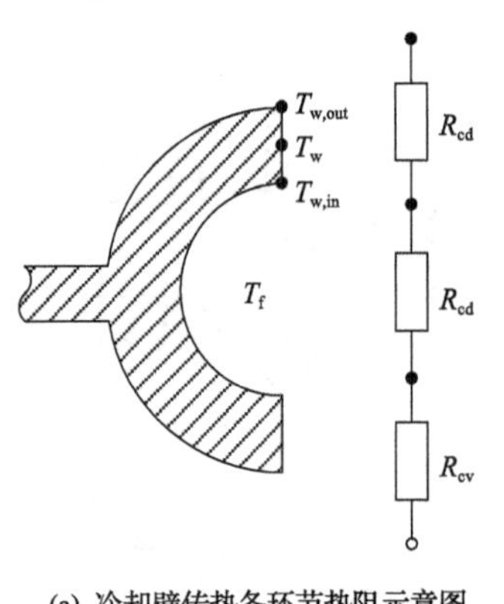


(a) 冷却壁传热各环节热阻示意图

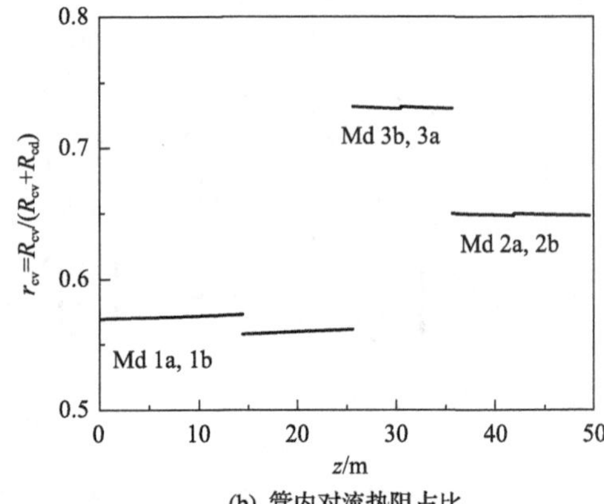


(b) 管内对流热阻占比

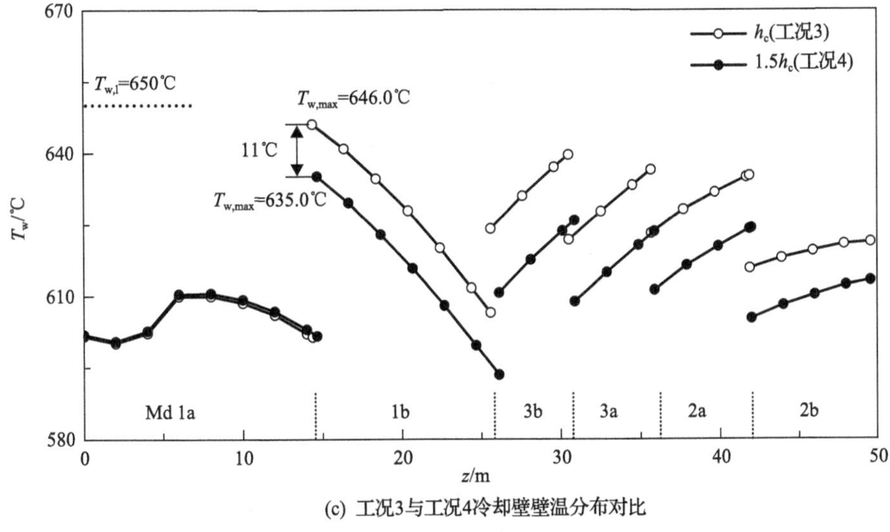


(c) 工况3与工况4冷却壁壁温分布对比

图 6-23　EHT 对冷却壁壁温的影响[12]

后的壁温变化。模块 1a 由于壁温已较低，不再采用强化换热管。其他模块采用强化换热后，壁温均大幅下降，模块 1b 出口处壁温降低 11℃，达到 635℃。再热模块则降幅更大，壁温达到 630℃以下。同时，本节考察了强化换热对循环热效率的影响。当换热系数强化 1.5 倍时，循环热效率下降 0.31%。尽管如此，由于壁温下降的幅度较高，仍建议进行管内强化技术的开发并将其应用于冷却壁。

6. 降温技术的综合应用与评价

根据图 6-17 的工况路线图，以上依次分析了 CWD、FGR、CHD、EHT 四项技术对 $sCO_2$ 锅炉冷却壁壁温的影响。当综合采用四种降温技术时，冷却壁的壁温情况得到了显著改善。图 6-24 为工况 1a 与工况 4 中炉膛右墙的冷却壁温度场。在工况 1a 中，炉膛中部四个模块均有大片区域壁温超温(高于 650℃)，最高壁温达到 670.5℃。同一模块内的等温线较密集，表明冷却壁管高度方向的温度梯度大。同时，等温线的曲率较大，表明相邻冷却壁管之间的热偏差较大，膜式壁整体热应力较大。而在工况 4 中，冷却壁壁温整体下降，除模块 1b 局部区域壁温高于 630℃外，其他模块均低于 630℃；最高壁温为 635.0℃，材料具有一定的安全裕量。同时，等温曲线分布较稀疏，变化平缓，表明冷却壁的热应力较小。

那么，四种技术对降低冷却壁壁温的贡献都是多大呢？表 6-5 总结了各个工况的壁温与循环热效率。CWD、FGR、CHD 及 EHT 分别使冷却壁壁温降低 13.3℃、4.4℃、6.8℃与 11.0℃，因此 CWD 与 EHT 的降温效果更显著。然而同时注意到，这两种技术使循环热效率降低。由于增加了冷却壁的压降，压缩机耗功增大，CWD 与 EHT 分别使循环热效率降低 0.34%与 0.31%。

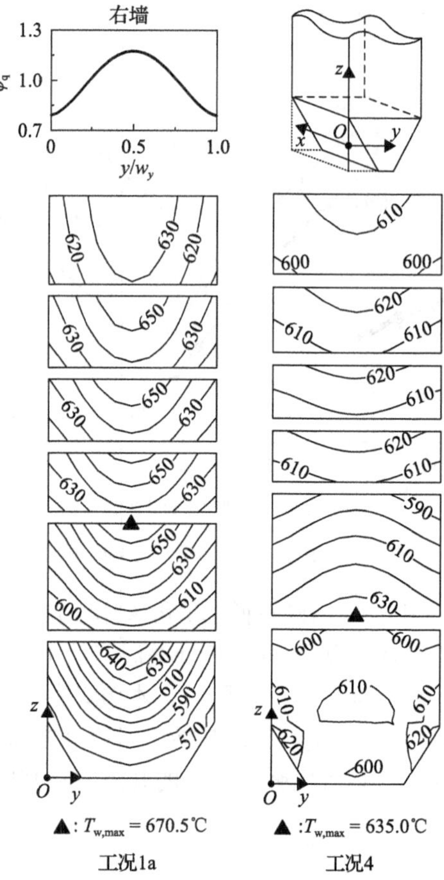


图 6-24　工况 1a 与工况 4 炉膛前墙与右墙冷却壁壁温分布[12]

**表 6-5　工况 1a～工况 4 冷却壁壁温与系统热效率变化趋势**

| 工况编号 | CWD | FGR | CHD | EHT | $T_{w,max}$/℃ | $\eta_{th}$/% |
|---|---|---|---|---|---|---|
| 1a | × | × | × | × | 670.5 | 52.09 |
| 1b | √ | × | × | × | 657.2 | 51.75 |
| 2 | √ | 25% | × | × | 652.8 | 51.85 |
| 3 | √ | 25% | √ | × | 646.0 | 51.87 |
| 4 | √ | 25% | √ | 1.5 | 635.0 | 51.56 |

综合采用四种技术的 1000MW 发电系统锅炉尺寸见图 6-25。与水蒸气锅炉相比，$sCO_2$ 锅炉具有以下特点。①采用模块化设计。主加热器、一次再热加热器和二次再热加热器均采用模块化设计，将锅炉内压降控制在工程实际可接受的范围。②采用烟气再循环，FGR 可有效降低炉膛内的热负荷强度，使再热器冷却壁模块

壁温大幅下降。③尾部烟道换热器的面积增大。这是由于 sCO$_2$ 锅炉尾部换热器的 CO$_2$ 入口温度较高，烟气与 CO$_2$ 的换热端差小。图中尾部烟道的高度约 19m，比常规水蒸气锅炉约高 8m[32]。④热负荷峰值点以下区域的冷却壁采用下降流，其他位置采用上升流。⑤应高度重视 sCO$_2$ 锅炉内的传热问题。CWD 与 EHT 是降低冷却壁壁温的重要技术，但相关研究在文献中鲜有报道。

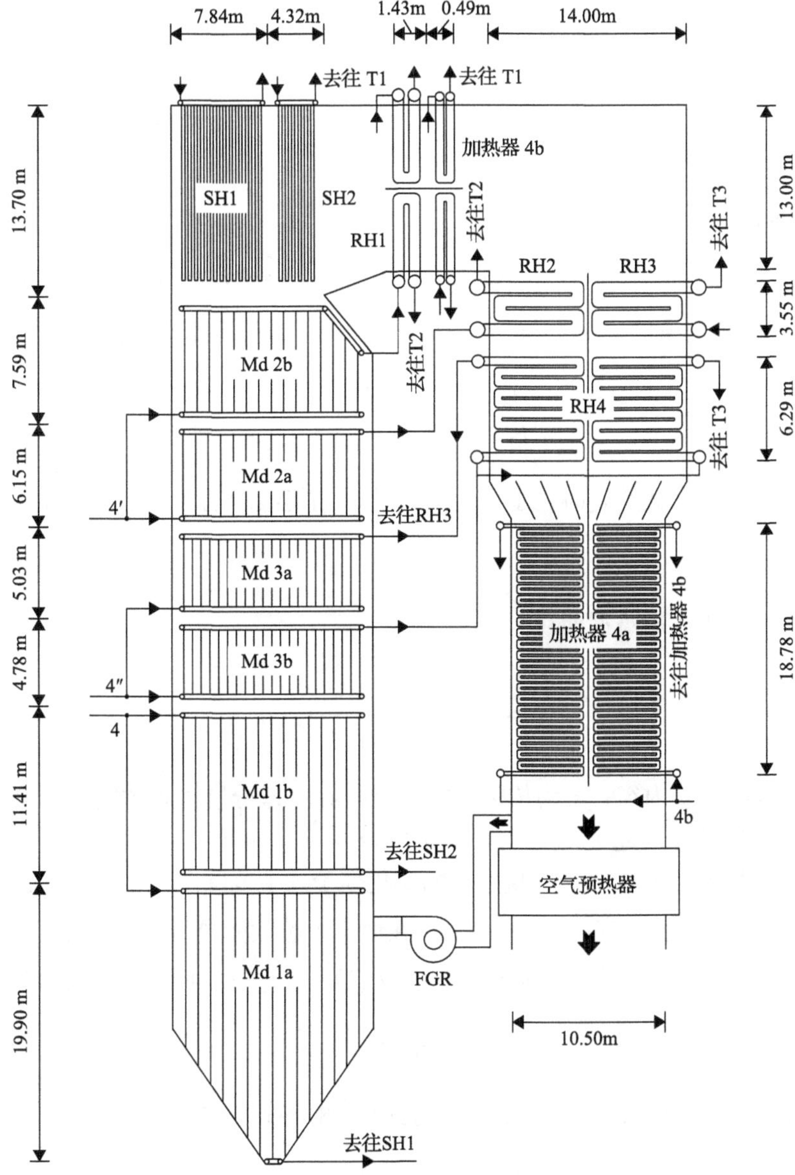


图 6-25　基于工况 4 的 1000MW 二次再热锅炉概念性设计[12]

## 6.4 $sCO_2$锅炉的尺度准则

根据 6.2 节可知，为了应对 $sCO_2$ 锅炉压降惩罚的难题，本书作者等针对1000MW 级大容量发电机组提出了 1/8 减阻原理及锅炉模块化设计，使 $sCO_2$ 锅炉压降下降至与水蒸气锅炉相等甚至更低的水平。然而，燃煤 $sCO_2$ 发电系统的容量是多样的。那么，以上 1000MW 燃煤 $sCO_2$ 锅炉的概念设计成果能否直接推广应用到其他功率等级机组上？当机组额定容量发生变化时，如何设计燃煤 $sCO_2$ 锅炉？为了回答以上问题，本书作者等进行了不同容量等级 $sCO_2$ 锅炉的研究，发现锅炉尺寸参数随机组容量的标度律关系[33]。

1. $sCO_2$ 锅炉尺度标度律

建立以 π 型炉为特征的锅炉物理模型，假设炉膛特征尺寸为 $L$，炉膛体积 $V_b$ 与表面积 $A_b$ 分别满足 $V_b \sim L^3$ 与 $A_b \sim L^2$，比表面积与长度-体积比满足

$$\frac{A_b}{V_b} \sim L^{-1}, \quad \frac{L}{V_b} \sim L^{-2} \tag{6-27}$$

当透平入口参数给定时，工质质量流量 $\dot{m}$ 与机组净功率 $W_{net}$ 成正比，即

$$\dot{m} \sim W_{net} \tag{6-28}$$

冷却壁内工质通流截面积为

$$A_f = \frac{\pi d_i^2}{4} \times \frac{2(w_x + w_y)}{s_1} \sim L \tag{6-29}$$

式中，$d_i$ 为冷却管内径；$s_1$ 为传热管中心距；$w_x$、$w_y$ 分别为炉膛宽度及深度。假设 $d_i$ 与 $s_1$ 为定值，因此 $A_f$ 近似与 $L$ 成正比。

炉膛特征尺寸 $L$ 随锅炉容量变化的变化处于一个范围内：在恒定炉膛容积热负荷的条件下，$L$ 的标度律为 $L \sim W_{net}^{1/3}$；在恒定炉膛截面热负荷的条件下，$L$ 的标度律为 $L \sim W_{net}^{1/2}$，实际炉膛特征尺寸 $L$ 的取值处于以上两种情况之间，则

$$L \sim W_{net}^{1/3\sim1/2} \tag{6-30}$$

根据质量流速定义 $G = \dot{m} / A_f$，联合式(6-28)～式(6-30)可得

$$G \sim W_{net}^{1/2\sim2/3} \tag{6-31}$$

将式(6-30)代入式(6-27)可得

$$\frac{A_b}{V_b} \sim W_{net}^{-(1/3\sim1/2)}, \quad \frac{L}{V_b} \sim W_{net}^{-(2/3\sim1)} \tag{6-32}$$

本节建立了冷却壁传热管内摩擦压降随机组容量的标度律，假设摩擦因子 $f$ 不变，由摩擦阻力计算式可得 $\Delta p_f \sim G^2 L$，故有

$$\Delta p_f \sim W_{net}^{1.33\sim1.50} \tag{6-33}$$

由此可知，$\Delta p_f$ 随 $W_{net}$ 的增大急剧增加。

另外，分流模式下的特征尺寸 $L$ 与质量流速 $G$ 均为全流模式的一半，因此可得到如下关系：

$$\Delta p_f\big|_{PFM} \approx \frac{1}{8}\Delta p_f\big|_{TFM} \tag{6-34}$$

式中，PFM(partial flow mode)表示分流流动模式；TFM(total flow mode)表示全流流动模式。

图 6-26(a)和(b)采用对数坐标表示了 $A_b/V_b$ 与 $w_x/V_b$ 随机组容量的变化曲线，减小机组容量，$A_b/V_b$ 和 $w_x/V_b$ 均增加，理论获得的标度律与数值计算结果完全吻合，这与微通道概念类似，随着通道尺寸减小，表面积/体积比值增大。图 6-26(c)表示，随机组容量减小，单位 MW 发电功率所需的传热管根数增加，因而质量流速减小，摩擦压降减小。也就是说，小容量机组的压降惩罚效应减小。

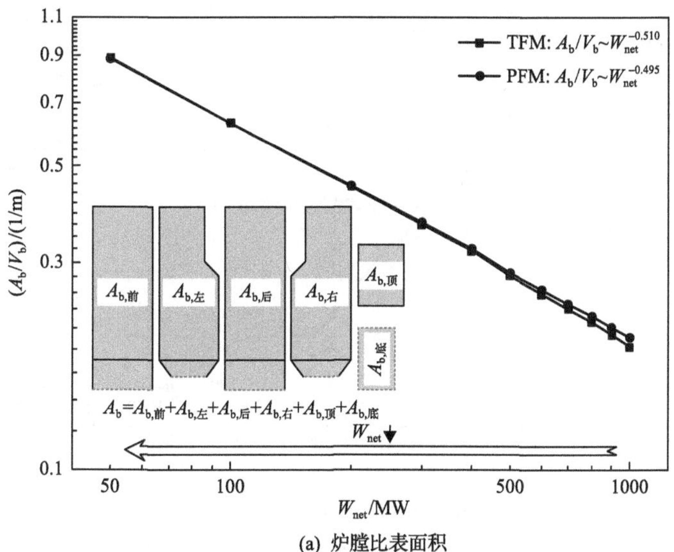


(a) 炉膛比表面积

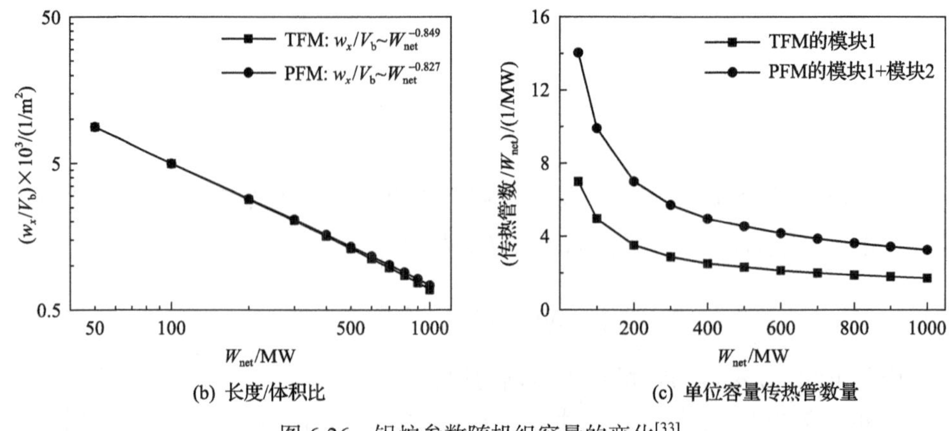

(b) 长度/体积比　　(c) 单位容量传热管数量

图 6-26　锅炉参数随机组容量的变化[33]

2. 发电容量对压降惩罚效应及循环性能的影响规律

图 6-27(a)和(b)为锅炉主加热器和再热器压降随发电容量的变化。主加热器压降包括冷却壁压降与屏式过热器压降，其中冷却壁压降占主导地位。再热器由

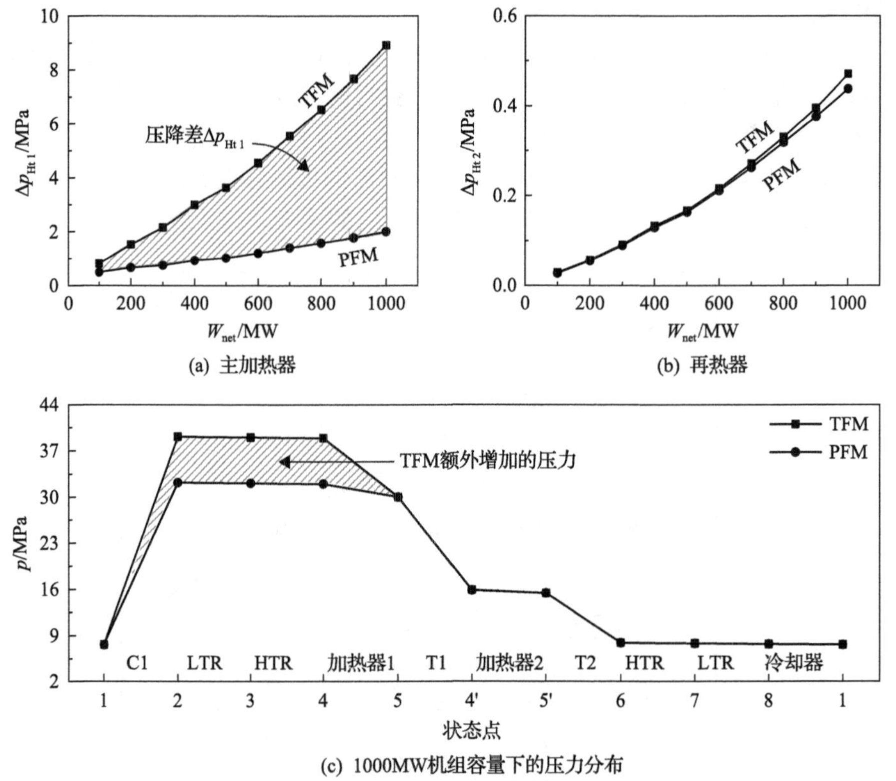

(a) 主加热器　　(b) 再热器

(c) 1000MW机组容量下的压力分布

图 6-27　锅炉压降随机组容量的变化[33]

于布置在烟道中，可采用多管并联布置，压降比主加热器压降小一个量级。根据图 6-27(a)可知，大容量机组全流与分流模式的主加热器压降差别很大。对于 1000MW 机组容量，全流模式主加热器压降高达 8.92MPa，工程实际中无法接受，而分流模式为 2.00MPa。因此，传统的直流锅炉设计不适合大容量 $sCO_2$ 锅炉，必须采用分流模式。随机组容量减小，全流模式与分流模式的压降差别逐渐减小。当机组容量小于 100MW 时，全流模式和分流模式的压降差别已经很小，为简化锅炉设计，可不采用模块化设计措施。

图 6-27(c)为 1000MW 容量机组 $sCO_2$ 循环压力分布图，压缩机 C1 和 C2 对 $CO_2$ 升压，其他部件消耗压力。理想情况下，压缩机提供的压力全部用于驱动透平做功，实际运行中，$CO_2$ 流过各部件时存在压降。图 6-27(c)中，工质在压缩机 C1 出口达到最高压力。当采用全流模式时，压缩机 C1 需要在透平入口的 30MPa 基础上额外提供 9.12MPa 压头，绝大部分用于克服锅炉主加热器内的流动压降，而分流模式下，由于加热器消耗的压降小，压缩机 C1 仅需额外提供 2.20MPa 的压头，大幅降低了压缩机耗功。当容量为 100MW 时，全流模式和分流模式下压缩机 C1 需要额外提供的压力仅分别为 1.01MPa 和 0.69MPa。因此，对于大容量机组，压降惩罚效应大，必须采用分流模式，随机组容量减小，压降惩罚效应减小，此时全流模式和分流模式的差别较小。

图 6-28 为系统热效率随机组容量的变化关系。值得指出的是，效率受多种因素影响。图 6-28 主要考察全流模式和分流模式下压降对热效率的影响，随机组容量减小，热效率增大，这是由于压降随机组容量的减小而减小，压降惩罚效应减小。在任何机组容量下，分流模式的效率明显大于全流模式，且效率随机组容量的变化率对于两种流动模式是不同的，分流模式下效率随机组容量的变化相对平

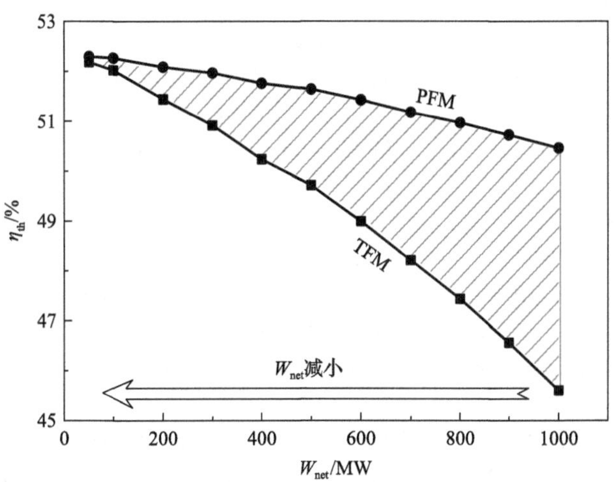


图 6-28　热效率与㶲效率随发电容量的变化[33]

缓，而全流模式下效率随机组容量的变化率较大。1000MW 时，全流模式热效率近似比分流模式低 5%，必须采用分流模式及锅炉模块化设计。100MW 时，全流模式与分流模式下的热效率分别为 52.02%与 52.27%，差别较小。因此，对于 100MW 的小型机组，可采用传统锅炉设计。

## 6.5 本章小结

本章主要介绍了 $sCO_2$ 燃煤锅炉概念设计的相关内容，围绕 $sCO_2$ 锅炉设计面临的挑战，即如何应对大流量引起的压降惩罚效应，以及如何对锅炉受热面温度进行有效控制，描述了取得的研究进展。1/8 减阻原理及锅炉模块化设计将 $sCO_2$ 锅炉压降减小到比水蒸气锅炉更低的水平，消除了压降惩罚效应。为了应对冷却壁超温难题，从工程热物理的基本原理出发，说明了 $sCO_2$ 锅炉中“锅”和“炉”的耦合机理，明确了“锅”和“炉”先解耦再集成的研究思路；提出了降低冷却壁壁温的综合策略，可将冷却壁壁温控制在允许范围内，并发现冷却壁管内下降流及强化传热对降低壁温的效果显著。此外，本章探究了发电容量变化对锅炉设计的影响，提出了锅炉比表面积、质量流速和摩擦压降等对于机组容量的标度律。对于 100MW 以上容量的机组，由于压降惩罚效应大，必须采用锅炉模块化设计，对于小于 100MW 容量的机组，压降惩罚效应小，全流模式和分流模式的结果相差较小，可不采用分流模式及锅炉模块化设计。

### 参 考 文 献

[1] Xu J L, Sun E H, Li M J, et al. Key issues and solution strategies for supercritical carbon dioxide coal fired power plant[J]. Energy, 2018, 157: 227-246.

[2] 徐进良, 刘超, 孙恩慧, 等. 超临界二氧化碳动力循环研究进展及展望[J]. 热力发电, 2020, 49(10): 1-10.

[3] 徐进良, 孙恩慧, 雷蕾. 超临界 $CO_2$ 布雷顿循环燃煤发电锅炉的 $CO_2$ 工质分流减阻系统. 中国, 201711227980.9[P]. 2019-05-31.

[4] Xu J L, Sun E H, Xie J, et al. Coal fired power generation system and supercritical $CO_2$ cycle system thereof. US, 202010512983. 2[P]. 2020-09-04.

[5] Pioroi L, Duffey R B. Heat Transfer and Hydraulic Resistance at Supercritical Pressures in Power Engineering Applications Preface[M]. New York: American Society of Mechanical Engineers, 2007.

[6] Wang Z, Sun B, Wang J, et al. Experimental study on the friction coefficient of supercritical carbon dioxide in pipes[J]. International Journal of Greenhouse Gas Control, 2014, 25: 151-161.

[7] Haaland S E. Simple and explicit formulas for friction factor in turbulent pipe flow[J]. Journal of Fluids Engineering, 1983, 105(1): 89, 90.

[8] GB 13296. 锅炉、热交换器用不锈钢无缝钢管[S]. 北京: 中国标准出版社, 2013.

[9] Liu C, Miao Z, Xu J L, et al. Novel matching strategy for the coupling of heat flux in furnace side and $CO_2$ temperature in tube side to control the cooling wall temperatures[J]. Journal of Thermal Science, 2021, 30:

1251-1267.

[10] 车得福, 庄正宁, 李军, 等. 锅炉[M]. 西安: 西安交通大学出版社, 2008.

[11] 刘超, 徐进良, 刘广林. 大容量 $sCO_2$ 锅炉烟气侧与工质侧匹配策略[J]. 中国电机工程学报, 2022, 42(4): 1494-1503.

[12] Liu C, Xu J L, Li M J, et al. The comprehensive solution to decrease cooling wall temperatures of $sCO_2$ boiler for coal fired power plant[J]. Energy, 2022, 252: 124021.

[13] 刘超. 超临界二氧化碳燃煤发电系统锅炉及回热器研究[D]. 北京: 华北电力大学, 2022.

[14] Sun E H, Xu J L, Hu H, et al. Overlap energy utilization reaches maximum efficiency for S-$CO_2$ coal fired power plant: A new principle[J]. Energy Conversion Management, 2019, 195: 99-113.

[15] 雍福奎. 超(超)临界火电机组选型及应用[M]. 北京: 中国电力出版社, 2015.

[16] 杨冬, 潘杰. 超(超)临界锅炉水动力特性: 试验研究与理论计算[M]. 北京: 中国电力出版社, 2017.

[17] Zhu X, Wang W, Xu W. A study of the hydrodynamic characteristics of a vertical water wall in a 2953t/h ultra-supercritical pressure boiler[J]. International Journal of Heat and Mass Transfer, 2015, 86: 404-414.

[18] Pan J, Yang D, Yu H, et al. Mathematical modeling and thermal-hydraulic analysis of vertical water wall in an ultra supercritical boiler[J]. Applied Thermal Engineering, 2009, 29(11-12): 2500-2507.

[19] Bae Y Y, Kim H Y, Yoo T H. Effect of a helical wire on mixed convection heat transfer to carbon dioxide in a vertical circular tube at supercritical pressures[J]. International Journal of Heat Fluid Flow, 2011, 32(1): 340-351.

[20] Huang D, Wu Z, Sunden B, et al. A brief review on convection heat transfer of fluids at supercritical pressures in tubes and the recent progress[J]. Applied Energy, 2016, 162: 494-505.

[21] Cabeza LF,Gracia A D, Fernández A I, et al. Supercritical $CO_2$ as heat transfer fluid: A review[J]. Applied Thermal Engineering, 2017, 125: 799-810.

[22] 范谨, 贾鸿祥, 陈听宽. 膜式水冷壁温度场解析[J]. 热力发电, 1996, 3: 10-17.

[23] 王为术. 超(超)临界锅炉内螺纹水冷壁管流动传热与水动力特性[M]. 北京: 中国电力出版社, 2012.

[24] 陶文铨. 数值传热学[M]. 2 版. 西安: 西安交通大学出版社, 2001.

[25] 盛春红, 陈听宽. 矩形鳍片膜式水冷壁辐射角系数的求解[J]. 锅炉技术, 1997, (8): 8-11.

[26] Duffey R B, Pioro I L. Experimental heat transfer of supercritical carbon dioxide flowing inside channels (survey)[J]. Nuclear Engineering and Design, 2005, 235(8): 913-924.

[27] Tang H S, Haynes R D, Houzeaux G. A Review of domain decomposition methods for simulation of fluid flows: Concepts,algorithms, and applications[J]. Archives of Computational Methods in Engineering, 2020, 28(3): 841-873.

[28] DL/T 715. 火力发电厂金属材料选用导则[S]. 北京: 中国标准出版社, 2015.

[29] GB/T 16507.2—2013. 水管锅炉: 第 2 部分 材料[S]. 北京: 中国标准出版社, 2013.

[30] GB/T 16507.4-2013. 水管锅炉: 第 4 部分 受压元件强度计算[S]. 北京: 中国标准出版社, 2013.

[31] Zhang G, Xu W, Wang X, et al. Analysis and optimization of a coal fired power plant under a proposed flue gas recirculation mode[J]. Energy Conversion and Management, 2015, 102: 161-168.

[32] 樊泉桂. 锅炉原理[M]. 2 版. 北京: 中国计划出版社, 2014.

[33] Liu C, Xu J L, Li M J, et al. Scale law of $sCO_2$ coal fired power plants regarding system performance dependent on power capacities[J]. Energy Conversion and Management, 2020, 226: 113505.

# 第 7 章　$sCO_2$ 回热器优化设计

## 7.1　引　　言

$sCO_2$ 循环具有典型布雷顿循环的特点，采用回热过程是提高循环效率的必要措施，因而回热器是系统中不可或缺的部件之一。$sCO_2$ 循环因其独特性，对回热器的性能提出了更高的要求。①热功率高。$sCO_2$ 循环中的透平乏气出口温度高，加之 $CO_2$ 的热容较大，因而循环内部的回热量巨大，可达到净输出功的 3～4 倍。②运行参数高、跨度大。回热器中高温侧温度范围为 100～450℃，压力约 8MPa；低温侧温度范围为 80～430℃，压力可高达 25～30MPa。③压降小。循环系统换热器内压降增大直接导致压缩机耗功增大，循环效率降低。回热器内两侧流体的压降均需控制在较低水平，文献中通常取为 0.05～0.15MPa[1-3]。④换热温差小。$sCO_2$ 循环中，回热器的换热温差对循环性能的影响显著。为了保证较高的循环效率，通常要求回热器窄点温差在 5～10℃[4-6]。上述要求使 $sCO_2$ 回热器的选型、选材及设计面临前所未有的挑战，成为制约 $sCO_2$ 循环发电技术发展的重要因素。

目前工业中常用的换热器远达不到 $sCO_2$ 循环对回热器的要求，紧凑式换热器为主要备选型式，包括印刷电路板换热器(printed circuit heat exchanger，PCHE)、板翅式换热器与微管壳式换热器[7,8]。其中，PCHE 耐压性能优、紧凑度高、换热效果强，最具发展潜力[9,10]。本章重点围绕 PCHE 进行描述。7.2 节从加工工艺流程、通道设计理论、通道结构形式及传热特性三个方面介绍了 PCHE 的概况。

7.3 节介绍了大容量回热器中的 PCHE 集成原理。当 PCHE 用于 $sCO_2$ 发电系统回热器时，由于工艺与运输的双重限制，单台 PCHE 的热功率有限，通常不足 100MW；而大容量 $sCO_2$ 发电系统回热器的热功率巨大，如 1000MW 发电系统的回热器热功率可以达到 3000MW 以上，因此大容量回热器需要多台 PCHE 通过串联或并联连接进行集成。由此将引发一系列问题：回热器的串并联管网如何设计？串并联管网内的流量分配规律及流动特性如何？是否存在优化设计？目前，已有大量文献讨论了 PCHE 微通道内的流动传热特性，但关于大容量回热器的 PCHE 集成及优化设计方面的研究几乎没有。因此，7.3 节介绍了大容量回热器中的 PCHE 集成的研究成果，给出了大容量回热器的设计建议。

## 7.2　印刷电路板换热器 PCHE 简介

PCHE 最初由英国 Heatric 公司开发，目前已应用于海上油/气处理、浮式液化天然气装置和核动力系统等领域。PCHE 具有如下优点[11-13]：①承压、承温能力强，最高压力、温度高达 50MPa、800℃；②紧凑度高，达到 $2500m^2/m^3$，在换热功率相等的条件下，PCHE 的体积大约为管壳式换热器的 1/5，体积小、重量小；③换热效果强，PCHE 换热端差可接近 1℃，而管壳式换热器端差通常大于 12℃。近年来，国内外学者对 PCHE 展开了大量研究，大多数围绕 PCHE 的不同结构和运行参数对传热、压降性能的影响，较少研究和关注 PCHE 的设计理论及不同结构的 PCHE 制造工艺的成熟度或长期运行的可靠性，然而后者对 PCHE 大规模应用至关重要。因此，本节从 PCHE 加工工艺流程、PCHE 通道设计理论、PCHE 通道结构形式和传热特性三个方面介绍 PCHE 的研究进展。

### 7.2.1　PCHE 制造

金属的加工包括线切割、激光加工、电脉冲加工等方式，其中，光化学刻蚀(PCM)[14]方式因加工精度高、适应范围广、加工成本低等优势广泛用于各类金属加工。其实质是利用腐蚀性溶液按照加工图案选择性刻蚀金属合金板材。主要流程如图 7-1 所示。首先，需要针对加工图案绘制图纸，将光刻胶按照图纸覆盖在板材表面，之后对表面进行曝光等一系列操作，最终通过化学刻蚀的方式加工表面。对于刻蚀过程的控制需要调控刻蚀溶液浓度、刻蚀溶液温度、刻蚀时间，三者综合决定板材表面通道的刻蚀效果。溶液浓度和温度决定氧化反应的速率，刻蚀时间则决定化学反应的累加效果。腐蚀性溶液的种类较多，三氯化铁、王水、硫酸/铬酸、双氧水/硫酸等溶液都可以作为备选。其中，三氯化铁因其具有稳定性与成本低的优势，是工业中常用溶液。辛菲等[15]对于高压 PCHE 加工工艺进行了研究，探究了三氯化铁溶液组分与浓度对喷淋刻蚀工艺的影响，实验发现选取合适的三氯化铁溶液浓度，不仅可以获得较快的蚀刻速度，还可以保证蚀刻质量，确保蚀刻成功率。

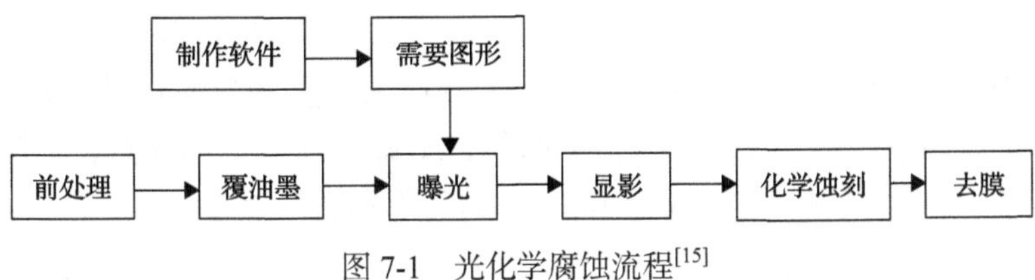


图 7-1　光化学腐蚀流程[15]

在刻蚀完 PCHE 的表面后需要将不同板材进行整合，即将两种板材交叉叠放后进行连接，称为扩散焊工艺。这一步至关重要，焊接强度将影响换热器的耐压能力和换热性能。扩散焊工艺可以较好地实现板材之间的连接，其原理是金属板在高温高压环境下于接触面处生长出金属晶粒，将板与板直接进行无缝衔接，近乎形成整体。Mylavarapu 等[16]对 617 合金 PCHE 的扩散焊工艺进行了研究并总结得到扩散焊工艺的流程。

(1)除去污染杂物，保证加工各表面之间的光洁。

(2)在键和表面之间加入薄镍层以促进板材之间的键和。

(3)在真空中进行高温焊接，逐渐加热至上千摄氏度，该过程需要加压并不断调整工作压力。

(4)冷却成型。

以上加工流程需要持续几个小时。

### 7.2.2　PCHE 微通道

$CO_2$ 在临界点和近临界点附近的比热具有比较大的变化。因此，它会导致换热器性能的剧烈变化，需要采用变物性分段设计方法[17,18]。将 PCHE 看作由许多离散的换热器串联在一起，如图 7-2 所示。利用子换热器描述 PCHE 的热力学性质，并以熵产为基础提出改进措施。当总热负荷给定时，总换热量在子换热器之间均匀分配。每个子换热器的能量平衡取决于每个部分的入口和出口状态。

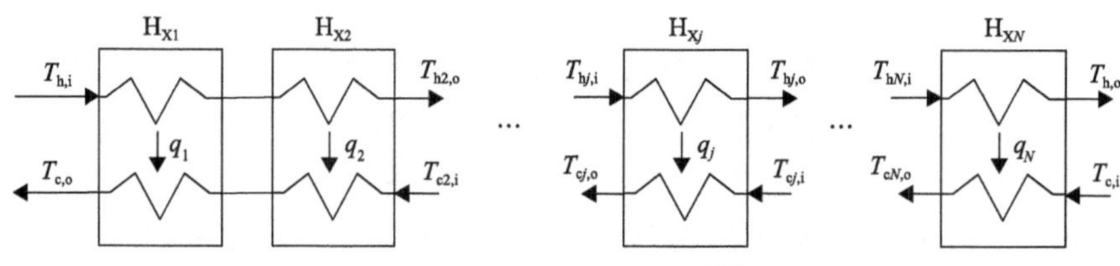


图 7-2　子换热器原理图[17]

当总传热量固定时，将总换热量分成 $n$ 份，即均分热量法：

$$c_{\mathrm{ph},j}\dot{m}_{\mathrm{h}}\left(T_{\mathrm{h}j,\mathrm{i}}-T_{\mathrm{h}j,\mathrm{o}}\right)=c_{\mathrm{pc},j}\dot{m}_{\mathrm{c}}\left(T_{\mathrm{c}j,\mathrm{o}}-T_{\mathrm{c}j,\mathrm{i}}\right)=\frac{Q_{\mathrm{tot}}}{n}=k_{\mathrm{d}j}A_j\,\Delta T_{\log,j} \tag{7-1}$$

式中，$c_{\mathrm{p}}$ 为定压比热容；$\dot{m}$ 为质量流量；$T$ 为温度；$Q$ 为总传热量；$n$ 为子换热器总个数；$k_{\mathrm{d}}$ 为总传热系数；$A$ 为传热面积；$\Delta T_{\log}$ 为对数平均温差；下标 h 为热流体；c 为冷流体；i 为进口；o 为出口；$j$ 为局部参数。

子换热器的局部效率为

$$\eta_j = \frac{Q_j}{\min\left(\dot{m}_\text{h} c_{\text{ph},j}, \dot{m}_\text{c} c_{\text{pc},j}\right)\left(T_{\text{h}j,\text{i}} - T_{\text{c}j,\text{i}}\right)} \tag{7-2}$$

式中，$Q_j$ 为子换热器的换热量。

在总传热面积固定的情况下，将其分成 $n$ 等份，即均分面积法。在计算过程中首先假定换热器的冷侧出口温度，然后采用效能-传热单元数法（$\varepsilon$-NTU）[19]获得换热器热侧出口温度与冷侧进口温度。

局部雷诺数的计算公式为

$$Re_j = \frac{\dot{m}_j d_\text{h}}{\mu_j A_{\text{c}j}} \tag{7-3}$$

式中，$\mu$ 为动力黏度；$A_\text{c}$ 为通道横截面积；$d_\text{h}$ 为水力直径。

热侧 $sCO_2$ 处于湍流状态，在 PCHE 换热器直通道计算努塞尔数时采用经典的半圆形通道 Gnielinski 关联式[20]，即

$$Nu_{\text{h},j} = \frac{f_{\text{h},j}/8\left(Re_{\text{h},j} - 1000\right)Pr_{\text{h},j}}{1 + 12.7\sqrt{f_{\text{h},j}/8}\left(Pr_{\text{h},j}^{2/3} - 1\right)} \tag{7-4}$$

$$f_{\text{h},j} = \left[0.79\ln\left(Re_{\text{h},j}\right) - 1.64\right]^{-2} \tag{7-5}$$

式中，$Pr$ 为普朗特数；$f$ 为摩擦阻力系数；$Nu$ 为努塞尔数。

冷侧的水处于层流充分发展阶段，其努塞尔数和摩擦阻力系数[21]可表示为

$$Nu_{\text{c},j} = 4.089 \tag{7-6}$$

$$f_{\text{c},j} = \frac{15.78}{Re_{\text{c},j}} \times 4 \tag{7-7}$$

在冷热流体的流动过程中压降可表示为[22]

$$\Delta p_j = f_j \frac{L_j}{d_\text{h}} \frac{\dot{m}_j^2}{2\rho_j A_{\text{c}j}^2} \tag{7-8}$$

式中，$L_j$ 为子换热器长度；$\rho$ 为密度。

当总换热量固定时，子换热器的传热面积可由式（7-1）计算得出，所有子换热

器的面积之和为总传热面积。均分热流法的计算结果可通过均分传热面积法进行验证，均分传热面积法可通过每个子换热器的对数平均温差进行验证。

将水看作不可压缩流体，将 $sCO_2$ 看作理想气体，由传热引起的熵产率可表示为[23]

$$S_{gT,j}=\dot{m}_h c_{ph,j}\ln\left(\frac{T_{hj,o}}{T_{hj,i}}\right)+\dot{m}_c c_{pc,j}\ln\left(\frac{T_{cj,o}}{T_{cj,i}}\right) \tag{7-9}$$

由压降引起的熵产率可由下式计算获得：

$$S_{gP,j}=-\dot{m}_h R_g\ln\left(\frac{p_{hj,o}}{p_{hj,i}}\right)+\frac{\dot{m}_c\Delta p_{c,j}}{\rho_{c,j}T_{cj,i}} \tag{7-10}$$

式中，$R_g$ 为 $sCO_2$ 理想气体常数；$p$ 为压力。子换热器的总熵产率表示为

$$S_{g,j}=S_{gT,j}+S_{gP,j} \tag{7-11}$$

将局部熵产率无量纲化为局部熵产数[24]，即

$$n_{sT,j}=\frac{S_{gT,j}T_{hj,i}}{Q_j} \tag{7-12}$$

$$n_{sP,j}=\frac{S_{gP,j}T_{hj,i}}{Q_j} \tag{7-13}$$

整个换热器的总熵产率及总熵产数可表示为

$$S_{g,tot}=\sum_{1}^{N}S_{g,j} \tag{7-14}$$

$$n_{s,tot}=\frac{S_{g,tot}T_{h,i}}{Q_{tot}} \tag{7-15}$$

### 7.2.3 PCHE 流动传热特性

已有对PCHE的研究大多致力于优化通道结构以提高PCHE的流动换热性能。目前 PCHE 最常见的结构有四种，分别为直通道、之字形通道、S 形通道和翼形

通道。如图 7-3 所示。

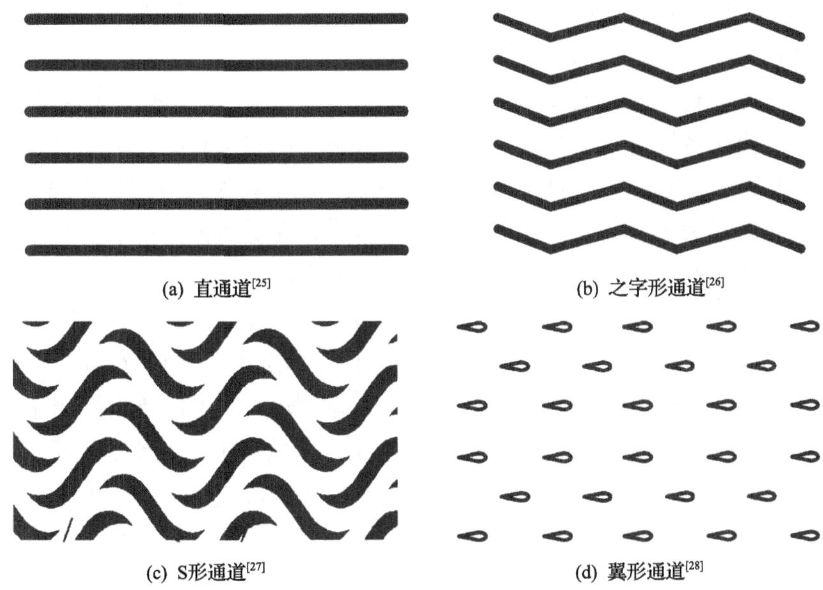


图 7-3　PCHE 通道结构形式

1. 直通道 PCHE

直通道是最简单的通道形式。Kruizenga 等[29,30]基于第四代核反应堆设计加工了包含 9 个半圆形直通道的 PCHE，半圆通道的水力直径为 1.16mm，长 0.5m，通过改变系统压力、入口温度和质量流量等参数，对通道的局部壁面温度和热流密度进行实验测量，得出局部传热系数与主流温度的关系。将实验确定和采用 CFD 建模预测得到的传热系数和压降数据与早期的文献数据进行对比，结果表明当压力达到临界压力时，由于普朗特数的增加，拟临界温度附近的对流换热明显增强并出现传热峰值，常见的关联式如 Dittus-Boelter 和 Jackson 关联式并不能很好地预测该峰值。Li 等[31,32]针对 Kruizenga 的模型数据提出了一种更合理的平均物性理论——基于概率密度函数(PDF)的时间平均物性，以考虑物性的非线性对瞬时局部温度的影响，并建立了基于 PDF 的超临界压力加热和冷却模式下 $CO_2$ 强制对流换热的时间平均特性关联式。结果表明，该关联式的预测效果很好，在不同的热流密度下，90%以上的数据被预测在±25%的精度之内。Chu 等[33]设计加工了具有直肋的半圆直通道 PCHE，肋的宽度为 1.2mm，半圆通道的半径为 1.4mm。加热段和冷却段长度分别为 150mm 和 100mm。在相同的质量流量下，他比较了 $sCO_2$ 和水的热工性能和水力性能，结果表明 $sCO_2$ 的换热速率要比水高 1.2～1.5

倍，并且随着雷诺数增加，$sCO_2$的努塞尔数也随之增加，但增加幅度降低。同时指出，如果希望获得较高的换热速率，尤其是在较高压力下操作时，最好在换热速率的转折点附近增大$sCO_2$的质量流量。

由于浮力会对PCHE通道中的换热带来影响，Zhang等[34]针对$sCO_2$在半圆形直通道中的换热特性进行了数值模拟，详细分析了浮力诱导的二次流对局部换热性能的影响，并提出用无量纲数Se描述二次流，以估算浮力效应带来的影响。模拟结果表明，浮力效应随质量流量的增大而减小，在低质量流量下，非对称流动的换热性能优于对称流动；在热侧，浮力可以显著改善通道顶壁的热工性能，而在冷侧，浮力使通道底壁的热工性能变差；与现有估算浮力效应的准则相比，采用无量纲数Se能更好地预测浮力对整体换热和局部换热的影响。在分析热物性变化和浮力对局部换热性能影响的基础上，Ren等[35]建立了考虑热物性变化和浮力影响的局部换热关联式。根据关联式计算的93%的数据中，误差小于±15%。同时选择广义平均温差(GMTD)法代替传统的对数平均温差(LMTD)法，根据其提出的换热关联式对PCHE换热器进行初步设计，计算结果与CFD模拟计算结果能较好地吻合。

考虑通道截面形状带来的影响，Jeon等[36]模拟了三角形、长方形和椭圆截面直通道内$sCO_2$的流动换热性能，结果表明通道截面形状对PCHE的换热性能几乎没有影响，但对PCHE的结构可靠性有很大影响，考虑光化学刻蚀工艺，半圆截面通道最易加工。吴家荣等[37]利用有限元方法对PCHE芯体热冷通道特定路径的热应力、机械应力和总应力进行分析，结果表明芯体所受应力是工质压力和温度梯度共同作用的结果，冷通道的总应力大于热通道；芯体半圆截面通道尖角的存在导致应力集中，半圆弧中间位置因温度梯度较大而产生较大热应力。他指出在通道结构设计时应注意改善尖角处的应力集中，并控制蚀刻深度；相同当量直径下采用圆截面通道的最大热应力、最大机械应力和最大总应力都有大幅度减小。

Lao等[38]对含有熔盐和$sCO_2$的PCHE换热进行了数值模拟。结果表明，在入口区，随着Richardson数的减小，自然对流沿流动方向减弱，热边界层变厚，$sCO_2$的局部换热系数显著降低。在出口区，湍流动能逐渐增大，换热系数增大，有利于强化换热。同时，他指出PCHE的性能主要取决于熔盐通道的压降和$sCO_2$通道的换热阻力。随着熔盐通道宽度的增加，熔盐压降显著减小，总体换热系数变化不大，改善了PCHE的综合性能。

2. 之字形通道PCHE

为了进一步改善PCHE的换热性能，人们提出了之字形通道PCHE。通道弯折点处的换热面积和流速的增大，之字形通道PCHE的换热性能得到显著改善。

Nikitin 等[39]以 $sCO_2$ 为工质，对之字形通道 PCHE 的整体换热和压降特性进行实验研究，提出了之字形通道 PCHE 局部换热和压降的经验关联式，并指出之字形通道 PCHE 具有非常高的换热效率(高达 99%)和高压缩性(高达 $1050m^2/m^3$)。这些结果表明，之字形通道 PCHE 是一种很有前途的 $sCO_2$ 布雷顿循环换热器。Kruizenga[40]的研究也表明之字形通道的传热性能可达到直通道的 3～4 倍，但同时之字形通道内的压降也比直通道内的压降大得多。

为了研究通道弯折形状对 PHCE 热工水力性能的影响。Baik 等[41]进行了之字形通道 PCHE 的数值模拟，结果表明尖角通道的压降明显大于圆角通道，这是由圆角通道的反流区减小所致。同时，他编写了 PCHE 的设计程序(KAIST_HXD)，并搭建 $sCO_2$ 加压实验装置($sCO_2$PE)来验证设计的之字形 PCHE 能否满足热力性能要求。考虑集箱处交叉和平行流动所形成的实际流动路径，Son 等[42]提出了一种新的之字形通道 PCHE 分析和设计方法，并指出在考虑压降时，通道形状对工质流动分布的影响可致压降显著增加。

Kim 等[43]建立了之字形通道 CFD 模型，并基于 CFD 模拟结果与实验关联式的比较，提出了一种新的基于 CFD 建模的努塞尔数($Nu$)和范宁摩擦系数($f_t$)关联式，该关联式的雷诺数范围为 2000～58000，可用于 $sCO_2$ 布雷顿循环的 PCHE 设计。Bennett 和 Chen[44,45]则验证了之字形 PCHE 通道的努塞尔数、范宁摩擦系数、科尔本因子($j$)对 20 个几何条件和运行条件的敏感性，数据表明之字形通道 PCHE 的热工水力性能参数对通道弯角、弯角曲率半径、质量流量和通道宽度的变化最为敏感。同时，建立了考虑几何参数和流体性质变化的努塞尔数和范宁摩擦系数关联式，结果表明该关联式的精度在±30%以内。

针对之字形通道 PCHE 的整体换热性能，Li 等[46]提出一种新的考虑工作温度和压力影响的综合换热性能评价方法——工作点评价方法。结果表明，总换热系数随质量流量和压力的增大而增大，随进口温度的升高而降低。当工作点接近 1 时，PCHE 的性能会更好。Zhang 等[47]的研究表明，弯折角的减小改善了换热性能，但降低了水力性能。对流换热的强化与速度和温度梯度之间的协同作用增强、熵产的降低有密切关系。二次流增强了之字形通道内速度和温度梯度的协同效应，增大了壁面附近的熵产生。当弯折角为 110°～130°时，无论从热力学第一定律还是热力学第二定律来看，其整体性能都是最好的。Cheng 等[48]进行了㶲实验分析，实验中的最高运行温度和压力分别为 715.2K 和 22.5MPa。雷诺数为 3212～23888 不等，研究进口温度和雷诺数对 PCHE㶲损失和效率的影响。结果表明，较低的雷诺数和较高的冷侧进口温度对㶲效率有提高作用。

近年来，不断地有学者提出改良的之字形通道。Lee 等[49]提出了一种插入直通道的新型之字形通道 PCHE。模拟结果表明，在折弯处插入直通道可以抑制折弯处的流动分离和倒流，改善之字形通道的压降性能。但是，这种方法会降低通道的换热性能，应仔细平衡压降和换热性能。一些研究人员提出波纹形通道，同样可以减少由折弯处的分离和倒流而引起的压力损失。Yang 等[50]分析了窄通道截面对波纹通道 PCHE 换热性能的影响。通道截面积的减小将提高换热性能、紧凑性和经济性。然而，截面积的减小会明显地增加压降。为了在保持 PCHE 换热性能的同时改善其压降，Saeed 和 Kim[51]提出一种新的 PCHE 通道类型，该通道是基于沿流动方向的正弦肋片阵列。模拟结果表明，正弦肋片阵列波纹形通道冷端和热端的整体热工水力性能分别提高了 21%和 16%。

史阳等[52]对 1MW $sCO_2$ 发电系统之字形通道 PCHE 的费用进行分析。结果表明，不同质量流量条件下 PCHE 的热导、效能、换热量和范宁摩擦系数的变化幅度较大，从而对换热器的费用产生影响。其研究结果为 MW 级 $sCO_2$ 布雷顿循环发电系统换热器的研发提供了技术支撑。

### 3. S 形通道 PCHE

S 形通道 PCHE 源于 Ngo 等[53]首次将其应用于住宅热泵，利用 CFD 模拟 $CO_2$ 侧和 $H_2O$ 侧肋片和通道的具体结构，并对热泵的热工水力性能进行了评价。与常用住宅热泵相比，S 形通道 PCHE 的体积减小了约 3.3 倍，$CO_2$ 侧的压降降低了 37%，$H_2O$ 侧的压降降低了 10 倍。在假设 $sCO_2$ 在热力学和传输性质上处于局部平衡的条件下，Tsuzuki 等[27]对不同的 S 形肋片形状和角度进行了模拟，结果表明 S 形通道与之字形通道具有相同的热工水力性能，但其压降仅为之字形通道的 1/5。压降的降低可归因于在流区内具有良好的均匀流速分布，并消除了之字形通道弯折角附近出现的倒流和涡流。

实验方面，Nikitin 等[54,55]设计加工了 S 形通道 PCHE，并搭建了 $sCO_2$ 实验回路。作为对比，他们还设计加工了之字形通道 PCHE，其通道面积、水力直径都相同。实验结果表明，根据雷诺数的不同，S 形通道 PCHE 的压降比之字形低 4～5 倍，努塞尔数降低 20%～30%，见图 7-4。根据实验结果，建立了努塞尔数和范宁摩擦系数的经验关联式(7-16)和式(7-17)，这些经验关联式可以很好地预测总换热系数和压降，精度分别为 97.7%和 83.4%。

$$f_{\mathrm{t}} = (0.4545 \pm 0.0405) Re^{(-0.340 \pm 0.009)}, \quad 3.5\times10^{3} < Re < 2.3\times10^{4}, 0.75 < Pr < 2.2 \tag{7-16}$$

$$f_{\mathrm{t}} = (0.4545 \pm 0.0405) Re^{(-0.340 \pm 0.009)}, \quad 3.5\times10^{3} < Re < 2.3\times10^{4}, 0.75 < Pr < 2.2 \tag{7-17}$$

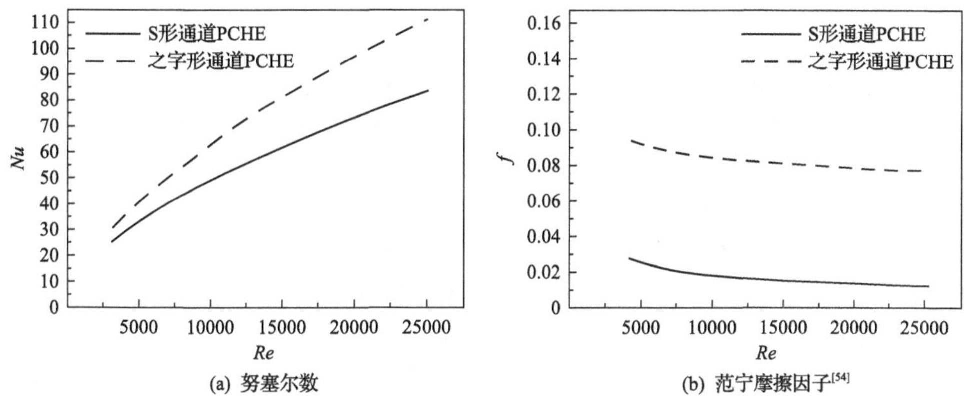


图 7-4 S 形通道与之字形通道比较

Tsuzuki 等[56]使用经过验证的 RNG $k$-$\varepsilon$ 湍流模型，在拟临界点附近建立了 sCO$_2$ 关联式，模拟了在 20 种不同温度下，冷侧和热侧流体在进口温度分别低于或高于恒定壁温 2K 的结果。基于模拟结果，建立了冷($H_2O$)/热($CO_2$)侧的努塞尔数关联式(7-18)和式(7-19)，冷侧精度为 98.53%，热侧精度为 99.1%。

$$Nu_{\text{hot}} = 0.207Re^{0.627}Pr^{0.340}, \quad 1.5\times10^3 < Re < 1.5\times10^4, 1 < Pr < 3 \tag{7-18}$$

$$Nu_{\text{cold}} = 0.253Re^{0.597}Pr^{0.349}, \quad 100 < Re < 1.5\times10^3, 2 < Pr < 11 \tag{7-19}$$

为了进一步研究 S 形肋片的影响，Tsuzuki 等[57]采用 3D-CFD 方法建立模型，通过改变肋片角度、重叠长度、肋片宽度、肋片长度和边缘圆度等参数，研究 S 形肋片形状对热工水力特性的影响。结果表明，S 形肋片边缘压降是由流动引起的。肋片与紧邻下游位置肋片的重叠提供导翼效应，显著降低了压降，当下游肋片放置在上游处，由肋片形成的弯曲通道中间压降最小；对于弧长，在重叠长度处的压降最小，该重叠长度在不改变通道宽度的情况下形成最长的圆弧。当弧长比分别缩短 30%和 50%时，换热系数分别降低 2.4%和 4.6%，压降分别增加 17%和 13%；对于 0.2～0.8mm 宽度的 S 形肋片，较薄的肋片表现出更好的热工水力性能。但肋片越宽，压降越小，换热速率也越小。根据 Tsuzuki 的研究结果，Zhang 等[58]为了最大化换热器的换热效率和最小化换热器的压降，在对 9 种 S 形肋片模型进行 CFD 模拟的基础上，采用多目标进化算法 NSGA-II 对 S 形肋片进行了形状优化。S 形肋片优化的形状因素是肋片角度和肋片长度，目标函数为换热效率和压降。优化结果表明，大肋片长度的小肋片角度通道可以减小换热器的压降，而小肋片长度的大肋片角度通道有利于提高换热器的换热效率。

4. 翼形通道 PCHE

Kim 等[59]最早提出翼形通道 PCHE。翼形通道的典型几何参数如图 7-5 所示，$s_i$ 为交错排列的节距，$L_l$ 和 $L_v$ 分别为两个翼形头部之间的水平距离和垂直距离，$L_c$ 和 $L_t$ 分别为翼形通道 PCHE 的弦长和最大宽度。根据上述几何参数，建立三个无量纲几何参数，即交错数 $\zeta_s=2L_s/L_h$、水平数 $\zeta_l=L_l/L_c$ 和垂直数 $\zeta_v=L_v/L_t$。研究结果表明，翼形通道 PCHE 的换热速率与之字形通道相当，但压降仅为之字形通道 PCHE 的 1/20。换热面积的提高和均匀流动的结构使其具有合理的换热性能，而压降的减少则是由于均匀流动和流线形的形状抑制了分流的产生。当交错数 $\zeta_s=1$ 时，通道具有合理的热工水力性能。压降对垂直数 $\zeta_v$ 比水平数 $\zeta_l$ 更敏感。当 $\zeta_l$ 和 $\zeta_v$ 均大于 2 时，肋片上的换热没有得到进一步改善[60]。

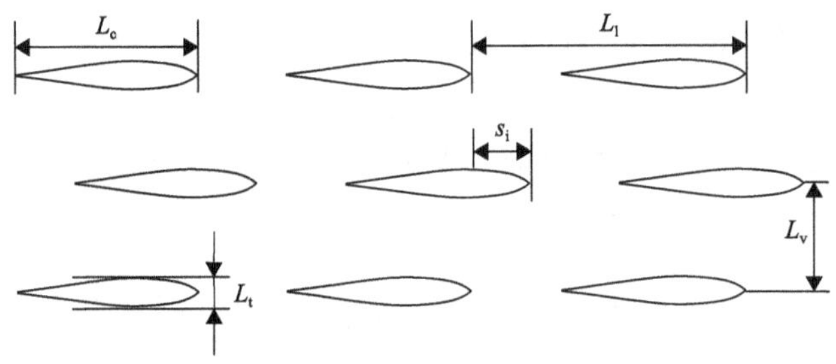


图 7-5　翼形通道 PCHE 布置的几何参数[60]

多数学者采用数值模拟的方法对翼形通道 PCHE 进行研究。Xu 等[61,62]采用 SST $k$-$\varepsilon$ 模型和恒温边界条件(60℃)，模拟了翼形肋片布置对顶壁、底壁和肋片的换热和流动阻力的影响。对平行排列和交错排列的比较表明，两种排列之间的 Nusselt 数差别很小。然而，交错布置的单位长度压降远小于平行布置，表明交错布置比平行布置具有更好的热工水力性能。为了进一步减少流动阻力，他们建议采用稀疏的肋片布置，并将翼形肋片的头部修改为剑鱼形状。针对光化学刻蚀过程中，翼形不是理想的翼形，而是在端壁上形成圆角这一问题，Ma 等[63]研究了端壁圆角对翼形通道 PCHE 热工水力性能的影响。通过实验和模拟结果表明，在水平数 $\zeta_l=1.63$ 的情况下，肋片端壁圆角可以提高换热性能和压降。肋片端壁圆角对热工水力性能的影响随 $L_h$ 的增大而减小，但当垂直数 $\zeta_v>1.88$ 时，$L_v$ 对热工水力性能的影响不大。针对有无端壁圆角的两种模型，建立的努塞尔数和范宁摩擦系数关联式的最大精度分别达到 93.3%和 93.6%。Chu 等[64]同样对翼形肋片的几何参数(肋片长度、肋片宽度、横向节距和纵向节距)进行了研究，分析了不同节距时的局部和整体换热特性及动态性能，结果表明由于 $sCO_2$ 物性的强烈变化，换热速率降低，但沿主流方向的压力损失基本不变；平行分布的翼形肋片具有较高的流动阻力，可以强化换热，而交错分布的翼形肋片可以改善综合换热性能。基于模拟结果，拟合了翼形通道科尔本系数 $j$ 和范宁摩擦系数 $f_t$ 关联式(7-20)和式(7-21)，这两个关联式可以预测一定雷诺数范围内的结果，最大误差小于 5%。值得注意的是，这两个关联式与 Pr 无关，所以它们只适用于和 Chu[64]相同的工作条件。

$$j = 0.026\left(\frac{L_1}{L_c}\right)^{-0.170}\left(\frac{L_t}{L_v}\right)^{-0.248} Re_{in}^{\,0.19\times\left(\frac{L_t}{L_v}\right)^{-0.187}},\quad 8\times10^3 < Re < 10^5 \tag{7-20}$$

$$f_t = 0.357\left(\frac{L_1}{L_c}\right)^{-0.252}\left(\frac{L_t}{L_v}\right)^{-0.255} Re_{in}^{\,-0.173\times\left(\frac{L_t}{L_v}\right)^{-0.274}},\quad 8\times10^3 < Re < 10^5 \tag{7-21}$$

在 NACA0020 翼形结构的基础上，Cui 等[65]提出了两种新型翼形结构。通过数值模拟，结果表明，在所选条件下新型翼形结构的科尔本因子 $j$ 比 NACA0020 翼形结构大 2.97%～6.15%，压降降低 0%～4.07%，综合性能优于 NACA0020 翼形结构。肋片的交错布置和合理的形状可以有效减小边界层的影响，改善热工水力性能。Pidaparti 等[28]则对不连续矩形肋片和翼形肋片进行热工水力性能的实验对比，测量了与 $sCO_2$ 布雷顿循环相关的各种操作条件下的局部和平均换热系数及压降，在实验数据的基础上提出了努塞尔数与范宁摩擦系数关联式。结果表明，摩擦因子关联式能够再现实验测得的压降，对于不连续的矩形肋片和翼形肋片，其偏差分别为±13.5%和±14.7%。努塞尔数关联式能够再现实验努塞尔数，对于不连续的矩形肋片和翼形肋片，其偏差分别为±15.4%和±8%。

针对第三代聚光式太阳能电站中熔盐与 $sCO_2$ 布雷顿循环相结合的翼形通道 PCHE，Shi 等[66]研究了质量流量和入口温度对两种换热流体性能的影响。结果表明，进口温度越高，太阳能塔的换热性能越高，但 $sCO_2$ 的换热性能越差，对于两种换热流体，摩擦因子均随进口温度的升高而减小。根据模拟结果提出的努塞尔数关联式的最大偏差均在±6%以内，熔盐和 $sCO_2$ 摩擦关联式的最大偏差分别在±4%和±8%以内。针对太阳能热电站中 $sCO_2$ 布雷顿动力循环的 PCHE 提出了一种基于丁胞强化技术的新型翼形通道 PCHE[67]，研究了丁胞数量和布置方式对流动与换热特性的影响规律，并获得了该新型 PCHE 的最佳几何结构，同时对比分析了最佳结构与无丁胞原始结构的综合性能。结果表明，当单元体积内丁胞数量为 2 个且丁胞与肋片错列布置时，该新型 PCHE 的综合性能最佳；在所研究的雷诺数范围内，相比于无丁胞的翼形通道 PCHE，新型 PCHE 的综合性能可提升 3.5%～8.7%。

传热和压降的关联式对于 PCHE 的研究设计、循环稳态和瞬态特性的评估具有重要意义。截至目前，根据实验研究、数值模拟和理论研究开发出许多热工水力关联式，如表 7-1 所示，表中总结了不同通道类型、流体工质、不同工作参数的经验关联式。在经验关联式的拟合过程中使用截面平均无量纲参数(如 $Nu$ 和 $Pr$)。在大多数的传热关联式中，需要考虑热工水力参数和集合参数的变化。

表 7-1　不同通道类型 PCHE 的典型热工水力关联式

| 文献 | 方法 | 通道类型 | 工质 | 典型参数 | 换热经验关联式及适用范围 |
| --- | --- | --- | --- | --- | --- |
| Nikitin 等(2006)[39] | 实验研究 | 之字形通道 | $sCO_2$ | 热侧温度：280～300℃<br>热侧压力：2.2～3.2MPa<br>冷侧温度：90～108℃<br>冷侧压力：6.5～10.5MPa<br>质量流量：40～80kg/h | $h_{hot}=2.52Re^{0.681}$<br>$f_h=(-1.402\pm0.087)10^{-6}Re+(0.04495\pm0.00038)$<br>适用范围：$2800<Re<5800$<br>$h_{cold}=5.49Re^{0.625}$<br>$f_c=(-1.545\pm0.099)10^{-6}Re+(0.09318\pm0.00090)$<br>适用范围：$6200<Re<12100$ |
| Nikitin 等(2007)[55] | 实验研究 | 之字形通道 | $CO_2$ | 冷侧压力：6.5,7.4,8.5,9.5,10.5MPa<br>热侧压力：2.2,2.5,3.0,3.5MPa<br>冷侧温度：108℃<br>热侧温度：280℃<br>质量流量：40～70kg/h，5kg/h 间隔 | $Nu=(0.0729\pm0.0276)Re^{0.717\pm0.041}$<br>适用范围：$3000<Re<20600$；$0.76<Pr<1.04$，$f=(1.462\pm0.015)Re^{-0.112\pm0.01}$<br>适用范围：$3000<Re<20600$ |
| Ngo 等(2007)[54] | 实验研究 | 之字形通道 | $CO_2$ | 角度：52°<br>冷侧进口压力：7.7,8.0,8.5,9.0,10.0,11.0,12.2MPa<br>热侧进口压力：6.0MPa<br>冷侧进口温度：35,38,41, 44,47,51,55℃<br>热侧进口温度：120℃<br>热侧质量流量：40～150kg/h | $Nu=(0.1696\pm0.0144)Re^{0.629\pm0.009}Pr^{0.317\pm0.014}$<br>适用范围：$3.5\times10^3<Re<2.2\times10^4$，$0.75<Pr<2.2$<br>热侧：$f_{hot}=(0.3390\pm0.0258)Re^{-0.158\pm0.009}$<br>适用范围：$3.5\times10^3<Re<2.0\times10^4$<br>冷侧：$f_{cold}=(0.3749\pm0.1293)Re^{-0.154\pm0.036}$<br>适用范围：$6.0\times10^3<Re<2.2\times10^4$ |
| Kim 等(2009)[68] | 实验研究+数值模拟 | 之字形通道 | He | 热/冷侧入口温度和压力分别为 25～550℃/15～100℃和 1.5～1.9MPa，质量流量控制在 40～100kg/h | $\overline{f}_{hot}\cdot Re_{ave}=16.51+0.01627\cdot Re_{ave}$<br>适用范围：$350\leqslant Re_{ave}\leqslant1200$<br>$Nu_{ave}=3.255+0.00729\cdot(Re_{ave}-350)$<br>适用范围：$350\leqslant Re_{ave}\leqslant800$，$Pr_{ave}=0.66$ |

续表

| 文献 | 方法 | 通道类型 | 工质 | 典型参数 | 换热经验关联式及适用范围 |
| --- | --- | --- | --- | --- | --- |
| Kim 等 (2011) [69] | 数值模拟 | 之字形通道 | $He\text{-}H_2O$ | 氦侧进口温度和压力分别为：80～240℃和 1.78～1.85MPa<br>水侧的温度和压力分别为：10～26℃和 0.1～0.51MPa | $Nu = 4.089 + 0.00365 \cdot Re \cdot Pr^{0.58}$<br>$f_p \cdot Re = 15.78 + 0.004868 Re^{0.8416}$<br>适用范围：$0 < Re < 2500$ |
| Li 等 (2011) [31] | 实验研究+数值模拟 | 直形通道 | $CO_2\text{-}H_2O$ | 热侧压力：$p_h$=7.5～10MPa<br>热侧温度：10～90℃ | $Nu_b = 0.023 Re_b^{0.8} Pr_b^n$<br>对于热流体，$n$=0.4，对于冷流体，$n$=0.3<br>$Nu_{b,pdf} = 0.023 Re_{b,pdf}^{0.8} Pr_{b,pdf}^{0.4} \left(\dfrac{\rho_{w,pdf}}{\rho_{b,pdf}}\right)^{0.3} \left(\dfrac{\overline{c_{p_{pdf}}}}{c_{p_b,pdf}}\right)^n$<br>当 $T_b < T_w < T_{pc}$ 时，$n$=0.4；当 $1.2T_{pc} < T_b < T_w$ 时，$n = 0.4 + 0.2(T_w / T_{pc} - 1)$；<br>当 $T_{pc} < T_b < 1.2T_{pc}$ 时，$n = 0.4 + 0.2(T_w / T_{pc} - 1)[1 - 5(T_b / T_{pc} - 1)]$； |
| Kim 和 No (2013) [69] | 实验研究 | 之字形通道 | He-He<br>He-水<br>混合-水 | — | $Nu = 4.089 + 0.00497 \cdot Re^{0.95} \cdot Pr^{0.55}$<br>适用范围：$0 < Re < 3000$，$0.66 < Pr < 13.41$<br>$f_p \cdot Re = 15.78 + 0.0557 Re^{0.82}$<br>适用范围：$0 < Re < 3000$ |
| Yoon 等 (2014) [70] | 数值模拟 | 翼形通道 | He | — | $f_p \cdot Re_{min} = 9.31 + 0.028 \cdot Re_{min}^{0.86}$<br>适用范围：$0 < Re_{min} < 1.5\times10^5$<br>$Nu = 3.7 + 0.0013 Re_{min}^{1.12} Pr^{0.38}$<br>适用范围：$0 < Re_{min} < 2500$，$0.6 < Pr < 0.8$<br>$Nu = 0.027 Re_{min}^{0.78} Pr^{0.4}$<br>适用范围：$3000 < Re_{min} < 1.5\times10^5$，$0.6 < Pr < 0.8$ |

续表

| 文献 | 方法 | 通道类型 | 工质 | 典型参数 | 换热经验关联式及适用范围 |
|---|---|---|---|---|---|
| Mylavarapu 等(2014)[71] | 实验研究+数值模拟 | 直形通道 | He | 压力：$p$=1～2.7MPa<br>热侧温度：$T_h$=208～790℃<br>冷侧温度：$T_c$=85～390℃ | $Nu_{H1}=4.089$<br>$f\times Re=15.767$<br>适用范围：$Re<2300$ |
| Seo 等(2015)[72] | 实验研究 | 直形通道 | — | 热侧入口温度在 40～50℃之间变化，冷侧温度固定在 20℃ | $Nu_h=0.7203Re^{0.1775}Pr^{1/3}\left(\frac{\mu_h}{\mu_w}\right)^{0.14}$<br>$Nu_c=0.7107Re^{0.1775}Pr^{1/3}\left(\frac{\mu_c}{\mu_w}\right)^{0.14}$<br>$f=1.3383Re^{-0.5003}$<br>适用范围：$100<Re<850$ |
| Chen 等(2016)[73] | 实验研究+数值模拟 | 直形通道 | He | He 气质量流量在 22～39kg/h 之间编号，系统压力高到 2.7MPa，热侧入口温度从 199℃增加到 450℃ | $Nu=(0.0475\pm0.0156)Re^{(0.6332\pm0.0446)}$ 适用范围：$1200<Re<1850$<br>$Nu=(3.6801\pm1.1844)\times10^{-4}Re^{(1.2822\pm0.04201)}$ 适用范围：$1850<Re<2900$<br>$f=\frac{17.639}{Re^{0.8861\pm0.0017}}$ 适用范围：$1400<Re<2200$<br>$f=0.019044\pm0.001692$ 适用范围：$2200<Re<3558$ |
| Chen 等(2016)[26] | 实验研究 | 直形通道 | He | He 气进口温度和压力 464℃/2.7MPa，冷侧 802℃/2.7MPa | $Nu=(0.05516\pm0.00160)Re^{(0.69195\pm0.00559)}$ 适用范围：$1400<Re<2200$<br>$Nu=(0.09221\pm0.01397)Re^{(0.62507\pm0.01949)}$ 适用范围：$2200<Re<3558$ |

续表

| 文献 | 方法 | 通道类型 | 工质 | 典型参数 | 换热经验关联式及适用范围 |
| --- | --- | --- | --- | --- | --- |
| Meshram 等 (2016)[74] | 数值模拟 | 直形通道 | $sCO_2$ | 低温侧：<br>冷侧入口温度：400K，<br>热侧入口温度：630K<br>冷侧出口压力：225bar，<br>热侧出口压力：90bar<br>高温侧：<br>冷侧入口温度：500K，<br>热侧入口温度：730K<br>冷侧出口压力：225bar，<br>热侧出口压力：90bar | 热流体（$500K<T_b<630K$）：$Nu=0.0493Re^{0.77}Pr^{0.55}$；<br>$f=0.8386Re^{-0.5985}+0.00295$；<br>热流体（$600K<T_b<730K$）：$Nu=0.0514Re^{0.76}Pr^{0.55}$；<br>$f=0.8385Re^{-0.5978}+0.00331$；<br>冷流体（$400K<T_b<500K$）：$Nu=0.0718Re^{0.71}Pr^{0.55}$；<br>$f=0.8657Re^{-0.5755}+0.00405$；<br>冷流体（$500K<T_b<600K$）：$Nu=0.0661Re^{0.743}Pr^{0.55}$；<br>$f=0.8796Re^{-0.5705}+0.00353$ |
| | | 变直径的直形通道 | | | 热流体（$500K<T_b<630K$）：$Nu=0.0685Re^{0.705}(D_{ch}/2)^{-0.122}$；<br>$f=0.0648Re^{-0.254}(D_{ch}/2)^{-0.0411}$；<br>冷流体（$400K<T_b<500K$）：$Nu=0.0117Re^{0.843}(D_{ch}/2)^{0.0405}$；<br>$f=0.0759Re^{-0.241}(D_{ch}/2)^{0.089}$； |
| | | 之字形通道 | | 低温侧：<br>冷侧入口温度：400K，<br>热侧入口温度：630K<br>冷侧出口压力：225bar，<br>热侧出口压力：90bar<br>高温侧：<br>冷侧入口温度：500K，<br>热侧入口温度：730K<br>冷侧出口压力：225bar，<br>热侧出口压力：90bar | 热流体（$470K<T_b<630K$）：$Nu=0.0174Re^{0.893}Pr^{0.7}$；<br>$f=0.867Re^{-0.522}+0.040$；<br>热流体（$580K<T_b<730K$）：$Nu=0.0205Re^{0.869}Pr^{0.7}$；<br>$f=0.819Re^{-0.671}+0.044$；<br>冷流体（$400K<T_b<520K$）：$Nu=0.0177Re^{0.871}Pr^{0.7}$；<br>$f=0.869Re^{-0.512}+0.0411$；<br>冷流体（$500K<T_b<640K$）：$Nu=0.0213Re^{0.876}Pr^{0.7}$；<br>$f=0.804Re^{-0.711}+0.045$ |

续表

| 文献 | 方法 | 通道类型 | 工质 | 典型参数 | 换热经验关联式及适用范围 |
| --- | --- | --- | --- | --- | --- |
| Kim 等(2016)[43] | 数值模拟 | 之字形通道 | $sCO_2$ | 压力范围：1～20MPa<br>温度范围：290～650K | 角度：32.5°， $Nu=(0.0292\pm0.0015)Re^{0.8138\pm0.0050}$ ，<br>$f=(0.2515\pm0.0097)Re^{-0.2031\pm0.0041}$<br>适用范围： $2000<Re<58000$ ， $0.7<Pr<1.0$<br>角度：40.0°， $Nu=(0.0188\pm0.0032)Re^{0.8742\pm0.0050}0.0162$ ，<br>$f=(0.2881\pm0.0212)Re^{-0.1322\pm0.0079}$<br>适用范围： $2000<Re<55000$ ， $0.7<Pr<1.0$ |
| Chu 等(2017)[33] | 实验研究 | 直形通道 | $sCO_2$，$H_2O$ | 热侧和冷侧的质量流率从 150～1100kg/h 选择 | $Nu=0.122Re^{0.56}Pr^{0.14}$ ， $f=(1.12\ln(Re)+0.85)^{-2}$<br>适用范围： $3000<Re<7000$ |
| Baik 等(2017)[75] | 数值模拟+实验研究 | 之字形通道 | $sCO_2$ | 温度：26～43℃<br>压力：7.3～8.6MPa<br>$Re$ 数范围：15000～100000<br>Pr 数范围：2～33 | $Nu_h=0.8405Re^{0.5704}Pr^{1.08}$ ， $f_h=0.0748Re^{-0.19}$<br>$Nu_c=0.2829Re^{0.6686}$ ， $f_c=6.9982Re^{-0.766}$<br>适用范围： $15000\leqslant Re\leqslant 85000$ ， $50\leqslant Re\leqslant 200$ |
| Yoon 等(2017)[76] | 数值模拟 | 之字形通道 | He | 通道直径 2.0mm<br>水力直径：1.222mm<br>角度：<br>5,10,15,20,25,30,35,40,45° | $Nu_h=(0.71\theta+0.289)\left(\frac{l_R}{D_h}\right)^{-0.087}Re^{-0.11(\theta-0.55)^2-0.004(l_R/D_h)\theta+0.54}Pr^{0.56}$<br>$Nu_c=(0.18\theta+0.457)\left(\frac{l_R}{D_h}\right)^{-0.038}Re^{-0.23(\theta-0.74)^2-0.004(l_R/D_h)\theta+0.56}Pr^{0.58}$<br>$f=\frac{15.78}{Re}+\frac{2.9311}{100}\times\exp(1.9216\theta)\left(\frac{l_R}{D_h}\right)^{-0.8261\theta+0.03125}+\frac{4.7659\theta-2.8674}{100}$<br>适用范围： $50\leqslant Re\leqslant 2000$ |

续表

| 文献 | 方法 | 通道类型 | 工质 | 典型参数 | 换热经验关联式及适用范围 |
|---|---|---|---|---|---|
| Chu 等(2017)[64] | 数值模拟 | 翼形通道 | $sCO_2$ | 冷侧出口温度：151.36K<br>热侧出口温度：177.91K<br>冷侧压降：71.48MPa<br>热侧压降：22.02MPa | $j=0.026(L_1/L_c)^{-0.17}(L_t/L_v)^{-0.248}Re_{in}^{-0.19\times(L_t/L_v)^{-0.187}}$<br>$f=0.357(L_1/L_c)^{-0.252}(L_t/L_v)^{-0.255}Re_{in}^{-0.173\times(L_t/L_v)^{-0.274}}$<br>适用范围：$8000<Re<100000$ |
| Ren 等(2019)[35] | 数值模拟 | 直形通道 | $CO_2$-$H_2O$ | $p_h$=7.5～8.1MPa，$T_h$=40～100℃，<br>$T_c$=10～50℃ | $Nu_{FC}=0.01882Re_b^{0.82}\overline{Pr}^{0.5}\left(\frac{\rho_b}{\rho_w}\right)^{-0.3}\left(\frac{\mu_b}{\mu_w}\right)^{0.2887}$<br>适用范围：$1.1\times10^4<Re_b<7\times10^4$，$0.95<Pr_b<48$ |
| Pidaparti 等(2019)[28] | 实验研究 | 之字形通道 | $sCO_2$ | 低温回热器：热侧压力(MPa)和温度(℃)7.78/195.3；冷侧压力(MPa)和温度(℃)20/81.5；<br>高温回热器：热侧压力(MPa)和温度(℃)7.86/404.7；冷侧压力(MPa)和温度(℃)19.99/185.3 | $Nu=0.1696Re^{0.629}Pr^{0.317}$<br>$f=0.1924Re^{-0.091}$ |
| Saeed 等(2019)[51] | 数值模拟 | 之字形通道 | $sCO_2$ | 热侧温度：$T_h$=279.9℃，热侧压力：$p_h$=2.55MPa<br>冷侧温度：$T_c$=200℃，冷侧压力：$p_c$=8.35MPa | $Nu=0.041Re^{0.83}Pr^{0.95}$<br>摩擦系数：热侧：$f=0.115Re^{-0.13}$；冷侧：$f=0.19Re^{-0.089}$<br>适用范围：$3000\leqslant Re\leqslant60000$，$0.7\leqslant Pr\leqslant1.2$ |
| | | 其他通道 | | | $Nu=0.050Re^{0.8}Pr^{0.86}$<br>摩擦系数：热侧：$f=0.019Re^{-0.0054}$；冷侧：$f=0.025Re^{0.038}$<br>适用范围：$3000\leqslant Re\leqslant60000$，$0.7\leqslant Pr\leqslant1.2$ |

续表

| 文献 | 方法 | 通道类型 | 工质 | 典型参数 | 换热经验关联式及适用范围 |
| --- | --- | --- | --- | --- | --- |
| Chen 等(2019)[77] | 数值模拟 | 之字形通道 | He | 热侧温度：$T_h$=800℃，<br>冷侧温度：$T_c$=350℃，<br>压力：$p$=3MPa | $f=\frac{15.78}{Re}+\frac{6.7268}{1000}\exp(6.6705\alpha)\left(\frac{l_R}{D_h}\right)^{-2.3833\alpha+0.26648}+\frac{4.3551\alpha-1.0814}{100}$<br>$Nu_h=(0.71\alpha+0.289)\left(\frac{l_R}{D_h}\right)^{-0.087}Re^{-0.11(\alpha-0.55)^2-0.004\left(\frac{l_R}{D_h}\right)\alpha+0.54}Pr^{0.56}$<br>$Nu_c=(0.18\alpha+0.457)\left(\frac{l_R}{D_h}\right)^{-0.038}Re^{-0.23(\alpha-0.74)^2-0.004\left(\frac{l_R}{D_h}\right)\alpha+0.56}Pr^{0.58}$<br>适用范围：$200\leqslant Re\leqslant 2000$，$5°\leqslant\alpha\leqslant 45°$，$4.09\leqslant\frac{l_R}{D_h}\leqslant 12.27$，$l_R$ 为单个直线段的长度 |
| Wang 等(2019)[78] | 实验研究 | 翼形通道 | 熔盐 | 熔盐温度：218～237.4℃<br>流量：6.25～15.88m³/h | $Nu=0.0129Re^{1.0537}Pr^{1/3}(\mu/\mu_w)^{0.14}$<br>适用范围：$500\leqslant Re\leqslant 1548$，$19.4<Pr<23.8$，$0.73<\mu/\mu_w<0.85$ |
| Shi 等(2020)[66] | 数值模拟 | 翼形通道 | 熔盐 | 熔盐温度：470.8～527.4K<br>流量：6.25～15.88m³/h | $Nu=0.063Re^{0.755}Pr^{1/3}(\mu/\mu_w)^{0.14}$，$f=3.07Re^{-0.462}$<br>适用范围：$509\leqslant Re\leqslant 6773$，$7.5<Pr<9.5$，$0.84<\mu/\mu_w<0.93$<br>$Nu=0.0986Re^{0.687}Pr^{0.4}(\mu/\mu_w)^{0.14}$，$f=0.513Re^{-0.667}$<br>适用范围：$11671\leqslant Re\leqslant 123483$，$0.73<Pr<0.75$，$1.03<\mu/\mu_w<1.09$ |

# 7.3 大容量回热器中的 PCHE 集成

大容量 $sCO_2$ 发电系统中的回热器功率较大，需要采用多台 PCHE 通过串联或并联进行集成，本节介绍本书作者团队对回热器集成原理开展的研究[79]。由于 $sCO_2$ 循环中的工质流量偏高，而微通道换热器的通流面积较小，当 PCHE 用于 $sCO_2$ 发电系统回热器时，需将其压降控制在较小值。有研究表明，为了满足回热器的压降要求，当微通道内径采用常规尺寸时，PCHE 的高度-长度比需增大至不合理的程度[80]。而当回热器中各 PCHE 单元采用串联连接时，全部工质流经各 PCHE 单元，需将压降叠加构成总压降，难以满足热力系统的需求。因此，本节的 PCHE 集成仅考虑并联连接，连接管道与 PCHE 单元构成的并联管网即回热器本体。本节以净输出功 1000MW 的再压缩循环发电系统高温回热器部件为研究对象，建立耦合热力学循环、回热器流动特性及 PCHE 主体流动传热的计算模型，分析回热器并联管网压降分布规律及流动特性；以循环热效率、设备重量、占地面积、流动不均匀性为评价指标，剖析回热器性能随集成参数的变化规律，给出大容量回热器的设计建议。本节对相关研究成果进行详细描述[79]。

### 7.3.1 PCHE 集成回热器的模型建立与计算

1. $sCO_2$ 循环系统

$sCO_2$ 循环具有多种型式，其中再压缩循环(RC 循环)结构简单、性能优异，是应用最广泛的循环型式。在核能与太阳能发电系统中，通常直接采用 RC 循环[81]；在燃煤发电系统中，通常基于 RC 循环进行新型循环构建，如本书前文所述。本节循环采用 RC 循环，图 7-6 为 RC 循环系统图与 $T$-$s$ 图。

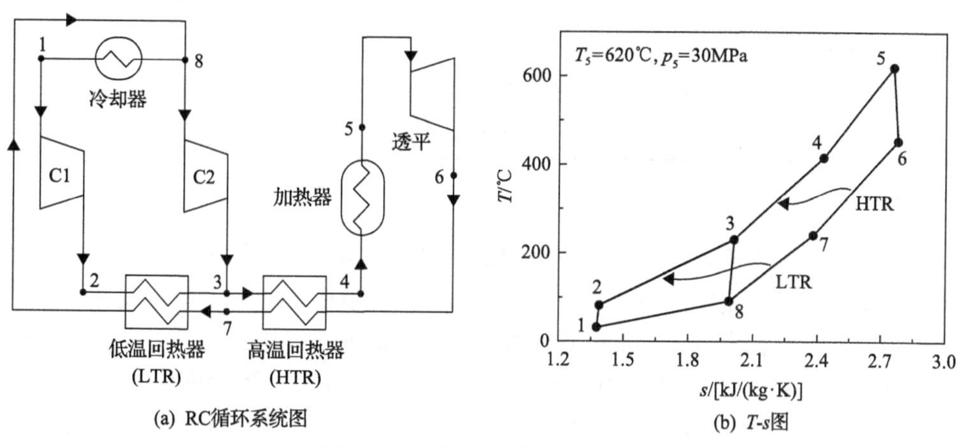


图 7-6 RC 循环系统图及 $T$-$s$ 图

RC 循环包含再压缩过程，因此系统的回热器包括高温回热器(HTR)与低温回热器(LTR)两级，本节选取高温回热器为研究对象。表 7-2 列出了循环系统已知热力参数，选取发电系统容量为 1000MW，透平入口初参数为 30MPa/620℃；回热器内夹点温差为 10℃，压降为 0.1MPa。根据热力参数计算可得到高温回热器参数，如表 7-3 所示。HTR 的热功率～1800MW，为净输出功的 1.8 倍，运行温度范围在 230～450℃。

**表 7-2 RC 循环已知参数**

| 参数 | 数值 |
|---|---|
| 净输出功 $W_{net}$/MW | 1000 |
| 透平入口温度/压力($T_5/p_5$)/(℃/MPa) | 620/30 |
| 透平等熵效率 $\eta_{T,s}$ | 0.93 |
| 主压缩机 C1 入口温度/压力($T_1/p_1$)/(℃/MPa) | 32/7.60 |
| 压缩机等熵效率 $\eta_{C,s}$ | 0.89 |
| 回热器与冷却器中压降/kPa | 100 |
| 热源加热器压降/kPa | 500 |
| 回热器内夹点温差($\Delta T_{LTR}$，$\Delta T_{HTR}$)/℃ | 10 |

**表 7-3 HTR 热力参数($W_{net}$=1000MW, $\Delta p_{HTR}$=100kPa)**

| HTR | 冷侧(高压侧) | 热侧(低压侧) |
|---|---|---|
| 入口压力/MPa | 30.6 | 7.90 |
| 出口压力/MPa | 30.5 | 7.80 |
| 入口温度/℃ | 230.97 | 449.70 |
| 出口温度/℃ | 411.73 | 240.97 |
| 质量流量/(kg/s) | 7540.73 | 7540.73 |
| 热功率/MW | 1801.16 | 1801.16 |

2. PCHE 集成

结构化设计理论表明，点与点之间采用树形连接可以降低压降。微通道换热器内部采用多尺度流体网络使流量均匀分布。回热器中 PCHE 的集成设计借鉴以上思想，使工质首先进入多根母管，继而自母管进入多台 PCHE。图 7-7 为回热器 PCHE 集成并联管网的物理模型，实线为回热器本体，虚线为管道为假设的进出口管道。以低温侧为例，回热器工质入口质量流量 $\dot{m}_c$ (单位 kg/s)首先分流进入 $n_1$ 根母管，每根母管中的工质再分流进入并联的 $n_2$ 台 PCHE。回热器内 PCHE 总

台数为 $n_1 \times n_2$，不同的 $n_1$、$n_2$ 使回热器并联管网具有不同的流动特性，代表了不同的回热器设计方案，以 $(n_1, n_2)$ 表示。图 7-8 为单根母管的 PCHE 集成结构立体图，以 $n_2$=5 为例。为了增大通流面积以降低压降，PCHE 高度偏高，采用卧式布置[82]，图中坐标轴的设置与下面描述的 PCHE 物理模型一致，PCHE 微通道内工质流动方向为 $z$ 方向。

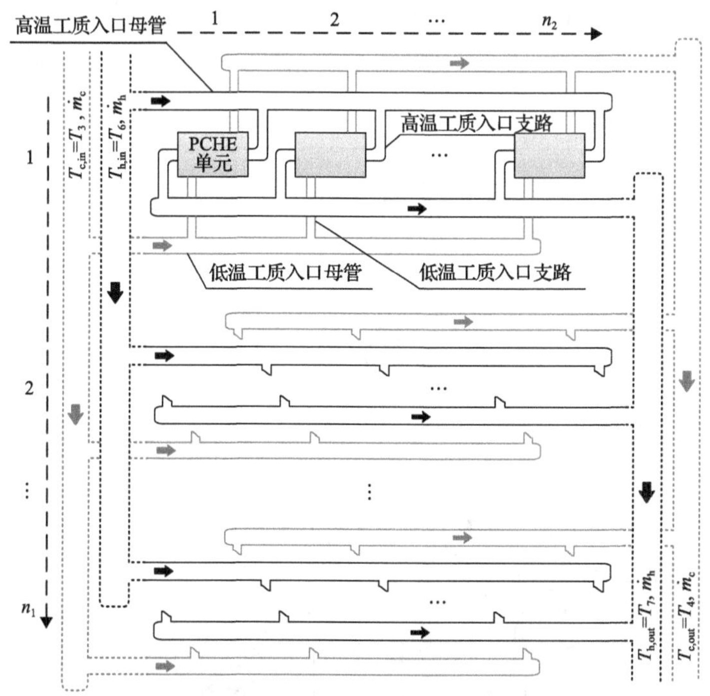


图 7-7　PCHE 并联组成的高温回热器管网[79]

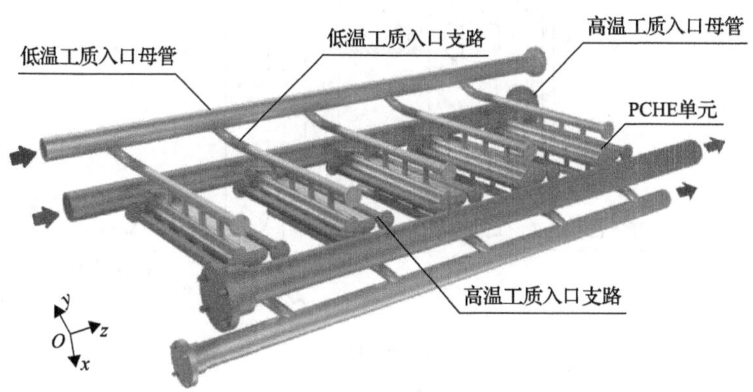


图 7-8　PCHE 集成结构立体图

PCHE 集成模型采用的假设条件：①工质质量流量在 $n_1$ 根母管内平均分配；

②工质质量流量在 $n_2$ 台 PCHE 内按照并联管路流动特性进行分配；③由于 PCHE 采用卧式布置，回热器总体高度较小，忽略重力压降；④回热器低温侧与高温侧管道均采用 316L，内壁绝对粗糙度取 0.04mm[83]。

图 7-9 为回热器单根母管的流动阻力模型。图 7-9(a)中，母管入口及出口处分别为点 I、O，$n_2$ 台 PCHE 所在支路中，自入口沿工质流动方向分别编号为 1～$n_2$，第 $i$ 条支路用 PCHE $i$ 表示，其质量流量为 $\dot{m}_i$；入口母管与出口母管的质量流量分别用 $\dot{m}_{n,0}$ 与 $\dot{m}'_n$ 表示，并用下标 $i$ 表示第 $i$ 条支路分流后或汇流后状态。

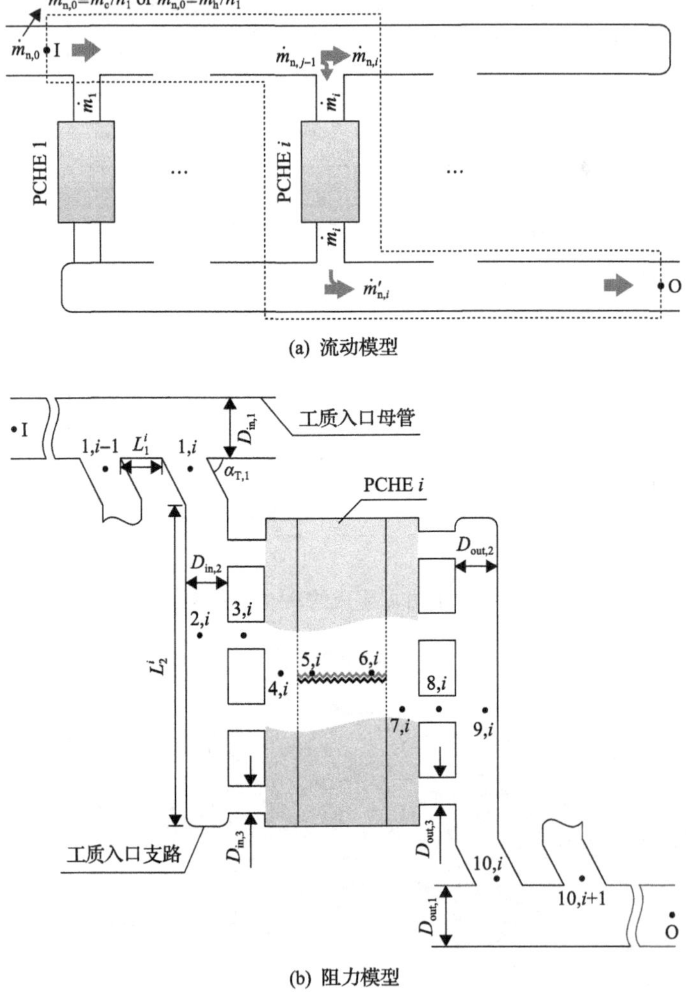


图 7-9　回热器管网内流动及阻力模型[79]

根据质量守恒，可得到如下方程式[84]：

$$\begin{aligned}&\dot{m}_{\mathrm{n},i-1}=\dot{m}_{\mathrm{n},i}+\dot{m}_i,\quad i=1,2,\cdots,n_2\\&\dot{m}_{\mathrm{n},0}=\dot{m}_{\mathrm{n},i-1}+\dot{m}'_{\mathrm{n},i-1},\quad i=1,2,\cdots,n_2\\&\dot{m}_{\mathrm{n},n_2-1}=\dot{m}_{n_2}\end{aligned} \tag{7-22}$$

图 7-9(a)中的 $n_2$ 条支路处于并联关系，为了求解工质流量分布，基于各支路建立路径，选择入口点 I 与出口点 O 分别为路径的起点与终点，各路径的压降相等。如图 7-9(a)虚线所示，为 PCHE $i$ 所在路径，用路径 $i$ 表示。图 7-9(b)给出路径 $i$ 的流动阻力模型，假设 $i>1$。为了便于表述，将第 $i$ 条支路内，工质流经的位置分别用节点(1,$i$)～(10,$i$)表示。将自点 I 到节点(1,$i$)的压降用$\Delta p_{1,i}$表示；自节点(2,$i$)到节点(10,$i$)，用$\Delta p_{j,i}$ 表示相邻节点($j$–1,$i$)与($j$,$i$)之间的压降，即$\Delta p_{j,i}=p_{j-1,i}-p_{j,i}$；自节点(10,$i$)到点 O 的压降用$\Delta p_{11,i}$表示。因此，路径 $i$ 的总压降为[85]

$$\Delta p_i=\sum_{j=1}^{11}\Delta p_{j,i} \tag{7-23}$$

由于并联关系，各个路径总压降与回热器内总压降相等，即

$$\Delta p=\Delta p_i,\quad i=1,2,\cdots,n_2 \tag{7-24}$$

采用式(7-22)～式(7-24)即可计算各支路的工质流量分布及流动阻力特性，其中压降单位均为 Pa。以下描述各压降组成部分的计算。

管道内流动阻力分为沿程阻力与局部阻力两类，经典的计算公式分别为[85]

$$\Delta p_{\mathrm{f}}=f\frac{L}{D}\frac{\rho u^2}{2} \tag{7-25}$$

$$\Delta p_{\mathrm{l}}=\xi\frac{\rho u^2}{2} \tag{7-26}$$

式中，$\rho$ 为工质密度；$L$ 与 $D$ 分别为某一段管道的长度与内径；$u$ 为母管中工质流速，由下式计算：

$$u=\frac{4\dot{m}}{\pi\rho D^2} \tag{7-27}$$

式(7-25)中的 $f$ 为摩擦阻力系数，由下式计算[86]：

$$f=\frac{1}{3.24\lg^2\left[\left(\frac{k_{\mathrm{r}}/D}{3.7}\right)^{1.1}+\frac{6.9}{Re}\right]} \tag{7-28}$$

式中，$k_r$为管内绝对粗糙度，按不锈钢管道，取 0.04mm[83]。

式(7-26)中的$\xi$表示局部阻力系数，在工质流经三通、弯管、断面突然缩小或断面突然扩大时需要计算，其中后三者的局部阻力系数分别用下标 el、con、exp 表示。三通在入口母管与出口母管上分别实现工质的分流与汇流，如图 7-9(b)所示。路径 $i$ 入口母管中，当工质进入支路 $i$ 的入口三通时，局部阻力系数为$\xi_{T,1}^{i}$；而母管内工质流经支路 $i$–1 的入口三通时，局部阻力系数为$\xi_{cr,1}^{i-1}$；出口母管同理。为了减小局部阻力，回热器内的三通采用斜三通，角度$\alpha_{T,1}$=45°。表 7-4 列出了各节点间压降对应的阻力系数，可采用经典公式进行求解[21,83,85,87]。$\Delta p_{6,i}$为 PCHE 微通道内的摩擦压降，即$\Delta p_{6,i}=\Delta p_{PCHE,i}$，将在下面进行描述。

**表 7-4 管道压降阻力系数的计算**

| 压降 | $\Delta p_{2,i}$ | $\Delta p_{3,i}$ | $\Delta p_{4,i}$ | $\Delta p_{5,i}$ |
|---|---|---|---|---|
| 阻力系数 | $\xi_{el,2}^{i}+f_2^i\dfrac{L_2^i}{D_{in,2}}$ | $\xi_{con,3}^{i}$ | $\xi_{exp,4}^{i}$ | $\xi_{con,5}^{i}$ |
| 压降 | $\Delta p_{7,i}$ | $\Delta p_{8,i}$ | $\Delta p_{9,i}$ | $\Delta p_{10,i}$ |
| 阻力系数 | $\xi_{exp,7}^{i}$ | $\xi_{con,8}^{i}$ | $\xi_{exp,9}^{i}$ | $\xi_{el,10}^{i}+f_{10}^i\dfrac{L_2^i}{D_{out,2}}$ |

自入口点 I 到节点(1,$i$)的压降$\Delta p_{1,i}$为

$$\Delta p_{1,i}=\begin{cases}\Delta p_1^i+\Delta p_{T,1}^i, & i=1\\ \sum\limits_{k=1}^{k=i-1}\left(\Delta p_{cr,1}^k+\Delta p_1^k\right)+\Delta p_{T,1}^i, & i=2,3,\cdots,n_2\end{cases} \tag{7-29}$$

同理，可计算自节点(10,$i$)到出口点 O 的压降$\Delta p_{11,i}$。

管道内径的选择对管网内压降的影响显著。目前，$sCO_2$发电系统尚无商业运行机组。Linares 等[82]评估了 DEMO 核聚变反应堆驱动的 $sCO_2$ 循环系统的尺寸，管径的选择按照每米管长摩擦压降低于 0.6kPa。同时，根据超临界水机组蒸气参数、管径及流速数据[83,88,89]，估算可知主蒸气管道每米压降约 1kPa。考虑到 $sCO_2$ 循环效率对压降变化更敏感，本书按照每米管长摩擦压降不大于 0.6kPa 选择管道内径。管道厚度的计算根据下式[90]，有

$$\delta_{pipe}=\frac{pD_i+2[\sigma]\delta_c+2F_\delta p\delta_c}{2[\sigma]-2p(1-F_\delta)} \tag{7-30}$$

式中，$p$ 为工质压力；$D_i$为管道内径；$\delta_c$为附加厚度，取为 1mm；$F_\delta$为修正系数，按照本书温度条件，取为 0.4；$[\sigma]$为金属许用应力，本书管道材质取 316L。

### 3. PCHE 流动传热计算

本书 PCHE 采用侧联箱，见图 7-8，侧联箱内的工质进入由蚀刻有通道的金属板堆叠成的芯体。图 7-10 为 PCHE 芯体的物理模型。图中标示了工质的流动方向，由于采用侧联箱，低温侧与高温侧流体在进出口处部分区域为交叉流换热，在其他区域则为逆流换热。PCHE 芯体的宽度、高度、长度分别用 $L_x$、$L_y$、$L_z$ 表示，与图 7-8 坐标轴相对应。目前，由于 PCHE 加工工艺的限制，$L_x$ 最大可为 0.6m[9,91]；根据海上运输限制，$L_y$ 不大于 8m[91,92]。

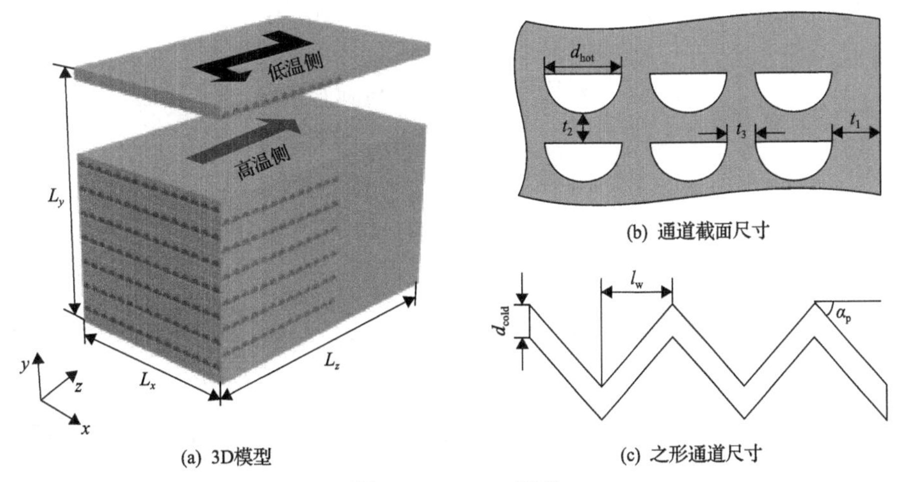

(a) 3D模型　(b) 通道截面尺寸　(c) 之形通道尺寸

图 7-10　PCHE 模型

PCHE 常用的四种通道中，之形通道具有较优的流动传热性能及加工性能[13]，本书采用之形通道。通道横截面为半圆形，高温侧与低温侧通道直径分别为 $d_{hot}$、$d_{cold}$，如图 7-10(b)和图 7-10(c)所示，通道角度及之形半波长分别为$\alpha_p$与 $l_w$，根据文献报道的典型结构对以上几何参数取值，详见表 7-5。通道距离边缘位置 $t_1$、板厚 $t_2$ 及通道节距 $t_3$ 根据 PCHE 应力计算确定[93,94]。

**表 7-5　PCHE 几何参数**

| 参数 | 数值 |
|---|---|
| 通道型式 | 之形 |
| 直径($d_{cold}$ 与 $d_{hot}$)/mm | 2.0 |
| 角度 $\alpha_p$ /(°) | 32.5° |
| 之形半波长 $l_w$/mm | 4.5 |
| 高温侧与低温侧通道数量比例 | 2 |
| PCHE 芯体宽度 $L_x$/m | 0.6 |
| PCHE 高度上限值 $L_{y,ml}$/m | 8.0 |

本节 PCHE 流动传热模型采用的假设条件：①忽略 PCHE 通道工质分布不均匀性；②忽略通道内入口段效应；③忽略轴向导热；④忽略 PCHE 向环境散热。根据以上假设条件，PCHE 的流动传热计算可采用一维模型。

根据几何尺寸，可计算 PCHE 内 $x$、$y$ 方向通道数量 $n_x$ 与 $n_y$；取高温侧与低温侧通道数量之比为 2，记为 $n_{y,\mathrm{h}}=2n_{y,\mathrm{c}}$。PCHE 内高温侧与低温侧的换热面积为

$$A_{\mathrm{h}}=\left(\frac{\pi}{2}+1\right)d_{\mathrm{h}}n_x n_{y,\mathrm{h}}L_z/\cos\alpha_{\mathrm{p}},\quad A_{\mathrm{c}}=\left(\frac{\pi}{2}+1\right)d_{\mathrm{c}}n_x n_{y,\mathrm{c}}L_z/\cos\alpha_{\mathrm{p}} \tag{7-31}$$

采用对数平均温差法进行计算，满足以下关系式[21]：

$$Q=\dot{m}_{\mathrm{h}}c_{\mathrm{p,h}}\left(T_{\mathrm{h,in}}-T_{\mathrm{h,out}}\right) \tag{7-32}$$

$$Q=F_{\mathrm{cf}}k_{\mathrm{d}}\Delta TA_{\mathrm{h}}/F_{\mathrm{A}} \tag{7-33}$$

$$\frac{1}{k}=\frac{1}{h_{\mathrm{h}}}+\frac{\delta}{\lambda}+\frac{A_{\mathrm{h}}}{h_{\mathrm{c}}A_{\mathrm{c}}} \tag{7-34}$$

$$\Delta T=\frac{\Delta T_{\max}-\Delta T_{\min}}{\ln\left(\Delta T_{\max}/\Delta T_{\min}\right)} \tag{7-35}$$

$$\Delta T_{\max}=\max\left(T_{\mathrm{h,in}}-T_{\mathrm{c,out}},T_{\mathrm{h,out}}-T_{\mathrm{c,in}}\right),\quad \Delta T_{\min}=\min\left(T_{\mathrm{h,in}}-T_{\mathrm{c,out}},T_{\mathrm{h,out}}-T_{\mathrm{c,in}}\right) \tag{7-36}$$

$$h_{\mathrm{h}}=Nu_{\mathrm{h}}\frac{\lambda_{\mathrm{h}}}{d_{\mathrm{hot}}},\quad h_{\mathrm{c}}=Nu_{\mathrm{c}}\frac{\lambda_{\mathrm{c}}}{d_{\mathrm{cold}}} \tag{7-37}$$

式中，$Nu$ 为努塞尔数；$\lambda$ 为工质导热系数；$F_{\mathrm{cf}}$ 为考虑进出口存在交叉流的修正系数，取为 0.95；$F_{\mathrm{A}}$ 为换热面设计裕量，取为 1.05；下标 h 与 c 分别表示高温侧与低温侧。Kim 等[43]对之形通道进行数值模拟，并对比了大量实验数据，提出适用于倾角 32.5°与 40°的关联式，将雷诺数范围扩展至 2000～58000。本书 PCHE 几何尺寸与上述文献相近，采用努塞尔数及范宁摩擦系数 $f_{\mathrm{t}}$ 关联式进行计算[43]，即

$$Nu=\left(0.0292\pm0.0015\right)Re^{0.8138\pm0.0050} \tag{7-38}$$

$$f_{\mathrm{t}}=\left(0.2515\pm0.0097\right)Re^{-0.2031\pm0.0041} \tag{7-39}$$

$$Re=\frac{Gd}{\mu} \tag{7-40}$$

式中，$\mu$ 为工质动力黏度；$G$ 为工质质量流速，低温侧与高温侧分别为

$$G_{\mathrm{c}}=\frac{4\dot{m}_{\mathrm{c}}}{\pi d_{\mathrm{c}}^{2}n_{x}n_{y,\mathrm{c}}},\quad G_{\mathrm{h}}=\frac{4\dot{m}_{\mathrm{h}}}{\pi d_{\mathrm{h}}^{2}n_{x}n_{y,\mathrm{h}}} \tag{7-41}$$

因此，微通道内的流动摩擦阻力为[21,43]

$$\Delta p_{\mathrm{PCHE}}=2f\frac{L_{z}}{d}\frac{G^{2}}{\rho} \tag{7-42}$$

虽然高温回热器内的工质温度较高，远离拟临界区，但物性变化仍然较大。因此，将 PCHE 沿长度方向离散为多个微元，分别对微元进行计算，微元数量选择为 200。

4. 回热器性能评价

本节将循环与回热器设计计算进行耦合计算，将循环热效率作为回热器的主要性能指标之一。同时，选择回热器钢材耗量、占地面积与流动不均匀性为性能指标。

回热器由 PCHE 单元集成，包括连接管道与 PCHE 芯体，其钢材耗量分别为

$$m_{\mathrm{pipe}}=\sum\rho_{\mathrm{pipe}}A_{\mathrm{pipe}}L_{\mathrm{pipe}} \tag{7-43}$$

$$m_{\mathrm{PCHE}}=n_{1}n_{2}\rho_{\mathrm{PCHE}}L_{x}L_{y}L_{z} \tag{7-44}$$

式中，$A_{\mathrm{pipe}}$ 及 $L_{\mathrm{pipe}}$ 分别为管道的横截面积及长度。

假设回热器全部布置在地面上，在空间不进行堆叠，对回热器总占地面积进行估算，记为 $A_{\mathrm{fp}}$，单位为 m$^2$。

回顾图 7-9 与图 7-10 的回热器模型，假设总流量在 $n_1$ 根母管中均匀分布，而某母管中的流量在 $n_2$ 条 PCHE 支路中，通过流动计算确定流量分布，支路 $i$ 的不均匀分布系数为

$$\varphi_{\mathrm{mal},i}=\frac{\dot{m}_{i}}{\dot{m}_{\mathrm{ave}}} \tag{7-45}$$

式中，$\dot{m}_{\mathrm{ave}}$ 为各支路平均质量流量，$\dot{m}_{\mathrm{ave}}=\dot{m}_{\mathrm{n},0}/n_{2}$。

$n_2$ 台 PCHE 的综合不均匀程度采用标准差进行评价，由下式确定[95]：

$$\sigma_{\mathrm{sd}}=\frac{\sqrt{\sum_{i=1}^{n_{2}}\left(F_{\mathrm{mal},i}-1\right)^{2}}}{n_{2}} \tag{7-46}$$

5. 求解策略

换热器的计算通常分为设计计算与校核计算，设计计算指根据热力边界条件、压降要求来求解满足换热工况需求的换热器结构尺寸；校核计算指对给定结构尺寸的换热器，在进口参数的条件下，通过流动传热计算出口参数及压降。本节对回热器的计算采用以上两种方法。首先，采用设计计算确定 PCHE 尺寸，包括如下步骤。①定义“理想工况”，即忽略 PCHE 高度限制及管路及联箱的流动不均匀性，假设全部工质在 PCHE 微通道内均匀分布并流动换热。给定理想工况压降，以高温侧为基准，即$\Delta p_{\text{h,id}}$。②基于$\Delta p_{\text{h,id}}$求解理想工况 PCHE 尺寸，记为 $L_{y,\text{id}}$、$L_{z,\text{id}}$。③根据实际 PCHE 尺寸的限制，确定并联的 PCHE 台数 $n_1$ 及 $n_2$，对理想工况 PCHE 尺寸进行划分，得到实际 PCHE 尺寸，即 $L_z=L_{z,\text{id}}$，$L_y=L_{y,\text{id}}/(n_1n_2)$。完成设计计算后，根据 PCHE 实际台数及尺寸设计并联管网，构成回热器部件，采用校核计算方法进行流动传热计算，得到回热器出口参数及压降。

本节将回热器计算与热力学循环计算相耦合，将回热器压降作为迭代参数，首先给定回热器压降假设值，计算循环参数及回热器流动传热参数，得到实际的回热器压降值，直至回热器压降的假设值与实际值误差满足收敛标准，迭代结束。

### 7.3.2　PCHE 集成优化原理

本节基于计算结果分析了 1000MW 发电系统回热器的设计，包括三个部分，第一部分和第二部分在理想工况压降$\Delta p_{\text{h,id}}$=100kPa 的条件下，研究集成参数对回热器性能的影响；第三部分探究 PCHE 理想工况压降值对回热器性能的影响。

1. 回热器流动特性

由 PCHE 集成得到的回热器包含母管数 $n_1$，每根母管包含 PCHE 台数 $n_2$，回热器 PCHE 的总台数为 $n_1\cdot n_2$。由于 PCHE 的宽度取为定值，令理想工况高度与单台 PCHE 高度上限值相除，向上取整即 PCHE 总台数的最小值。当总台数取此最小值时，单台 PCHE 高度最大；随总台数增加，单台 PCHE 高度逐渐减小。当确定 PCHE 总台数及母管数 $n_1$ 后，可得到 $n_2$。考虑工程的可行性，本节 $n_1$ 的范围取为 1～7。

根据表 7-2 和表 7-3 中的已知条件计算得到，当$\Delta p_{\text{h,id}}$=100kPa 时，理想工况的 PCHE 高度 $L_{y,\text{id}}$=168.0m。由于 PCHE 高度 $L_y$ 的上限值为 8.0m，因此 PCHE 总台数须不小于 21。

以 $n_1$=3、$n_2$=7 为例，计算回热器并联管网内的流量及压降分布，分析其流动特性。图 7-11(a)为各支路内流量分布，沿母管内工质流动方向，支路内质量流量逐渐增大，高温侧与低温侧的分布规律一致。此流量分布规律与文献中报道的规律相似[84]。

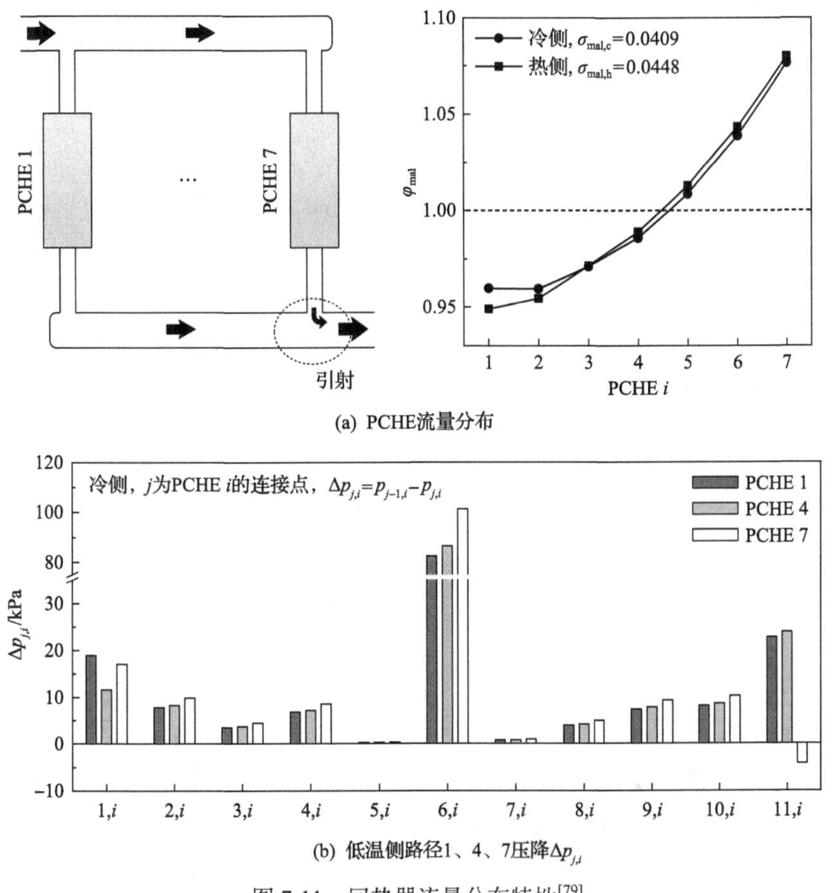


(a) PCHE流量分布

(b) 低温侧路径1、4、7压降$\Delta p_{j,i}$

图 7-11　回热器流量分布特性[79]

图 7-11(b)为低温侧路径 1、4、7 的压降分布规律，$\Delta p_{j,i}$表示相邻节点$(j-1,i)$与$(j,i)$的压降，即$\Delta p_{j,i}=p_{j-1,i}-p_{j,i}$。回热器低温侧的总压降为 161.2kPa，包括 PCHE 内的摩擦压降与管道压降。从图中可以看出，各支路 PCHE 摩擦压降在总压降中占比最高，在理想工况压降值 100kPa 附近随质量流量浮动。因此，回热器管道压降占比接近 50%，与 PCHE 内摩擦压降相当。同时，$\Delta p_{1,i}$与$\Delta p_{11,i}$在管道压降中占主导地位，最大值接近 30kPa。对比路径 1、4、7 压降可知，$\Delta p_{1,i}$、$\Delta p_{6,i}$与$\Delta p_{11,i}$主导了质量流量的分布。由于$\Delta p_{1,i}$、$\Delta p_{11,i}$与母管管径、支路管径、流量比值紧密相关，随 $i$ 的增大，$\Delta p_{1,i}$、$\Delta p_{11,i}$均呈非单调变化。当 $i>5$ 时，由于在汇流中出现了引射现象，母管内一部分动能转化为势能[96]，$\Delta p_{11,i}$急剧下降并达到负值。以上趋势导致$\Delta p_{1,i}+\Delta p_{11,i}$随 $i$ 增大而单调减小。因此，各路径质量流量随 $i$ 的增大而增大，使$\Delta p_{6,i}$逐渐增大，最终各路径压降相等。

需要说明的是，图 7-11(a)的回热器中，流量偏差最大的支路为 PCHE 7 所在支路，其质量流量偏离平均值约 7%。由于 PCHE 换热面设计时具有面积裕量，通过校核可知，此工况下 PCHE 出口温度能够满足设计值。因此，此流量偏差可以接受。

2. 回热器性能分析

当理想工况的 PCHE 尺寸确定后，集成式回热器的设计方案由母管数 $n_1$、单根母管上并联 PCHE 数 $n_2$ 共同决定。对于不同的设计方案，当总台数近似相等时，单台 PCHE 尺寸近似相等；当给定 $n_1$ 值时，单台 PCHE 尺寸随 $n_2$ 的增大逐渐减小；基于以上两种情况分别考察 $n_1$、$n_2$ 对回热器性能的影响。

首先，基于前面的结果，令 $n_1 \cdot n_2$ 范围处于 21～25，将 $n_1$ 的范围取为 1～7，此时单台 PCHE 接近最大尺寸。图 7-12 给出了 $n_1$ 对回热器性能的影响，以 $(n_1, n_2)$ 表示一种设计方案。图 7-12(b)～(d)分别为循环热效率、回热器重量及回热器占地面积随 $n_1$ 的变化。当 $n_1$ 自 1 增加至 7 时，循环热效率呈上升趋势，达到最大值

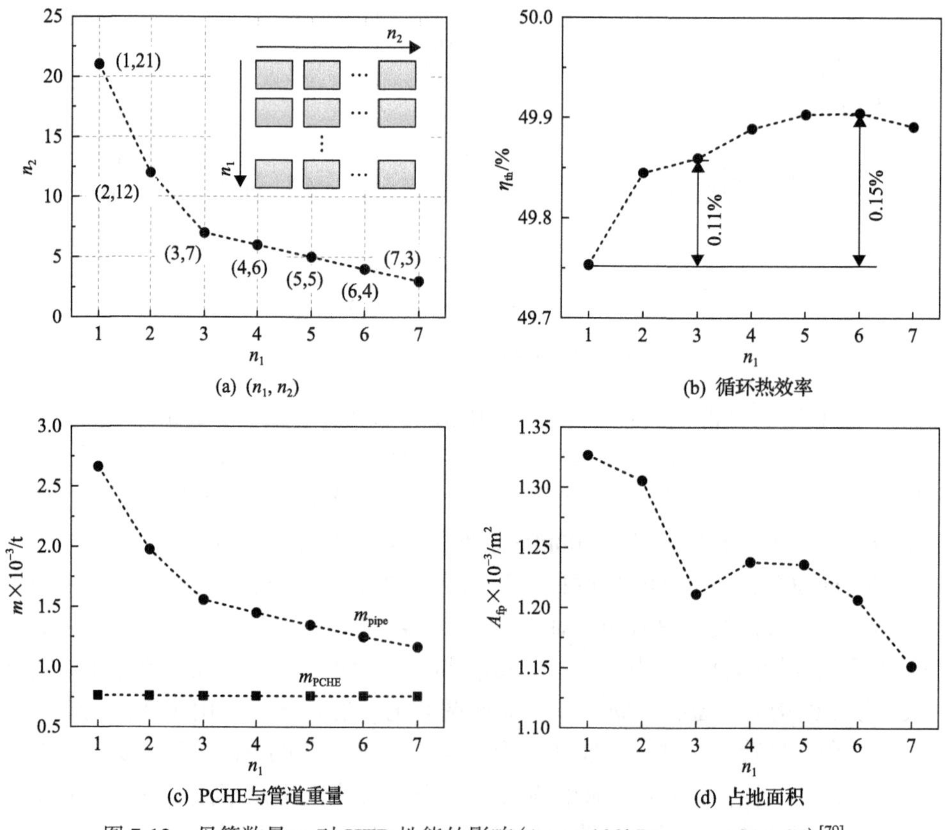


图 7-12　母管数量 $n_1$ 对 HTR 性能的影响($\Delta p_{h,id}$=100kPa, $n_1 \cdot n_2$=21～25) [79]

后略微下降。由于 PCHE 总高度不随 $n_1$、$n_2$ 变化，故 PCHE 芯体重量近似为定值；管道重量随 $n_1$ 增大而逐渐减小。同时，大容量回热器中管道重量为 PCHE 芯体重量的 2 倍以上。图 7-12(d)中，占地面积随 $n_1$ 增大呈减小趋势。因此，回热器性能总体上随 $n_1$ 增大而提高。然而，各性能参数的变化速率随 $n_1$ 增大而逐渐减小，例如，$n_1$ 自 1 增大至 3 时循环热效率提升 0.11%，而自 3 增大至 7 时仅提升 0.04%。此变化趋势与 $n_2$ 的变化趋势紧密相关，如图 7-12(a)所示，$n_2$ 与 $n_1$ 近似成反比关系，随 $n_1$ 增大，$n_2$ 减小的速率变缓，并引起性能参数的相似变化，当 $n_1>3$ 后，继续增大 $n_1$ 获得的性能增益逐渐减小。

图 7-13 以 PCHE 1 所在路径 1 的高温侧为例，进一步对比分析了 $n_1$=1、$n_1$=2 和 $n_1$=3 三种方案的压降，并对以上变化规律进行解释。从中可见，三种方案的压降主要差别在于$\Delta p_{1,i}$与$\Delta p_{11,i}$，$n_1$=1 时$\Delta p_{1,i}$与$\Delta p_{11,i}$显著高于另外两个方案。这是由于$\Delta p_{1,i}$为入口三通的局部阻力，它取决于母管流速与三通局部阻力系数。表 7-6 对比了三种方案的母管流速与相关几何参数。当 $n_1$=1 时，工质流量偏高，所需管径远大于其他两种方案，流速增大，母管与支路管径、流量差别大，导致$\Delta p_{1,i}$偏高。$\Delta p_{11,i}$为出口三通局部阻力、出口母管局部阻力及沿程阻力之和，当 $n_1$=1 时，母管长度长，流经的三通数量多，$\Delta p_{11,i}$偏高。然而，$n_1$=2 与 $n_1$=3 的以上差别显著减小。由此可知，当 $n_1>3$ 时，差别将继续减小。

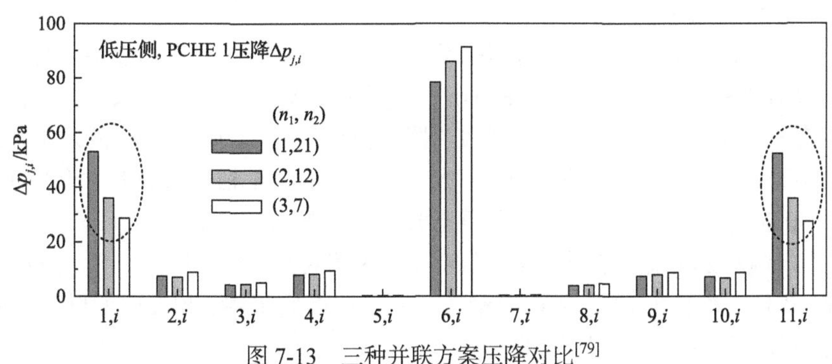

图 7-13　三种并联方案压降对比[79]

**表 7-6　PCHE 几何参数**

| $(n_1, n_2)$ | $D_{i,1}$/mm | $D_{i,2}$/mm | $u_1$/(m/s) | $L_1$/mm |
|---|---|---|---|---|
| (1, 21) | 1728 | 534 | 55.94 | 91548 |
| (2, 11) | 1322 | 524 | 47.73 | 51612 |
| (3, 7) | 1129 | 533 | 43.65 | 30481 |

根据以上分析可知，在大容量集成式回热器中，随并联母管数 $n_1$ 增大，回热器的性能逐渐提高，理论上回热器内母管数量越大，方案越优化。但当 $n_1$ 高于某个数值时，继续增大 $n_1$ 获得的性能增益很小，对于 1000MW RC 循环发电系统高

温回热器，此数值为 3。因此，1000MW 发电容量回热器不建议采用单母管方案，母管数量建议为 3 以上。考虑到本节评价指标的局限性，以及实际生产中母管增加对系统复杂程度、传输管道重量影响等因素，回热器母管数量的选取需根据全厂部件的设计及布置进行综合优化。

前面所述回热器计算模型中，一个重要的假设条件是总质量流量在 $n_1$ 根母管内均匀分布，以下对此假设条件进行讨论。实际发电厂中与此假设条件相符合的情况包括两种：首先，当发电系统内高温回热器上游设备出口与下游设备入口均采用 $n_1$ 根母管时，例如，RC 循环系统中，低温回热器进出口、加热器入口、透平出口采用 $n_1$ 根母管；其次，根据文献[82]所述，将全厂平均分为 $n_1$ 个厂。大容量 $sCO_2$ 发电系统中，建议选用上述管道布置方式，原因如下：一方面，根据表 7-6，在发电容量 1000MW 系统的回热器中，母管内径偏大，$n_1$=1 和 $n_1$=2 时母管内径分别为 1728mm 和 1322mm，远超常规压力管道，增大了制造难度与成本。另一方面，假设按照常规结构化设计构型，在现有集成式回热器的进出口各设置 1 根总母管，并由总母管向 $n_1$ 根母管内分流，如图 7-7 虚线管道所示，则回热器的管道压降将在目前计算值的基础上增加进口与出口总母管压降，量级分别与图 7-11 的$\Delta p_{1,i}$与$\Delta p_{11,i}$量级相当，回热器总压降增大，系统性能下降。综上所述，本节关于回热器母管的假设条件综合考虑了回热器成本与性能，计算结果对回热器及发电系统的设计具有参考价值。

基于以上假设条件，集成式回热器可视为 $n_1$ 台相同的小型回热器，每台小型回热器包括单根母管及其并联的 PCHE。对于 1000MW 容量发电系统，高温回热器可视为 $n_1$ 台小型回热器，此小型回热器对应容量为 1000/$n_1$ MW 的发电机组。例如，1000MW 容量发电系统的回热器，当 $n_1$=2 时，单根母管及其并联的 PCHE 等同于 500MW 容量机组 $n_1$=1 时的回热器设计。因此，根据图 7-11～图 7-13 的结果，可根据发电系统容量等级对高温回热器母管数量进行选择，发电容量 350MW 以下可采用单母管，发电容量 350～700MW 宜采用 2 根及以上母管，700～1000MW 宜采用 3 根及以上母管。

以上分析了母管数量 $n_1$ 对回热器性能的影响，其中 PCHE 尺寸基本接近上限值，即 $n_2$ 取值为下限值。下面分析当 $n_2$ 增大时，循环效率及回热器性能的变化，如图 7-14 所示。以 $n_1$=3 为例，当 $n_2$ 自 7 增加至 11，单台 PCHE 热功率由近 90MW 下降至约 55MW。随 $n_2$ 增加，由于支路管径减小，而母管管径不变，故支路进出口三通局部阻力增大，$\Delta p_{1,i}$与$\Delta p_{11,i}$增大。但同时，支路内流速减小，其他压降均降低，综合效应使压降呈降低趋势，但幅度较小，对循环效率的影响很小，如图 7-14(b)所示。然而，当 $n_2$ 增大时，管道重量、占地面积同时产生较大幅度的上升，如图 7-14(c)、(d)所示，当 $n_2$ 自 7 增加至 11 时，$m_{pipe}$ 提高 21%，$A_{fp}$ 提高 18%。因此，当 $n_2$ 增大时，性能增益较小，建议选择较小的 $n_2$，在满足工艺限制

及运输条件下尽量采用较大的 PCHE 尺寸。

(a) 单台PCHE热功率

(b) 循环热效率

(c) PCHE与管道重量

(d) 占地面积

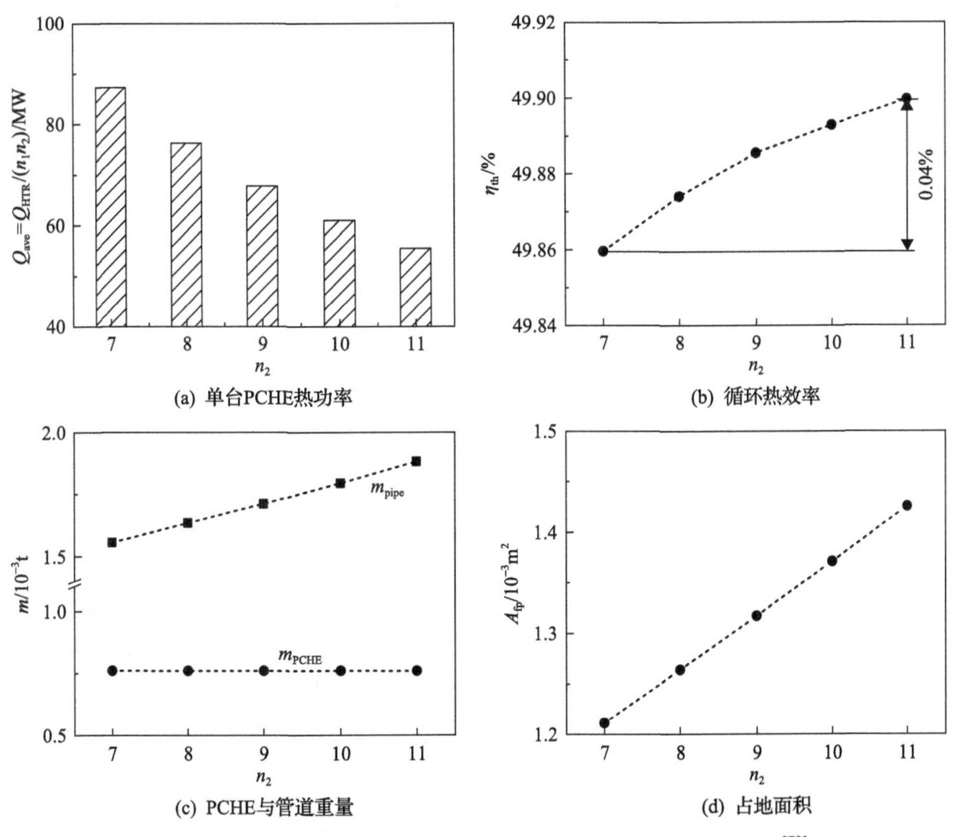

图 7-14　支路数量 $n_2$ 对 HTR 性能的影响($\Delta p_{h,id}$=100kPa, $n_1$=3)[79]

3. PCHE 压降对回热器性能的影响

以上对 PCHE 理想工况压降$\Delta p_{h,id}$为 100kPa 条件下的集成式回热器性能进行了分析，本节探究$\Delta p_{h,id}$对回热器性能的影响。当$\Delta p_{h,id}$减小时，工质流通截面积增大，即理想工况 PCHE 截面宽度与高度乘积 $L_{x,id} \cdot L_{y,id}$ 增大[图 7-10(a)]，当 $L_{x,id}$ 取固定值时，则 $L_{y,id}$ 增大，但由于换热功率不变，将导致 PCHE 长度 $L_{z,id}$ 减小。以下采用尺度分析方法讨论 $L_{y,id}$、$L_{z,id}$ 与$\Delta p_{h,id}$的关系。

根据式(7-41)，质量流速 $G$ 与 $L_{y,id}$ 成反比，可写为

$$G \sim L_{y,id}^{-1} \tag{7-47}$$

将上式代入式(7-34)和式(7-37)，并忽略导热热阻，则综合传热系数

$$k_d \sim L_{y,id}^{-0.8} \tag{7-48}$$

由式(7-31)可知，换热面积 $A$ 与 $L_{y,\mathrm{id}}$ 成正比，即 $A\sim L_{y,\mathrm{id}}$，因此将式(7-48)代入式(7-33)可得回热器热功率 $Q$ 的变化趋势，即

$$Q \sim L_{y,\mathrm{id}}^{0.2} L_{z,\mathrm{id}} \tag{7-49}$$

由于 $Q$ 近似为定值，因此可得到

$$L_{z,\mathrm{id}} \sim L_{y,\mathrm{id}}^{-0.2} \tag{7-50}$$

将式(7-47)代入式(7-39)可得

$$f \sim L_{y,\mathrm{id}}^{0.2} \tag{7-51}$$

将式(7-48)、式(7-50)和式(7-51)代入式(7-42)可得

$$L_{y,\mathrm{id}} \sim \Delta p_{\mathrm{PCHE}}^{-0.5},\quad L_{z,\mathrm{id}} \sim \Delta p_{\mathrm{PCHE}}^{0.1} \tag{7-52}$$

根据式(7-52)可知，当$\Delta p_{\mathrm{h,id}}$减小时，$L_{y,\mathrm{id}}$呈指数增加，$L_{z,\mathrm{id}}$则缓慢减小。模拟计算结果验证了尺度分析结果，如图 7-15 所示，$L_{y,\mathrm{id}}$与 $L_{z,\mathrm{id}}$ 随$\Delta p_{\mathrm{h,id}}$的变化趋势与上述推导相吻合，拟合得到的指数分别为–0.474 与 0.141。根据以上趋势可知，当$\Delta p_{\mathrm{h,id}}$减小时，$L_{y,\mathrm{id}} \cdot L_{z,\mathrm{id}}$ 大幅增加，即 PCHE 重量将大幅增加，导致成本上升。

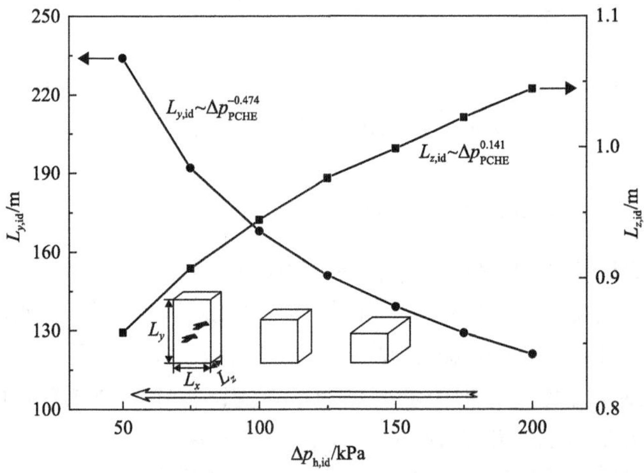


图 7-15　PCHE 高度和长度随理想压降的变化规律[79]

下面分析理想工况压降对回热器性能的影响。计算结果显示，在不同的$\Delta p_{\mathrm{h,id}}$下，回热器性能参数与$\Delta p_{\mathrm{h,id}}$=100kPa 时相似，回热器性能增益随 $n_1$ 的增加而逐渐减小。因此，取 $n_1$=3，对$\Delta p_{\mathrm{h,id}}$不同的集成式回热器性能进行对比，结果如图 7-16 所示。

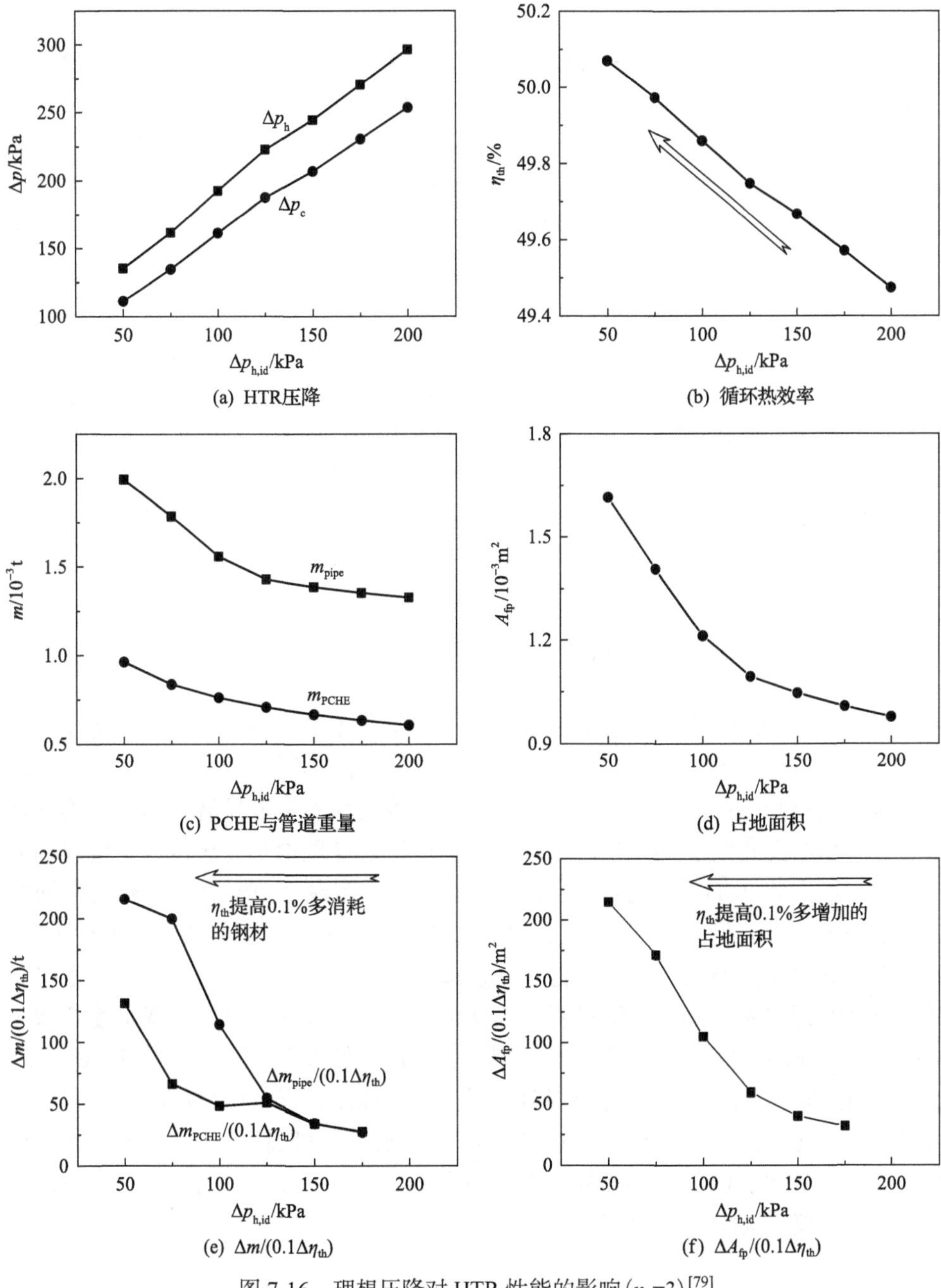


图 7-16　理想压降对 HTR 性能的影响($n_1$=3)[79]

图 7-16(a)中，随$\Delta p_{h,id}$的减小，回热器压降近似呈线性减小，且变化量近似与$\Delta p_{h,id}$的变化量相等。这是由于各台回热器母管数量相同，且 $n_2$ 值接近，回热器内管路压降差别较小。图 7-16(b)中，随$\Delta p_{h,id}$自 200kPa 减小至 50kPa，循环热效

率呈线性增加，自 49.5%升高至 50.1%。同时，当$\Delta p_{h,id}$减小时，PCHE 本体及回热器管道重量增加，占地面积增加，且由于 PCHE 台数增加，变化速率逐渐增大。当$\Delta p_{h,id}$<125kPa 时，速率大幅增加，如图 7-16(c)与(e)所示。

为了对$\Delta p_{h,id}$的影响进行定量分析，令$\Delta p_{h,id}$=200kPa 为工况一，以步长为 25kPa 递减得到多个工况，分别计算相邻工况的循环热效率、金属重量、占地面积差值，分别表示为$\Delta\eta_{th}$、$\Delta m$、$\Delta A_{fp}$。由于循环热效率的提升幅度难以达到 1%，所以对循环热效率乘以 0.1，得到 $0.1\Delta\eta_{th}$，做商即得到$\Delta m/0.1\Delta\eta_{th}$与$\Delta A_{fp}/0.1\Delta\eta_{th}$，其物理意义为热效率每提升 0.1% 需要多消耗的钢材或增加的占地面积，变化趋势如图 7-16(e)与(f)所示。当$\Delta p_{h,id}$自 125kPa 降低至 100kPa 时，热效率提升 0.1%需要增加的管道重量与占地面积约为$\Delta p_{h,id}$自 150kPa 降低至 125kPa 时增加量的 2 倍。PCHE 重量则在$\Delta p_{h,id}$<100kPa 时开始随压降减小而大幅提升。因此，理想工况 PCHE 压降存在优化值，使回热器在较小的材料消耗及占地面积下达到较高的热效率。当取值低于此优化值，则材料消耗与占地面积大幅提升，所得效率收益难以抵消损失。根据本章结果分析，建议理想工况 PCHE 压降取值为 100～150kPa。

## 7.4 本 章 小 结

$sCO_2$ 循环系统中的回热器具有热功率高、运行参数高且跨度大、压降小、换热温差小的特点，为了开发性能优异、成本较低的回热器，产业界及学术界开展了大量的实验和模拟研究，普遍认为印刷电路板换热器是最具潜力的回热器候选型式。本章简要介绍了 PCHE 的制造工艺、通道设计理论及传热特性，讨论了大容量回热器中的 PCHE 集成原理。由于运输与工艺限制，单台 PCHE 热功率通常小于 100MW，大容量 $sCO_2$ 回热器需要多台 PCHE 通过串联或并联连接进行集成。由于串联导致压降增大，建议进行并联连接。研究发现，大容量回热器内管路压降与 PCHE 压降量级相当；沿母管内工质流动方向，各支路流量呈现出逐渐增大的趋势。集成回热器流动管网包括 $n_1$ 根母管，每根母管上并联的 $n_2$ 台 PCHE。理论上，回热器性能随 $n_1$ 增大逐渐提升，但工程实际需根据全厂部件的设计及布置进行综合优化。同时，PCHE 尺寸在满足限制条件下宜取较大值。综合考虑回热器的循环热效率、PCHE 与管路重量、回热器占地面积、流动不均匀性，PCHE 本体压降建议值为 100～150kPa。

### 参 考 文 献

[1] Miller J D, Buckmaster D J, Hart K, et al. Comparison of supercritical $CO_2$ power cycles to steam Rankine cycles in coal-fired applications[C]//Turbo Expo: Power for Land, Sea, and Air. American Society of Mechanical Engineers, 2017, 50961: V009T38A026.

[2] Kim M S, Ahn Y, Kim B, et al. Study on the supercritical $CO_2$ power cycles for landfill gas firing gas turbine bottoming cycle[J]. Energy, 2016, 111: 893-909.

[3] Padilla R V, Too Y C, Benito R, et al. Exergetic analysis of supercritical $CO_2$ Brayton cycles integrated with solar central receivers[J]. Applied Energy, 2015, 148: 348-365.

[4] Turchi C S, Ma Z, Neises T W, et al. Thermodynamic study of advanced supercritical carbon dioxide power cycles for concentrating solar power systems[J]. Journal of Solar Energy Engineering, 2013, 135(4): 041007.

[5] Park S, Kim J, Yoon M, et al. Thermodynamic and economic investigation of coal-fired power plant combined with various supercritical $CO_2$ Brayton power cycle[J]. Applied Thermal Engineering, 2018, 130: 611-623.

[6] Mecheri M, Le Moullec Y. Supercritical $CO_2$ Brayton cycles for coal-fired power plants[J]. Energy, 2016, 103: 758-771.

[7] Xu J, Wang X, Sun E, et al. Economic comparison between $sCO_2$ power cycle and water-steam Rankine cycle for coal-fired power generation system[J]. Energy Conversion and Management, 2021, 238: 114150.

[8] Huang C, Cai W, Wang Y, et al. Review on the characteristics of flow and heat transfer in printed circuit heat exchangers[J]. Applied Thermal Engineering, 2019, 153: 190-205.

[9] Kwon J S, Son S, Heo J Y, et al. Compact heat exchangers for supercritical $CO_2$ power cycle application[J]. Energy Conversion and Management, 2020, 209: 112666.

[10] Jiang Y, Liese E, Zitney S E, et al. Design and dynamic modeling of printed circuit heat exchangers for supercritical carbon dioxide Brayton power cycles[J]. Applied Energy, 2018, 231: 1019-1032.

[11] Ma T, Li M, Xu J, et al. Thermodynamic analysis and performance prediction on dynamic response characteristic of PCHE in 1000MW S-$CO_2$ coal fired power plant[J]. Energy, 2019, 175: 123-138.

[12] Chai L, Tassou S A. A review of printed circuit heat exchangers for helium and supercritical $CO_2$ Brayton cycles[J]. Thermal Science and Engineering Progress, 2020, 18: 100543.

[13] Liu G, Huang Y, Wang J, et al. A review on the thermal-hydraulic performance and optimization of printed circuit heat exchangers for supercritical $CO_2$ in advanced nuclear power systems[J]. Renewable and Sustainable Energy Reviews, 2020, 133: 110290.

[14] 尹国钦, 郑腾威. 光化学蚀刻制造工艺[J]. 电子制作, 2014, 12: 187, 188.

[15] 辛菲, 李磊, 徐向阳, 等. 印刷电路板高压换热器加工工艺研究[C]//第十四届全国反应堆热工流体学术会议暨中核核反应堆热工水力技术重点实验室 2015 年度学术年会. 2015, 北京.

[16] Mylavarapu S K, Sun X, Christensen R N, et al. Fabrication and design aspects of high-temperature compact diffusion bonded heat exchangers[J]. Nuclear Engineering and Design, 2012, 249: 49-56.

[17] Guo J. Design analysis of supercritical carbon dioxide recuperator[J]. Applied Energy, 2016, 164: 21-27.

[18] Guo J, Huai X. Performance analysis of printed circuit heat exchanger for supercritical carbon dioxide[J]. Journal of Heat Transfer, 2017, 139(6061809).

[19] Sekulić D P, Shah R K, Pignotti A. A review of solution methods for determining effectiveness-NTU relationships for heat exchangers with complex flow arrangements[J]. Applied Mechanics Reviews, 1999, 52(3): 97-117.

[20] Bergman T L, Bergman T L, Incropera F P, et al. Fundamentals of Heat and Mass Transfer[M]. New York: John Wiley & Sons, 2011.

[21] Hesselgreaves J E, Law R, Reay D A. Compact Heat Exchangers: Selection, Design and Operation[M]. Oxford: Butterworth-Heinemann, 2016.

[22] Cheng L, Ribatski G, Thome J R. Analysis of supercritical $CO_2$ cooling in macro-and micro-channels[J]. International Journal of Refrigeration, 2008, 31(8): 1301-1316.

[23] Bejan A. The concept of irreversibility in heat exchanger design: Counterflow heat exchangers for gas-to-gas applications[J]. Journal of Heat Transfer, 1977, 99(3): 374-380.

[24] Hesselgreaves J. Rationalisation of second law analysis of heat exchangers[J]. International Journal of Heat and Mass Transfer, 2000, 43(22): 4189-4204.

[25] Liu S, Huang Y, Wang J, et al. Experimental study on transitional flow in straight channels of printed circuit heat exchanger[J]. Applied Thermal Engineering, 2020, 181: 115950.

[26] Chen M, Sun X, Christensen R N, et al. Pressure drop and heat transfer characteristics of a high-temperature printed circuit heat exchanger[J]. Applied Thermal Engineering, 2016, 108: 1409-1417.

[27] Tsuzuki N, Kato Y, Ishiduka T. High performance printed circuit heat exchanger[J]. Applied Thermal Engineering, 2007, 27(10): 1702-1707.

[28] Pidaparti S R, Anderson M H, Ranjan D. Experimental investigation of thermal-hydraulic performance of discontinuous fin printed circuit heat exchangers for supercritical $CO_2$ power cycles[J]. Experimental Thermal and Fluid Science, 2019, 106: 119-129.

[29] Kruizenga A, Anderson M, Fatima R, et al. Heat transfer of supercritical carbon dioxide in printed circuit heat exchanger geometries[J]. Journal of Thermal Science and Engineering Applications, 2011, 3(3): 031002.

[30] Kruizenga A, Li H, Anderson M, et al. Supercritical carbon dioxide heat transfer in horizontal semicircular channels[J]. Journal of Heat Transfer, 2012, 134(8): 081802.

[31] Li H, Kruizenga A, Anderson M, et al. Development of a new forced convection heat transfer correlation for $CO_2$ in both heating and cooling modes at supercritical pressures[J]. International Journal of Thermal Sciences, 2011, 50(12): 2430-2442.

[32] Li H, Zhang Y, Zhang L, et al. PDF-based modeling on the turbulent convection heat transfer of supercritical $CO_2$ in the printed circuit heat exchangers for the supercritical $CO_2$ Brayton cycle[J]. International Journal of Heat and Mass Transfer, 2016, 98: 204-218.

[33] Chu W, Li X, Ma T, et al. Experimental investigation on $sCO_2$-water heat transfer characteristics in a printed circuit heat exchanger with straight channels[J]. International Journal of Heat and Mass Transfer, 2017, 113: 184-194.

[34] Zhang H, Guo J, Huai X, et al. Buoyancy effects on coupled heat transfer of supercritical pressure $CO_2$ in horizontal semicircular channels[J]. International Journal of Heat and Mass Transfer, 2019, 134: 437-449.

[35] Ren Z, Zhao C, Jiang P, et al. Investigation on local convection heat transfer of supercritical $CO_2$ during cooling in horizontal semicircular channels of printed circuit heat exchanger[J]. Applied Thermal Engineering, 2019, 157: 113697.

[36] Jeon S, Baik Y, Byon C, et al. Thermal performance of heterogeneous PCHE for supercritical $CO_2$ energy cycle[J]. International Journal of Heat and Mass Transfer, 2016, 102: 867-876.

[37] 吴家荣, 李红智, 杨玉. 超临界二氧化碳动力循环中印刷电路板换热器芯体机械应力和热应力耦合分析[J]. 中国电机工程学报, 2022, 42(2): 640-650.

[38] Lao J, Fu Q, Wang W, et al. Heat transfer characteristics of printed circuit heat exchanger with supercritical carbon dioxide and molten salt[J]. Journal of Thermal Science, 2021, 30(3): 880-891.

[39] Nikitin K, Kato Y, Ngo L. Printed circuit heat exchanger thermal-hydraulic performance in supercritical $CO_2$ experimental loop[J]. International Journal of Refrigeration, 2006, 29(5): 807-814.

[40] Kruizenga A M. Heat Transfer and Pressure Drop Measurements in Prototypic Heat Exchanges for the Supercritical Carbon Dioxide Brayton Power Cycles[D]. Wisconsin: The University of Wisconsin-Madison, 2010.

[41] Baik S, Kim S G, Lee J, et al. Study on $CO_2$-water printed circuit heat exchanger performance operating under

various $CO_2$ phases for S-$CO_2$ power cycle application[J]. Applied Thermal Engineering, 2017, 113: 1536-1546.

[42] Son S, Lee Y, Lee J I. Development of an advanced printed circuit heat exchanger analysis code for realistic flow path configurations near header regions[J]. International Journal of Heat and Mass Transfer, 2015, 89: 242-250.

[43] Kim S G, Lee Y, Ahn Y, et al. CFD aided approach to design printed circuit heat exchangers for supercritical $CO_2$ Brayton cycle application[J]. Annals of Nuclear Energy, 2016, 92: 175-185.

[44] Bennett K, Chen Y. A two-level Plackett-Burman non-geometric experimental design for main and two factor interaction sensitivity analysis of zigzag-channel PCHEs[J]. Thermal Science and Engineering Progress, 2019, 11: 167-194.

[45] Bennett K, Chen Y. Thermal-hydraulic correlations for zigzag-channel PCHEs covering a broad range of design parameters for estimating performance prior to modeling[J]. Thermal Science and Engineering Progress, 2020, 17: 100383.

[46] Li X, Deng T, Ma T, et al. A new evaluation method for overall heat transfer performance of supercritical carbon dioxide in a printed circuit heat exchanger[J]. Energy Conversion and Management, 2019, 193: 99-105.

[47] Zhang H, Guo J, Huai X, et al. Studies on the thermal-hydraulic performance of zigzag channel with supercritical pressure $CO_2$[J]. The Journal of Supercritical Fluids, 2019, 148: 104-115.

[48] Cheng K, Zhou J, Huai X, et al. Experimental exergy analysis of a printed circuit heat exchanger for supercritical carbon dioxide Brayton cycles[J]. Applied Thermal Engineering, 2021, 192(12): 116882.

[49] Lee S Y, Park B G, Chung J T. Numerical studies on thermal hydraulic performance of zigzag-type printed circuit heat exchanger with inserted straight channels[J]. Applied Thermal Engineering, 2017, 123: 1434-1443.

[50] Yang Y, Li H, Yao M, et al. Investigation on the effects of narrowed channel cross-sections on the heat transfer performance of a wavy-channeled PCHE[J]. International Journal of Heat and Mass Transfer, 2019, 135: 33-43.

[51] Saeed M, Kim M. Thermal-hydraulic analysis of sinusoidal fin-based printed circuit heat exchangers for supercritical $CO_2$ Brayton cycle[J]. Energy Conversion and Management, 2019, 193: 124-139.

[52] 史阳, 周敬之, 淮秀兰. 超临界 $CO_2$ 印刷电路板式换热器实验研究及费用评估[J]. 中国电机工程学报, 2021, 41(19): 6529-6536.

[53] Ngo T L, Kato Y, Nikitin K, et al. New printed circuit heat exchanger with S-shaped fins for hot water supplier[J]. Experimental Thermal and Fluid Science, 2006, 30(8): 811-819.

[54] Ngo T L, Kato Y, Nikitin K, et al. Heat transfer and pressure drop correlations of microchannel heat exchangers with S-shaped and zigzag fins for carbon dioxide cycles[J]. Experimental Thermal and Fluid Science, 2007, 32(2): 560-570.

[55] Nikitin K, Kato Y, Ishizuka T. Experimental thermal-hydraulics comparison of microchannel heat exchangers with zigzag channels and S-shaped fins for gas turbine reactors[C]//Proc. of Fifteenth International Conference on Nuclear Engineering, Nagoya, 2007: 22-26.

[56] Tsuzuki N, Utamura M, Ngo T L. Nusselt number correlations for a microchannel heat exchanger hot water supplier with S-shaped fins[J]. Applied Thermal Engineering, 2009, 29(16): 3299-3308.

[57] Tsuzuki N, Kato Y, Nikitin K, et al. Advanced microchannel heat exchanger with S-shaped fins[J]. Journal of Nuclear Science and Technology, 2009, 46(5): 403-412.

[58] Zhang X, Sun X, Christensen R N, et al. Optimization of S-shaped fin channels in a printed circuit heat exchanger for supercritical $CO_2$ test loop[C]//Proceedings of the 5th International Supercritical $CO_2$ Power Cycles Symposium, San Antonio, 2016: 29-31.

[59] Kim D E, Kim M H, Cha J E, et al. Numerical investigation on thermal-hydraulic performance of new printed circuit

heat exchanger model[J]. Nuclear Engineering and Design, 2008, 238(12): 3269-3276.

[60] Kim T H, Kwon J G, Yoon S H, et al. Numerical analysis of air-foil shaped fin performance in printed circuit heat exchanger in a supercritical carbon dioxide power cycle[J]. Nuclear Engineering and Design, 2015, 288: 110-118.

[61] Xu X, Ma T, Li L, et al. Optimization of fin arrangement and channel configuration in an airfoil fin PCHE for supercritical $CO_2$ cycle[J]. Applied Thermal Engineering, 2014, 70(1): 867-875.

[62] Xu X, Wang Q, Li L, et al. Thermal-hydraulic performance of different discontinuous fins used in a printed circuit heat exchanger for supercritical $CO_2$[J]. Numerical Heat Transfer, Part A Applications, 2015, 68(10): 1067-1086.

[63] Ma T, Xin F, Li L, et al. Effect of fin-endwall fillet on thermal hydraulic performance of airfoil printed circuit heat exchanger[J]. Applied Thermal Engineering, 2015, 89: 1087-1095.

[64] Chu W, Li X, Ma T, et al. Study on hydraulic and thermal performance of printed circuit heat transfer surface with distributed airfoil fins[J]. Applied Thermal Engineering, 2017, 114: 1309-1318.

[65] Cui X, Guo J, Huai X, et al. Numerical study on novel airfoil fins for printed circuit heat exchanger using supercritical $CO_2$[J]. International Journal of Heat and Mass Transfer, 2018, 121: 354-366.

[66] Shi H, Li M, Wang W, et al. Heat transfer and friction of molten salt and supercritical $CO_2$ flowing in an airfoil channel of a printed circuit heat exchanger[J]. International Journal of Heat and Mass Transfer, 2020, 150: 119006.

[67] 时红远, 刘华, 何雅玲, 等. 丁胞与翼形肋片相结合的印刷电路板式换热器流动与换热特性的研究[J]. 工程热物理学报, 2019, 40(4): 857-862.

[68] Kim I H, No H C, Lee J I, et al. Thermal hydraulic performance analysis of the printed circuit heat exchanger using a helium test facility and CFD simulations[J]. Nuclear Engineering and Design, 2009, 239(11): 2399-2408.

[69] Kim I H, No H C. Thermal hydraulic performance analysis of a printed circuit heat exchanger using a helium-water test loop and numerical simulations[J]. Applied Thermal Engineering, 2011, 31(17-18): 4064-4073.

[70] Yoon S H, No H C, Kang G B. Assessment of straight, zigzag, S-shape, and airfoil PCHEs for intermediate heat exchangers of HTGRs and SFRs[J]. Nuclear Engineering and Design, 2014, 270: 334-343.

[71] Mylavarapu S K, Sun X, Glosup R E, et al. Thermal hydraulic performance testing of printed circuit heat exchangers in a high-temperature helium test facility[J]. Applied Thermal Engineering, 2014, 65(1-2): 605-614.

[72] Seo J W, Kim Y H, Kim D, et al. Heat transfer and pressure drop characteristics in straight microchannel of printed circuit heat exchangers[J]. Entropy, 2015, 17(5): 3438-3457.

[73] Chen M, Sun X, Christensen R N, et al. Experimental and numerical study of a printed circuit heat exchanger[J]. Annals of Nuclear Energy, 2016, 97: 221-231.

[74] Meshram A, Jaiswal A K, Khivsara S D, et al. Modeling and analysis of a printed circuit heat exchanger for supercritical $CO_2$ power cycle applications[J]. Applied Thermal Engineering, 2016, 109: 861-870.

[75] Baik S, Kim S G, Lee J, et al. Study on $CO_2$-water printed circuit heat exchanger performance operating under various $CO_2$ phases for S-$CO_2$ power cycle application[J]. Applied Thermal Engineering, 2017, 113: 1536-1546.

[76] Yoon S J, O'brien J, Chen M, et al. Development and validation of Nusselt number and friction factor correlations for laminar flow in semi-circular zigzag channel of printed circuit heat exchanger[J]. Applied Thermal Engineering, 2017, 123: 1327-1344.

[77] Chen M, Sun X, Christensen R N. Thermal-hydraulic performance of printed circuit heat exchangers with zigzag flow channels[J]. International Journal of Heat and Mass Transfer, 2019, 130: 356-367.

[78] Wang W Q, Qiu Y, He Y L, et al. Experimental study on the heat transfer performance of a molten-salt printed circuit heat exchanger with airfoil fins for concentrating solar power[J]. International Journal of Heat and Mass Transfer, 2019, 135: 837-846.

[79] 刘超. 超临界二氧化碳燃煤发电系统锅炉及回热器研究[D]. 北京：华北电力大学(北京), 2022.

[80] Kim E S, Oh C H, Sherman S. Simplified optimum sizing and cost analysis for compact heat exchanger in VHTR[J]. Nuclear Engineering & Design, 2008, 238(10): 2635-2647.

[81] Dostal V. A supercritical carbon dioxide cycle for next generation nuclear reactors[D]. Cambridge: Massachusetts Institute of Technology, 2004.

[82] Linares J I, Arenas E, Cantizano A, et al. Sizing of a recuperative supercritical $CO_2$ Brayton cycle as power conversion system for DEMO fusion reactor based on Dual Coolant Lithium Lead blanket[J]. Fusion Engineering and Design, 2018, 134: 79-91.

[83] DL/T 5054-2016. 电力工业部东北电力设计院. 火力发电厂汽水管道设计规范[S]. 北京：中国计划出版社, 2016.

[84] Saber M, Commenge J M, Falk L. Rapid design of channel multi-scale networks with minimum flow maldistribution[J]. Chemical Engineering and Processing: Process Intensification, 2009, 48: 723-733.

[85] 王松岭. 流体力学[M]. 北京：中国电力出版社, 2003.

[86] Haaland S E. Simple and explicit formulas for friction factor in turbulent pipe flow[J]. Journal of Fluids Engineering, 1983, 105(1): 89, 90.

[87] Yin J M, Bullard C W, Hmhak P S. Pressure Drop Measurements in Microchannel Heat Exchanger[J]. Heat Transfer Engineering, 2000, 23(4): 3-12.

[88] 雍福奎. 超(超)临界火电机组选型及应用[M]. 北京：中国电力出版社, 2015.

[89] 车得福, 庄正宁, 李军, 等. 锅炉[M]. 西安：西安交通大学出版社, 2008.

[90] DL/T 5366-2014. 中国电力工程顾问集团华东电力设计院. 发电厂汽水管道应力计算技术规程[S]. 北京：中国计划出版社, 2014.

[91] Chordia L, Green E, Li D, et al. Development of modular, low-cost, high-temperature recuperators for the $sCO_2$ power cycles[C]//University Turbine Systems Research Project Review Meeting, Virginia, 2016.

[92] Jiang Y, Liese E, Zitney S E, et al. Optimal design of microtube recuperators for an indirect supercritical carbon dioxide recompression closed Brayton cycle[J]. Applied Energy, 2018, 216: 634-648.

[93] Southall D, Pierres R L, Dewson S J. Design considerations for compact heat exchangers[C]//Proceedings of ICAPP'08, Anaheim, June 8-12, 2008.

[94] Nestell J, Sham T L. ASME code considerations for the compact heat exchanger[R]. Tennessee: Oak Ridge National Laboratory, 2015.

[95] Ma T, Zhang P, Shi H, et al. Prediction of flow maldistribution in printed circuit heat exchanger[J]. International Journal of Heat and Mass Transfer, 2020, 152: 119560.1-119560.14.

[96] 孙一坚. 简明通风设计手册[M]. 北京：中国建筑工业出版社, 2002.

# 第8章　$sCO_2$透平

## 8.1　引　　言

透平(Turbine的音译，也称作涡轮)是将流体工质所蕴含的能量转换成机械能的装置，其广泛用于各种动力循环，是燃煤发电系统或其他动力循环的关键部分。透平设计制造的几何结构直接影响着动力循环发电系统的效率。早期水蒸气透平的一维设计方法已经成熟，并具有完备的仿真方法，但更换以高密度、低黏度为特点的 $sCO_2$ 工质，透平的几何尺寸和气动性也随之发生相应变化，对 $sCO_2$ 透平的设计与制造带来了新的难点和挑战。首先，本章作者针对 $sCO_2$ 工质提出改进后的一维透平设计方法，新型 $sCO_2$ 透平一维设计方法不仅提出了针对 $sCO_2$ 的损失模型理论，并运用计算机技术同步将透平的一维设计空间进行可视化，便于设计人员对透平的改进；其次，使用仿真软件对包括蜗壳和密封的 $sCO_2$ 透平整体结构进行三维数值仿真，通过对计算后的流场进行分析验证 $sCO_2$ 透平一维设计方法，并提出密封性结构对 $sCO_2$ 透平的影响；最后，提出一种通过优化静叶喷嘴线型从而提高 $sCO_2$ 透平效率的方法，并获得静叶喷嘴的非结构形式优化型线，使静叶喷嘴出口处的流场分布更加均匀，出口马赫数 Ma 更接近设定值，以此获得更加接近设计值的透平转子入口条件。针对以上内容，本章将分节进行详细叙述。

## 8.2　透平的发展与变革——$sCO_2$透平

### 8.2.1　透平发展史

透平结构型式众多，主要由动叶与静叶两部分组成。流体工质流经静叶时将其具有的能量部分转换成动能，压力降低、流速增加，并按一定方向向动叶喷射，流体冲击动叶并在动叶中继续膨胀加速推动动叶转动，最终通过轴将机械能输出。

人类很早就开始了对透平的利用与发展，中国古代的走马灯、水轮车等都蕴含着透平概念的雏形。透平的应用起源于水轮机，随着科技的发展，1884年 Thomas Parsons[1]取得了世界上第一个可实用的反动式透平机专利，开创了透平发展的新时期。此后，Westinghouse(西屋电气公司，美国)公司与 Allis-Chalmers(阿利斯-

查默斯，美国）公司相继制造出 1500kW、3250kW 级蒸汽透平[2]。1900 年，GE（通用电气，美国）公司工程师 Charles Curtis 获得冲动式透平机专利。进入 20 世纪，透平设计水平迅速发展，各种设计类型如雨后春笋般涌现。经过 100 多年的发展，目前世界上著名的透平生产商有 Siemens（西门子，德国）、Alstom（阿尔斯通，法国）等[3]。

中国对透平的使用最早是 1927 年上海江边电站采用 Alstom 公司生产的蒸汽透平。同时，为了抵制外国资本入侵，中华民族资本在洋务运动的背景下创建了当时中国最大的民营发电厂——汉江边汉口既济水电公司大王庙电厂[4]（图 8-1）。新中国成立后，积极开展对透平的研发制造，逐渐建立起完整的透平制造工业，并建立了一系列科研院所对透平设计与制造进行深入研究。在众多科研人员与制造工人的辛勤工作下，我国自主设计制造出 100MW、200MW、300MW 蒸汽透平，为中国现代工业的发展做出了巨大贡献[2]。

图 8-1　汉江边汉口既济水电公司大王庙电厂[4]

改革开放之后，我国积极引进先进的透平制造技术[3]。经过几十年的发展，中国已经能够制造出各种高参数、高性能的透平，目前我国的电力工业主要依靠国内制造厂商提供设备。此外，中国电力装备企业还积极开辟国际市场，成为世界动力装备行业不可忽视的新兴力量。相信在未来，随着现代科技的发展，透平将向着更高参数、更高经济性、更高安全性等方向不断前进，我国的透平制造水平也将达到一个更新的高度。

透平应用领域广泛，类型多种多样。按照工质在透平中的流动方向可以将透平分为径流式与轴流式两类（图 8-2）。按照循环方式及工质种类可以将透平分为水轮机、汽轮机、燃气轮机等。

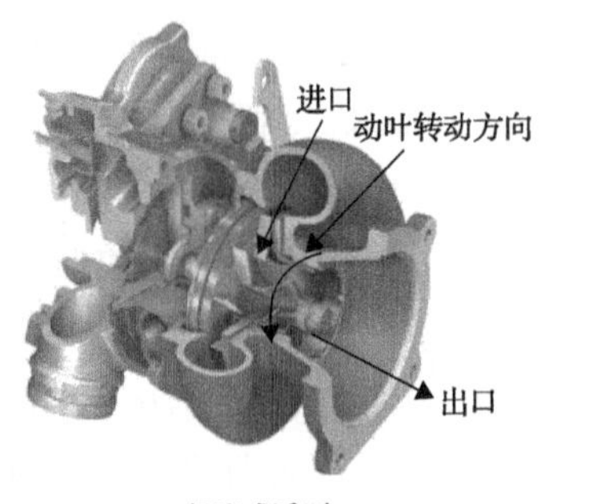


(a) 径流式透平

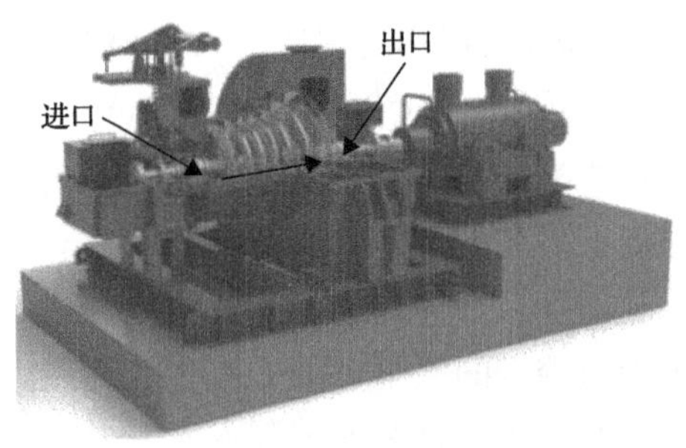


(b) 轴流式透平

图 8-2　径流式透平与轴流式透平[5]

目前，随着 $sCO_2$ 动力循环的广泛研究与迅速发展，以 $sCO_2$ 为工质的新型透平设计与制造水平也随之提高，$sCO_2$ 透平具有结构紧凑、成本低、经济性高等优点，也在不断促进着 $sCO_2$ 动力循环不断向前发展。

### 8.2.2　$sCO_2$ 透平与传统透平的区别

当透平内的工作介质是 $sCO_2$ 时，称为 $sCO_2$ 透平。与以水蒸气等其他流体作为工作介质的传统透平相比，$sCO_2$ 透平对动力循环本身效率的影响更为突出，$sCO_2$ 动力循环之所以较其他循环方式具有众多优势，很大一部分来源于透平。

$sCO_2$ 具有较多特性，在前述章节中也有提及，即密度大、传热特性强、可压缩性小、良好的流动、输运性质等，这既保证了 $sCO_2$ 较高的吸热和做功能力，也保证了较小的流动损失，这也是 $sCO_2$ 透平具有高效率的重要原因。同时，$sCO_2$ 的化学性质稳定、腐蚀性低，有利于透平的安全运行和长期维护。$sCO_2$ 在透平中做功时不发生相变，背压等透平的出口参数较传统透平更低，有利于提高循环效率。

由于 $sCO_2$ 具有大密度、高能量密度和较强做功能力等特点，$sCO_2$ 透平在几何尺寸方面远小于传统透平，甚至可以减少十倍以上，极大地降低了机组占用空间(图 8-3)，同时由于几何尺寸较小，其因质量带来的惯性很小，所以 $sCO_2$ 透平

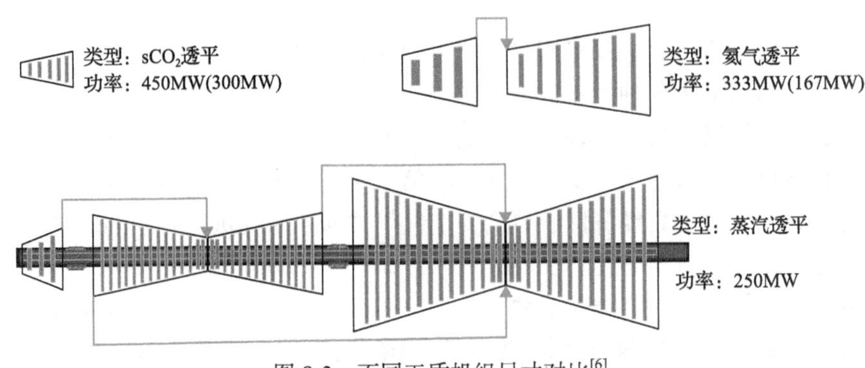


图 8-3　不同工质机组尺寸对比[6]

的灵活性高，能够实现快速调峰，可以缓解多能源互补并网中新能源的间歇性供应不足带来的压力。由于 $sCO_2$ 的低腐蚀性，$sCO_2$ 透平对材料的要求较低，可以采用常规材料，免去使用特种材料的成本，加之 $sCO_2$ 透平的小尺寸、低设计制造难度和无须冷凝器辅助装备等特点，降低了 $sCO_2$ 透平的各种成本。同时，$sCO_2$ 透平和发电机为高速回转运动形式，采用高速悬浮电磁轴承一体化连接，$sCO_2$ 透平振动产生的噪声得到了抑制。

$sCO_2$ 透平主要分为轴流式与径流式两种，径流式透平是指工质沿轴半径方向朝轴心方向流动的动力式机械，轴流式透平是指工质沿轴向运动的动力机械。Zee 等[8]考虑了 $sCO_2$ 在临界点附近的特殊物性，选择合适的损失模型，开发出 $sCO_2$ 轴流式透平的设计程序。目前，SwRI（美国西南研究院，美国）与 GE 公司[9]已经研发出 10MW 的多级轴流 $sCO_2$ 透平（图 8-4），$sCO_2$ 发电技术正在逐步实现商业化。

图 8-4　美国 SwRI 与 GE 公司的 $sCO_2$ 透平[7]

相较于轴流式透平，径流式透平的成本更低、结构更紧凑、焓降大、运行范围广，在流量较小的设计条件下也可以获得较高效率，而且径流式透平的叶片与轮盘相连，可将其铸造或锻造成一组，刚度增加，也使其制造难度极大降低，有助于整个机组旋转动力学的稳定性，目前广泛作为 $sCO_2$ 布雷顿循环系统的热功转换设备。MIT（麻省理工学院，美国）对 $sCO_2$ 径流式透平的适用范围进行研究，认为径流式透平在可以适用于 50MW 发电效率的布雷顿循环系统[10]。径流式透平在结构上还有许多优点，如密封性更好、泄漏较少，且径流式透平固有的稳定性使其特别适用于高密度流体。

$sCO_2$ 轴流式透平的开发主要是为了未来大规模的能源生产（高于 50MW），在中长期内，$sCO_2$ 动力循环有望取代蒸汽循环成为现役主力发电机组。同时，$sCO_2$ 也可用于低负荷、小功率动力循环，对于 0.1～25MW 的小型 $sCO_2$ 动力系统，从 $sCO_2$ 的高能量密度、低质量流量等方面综合考量，相比于轴流式透平，径流式透平是更为合适的选择。

本书作者等对 $sCO_2$ 径流式透平的一维设计、叶形优化与 CFD 仿真模拟等内容开展了大量工作，结合本书的研究内容，下面介绍 $sCO_2$ 径流式透平相关的研究工作。

# 8.3 $sCO_2$ 径流式透平一维设计

## 8.3.1 $sCO_2$ 径流式透平一维设计计算模型

$sCO_2$ 径流式透平的理论研究通常包括透平的设计和气动性能的研究。透平设计主要包括一维热力设计、几何结构设计等，以通过设计模型最终得到透平动静叶流道的几何参数。一维热力设计是透平总体设计中极为重要的一环，合理的设计方案是径流式透平高效运行的基础。如果设计方案出现错误，将对透平的性能及整个机组的运行造成不可逆的影响，因此在进行透平设计时必须严格遵守设计流程及标准，既要考虑表征透平性能的各项参数，也要考虑透平在实际运行及加工制造方面的要求。

1. 基本方程

透平一维热力设计基于一元流动理论，配合连续性方程等基本方程式(8-1)～式(8-5)确定各特征点的热力参数，最终得到透平动静叶片流道的几何参数。

一维定常流连续性方程：

$$\rho\bar{C}A = \text{const} \tag{8-1}$$

能量方程：

$$h + \frac{C^2}{2} = \text{const} \tag{8-2}$$

一维稳定等熵流动动量方程：

$$\frac{\mathrm{d}p}{\rho} + C\mathrm{d}C = 0 \tag{8-3}$$

理想气体状态方程：

$$pv = R_g T \tag{8-4}$$

等熵过程方程：

$$\frac{p}{\rho^{\gamma}} = \text{const} \tag{8-5}$$

2. 热力计算

径流式透平一般主要由蜗壳、静叶(定子、喷嘴)和动叶(转子)三部分组成(图 8-5)。在进行热力计算时，一般将径流式透平内部的流动假设为轴对称、绝热的一元稳定流动。为了方便分析，选取几个特定截面(图 8-6)：静叶进口截面 1-1、静叶出口截面 3-3、动叶进口截面 4-4、动叶出口截面 6-6，两静叶或动叶之间距离最小的部位称为静叶/动叶喉部，设静叶喉部截面为 2-2、动叶喉部截面为 5-5。

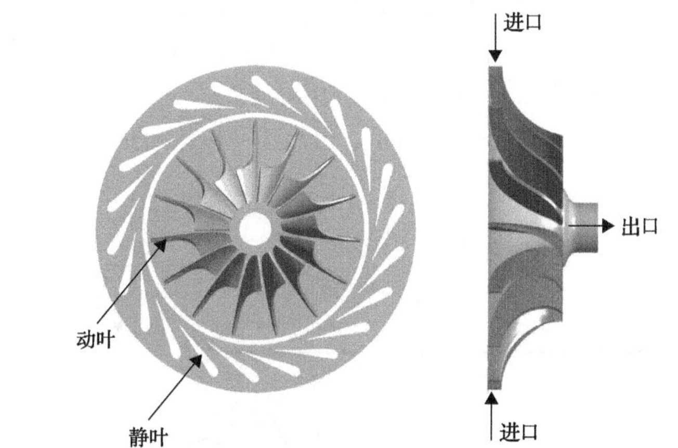


图 8-5　径流式透平各部分示意图[11]

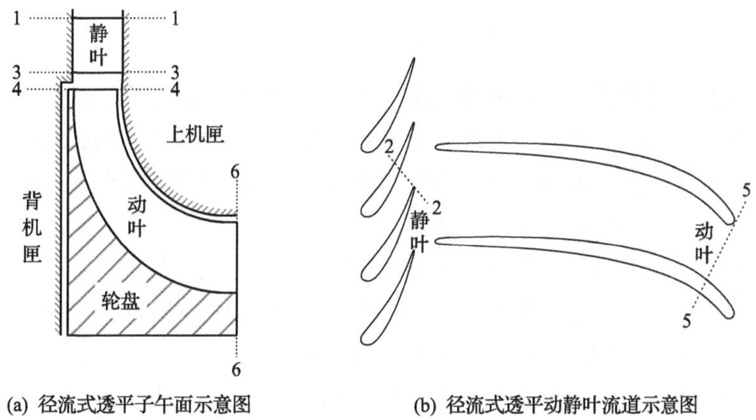


图 8-6　径流式透平各截面示意图[11]

将复杂的流动过程不断地离散、简化，采用 1、2、3、4、5、6 这六个点的流动状态近似代表复杂的三维流动，后期也可以通过增加状态点的数量更加逼近真实的流动情况。通过工质进口总温 $T_0^*$ 和总压 $p_0^*$ 可以确定静叶入口前工质的各项物性参数，根据损失模型等可以确定工质在静叶中的焓降，进而确定出口焓值。假定工质在静叶中进行等熵膨胀，静叶出口熵值等于进口熵值，再根据已经确定的出口焓值便可以确定静叶出口工质的各项物性参数，而在等熵膨胀的假设下动叶出口熵值也等于静叶出口熵值，工质出口压力已知，此时可确定动叶出口工质的各项物性参数。

从热源过来的高温高压工质流经蜗壳在静叶入口处均匀分布，经过蜗壳的短暂加速后压力为 $p_1$、温度为 $T_1$ 的工质以一定流速 $C_1$ 流入静叶，在静叶中，工质的热能转换成动能，膨胀加速到 $C_3$，温度和压力分别降为 $T_3$ 和 $p_3$。工质从静叶流出后以相对速度 $u_{w4}$ 进入动叶，动叶进口轮周速度为 $u_4$，进入动叶后工质继续膨胀做功，将动能转换成机械能，相对速度在出口处为 $u_{w6}$，温度和压力继续降为 $T_6$ 和 $p_6$，动叶出口圆周速度为 $u_6$，动叶进出口相对速度、进出口圆周速度与进出口绝对速度构成速度三角形，如图 8-7 所示，最后工质以绝对速度 $C_6$ 离开动叶进入后续设备。

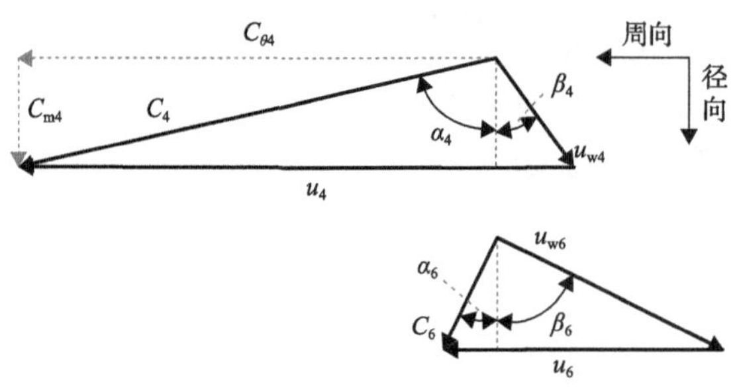


图 8-7　动叶进出口速度三角形[2]

透平的做功过程就是工质不断膨胀、压力逐渐降低的过程。如图 8-8 所示，$0^*$点为工质被等熵滞止到速度为零的状态点，此时工质的各项参数为滞止参数。1 点为静叶入口状态点，4t 和 4 点分别为动叶入口理想和实际状态点，6t 和 6 点分别为动叶出口理想与实际状态点。$0^*$点～$6t^*$点为透平的理想等熵膨胀过程，其差值为透平滞止理想比焓降。但在实际运行过程中，各个热力过程为不可逆过程，熵值因摩擦损失、部分进气度损失、漏气损失、静叶中的相对损失和动叶中的相对损失而不断增大，因此工质在透平中的实际流动过程为 $0^*$点～6 点。

透平的热力计算应当从静叶开始，因静叶出口与动叶进口之间的损失较小，所以可将工质静叶出口状态近似看作动叶进口状态，因此，工质在静叶中流动的能量方程为(对应上图中的 1 和 4t 状态点)

$$h_0^* = h_1 + \frac{C_1^2}{2} = h_{4t} + \frac{C_{4t}^2}{2} \tag{8-6}$$

式中，$C_{4t}$ 为静叶出口理想绝对速度；$C_1$ 为静叶进口绝对速度；$h_1$ 为静叶进口比焓值；$h_{4t}$ 为静叶出口理想比焓值。

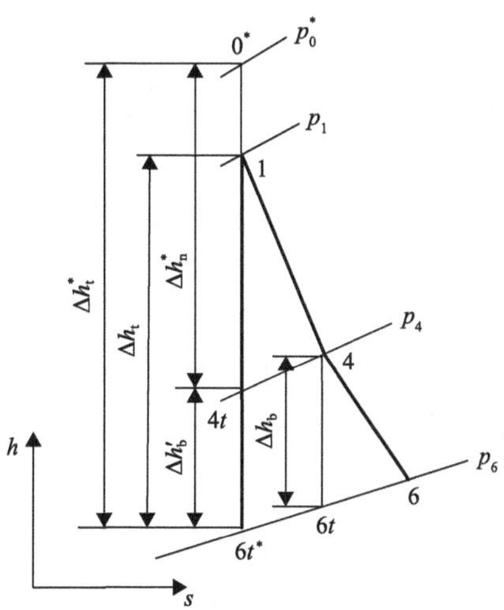


图 8-8　工质在透平级中做功的热力过程线[2]

由式(8-7)可得

$$C_{4t} = \sqrt{2(h_1 - h_{4t}) + C_1^2} = \sqrt{2\Delta h_n + C_1^2} = \sqrt{2\Delta h_n^*} \tag{8-7}$$

式中，$\Delta h_n$ 为静叶理想比焓降，$\Delta h_n = h_1 - \Delta h_{4t}$；$\Delta h_n^*$ 为静叶理想滞止比焓降。

静叶出口的理想速度还可以由其他公式求出，但都是从静叶进出口工质的各项物性参数进行分析，并考虑静叶进口速度。例如，采用理想气体相关公式：

$$C_{4t} = \sqrt{\frac{2\gamma}{\gamma - 1}\frac{p_0^*}{\rho_0^*}\left[1 - \left(\frac{p_4}{p_0^*}\right)^{(\gamma-1)/\gamma}\right]} \tag{8-8}$$

式中，$\gamma$ 为工质的绝热指数。

由于流动过程中的摩擦损失、涡流损失等，工质的理想比焓降有一部分被消耗，静叶出口的实际速度小于理想速度，因此采用静叶速度系数 $\varphi_s$ 衡量两者的差距，定义为实际速度 $C_4$ 与理想速度 $C_{4t}$ 的比值，即

$$\varphi_s = \frac{C_4}{C_{4t}} \tag{8-9}$$

对于静叶的理想流量，用 $\dot{m}_t$ 表示，即

$$\dot{m}_t = A_n \cdot \rho_{4t} \cdot C_{4t} \tag{8-10}$$

式中，$A_n$ 为静叶流道面积。

将式(8-8)代入可得

$$\dot{m} = A_n \rho_{4t} \sqrt{\frac{2\gamma}{\gamma-1} \frac{p_0^*}{\rho_0^*} \left[ 1 - \left( \frac{p_4}{p_0^*} \right)^{(\gamma-1)/\gamma} \right]} \tag{8-11}$$

同样因为各种损失，静叶实际流量与理想流量也存在差距，采用流量系数 $\mu_n$ 来表示，实际流量 $\dot{m}$ 为

$$\dot{m} = \mu_n \cdot \dot{m}_t = \mu_n \cdot A_n \cdot \rho_{4t} \cdot C_{4t} \tag{8-12}$$

对于动叶设计，一般以平均直径 $D_m$ 沿圆周方向截取的展开截面讨论，其圆周速度为

$$u = \frac{\pi D_m N}{60} \tag{8-13}$$

式中，$N$ 为动叶转速。

动叶进口绝对流速角 $\alpha_4$ 一般按照经验取值或根据静叶计算得出，工质动叶进口相对速度与叶轮旋转平面的夹角 $\beta_4$ 称为动叶进口相对流速角。通过几何分析，采用余弦定理与正弦定理可以确定 $\beta_4$ 和动叶进口相对速度 $u_{w4}$：

$$u_{w4} = \sqrt{(C_4 \cos\alpha_4)^2 + (u_4 - C_4 \sin\alpha_4)^2} \tag{8-14}$$

$$\beta_4 = \arccos\left( \frac{C_4 \cos\alpha_4}{u_{w4}} \right) \tag{8-15}$$

动叶中的能量方程为

$$h_4 + \frac{u_{w4}^2}{2} = h_{6t} + \frac{u_{w6t}^2}{2} \tag{8-16}$$

$$u_{w6t} = \sqrt{2(h_4 - h_{6t}) + u_{w4}^2} = \sqrt{2\Delta h_b + u_{w4}^2} = \sqrt{2\Delta h_b^*} \tag{8-17}$$

式中，$\Delta h_b^*$ 为动叶滞止比焓降。

与静叶相似，同样因为摩擦等损失，动叶出口实际相对速度小于理想相对速度，采用动叶速度系数 $\varphi_r$ 表示两者差距，即

$$\varphi_{\mathrm{r}} = \frac{u_{\mathrm{w6}}}{u_{\mathrm{w6t}}} < 1 \tag{8-18}$$

根据动量方程，工质对动叶的周向作用力 $F_{\mathrm{u}}$ 为

$$F_{\mathrm{u}} = \dot{m}(-u_{\mathrm{w4}} \sin \beta_4 + u_{\mathrm{w6}} \sin \beta_6) = \dot{m}(C_4 \cos \alpha_4 - C_6 \cos \alpha_6) \tag{8-19}$$

周向力 $F_{\mathrm{u}}$ 与圆周速度 $u$ 的乘积为透平内功率 $P_{\mathrm{i}}$，即

$$\begin{aligned} P_{\mathrm{i}} &= F_{\mathrm{u}} u = \dot{m} u(-u_{\mathrm{w4}} \sin \beta_4 + u_{\mathrm{w6}} \sin \beta_6) \\ P_{\mathrm{i}} &= F_{\mathrm{u}} u = \dot{m} u(C_4 \cos \alpha_4 - C_6 \cos \alpha_6) \end{aligned} \tag{8-20}$$

单位质量工质的轮周功率即工质做功能力，用 $P_{\mathrm{il}}$ 表示，即

$$\begin{aligned} P_{\mathrm{il}} &= u(-u_{\mathrm{w4}} \sin \beta_4 + u_{\mathrm{w6}} \sin \beta_6) \\ P_{\mathrm{il}} &= u(C_4 \cos \alpha_4 - C_6 \cos \alpha_6) \end{aligned} \tag{8-21}$$

透平内效率用 $\eta_{\mathrm{i}}$ 表示，为工质做功能力 $P_{\mathrm{il}}$ 与工质理想做功 $w_{\mathrm{id}}$ 之比，即

$$\eta_{\mathrm{i}} = \frac{P_{\mathrm{il}}}{w_{\mathrm{id}}} \tag{8-22}$$

工质理想做功 $w_{\mathrm{id}}$ 为工质滞止理想总焓降 $\Delta h_{\mathrm{t}}^*$ 与余速动能 $\mu_1 \cdot \Delta h_{C_6}$ 之差，即

$$w_{\mathrm{id}} = \Delta h_{\mathrm{t}}^* - \mu_1 \Delta h_{C_6} = \Delta h_{\mathrm{t}}^* - \mu_1 \frac{C_6^2}{2} \tag{8-23}$$

式中，$\mu_1$ 为余速利用系数，表示余速损失可以被后续利用的比例。

### 3. 透平尺寸设计模型

在透平的一维设计中，尺寸模型可以很好地展现各参数之间的关系，理清各个参数的约束范围，进而通过对一些参数的设定实现对特定参数的调整与把握，下面是一些尺寸模型的介绍。

#### 1) 动叶尺寸设计模型

动叶入口半径 $r_4$ 一般采用下式计算：

$$r_4 = u_4 / \omega_4 \tag{8-24}$$

式中，$u_4$ 为动叶进口圆周速度；$\omega_4$ 为动叶进口角速度。

动叶叶片数量的选择可以根据 Glassman[12]提出的公式进行：

$$Z_{\mathrm{r}} = \frac{\pi \cdot (110 - \alpha_4) \cdot \tan\alpha_4}{30} \tag{8-25}$$

式中，$Z_r$ 为动叶叶片数量；$\alpha_4$ 为动叶进口绝对气流角。

此方程依赖于动叶进口绝对流动角 $\alpha_4$，这可能导致计算出的叶片数量与实际应用并不匹配。为了克服这种情况，在设计时，应当基于典型的径流式透平设计方案进行设置，确保使该变量处于标准范围内。

动叶进口叶高 $b_4$ 由下式计算：

$$b_4 = \frac{\dot{m}}{\rho_4 \cdot C_{m4}} \frac{1}{2\pi r_4 - t_{bt} \cdot Z_r} \tag{8-26}$$

式中，$\dot{m}$ 为质量流量；$\rho_4$ 为动叶入口工质密度；$C_{m4}$ 为动叶入口绝对速度的周向分速度；$t_{bt}$ 为动叶叶片尾缘厚度；$Z_r$ 为动叶叶片数目。

动叶出口叶高 $b_6$，在图 8-9 中对应表示为 $b_6 = r_{6t} - r_{6h}$，可以根据面积相等的原理，对式(8-27)进行隐式计算，即

$$A_6 + \frac{Z_r b_6 t_{bt}}{\cos\theta_b} = \pi r_{6t}^2 - \pi(r_{6t} - b_6)^2 \tag{8-27}$$

式中，$A_6$ 为出口面积，计算公式为 $A_6 = \dot{m} / (\rho_6 \cdot C_6)$；$C_6$ 为动叶出口绝对流速，m/s；$\rho_6$ 为动叶出口工质密度，kg/m$^3$；$\theta_b$ 为动叶出口实际叶片与子午面叶片的夹角，采用二分法对式(8-28)进行求解，其隐式公式如下所示：

$$\left| \frac{\tan^{-1}\left(\dfrac{-\omega \cdot r_{6ms}}{C_{6m}}\right)}{b_\theta} \right| = 1 + \left[ \frac{M\sqrt{RT_{04}}}{p_4 (2r_4)^2 \cdot 2\tan\theta_b - 0.5} \right]^{0.02\theta_b} \cdot \frac{3\pi}{Z_r} + 7.85 \times 0.041667 \tag{8-28}$$

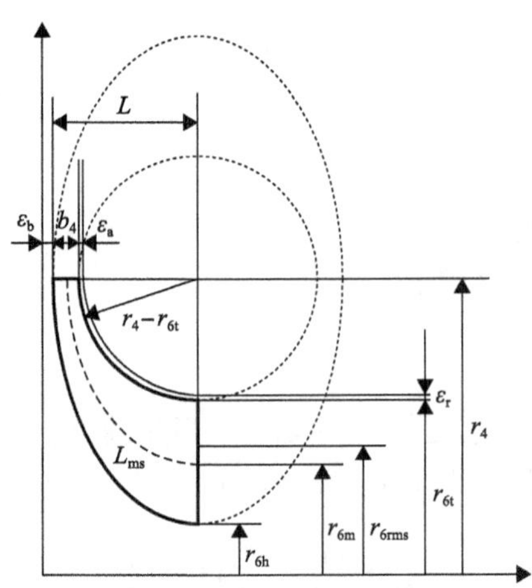


图 8-9　动叶几何参数图[13]

图 8-9 中叶轮的轴向长度 $L_a$ 通过动叶进口流体绝对流速角 $\alpha_4$ 进行计算，即

$$L_a = b_4 + \zeta_a + r_4 - r_{6t} \tag{8-29}$$

式中，$\zeta_a$ 为轴向间隙。

关于动叶叶片厚度，为了简化设计，叶片厚度将根据尾缘厚度定义并设置为定值。根据 Glassman[12]给出的关系式，设定尾缘厚度为动叶出口叶高的 4%。径向与轴向间隙也通过类似方法进行计算，设计背部间隙 $\zeta_b$ 与轴向间隙 $\zeta_a$、径向间隙 $\zeta_r$ 保持一致，均为动叶叶高的 5%，但为了保证设计准确，在设计过程中需要指定一个最小合理间隙($3\times10^{-4}$m)，如果计算结果小于最小间隙，则采用指定的最小间隙进行设计制造。

同时，动叶平均表面长度 $L_{ms}$ 也与动叶弦长存在一定的几何关系[12]：

$$L_{ms} = \frac{\pi}{2} \cdot \sqrt{\frac{\left(r_4 - r_{6t} + \dfrac{b_4}{2}\right) + \left(\dfrac{b_6}{2}\right)^2}{2}} \tag{8-30}$$

$$c_r = \frac{2 \cdot \sqrt{2} \cdot L_{ms}}{\pi} \tag{8-31}$$

式中，$r_4$ 为动叶进口半径；$r_{6t}$ 为动叶出口叶顶半径；$b_4$ 为动叶进口叶高；$b_6$ 为动叶出口叶高。

对于出口处动叶叶片的安装角度，即叶根处的叶片角度 $\beta_h$、出口叶片顶端处的叶片角度 $\beta_t$，分别由以下两个公式进行计算：

$$\beta_h = \tan^{-1}\left(\frac{-u_{6h} - C_{6\theta}}{C_{6m}}\right) = \tan^{-1}\left(\frac{-\omega \cdot r_{6h} - C_{6\theta}}{C_{6m}}\right) \tag{8-32}$$

$$\beta_t = \tan^{-1}\left(\frac{-u_{6t} - C_{6\theta}}{C_{6m}}\right) = \tan^{-1}\left(\frac{-\omega \cdot r_{6t} - C_{6\theta}}{C_{6m}}\right) \tag{8-33}$$

式中，$u_{6h}$ 为动叶出口叶根圆周速度；$u_{6t}$ 为动叶出口叶顶圆周速度。

动叶出口叶片角 $\beta_{6b}$ 可以根据 Suhrmann 等[14]提出的公式进行计算：

$$\frac{90-\beta_6}{90-\beta_{6b}} = 1 + \left\{\dot{m} \cdot \frac{\sqrt{R \cdot T_{01}}}{p_6 \cdot D_4^2 \cdot \left[2 \cdot \tan(90-\beta_{6b}) - 0.5\right]}\right\}^{\left[0.02(90-\beta_{6b}-0.255)\right]} \cdot \left(\frac{3 \cdot \pi}{Z_r}\right) + 7.85 \cdot \frac{\varepsilon_{rt}}{b_6} \tag{8-34}$$

式中，$\beta_6$ 为动叶出口相对气流角；$\dot{m}$ 为质量流量；$R$ 为气体常数；$p_6$ 为动叶出口压力；$D_4$ 为动叶进口直径。

2) 静叶尺寸设计模型

关于静叶各几何参数的计算，因为静叶中的损失与动叶相比非常小[15]，可以忽略不计，所以在设计中一般假设静叶为等熵膨胀。同时，静叶设计可以根据动叶为基础进行，与动叶相比，静叶的结构简单，静叶高度$b_s$是统一高度，其高度应为动叶入口叶片高度，即$b_s = b_4$。又因为静叶的出口就是动叶的入口，所以对于静叶的出口半径而言，静叶气流出口角度$\alpha_3$就是动叶气流进口角度$\alpha_4$，即$\alpha_3 = \alpha_4$，同时对于静叶而言，其安装角与静叶气流角度相同。

静叶本身无旋转，需要在静叶和动叶之间设计一定间隙，保证静叶和动叶的结构不发生磨损，动叶的入口半径$r_4$，所以静叶出口半径$r_3 = r_4 + \zeta_{sr}$，其中，$\zeta_{sr}$为静叶与动叶之间的间隙。静叶出口半径与动叶进口半径的比值可以根据Watanabe 等[16]提出的关系式计算[式(8-35)]，也可以将该比值设置为 Simpson 等[17]提出的最优值 1.175。

$$\Delta r_{s,te/r,le} \approx 2 \cdot b_3 \cdot \cos\alpha_3 \tag{8-35}$$

式中，$b_3$为静叶出口叶高；$\alpha_3$为静叶出口绝对流动角。

静叶入口半径$r_1$的计算方法与动叶类似，通过设定半径比得到。即$r_1 = r_3 \cdot \varepsilon_{st}$，其中，$\varepsilon_{st}$为静叶入口半径与静叶出口半径的比值，同时也可以采用 Glassman[12]提出的静叶进口半径与出口半径最佳比值 1.25。

静叶叶片数量可以根据流动表现来计算，静叶稠度可采用 Lee 等[8]提出的 1.35 或 Simpson 等[17]提出的 1.25。同时，为避免共振，动静叶片的数量不能相同，要确保静叶片的数量高于动叶，但超出比例不应该大于 30%[18]。

$$Z_s = \frac{2 \cdot \pi \cdot r_1}{\frac{c_s}{s_s}} \tag{8-36}$$

式中，$Z_s$为静叶叶片数量；$r_1$为静叶进口半径；$c_s$为静叶弦长；$s_s$为静叶尾缘直径节距。

获得静叶入口半径和静叶出口半径后，如果再确定静叶叶片数量，就可以获得静叶入口和静叶出口单流道的长度，即$\widehat{b_1}$与$\widehat{b_3}$。

$$\widehat{b_1} = \frac{2\pi r_1}{Z_s} \tag{8-37}$$

$$\widehat{b_2} = \frac{2\pi r_3}{Z_s} \tag{8-38}$$

式中，$Z_s$为静叶的叶片数量；$r_1$、$r_3$分别为静叶进、出口半径。

4. 损失模型

一维设计中，损失模型对于最终的设计结果有很大影响，应当基于成熟的径流式透平损失模型进行损失估计。径流式透平的损失类型主要有流道(摩擦和二次流)损失、出口能量损失、叶顶间隙损失、入射损失、风阻损失和尾缘损失等，以下是几种较成熟的损失模型。

损失以焓降的形式表示，总等熵效率的计算如下：

$$\eta_{ts} = \frac{\Delta h_0}{\Delta h_0 + \Sigma \Delta h_{loss}} \tag{8-39}$$

关于流道损失，Moustapha 等[15]提出 CETI 模型，同时也可以采用 Musgrave[19]和 Rodgers[20]分别提出的表面摩擦模型与二次流模型相结合的组合模型来预测流道损失，根据这两种方法对流道损失进行模拟。这样做是因为动叶喉部的几何形状在一维设计阶段没有得到充分估计，可能会影响损失模型(CETI 通道模型)的结果。

1) CETI 流道损失模型

CETI 流道损失模型用于计算动叶入口和喉部之间的损失，也包括尾缘损失造成的影响。CETI 流道损耗模型可表示为

$$\Delta h_{p/CETI} = 0.11 m_f \left\{ \frac{L_{hp}}{d_h} + 0.68 \left[ 1 - \frac{\overline{r}_5}{r_4} \right] \frac{\beta_{b,5}}{b_5 / c_r} \right\} \frac{u_{w4}^2 + u_{w6,rms}^2}{2} \tag{8-40}$$

式中，$\frac{r_4 - r_{5t}}{b_5} \geqslant 0.2$ 时，$m_f = 1$；$\frac{r_4 - r_{5t}}{b_5} < 0.2$ 时，$m_f = 2$；$L_{hp}$ 为水力长度；$d_h$ 为水力直径；$\overline{r}_5$ 为动叶喉部平均半径；$r_4$ 为动叶进口半径；$\beta_{b,5}$ 为动叶喉部叶根相对气流角；$b_5$ 为动叶喉部叶高；$c_r$ 为动叶弦长；$u_{w4}$ 为动叶进口相对速度；$u_{w6,rms}$ 为动叶出口相对均方根速度。在 CETI 模型中，水力长度 $L_{hp}$ 的计算公式为

$$L_{hp} = \frac{\pi}{4} \cdot \left[ \left( L_a - \frac{b_4}{2} \right) + \left( r_4 - r_{5t} - \frac{b_5}{2} \right) \right] \tag{8-41}$$

式中，$b_4$ 为动叶进口叶高；$L_a$ 为动叶轴向长度；$r_{5t}$ 为动叶喉部叶顶处半径。

水力直径 $d_h$ 按下式计算：

$$d_h = \frac{1}{2} \left\{ \left( \frac{4 \cdot \pi \cdot r_4 \cdot b_4}{2\pi \cdot r_4 + Z_r \cdot b_4} \right) + \left[ \frac{2 \cdot \pi \cdot \left( r_{et}^2 - r_{eh}^2 \right)}{\pi \cdot \left( r_{et} - r_{eh} \right) + Z_r \cdot b_e} \right] \right\} \tag{8-42}$$

式中，$Z_r$ 为动叶叶片数量；$r_{et}$ 为出口截面叶顶处半径；$r_{eh}$ 为出口截面叶根处半径；$b_e$ 为出口截面叶高。

需要注意的是，在计算水力直径时，不同模型可能采用不同的出口截面(下标 $e$)。在 CETI 中，$d_h$ 的测定以动叶喉部段为出口段。

2) Musgrave 表面摩擦模型和 Rodgers 流道模型组合模型

对于 Musgrave 表面摩擦模型和 Rodgers 流道模型的结合，并没有单独计算尾缘损失的影响。Musgrave 表面摩擦模型可表示为

$$\Delta h_{p/f} = f_t \cdot \frac{L_{hp}}{d_h} \cdot \overline{u}_w{}^2 + \frac{2 \cdot C_4^2 \cdot r_4}{Z_r \cdot r_c} \tag{8-43}$$

式中，$f_t$ 为范宁摩擦系数；$\overline{u}_w$ 为平均相对速度；$r_c$ 为曲率半径。

在该模型中，水力长度 $L_{hp}$ 等于平均表面长度 $L_{ms}$。另外，式(8-43)采用动叶出口作为出口截面计算 $d_h$。式(8-44)的平均相对速度 $\overline{u}_w$ 可由公式(8-44)确定：

$$\overline{u}_w = \frac{u_{w4} + \left(\dfrac{u_{w6t} + u_{w6h}}{2}\right)}{2} \tag{8-44}$$

式中，$u_{w6t}$ 为动叶出口叶顶处相对速度；$u_{w6h}$ 为动叶出口轮毂处相对速度。

水力直径 $d_h$ 的计算方法为进口直径和出口直径之间的平均值，如公式(8-43)所示。Musgrave 表面摩擦模型和 Rodgers 流道模型的组合模型考虑了动叶的出口截面作为模型中使用的参考出口截面。

式(8-43)中摩擦系数($f_t$)的计算分为三个步骤：①计算直流道的摩擦系数；②利用该系数使用 Schlichting 和 Gersten[21]提出的公式计算弯曲流道的摩擦系数；③考虑叶轮机械流动，利用 Musgrave 提出的公式(8-49)计算 $f_t$ 并对该系数进行修正。

考虑到叶轮壁面粗糙度 $k_r$ 的上限为 $2\times10^{-4}$m[14]，根据流动工况计算摩擦系数

$$f = \frac{16}{Re}, \qquad Re < 2100 \tag{8-45}$$

$$\frac{1}{\sqrt{f}} = -4\lg\left[\frac{\left(\dfrac{k_r}{d_h}\right)}{3.7} + \frac{1.256}{Re\sqrt{f}}\right], \quad Re > 4000 \tag{8-46}$$

式中，$k_r$ 为流道内壁粗糙度。

式(8-46) Colebook-White 方程[22]是关于 $f$ 的隐式方程，使用二分法进行数值求解。对于过渡区，在式(8-45)和式(8-46)之间采用基于雷诺数的加权函数。

然后根据以下公式计算弯曲流道的表面摩擦系数，即

$$f_{\mathrm{c}} = f \cdot \left[ 1 + 0.075 \cdot Re^{0.25} \cdot \sqrt{\frac{d_{\mathrm{h}}}{2 \cdot r_{\mathrm{c}}}} \right] \tag{8-47}$$

根据 Suhrmann 等[14]提出的方程，应用 Musgrave 修正公式来解释叶轮机械的固有曲率效应：

$$f_{\mathrm{t}} = f_{\mathrm{c}} \cdot \left[ Re \left( \frac{r_4}{r_{\mathrm{c}}} \right)^2 \right]^{0.05} \tag{8-48}$$

3) 余速损失

余速损失由 Suhrmann 等[14]提出的模型计算，即

$$\Delta h_{\mathrm{e}} = \frac{C_6^2}{2} \tag{8-49}$$

式中，$C_6$ 为动叶出口绝对速度。

4) 叶顶间隙损失

下面列出两种不同的模型来计算叶顶间隙损失。

Moustapha 叶顶间隙损失模型是基于 Moustapha 等[15]提出的叶顶间隙损失模型，同时考虑径向和轴向间隙的影响和这两个参数之间的耦合项：

$$\Delta h_{\mathrm{cl}} = \frac{u_4^3 \cdot Z_{\mathrm{r}}}{8\pi} \cdot \left( K_{\mathrm{a}} \cdot \zeta_{\mathrm{a}} \cdot C_{\mathrm{a}} + K_{\mathrm{r}} \cdot \zeta_{\mathrm{r}} \cdot C_{\mathrm{r}} + K_{\mathrm{a,r}} \cdot \sqrt{\zeta_{\mathrm{a}} \cdot \zeta_{\mathrm{r}} \cdot C_{\mathrm{a}} \cdot C_{\mathrm{r}}} \right) \tag{8-50}$$

式中，$\zeta_{\mathrm{a}}$ 为轴向间隙；$\zeta_{\mathrm{r}}$ 为径向间隙；根据经验数据，系数 $K_{\mathrm{a}}$、$K_{\mathrm{r}}$、$K_{\mathrm{a,r}}$ 分别设为 0.4、0.75、−0.3。$C_{\mathrm{a}}$ 和 $C_{\mathrm{r}}$ 分别由下式计算：

$$C_{\mathrm{a}} = \frac{1 - \dfrac{r_{6\mathrm{t}}}{r_4}}{C_{\mathrm{m4}} \cdot b_4} \tag{8-51}$$

$$C_{\mathrm{r}} = \frac{r_{6\mathrm{t}}}{r_4} \cdot \frac{z_{\mathrm{r}} - b_4}{C_{\mathrm{m6}} \cdot r_6 \cdot b_6} \tag{8-52}$$

式中，$C_{m4}$ 为透平动叶进口径向绝对速度；$C_{m6}$ 为透平动叶出口径向绝对速度。

NASA 叶顶间隙损失模型是将具有高叶顶间隙比(高达 10%)的小型透平专用模型与 Futral 和 Holeski[23]等提供的实验数据相结合开发的。得到的模型由 Qi 等[13]进行修改和呈现，即

$$\Delta h_{\mathrm{d}}=\frac{\Delta h_0\left(-0.09678\varepsilon_{\mathrm{a}}-1.69997\varepsilon_{\mathrm{r}}+0.096844\varepsilon_{\mathrm{r}}^2-0.03379\varepsilon_{\mathrm{a}}\varepsilon_{\mathrm{r}}\right)}{100} \tag{8-53}$$

式中，$\varepsilon_a$ 为轴向间隙比；$\varepsilon_r$ 为径向间隙比。利用假设检验评估预测值与实验数据之间的一致性，该模型的准确率超过 99.99%。

5) 冲角损失

冲角损失是根据 Whitfield 和 Wallace[24]提出的模型计算的，此模型认为工质动叶进口相对切向速度完全转化成内能，即

$$\Delta h_{\mathrm{i}}=\frac{u_{\mathrm{w}\theta4}^2}{2} \tag{8-54}$$

式中，$u_{w\theta4}$ 为动叶进口相对切向速度。

6) 风阻损失

根据 Daily 和 Nece[25]计算扭矩系数的经验关联式计算损失，并根据雷诺数对两种工况进行简化，即

$$k_{\mathrm{f}}=\frac{3.7\cdot\left(\dfrac{\zeta_{\mathrm{b}}}{r_4}\right)^{0.1}}{\sqrt{\mathrm{Re}}},\qquad Re<1\times10^5 \tag{8-55}$$

$$k_{\mathrm{f}}=\frac{0.102\cdot\left(\dfrac{\zeta_{\mathrm{b}}}{r_4}\right)^{0.1}}{\sqrt[5]{\mathrm{Re}}},\qquad Re>1\times10^5 \tag{8-56}$$

风阻损失的焓值形式 $\Delta h_w$ 计算公式如下[26]：

$$\Delta h_{\mathrm{w}}=k_{\mathrm{f}}\frac{\bar{\rho}\cdot u_4^3\cdot r_4^2}{2\cdot\dot{m}u_{\mathrm{w}6}^2} \tag{8-57}$$

式中，$\bar{\rho}$ 为流体平均密度；$\dot{m}$ 为质量流量；$\zeta_b$ 为轮背间隙。

7) 尾缘损失

尾缘损失根据式(8-58)[27]的相对总压损失计算，并转换为一般损失系数，如式(8-59)[26]所示：

$$\Delta P_{0,\mathrm{rel}} = \frac{\rho_6 \cdot u_{\mathrm{w6,rms}}^2}{2g}\left[\frac{Z_{\mathrm{r}} \cdot t}{\pi\left(r_{6\mathrm{t}} + r_{6\mathrm{h}}\right)\cdot \cos\beta_{6,\mathrm{rms}}}\right] \tag{8-58}$$

$$\Delta h_{\mathrm{te}} = \frac{2}{\gamma \cdot \mathrm{Ma}_{6,\mathrm{rel}}^2}\cdot\frac{\Delta p_{0,\mathrm{rel}}}{p_6 \cdot \left(1+\dfrac{u_{\mathrm{w6,rms}}^2}{2\cdot T_6 \cdot c_{\mathrm{p}}}\right)^{\frac{\gamma}{\gamma-1}}} \tag{8-59}$$

式中，$\mathrm{Ma}_{6,\mathrm{rel}}$为动叶出口相对马赫数；$p_6$为动叶出口压力；$c_{\mathrm{p}}$为定压比热容。

### 8.3.2　$sCO_2$径流式透平一维设计程序

一维设计对于建造$sCO_2$径流式透平十分重要，不仅决定了透平设计的优劣，且其占用的总设计时间可以达到50%甚至更多[13]。目前，对于以蒸汽或空气为工质的径流式透平设计研究已经取得众多可靠的成果，具有详细的设计步骤。然而，这种设计方法通常适用于低密度流体和大流量流体，与$sCO_2$动力循环中的高密度流体并不完全匹配。因此，需要开发针对$sCO_2$的径流式透平的一维设计程序。

目前文献中公开的及较成熟的径流式透平一维设计程序有 Concepts NREC 的 RITAL[28]、Glassman[12]等编写的“Computer Program for Design Analysis of Radial-Inflow Turbines”（简写为 CPDARIT）等。其中，RITAL 是 Concepts NREC 公司的径流式透平设计及性能预测程序，它采用平均线方法并根据性能模型对透平进行设计，同时 RITAL 还具有独特的设计向导，可以引导用户完成设计、分析和简化数据所需的所有步骤。CPDARIT 通过 FORTRAN 语言进行编程计算并输出设计结果，但除运行参数外，该设计程序还需要进出口气流角及转速等参数才能进行计算。

对于目前已经公开发表的关于径流式透平一维设计和性能预测的著作，其中典型的设计方法需要输入较多的已知变量，如转速$N$、半径$r$、流动角$\alpha$、安装角$\beta$、叶片数$Z$、径向和轴向间隙$\zeta$、前缘和尾缘厚度$t_{\mathrm{bt}}$等，这需要设计者有相关设计经验。这些设计方法通常每次只能考虑有限的设计方案，难以考虑大范围设计方案中转速$N$和相关无量纲参数的影响。因此，设计人员难以判断哪些设计方案真正可以加工并运行良好、哪些设计方案无法加工或加工成型后无法运行。设计人员还需要对设计方案进行可行性校核，综合考虑设计方案的运转情况、尺寸情况及其对应的限制条件，需要设计者具有一定透平运行条件、气动设计、可制造性及结构/振动等方面的知识储备，非常考验设计者的专业能力。所以，这些发表的方法目前并不适合成为一个独立的自动化程序或一个热力循环和径流式透平之间耦合设计的解决方案，因此需要更加有效的设计方法与工具。

针对此种情况，本节介绍本书作者等目前参与开发和使用的一维设计程序——TOPGEN[29]，从设计理论、发展历史及程序和模型进行详细介绍。

1. TOPGEN 设计理论

TOPGEN 由澳大利亚昆士兰大学开发，由本书作者等在前期研究的基础上拓展和功能完善。该程序用于径流式透平的一维设计计算，与其他设计工具相比，TOPGEN 在平衡几何约束和性能的同时，综合考虑了由转速范围 $N$、能量头系数 $\psi$ 范围和流量系数 $\varphi$ 范围定义的设计空间，同时 TOPGEN 还可以自动识别可行的透平设计方案，为后续选择更准确的设计方案确定最佳范围。

TOPGEN 包括径流式透平静叶和动叶的几何特性及流动特性的计算，采用 Moustapha 等[15]提出的方法对动叶进行设计计算，同时假定静叶叶片为非弧度型，以动叶为基础对静叶的几何形状进行设计。此外，它还可以对依赖于设计人员输入的设计参数(动叶和静叶数量 $Z$、反动度 $\Omega$ 、半径比 $r_3/r_4$ 等)及其他细节参数(叶片厚度、喉道面积、水力直径、不同径向坐标下的流动角等)自动进行计算。其计算过程本质上是对透平效率的迭代，直至迭代到每个设计方案收敛。此外，TOPGEN 还会对每个透平设计方案进行可行性检测，包括气动设计最佳工作范围方面和可制造性和结构/振动约束等。

TOPGEN 还加入了详细的几何模块，可以为构建实体透平级剖面及进入三维叶形优化阶段提供必要信息，并使用成熟的损失模型来估算损失，对几何形状进行评估。对于 $sCO_2$ 工质，TOPGEN 通过耦合由 NIST 开发的 REFPROP 数据库[28]或 CoolProp 数据库来获得热物理性质。

在一维设计中，虽然应用性质与约束条件的改变对透平的几何形状、流量特征和效率所需的输入参数产生影响，但 TOPGEN 只需要一组与功率循环分析程序相关的输入即可进行设计，在设计时需要提供质量流量 $\dot{m}$ 、入口总压 $p_0$、入口总温 $T_0$ 和功率 $P$，这些参数的具体数值可以在输入文件中输入，也可以作为其他程序的输出结果(如循环分析代码)代入 TOPGEN 中。运算过程中，最佳转速将根据最佳效率进行计算，并作为设计结果输出。

当 TOPGEN 运算结束后，会输出包括动静叶进出口绝对及相对速度、喉部面积、进出口半径等参数的设计值，详细输出参数见附表 1。

TOPGEN 还根据 Moustapha[15]提出的方法建立了动叶基本几何形状的模型，假设使用理想气体确定动叶的主要尺寸，对代表无量纲体积流量和整个阶段总焓降的两个参数（分别为流量系数 $\varphi$ 和能量头系数 $\psi$）建立了一组方程，流量系数 $\varphi$ 和能量头系数 $\psi$ 分别由以下公式进行计算：

$$\varphi = \frac{C_{\mathrm{m6}}}{u_4} = \frac{C_{\mathrm{m4}}}{\varepsilon_{\mathrm{C}} u_4} \tag{8-60}$$

$$\psi = \frac{\Delta h_0}{u_4^2} = \frac{c_{\theta 4}}{u_4} - \varepsilon_{\mathrm{rt}} \frac{c_{\theta 6}}{u_4} \tag{8-61}$$

式(8-60)和式(8-61)中，$\varepsilon_{\mathrm{C}}$ 为动叶进出口子午面绝对速度比（子午速度比），$\xi = C_{\mathrm{m4}}/C_{\mathrm{m6}}$；$\varepsilon_{\mathrm{rt}}$ 为动叶（出口/进口）半径比，$\varepsilon_{\mathrm{rt}} = r_{6\mathrm{t}}/r_4$。

TOPGEN 的设计过程详细如下。

首先选定的变量是动叶转速 $N$。除动叶转速 $N$ 外，透平的输出功率 $W_{\mathrm{out}}$ 也是一个重要参数。不同的输出功率对应不同的几何形状，透平几何形状的改变会影响透平的制造参数及叶片强度，不恰当的叶型设计可能引起动力学共振问题。对于此问题，现有研究表明，透平的设计可以进行参数归一化，使用比转速 $N_{\mathrm{s}}$ 来表征气动特性，例如，两个不同的透平，如果其比转速 $N_{\mathrm{s}}$ 相同则表明两个透平的气动特性相似。

$$N_{\mathrm{s}} = \frac{\omega \cdot \dot{V}^{1/2}}{\Delta h_0^{3/4}} \tag{8-62}$$

假如使用 TOPGEN 设计对输出功率为 200kW 的透平，但又要保证 200kW 透平跟输出功率为 100kW 透平的气动性能相似，同时，考虑到 100kW 透平和 200kW 透平所处的循环工况一致，即单位体积工质所能输出的功（单位体积工质的焓降 $\Delta h_0$）为定值，因此总的透平静输出功由下式计算：

$$W_{\mathrm{out}} = \eta_{\mathrm{ts}} \rho \dot{V} \Delta h_0 \tag{8-63}$$

当比转速保持一致时，输出功率与轴转速之间存在如下关系，即

$$\frac{\omega_1}{\omega_2} = \sqrt{\frac{W_{\mathrm{out2}}}{W_{\mathrm{out1}}} \frac{\eta_{\mathrm{ts1}}}{\eta_{\mathrm{ts2}}}} \approx \sqrt{\frac{W_{\mathrm{out2}}}{W_{\mathrm{out1}}}} \tag{8-64}$$

在本书作者前期的研究[13]中，使用 TOPGEN 对以太阳能为热源的 $sCO_2$ 循环 100kW 径流式透平进行了设计。通过计算，得到最佳转速为 160kRPM。在实际工程应用中，设计人员首先根据 100kW 的循环要求，预设多个转速点进行批量仿真，程序首先输入的设计值为功率 $W_{\mathrm{out}}$ 和转速 $N$，但在这个要求下设计的透平几何结

构方案有很多，因此需要根据$\varphi$与$\psi$的组合将不同的透平设计方案进行再区分，所以程序中还需要输入$\varphi$和$\psi$的设定值。例如，设计人员输入$\varphi$和$\psi$分别为 0.3 和 1.0，然后设定总静效率的预设值$\eta_{ts}$作为循环终止的判定。利用输入的 $W_{out}$、转速 $N$、流量系数$\varphi$、能量头系数$\psi$和总对静效率$\eta_{ts}$作为已知条件，结合给定的透平进口压力和背压等参数，根据动叶设计的计算方法，进行计算，最终得出动叶的几何尺寸及动叶进出口流速等参数，完成对动叶的设计。然后，再根据动叶进出口流速、气流角和动量计算静叶内流体的流动状态，进而根据流动状态设计静叶的几何结构。

对于透平设计，除设计要求外，还需要知道透平的循环参数，将循环参数输入动叶计算部分，对于本书作者前期研究[13]中以太阳能作为热源的布雷顿循环，循环参数如表 8-1 所示。

**表 8-1　循环参数表**

| 参数 | 设计值 | 参数 | 设计值 |
|---|---|---|---|
| $p_{04}$ | 20MPa | 流体 | $CO_2$ |
| $T_{04}$ | 560℃ | $Z_r$ | 9 |
| Π | 2.22 | $Z_S$ | 11 |

与其他设计工具不同，TOPGEN 在由流量系数$\varphi$范围(如 0.1～0.4)和能量头系数$\psi$范围(如 0.7～1.1)定义的设计空间内进行了全设计空间计算，并进行了大量的性能评估，建立起一个无量纲系数与透平效率的关联图表，并将其用作一维设计的初始点。然而，流量系数和能量头系数的计算结果不一定是给定条件下的最佳值，如果仅根据这些系数的理论最佳范围进行设计可能会导致设计过程偏离正确方向，不能使设计的参数实现实际的最佳效率。因此，即使以降低效率为代价(在后续工作中可以解决)，也要将这些系数的范围扩大，使$\varphi$和$\psi$所确定的设计空间尽可能覆盖所有可行的设计方案。

TOPGEN 的另一个输入变量是动叶转速 $N(N=60\omega/2\pi)$，它间接影响了$\varphi$和$\psi$。通常在计算时，可以先选取一个较大的转速范围，然后评估转速引起的影响，再逐步缩小转速范围，从而选择最合适的转速。在本节中，100kW 对应的最佳转速为 160kRPM。

TOPGEN 的计算过程如图 8-10 所示，读者可以发现，TOPGEN 可以评估所设计径流式透平的性能，这依赖于它使用的损失模型，通过迭代计算得到整体效率和各类损失。计算完成后，TOPGEN 以图表形式输出，显示出所有可行的设计方案，在输出的图表中可以根据性能、几何形状或其他特征进行查询。

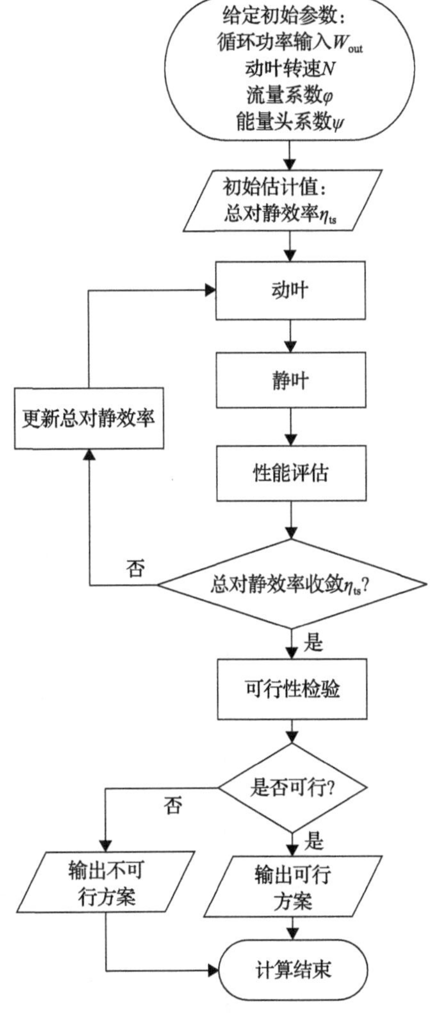


图 8-10　TOPGEN 计算过程概述[13]

除动叶设计外，TOPGEN 还加入了静叶设计模型来计算静叶的几何形状。目前，该设计模型假设工质流经静叶时无损失[30]。

TOPGEN 中涉及众多参数的定义与设计，具体常用参数定义及下标含义见表 8-2。

**表 8-2　TOPGEN 常用参数表**

| 参数 | 参数 |
| --- | --- |
| $\varepsilon_a$ =轴向间隙比/% | $N_s$ =比转速 |
| $b$ =动叶高度/mm | $p$ =透平工作流量压力/MPa |

续表

| 参数 | 参数 |
|---|---|
| $C$ =动叶绝对流动速度/(m/s) | $r$ =动叶半径/mm |
| $c_r$ =动叶弦长/m | $\varepsilon_r$ =径向间隙比/% |
| $d_h$ =动叶流道水力直径/mm | $Re$ =动叶雷诺数 |
| $f_r$ =动叶激励频率/Hz | $t_b$ =动叶叶片厚度/mm |
| $f_t$ =范宁摩擦系数 | $t_{bt}$ =动叶尾缘厚度/mm |
| $g_c$ =力-质量换算常数 | $T$ =流动温度/℃ |
| $h$ =比焓/(kJ/kg) | $u$ =透平叶顶速度/(m/s) |
| $L_{hp}$ =动叶通道水力长度/mm | $\dot{V}$ =体积流量/(m$^3$/s) |
| Ma =动叶流动马赫数 | $v_i$ =迭代残差 |
| $\dot{m}$ =质量流量/(kg/s) | $u_w$ =动叶流动相对速度/(m/s) |
| $N$ =透平转速/(r/min) | $W_{out}$ =透平输出功率/kW |
| $Z_r$ =动叶叶片数 | $Z_s$ =静叶叶片数 |
| $\alpha_4$ =动叶进口绝对流动角/(°) | $\beta_4$ =动叶进口相对流动角/(°) |
| $\zeta$ =间隙/mm | $\eta_{ts}$ =总对静效率/% |
| $\mu$ =动力黏度/[kg/(m · s)] | $\varepsilon_C$ =动叶径向速度比 |
| $v$ =泊松比 | $\rho$ =密度/(kg/m$^3$) |
| $\bar{\rho}$ =流程平均密度/(kg/m$^3$) | $\rho_m$ =材料密度/(kg/m$^3$) |
| $\sigma_r$ =弹性应力/Pa | $\sigma_Y$ =屈服应力/Pa |
| $\tau$ =剪切应力/Pa | $\varphi$ =流量系数 |
| $\psi$ =能量头系数 | $\omega$ =透平动叶角速度/(rad/s) |
| $\omega_n$ =动叶叶片共振频率/Hz | |

2. TOPGEN 程序模块

该代码在四核 2.67GHz 中央处理单元(CPU)上运行，分别用于单个(6$\varphi$×10$\psi$×1 转速组合)和全范围转速(6$\varphi$×10$\psi$×110 转速组合)情况，运行时间为 20～2000s。如图 8-11 所示，TOPGEN 设计程序分为输入模块、主模块、输出模块三大部分。计算开始时，TOPGEN 主模块接收从输入模块中输入的初始化参数，然后调用各类计算模块进行计算。最终，设计计算的结果储存在 CSV 文件中，同时记录运行过程中发生的任何错误。在该模块中包含所有透平工况的模拟数据，每个工况都由一个“透平 ID”来命名，以方便区分。

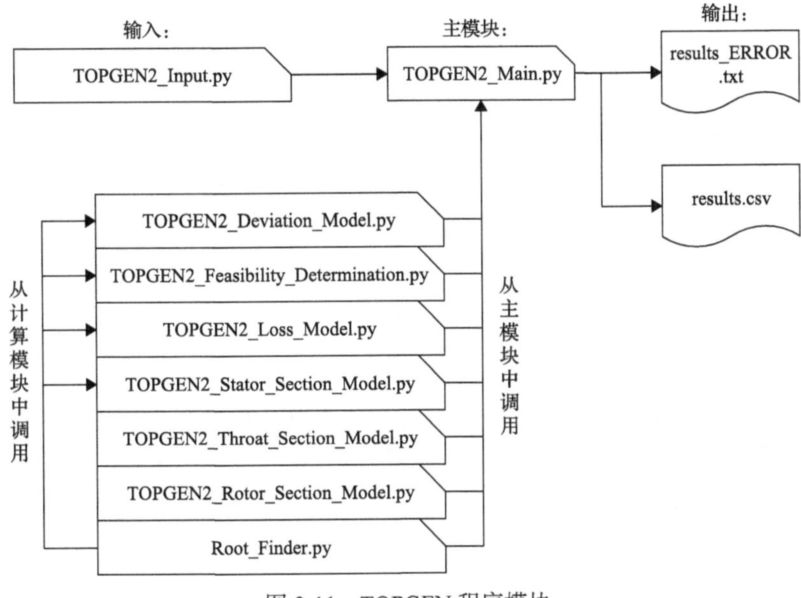


图 8-11　TOPGEN 程序模块

3. 设计方案可行性检查标准

前面描述的 TOPGEN 设计方法中，经过静叶计算、动叶计算、性能评估后计算所得的所有几何结构，其效率和转速均符合设计标准和目的，但考虑实际情况，由于透平制造、结构约束和应用性能的不同，设计的透平很可能在实际情况下难以加工或难以运行，因此 TOPGEN 还设置了可行性检查模块，通过可行性检查预先排除存在设计问题的透平几何结构。关于可行性检查，其评价的主要参数有动叶进口流体相对流速角 $\beta_4$、动叶出口流体相对流速角均值 $\beta_{6rms}$、比转速 $N_s$、动叶进口半径 $r_4$、动叶出口轮毂半径 $r_{6h}$、动叶进口叶片高度 $b_4$、动叶叶片出口高度 $b_6$、叶片尾缘临界频率 $\omega_n$ 和动叶进口半径与动叶出口叶顶半径比值 $r_4/r_{6t}$ 等。设计的透平几何结构只有满足可行性检查，才能确保其符合生产规范和实际应用。

1) 制造限制

制造限制包括加工限制、结构限制和振动限制等，TOPGEN 采用由 Ventura 等[31]提出的制造限制标准。对于径流式透平，为了确保有足够的加工余量生成叶片的几何形状，最小进口半径设置为 10mm。另一个约束是径向间隙 $\delta_r$ 与进口叶高 $b_4$ 比不超过 10%，考虑到制造公差和运行过程中热膨胀的不确定性，运行间隙通常限制在 0.1mm 左右。因此，为了保证叶顶间隙比小于 10%，进口叶片高度 $b_4$ 被限制在 0.9mm 左右。

结构约束通过比较离心载荷引起的动叶弹性应力 $\sigma_{\mathrm{r}}$ 和材料屈服应力 $\sigma_{\mathrm{Y}}$ 来实现，动叶的弹性应力由下式计算：

$$\sigma_{\mathrm{r}} = 0.3\rho_{\mathrm{m}}u_4^2 \tag{8-65}$$

考虑到不确定性，选择 $0.9\times\sigma_{\mathrm{Y}}$ 的约束限制，即 $\sigma_{\mathrm{r}} < 0.9\times\sigma_{\mathrm{Y}}$。

此外，径流式透平静叶与动叶之间的相互作用会引发振动，为了防止动叶叶片损伤和疲劳失效，TOPGEN 考虑了振动约束，激励产生的振动频率可由以下公式计算：

$$f_{\mathrm{r}} = \frac{NZ_{\mathrm{s}}}{60} \tag{8-66}$$

动叶叶片尾缘是透平最脆弱、最容易受流体损毁的部位，所以可通过比较激励频率 $f_{\mathrm{r}}$ 和动叶尾缘的固有频率（$\omega_{\mathrm{n}}$）设定振动约束。利用 Blevins 和 Plunkett[32] 提出的模型计算系统的固有频率：

$$\omega_{\mathrm{n}} = \frac{6.94}{2\pi b_6^2}\sqrt{\frac{Et^2}{12\rho(1-\upsilon^2)}} \tag{8-67}$$

通常来讲，$f_{\mathrm{r}}$ 应该大于 $4\omega_{\mathrm{n}}$，以避开激励效应。但在本应用中，设定 $f_{\mathrm{r}} \geqslant 2\omega_{\mathrm{n}}$。以尽可能地确保更多的可行设计，此外，在设计中，为了减少尾缘损失的同时保证尾缘的刚度，实际的尾缘边缘被设计成梯形，如图 8-12 所示 $[t_{\mathrm{bt}} = (t_{\mathrm{b}}/2)]$。

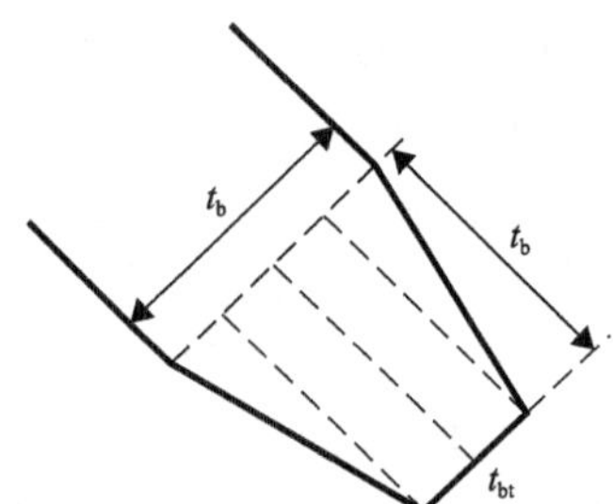


图 8-12　用于计算动叶叶片厚度及尾缘厚度示意图[13]

2）设计约束

设计约束由流动特征约束、几何约束和运行约束组成。流动特征约束是为获得动叶进口流动绝对速度角 $\alpha_4$ 和进口流体相对速度角 $\beta_4$ 的最佳范围而设置的，进口流体绝对速度角 $\alpha_4$ 应设置在 68°～76°，进口流动相对速度角 $\beta_4$ 应设定在 –40°～–20°。为了拓展可行空间，并研究可行空间边缘设计方案的特性。进出口绝对/相对速度角的上下限分别增加/降低了 2°。

对于几何约束，根据 Rohlik[33]的研究，动叶进口半径与动叶出口叶顶半径比 $r_4 / r_{6t}$ 不应小于 1.42，出口叶根半径与出口叶顶半径比 $r_{6h} / r_{6t}$ 不应小于 0.4。

运行约束主要是指透平运转方面的约束，包括运行中的共振、效率等。共振主要由运转速度来决定，在上文中有所提及；效率一般设计要高于 50%。以上可行性检查准则如表 8-3 所示。

**表 8-3　可行性检查标准表**

| 符号 | 范围 | 符号 | 范围 |
|---|---|---|---|
| $\alpha_4$ | 66°～78° | $r_4$ | ≥10mm |
| $\beta_4$ | –40°～–20° | $v_i$ | ≤1.0% |
| $Ma_4$ | <1 | $\sigma_r$ | $<0.9\sigma_Y$ |
| $r_4 / r_{6t}$ | ≥1.42 | $\eta_{ts}$ | ≥50% |
| $b_4$ | ≥0.9mm | $f_r$ | $\geq 2\omega_n$ |

明确设计要求和限制条件后，下一步需要对一维设计结果进行分析，判断设计结果是否符合透平设计可行性标准，再根据判断结果生成可视化的透平设计图。

4. 设计空间可视化

本书作者等对 TOPGEN 原始设计程序进行了更新，增加了设计空间可视化功能，以用于显示设计空间。其程序流程如图 8-13 所示。

TOPGEN 输出数据中包括透平的 ID，即 0、1、2、…，并且每个 ID 都有相应的数据跟随，例如，对于 ID 为 0 的透平，其位于 TOPGEN 数据表的第一行，ID 后的数据列包含能量头系数 $\psi$、流量系数 $\varphi$、比转速 $N_s$、动叶进口半径 $r_4$ 等设计参数。得到设计空间之后，需要对设计空间内包含的设计方案进行可行性验证，具体验证方案由上节详述。首先需要输入评价标准范围，本书作者等采用动叶进口叶片高度 $b_4$、动叶激励产生频率 $f_r$、动叶进口流动绝对速度角 $\alpha_4$、动叶进口流动相对流速角 $\beta_4$、动叶出口轮毂半径与动叶出口叶顶半径比值 $r_{6h} / r_{6t}$ 和动叶进口半径与动叶出口叶顶半径比值 $r_4 / r_{6t}$ 作为评价参数，如表 8-3 所示。然后，TOPGEN 开始逐步判断 ID 为 0 的设计参数，如果设计方案对 6 条评价标准均符合，则将透平的 ID 存储至可行性设计列表，如果设计方案不符合 6 条评价标准的任意一条，则将其 ID 存入不符合标准列表，以此完成对透平 ID 为 0 的几何参数的评价。

为了得到更加符合用户需求的设计空间图，TOPGEN 可视化模块还设置了 8 个输入参数，可以通过对某个参数的设定对用户想要绘制的参数进行读取。例如，输入的是动叶进口流动绝对速度角 $\alpha_4$ [78,72,66]的列表，这表示在图纸上绘制值分别为 78°、72°和 66°的动叶进口流动绝对速度角 $\alpha_4$ 的等值线。找到 ID=0 透平下

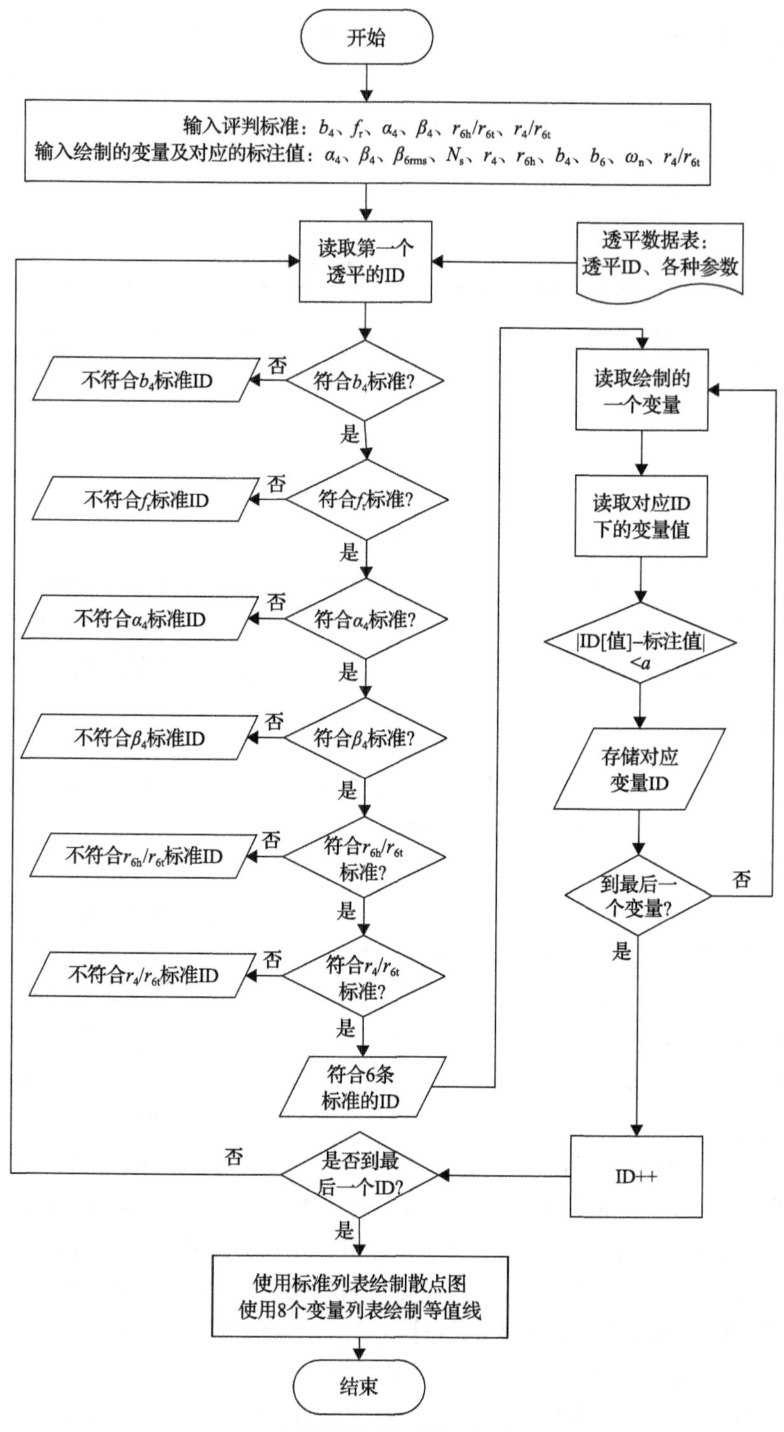


图 8-13　可视化设计图绘制流程图

的动叶进口流动绝对速度角的几何参数，然后与 78°进行比较，如果两者差值的绝对值小于 $a$($a$ 取值 0.1)，则认为 ID=0 透平位于动叶进口流动绝对速度角为 78°的等值线上，将透平的 ID 存储到动叶绝对速度角 78°的列表中，然后读取 ID=0 透平的其他设计参数，并进行分类。

对 ID=0 中的特性分类结束之后，ID 增加，开始对 ID 为 1 的透平进行检查，然后是对 ID 为 1 的透平特性进行分类。对所有的透平设计方案检查和分类完成后，再通过子程序对分类的列表进行图像绘制，并针对检查产生的列表绘制散点图，根据特性将相等值的列表绘制成等值线。运行程序自动生成可视化设计空间图，如图 8-14 所示。

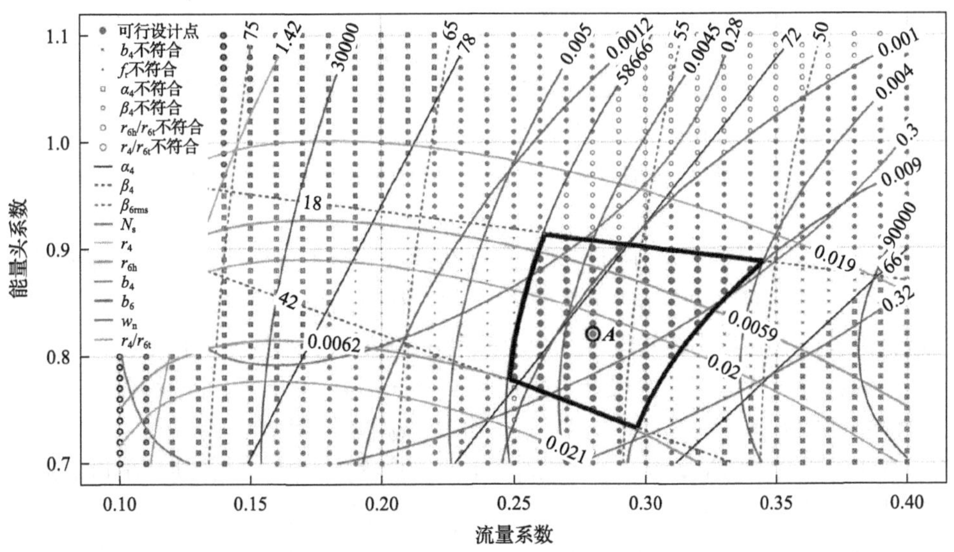


图 8-14　100kW、160kRPM 可视化设计空间图[13]

通过此程序，在设计人员想要设计不同功率和转速的透平时，设计人员仅需改变程序的输入，在运行结束后就会得到类似图 8-14 的可视化设计图，然后设计人员再根据需要选择实线内可行设计空间中的设计方案得到对应的能量头系数 $\psi$ 和流量系数 $\varphi$，在结果文件中即可检索对应的设计方案得到该设计方案的详细设计参数，将其直接用于透平的后续三维建模及详细设计，甚至进入生产环节。

为了更好地说明 TOPGEN 产生的可视化空间图，接下来本书以设计功率 100kW、转速 160kRPM 的径流式透平设计空间为例，具体讲述可视化设计空间图的产生和使用过程。

首先，使用人员输入循环参数和初始功率 100kW、转速 160Krpm，并且定义 $\psi$ 和 $\varphi$ 的范围。

在计算过程中，如果将流量系数和能量头系数从 0～1 不断代入，就可以得到在某一功率和转速下流量系数与能量头系数(0～1)×(0～1)范围的所有透平结构。但是，Moustapha 等[15]的研究表明，在流量系数$\varphi$的取值范围为 0.1～0.4 和能量头系数$\psi$的取值范围为 0.7～1.1 所形成的设计空间内存在最高的透平总静效率，因此在计算过程中程序分别以 0.001 跨度将流量系数 0.1～0.4、能量头系数 0.7～1.1 不断代入，这样极大地减少了计算量，还剔除了低效率空间，最终形成了如图 8-14 所示的以流量系数$\varphi$为横坐标，以能量头系数$\psi$为纵坐标的设计空间图，其中每个坐标点都代表一个透平的几何结构设计。例如，在输入透平设计功率为 100kW、转速为 160kRPM，设定流量系数为 0.28，能量头系数为 0.82 后，可以得到图 8-14 中一个坐标点为 $A$(0.28，0.82)，这个坐标点就是成功计算的满足功率为 100kW，转速为 160kRPM，流量系数为 0.28，能量头系数为 0.82 的透平几何结构。这个点对应的计算结果包括几何结构——进口叶片高度$b_4$、出口轮毂半径$r_{6h}$、出口叶顶半径$r_{6t}$等和透平特征——动叶振动激励频率$f_r$、动叶入口绝对流速角$\alpha_4$和动叶入口相对流速角$\beta_4$等。根据设计结果，满足 100kW、160kRPM 的透平几何结构根据不同的流量系数和能量头系数总共有 120000 种，为方便设计者观察，在图 8-14 中标注了 1271 种。

在图 8-14 中，同一特征值相同的点连接成线，称为等值线。不同的等值线代表不同的含义，使用黑色和灰色及实线、虚线和不同长度的点划线对不同的等值线进行区分。以黑色实线为例，其表示的是$\alpha_4$等值线，在同一等值线上的点，即在线上的各种设计方案，其设计方案中的$\alpha_4$均相等，在图 8-14 中可以看到其线的方向是斜向右上方，并且其数值从左侧向右侧不断变大。

图中除去$\alpha_4$等值线外，还有动叶进口流动相对流速角$\beta_4$、动叶出口流动相对流速角平方根平均值$\beta_{6rms}$、速度参数$N_s$、动叶进口半径$r_4$、动叶出口轮毂半径$r_{6h}$、动叶进口叶片高度$b_4$、动叶叶片出口高度$b_6$、叶片尾缘临界频率$\omega_n$和动叶进口半径与动叶出口叶顶半径比值$r_4/r_{6t}$的等值线。

但是，图中的各个坐标点只是理论上的可行设计，并不一定满足实际应用要求，所以要进行 8.2.2 节第 3 部分中所述的可行性检查，排除不满足制造、结构约束和运行约束的设计方案。通过对每个设计点的可行性检查完成一维设计结果的筛选，取得合理设计的子集，这样就可以在设计程序保证动叶和静叶流动特性和透平效率的基础上，确保输出的设计方案为在现有制造技术水平下符合生产规范的透平设计方案。

从表 8-3 可以得出，符合设计要求的进口流动绝对速度角$\alpha_4$的范围是 66°～78°，因此在这个范围之外的透平设计方案是不符合标准的，将不符合的设计点在图 8-14 中使用“◘”标出。

表 8-3 给出了各参数符合设计要求的范围，对于不符合动叶进口叶高$b_4$限制的坐标点在图 8-14 中使用“×”进行标注、激励频率$f_r$使用“+”表示、动叶进

口流动相对流速角 $\beta_4$、动叶进口半径与动叶出口叶顶半径比值 $r_4/r_{6t}$ 和动叶出口轮毂半径与动叶出口叶顶半径比值 $r_{6h}/r_{6t}$ 的坐标点使用“○”表示，对于全部符合表 8-2 设计要求的结构使用“●”表示。

符合所有标准的设计点将形成一个集合，最终在图 8-14 中构成一个子设计空间(使用黑色粗实线标注)，此空间中的所有坐标点既符合 100kW、160kRPM 的设计要求，同时也符合设计和生产加工的要求，称此区域为设计合理区。从设计空间图中可以看出，设计合理区的上下边界分别为动叶入口相对流动角 $\beta_4$ 的上下限，左侧边界为叶片尾缘的临界固有频率 $\omega_n$，右侧边界为动叶入口叶片高度 $b_4$。这种可视化的设计空间展示，可以更加明确的说明设计方案的哪一个参数不符合设计要求，并且可以集中罗列可行的设计方案。这种可视化结果使设计人员有了更多的设计方案选择。

最重要的是，通过可视化设计图，设计人员还可以从中探索不同设计要求下得到的设计结果中某一参数的变化规律，这也是以往单一设计方案所无法解决的问题。设计人员只需要观察设计空间图，即可知道想要得到的可行设计方案与多个设计参数的变化方向。图 8-14～图 8-16 分别为(100kW、160kRPM)、(200kW、113kRPM)、(100kW、120kRPM)三个工作点的可视化设计图，其中(100kW、160kRPM)与(200kW、113kRPM)两个工作点的透平比转速 $N_s$ 保持一致，这就保证了两个设计要求下透平设计方案气动性能的一致性，从图 8-14 与图 8-15 中可以看出，较高输出功率设计要求下的透平可行性设计空间朝较高流量系数 $\varphi$ 与较低能量头系数 $\psi$ 的方向发展。同样，从图 8-14 与图 8-16 中也可以看出在相同输

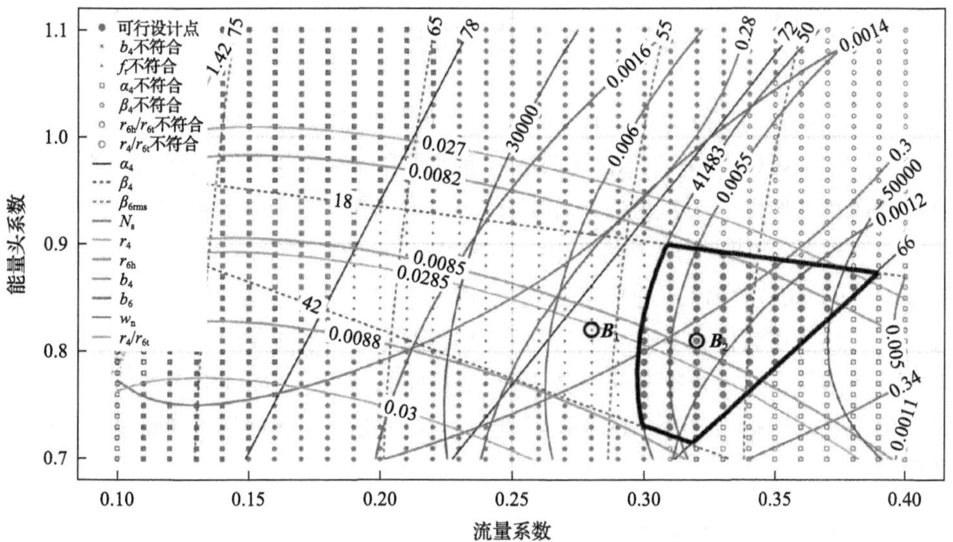


图 8-15　200kW、113kRPM 可视化设计空间图[13]

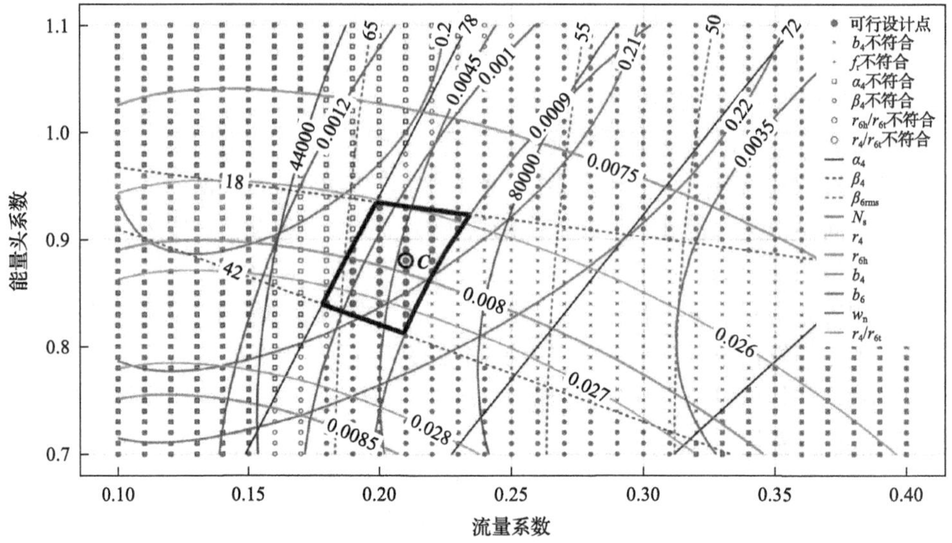


图 8-16　100kW、120kRPM 可视化设计空间图[13]

出功率下，转速降低使透平可行性设计空间朝较高能量头系数$\psi$与较低流量系数$\varphi$的方向发展。而流量系数$\varphi$与能量头系数$\psi$是整个一维设计的起点，其发展趋势又会进一步影响透平设计方案中各个参数的表现，通过尺寸模型等确定各参数之间的关系，进而探索更多设计结果参数随设计要求改变的变化规律，降低透平设计的难度与复杂性。

## 8.4　$sCO_2$透平的数值模拟

对于工业中的实际应用，现有的商业数值仿真软件可以解决一些研究问题。例如，利用对 $sCO_2$ 透平整机的气动特性进行研究解释整机系统的运行特性。本节以本书作者等所做的工作为例，详细介绍 $sCO_2$ 透平设计到三维数值模拟的全流程。本书作者等[11]以应用于燃气轮机余热回收的 $sCO_2$ 动力循环系统为研究背景，对系统中的 $sCO_2$ 径流式透平整机(包括进气涡轮、静叶、动叶、密封及扩压管)进行三维数值仿真模拟。整个研究过程首先根据设计参数进行一维设计，获得透平的几何参数，然后根据几何参数进行三维建模，使用 ANSYS-CFX[34]对模型进行数值仿真，获得设计透平的气动特性，与设计要求进行对照，判断是否符合设计要求。

### 8.4.1　模型处理及网格生成

透平的一维设计方案与计算结果使用 8.2.2 节介绍的 TOPGEN 计算获得。根据计算结果使用三维建模软件 SolidWorks 生成的透平计算域如图 8-17 所示，包括蜗壳、静叶、动叶、扩压管和轮背密封五个部分。此径流式透平由蜗壳入口进气，具有 22 个静叶、15 个动叶通道。由于使用的是闭式 $sCO_2$ 透平，密封对涡轮机械(透平、压缩机)的效率具有较大影响，轮背密封部分也在仿真之列。轮背密封的局部结构示意图如图 8-18 所示，采用的是 $CO_2$ 干气密封方式。

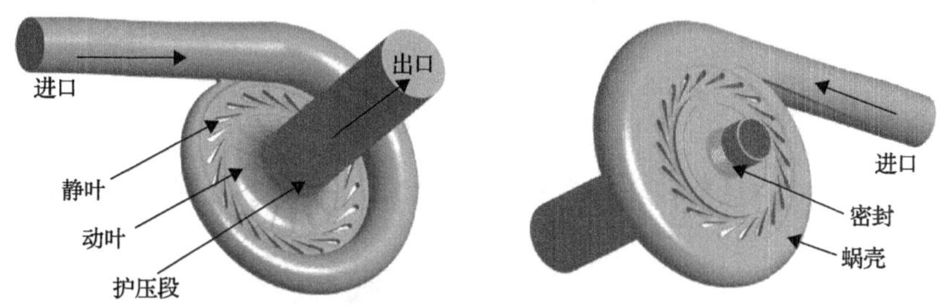


图 8-17　径流式透平各部分示意图[11]

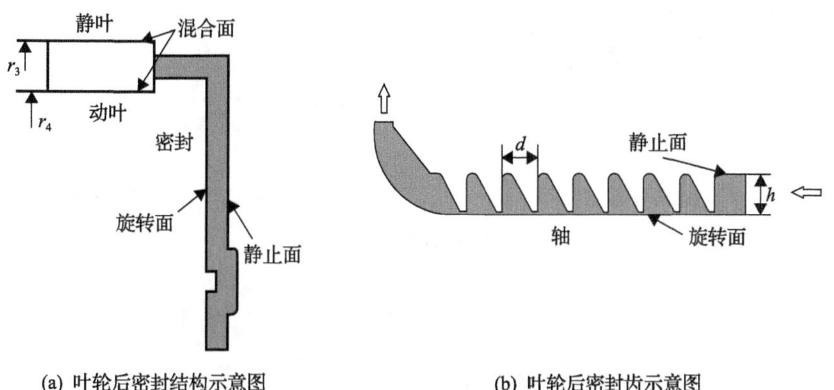


图 8-18　轮背密封局部示意图[11]

对透平进行三维建模后，使用 ANSYS Turbo-Grid 划分静叶和动叶通道的网格，获得高质量的结构化网格，图 8-19(a)为两个静叶叶片组成的 1 个喷嘴通道网格，图 8-19(b)为单个动叶通道的网格。由于动叶存在叶顶间隙，其对透平流动性能的影响也较显著，因此对间隙位置进行局部加密处理。使用 ANSYS-ICEM 对蜗壳、扩压管和轮背密封部件进行网格划分。对于蜗壳部分，由于其结构复杂、不规则，但内部流动呈低速状态，相较于涡轮内流动相对简单，因此使用 ANSYS-ICEM 进行非结构化网格划分，生成高质量的非结构四面体计算网格。对蜗壳出口和蜗壳边界进行加密，边界层网格采用加密的六面体网格，如图 8-20 所示。此数值仿真包括蜗壳、扩压管和密封装置在内的完整涡轮机，数值计算量较大。因为每个喷嘴通道内的流动情况是一致的，因此可以简化计算模型的叶轮部分，同时通道边界面采用周期性交界面的设定。在网格划分完成后，进行网格的无关性验证，即验证网格的数目不会对计算结果产生影响。对于透平，一般通过透平轴功率（$W_T$）、等熵效率（$\eta_{T,s}$）和扭矩（$M$）的变化检测网格数量对计算结果的影响最终确定合适的网格方案，其中$W_T$的定义式(8-68)和$\eta_{T,s}$的定义式(8-69)如下：

$$W_T = m_{sCO_2}(h_1 - h_3) \tag{8-68}$$

$$\eta_{T,s} = \frac{h_1 - h_3}{h_1 - h_{3s}} \tag{8-69}$$

式中，$h_1$为蜗壳进口焓值；$h_3$为透平出口焓值；$h_{3s}$为等熵过程出口焓值。

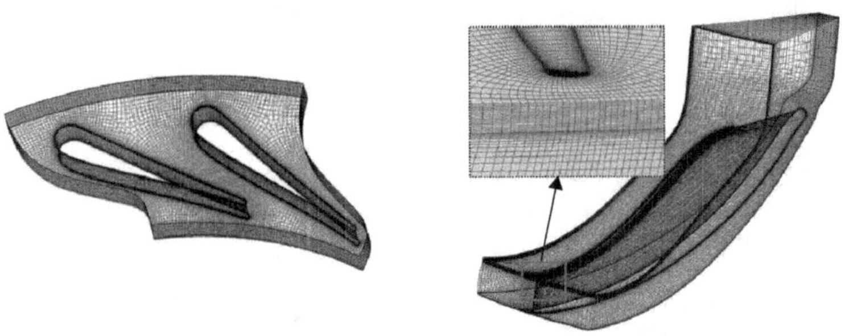

(a) 静叶通道网格　　(b) 动叶通道及叶顶间隙网格

图 8-19　叶片计算网格示意图[11]

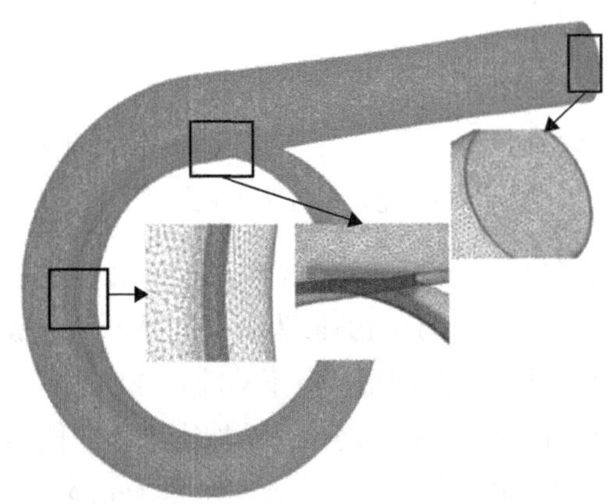

图 8-20　蜗壳使用非结构网格[11]

最终获得 5 组网格方案的数据，如表 8-4 所示，序号为 4、5 的方案对应数据的相对差值已经降到 0.5%以下，考虑到计算速度和计算精度，选用网格数据较少的 4 号网格方案，对于重要的密封部分采用结构化网格，同时选定一种划分较密的轮背密封结构的网格，采用结构网格，如图 8-21 所示，网格数约为 80.5 万。

**表 8-4　简化通道的网格无关性分析**[11]

| 编号 | 蜗壳网格 /$10^4$ 个 | 动叶网格 /$10^4$ 个 | 静叶网格 /$10^4$ 个 | 扩压管 /$10^4$ 个 | $W_T$ /kW | $\eta_{T,s}$ /% | $M$ /(N·m) |
|---|---|---|---|---|---|---|---|
| 1 | 74.2 | 35.0 | 12.5 | 45.8 | 509.77 | 86.50 | 121.82 |
| 2 | 127.1 | 45.9 | 17.2 | 47.3 | 508.41 | 86.52 | 121.50 |
| 3 | 225.0 | 66.1 | 26.8 | 84.0 | 511.91 | 86.52 | 122.16 |
| 4 | 358.9 | 87.1 | 33.8 | 178.1 | 513.85 | 86.54 | 122.85 |
| 5 | 459.6 | 116.2 | 50.4 | 208.9 | 514.02 | 86.55 | 122.97 |

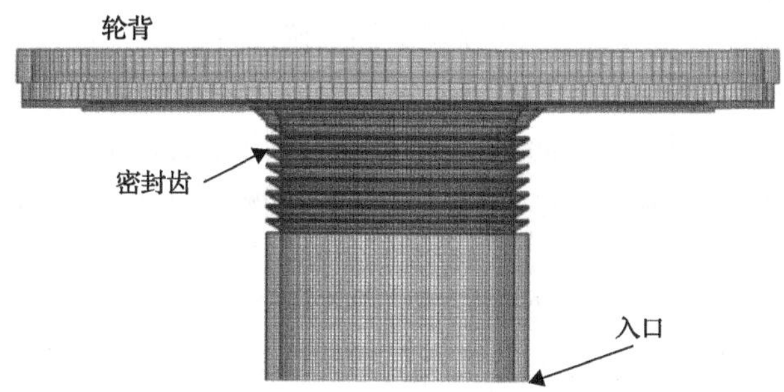


图 8-21　轮背密封结构网格划分结果[11]

### 8.4.2　边界条件的设定

由于 $sCO_2$ 工质在透平运行工况下始终处于超临界状态，且偏离临界点较远，所以选用 CFX 数据库中的“CO2RK”工质就可以保证计算结果的精度[35]，工质热物性使用 Aungier-Redich-Kwong 立方形状态方程进行计算，状态方程如式(8-70)[36]所示：

$$p = \frac{R_g T}{V_m - b + c} - \frac{\alpha(T)}{V_m (V_m + b)} \tag{8-70}$$

式中

$$\alpha(T) = a_0 \left( \frac{T_c}{T} \right)^n \tag{8-71}$$

$$c = \frac{R_g T_c}{p_c + a_0 / (v_c^2 + v_c \cdot b)} + b - v_c \tag{8-72}$$

$$n = 0.4986 + 1.1735 f_w + 0.4754 f_w^{\ 2} \tag{8-73}$$

$$a_0 = 0.42747 R_g^{\ 2} T_c^2 / p_c \tag{8-74}$$

$$b = 0.08664 R_g T_c / p_c \tag{8-75}$$

$$R_g = \frac{R_u}{M_r} \tag{8-76}$$

式中，$p_c$为流体临界压强；$V_m$为流体摩尔体积；$T_c$为流体临界温度；$v_c$为流体临界比体积；$a_0$为常数，修正分子间引力；$b$为常数，修正体积；$f_w$为偏心因子；$R_g$、$R_u$分别为气体常数和通用气体常数；$M_r$为分子摩尔质量。同时，采用四阶多项式进行计算以保证仿真精度。

透平的内部流动非常复杂，分离流动较多，因此湍流模型采用$k$-$\omega$ SST模型，其对逆压强梯度流动(如分离流)的预测更加精确。在边界条件设置方面，动静交界面信息交换处理方法选用stage(Mixing-Plane)[37]，进口边界条件为总温、总压进口及静压出口，选用无滑移的壁面条件，将各物理量的收敛极限残差值设定为$10^{-5}$。不同工况对应的透平转速不同，从转动工况的12000r/min到额定工况的40000r/min之间变换，进出口边界条件的设定也相应改变。需要注意的是透平采用轮背迷宫密封结构，密封轮毂部分随轴高度转动，且给定轮背密封进口边界条件，设定进出口处引入质量流量为0.1kg/s的较低参数$sCO_2$工质，静温为408K。

### 8.4.3　分析与结论

1. 四种工况下的流场分析

由于$sCO_2$透平随着转速的逐渐提升，分为起动、升速、自持及额定工况。本节介绍本书作者前期工作[11]中对四种工况的流场分析。

图8-22为额定工况下透平的流线图，在蜗壳中，$sCO_2$流动方向遵循蜗壳轮廓，圆周速度分布均匀，表明蜗壳的设计合理有效。然后，$sCO_2$以一定的入射角进入静叶通道，在冲击静叶叶片后，一部分工质发生偏转，而大部分工质则平稳地流入喷嘴。$sCO_2$首先在喷嘴中加速并在喷嘴临近出口处达到最大速度，然后进入动

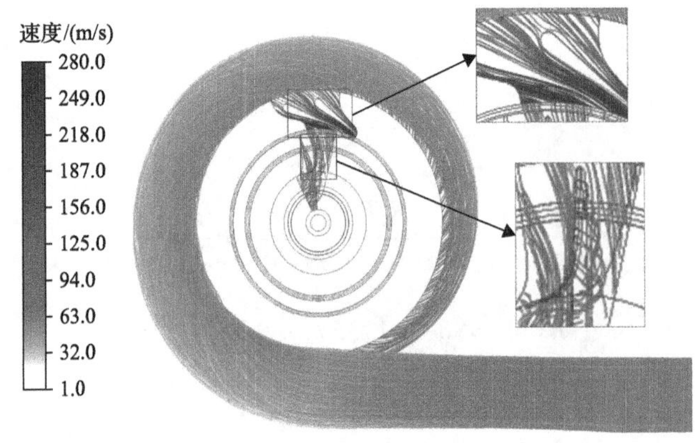


图8-22　额定工况下透平流线图[11]

叶通道进行膨胀过程，动叶中的大多数流线跟随流道分布。总体看来，透平内的流线分布良好，与各部件的几何形状对齐，表明透平的几何形状和运行参数是匹配的。从图中动叶位置的局部放大图可以看出，一部分工质将穿过叶片与机匣之间的间隙，在叶栅通道内形成叶顶间隙流，这种流动是一种典型的二次流动，且通过叶顶间隙后以泄漏涡的形式存在。

对于起动工况，模拟过程中发现透平内大范围的低速区域，且收敛性较差，为了排除简化计算通道可能带来的不利影响，起动工况采用叶轮的全周通道进行模拟。图 8-23 是起动工况下透平内的工质流动情况。从图中可以看到，蜗壳和喷嘴通道内的流线分布较好，靠近蜗舌处出现局部流线紊乱，出现原因是转速较低使流体不能充分且良好地分布于壳体，而在动叶通道内部出现大量的低速涡旋，内部流分离现象较多，通道内的流动损失增大。

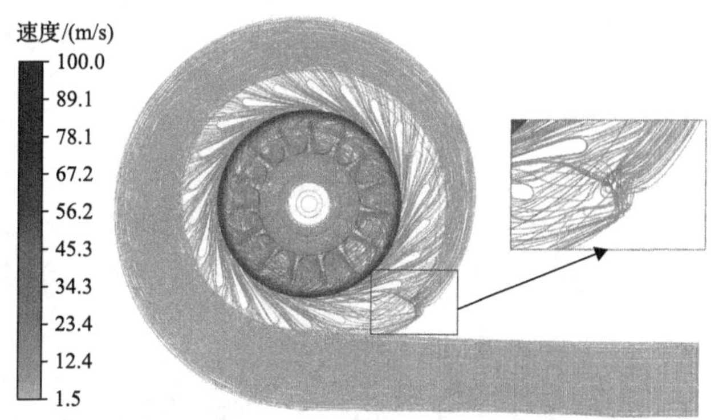


图 8-23　起动工况下透平内工质流动情况[11]

鉴于起动工况下流动的非稳态特性，因此有必要进行该工况下的非定常模拟。在定常计算的基础上进行非定常计算，为了在合理利用计算资源的基础上保证计算结果的精确性，进行时间步长的无关性验证，分别定义叶轮每旋转 1°、2°、4°计算一次，设定计算总时间为 5 个叶轮旋转周期($T$)，当叶轮每转过 24°(即通过一个动叶通道)时保存一次数据。将三组瞬态仿真算例中 5T 时刻的扭矩结果与稳态仿真结果进行比较，得到相对的扭矩误差 $\Delta M$，由此获得时间步长无关性检测的结果如表 8-5 所示。根据仿真结果可以看出，当时间步长为 27.5μs 时，即仿真过程中叶轮每旋转 2°计算一次，可以满足瞬态计算结果的精度。

**表 8-5　时间步长无关性检测**

| 每次计算的叶轮旋转角度/(°) | 时间步长/μs | $\Delta M$/% |
|---|---|---|
| 1 | 13.75 | –0.14 |
| 2 | 27.50 | –0.16 |
| 4 | 55.00 | –0.35 |

取 1T、3T、5T 时刻的模拟结果，得到透平动叶通道部分叶高下的速度云图，如图 8-24 所示。可见，不同旋转周期下工质的流动状态有较大差异，但总体表现为主流区域内流动缓慢，在动叶通道内出现大量的分离流动，透平内流动没有全面发展。部分原因是小流量工况下叶顶间隙的泄漏流对主流流动的不利影响加剧，如图中 90%叶高处速度云图显示，工质流动性明显优于其他叶高截面，说明叶顶间隙处存在大量泄漏流，且引起的涡旋会严重阻塞动叶通道内的主流流动，导致透平起动工况运转不稳定。

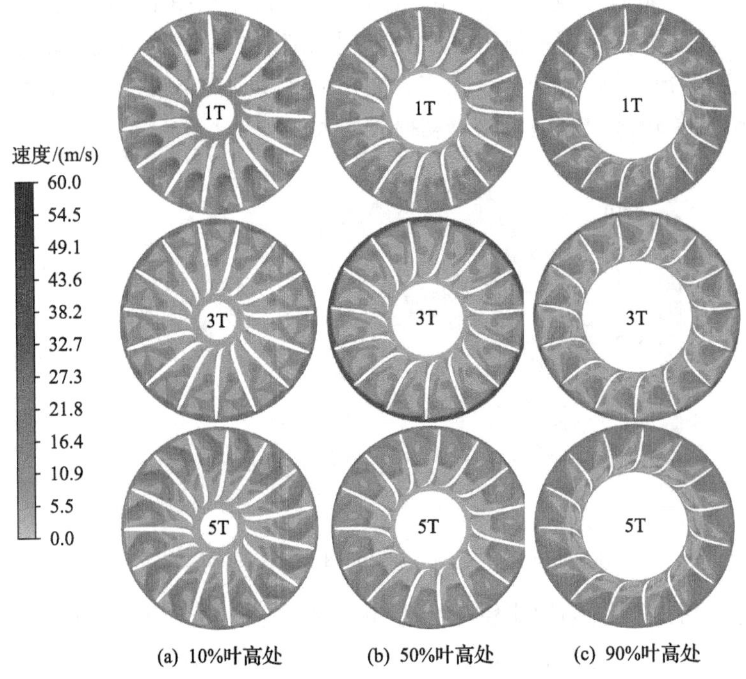


图 8-24　10%、50%、90%叶高处的速度云图[11]

由于动叶通道出口段区域的整体流速偏低，工质流量较小，而叶轮的高速转动可使透平出现“倒吸”现象，类似于水泵小流量状态时的“反泵”现象(当水泵以小转速逐步加速到额定转速时，高速旋转产生的强大离心力迫使水流向转轮倒流，机组进入“反泵”状态)，而对于透平，部分工质从扩压管出口被吸入，进入高速旋转的叶轮。为了验证猜想，以动叶出口与扩压管入口的交界面为工质入口面，选取 5T 时刻的计算结果，得到如图 8-25 所示的流线图，可看出透平起动工况确实出现了“倒吸”现象，吸入的工质进入动叶通道内与主流掺混，这也导致流动的不稳定性，并引起透平振动，从而缩短透平的使用寿命。分析显示，对于小尺寸、高转速的径流式透平起动工况，研究人员应积极应对起动不稳定情况的发生，在透平起动过程中通过快速提升透平转速来避免此现象的产生。

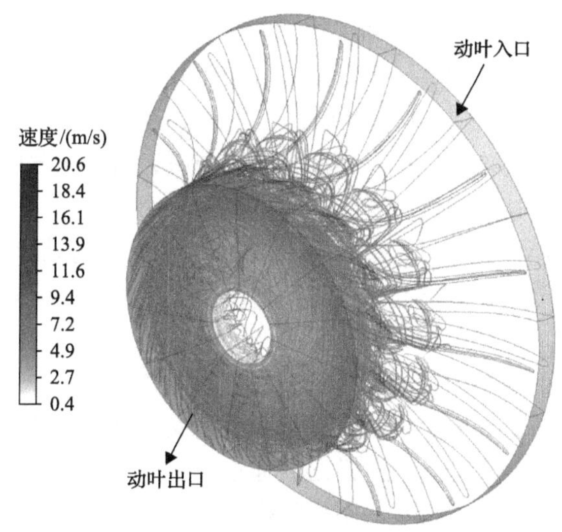


图 8-25 工质回流现象示意图[11]

除起动和额定工况之外，本研究同样对升速和自持工况进行了探究。结果表明，在升速、自持和额定工况下透平都可以进行稳定工作，得到的性能参数如表 8-6 所示。在透平升速阶段，有着较低的$W_T$和$\eta_{T,s}$，不足以带动额定工况下耗功 150kW 的同轴压缩机工作；透平的自持阶段，$W_T$和$\eta_{T,s}$有明显提升，可带动压缩机进行工作，但净输出功率很低；当透平额定工况运行时，可得到 89.9%的等熵效率，产生的$W_T$可带动压缩机在额定工况下正常工作。

**表 8-6 $sCO_2$径流式透平模拟值[11]**

| 阶段 | $\eta_{T,s}$/% | $W_T$/kW | $M$/(N·m) |
|---|---|---|---|
| 升速 | 78.3 | 50.50 | 17.06 |
| 自持 | 80.4 | 183.86 | 50.56 |
| 额定工况 | 89.9 | 513.95 | 123.21 |

2. 叶顶间隙泄露分析

在透平实际运行中，机匣表面与动叶叶片之间始终存在间隙，而间隙产生的泄漏会显著降低涡轮机的性能,本研究中的透平动叶通道存在0.5mm的叶顶间隙，间隙大小在动叶片进口到出口保持不变，但其对于动叶片叶高的相对值由进口的 0.1 变化为出口的 0.03。由于 $sCO_2$径流式透平尺寸较小且转速高，由叶顶间隙带来的损失更是不可忽视的。在图 8-22 的流场中，根据流线图可以观察到明显的叶顶间隙泄漏流，这是由压力驱动的射流组成，该射流从压力面穿过叶片的叶顶间隙移动到叶片的吸力面。

小尺寸 $sCO_2$ 径流式透平的叶顶间隙泄漏流对主流的影响是不可忽视的，通过比较额定工况下有无叶顶间隙的透平模型仿真结果如表 8-7 中的 1、2 组算例数据，叶顶间隙的存在使透平 $W_T$ 减少近 47kW，$\eta_{T,s}$ 降低 6%左右。动叶通道内如果有涡旋产生，必然会产生局部负压区，导致吸力面和压力面的压差增大，叶顶间隙的泄漏量也随之增大，造成的损失增大。所以在未来的研究中，可以通过气动优化的方法减小泄漏损耗，例如，通过对泄漏损耗的观查，进行动叶片叶型优化设计，改变叶片的角度，使叶片和流线方向更好地贴合以减小泄漏流的流量涡的面积；对叶顶间隙的形状进行调整，在泄漏量大的区域减小叶顶间隙的高度；叶冠的存在可减小叶顶间隙的流体泄漏量，降低二次流损失，提高透平效率，同时相邻叶片的叶冠在抵紧后可减小叶片的扭曲变形和弯曲变形以增强叶片的刚性，因此可以对动叶片叶冠进行设计与优化。总之，通过减小吸力面和压力面的压差可减少泄漏流的损耗，提升径流式透平的整机效率。

**表 8-7 不同设计点的模拟结果**[11]

| 序号 | 模式 | $W_T$/kW | $\eta_{T,s}$/% |
|---|---|---|---|
| 1 | 简化通道 | 513.95 | 89.9 |
| 2 | 无叶尖间隙的简化通道 | 560.89 | 96.1 |
| 3 | 无密封的简化通道 | 513.85 | 86.5 |
| 4 | 无密封气体的简化通道 | 511.39 | 85.4 |
| 5 | 全周通道 | 513.90 | 89.6 |

### 3. 轮背密封对整机性能影响

由于干气密封的特殊性，其对透平性能的影响还有待探究，本章对使用干气密封的轮背密封装置但无引入气的透平模型进行数值计算。图 8-26 为无引入气时额定工况轮背密封齿剖面的压力云图，从中可以看出，密封齿内压力逐渐递减，泄漏流经过的第一个密封齿内的平均压力为 9MPa 左右，流经最后的密封齿时压力的数量级已降到兆帕以下，密封齿后的表压已接近 0Pa，这表明轮背密封可以起到有效的密封作用。同时，此工况下的透平性能如表 8-7 中第 4 组数据所示，与不考虑外泄漏的算例(表 8-7 中第 3 组)相比，透平 $W_T$ 减少 2.46kW，$\eta_{T,s}$ 降低 1.1%，可见泄漏流对透平性能的影响较小。然而监测到轮背密封处存在 0.25kg/s 的高参数工质泄漏流，这部分工质的损耗是不可忽视的。所以，本研究在轮背密封进口处设定质量流量为 0.1kg/s 的引入气流，从后续分析中可知引入气流不仅避免了高参数工质泄漏，也提升了透平的性能，但额外的配气系统也会增加整机的运行成本。

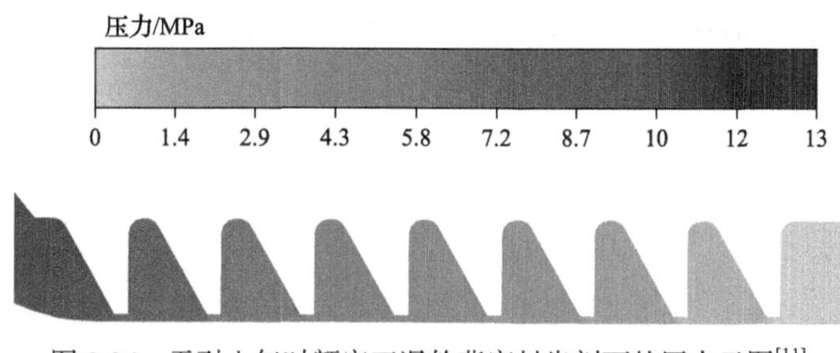


图 8-26　无引入气时额定工况轮背密封齿剖面的压力云图[11]

图 8-27 为 $sCO_2$ 径流式透平轮背密封存在引入气流时的径向切面流线图，可见流动较为均匀，但在透平进口处由于受叶轮高速转动的影响，产生了局部流动失稳的状态。这是由于 ANSYS-CFX 的 MixingPlane 交界面只对速度或压力平均，局部流动的非稳定性依然可以影响轮背密封引入气的流动，使仿真结果更加接近真实工况。图 8-28 为透平轮背密封子午流道切面上下端的示意图，从图中可以明显看出，密封出口处的气流经历了流动加速，使进入主流的密封气带有一定能量，可在动叶内膨胀做功。因此，轮背干气密封的存在不仅起到有效的密封作用，密封气的引入也会对主流产生影响，从而影响整机的性能。

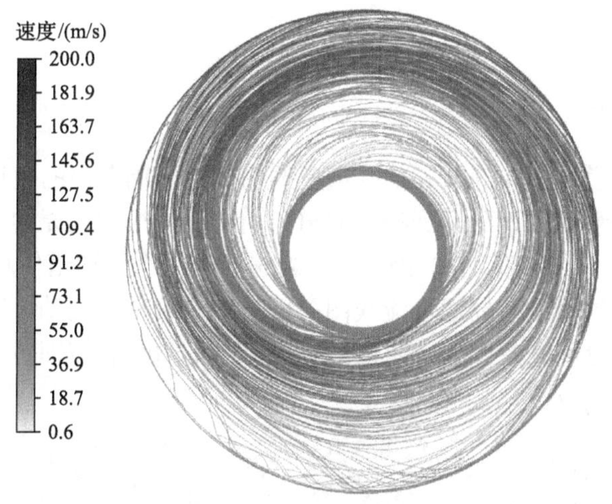


图 8-27　$sCO_2$ 径流式透平轮背密封流线图[11]

为了进一步研究密封进气对整机性能的影响，本书作者等也对有无密封进气的算例进行了比较，即对比表 8-7 中的 1 号、4 号模拟数据，当轮背密封存在引入气时，额定工况下透平 $W_T$ 增大 2.56kW，$\eta_{T,s}$ 升高 4.5%。这是由于使用干气密封技术的轮背密封不仅起到密封作用，其引入气流也为透平带入了额外的能量，一方面使透平内的工质质量流量增大，另一方面由于引入工质的温度、压力等参数并不高，低于额定工况下透平出口工质的参数水平，所以额定工况运行时透平的进出口焓降增加，但等熵焓降的变化较小。综合考虑两方面因素，透平整机系统的 $W_T$ 增加，$\eta_{T,s}$ 也有所升高。由此可见，密封气的引入对透平的性能将产生影响，后续应该深入探讨轮背密封气体引入量及密封气参数对透平性能的影响规律。

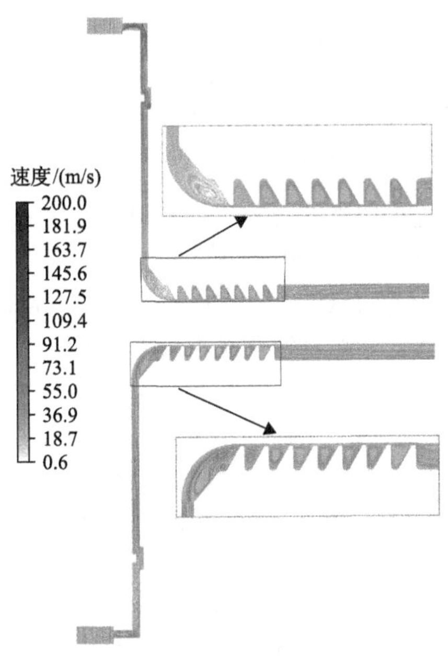


图 8-28　透平轮背密封子午流道切面上下端的示意图[11]

由于简化通道模型在静叶和动叶通道的两侧使用周期性的边界条件，这意味着蜗壳能够将流量均匀地分配到静叶通道，而实际运行中蜗壳的流量分配能力有所差异，这就产生了计算误差，因此有必要进行透平全周通道仿真。图 8-29 为额定工况下径流式透平的全周通道流线图，可见工质的整体流动情况良好，蜗壳能够将工质均匀地分配到各个静叶通道。全周通道和简化通道(即包含 2 个静叶通道

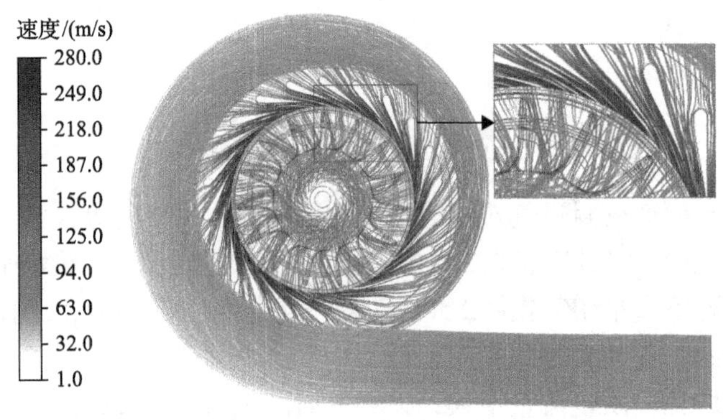


图 8-29　额定工况下径流式透平的全周通道流线图[11]

和 1 个动叶通道，同时使用周期性交界面设定）对比结果如表 8-7 中的 1、5 组数据所示，发现全周通道和简化通道的功率和效率的相对误差均在 0.5%以内，因此本研究中简化通道的设定足以保证计算精度。

4. 非设计工况性能分析

为了更详细地了解透平的变工况性能，对透平的一些非设计工况进行仿真计算。本书作者等对 $sCO_2$ 径流式透平在不同出口压力条件下进行气动特性仿真，相关点的数据在表 8-8 中列出。从表中可以看出，透平的功率随出口静压的升高呈线性规律降低，从 927.10kW 降到 145.25kW。等熵效率随透平出口静压的升高从 82.4%增加到 96.4%，在达到设计点工况之前，等熵效率增长速率较快，几乎呈线性增长，设计工况之后，等熵效率增长速率减缓。由模拟数据可知，在偏离设计点工况运行时，设计的 $sCO_2$ 径流式透平可以有效应对出口压力变化，不会出现效率和功率的突变，具有一定的鲁棒性。

**表 8-8　非设计工况下透平性能参数**

| 序号 | $p_3$/MPa | $W_T$/kW | $\eta_{T,s}$/% |
|---|---|---|---|
| Ⅰ | 8 | 927.10 | 82.4 |
| Ⅱ | 9 | 793.16 | 86.0 |
| Ⅲ | 10 | 634.97 | 90.5 |
| Ⅳ | 11 | 455.13 | 93.6 |
| Ⅴ | 12 | 284.36 | 94.5 |
| Ⅵ | 13 | 145.25 | 96.4 |

5. 结论

通过起动工况下的非定常模拟发现透平出现流动不稳定的现象，叶顶间隙泄漏流导致动叶通道内存在大面积的低速区域，且发生“倒吸”现象。这对于提高 $sCO_2$ 动力循环中燃气轮机余热回收系统的起动响应水平是一个挑战。

$sCO_2$ 较高的能量密度使小尺寸 $sCO_2$ 径流式透平机械在高速运行时，叶顶间隙产生的高能量泄漏流的影响不容忽视，这种二次流以泄漏涡的形式存在，在叶片进口吸力面附近产生，在主流方向上面积逐渐增大且涡芯逐渐推离吸力面，对主流产生不利影响，并在动叶通道出口段泄漏流的影响依旧在扩大。

轮背密封结构可以起到有效的密封作用，若存在一定量的引入气，可在一定程度上提升透平的性能，因此密封引入气的流量及参数对整机性能将产生影响，但未能进行深入研究。最后进行全周通道的数值模拟，对比简化通道的模拟结果发现，透平轴功率和等熵效率的误差控制在 0.5%以内，说明简化通道设定能够保证仿真精度，但在计算资源充足的情况下，应进行全周通道的仿真以确保全尺寸模拟的高精度。

从透平的气动特性可知，透平在偏离设计点工况运行时，可以有效应对出口压力的变化。这说明此透平能应对热源参数变化，是保证余热回收系统稳定运行的重要一环。

## 8.5 $sCO_2$静叶叶形优化仿真

先进的设计方法是提高径流式透平效率的关键，目前传统的设计方法是在不考虑超音速膨胀的情况下，采用成熟的热力学模型[13]，使用准一维无黏求解器与CFD 模拟相结合的方法得到标准且均匀的叶片几何形状。但是，对于 $sCO_2$ 径流式透平来说，因为在运行过程中压比较高，这种设计方法可能会使透平存在安全隐患，也会使透平因冲击损失而导致效率下降，而且这种现象在设计过程中很难预测。调整叶片几何形状以适应叶片流道内的流动是提高透平性能的有效方法，因此，为了提高 $sCO_2$ 径流式透平的效率，需要采用非标准的叶片几何形状来最大限度地减少损失。但由于流动的复杂性和流道的 3D 特性，修改叶型非常具有挑战性，很难确定特定透平的最佳叶形。

针对此问题，本书作者等[38]开展了大量工作，开发了一种新型设计方法，对120kW $sCO_2$ 径流式透平静叶进行了优化。首先，由一维设计程序 TOPGEN（8.2.2节）的基本几何参数进行设计，同时开发了参数化网格生成器对几何图形进行参数化并创建高质量网格，通过对设计空间的每种叶型进行 CFD 模拟，获得每种叶型的气动特性，最后在结果中寻找最优解。在本研究中，使用开源 CFD 软件OpenFOAM 执行气动分析任务。

传统设计中，径流式透平的流道是由轮毂、叶高和叶片局部角等相关参数决定的，从结构、制造和机械设计的角度来看，这样可以有效地将叶片的几何特征与动叶相匹配，保证动叶进出口的流道面积和正确的流动方向。但是，此方法不太适用于叶形优化设计[39]。Bonaiuti 和 Zangeneh[40]的工作表明，采用逆向设计方法对透平进行设计可以大幅降低设计参数与性能参数关联的复杂程度，实现更有效的分析和优化。对于叶形优化来说，理想的设计参数是局部流动方向和流动面积（垂直于流动方向的面积）的变化率，利用这两个参数可以对叶片负荷、叶高和流道面积等参数进行调整，进而间接地对各种损失产生影响。

透平的设计方案往往参数化为有限的设计变量，比如，叶高、流动角，转速……但是，在比较不同透平设计方案的性能表现时，即使是相同的参数化方案，在某些特殊情况下也会产生截然不同的性能。例如，两种不同的包角设计可以产生两个相同的轮毂及进出口气流角设计方案，但两种方案的性能表现却有所不同，造成这一矛盾的潜在因素是两种方案回转角速度和流道长度的差异(影响叶片载荷和摩擦损失)，由此两方案的流道面积产生变化，导致叶片流道内流场拓展不同，进而影响各自的性能表现。因此，为了了解不同叶形下的流动特性，确定最佳叶形，最有效的方法是使用与流动性能和运行直接相关的参数来参数化设计空间，再使用 CFD 技术求解设计空间下所有几何形状的流动特性。

对于整个透平来说，由静叶形成的喷嘴起着重要作用。对于运行在高转速下的小型 $sCO_2$ 径流式透平，如果要保证稳定的功率输出，则需要维持质量流量的恒定和稳定，而实现恒定质量流量的一种方法就是使用跨音速静叶喷嘴，当静叶喉部的流量达到临界状态时，质量流量就会维持在固定值。

由于 $sCO_2$ 的高压比等特性，在静叶中流动很容易达到当地声速，但此情况下静叶内的黏性(摩擦)损失会增加。因此，为了控制质量流量并维持良好的动叶入口流场，需要采用非标准的叶片几何形状，如具有收敛和发散流道的静叶形状。与目前复杂的透平整机叶型的优化相比，本节内容主要集中在 $sCO_2$ 径流式透平静叶形状的优化，通过介绍透平静叶形状的优化，介绍整个叶形优化技术。首先介绍参数化网格生成器，它可以根据不同参数生成静叶网格，之后针对不同权重因子组合对目标函数的影响，对透平静叶几何形状进行优化，然后使用开源 CFD 软件 OpenFOAM 获取静叶叶片流道内的流场，最后探讨优化后透平静叶几何形状的气动性能。

### 8.5.1　研究方法

1. 目标函数

目标函数的作用是标定优化器优化的数值方向，建立目标函数的过程就是寻找设计变量与目标关系的过程，因此正确定义优化问题的目标函数至关重要。本优化过程为多目标优化问题，需要达到 6 个不同的目标。为了实现这一点，我们定义了目标函数的线性组合：

$$\Phi = \sum_{i}^{n} \varphi V_i \cdot W_i \tag{8-77}$$

式中，$\Phi$ 应当为最小值；$\varphi V_i$ 为与不同目标参数相关的价值项；$W_i$ 为相应的权重。

关于优化目标，总质量流量 $\dot{m}_0$ 与透平输出功率和循环运行条件有关，单个流道的质量流量可以采用 $\dot{m} = \dot{m}_0 / n$ 进行计算。由于效率是可以表示为总压的损失，所以静叶效率采用总压 $p_0$ 表示。对于出口流速，速度大小和流动平均角度至关重要，考虑到当地声速 $a$，选择平均马赫数 $\overline{Ma}$ 和出口平均流动角 $\bar{\alpha}$ 作为优化目标。除 $\overline{Ma}$ 和 $\bar{\alpha}$ 外，两者的各自偏差也是反映运行稳定性的重要特征，因此也把以马赫数和出口流角的偏差$\sigma_{\mathrm{Ma}}$、$\sigma_{\alpha}$设为优化目标。综上所述，共有 6 个目标函数项需要考虑：

$$\varPhi = \varphi_{\overline{\mathrm{Ma}}} \cdot W_m + \varphi_{\sigma_{\mathrm{Ma}}} \cdot W_m + \varphi_{\bar{\alpha}} \cdot W_\alpha + \varphi_{\sigma_\alpha} \cdot W_\alpha + \varphi_{\dot{m}} \cdot W_{\dot{m}} + \varphi_{p_0} \cdot W_{p_0} \tag{8-78}$$

这 6 个目标的目标值如表 8-9 所示，通过下式计算变量$(x)$的标准差：

$$\sigma_x = \sqrt{\frac{1}{n}\sum_{i=1}^{N}(x_{\mathrm{i}} - \bar{x})} \tag{8-79}$$

式中，$n$为样本总数；$\bar{x}$为变量$x$的平均值。标准差是对偏离期望值或平均值的度量。在 6 个目标函数项中，马赫数和马赫数标准差、出口流动角和出口流动角标准差可以整合为一个方程，分别为$\varphi_{\mathrm{Ma}_\sigma}$和$\varphi_{\alpha_\sigma}$，两者分别对应与目标值的偏离，而不是与期望值或平均值的偏离。这样就将优化目标减少为 4 个：

$$\varPhi = \varphi_{\mathrm{Ma}_\sigma} \cdot W_m + \varphi_{\alpha_\sigma} \cdot W_\alpha + \varphi_{\dot{m}} \cdot W_{\dot{m}} + \varphi_{p_0} \cdot W_{p_0} \tag{8-80}$$

**表 8-9　优化目标函数参数表**

| 参数 | 符号 | 数值 |
|---|---|---|
| 马赫数 | $Ma$ | 0.65 |
| 出口流动角 | $\alpha$ | 74.21° |
| 总质量流量 | $\dot{m}_0$ | 1.46kg/m$^3$ |
| 总压 | $p_0$ | 最大值 |
| 马赫数标准差 | — | 最小值 |
| 出口流量标准差 | — | 最小值 |

这种方法减少了目标函数项的数量，降低了优化的复杂性。剩余目标函数项的具体方程如下：

$\varphi_{\mathrm{Ma}_\sigma}$为平均马赫数与目标马赫数的偏差代价函数项，计算公式为

$$\varphi_{\mathrm{Ma}_\sigma} = \sqrt{\frac{\sum_{n=1}^{n}\rho_{\mathrm{i}} \cdot u_{\mathrm{mi}} \cdot A_{\mathrm{i}} \cdot (Ma_i - Ma_{\mathrm{tar}})^2 \cdot \vec{n}_{\mathrm{i}}}{\sum_{n=1}^{n}\rho_{\mathrm{i}} \cdot u_{\mathrm{mi}} \cdot A_{\mathrm{i}} \cdot \vec{n}_{\mathrm{i}}}} \tag{8-81}$$

$\varphi_{\alpha_\sigma}$为平均出口流动角与目标出口流动角之间的偏差代价函数项，计算公式为

$$\varphi_{\alpha_\sigma} = \sqrt{\frac{\sum_{n=1}^{n} \rho_{\mathrm{i}} \cdot u_{\mathrm{mi}} \cdot A_{\mathrm{i}} \cdot (\alpha_{\mathrm{i}} - \alpha_{\mathrm{tar}})^2 \cdot \vec{n}_{\mathrm{i}}}{\sum_{n=1}^{n} \rho_{\mathrm{i}} \cdot u_{\mathrm{mi}} \cdot A_{\mathrm{i}} \cdot \vec{n}_{\mathrm{i}}}} \tag{8-82}$$

$\varphi_{\dot{m}}$ 为质量流量代价函数项，计算公式为

$$\varphi_{\dot{m}} = \sqrt{\left(\frac{\bar{\dot{m}} - \dot{m}_{\mathrm{tar}}}{\dot{m}_{\mathrm{tar}}}\right)^2} \tag{8-83}$$

$$\bar{\dot{m}} = \frac{\sum_{i=1}^{n} \rho_{\mathrm{i}} \cdot u_{\mathrm{mi}} \cdot A_{\mathrm{i}} \cdot \dot{m}_{\mathrm{i}} \cdot \vec{n}_{\mathrm{i}}}{\sum_{i=1}^{n} \rho_{\mathrm{i}} \cdot u_{\mathrm{mi}} \cdot A_{\mathrm{i}} \cdot \vec{n}_{\mathrm{i}}} \tag{8-84}$$

$\varphi_{p_0}$ 为总压的代价函数项，计算公式为

$$\varphi_{p_0} = \frac{\sum_{i=1}^{n} \rho_{\mathrm{i}} \cdot u_{\mathrm{mi}} \cdot A_{\mathrm{i}} \cdot p_{0\mathrm{i}} \cdot \vec{n}_{\mathrm{i}}}{\sum_{i=1}^{n} \rho_{\mathrm{i}} \cdot u_{\mathrm{mi}} \cdot A_{\mathrm{i}} \cdot \vec{n}_{\mathrm{i}}} \tag{8-85}$$

式中，$\rho_{\mathrm{i}}$ 为流体密度；$u_{\mathrm{mi}}$ 为流速子午线分量；$A_{\mathrm{i}}$ 为面积；$Ma_{\mathrm{i}}$ 为出口边界马赫数；$\vec{n}_{\mathrm{i}}$ 为面法向量；脚注“tar”为目标值，$n$ 为出口边界总面数，$i$ 表示第 $i$ 个出口边界面。

在这四项中，除 $\dot{m}$ 外，其余均为奇函数。$\dot{m}$ 的目标函数是抛物线函数，这意味着一定存在一个最低点。因此，对于一个给定的优化问题，可以首先给 $\dot{m}$ 一个较大的权重因子，以便优化器优先确定正确的 $\dot{m}$ 。然后再将其作为优化其他变量的初始变量，对其他变量进行优化，这样可以进一步降低优化的复杂程度。

2. 静叶初始几何参数设置

透平叶形优化中最重要的是将透平叶形几何参数化，如果参数化不标准会导致叶形自由度过高，从而影响优化效果。在这项工作中，静叶几何形状通过以下流程生成。

1) 设置固定参数

跨音速静叶喷嘴的基本参数从径流式透平一维设计程序 TOPGEN[29]中获取，具体数值见表 8-10。如图 8-30 所示，为 $sCO_2$ 透平静叶的叶形轮廓示意图。从图

中可以看出整个叶片形状由不同的曲线构成，定义和绘制叶形轮廓曲线便是生成叶片形状的过程，而确定决定叶形轮廓曲线形状关键变量(如对应圆心、贝塞尔曲线的锚点、进出口半径等)的过程就是叶形几何参数化的过程。通过设置进、出口半径，确定喷嘴环域；出口半径决定静叶片出口半径和尾缘中心位置；叶片数量决定单流道倾角，即 $\theta_p = 2\pi/Z$ ；起始角 $\theta_s$ 为逆时针方向距叶片 0 rad 时的角度。有了这 5 个固定参数，就可以设定静叶在计算空间的位置。

**表 8-10　静叶基本参数表**

| 参数 | 符号 | 数值 |
|---|---|---|
| 入口半径 | $r_i$ | 75.0mm |
| 出口半径 | $r_o$ | 65.2mm |
| 计算域半径 | $r_e$ | 63.7mm |
| 叶片数量 | $Z$ | 30 |
| 起始角 | $\theta_s$ | 0rad |
| 转速 | $N$ | 42000RPM |

2) 绘制浮动控制点

确定了这 5 个参数后，就需要确定控制叶片详细曲线形状的其他参数点，例如，XR2 和 XR1 点控制两个圆的位置(虚线的圆表示控制喷管喉部曲率)，Xt 点控制喷管喉部截面的位置。

3) 生成曲线

喷嘴形状由 Bézier 曲线组成，通过浮动几何控制点生成三条不同的 Bézier 曲线，控制点采用不同的标记，“1”“2”或“3”作为下标。线 1 和线 2 控制喷嘴的外部，线 3 控制叶片的其他部分。

3. 静叶几何参数化

由于优化器是对矢量进行数学运算，以找到 $N$ 维空间中的最优点，以因此为了方便使用优化器自动控制静叶叶片几何形状，需要对静叶叶片几何形状进行适当的参数化，以获得优化器可以执行的数值矢量。首先，优化器通过控制设定浮动控制点位置来调整喉部半径、宽度和角度等。跨音速静叶叶片由三条不同的 Bézier 曲线组成，因此参数化实际上是对生成喷嘴轮廓的 Bézier 曲线进行形状控制。如图 8-30 所示，喷管发散段外侧由线 1 构成，线 1 有 7 个控制点。图 8-30 中，点 $A_{1\&3}$ 为线 XR1-XR2 和控制圆“1”的交点。线 1 控制点的示意图如图 8-31 所示，同样，$G_1$ 点位于叶片尾缘轮廓线的圆上，与 $A_1$ 点共切线。$A_1$ 和 $B_1$ 点位于控制圆，控制喷嘴喉部下游的发散形状。从图中可以看出，$B_1$ 位置和弧 $\widehat{A_1B_1}$ 的长

度由角度 $\theta_0$ 决定；$F_1$ 的位置和弧 $G_1F_1$ 的长度由角度 $\theta_1$ 决定；$C_1$ 点位于线 $A_1B_1$ 的延长线，在弧线 $\widehat{A_1B_1}$ 上点 $C_1$ 到点 $A_1$ 的距离，由此值 $C_{1_{fA}}$ 来决定(下标“fA”表示“fraction Alongside”即沿着所在弧线的比值)。因此，点 $C_1$ 的绝对位置可以通过角度 $\theta_0$ 和分数 $C_{1_{fA}}$ 来确定。

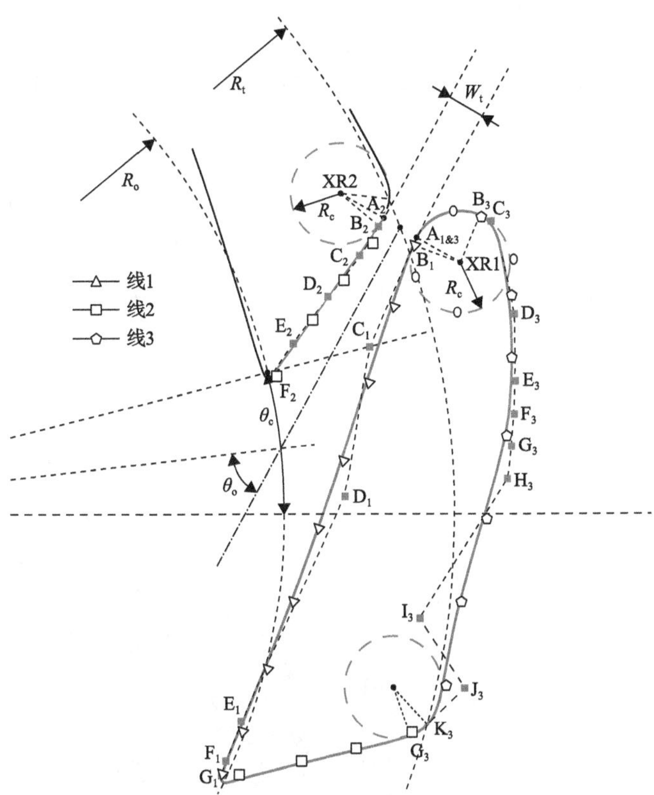


图 8-30　二维静叶喷嘴叶片参数化[38]

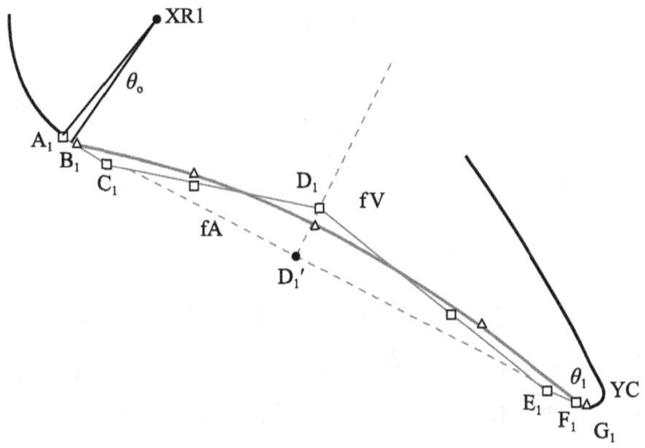


图 8-31　线 1 控制点的示意图[38]

虽然 $E_1$ 点的位置设置与 $C_1$ 点相似，但为了降低优化的复杂性，将 $E_1$ 点的位置设为固定值。同时，$D_1$ 点设置为可沿两轴线自由移动，用以调节曲线形状，两轴分别沿直线 $A_1G_1$ 和垂直于直线 $A_1G_1$ 方向，如图 8-31 所示。确定 $D_1$ 点的位置过程中，首先在直线 $A_1G_1$ 上采用点 $D_1$ 到 $A_1$ 的直线距离占直线 $A_1G_1$ 长度的比值 $D_{1_{fA}}$ 定义点 $D_1'$，即此时直线 $A_1D_1'$ 长度为直线 $A_1G_1$ 长度的 $D_{1_{fA}}$ 倍。然后，以点 $D_1'$ 为垂足找到点 $D_1$，$D_1D_1'$ 直线的长度与直线 $A_1G_1$ 长度的比值定义为 $D_{1_{fv}}$(下标“fv”表示“fraction vertical”)。可以确保在参数化的时候，用两个方向上的相对距离就可以标定 $D_1$ 的绝对位置。在线 2 中，从 $A_2$ 到 $F_2$ 以类似方式进行确定与定义。线 3 有 12 个控制点控制喷嘴外侧。

在工程应用中，虽然叶片尖角可以通过加工获得，但无法保证其结构强度。因此为了保证结构强度，在叶片尾缘部分设置了一个有限半径的圆形倒角，图 8-32 为后缘部分的放大图。通过优化器对尾缘曲线进行优化以降低尾缘曲线对流动的影响，其中，点 $G_1$ 和 $G_2$ 的位置可以用 $\theta_1$ 和 $\theta_2$ 进行调整。

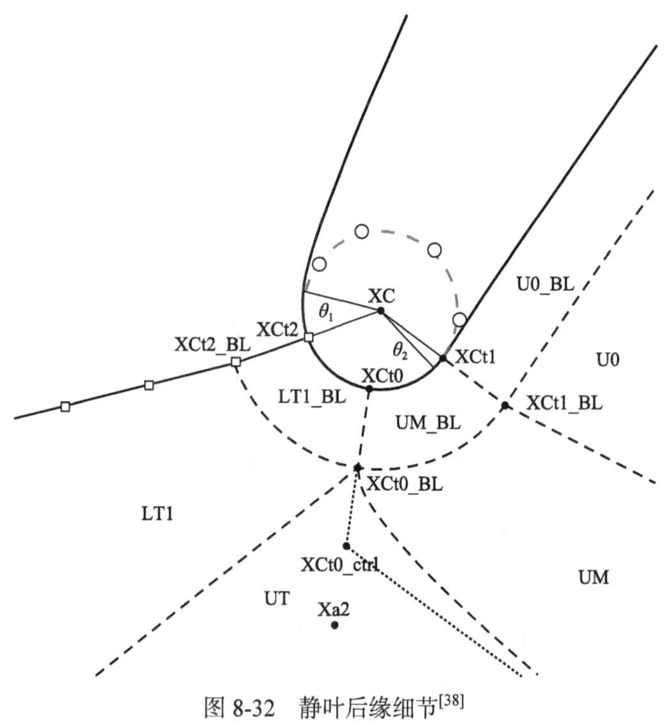


图 8-32　静叶后缘细节[38]

优化过程中，定义叶形所有的几何参数(喉部和尾缘半径、喷嘴中心线出口角、尾缘圆的圆心位置、控制圆的半径等)及贝塞尔曲线的控制点，这些都可以作为设计变量。但由于超声速通道的收敛部分对流动的影响很小，所以选取的 14 个参数(表 8-11)，主要集中于对叶形发散部分的优化。

**表 8-11　静叶叶片几何参数化的参数**

| 参数 | 性质 | 描述 |
|---|---|---|
| $\theta_0$ | 可调节 | 贝塞尔曲线 1 开始处的转弯角度 |
| $\theta_3$ | 可调节 | 贝塞尔曲线 2 开始处的弯曲角度 |
| $R_t$ | 可调节 | 喷嘴喉道中点半径 |
| $W_t$ | 可调节 | 喉宽/mm |
| $\theta_o$ | 可调节 | 喷管平均线与出口点径向之间的夹角 |
| $R_c$ | 可调节 | 决定喷嘴喉道截面形状的圆的半径 |
| $C_r$ | 可调节 | $\theta_c$ 与俯仰角之比，用于确定后缘中心 |
| $R_o$ | 可调节 | 后缘中心的半径 |
| $C_{1_{fA}}$ | 可调节 | $C_1$ 点在 $A_1G_1$ 线的位置 |
| $D_{1_{fA}}$ | 可调节 | $D_1$ 点在 $A_1G_1$ 线上的位置 |
| $D_{1_{fV}}$ | 可调节 | $D_1$ 点到 $A_1G_1$ 线的垂直距离 |
| $C_{2_{fA}}$ | 可调节 | $C_2$ 点在 $A_2G_2$ 线的位置 |
| $D_{2_{fA}}$ | 可调节 | $D_2$ 点在 $A_2G_2$ 线的位置 |
| $D_{2_{fV}}$ | 可调节 | $D_2$ 点到 $A_1G_1$ 线的垂直距离 |
| $R_i$ | 固定 | 计算域的进气半径 |
| $\theta_1$ | 固定 | 贝塞尔曲线 1 末端转弯角度 |
| $\theta_2$ | 固定 | 贝塞尔曲线 2 末端转弯角度 |
| $E_{1_{fA}}$ | 固定 | $E_1$ 点在 $A_1G_1$ 线上的位置 |
| $E_{2_{fA}}$ | 固定 | $E_2$ 点沿 $A_1G_1$ 线的位置 |
| $\theta_{A_3B_3}$ | 固定 | 找到 $B_3$ 点的角度 |
| $\theta_{B_3C_3}$ | 固定 | 找到 $C_3$ 点的角度 |
| $X_{3_{fA}}$ | 固定 | 点 $X_3$ 在直线 $C_3K_3$ 的位置 |

针对叶形的优化也因此变成了 14 维数值优化问题。在优化过程中，参数化静叶几何形状由 14 个分量的状态向量定义，几何叶形矢量 $V$ 如下：

$$V=[\theta_0,\theta_3,R_t,\theta_o,R_c,C_r,W_t,R_o,C_{1_{fA}},D_{1_{fA}},C_{1_{fV}},C_{2_{fA}},D_{2_{fA}},D_{2_{fV}}] \tag{8-86}$$

使用表 8-11 中所罗列的 14 个变量，可以精确的标定一个静叶的叶形，也即静叶叶形由这 14 个变量进行了数值参数化。叶形优化器将根据反馈的 CFD 结果不断地调整该向量，以找到目标函数的最小值即给定运行条件下叶形的最优解。

4. 网格生成

由于静叶的出口角高、尾缘半径较小等特点，因此由其生成高质量网格非常具有挑战性，在此介绍跨音速径流式透平静叶的网格结构。

静叶的几何形状和控制线如图 8-33 所示。因为静叶中的流动主要是二维的，同时为了节省计算成本，这里采用二维网格，同时采用二维网格还可以省略第三个方向上网格细节，降低网格的复杂程度。在调整网格密度和梯度后，生成网格如图 8-34 所示。在图 8-34 中，边界分别定义为“入口”“出口”“内壁面”和“外壁面”。工质从“入口”部分进入静叶喷嘴，从“出口”部分加速流出。图 8-35(a)展示了跨音速喷管截面网格的局部细节，图 8-35(b)显示了尾缘网格细节。从图 8-35(a)可以看出，静叶网格质量良好，网格在喉部到喷嘴的发散部分都有分布和填充。同时，网格采用近壁面加密算法，保持 $y^+$ 值在 30 左右。网格近壁加密算法采用 Roberts 聚类函数[42,43]，网格具有良好的近壁性能。从图 8-35(b)可以看出，

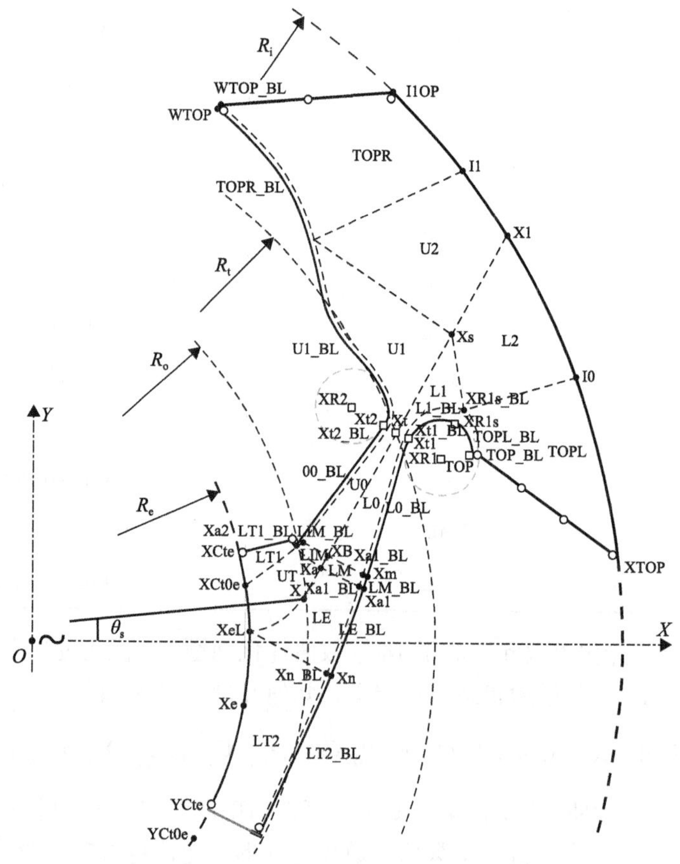


图 8-33　静叶二维几何形状及控制线[38]

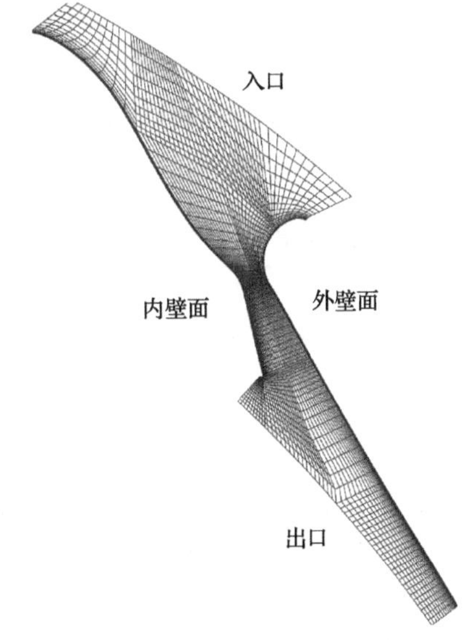


图 8-34　径向进流透平静叶喷嘴网格[38]

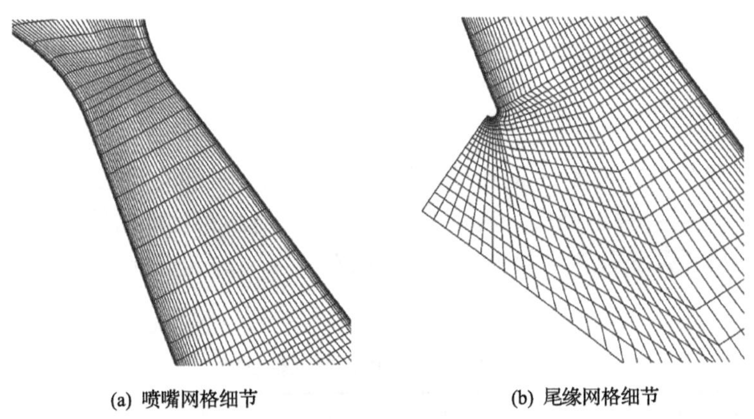


图 8-35　静叶网格局部细节[38]

尾缘也具有高质量网格，在尾缘流动分离严重影响下游流动的情况下，尾缘的高质量网格可以确保对尾迹的正确模拟。

采用 Eilmer3[44]工具进行网格生成，然后通过 e3prepToFoam[43]代码将其转换为 OpenFOAM 格式。生成网格的最大纵横比(875.97)、最大非正交性(69.5)、最大偏斜度(3.19)均低于 OpenFOAM 的最大允许极限。

5. CFD 仿真设定

将流道分为两部分，分别为进气口至前缘和后缘至静叶出口。进口边界取自实验算例，出口边界由动叶前缘确定。静叶 CFD 的边界条件如表 8-12 所示。进口总温度为 833.15K，进口总压力为 20.0MPa，出口压力为 13.0MPa，压力比为 1.538。求解器采用自研求解器 RGDFoam(将在第 9 章中详细介绍)，湍流模型采用 $k$-$\omega$ SST 模型，同时保证 $y^+$值小于 30，采用 Runge-Kutta 方法加快求解的收敛速度。

**表 8-12　静叶 CFD 的边界条件**

| 边界 | 类型 | $T$ | $p$ | $u$ |
|---|---|---|---|---|
| OF_inlet_00 | patch | 总温 | 总压 | 导向温度进气速度 |
| OF_wall_00 | wall | 零梯度 | 零梯度 | 0 |
| OF_wall_01 | wall | 零梯度 | 零梯度 | 0 |
| OF_outlet_00 | patch | 总温 | 波浪式传播 | 零梯度 |

为了进行网格无关性验证，分别采用 2.1k、4.1k、8.5k、15.6k、35.9k 和 68.2k 个数的单元网格进行 CFD 模拟。通过观察静叶出口马赫数变化和出口流动角 $\alpha$ 变化，发现 15.6k 网格模拟结果满足最大允许误差(平均马赫数的误差为 4.6%，平均流动角的误差小于 1%)。因此，在保证足够计算精度且节省计算资源的前提下，使用 15.6k 的网格进行模拟。

### 8.5.2　结果与讨论

首先，优化器在表 8-13 的初始条件下运行，首先给质量流量一个大的权重因子，使得优化器寻找正确质量流量的方向前进。当达到正确的质量流量(误差＜±5%)后，降低质量流量的权重优化器开始对 $\mathrm{Ma}_\sigma$、$\alpha_\sigma$ 进行优化，下面介绍优化后的详细信息。

**表 8-13　优化后的静叶几何参数**

| 参数 | $\theta_0$ | $\theta_3$ | $R_t$ | $W_t$ | $\theta_o$ | $R_c[10^{-5}]$ | $C_r$ |
|---|---|---|---|---|---|---|---|
| A | 0.0345 | 0.0515 | 0.0695 | 0.00123 | 0.0020 | 6.727 | 65.12 |
| B | 0.0345 | 0.0516 | 0.0695 | 0.00134 | 0.0020 | 6.727 | 65.43 |
| a | 0.0347 | 0.0516 | 0.0675 | 0.00136 | 0.0021 | 6.744 | 65.48 |
| b | 0.0314 | 0.0511 | 0.0716 | 0.00138 | 0.0021 | 6.720 | 63.20 |
| c | 0.0341 | 0.0523 | 0.0688 | 0.00135 | 0.0020 | 6.735 | 63.85 |
| 参数 | $R_o$ | $C_{1_{fA}}$ | $D_{1_{fA}}$ | $D_{1_{fV}}$ | $C_{2_{fA}}$ | $D_{2_{fA}}$ | $D_{2_{fV}}$ |
| A | 0.185 | 0.0444 | 0.4812 | 0.188 | 0.01455 | 0.4817 | 0.439 |
| B | 0.182 | 0.0441 | 0.4820 | −0.184 | 0.01416 | 0.4824 | 0.438 |
| a | 0.188 | 0.0438 | 0.4811 | −0.184 | 0.01404 | 0.4838 | 0.441 |
| b | 0.193 | 0.0439 | 0.5047 | −0.195 | 0.01401 | 0.4660 | 0.304 |
| c | 0.187 | 0.0440 | 0.4824 | −0.190 | 0.01405 | 0.4823 | 0.439 |

1. 优化路径

基于多目标优化问题的特性，需要使用帕累托前沿(Pareto Front)对不同优化目标之间进行权衡。为了达到不同的局部极小值，本书作者等设置了 $Ma_\sigma$ 和 $\alpha_\sigma$ 的多个加权系数组合，由此得到的帕累托前沿如图 8-36 所示。但是，由于计算资源的限制，与普通帕累托前沿相比，我们对不同加权因子组合只进行了有限尝试。在图 8-35 帕累托前沿数据图中，每个点均为 CFD 模拟结果。使用不同的加权因子组合会产生不同结果，从图中可以看到，点 A 是代表了初始的设计方案，经过初始增大质量流量权重比，可以发现优化器的寻优路径从 A “走” 到 B，即从 B 点开始的算例，质量流量符合要求。从 B 为起始算例，调整不同的权重比，可以使优化器向不同的方向前进。一条线朝左上方向发展，这意味着优化器倾向于找到一个 $Ma_\sigma$ 较低， $p_0$ 较高，但 $\alpha_\sigma$ 较大的设计方案。相反，另一条线是向右下方向发展，这意味着优化器倾向于找到一个 $\alpha_\sigma$ 较低，但损失和 $Ma_\sigma$ 较高的设计方案。$\alpha_\sigma$ 的降低可以使流动更加均匀，但需要增加喷嘴长度。同时，$Ma_\sigma$ 的降低可以减少摩擦损失，降低动能损失，但需要减小喷嘴长度，两种设计方案各有利弊。

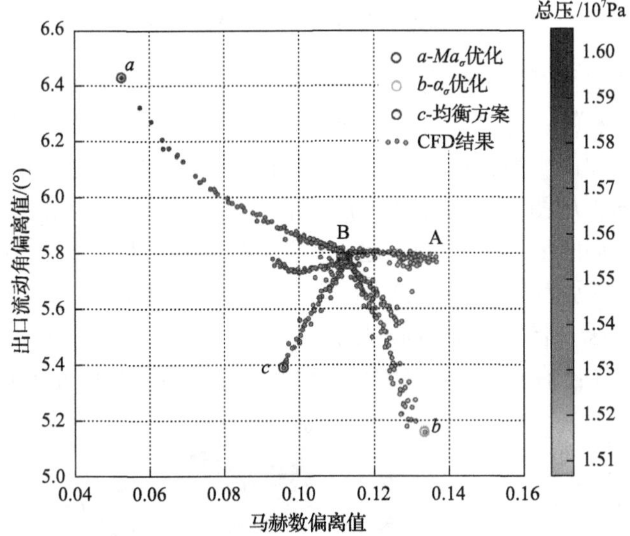


图 8-36　用于 CFD 模拟跨音速静叶问题的帕累托前沿(路径)[38]

因此，本章选取三种不同的静叶几何结构作为可能的最佳几何形状，分别记为算例 a、b 和 c，如图 8-36 所示。其中，算例 a 的 $Ma_\sigma$ 值最低(记为 $Ma_\sigma$ 优化)，算例 b 的 $\alpha_\sigma$ 值最小(记为 $\alpha_\sigma$ 优化)，算例 c 的 $Ma_\sigma$ 和 $\alpha_\sigma$ 值较为均衡，均为中间值(记为 “均衡方案” )。下面将分别对三种设计方案进行详细比较并讨论几何外形、流场和出口的流动特性。

2. 马赫数 $Ma_\sigma$ 优化方案

图 8-37 为基线喷嘴(点 A 所示方案)和 $Ma_\sigma$ 优化后喷嘴之间的叶形比较(即图 8-36 中的算例 a)。为了方便观察，将喷嘴喉部的中点作为两个静叶设计图的中心点，同时保留出口边界以显示喷嘴喉部相对于出口的原始位置。从图中可以看出，优化后 $Ma_\sigma$ 喷嘴的发散段较短，喷嘴中心线角度比基线喷嘴大。

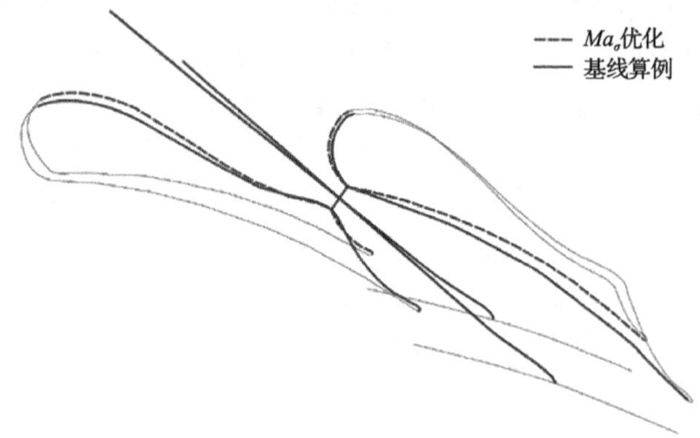


图 8-37　基线喷嘴与 $Ma_\sigma$ 优化喷嘴的比较[38]

为了对流场进行更详细的描述，在图 8-38 中分别列出基线算例、$Ma_\sigma$ 优化后的马赫数等值线和归一化总压力($p_0/p_{01}$)。从图 8-38(a)可以看出，气流在喷嘴喉部从低马赫数加速到超音速状态，该过程中的最大马赫数约为 1.3。流线显示喷嘴中的流动方向，从图中可以看出，流线在外壁面附近发生了较大分离。流线的分离表明在外壁周围形成了较大的旋涡，这是由于给定入口条件下的 $\dot{m}$ 有限，通过喉部之后无法扩张充满下游扩散段，产生了较大的负压区，引发回流旋涡。旋涡的形成将主流区“推”向内壁面。尽管在 CFD 流场方面看起来并没有得到一个最优解，但对于优化器而言，旋涡的存在事实上“协助”主流的分布，更像是“巧

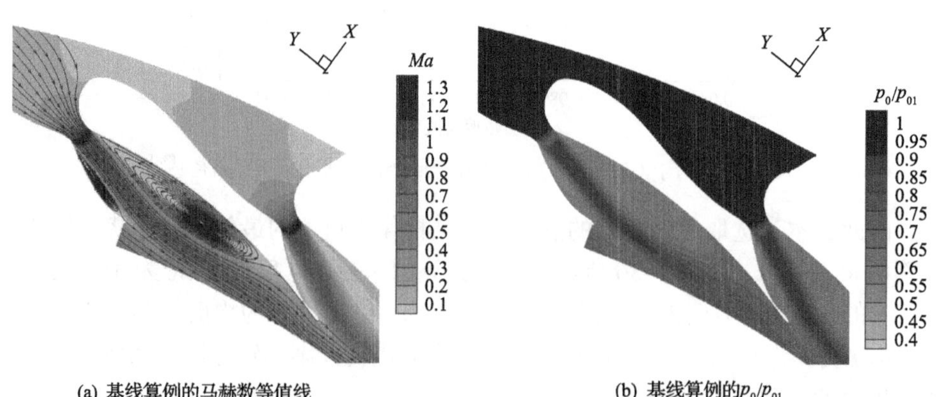


(a) 基线算例的马赫数等值线　　(b) 基线算例的 $p_0/p_{01}$

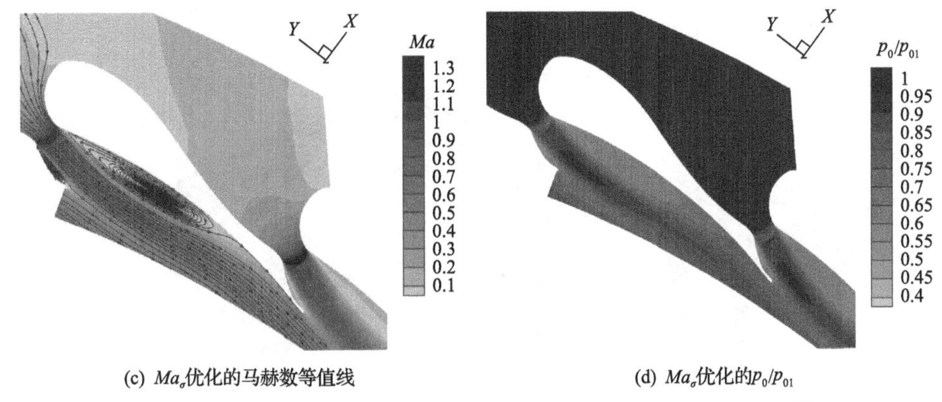


(c) $Ma_\sigma$优化的马赫数等值线　　(d) $Ma_\sigma$优化的$p_0/p_{01}$

图 8-38　基线算例和 $Ma_\sigma$优化后的马赫数等值线和 $p_0 / p_{01}$ [38]

妙地操纵”旋涡来帮助主流达到所要的 $Ma$ 和外部形线之间的平衡。

图 8-38(b)为基线喷嘴的 $p_0 / p_{01}$。从图中可以看出，喉部流动产生的损失最大。将优化后的情况与基线算例进行比较，从图 8-38(c)可以看出，由于扩张段较短，喷嘴尾缘的分离区域有所减小，流出更加均匀。此外，图 8-38(d)所示的总压力曲线表明，较短的扩张段同样减少了黏性(摩擦)损失，下游总压力增大。因此，与基线算例相比，$Ma_\sigma$优化后喷嘴的损失更小，出口马赫数更高。

3. 出口流动角 $\alpha_\sigma$优化方案

与 $Ma_\sigma$优化方案相比，$\alpha_\sigma$优化方案的发散段较长，如图 8-39 所示。但在优化过程中由于喷嘴长度达到极限，优化器停止工作，这意味着喷嘴的最佳长度应该增加，在此情况下流动会更加均匀。

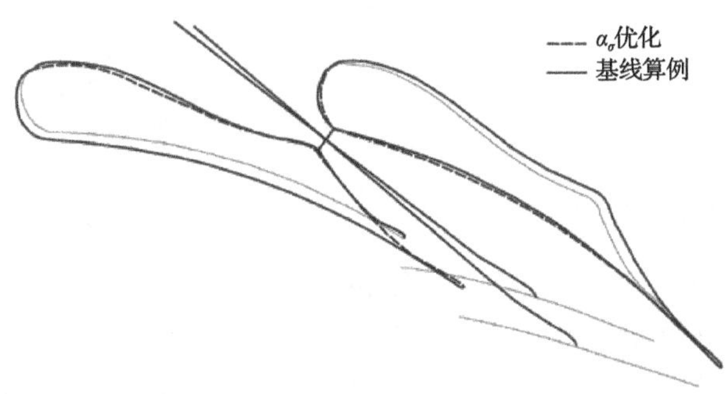


图 8-39　基线喷嘴与 $\alpha_\sigma$优化喷嘴的比较[38]

图 8-40 显示了 $\alpha_\sigma$优化后的马赫数等值线和 $p_0/p_{01}$。从图 8-40(a)可以看出，该方案中主流完整地吸附在静叶的内壁，实现了更均匀的流动。与图 8-38(a)中基线算例的马赫数等值线相比，内壁上的分离现象基本消除，但沿外壁的分离区域比基线算例大。图 8-40(b)为 $\alpha_\sigma$优化情况下的总压力等值线，与基线算例的总压

力等值线相比，$\alpha_\sigma$优化方案出口段的主流总压力较高。

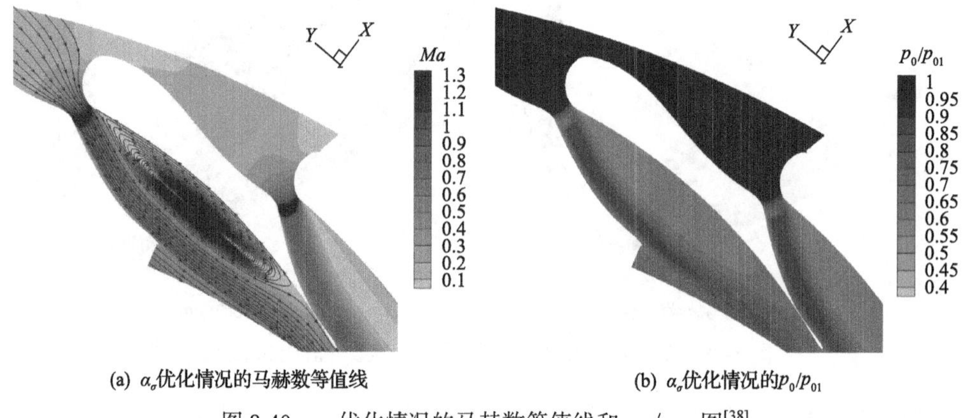


(a) $\alpha_\sigma$优化情况的马赫数等值线　　(b) $\alpha_\sigma$优化情况的$p_0/p_{01}$

图 8-40　$\alpha_\sigma$优化情况的马赫数等值线和 $p_0$ / $p_{01}$ 图[38]

4. 均衡方案喷嘴

第三种情况是优化 $Ma_\sigma$ 和 $\alpha_\sigma$ 之间的均衡方案，在图 8-36 中标记为算例 c。其几何结构与基线算例的比较如图 8-41 所示，从图中可以看出该方案的静叶稍短，喷嘴外壁略微膨胀。

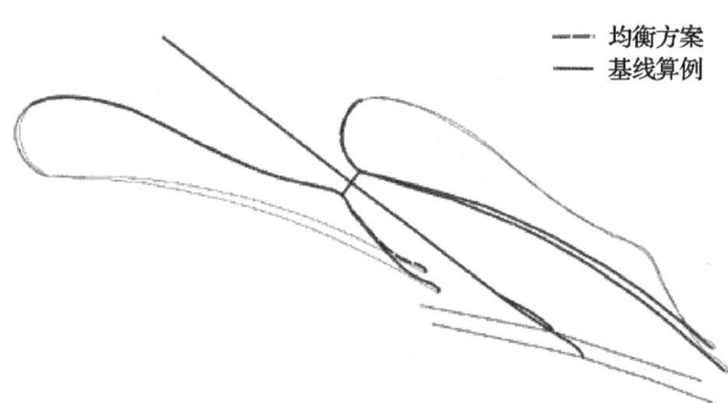


图 8-41　基线喷嘴与 $Ma_\sigma$ 和 $\alpha_\sigma$ 之间的均衡优化喷嘴的比较[38]

图 8-42 为均衡方案的马赫数等值线和 $p_0$ / $p_{01}$。与图 8-38 中的基线算例相比，喷嘴扩张部分两侧的分离减少，外壁附近的分离大于 $Ma_\sigma$ 优化，但比 $\alpha_\sigma$ 优化小。总压力如图 8-42(b)所示，从图中可以看出，与基线算例相比该方案的损失有所减少。与其他两种优化方案相比，均衡方案下的损失适中，这与图 8-38 的结果一致。

5. 结论

三种优化方案喷嘴的几何形状对比如图 8-43 所示。显然，$Ma_\sigma$ 优化的喷嘴长度最短，$\alpha_\sigma$ 优化的喷嘴长度最长。然而，$\alpha_\sigma$ 优化的喷嘴尾缘较薄，可能使结构强度降低。

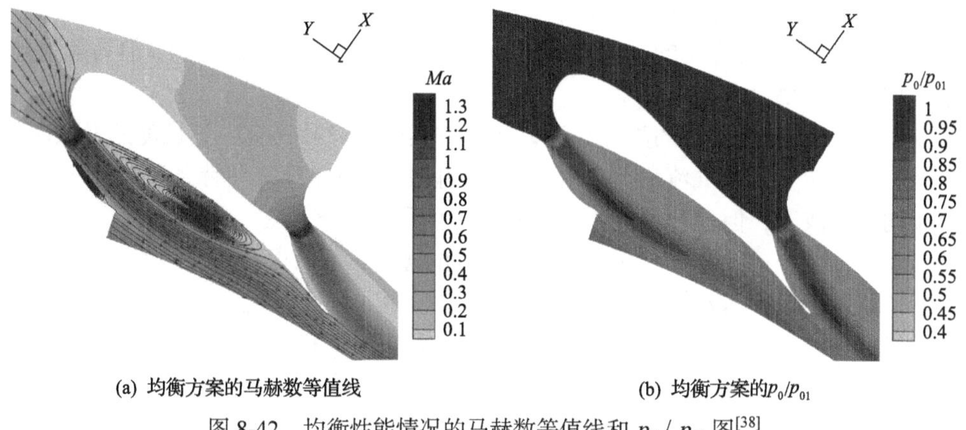


(a) 均衡方案的马赫数等值线　　(b) 均衡方案的 $p_0/p_{01}$

图 8-42　均衡性能情况的马赫数等值线和 $p_0$ / $p_{01}$ 图[38]

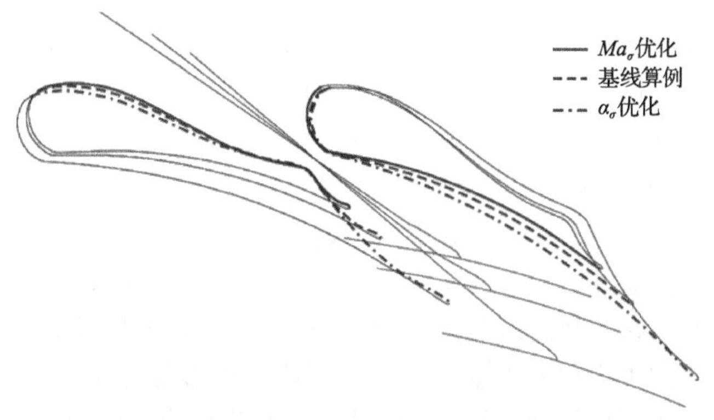


图 8-43　三种不同静叶喷嘴的比较[38]

虽然三种方案在壁面均存在分离现象，但三者的分离程度却不同，$Ma_\sigma$ 优化的静叶分离程度最小，$\alpha_\sigma$ 优化的静叶分离程度最大。同时，无论是基线算例、$Ma_\sigma$ 优化还是均衡方案中的透平静叶，在内壁面均存在一定的分离现象，而 $\alpha_\sigma$ 优化方案可以很好地消除内壁附近的分离现象，并且出口的流动更加均匀。

在本项研究工作中，本书作者等采用新型设计方法，针对 120kW $sCO_2$ 径流式透平静叶喷嘴，通过一维设计程序 TOPGEN 进行初步设计，经由确定优化目标、构建目标函数、静叶初始几何参数设置、开发参数化网格生成器构建高质量网格、几何参数化和 CFD 设置，形成设计空间。通过应用开发的几何优化器，设置不同的加权系数组合，最终选择了三种不同的静叶几何形状，分别是优化马赫数分布、优化出口气流角分布及在马赫数和出口气流角之间的均衡方案。同时，提取并讨论了这些静叶的几何形状、马赫数、总压分布及出口边界的性质，这三种优化静叶具有不同的表现。

(1) 马赫数优化的方案设计具有最短的发散段，马赫数分布最佳，损失较小，但出口流动的均匀性没有明显提高。

(2) 出口气流角优化的案例有最长的发散段，出口流量更加均匀，但马赫数分布不均匀，效率没有明显提高。

(3) 与前两种优化后的静叶相比，均衡方案中的静叶具有中等长度的发散段。在马赫数分布、出口气流角分布等方面的性能也得到提升，马赫数和出口气流角分布均有所改善，但单种性能优势没有以上两种方案突出。

经过以上分析，这三种方案均具有各自的优势，可以很好地适用于 120kW 小型 $sCO_2$ 径流式透平设计。本节通过以上工作阐明了 $sCO_2$ 径流式透平静叶的多种技术优化方法，对今后 $sCO_2$ 动力循环的发展和应用具有一定的指导意义。

## 8.6 本章小结

本章内容主要对 $sCO_2$ 透平进行介绍，详细介绍了透平的发展历程及 $sCO_2$ 透平与传统透平的区别。在一维设计方面，从基本方程、热力计算等方面展开，对流道损失、表面摩擦损失、余速损失、叶顶间隙损失、冲角损失等进行了详细的分析与模型推导。介绍了本书作者等目前参与开发和使用的 $sCO_2$ 布雷顿循环径流式透平一维设计程序 TOPGEN，从发展历史、设计理论、基本参数与方程、设计程序及模型等方面对其进行详细介绍。此外，本章还重点介绍了 TOPGEN 的可行性检测功能，对现有的制造约束及设计约束进行讨论与分析。同时，本章对 $sCO_2$ 透平一维设计空间可视化方法做了介绍，其可以快速筛选出可行的 $sCO_2$ 透平的设计方案。同时，可视化设计空间图给设计人员提供了探索不同设计参数变化方向的新手段。这些工作极大地降低了透平设计的难度与复杂性。

接下来，本书作者等以应用于燃气轮机余热回收的 $sCO_2$ 动力循环系统为研究对象，基于 RANS（雷诺时均）模型，对透平整机系统的内部流场进行数值模拟，获得了 $sCO_2$ 径流式透平整机在起动、升速、自持及额定工况下的运行情况，并针对出口压力变化分析了透平非设计工况下的性能。模拟结果表明：透平起动工况下会发生运行失稳，产生“倒吸”现象且通道内会出现大面积的低速区域，但随转速增加流动趋于稳定；叶顶间隙的泄漏流对透平的性能将产生不利影响，额定工况下 0.5mm 的间隙可使透平减少近 47kW 的功率输出，等熵效率降低 6%左右；轮背密封可以起到良好的密封作用，密封引入气还提高了透平整机的功率和效率；在偏离设计点工况运行时，透平可以有效应对出口压力的变化；通过对比简化通道和全周通道的仿真数据，透平轴功率和等熵效率的误差均在 0.5%以内，可知应用简化通道模型仿真能够保证计算精度。最后，本书作者等对 120kW $sCO_2$ 径流式透平静叶喷嘴开展了系统性的叶形优化工作，并对叶形优化流程做了详细介绍。

使用 OpenFOAM 进行了大量 CFD 模拟，以形成具有 14 个变量的矢量的帕累托前沿。本章选定三个优化的案例进行讨论和对比：分别是最佳马赫数分布（$Ma_\sigma$）、最佳出口气流角分布（$\alpha_\sigma$）和在马赫数和出口气流角之间的均衡方案，优化后的 $Ma_\sigma$ 方案具有最短的扩张喷管，$Ma_\sigma$ 最佳，损失最小；优化的 $\alpha_\sigma$ 情况具有最长的扩张喷嘴，并且出口流动更为均衡；均衡方案中的静叶具有中等长度的发散段，在马赫数分布、出口气流角分布等方面的性能较前两者较为折中。所有这些静叶具有固定的质量流率，以允许上游系统与转子解耦，减小上游参数波动对透平运转带来的干扰。这项研究最终有利于 $sCO_2$ 动力循环的发展。

## 参 考 文 献


[1] 王新军, 李亮, 宋立明. 汽轮机原理[M]. 西安: 西安交通大学出版社, 2014.

[2] 黄树红, 孙奉仲, 盛德仁. 汽轮机原理[M]. 北京: 中国电力出版社, 2008.

[3] 康松, 杨建明, 胥建群. 汽轮机原理[M]. 北京: 中国电力出版社, 2000.

[4] 陈富强. 中国电力工业简史（1882—2021）[M]. 北京: 中国电力出版社, 2022.

[5] Redell T, Ventura C A M, Rowlands A, et al. TOPGEN: Radial Inflow Turbine Model Userguide and Examples[Z]. Brisbane: The University of Queensland, 2017.

[6] 赵煜, 董自春, 张羽, 等. 超临界二氧化碳发电系统研究进展[J]. 热能动力工程, 2019, 34（1）: 6.

[7] CSPPLAZA 光热发电网. 美国西南研究院联合 GE 研发的超临界二氧化碳涡轮机顺利通过测试[EB/OL].（2019-4-9）[2023-6-9]. https://cspplaza.com/article-14778-1.html.

[8] Lee J, Ahn Y, Yoon H, et al. Design Methodology of Supercritical $CO_2$ Brayton Cycle Turbomachineries[C]//ASME Turbo Expo 2012: Turbine Technical Conference and Exposition, Copenhagen, 2012.

[9] Moore J, Brun K, Evans N, et al. Development of 1MWe supercritical $CO_2$ test loop[C]//ASME Turbo Expo 2015: Turbine Technical Conference and Exposition, Montréal, 2015.

[10] Gibbs J P. Power conversion system design for supercritical carbon dioxide cooled indirect cycle nuclear reactors[D]. Cambridge: Massachusetts Institute of Technology, 2008.

[11] 杨岳鸣, 徐进良, 齐建荟, 等. 应用于燃气轮机余热回收系统的超临界 $CO_2$ 径流式透平性能探究[J]. 推进技术, 2022, 43（10）: 192-204.

[12] Glassman A J. Computer program for design analysis of radial-inflow turbines[C]. NASA-TN-D-8164. Washington D C, 1976.

[13] Qi J H, Reddell T, Qin K, et al. Supercritical $CO_2$ radial turbine design performance as a function of turbine size parameters[J]. Journal of Turbomachinery, 2017, 139: 081008.

[14] Suhrmann J F, Peitsch D, Gugau M, et al. Validation and development of loss models for small size radial turbines[C]//Asme Turbo Expo: Power for Land, Sea, & Air, Glasgow, 2010.

[15] Moustapha H, Colling A, Zelesky M F, et al. Axial and Radial Turbines[M]. Vermont: Concepts NREC, 2003.

[16] Watanabe I, Ariga I, Mashimo T. Effect of dimensional parameters of impellers on performance characteristics of a radial-inflow turbine[J]. Journal of Engineering for Power, 1971, 93（1）: 81-102.

[17] Simpson A, Spence S, Watterson J. Numerical and experimental study of the performance effects of varying vaneless space and vane solidity in radial inflow turbine stators[C]//Asme Turbo Expo 2008: Power for Land, Sea, & Air, Berlin, 2008.

[18] Flack R D. Fundamentals of Jet Propulsion with Applications: System Matching and Analysis[C]. Cambridge: Cambridge University Press, 2005.

[19] Musgrave D S. The prediction of design and off-design efficiency for centrifugal compressor impellers[J]. Performance Prediction of Centrifugal Pumps and Compressors. AA(Chrysler Corp, Highland Park, Mich), 1979: 185-189.

[20] Rodgers C. Mainline performance prediction for radial inflow turbines[J]. Von Karman Inst. for Fluid Dynamics, Small High Pressure Ratio Turbines 29 p(SEE N 88-14364 06-37), 1987.

[21] Schlichting H, Gersten K. Boundary-Layer Theory - 8th Revised and Enlarged Edition[M]. Braunschweig, Germany: Technical University of Braunschweig, Institute of Fluid Mechanics Technical University of Braunschweig, 1999.

[22] Colebrook C F. Turbulent flow in pipes, with particular reference to the transition region between the smooth and rough pipe laws[J]. Journal of the Institution of Civil Engineers, 1939, 11(4): 133-156.

[23] Futral S M, Holeski D E. Experimental results of varying the blade- shroud clearance in a 6.02-inch radial-inflow turbine[J]. Nasa Tn D, 1970: 1-2.

[24] Whitfield A, Wallace F J. Study of Incidence Loss Models in Radial and Mixed-Flow Turbomachinery [M]//Conference on Heat and Fluid Flow in Steam and Gas Turbine Plant, Coventry, England, 1973.

[25] Daily J W, Nece R E. Chamber dimension effects on induced flow and frictional resistance of enclosed rotating disks[J]. Journal of Basic Engineering, 1960, 82(1): 217-230.

[26] Ghosh S K, Sahoo R K, Sarangi S K. Mathematical analysis for off-design performance of cryogenic turboexpander[J]. Journal of Fluids Engineering, 2011, 133(3): 031001.

[27] Glassman A J. Enhanced analysis and users manual for radial-inflow turbine conceptual design code RTD[C]//University of Toledo , Ohio, 1995.

[28] Lemmon E W, Huber M L, McLinden M O. NIST reference fluid thermodynamic and transport properties REFPROP[J]. NIST Standard Reference Database, 2002, 23: v7.

[29] Ventura C A M, Jacobs P A, Rowlands A S, et al. Preliminary design and performance estimation of radial inflow turbines: An automated approach[J]. Journal of Fluids Engineering, Transactions of the ASME, 2012, 134(3): 4-13.

[30] Hiett G F, Johnston I H. Paper 7: Experiments concerning the aerodynamic performance of inward flow radial turbines[J]. Proceedings of the Institution of Mechanical Engineers, Conference Proceedings, 1963, 178(9): 28-42.

[31] Ventura D M, Andre C. Aerodynamic design and performance estimation of radial inflow turbines for renewable power generation applications[D]. Brisbane: School of Mechanical and Mining Engineering, The University of Queensland, 2012.

[32] Blevins R D, Plunkett R. Formulas for natural frequency and mode shape[J]. Journal of Applied Mechanics, 1980, 47(2): 461-462.

[33] Rohlik H E. Analytical determination of radial inflow turbine design geometry for maximum efficiency[C]. NASA-TN-D-4384. Washington, D. C, 1968.

[34] 高飞, 李昕. ANSYS CFX 14.0 超级学习手册[M]. 北京: 人民邮电出版社, 2013.

[35] 王雨琦, 张荻, 谢永慧. 部分进气超临界二氧化碳透平非定常流动研究[J]. 热力透平, 2018, 47(1): 47-52.

[36] Aungier R H. A fast, accurate real gas equation of state for fluid dynamic analysis applications[J]. Journal of Fluids Engineering, Transactions of the ASME, 1995, 117(2): 278-281.

[37] Páscoa J C, Xisto C, Göttlich E. Performance assessment limits in transonic 3D turbine stage blade rows using a mixing-plane approach[J]. Journal of Mechanical Science and Technology, 2010, 24(10): 2035-2042.

[38] Qi J H. Simulation Tools and Methods for Supercritical Carbon Dioxide Radial Inflow Turbine[M]. Berlin:

Springer-Verlag, 2022.

[39] Jahn I, Jacobs P. Using meridional streamline and passage shapes to generate radial turbomachinery geometry and meshes[J]. Applied Mechanics and Materials, 2016, 846(1): 1-6.

[40] Bonaiuti D, Zangeneh M. On the coupling of inverse design and optimization techniques for the multiobjective, multipoint design of turbomachinery blades[J]. Journal of Turbomachinery, 2009, 131(2): 021014-021029.

[41] Roberts S J. Parametric and non-parametric unsupervised cluster analysis[J]. Pattern Recognition, 1997, 30(2): 261-272.

[42] Jahn I, Qin K. e3prepToFoam: A mesh generator for OpenFOAM[R]. School of Mechanical and Mining Engineering, Brisbane: The University of Queensland, 2015.

[43] Jacobs P A, Gollan R J, Jahn I, et al. The Eilmer3 code: user guide and example book[R]. Brisbane: The University of Queensland, 2015.

[44] Borm O, Jemcov A, Kau H P, et al. Density based navier stokes solver for transonic flows[C]//6th OpenFORM Workshop. Philadelphia, 2011.

# 第 9 章　$sCO_2$ 压缩机和密封

## 9.1　引　　言

压缩机是将输入的机械能转换成流体能量的装置，是保证动力循环安全和高效运行的关键部件，其广泛应用于各种动力循环[1]。压缩机的效率将直接影响整个动力循环发电效率，较高的效率是由优良的气动性能获得的，压缩机气动性能由其几何结构尺寸直接决定，传统的压缩机设计方法针对空气或水蒸气等低密度流体开发，将其用于设计 $CO_2$ 为工质的压缩机时，准确性将难以保证，因此与 $sCO_2$ 透平一样，需要对一维设计方法进行更新。除去几何结构尺寸对 $sCO_2$ 压缩机气动性能有影响外，气体泄漏是影响压缩机效率的另一关键因素，因此采用何种密封装置也是 $sCO_2$ 压缩机设计的关键。由于压缩机工作在 $CO_2$ 近临界点附近，物性变化剧烈，对 CFD 仿真提出严峻挑战，需要针对性的开发模拟方法。首先，本章作者对离心式压缩机的一维设计方法进行详细叙述；其次，作者对 $sCO_2$ 压缩机中常用的密封种类进行综述，着重介绍具有较高密封能力的干气密封装置及仿真方法；最后，开发了非理想流体物性的 CFD 仿真求解器，为开源仿真非理想流体的流动打下基础。针对以上内容，本章将分节进行详细叙述。

## 9.2　$sCO_2$ 压缩机

### 9.2.1　压缩机的发展

早在战国时期，智慧的中国人已经开始对空气压缩进行研究，为了吹火、冶炼发明了一种助火工具“橐籥”（tuóyuè），这是最早的助火工具，也是风匣/风箱的前身。元代后期，陈椿《熬波图》中即绘有铸铁冶炼用的回拉杆双阀门风箱。明代宋应星《天工开物》中出现了更多的风箱绘图[2]，风箱如图 9-1 所示。这时的风箱已经具备了活塞、气阀等结构，是现代空气压缩机的雏形。

活塞式压缩机作为最早出现的压缩机类型，因其设计结构简单，材料要求低的特点，在 19 世纪的欧洲成为适用最为广泛的类型，但随着生产需求的不断提高，活塞式压缩机由于存在容量小、滑油损失较多、易损件多等诸多缺点已经无法满足一些特殊工况的要求。20 世纪初离心式压缩机问世并逐渐被人们认识和接受，法国拉托公司于 1900 年首次生产了一种用于鼓风的离心压缩机，此后，欧洲、美

图 9-1　《天工开物》中使用风箱的场景[2]

国对离心式压缩机的制造和使用也随之兴起[3]。而轴流压缩机真正投入使用的时间比离心压缩机要晚一些，尽管早在 19 世纪后期，人们就已经提出了多级轴流压缩机，但其效率低下，一直没有得到普及。20 世纪 30 年代以来，随着航空工业的发展，为了提高轴流式压缩机的效率，在理论和实验方面对航空燃气轮机进行了大量研究。自 20 世纪 40 年代起，轴流式压缩机在航空燃气轮机中得到了广泛应用，至今仍占有重要地位，其特殊的结构形式及工作原理，使它具有很多独特之处。现代轴流式压缩机的工作效率可高达 90%乃至更高，并被广泛应用于发电、舰艇动力装置和机车动力装置中。

20 世纪 80 年代中期以来，国外压缩机行业在技术和生产两方面均有新的进步。其中，最引人瞩目的就是大型高效离心式压缩机的出现。尤其是在设计过程中，随着计算机科学辅助工业制造的发展，设计工作对于工程师而言更加简单和快捷，设备制造走向自动化。其中，将压缩机设计与计算机科学结合的先行者是美国 IRIS，其引入多维空间解析技术，将性能分析与零件设计相结合，为压缩机优化设计提供了非常有效的手段，从而为压缩机的优化设计提供了一种十分有效的方法。

我国的压缩机发展相较于国外是比较滞后的，以离心式压缩机为例，我国离心式压缩机的技术发展大致经历了以下三个阶段：模仿、学习融合和自主研发[4]。

1960～1964 年是中国离心式压缩机技术发展的第一阶段。在这一段时间我国以模仿国外的设计技术资料进行制造压缩机为主，通过参考国外资料设计压缩机。中国自主制造的第一台离心式压缩机（DA3250-41）便于 1960 年诞生。1966～1980 年，离心式压缩机技术取得较大进步，开发了循环氢气离心式压缩机及与空气分离配套的离心式空气压缩机、氧气压缩机和氮气压缩机，虽然我们已经能够自主研发，但当时国内制造水平还是较低的，与国外相比仍有较大差距。1976～1995 年是国内离心式压缩机学习与融合的吸收阶段。在国家的支持下，不断从国外引进先进的离心式压缩机设计和制造技术，通过学习这些先进的技术并与我国设计经验相结合，我国的离心式压缩机技术得到了跨越式发展，但遗憾的是与国外企业相比仍不占有主导地位。

自 20 世纪 80 年代以来，国内离心式压缩机制造商通过与各大科研院校合作，建立了许多研发机构。同时，国际上的流体机械研发工具也开始在我国销售，这也推动了我国压缩机设计研发的脚步。在进入第三阶段开始自主研发后，压缩机的制造商也逐渐开发出了属于自己的压缩机产品，推动了我国相关领域的快速发展。

随着压缩机的快速发展，其性能与可靠性基本也得到妥善解决，但基本都是以改善使用寿命和使用性能为重点。目前我国提倡绿色制造、智能制造、服务型制造，而绿色制造就意味着未来压缩机的发展需要噪声低、可靠性高、污染小。同时，随着压缩机的不断发展，需要的压缩工质也在不断变化，如二氧化碳、氦气、氩气、甲烷等均可作为压缩机工质使用，而针对不同工质在不同循环中需要采用的压缩机也是不同的。

因此，未来的压缩机发展主要集中在以下几个方向：①持续改进压缩机的可靠性；②噪声减小；③排气深度净化；④针对不同循环工质的需求开发针对性产品；⑤降低压缩机的生产成本。

### 9.2.2　压缩机的分类

根据压缩气体的原理不同，压缩机一般可以分为容积式和动力式两大类，如图 9-2 所示。两大类压缩机及其子类在各自体积流量能力和总压缩压力比方面都各有优缺点。容积式压缩机对气体直接压缩使气体体积缩小压力提高，其特征是具有一个可周期变化的容积，这个容积称为工作腔。容积式压缩机按其在工作腔内运动元件的不同可分为往复式与回转式两种。动力式压缩机利用叶轮的高速转动强制气体高速流动以产生动能，之后将提速后的气体通入扩压元件使气体体积缩小压力升高。其特征在于动力式压缩机具有叶轮，能驱使气体达到一定的流动

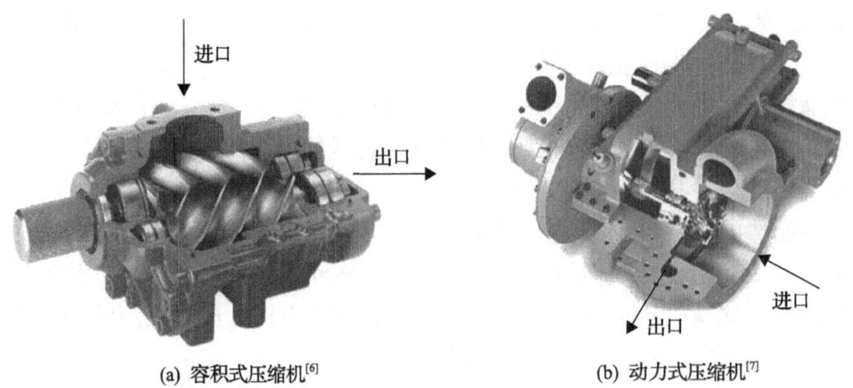


(a) 容积式压缩机[6]　　(b) 动力式压缩机[7]

图 9-2　压缩机分类

速度。动力式压缩机按工作腔内运动元件可分为离心式、轴流式和混流式，其结构如图 9-3 所示。

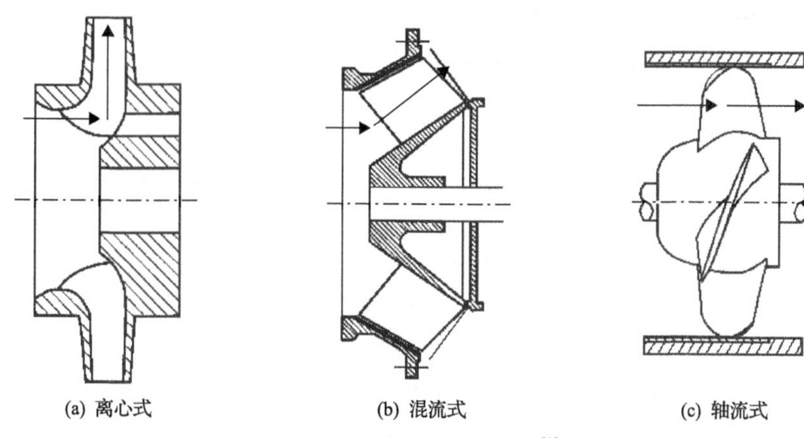

(a) 离心式　(b) 混流式　(c) 轴流式

图 9-3　动力式压缩机分类[1]

对于 $sCO_2$ 动力循环中的压缩机，其运行工况位于工质临界点附近，并且 $sCO_2$ 具有高密度、低黏度和低可压缩的特性，这使得在同质量的情况下它的体积要比超临界水小，低可压缩性使其压缩过程非常类似于液体压缩过程，相应的压缩机耗功较低，循环效率更高[5]。离心式压缩机和轴流式压缩机均可应用在 $sCO_2$ 动力循环中，但关于哪种类型更适合 $sCO_2$ 动力循环尚需要循环的相关参数来确定。两种压缩机都是通过叶片作用将速度传递给工作流体。轴流式压缩机中的叶片与转轴之间通过焊接连接，对叶片材料的强度要求高，其位置和叶片形状如图 9-4(a) 所示。离心式压缩机的叶片与轮盘通过铸造方法生产，保证了叶片与轮盘之间的强度，其叶片位置和形状如图 9-4(b) 所示。

(a) 轴流式压缩机叶轮

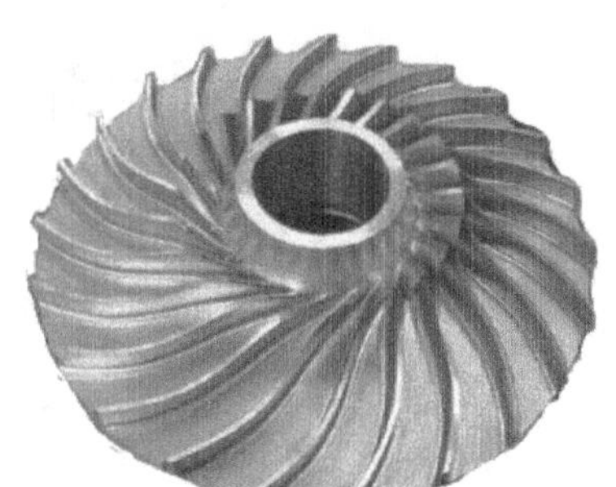

(b) 离心式压缩机叶轮

图 9-4　压缩机叶轮[10,11]

Liu 等[8]研究发现，在 $sCO_2$ 动力循环中为了满足德哈勒失速(de Haller stall)准则，轴流式压缩机需要相当的数量级，这会带来许多额外的问题，因此离心式

压缩机更适用于 $sCO_2$ 动力循环，甚至适用于 100MW 标度系统。同时，Fleming 等[9]认为，对于 $sCO_2$ 布雷顿循环，倘若循环功率不超过 50MW，通常在循环中使用离心式压缩机。同时，本书作者研究的重点功率等级是在离心式压缩机的基础上展开的，因此下面将针对离心式压缩机开展阐述工作。

### 9.2.3　离心式压缩机

离心式压缩机是最早开发的动力式压缩机，叶轮通过对气体做功使气体在离心力和扩压器的降速扩压作用下，提升气体的压力。图 9-5 是单级离心式压缩机子午剖面示意图，其中 1 处表示动叶叶片入口，2 处表示动叶叶片出口，3 处表示扩压器入口，4 处表示扩压器出口。压缩气流流经旋转叶轮中心，依次经过主叶片、分流叶片(部分小型的离心式压缩机没有分流叶片)后，叶轮通过高速旋转的径向叶片将气体向四周排出。然后，气体被引导通过扩压器，在扩压器中，高速气体的速度减慢，使气体的压力升高。

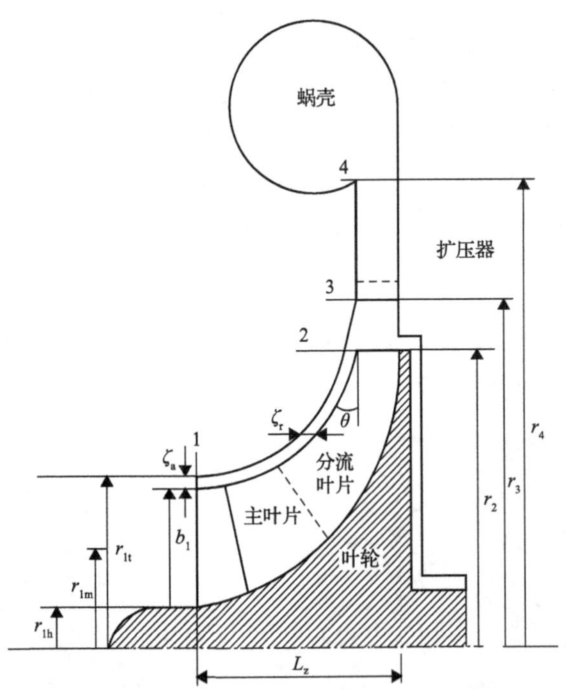


图 9-5　单级离心式压缩机子午面示意图[12]

$r_{1h}$-叶轮轮毂半径(叶轮轮毂直径 $D_{1h}$=2*$r_{1h}$)；$r_{1m}$-叶轮入口平均半径(叶轮入口平均直径 $D_{1m}$=2*$r_{1m}$)；$r_{1t}$-叶轮叶尖半径(叶轮叶尖直径 $D_{1t}$=2*$r_{1t}$)；$b_1$-叶轮入口叶高；$\zeta_a$ -叶轮轴向间隙；$\zeta_r$ -叶轮径向间隙；$r_2$-叶轮出口半径(叶轮出口直径 $D_2$=2*$r_2$)；$r_3$-扩压器入口半径(扩压器入口直径 $D_3$=2*$r_3$)；$r_4$-扩压器出口半径(扩压器出口直径 $D_4$=2*$r_4$)

离心式压缩机是 $sCO_2$ 动力顿循环中的关键设备。由于 $sCO_2$ 工质的特殊物性使其具有较高的能量密度，因此 $sCO_2$ 压缩机具有高效率、低耗功的突出优势。

图 9-6 是美国桑迪亚国家实验室离心式压缩机叶轮[13]，可以看出 $sCO_2$ 离心式压缩机叶轮的直径稍大于硬币，意味着相比于传统压缩机，其结构更加紧凑。但由于 $sCO_2$ 工质在临界点附近的物性变化剧烈，与传统压缩机工质相比其实际气体物性更强，且非线性物理性质明显，所以目前的设计理论还需进一步完善。

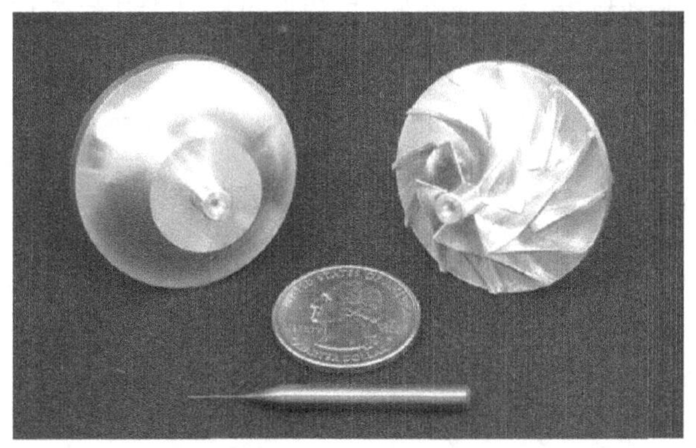

图 9-6　美国桑迪亚国家实验室离心式压缩机叶轮[13]

除单级离心机组外，为了提高压比，设计了多级离心式压缩机，主要由以下几部分组成，如图 9-7 所示。

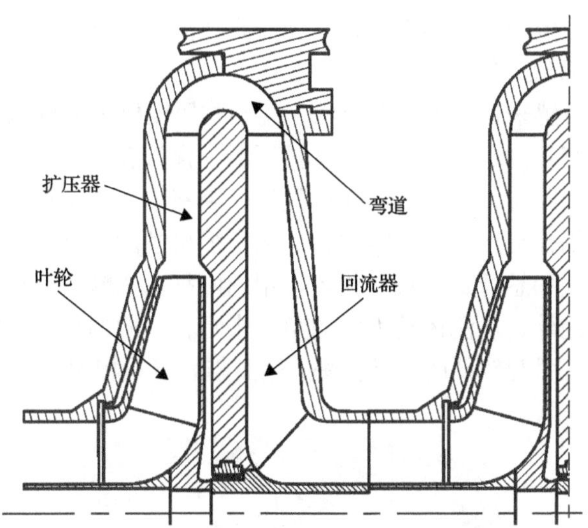


图 9-7　多级离心式压缩机示意图[1]

吸气室也称作进气室，其作用是将气体从进气管道或中间冷却器引导至叶轮中。在引导至叶轮前，进口通道通常配置有固定进口导叶（inlet guide vane，IGV），它按最佳扭曲角度来设计，以引导气流进入，减少进气涡旋的产生。在设计吸气室时，为了减少损失，通常需要使气流在进入叶轮前获得较为均匀的流速[14]。

叶轮是离心式压缩机的核心部件。气体通过叶轮旋转能够获得一定的动能和压力能，并在离心力的作用下离开叶轮，进而完成对气体的增压和运输。

扩压器是负责将气体或蒸汽的动能转换为压力能，如图 9-8 所示。动能转化为压力能是通过逐渐减慢气体的速度来实现的。气体一旦到达扩压器，随着横截面流动面积的逐渐增大，气体流速降低。扩压器可以是无叶片、有叶片（“叶片式”）或有叶无叶交替的组合。

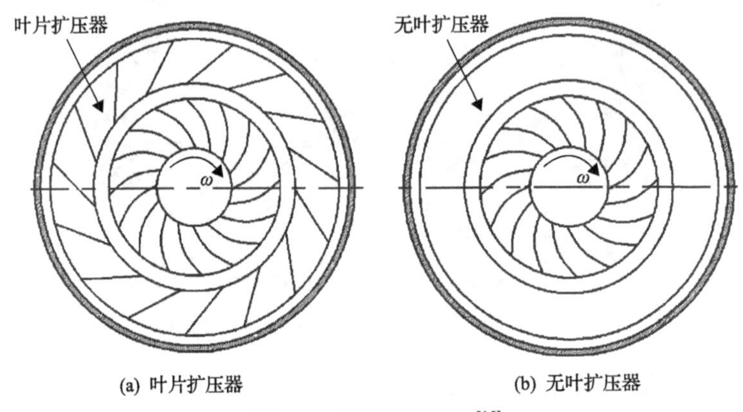


图 9-8　扩压器示意图[15]

弯道和回流器位于扩压器之后，气体介质在流出扩压器后进入弯道，经弯道使流向反转 180°后流入回流器。

蜗壳形状的灵感来自蜗牛壳的形状，离心式压缩机中的蜗壳如图 9-9 所示。蜗壳中可以安装有叶片，也可以像无叶扩压器一样没有叶片。蜗壳是压缩机将气体排入的最后一个腔室，气体收集在排气蜗壳腔室中，并从那里输送到压缩机的排气喷嘴。如果蜗壳与压缩机不匹配，那么压缩机性能将有所降低。蜗壳可以有各种形状，对称式和悬臂式是目前比较常用的两种基本蜗壳结构，它们的设计和生产都很复杂。此外，从流体动力学的角度来看，它们的行为不同，对称式在较宽的工作范围内可引起较低的扩散损失；然而与悬臂式相比，它需要更大的套管。

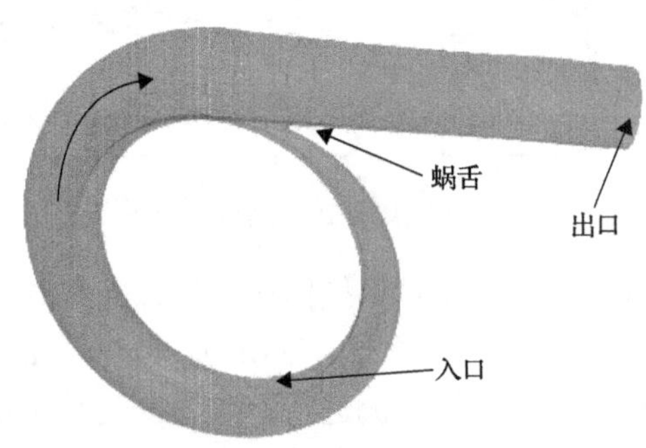


图 9-9　蜗壳示意图

悬臂式蜗壳可以是圆形或箱形[14]。

### 9.2.4　压缩机的设计

目前，离心式压缩机的设计方法对于大多数气体都是适用的，但 $sCO_2$ 离心式压缩机设计方法亟待开发，表 9-1[9]总结了不同尺寸对应的设计指导原则。另外，$sCO_2$ 的特殊物性对压缩机的气动性能有很大影响，所以对其结构设计、压缩机的启停等也有很大的挑战，具体相关的设计方法最终还需实验方法来验证。

**表 9-1　压缩机设计指导原则**

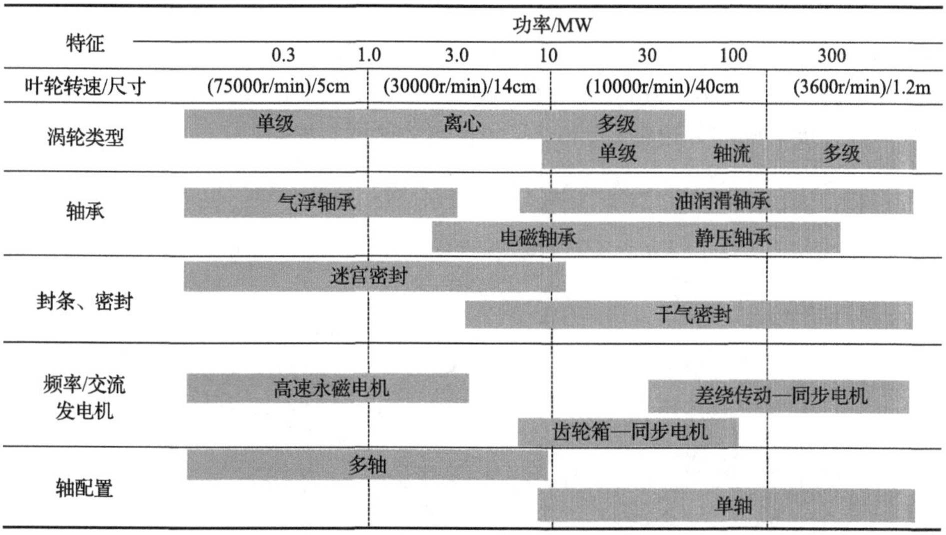

| 特征 | 功率/MW | | | |
|---|---|---|---|---|
| | 0.3　1.0 | 3.0　10 | 30　100 | 300 |
| 叶轮转速/尺寸 | (75000r/min)/5cm | (30000r/min)/14cm | (10000r/min)/40cm | (3600r/min)/1.2m |
| 涡轮类型 | 单级 | 离心 | 多级<br>单级　轴流 | 多级 |
| 轴承 | 气浮轴承 | 电磁轴承 | 油润滑轴承<br>静压轴承 | |
| 封条、密封 | 迷宫密封 | | 干气密封 | |
| 频率/交流发电机 | 高速永磁电机 | | 齿轮箱—同步电机 | 差绕传动—同步电机 |
| 轴配置 | 多轴 | | 单轴 | |

1. 一维热力设计

离心式压缩机的设计包括热力设计、强度和稳定性计算、结构设计等多方面内容，其中，热力设计主要包括气动热力参数和主要结构尺寸的计算，其流程如下。

1) 明确压缩机设计任务

在压缩机设计时首先要明确所要压缩输送的工质，然后需要知晓最基本的设计条件和要求，如工质的物性参数、压缩机工质进口温度 $T_{in}$、进口压强 $p_{in}$、要输送的工质流量(质量流量或体积流量)等参数[16]。除上述要求外，还需要考虑到流动过程中可能会存在泄露、摩擦、回流等损失。因此，设计前一定要非常清楚设计条件和要求，设计者和需求者之间可能会存在不同的理解，特别是对于 $sCO_2$ 这种特殊流体，可能还会有密封、耐高压、防冷凝等要求。

2) 方案设计

压缩机方案设计的主要工作是解决如何对气体做功，同时也要保证压缩机有良好的性能。在压缩机中流体的流动在不同截面处的变化是不同的。在气流作三元不稳定运动的情况下，对其内部流场进行分析是非常复杂的。因此，在进行热力设计时，经常有以下几个假设[17]。

(1) 假设压缩机中的工质流动是连续的。

(2) 假设沿压缩机流道的各截面的工质参数一致。

(3) 假设压缩机中工质的流动是定常流动。

此外，压缩机内的气体会因叶轮旋转做功而引起流速方向的变化，为了研究气体在叶轮上做功情况，需要对叶轮的进口和出口进行流速分析。为了便于分析，需要绘制叶片进出口速度三角形[18]。图 9-10 给出了叶片进出口速度三角形，其中 $\alpha_1$ 和 $\alpha_2$ 分别为叶片进出口工质的绝对速度与圆周速度之间的夹角，$\beta_1$ 和 $\beta_2$ 分别为叶片进出口工质运动的相对速度与圆周速度反向的夹角。此外，通常 $C_1$ 与 $C_2$ 分成两个分速度，圆周分速度 $C_{1u}$ 和 $C_{2u}$ 和径向分速度 $C_{1r}$ 和 $C_{2r}$。

$$u_{1w}^2 = u_{1t}^2 + C_1^2 - 2u_{1t}C_{1u}，\ u_{2w}^2 = u_{2t}^2 + C_2^2 - 2u_{2t}C_{2u} \tag{9-1}$$

$$C_{1u} = u_{1t} - C_{1m}\cot\beta_1，\ C_{2u} = u_{2t} - C_{2m}\cot\beta_2 \tag{9-2}$$

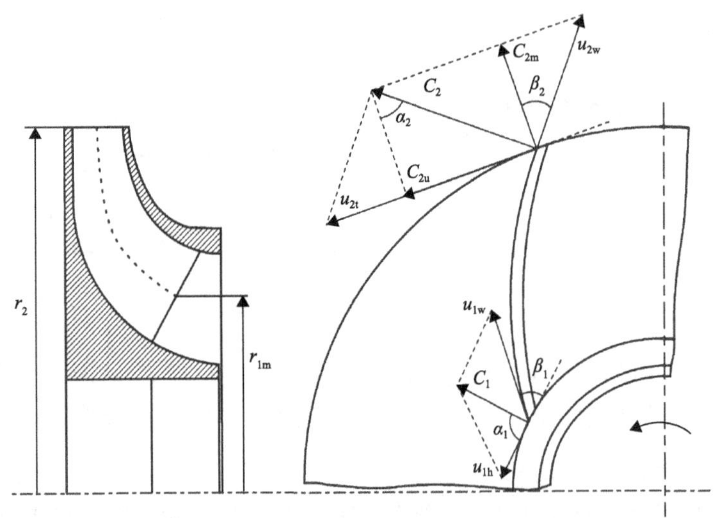


图 9-10　离心式压缩机叶轮进出口速度三角形[1]

3) 动力参数计算

在压缩机设计中，需要的已知条件为质量流量 $\dot{m}$、进口压强 $p_1$、进口温度 $T_1$、出口压强 $p_3$ 和转速 $N$，通常需要选定下列参数[19]对压缩机设计进行迭代计算：流量系数 $\varphi$、能量头系数 $\psi$、子午速度比 $\xi$、入口绝对速度角 $\alpha_1$、叶轮轮毂直径比 $\delta_h$ 和压缩机效率 $\eta_{is}$。

首先需要进行压缩机动力参数的计算，由于 $\alpha_1$ 作为假设参数通常我们将 $\alpha_1$ 设定为 0，之后将其他气流角表示为$\alpha_1$和选定参数的函数，按照这种方法，叶轮出口绝对气流角$\alpha_2$表示为：

$$\tan\alpha_2=\frac{C_{2\mathrm{u}}}{C_{2\mathrm{m}}}=\frac{C_{2\mathrm{u}}}{u_{2\mathrm{t}}}\cdot\frac{u_{2\mathrm{t}}}{C_{1\mathrm{m}}}\cdot\frac{C_{1\mathrm{m}}}{C_{2\mathrm{m}}}=\frac{C_{2\mathrm{u}}}{u_{2\mathrm{t}}}\cdot\frac{1}{\varphi\cdot\xi}=\frac{1}{\varphi\cdot\xi}\cdot(\psi+\varphi\cdot\delta_t\cdot\tan\alpha_1) \tag{9-3}$$

叶轮进出口相对气流角$\beta_1$和$\beta_2$表示为

$$\tan\beta_1=\frac{u_{1\mathrm{wu}}}{C_{1\mathrm{m}}}=\frac{u_1-C_{1\mathrm{u}}}{C_{1\mathrm{m}}}=\frac{\delta_t}{\varphi}-\tan\alpha_1 \tag{9-4}$$

$$\tan\beta_2=\frac{u_{2\mathrm{wu}}}{C_{2\mathrm{m}}}=\frac{u_2-C_{2\mathrm{u}}}{C_{2\mathrm{m}}}=\frac{u_2}{C_{1\mathrm{m}}}\cdot\frac{C_{1\mathrm{m}}}{C_{2\mathrm{m}}}-\tan\alpha_2=\frac{1}{\varphi\cdot\xi}-\tan\alpha_2 \tag{9-5}$$

式中，$\delta_t$为叶轮叶尖直径比，计算方法如下：

$$\delta_t=\frac{D_{1t}}{D_2}=\sqrt{\delta_h^2+\frac{4\cdot\dot{m}}{\rho_1\varphi\pi\cdot D_2^2}} \tag{9-6}$$

叶轮反动度Ω为

$$\Omega=1-\frac{\psi}{2}+\frac{\varphi^2}{2\cdot\psi}\cdot\left[\left(1-\xi^2\right)+\tan^2\alpha_1\cdot\left(1-\delta_t^2\right)\right]-\varphi\cdot\delta_t\cdot\tan\alpha_1 \tag{9-7}$$

从上述的运动学计算中，一旦设置了五个独立参数$\varphi$、$\psi$、$\xi$、$\delta_h$和$\alpha_1$，所有气流角$\alpha_2$、$\beta_1$和$\beta_2$均可计算。

通过上述气流角计算后，那么叶轮的运动学参数可以通过下式计算得出：

$$\begin{aligned}
C_{1\mathrm{m}}&=u_{2\mathrm{t}}\cdot\varphi\\
C_{1\mathrm{u}}&=u_{2\mathrm{t}}\cdot\varphi\cdot\tan\alpha_1\\
C_{2\mathrm{m}}&=u_{2\mathrm{t}}\cdot\xi\cdot\varphi\\
C_{2\mathrm{u}}&=u_{2\mathrm{t}}\cdot\xi\cdot\varphi\cdot\tan\alpha_2\\
u_{1\mathrm{wu}}&=u_{2\mathrm{t}}\cdot\varphi\cdot\tan\beta_1\\
u_{2\mathrm{wu}}&=u_{2\mathrm{t}}\cdot\xi\cdot\varphi\cdot\tan\beta_2\\
C_1&=u_{2\mathrm{t}}\cdot\varphi\cdot\sqrt{1+\tan^2\alpha_1}\\
C_2&=u_{2\mathrm{t}}\cdot\xi\cdot\varphi\cdot\sqrt{1+\tan^2\alpha_2}\\
u_{1\mathrm{w}}&=u_{2\mathrm{t}}\cdot\varphi\cdot\sqrt{1+\tan^2\beta_1}\\
u_{2\mathrm{w}}&=u_{2\mathrm{t}}\cdot\xi\cdot\varphi\cdot\sqrt{1+\tan^2\beta_2}\\
u_{2\mathrm{t}}&=u_{2\mathrm{t}}\cdot\delta_t
\end{aligned} \tag{9-8}$$

但是叶轮出口圆周速度 $u_{2t}$ 未知，因此为了完成上述动力学参数的计算，必须确定扩压器出口处的绝对速度 $C_3$，通常假设 $C_3 = C_1$，然后通过下式可以计算出 $C_3$，但是这又出现了总绝热焓升 $\Delta h_{t,ad}$ 未知，因此需通过调用实际气体参数库计算得到。

$$\Delta h_{t,ad} = \Delta h_{ad} + \frac{C_3^2 - C_1^2}{2} = h_3 - h_1 + \frac{C_3^2 - C_1^2}{2} \tag{9-9}$$

因为已知压缩机进口压强 $p_1$、进口温度 $T_1$、扩压器出口压强 $p_3$，所以我们通过调用实际气体物性库可以得到压缩机入口熵值 $s_1$ 和出口理想焓值 $h_{3,is}$，因为压缩机等熵效率如下式：

$$\eta_{is} = \frac{h_{3,is} - h_1}{h_3 - h_1} \tag{9-10}$$

所以可以计算得到出口实际焓值 $h_3$，再通过下式计算得到压缩机入口总焓 $h_{1t}$ 和出口总焓 $h_{3t}$：

$$h_{1t} = h_1 + \frac{C_1^2}{2} \tag{9-11}$$

$$h_{3t} = h_3 + \frac{C_3^2}{2} \tag{9-12}$$

而总绝热焓升 $\Delta h_{t,ad}$ 还可表示如下：

$$\Delta h_{t,ad} = h_{3t} - h_{1t} = h_3 - h_1 + \frac{C_3^2 - C_1^2}{2} \tag{9-13}$$

因为假设 $C_3 = C_1$，所以可以求得 $\Delta h_{t,ad}$，因此叶轮出口圆周速度 $u_{2t}$ 可以通过下式求得：

$$u_{2t} = \sqrt{\frac{\Delta h_{t,ad}}{\psi}} = \sqrt{\frac{h_{3t} - h_{1t}}{\psi}} = \sqrt{\frac{h_3 - h_1 + (C_3^2 - C_1^2)/2}{\psi}} = \sqrt{\frac{h_3 - h_1}{\psi}} \tag{9-14}$$

当 $C_3 \neq C_1$ 时，叶轮出口圆周速度 $u_2$ 可以通过扩压器中总焓守恒 $h_{3t} = h_{2t}$ 求得，其中 $h_{2t}$ 将经过下述热力学参数计算求得：

$$C_3 = \sqrt{2(h_{3t} - h_3)} = \sqrt{2(h_{2t} - h_3)} \tag{9-15}$$

$$u_{2t} = \sqrt{\frac{\Delta h_{t,ad}}{\psi}} = \sqrt{\frac{h_{3t} - h_{1t}}{\psi}} = \sqrt{\frac{h_3 - h_1 + (C_3^2 - C_1^2)/2}{\psi}} \tag{9-16}$$

将 $C_1 = u_2 \cdot \varphi \cdot \sqrt{1 + \tan^2 \alpha_1}$ 代入上式可得 $C_3 \neq C_1$ 时叶轮出口圆周速度 $u_{2t}$ 为

$$u_{2t} = \sqrt{\frac{\Delta h_{t,ad}}{\psi + \dfrac{\varphi^2}{2\cos^2 \alpha_1}}} \tag{9-17}$$

4) 热力参数计算

根据已知条件，叶轮入口处和扩压器入口和出口处的所有热力学参数可以如下计算。因为工质 $CO_2$ 不能被同化为理想气体，所以需要适当的状态函数，例如 NIST 库中的状态函数。

已知叶轮进口压强 $p_1$、进口温度 $T_1$，我们可以计算得到叶轮入口 1 处的热力学参数：

$$h_1, s_1, \rho_1 = h_{p,T} s_{p,T} \rho_{p,T} (p_1, T_1) \tag{9-18}$$

1 处总量：

$$h_{1t} = h_1 + \frac{C_1^2}{2} \tag{9-19}$$

$$p_{1t}, \rho_{1t} = p_{h,s} \rho_{h,s} (h_{1t}, s_1) \tag{9-20}$$

1 处总相对量：

$$h_{1tr} = h_1 + \frac{u_{w1}^2}{2} \tag{9-21}$$

$$p_{1tr}, T_{1tr}, \rho_{1tr} = p_{h,s} T_{h,s} \rho_{h,s} (h_{1tr}, s_1) \tag{9-22}$$

为了计算叶轮出口处的热力学参数，还需知道叶轮效率 $\eta_R$，因此由叶轮焓守恒可得叶轮出口 2 处的热力学参数：

$$h_2 = h_1 + \frac{u_{1w}^2}{2} - \frac{u_{1h}^2}{2} - \frac{u_{2w}^2}{2} + \frac{u_{2t}^2}{2} \tag{9-23}$$

$$h_{2,is} = h_1 + \eta_R \cdot (h_2 - h_1) \tag{9-24}$$

$$p_2 = p_{h,s}(h_{2,is}, s_1) \tag{9-25}$$

计算出叶轮出口处的压力和焓后，就可以评估其他热力学参数：

$$s_2, T_2, \rho_2 = s_{p,h}, T_{p,h}, \rho_{p,h}(p_2, h_2) \tag{9-26}$$

2 处总量：

$$h_{2t} = h_2 + \frac{C_2^2}{2} \tag{9-27}$$

$$p_{2t}, T_{2t}, \rho_{2t} = p_{h,s} T_{h,s} \rho_{h,s}(h_{2t}, s_2) \tag{9-28}$$

2 处总相对量：

$$h_{2tr} = h_2 + \frac{u_{2\mathrm{w}}^2}{2} \tag{9-29}$$

$$p_{2tr}, T_{2tr}, \rho_{2tr} = p_{h,s} T_{h,s} \rho_{h,s}(h_{2tr}, s_2) \tag{9-30}$$

5) 几何参数计算

通过运动参数和热力参数的计算，现将进行离心式压缩机叶轮几何参数的计算。

叶轮出口直径通过叶轮出口处的叶片圆周速度 $u_{2\mathrm{t}}$ 和转速 $N$ 计算得到：

$$D_2 = \frac{60}{\pi} \cdot \frac{u_{2\mathrm{t}}}{N} \tag{9-31}$$

叶轮出口处叶片高度 $b_2$ 为

$$b_2 = \frac{A_2}{\pi D_2} = \frac{\dot{m}}{\rho_2 C_{2\mathrm{m}} D_2} \tag{9-32}$$

叶轮入口处流通面积 $A_1$ 为

$$A_1 = \frac{\pi}{4} \cdot \left(D_{1\mathrm{t}}^2 - D_{1\mathrm{h}}^2\right) = \frac{\pi}{4} \cdot D_2^2 \cdot \left(\delta_t^2 - \delta_h^2\right) \tag{9-33}$$

叶轮轮毂直径 $D_{1\mathrm{h}}$ 为

$$D_{1\mathrm{h}} = \delta_h \cdot D_2 \tag{9-34}$$

叶轮叶尖直径 $D_{1\mathrm{t}}$ 为

$$D_{1t} = \delta_t \cdot D_2 \tag{9-35}$$

叶轮入口处叶片高度 $b_1$ 为

$$b_1 = \frac{D_{1t} - D_{1h}}{2} = \frac{D_2}{2} \cdot (\delta_t - \delta_h) \tag{9-36}$$

子午线处叶轮直径为

$$D_{1m} = \frac{D_{1h} + D_{1t}}{2} \tag{9-37}$$

平均绝对流动角 $\alpha_{1m}$ 为

$$\tan \alpha_{1m} = \frac{C_{1u,m}}{C_{1m}} = \frac{C_{1u,t}}{C_{1m}} \cdot \frac{C_{1u,m}}{C_{1u,t}} = \tan \alpha_1 \cdot \frac{D_{1t}}{D_{1m}} \tag{9-38}$$

平均相对流动角 $\beta_{1m}$ 为

$$\tan \beta_{1m} = \frac{u_{1wu,m}}{C_{1m}} = \frac{\delta_t}{\varphi} \cdot \frac{D_{1m}}{D_{1t}} - \tan \alpha_{1m} \tag{9-39}$$

平均相对速度 $u_{1wm}$ 为

$$u_{1wm} = \frac{C_{1m}}{\cos \beta_{1m}} \tag{9-40}$$

此外，为了完成叶轮的几何形状的计算，必须考虑出口气流角 $\beta_2$ 不同于叶片出口安装角 $\beta_{2A}$，由于在叶轮的设计中存在滑移现象，所以压缩机的做功能力降低，因此需要将滑移系数应用于设计中，离心叶轮的滑移系数 $\mu_s$ 计算公式可参考 Wiesner[20]推荐的式(9-22)。

$$\tan \beta_{2A} = \frac{1}{\xi \cdot \varphi} - \frac{\tan \alpha_2}{\mu_s} \tag{9-41}$$

$$\mu_s = 1 - \frac{\sqrt{\cos \beta_{2A}}}{Z^{0.7}} \tag{9-42}$$

$$Z = \mathrm{int}\left(\frac{2 \cdot \pi \cdot \cos((\beta_{1m} + \beta_{2A})/2)}{0.4 \cdot \ln(1/\delta_t)}\right) \tag{9-43}$$

叶片厚度 $t_A$ 假定为沿着叶片高度恒定：

$$\frac{t_A}{D_2} \cong 0.003, \quad \text{用于无盖叶轮}$$
$$\frac{t_A}{D_2} \cong 0.01, \quad \text{用于有盖叶轮} \tag{9-44}$$

式中，$t_A$ 为叶片厚度。

对于叶轮间隙 $\zeta$，在没有具体数据的情况下通常为

$$\frac{\zeta_a}{b_2} = \frac{\zeta_r}{b_2} = 0.05 \tag{9-45}$$

式中，$\zeta_a$ 为叶轮轴向间隙；$\zeta_r$ 为叶轮径向间隙。

叶片入口处叶片节距 $s_1$ 为

$$s_1 = \frac{\pi D_{1m}}{Z} = \frac{\pi(D_{1t} + D_{1h})}{2Z} \tag{9-46}$$

叶片出口处叶片节距 $s_2$ 为

$$s_2 = \frac{\pi D_2}{Z} \tag{9-47}$$

叶片轴向长度 $L_a$ 为

$$L_a = D_2 \cdot \left[ 0.014 + \frac{0.023}{\delta_h} + 1.58 \cdot \left( \delta_t^2 - \delta_h^2 \right) \cdot \varphi \right] \tag{9-48}$$

通过对叶轮运动参数、热力参数和几何参数进行计算，可以初步得到叶轮结构。

在压缩机工作流体的流动过程中，不可避免地会出现壁面摩擦、间隙泄漏、流动分离等不可逆损失，通过该部分损失的计算，可以得到叶轮的损失，进而迭代更新上述压缩机效率的假设。

#### 2. 叶片型线设计

对于离心式叶轮机械，其重要的几何结构是叶片形线。传统离心叶轮的叶形一般为单圆弧或直叶片，并不采用扭曲叶型，但压缩效率非常低。随着压缩机叶片对性能影响研究的深入，目前离心式叶轮采用三维扭曲的三元叶片，图 9-11 为采用空间扭曲的三元叶片。

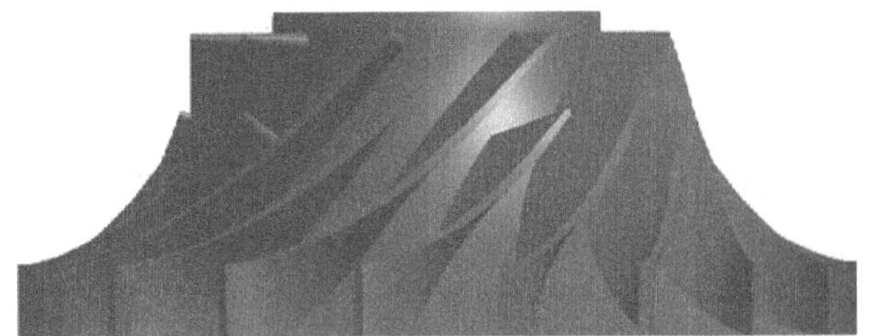

图 9-11　弯扭叶片[21]

目前，对于叶轮叶型的求解分为两种，一种称为正命题，即给静叶片型线，对流场和边界层进行迭代计算，根据计算的速度分布和边界层动量厚度判断静叶片型线的优劣。一般认为叶片吸力面的边界层动量厚度越小越好，并尽可能不产生边界层分离或推迟分离的产生。另一种称为逆命题，即给定载荷分布或速度分布求解叶片型线。在工程设计中，常用的是控制载荷法，因此着重介绍使用控制载荷法求解叶轮叶型[16]。

工程中将叶片两面的压差称为叶片载荷，叶片两面分别称为压力面和吸力面，如图 9-12 所示。

$$\Delta p = p_{\mathrm{p}} - p_{\mathrm{s}} \tag{9-49}$$

叶片表面的速度分布与载荷分布有关。而吸力面和压力面平均流线上的速度分布对边界层的增长、边界层的分离和尾迹区大小有直接关系。

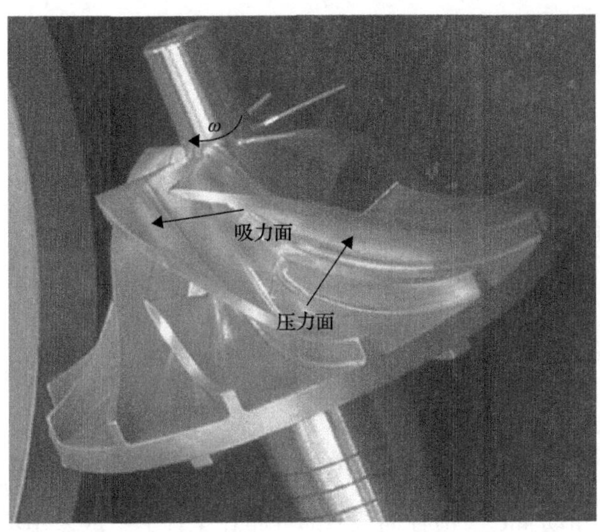


图 9-12　叶片吸力面压力面示意图[13]

流道中，体积为 $\mathrm{d}V$ 微元体在周向角 $\theta$ 方向所受分力 $F_{\mathrm{u}}$ 是由 $\theta$ 方向存在的压力梯度引起的，其包括黏性力和压力，可以表示为 $F_u = \frac{1}{r}\mathrm{d}V\frac{\partial p}{\partial \theta}$。由叶轮机械角动量微分形式，即：合外力的力矩对时间的积累等于角动量的增量，可以得到定常流动时的周向压力梯度为

$$\frac{\partial p}{\partial \theta} = \rho\frac{\mathrm{d}(C_u r)}{\mathrm{d}t} \tag{9-50}$$

上式可以改写为

$$\frac{\partial p}{\partial \theta} = \rho u_{mw}\frac{\mathrm{d}(C_u r)}{\mathrm{d}r} \tag{9-51}$$

由此得出叶片两端面的压力差为

$$\Delta p = p_p - p_s = \int_{\theta_s}^{\theta_p}\rho u_{mw}\frac{\mathrm{d}(C_u r)}{\mathrm{d}r}\mathrm{d}\theta \tag{9-52}$$

从式(9-3)可以得出子午面上相对速度 $u_{mw}$ 沿圆周的分布和角动量 $C_u r$ 沿子午面的变化率决定了叶片载荷，进而决定静叶片表面的速度分布。其中，子午面上相对速度 $u_{mw}$ 又受角动量 $C_u r$ 沿子午面变化率 $\frac{\mathrm{d}(C_u r)}{\mathrm{d}r}$ 的影响。

对于理想流体，设相对速度 $u_w$ 在某一流道内从吸力面到压力面为线性分布，可以得出

$$\Delta p = \frac{\rho}{2}(u_{sw}^2 - u_{pw}^2) = \rho\bar{u}_w\Delta u_w \tag{9-53}$$

式中，$\bar{u}_w = \frac{1}{2}(u_{sw} + u_{pw})$，表示平均相对速度；$\Delta u_w = u_{sw} - u_{pw}$，表示流道吸力面和压力面的速度差值。

将式(9-52)代入式(9-53)，可以得出

$$\Delta u_w = \frac{\Delta p}{\rho u_{avw}} = \int_{\theta_p}^{\theta_s}\sin\beta_{av}\frac{\mathrm{d}(C_u r)}{\mathrm{d}r}\mathrm{d}\theta \approx \frac{2\pi}{Z}\sin\beta_{av}\frac{\mathrm{d}(C_u r)}{\mathrm{d}r} \tag{9-54}$$

从式(9-54)可以得出，控制角动量 $C_u r$ 沿子午面的变化率 $\frac{\mathrm{d}(C_u r)}{\mathrm{d}r}$ 可以控制流道中的速度差。角动量 $C_u r$ 沿径向线 $r$ 的分布在工程上一般采用幂函数[22]的方式进行假设，即

$$C_u r = i r_m^{-\alpha_i} \tag{9-55}$$

式中，$\bar{r}_m$为子午面坐标的无因次值；$i$为系数；$\alpha_i$为幂指数，工程中经常取$\alpha_i = 1, 2, 0.5$。

计算叶片载荷分布$\Delta p$原理如下所述。

假设对子午面上取叶片长度为$\Delta r$的微元，则叶片两面压差产生的力矩为

$$\Delta T = \Delta p b \Delta s \cdot R = \Delta p b r \Delta r \tag{9-56}$$

$$Z \Delta T \omega = M \Delta h_{th} = M \Delta(u C_u) \tag{9-57}$$

由式(9-56)和式(9-57)得出

$$\Delta p = \frac{\dot{m}}{Zb} \frac{\Delta(u_t C_u)}{\omega r \Delta r} \tag{9-58}$$

式中，$\dot{m}$为质量流量；$Z$为叶片数；$b$为叶高。

根据已经假设给定的角动量$C_u r$分布，可以得出平均气流角$\beta_{av}$的变化规律，进而设计叶片几何角度。

通过(9-58)计算压力载荷，再根据已经假设的角动量$C_u r$分布可以得出平均气流角$\beta_{av}$的变化规律，进而设计叶片几何角度，其中$\beta$定义为相对速度方向与圆周方向的夹角。

在$\beta$确定后，即可确定静叶片入口安装角$\beta_{1A}$。这时一般假设一个适当的冲角$\alpha_i$，则$\beta_{1A} = \beta_1 + \alpha_i$。后曲型叶轮的进口冲角$\alpha_i$一般在±4°以内选取，大量的实验结果表明最高效率点在±2°左右。出口安装角$\beta_{2A}$由落后角$\alpha_{\delta L}$获得，而落后角$\delta_L$由滑移系数确定，则$\beta_{2A} = \beta_2 + \alpha_{\delta L}$，对于叶轮中间部分使$\beta_A = \beta$。

除去叶片型线的重要几何参数外，然后就是叶轮子午面型线的几何设计，叶轮子午面型线的几何设计也会影响叶片型线的设计参数。子午面型线设计最主要的是合理确定进出口的几何参数：$b_1$、$b_2$、$D_1$和$D_2$。为了加工方便，将轮盘型线取为垂直于轴线的直线，因此出口处的流线倾角$\theta'$一般为 90°。在确认上述参数后，对于轮盖型线可按$\frac{dC_r}{ds} = \text{const}$规律设计[23]，转弯处曲率半径$r$和$R$应适当增大，有利于改善叶片进口处速度场，并减小转弯处产生的二次流。

3. 损失模型

在压缩机工作流体的流动过程中，不可避免地会出现壁面摩擦、间隙泄漏、流动分离等不可逆损失。

1) 冲角损失

冲角损失发生在叶片前缘，由流动角度和叶片角度之间的差异及叶片厚度引起的流动面积减小而产生，工质因冲击流存在导致边界层分离引起的损失称为冲

角损失[24]。

$$\Delta h_{\text{inc}} = \frac{1}{2} f_{\text{inc}} u_{1\text{wm}}^2 (\sin \beta_{1\text{mA}} - \sin \beta_{1\text{m}}) \tag{9-59}$$

式中，$f_{\text{inc}}$为损失修正系数，取值范围为 0.5～0.7；$u_{1\text{wm}}$为叶片零冲角时相对速度的周向分量。

2) 扩散损失

对于扩压器来说，由于真实气体具有黏性，所以在扩压器即叶轮叶片前缘流向喉部时会产生摩擦，出现损失。计算公式中摩擦系数$f_{\text{v}}$也是重要的计算参数，计算公式为

$$\Delta h_{\text{vane}} = \frac{f_{\text{v}}}{2\sin\left(\dfrac{\alpha_3+\alpha_4}{2}\right)}(r_3 - r_2)\left(\frac{C_2^2}{b_2} + \frac{C_3^2}{b_3}\right) \tag{9-60}$$

式中，$f_{\text{v}}$为叶片表面摩擦系数，当流道假设为光滑管时$f_{\text{v}} = 0.0412Re^{-0.1925}$，一般情况时 Jansen[25]推荐使用平均值 0.006；$r_3$为扩压器进口半径；$b_2$为叶轮出口高度；$b_3$为扩压器进口高度；$\alpha_3$扩压器进口气流角；$\alpha_4$扩压器出口气流角。

3) 叶片负载损失

叶片载荷损失是由流线偏转引起的角动量变化，也就是由叶轮流道内速度不规律分布导致的。叶片负载损失可以通过 Coppage 和 Dallenbach[26]提出的损失计算方法，计算公式如下：

$$\Delta h_{\text{bl}} = 0.05 f_{\text{D}}^2 u_{2\text{t}}^2 \tag{9-61}$$

式中，$f_{\text{D}}$为扩散因子。$f_{\text{D}}$计算公式如下：

$$f_{\text{D}} = 1 - \frac{u_{2\text{w}}}{u_{1\text{w}}} + \frac{\Delta h_0 / u_{2\text{t}}^2}{\dfrac{u_{1\text{tw}}}{u_{2\text{w}}}\left[\dfrac{Z_{\text{e}}}{\pi}\left(1-\dfrac{r_{1\text{t}}}{r_2}\right)+2\dfrac{r_{1\text{t}}}{r_2}\right]} \tag{9-62}$$

式中，$r_{1\text{t}}$为叶尖半径；$Z_{\text{e}}$为等效叶片个数；$r_2$为叶轮出口半径。

此外，也可以通过 Aungier[27]提出的计算方法：

$$\Delta h_{\text{bl}} = \frac{\Delta u_{\text{w}}^2}{48} \tag{9-63}$$

式中，$\Delta u_{\text{w}}$为叶轮叶片压力面与吸力面平均相对气流速度差。

$$\Delta u_{\mathrm{w}} = \frac{4\pi r_2 h_{\mathrm{t}}}{Z_{\mathrm{e}} L_{\mathrm{b}} u_{2\mathrm{t}}} \tag{9-64}$$

式中，$h_{\mathrm{t}}$ 为理想比焓值；$L_{\mathrm{b}}$ 为流道平均长度，其表达式如下：

$$L_{\mathrm{b}} = \frac{\pi}{8}\left(D_2 - \frac{D_{1\mathrm{s}} - D_{1\mathrm{h}}}{2} - b_2 + 2L_{\mathrm{a}}\right)\frac{2}{0.5(\sin\beta_{1\mathrm{s}} + \sin\beta_{1\mathrm{h}}) + \sin\beta_2} \tag{9-65}$$

式中，$L_{\mathrm{a}}$ 为叶轮轴向长度。

4) 表面摩擦损失

由于叶片表面总是粗糙的，当流体流过表面时会形成边界层，从而导致边界层内由黏性力引起的壁面摩擦损失。通过使用 Jansen[25]提出的计算方法，表达式如下：

$$\Delta h_{\mathrm{sf}} = 2 f_{\mathrm{v}} \frac{L_{\mathrm{b}}}{d_{\mathrm{b}}} \bar{u}_{\mathrm{w}}^2 \tag{9-66}$$

式中，$f_{\mathrm{v}}$ 为叶片表面摩擦系数；$L_{\mathrm{b}}$ 为流道平均长度，同式(9-65)；$\bar{u}_{\mathrm{w}}^2$ 为使用工质流经叶轮流道内部的平均流速；$d_{\mathrm{b}}$ 为平均水力直径。$d_{\mathrm{b}}$ 平均水力直径和 $\bar{u}_{\mathrm{w}}$ 平均相对速度表达式如下

$$d_{\mathrm{b}} = \frac{D_2 \sin\beta_2}{\dfrac{Z}{\pi} + \dfrac{D_2 \sin\beta_2}{b_2}} + \frac{0.5(D_{1\mathrm{t}} + D_{1\mathrm{h}})(\sin\beta_{1\mathrm{t}} + \sin\beta_{1\mathrm{h}})}{\dfrac{Z}{\pi} + \dfrac{D_{1\mathrm{t}} + D_{1\mathrm{h}}}{D_{1\mathrm{t}} - D_{1\mathrm{h}}}\dfrac{\sin\beta_{1\mathrm{t}} + \sin\beta_{1\mathrm{h}}}{2}} \tag{9-67}$$

$$\bar{u}_{\mathrm{w}} = \frac{u_{1\mathrm{sw}} + u_{1\mathrm{hw}} + 2u_{2\mathrm{w}}}{4} \tag{9-68}$$

5) 叶顶间隙损失

对于离心式压缩机中的半开式叶轮，为了避免严重的摩擦，叶片与机匣壁面存在一个微小缝隙。然而，叶尖间隙使小间隙泄漏流从压力侧流向吸入侧，这种泄漏流消耗部分叶轮功，但与主流混合却不从叶轮流出，因此意味着额外的总压力损失，损失计算公式如下[25]：

$$\Delta h_{\mathrm{cl}} = 0.6\frac{\bar{\zeta}}{b_2} C_{2\mathrm{m}} \sqrt{\frac{4\pi}{b_2 Z}\frac{C_{2\mathrm{m}} C_{1\mathrm{u}}(r_{1\mathrm{t}}^2 - r_{1\mathrm{h}}^2)}{(r_2 - r_{1\mathrm{t}})(1 + \rho_2/\rho_1)}} \tag{9-69}$$

式中，$\bar{\zeta} = \dfrac{\zeta_{\mathrm{a}} + \zeta_{\mathrm{r}}}{2}$，$\zeta_{\mathrm{a}}$ 为轴向间隙，$\zeta_{\mathrm{r}}$ 为径向间隙。

6) 尾迹混流损失

在离心式压缩机中，当气流到达叶片尾缘时，叶片尾缘下游尾迹流与主流的混合，尾迹的存在可造成能量损失，计算公式如下[24]：

$$\Delta h_{\text{mix}} = \frac{1}{1+\tan^2\alpha_2}\left(\frac{1-\varepsilon_{\text{w}}-\dfrac{b_3}{b_2}}{1-\varepsilon_{\text{w}}}\right)^2\frac{C_2^2}{2} \tag{9-70}$$

式中，$\varepsilon_{\text{w}}$ 为叶轮出口尾迹区占叶轮出口流道的比例。

7) 轮盘摩擦损失

由于在离心式压缩机中转子的转动速度非常快，因此周围气体与高速运动的转子接触将引起摩擦，从而引起部分能量损失，这种损失叫作轮盘摩擦损失。本节采用 Daily 和 Nece[28]提出的经典圆盘摩擦损失模型，计算公式如下：

$$\Delta h_{\text{dh}} = \frac{f_{\text{dh}} D_2^2 u_{2\text{t}}^3(\rho_1+\rho_2)}{32\dot{m}} \tag{9-71}$$

式中，当 $Re \leqslant 3\times10^5$ 时，$f_{\text{dh}} = 2.67Re^{-0.5}$；当 $Re \geqslant 3\times10^5$ 时，$f_{\text{dh}} = 0.0622Re^{-0.5}$。

8) 泄露损失

密封作为叶轮机械的重要组成部分之一，对压缩机的性能有很大影响，因为密封的类型和几何形状将影响压缩机外部的流体泄漏。然而，带密封件的半开式叶轮内部始终存在泄漏，因此需要考虑了泄漏损失。计算公式如下：

$$\Delta h_{\text{lk}} = \frac{\dot{m}_{\text{lk}} u_{\text{lkt}} u_{2\text{t}}}{2\dot{m}} \quad \dot{m}_{\text{lk}} = (1-\zeta_{\text{lk}})\sqrt{\frac{p_{\text{lk}}}{\rho_2}} \tag{9-72}$$

$$\zeta_{\text{lk}} = 0.5\left[\frac{\zeta_{\text{a}}}{(\zeta_{\text{a}}+b_1)} + \frac{\zeta_{\text{r}}}{(\zeta_{\text{r}}+b_2)}\right] \tag{9-73}$$

$$p_{\text{lk}} = \frac{4\dot{m} r_2 C_{2\text{r}}}{Z(r_2+r_{1\text{t}})(b_2+b_1)L_{\text{a}}} \tag{9-74}$$

式中，$p_{\text{lk}}$ 为泄漏压力；$\dot{m}_{\text{lk}}$ 为泄漏流量；$L_{\text{a}}$ 为叶轮轴向长度；$u_{\text{lkt}}$ 为泄漏速度。

为了提高压缩机此类动力机械的工作效率，必然要减少压缩机的泄漏损失，特别是针对 $sCO_2$ 这种高压流体而言，密封性能在很大程度上决定了 $sCO_2$ 动力循环中压缩机和透平两个关键设备的工作效率，因此下节针对密封展开介绍。

# 9.3 密 封

## 9.3.1 概述

密封是为了减少机械中介质的泄露而在流体流出路径上进行的封堵技术。随着社会的发展，对动力机械的经济性要求越来越高，研究表明一些叶轮机械因气体漏失而造成的效率损失可达 22%左右[29]。在旋转动力机械(如透平和压缩机)的动静间隙上利用适当的密封技术可以显著降低这一数值，从而提高动力机械的经济性，并增加运行的稳定性。因此，动力机械的运行必须考虑密封问题，故密封问题的研究在动力机械研究中占有重要地位。

1885 年，机械密封最早在英国以专利形式出现。进入 20 世纪后，机械密封开始逐渐在工业生产活动中应用，并随着上游基础材料、密封理论和下游行业需求等不断创新和发展。1945 年之后，美国的机械密封技术得到了快速发展。1961～1963 年，由于原子能工业发展的需求而产生动静压力密封。1971～1974 年，因航空和核能的特殊需要，采用碳化硅和高质量的浸渍材料。1977 年，为了满足核电厂的特殊要求，将螺旋与机械密封件相结合，并对中间浮环进行改进。1980～1990 年，由于环境保护意识的增强，“零泄漏”的机械密封被开发。干气密封理论在 20 世纪 70～80 年代发展成熟，并逐步在实际工业生产中实现大规模应用。

对于迷宫密封，在过去的一百多年里，国内外的学者对其进行了大量研究，并取得了一些有价值的成果。但目前的研究重点是对迷宫密封件的漏失和影响因素的分析。主要研究方法有热力学分析、计算流体力学数值分析、泄漏量测量、流量显示等。在早期的迷宫密封中，人们对其进行了热力学的理论和实验研究。从 20 世纪 70 年代开始，随着计算流体力学的发展，许多数值计算方法均采用有限差分法和有限元方法[30]。

刷式密封是当今世界各国涡轮公司技术革新与发展的一个重要课题。自 20 世纪 90 年代起，在高温、高相对接触速度的背景下，刷式密封技术的发展迅速，目前可承受的转子速度在 305m/s 以上，工作温度达到了 690℃[31]。从 1983 年到 21 世纪初，美国、日本和德国等国都对其进行了一定程度的研究，并取得了许多专利。

我国机械密封的发展相对国外起步较晚，机械密封行业的研究始于 20 世纪 50 年代末期，并于 20 世纪 60 年代开始进入工业生产。我国机械密封经历了由进口逐步向基本实现进口替代的发展阶段，目前除了部分高端机械密封产品仍以进口为主，我国机械密封产品已基本可以满足国内工业生产需求，并实现了部分产品的出口。20 世纪 80 年代，干气密封随着国内进口设备的引进而进入国内。20 世纪 90 年代，国内厂商开始生产干气密封产品。

### 9.3.2　密封种类

传统的透平和压缩机密封主要分为三种类型：迷宫密封、蜂窝密封和刷式密封，另外还有指式密封和叶片式密封。其中，迷宫密封是工业中最传统也是最常用的一种密封方式，属于非接触式密封，它利用了一系列节流过程产生的阻尼作用来降低轴向的气体漏失，但由于环向流动的降速效果差，因而还存在较大的泄漏量。蜂窝密封是一种由高温合金蜂窝和背板组成的可磨耗的密封结构，该密封的泄漏量较小。刷式密封是一种间隙为零的接触式密封，主要用于透平轴封，对表面的材料有特殊要求。下面将分别介绍迷宫密封、蜂窝密封和刷式密封的基本原理和结构特点，以及在透平机械中的应用。

1. 迷宫密封

迷宫密封是一种传统的、常用的、低成本且结构简单的透平机械密封技术。迷宫密封主要由轴套、挡板、转子构成，轴套起支持作用，转轴起传动作用，对于密封起主要作用的是挡板，也是迷宫密封的主要结构，挡板安装在轴套或转轴上且呈环状。对于迷宫密封装置，其重要结构是挡板啮合形成的节流间隙，挡板的焊接方式及结构是多样化的，因此形成的节流间隙也是多样的，如图 9-13 是一种迷宫密封结构实物图。它的密封原理是当漏失流体流经这一部分时，发生节流膨胀，部分压力能转化为动能，然后动能马上因气体在空腔中膨胀产生涡流而耗散为热能，无法恢复为压力能。通过这一过程，气体的压力能不断降低，泄漏流体压力变小，从而达到密封效果，其原理如图 9-14 所示。

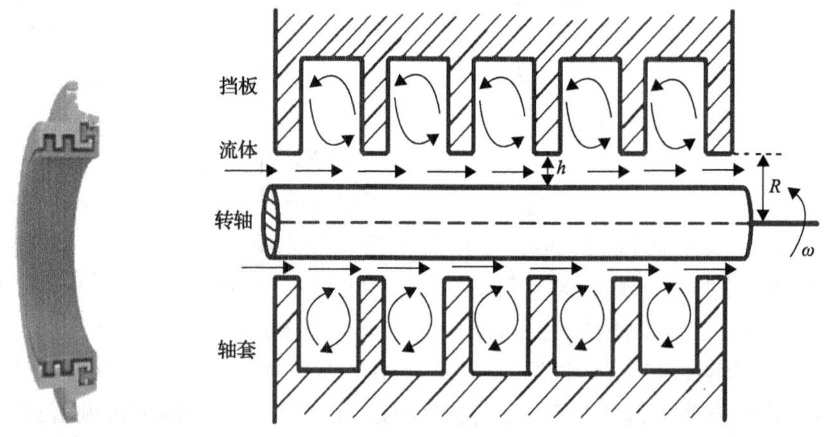


图 9-13　迷宫密封结构实物图[32]　　图 9-14　典型迷宫密封结构原理示意图[33]

迷宫密封的结构简单、成本较低、工作稳定，而且由于其环状挡板的存在，流体会产生环流，它的轴向密封效果好，但径向密封效果不好。迷宫密封效果不如蜂窝密封和刷式密封，但其经济成本低，所以广泛应用于航空发动机、压缩机、透平膨胀机、汽轮机、水轮机、离心式低温泵等动力机械。

航空发动机转子转速较快，为了减小泄漏损失、维持各腔工作压力、确保发动机正常运行，目前的发动机通常在重要位置使用迷宫式密封，如高压压气机出口和涡轮导向器。对发动机迷宫式密封机理的研究，对于充分发挥压气机的高入口温度、高压力比、提高涡轮效率、降低燃料消耗具有十分重要的现实意义。往复式活塞压缩机具有良好的压缩、输送能力，同时还可以对含有微量固体微粒的气体进行压缩、输送。对于使用迷宫密封的往复式活塞压缩机，其设计和加工要求极高，目前只有瑞士的苏尔寿(Sulzer)等少数厂商才能制造，国内对迷宫型压缩机的研制已有一定研究，但因加工难度和经济成本并没有形成规模。在我国石油化工行业中，流体中常带有微小固体颗粒，所以大多采用各类型号的迷宫密封压缩机，但设备基本依赖进口，价格较高[30]。

在石油化工行业中，大多数机泵的轴封采用机械密封件。近年来，随着密封件技术的不断发展，其产品已逐渐适应了生产需要。如果输送温度较高、腐蚀性较强、杂质较多的介质时，用泵的机械密封难以取得预期效果。采用泵原机械密封件与迷宫密封件相结合的办法，解决了原有机械密封件存在的某些缺陷，并能确保不漏液，满足生产需要。其结构如图 9-15 所示。在机泵的工作过程中，介质不会流向机械密封，只有当泵停止时(进口阀门开启，出口阀门关闭)，介质才会流入机械密封，如此结合，机械密封在运转中只能作为辅助，在停止泵时，则以机械密封为主。由于迷宫定位套和迷宫底套、轴套等都不会发生任何接触，因此使用寿命非常长[34]。

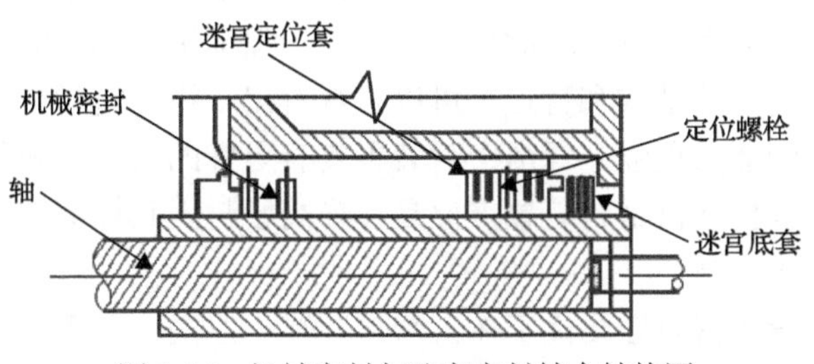


图 9-15　机械密封与迷宫密封结合结构图

2. 蜂窝密封

迷宫密封利用气体的节流过程来达到密封效果，而蜂窝密封则是利用许多个类似蜂窝的格子产生微小气团从而形成“气墙”来阻止气体泄漏。蜂窝密封件包括蜂窝和支撑两部分，采用高温真空钎焊工艺将两个部分结合，是设计上允许被磨耗的优良密封结构。蜂窝密封件和旋转件共同组成了密封件装置。该产品采用高温合金或不锈钢箔制成[29]，其结构与安装情况相适应，多个蜂窝式密封弧段构成一个密封圈，其直径可为两个半圆形或整环。在大部分的实况中，蜂窝密封件都是固定的，如涡轮的气缸缸体、静叶和隔板套。其主要形式为蜂窝-平滑表面、蜂窝-迷宫两种类型，用于不同的汽轮机机械、密封部位和工况。图 9-16 是典型的蜂窝密封结构图。

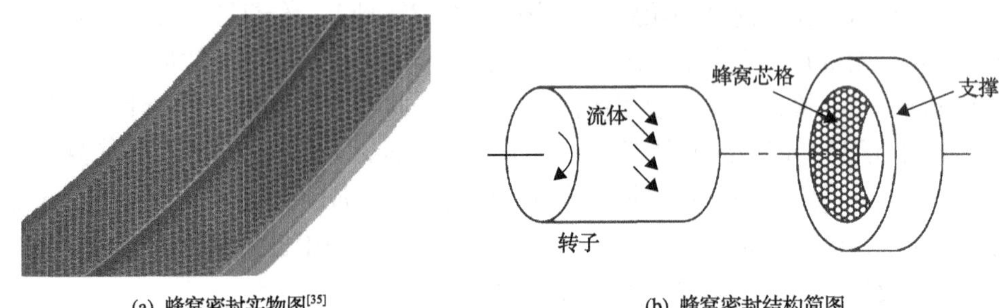


(a) 蜂窝密封实物图[35]　　(b) 蜂窝密封结构简图

图 9-16　典型蜂窝密封结构图

蜂窝密封拥有许多蜂窝孔形状的格状结构，由多个点构成的平面接触，材质柔软，所以摩擦碰撞的影响较小，因此，当它与转子接触时，它的径向空隙可以控制得小于迷宫密封件，而且安全性高。当蒸汽沿轴向流入时，会立刻充入蜂窝芯格，蜂窝芯格不会储存能量，但会阻挡泄露的蒸汽流，同时由于转子的高速转动，在蜂窝芯格端面和轴径表面之间的间隙会形成一层气膜，阻止了汽流的轴向流动，故汽流的速度急剧下降。在同样的压力、空隙条件下，采用蜂窝-迷宫结构的密封，其泄漏率相对于单纯的迷宫密封可降低 50%～70%[36]。

采用蜂窝密封可以吸收泄漏汽的动能，并起到很好的减振效果，从而有效抑制气体的自激振，从而减少系统的次同步振动，保证机组轴系的稳定和安全。相比于迷宫密封装置，从结构和特点上可以直观看出，蜂窝密封装置的周向阻尼使其阻止气体泄漏的能力更强，蜂窝密封装置具有更好的密封性和稳定性，因此蜂窝密封装置逐渐取代迷宫密封装置。但是，蜂窝密封因其蜂窝结构较复杂，制造难度较大，工艺成本高。

蜂窝气封装置的密封性要优于迷宫密封装置。但是，在实际应用中，它的密封性也要根据具体设备和具体情况来确定。为了确保密封的有效性，应注意以下三点：①确保蜂窝带与轴距不超过标准值；②汽封环应与气封箱的侧面保持良好接触；③防止由于轴的振动太大而磨损蜂窝带，造成空隙过宽。

### 3. 刷式密封

刷式密封为无间隙接触密封，与前两者完全不同。刷式密封装置的密封原理和结构简单，但装置的实际生产十分复杂。主要由刷毛束、支撑后面板、轴、支撑套组成，采用特殊的焊接工艺，连接高温合金刷丝与支撑后面板，刷丝的自由端与轴面相接触，自由端用银环氧树脂黏合，形成一个圆环。利用电火花技术对毛刷的自由端进行精密加工。为了降低轴的磨损，在与刷丝接触的轴面通常喷上一层耐磨材料，形成涂层。为了能够更好地保护刷丝，使其按照事先规定好的最优角度排置，如此可以很好地适应转子的制作误差与热变形，并且在轴心发生较大的径向位移后，刷丝可以反弹，保证密封间隙不变。刷式密封件的结构如下图 9-17 所示。当气体通过时，由于金属刷丝的存在，可对气流进行无间隙阻挡，使气流难以泄漏。因此，刷式密封具有更好的密封性，极大地降低透平机械的泄漏，其泄漏量仅是迷宫密封的 10%～20%[37]，同时还提高了转子的稳定性。

(a) 刷式密封实物图[39]

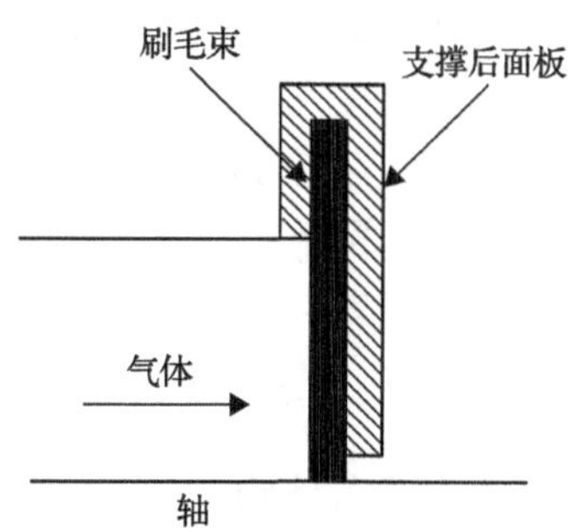


(b) 刷式密封结构简图

图 9-17　刷式密封结构图

刷式密封具有以下的特性[38]。磁滞性：刷式密封在开始时的泄漏量随着压比增大而增大，当增大到一定值后，漏失量急剧下降，随后增加的梯度也会变小很多。抗压性：下游环的保护高度越小，刷式密封抵抗气流压力的能力越强。但是，考虑到下游环与转子的安全距离，保护高度一般设置为 1.27mm；刷毛自由端和涂层的特性对漏失量的影响不大；轴径越小，密封性能越差；高压差低速度敏感性：适用于高压差条件，对转速的敏感性小。适振性：转子振动时，转子在刷毛上的摩擦力矩迅速减小，使漏失增加。随着转子的振动频率与刷毛的自然频率相近，刷毛的振动也随之增加。

刷式密封主要用于航空发动机、燃气轮机、涡轮机轴封。刷式密封装置在工作过程中，由于泄漏气流、转子、前夹板、后夹板等因素的影响，刷式密封具有封闭效应、摩擦热效应、刚化效应、滞后效应等。刷式密封的上述作用不仅对其密封性和使用寿命有较大的影响，而且还制约了其应用领域。

当前，因其特有的无空隙密封性能，国内外许多涡轮公司都把刷式密封技术作为技术创新与发展的重点。20 世纪 90 年代，在特定场合的需求牵引下，刷式密封技术得到了长足发展，其极限转速已达到 305m/s，工作温度达到 690℃。在航空发动机或燃气涡轮中，常规的迷宫密封通常有 2mm 的空隙。使用刷式密封，可以极大地减少漏损，提高工作效率，而且成本远低于其他设备。PW 公司在 F-119 引擎上成功应用了刷式密封技术，F-15 和 F-16 战斗机也配备了该技术。波音 777 的 PW4084 引擎采用多个部位的刷式密封，引擎的推力增加了 2%，燃油消耗减少了 2%[40]。1996 年，PW4000 系列引擎也被用在波音 747、767、MD11、A300 等飞机上。GE 公司还将 3 组刷式密封应用于 B777 飞机 GE90 引擎的低压涡轮[31]。1992 年，西屋电气公司将刷式密封技术应用到 501F 型燃气轮机上，并在 501D 和 501G 产品中使用。在涡轮机轴封、动叶片顶端都已应用刷式密封，经济效益良好[41]。

### 9.3.3　干气密封简介

干气密封是 20 世纪 60 年代末，以气动轴承为基础，对机械密封作了根本的改进，研制出的一种新的非接触式密封。其中，干气是指加入密封装置的高压密封气体，从装置上方流入。该方法主要是在机械密封动环上增加驱动压槽，并在其上安装相应的辅助装置。当轴旋转时，由于转动干气产生高压推开动静环，在中间产生一层薄的从气膜，从而达到了无接触密封的目的。该密封属于无接触密封，尤其适用于高速、高压设备的轴端密封。

1. 干气密封结构

典型的干气体密封结构包括静环、动环、轴套、锁紧套、推环、轴、弹簧和弹簧座。静环安装在一个不锈钢弹簧座上，在不加载的情况下，静环与动环靠在一起，如图 9-18 所示。

(a) 干气密封实物图[42]

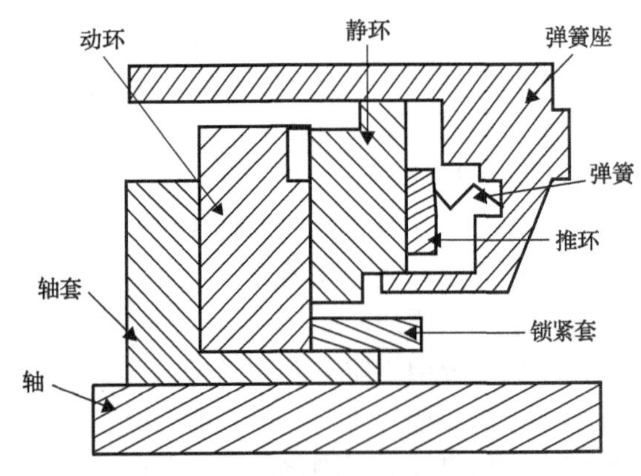


(b) 干气密封结构剖面示意图

图 9-18　干气密封结构图

动环与静环啮合表面上的气体径向密封件有其独特的先进技术。动环装配面具有较高的平整度和光洁度，具有一系列螺旋沟槽。在端表面外侧加工有一动环（2.5～10μm），当动环旋转时，该流体动压槽将外径侧（即上游侧）的高压密封气体

(干气)抽到该密封端表面之间，转动的动压槽吸干气并沿浅槽向内径方向流动。从动压槽外径驱动到内径，由于密封坝的阻隔，密封端表面间的压力是升高的。动环和静环间产生的动压将静环推到一边，在两个密封端表面间形成一层 1～3μm 的干气薄膜。这种动、静环的密封端表面处于无接触状态，密封端表面的空气膜完全堵塞了介质的泄漏，从而达到了零泄漏的目的。

因为进入干气密封的气体压力比叶轮装置上的工艺气体(平衡管道的压力)要大，大约 85%的干气通过内部的迷宫流入工艺气体内部，并且阻挡工艺气体进入干气密封。从理论上讲，内部的迷宫装置并不能完全阻止气体的泄漏。剩下 15%的封闭干气与内部迷宫未封闭的少量工艺气体混合，在动、静环密封端表面流动。经过动、静环后的干气，再通过排气口、压力开关、节流孔板、流量计等后被排走。在干气密封的外面还有一个迷宫式的封口，用来密封干气的缓冲空气，防止外部轴承的润滑油流向干气，从而起到保护作用。用于密封的干气不仅具有密封功能，还具有启动、静环冷却功能。

2. 干气密封的形式与流槽

从压缩气体组分、压缩机进口压力、工艺对压缩机出口介质压力的需求、环保和安全等方面考虑，干气密封的常见形式有单端面、双端面和串联式三种。

1) 单端面干气密封

这种形式的干气密封主要用于对空气污染损害较小的工艺气体的压缩机组，如氮气、工厂风、二氧化碳等压缩机组，如图 9-19 所示。

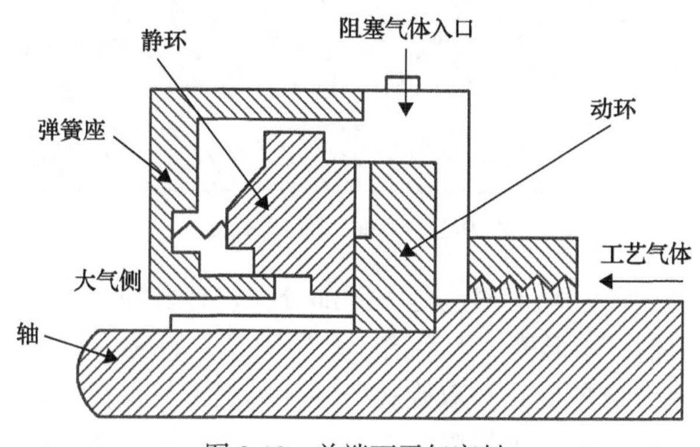


图 9-19　单端面干气密封

2) 双端面干气密封

双端面干气密封通常用于低压、有毒、有害、易燃易爆的有害气体的压缩机组。当机组进口压力小时，可让小流量密闭空气进入机组，如图 9-20 所示。通常用于甲烷和一氧化碳的压缩机组。

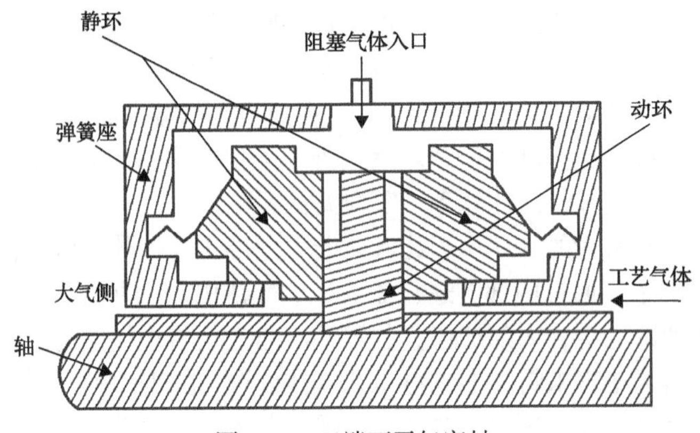


图 9-20　双端面干气密封

3) 串联式干气密封

串联式干气密封件通常用于高压，允许少量气体泄漏到空气中的场合，如图 9-21 所示。串联式干气密封件采用二段式排列，第一级为主要密封，承担所有或大部分的工作负荷，第二级为副密封，不承担或承担少量的工作负荷。第二级密封之间设有缓冲介质，以避免工艺气体的外泄。

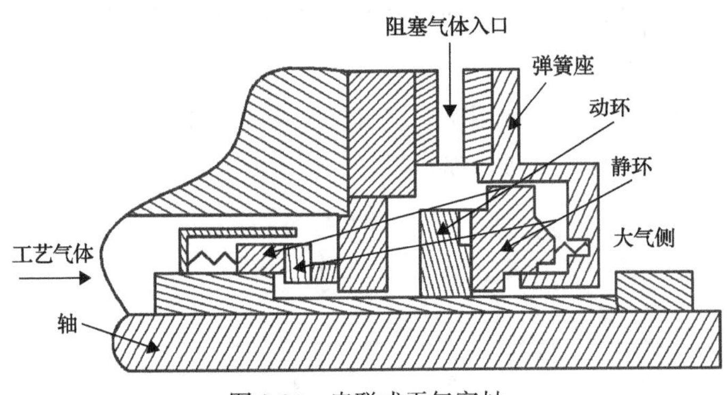


图 9-21　串联式干气密封

此外，干气密封的动环流槽也是关键部分。它有多种不同的流槽结构，常见的有螺旋槽、T 形槽、矩形槽、人字槽、伞形槽等，如图 9-22 所示。根据旋转方向的不同，干气密封有单旋式和双旋式两种。单旋密封仅在设定转动方向上具有密封功能，如果反向转动，干气密封无效，并且会对密封造成损害；而双旋密封不同，它是可以直接使用正、反向旋转的密封。在二氧化碳压缩机中，由于介质性质、危险性、成本等因素的影响，一般选定单旋向单端面螺旋槽的干气密封。

3. 干气密封的特点及应用价值

干气密封用于对旋转加压设备中的工艺气体进行密封，以阻止气体沿压气机

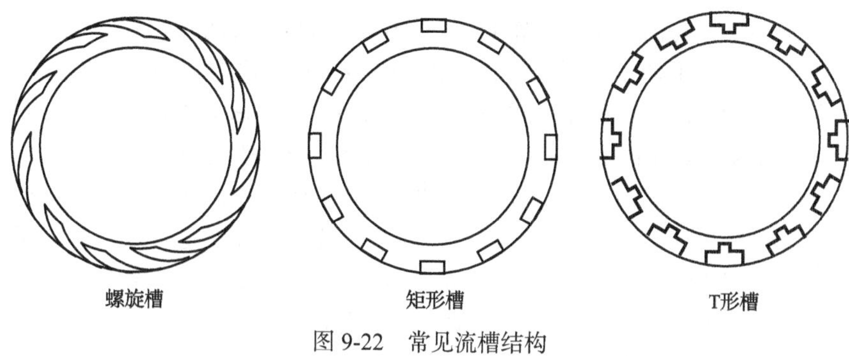


图 9-22　常见流槽结构

轴向外泄。它属于先进的非接触机械密封技术。与其他密封方式比较，干气密封的泄漏量少、磨损少、使用寿命长、能耗低、操作简单可靠、运行安全、维修量低、结构生产相对容易、密封的气体不会受到污染。通过对 $CO_2$ 压缩机使用干气密封装置的实践可以看出，干气体密封的失效率低，使用寿命长，一次性投入低，可以确保无泄漏、零溢出，符合越来越严格的环境保护标准，其可靠性和经济性得到了很好的验证。

### 9.3.4　$sCO_2$ 干气密封

1. 研究现状

$sCO_2$ 透平转动做功是 $sCO_2$ 发电动力循环中的一个关键环节，其工作在高压、高温、高转速的苛刻环境中，存在动静间隙泄漏损失、动静碰磨失效、气体激振导致转子不稳定等问题。这给轴端动密封的整体性能带来了更严格的要求。但是，传统的旋转密封难以保证 $sCO_2$ 透平和压气机的封闭和稳定运行[44]，迫切需要对 $sCO_2$ 动力部件的高效密封技术进行研究，并进行 $sCO_2$ 工况下的泄漏特性分析。

目前，国内对干气体密封动力性能的研究并不多，而且多集中在空气工质。司佳鑫等[45]通过加速度传感器、高速数据采集卡和 LabVIEW 信号软件构成了摩擦振动信号的采集系统，并对其进行测试。他们找出干气密封的最佳螺旋角，以降低干气密封在使用中的摩擦磨损，使其工作性能达到最优，从而提高使用寿命。江锦波等[46]根据四种实际流体效应的影响建立了一个稳定膜压的数学模型。对 $CO_2$、$N_2$ 干气密封的动力学性能进行了比较和分析，并探讨在不同频比条件下，各个实际流体效应和变量摄动形式对 $sCO_2$ 干气密封动力特性系数的影响。研究发现：$sCO_2$ 干气密封在高频条件下的刚度、阻尼较 $N_2$ 干气密封降幅 50%以上，且紊流和实际气体效应的作用对其动力学性能有明显影响。在低频时，采用经典变量摄动且忽略紊流影响则使计算偏差较大，高频下可接受。可见，科研工作者对 $sCO_2$ 干气密封流动特征的研究多集中于一种单槽式(螺旋槽干气体密封)。而对于干气密封动力性能的研究大多以空气工质为主，而且大多是在稳定状态下进行的。

已有国外学者提出采用干气密封对 $sCO_2$ 循环动力装置的轴端进行动密封，并对其内部流场进行了初步探讨。Thatte 和 Zheng[47]将雷诺方程用于高压 $CO_2$ 可压缩流，并使用 Matlab 实现了迭代求解程序来求解控制方程。然而，雷诺方程的解仅提供二维结果。Fairuz 和 Jahn[48]使用计算流体力学（CFD）技术模拟了在两种运行工况下（一个接近临界点，一个远离临界点）$sCO_2$ 干气密封中的实际气体效应和惯性效应。在远离临界点的运行工况下，观察到最大压力变化为 1.7%，温度变化为 0.4%。在接近临界点时，观察到最大压力变化为 6.5%，温度变化为 6.7%。这些变化也会影响开启力和泄漏率。气动密封件需要平坦且接近平行的表面才能正常工作，变形可能会降低其性能或导致灾难性故障。不均匀的热负荷和压力负荷及由于密封环离心力的影响会使密封产生变形。Fairuz 等[49]对此进行了耦合模拟，以探索减少 $sCO_2$ 干气密封变形的趋势和方法。密封显著变形的一个主要因素就是导致热变形的非均匀温度场。结果表明，减小暴露于对流换热的表面积是减少热变形的有效途径。

GE 的研究人员从方案设计、实验和数值仿真等方面对 $sCO_2$ 涡轮和压气机的轴端干气密封特性进行了研究。GE 公司的 Bidkar 等[50]采用一维模型模拟了 $sCO_2$ 透平轴端的泄漏损失。Bidkar 等[51]已经完成了 450 MW-$sCO_2$ 一次再热循环的构想，并对 450MW-$sCO_2$ 和压气机进行了初步的概念设计。GE 的 Thatte 等[52]对 10MW-$sCO_2$ 透平轴端干气密封的泄漏特性、结构应力、静力和动力学特性进行了数值模拟，并对其在临界点处的多相凝结流动特性进行了实验研究。结果表明，$sCO_2$ 干气密封的气膜中存在多相凝结、阻塞、超声速等复杂流动，使气膜的刚度和阻尼发生剧烈波动，从而导致密封失效。

在国内对干气密封的研究中，对于 $sCO_2$ 干气密封槽的几何形状尺寸对其密封性能的影响已有如下研究。袁韬等[53]以 450MW 超临界 $CO_2$ 压气机为对象，探讨了螺旋槽的深度和角度对其性能的影响。结果表明，当螺旋角为 15°时，槽深为 3μm 时，干气密封的开漏比达到极大值，综合性能最佳。袁韬等[54]还利用 GE 公司 Thatte 等[52]提出的 10 MW-$sCO_2$ 循环模型，根据汽轮机出口的安装尺寸和边界条件，分别设计了 15°、30°、T 形、ST 形四种不同的螺旋槽槽型，并利用全三维 CFD 数值模拟，对 3 种不同气膜厚度的 4 种槽型进行了性能对比。综合来看，性能最好的是 ST 形槽的 $sCO_2$ 干气密封。Wang 等[55]对衍生螺旋槽进行了研究，通过分析对比其与经典螺旋槽 $sCO_2$ 干气密封的开启力、泄漏率和气膜刚度等指标的差异，讨论不同入口压力和转速下的湍流效应、实际气体效应及离心惯性力对密封稳态性能的影响。得到结论：由于衍生螺旋槽两级台阶的影响，其各项性能要比经典螺旋槽更好；发现转速越快，开启力、泄漏率及气膜刚度先升后降，随着入口压力升高，气膜开启力、泄漏率和气膜刚度均呈近似线性增大，且压力越大，这两种槽的对比差异越明显。杜秋晚等[56]以 1.5 级 $sCO_2$ 轴流涡轮为基础，在动叶叶顶部设置了一套串联式干气密封，并对其进行了流动和气动性能分析。在 $sCO_2$ 轴流涡轮叶片顶部设置的干气密封能够有效地减少泄漏，保持高气动性能，同时维持安全。

2. 计算模型

本节主要介绍用于分析 $sCO_2$ 干气密封中流体力学的数值模型。

1）流体控制方程

使用应用于旋转系统的雷诺平均 Navier-Stokes（RANS）方程模拟流体。对于单旋转参考系模拟，基于相对速度的控制方程由下式给出。

（1）质量守恒方程（连续性方程）：

$$\nabla \cdot (\rho \boldsymbol{u}_{\mathrm{w}}) = 0 \tag{9-75}$$

式中，$\nabla$ 为哈密顿算子；$\boldsymbol{u}_{\mathrm{w}}$ 为相对速度向量。

（2）动量守恒方程：

$$\nabla \cdot (\rho \boldsymbol{u}_{\mathrm{w}} \boldsymbol{u}_{\mathrm{w}}) + \rho(2\boldsymbol{\omega}_0 \times \boldsymbol{u}_{\mathrm{w}} + \boldsymbol{\omega}_0 \times \boldsymbol{\omega}_0 \times r) = -\nabla p + \nabla \cdot \boldsymbol{\sigma} \tag{9-76}$$

式中，$\boldsymbol{\sigma}$ 为应力张量；$r$ 为有效旋转半径；$\boldsymbol{\omega}_0$ 为角速度向量。

（3）能量守恒方程：

$$\nabla \cdot (\rho H \boldsymbol{u}_{\mathrm{w}}) + \nabla\left(\rho \frac{1}{2} u_{\mathrm{w}}^2 \boldsymbol{u}_{\mathrm{w}}\right) + \nabla \cdot \left(\rho \cdot \frac{1}{2} \boldsymbol{u}_{\mathrm{t}}^2 \boldsymbol{u}_{\mathrm{w}}\right) = k\nabla T + \nabla \cdot (\boldsymbol{\sigma} \cdot \boldsymbol{u}_{\mathrm{w}}) \tag{9-77}$$

$$\boldsymbol{u}_{\mathrm{w}} = \boldsymbol{v} - \boldsymbol{u}_{\mathrm{t}} \tag{9-78}$$

$$\boldsymbol{u}_{\mathrm{t}} = \boldsymbol{\omega}_0 \times r \tag{9-79}$$

式中，$\boldsymbol{u}_{\mathrm{w}}$ 为相对速度大小；$\boldsymbol{u}_{\mathrm{t}}$ 为旋转速度向量。

2）状态方程

基于工作流体和工作条件，通常决定使用理想气体状态方程或非理想气体状态方程。对于理想气体模拟状态方程为

$$p = \rho RT \tag{9-80}$$

$CO_2$ 在其临界点附近的比热容和密度的变化是非常剧烈的，如图 9-27 所示，非理想气体的热力学特性可能会严重影响流动特性。在这种情况下，通常使用非理想状态方程，如 Peng-Robinson 方程等。但对非理想气体性质的问题求解较为复杂，常常用到较为先进的求解方案。本书作者等[57]开发了一种基于非理想气体性质的黎曼求解器 RGDFoam，它能够准确捕捉非理想流体性质和输运性质，详

细内容见 9.3.2 节所述。

3) 流量系数(流动因子)

实际上，密封件内的流体受剪切驱动和压力驱动流动。因此，流体流动是切向上的 Couette 流动和径向上的 Poiseuillew 流动的组合。为了更准确地确定流体状态，基于 Brunetiere 等[58]的工作，使用流动因子 $\varphi$。$\varphi>1$ 为湍流，$\varphi<1$ 为层流。

$$\varphi_1=\sqrt{\left(\frac{Re_u}{1600}\right)^2+\left(\frac{Re_r}{2300}\right)^2} \tag{9-81}$$

$$Re_u=\frac{\rho\omega r\delta}{\mu} \tag{9-82}$$

$$Re_r=\frac{\rho C_r\delta}{\mu} \tag{9-83}$$

式中，$Re_r$ 为径向流动雷诺数；$\varphi_1$ 为流动因子；$C_r$ 为径向流速；$Re_u$ 为周向流动雷诺数；$\delta$ 为气膜厚度；$\mu$ 为动力黏度。

3. 结构设计参数

干气密封件密封效果的主要影响因子是端面凹槽形状、凹槽几何尺寸、工艺参数等。现在，使用最多的是螺线型。Josef Sedy 也证实了螺旋槽对于干气密封来说是最好的槽型[59]，所以在下一步的设计中使用螺旋槽。结果表明：动环端部的结构对干气密封的性能有很大影响。螺旋槽干气密封封面的结构参数有螺旋角 $\alpha_h$、槽数 $n$、槽深 $H$、槽宽比 $\varepsilon_{sw}$、槽长坝长比 $\varepsilon_\gamma$ 等。

在设计过程中，气膜刚度也就是开启力与空隙之间变化量的比值需要保证一个合适的水平，以保证干气体密封处于无接触状态。气膜刚度越高，干气密封的抗干扰性能越好，密封性能也就越好。干气密封件的设计目的在于使气膜具有最大的刚度。一般来说，随着气膜刚度的增大，间隙的变化概率减小，密封性能的稳定性也随之提高。气体动力学分析发现，在干气密封端间隙为 2～3μm 的情况下，气流通过缝隙的流层是最稳定的。在这种气膜厚度下，由气体作用所产生的开启力与弹簧的闭合力达到了平衡，从而达到了无接触条件。在工程实践中，干气密封的动压槽深度通常为 3～10μm，当其他参数都已确定时，动压槽深为最佳。

1) 螺旋槽干气密封端面的结构参数

图 9-23 为螺旋槽干气密封动环端面结构示意图，螺旋线满足对数螺旋线方程，在柱坐标中表示为

$$r = r_g e^{\theta \tan \alpha_h} \tag{9-84}$$

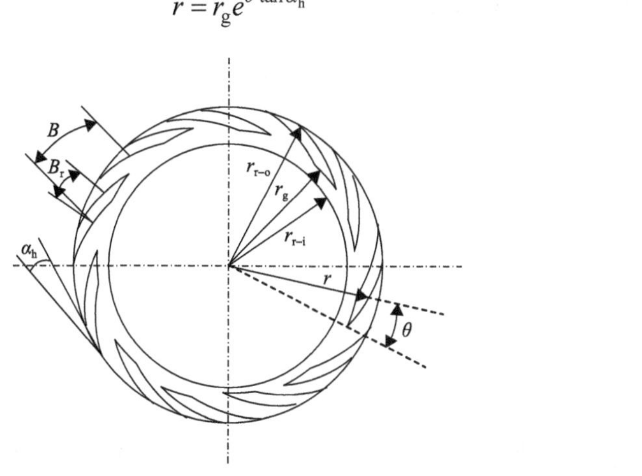


图 9-23　螺旋槽干气密封动环端面结构图

结合图 9-23 和图 9-24，$\delta_g$ 为螺旋槽厚度；$\delta_f$ 为流体薄膜厚度；螺旋角 $\alpha_h$ 为曲线上任意一点的切线与过极点的射线的夹角。同一圆周上槽的宽度 $B_r$ 与整个槽台 $B$ 的宽度之比为槽宽比 $\varepsilon_{sw}$［式(9-85)］。螺旋槽的长度与螺旋线总长之比为槽长坝长比 $\varepsilon_\gamma$。对于等角螺旋线，它等于槽的径向长度与密封端面的径向长度之比，见式(9-86)：

$$\varepsilon_{sw} = B_r / B \tag{9-85}$$

$$\varepsilon_\gamma = (r_{r-o} - r_g) / (r_{r-o} - r_{r-i}) \tag{9-86}$$

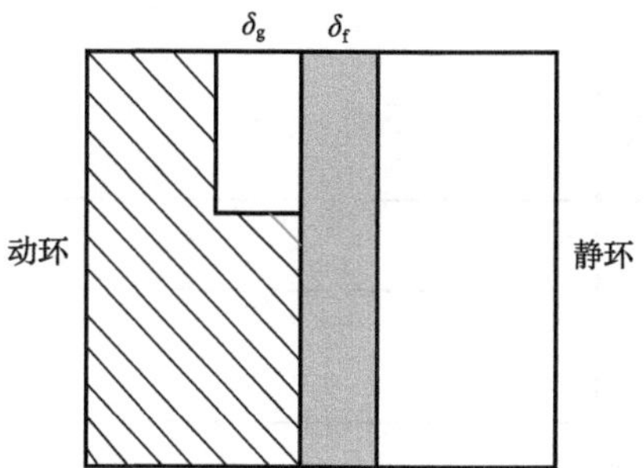


图 9-24　轴端动密封动静环界面剖视图

2) 螺旋槽干气密封的性能参数

影响螺旋槽干气密封效果的参数主要有开启力 $F_o$、气膜刚度 $\alpha_c$、泄漏量 $Q_l$ 和刚漏比 $\varepsilon_{sl}$。开启力是气膜推开动静环的初始力，泄漏量是气体在系统中的泄漏量，气膜刚度是指在外界载荷下保持原有形状和稳定性的能力，其值为气膜开启力对气膜厚度的偏导。其表达式如下：

$$F_o = \int_{r_i}^{r_o} p_i 2\pi r \mathrm{d}r \tag{9-87}$$

$$Q_l = \int_{r_i}^{r_o} u_w 2\pi r \mathrm{d}r \tag{9-88}$$

$$\alpha_c = -\frac{\partial F_o}{\partial \delta} \tag{9-89}$$

$$\varepsilon_{sl} = \alpha_c / Q_l \tag{9-90}$$

式中，$r_i$为密封端面间隙气膜内半径；$r_o$为密封端面间隙气膜外半径；$\delta$为气膜厚度；$p_i$为气膜作用于静环密封端面某点处的压力。

随着膜面刚性的增大，泄漏量减小，刚漏比增大。但在实践中，由于漏失带来的黏滞剪切热量较低，造成动环温度升高、变形大。所以，漏失不能太少，应保持在一个比较合理的水平。在干气密封结构设计过程中，刚漏比是影响密封性能的一个重要因素。高的气膜刚性可确保密封工作时不接触、平稳、泄漏低，达到工艺要求。当开启力 $F_o$与闭合力 $F_c$相等时，气膜厚度就是干气密封的工作间隙或工作点，见图 9-25。工作点通常在 2～5μm。

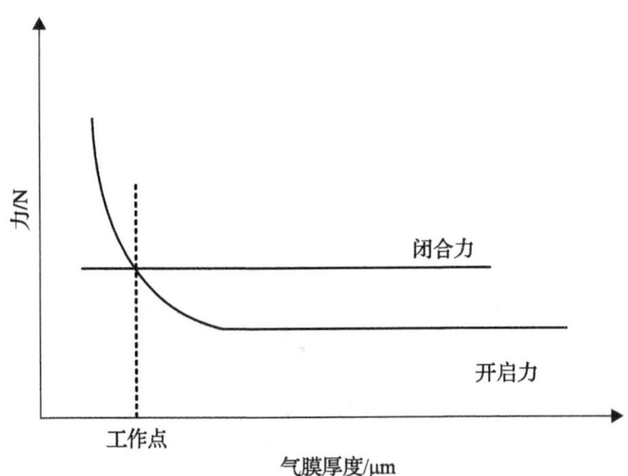


图 9-25　气膜厚度与开启力、闭合力的关系简图[60]

闭合力 $F_c$是指作用在静环背面的介质压力和弹簧力之和：

$$F_c = F_f + \pi\left(r_{s,o}^2 - r_b^2\right) p_{out} + \pi\left(r_b^2 - r_{s,i}^2\right) p_{in} \tag{9-91}$$

式中，$r_b$ 为平衡半径；$p_{in}$、$p_{out}$ 分别为入口、出口压力；$F_f$ 为作用在静环背面的弹簧力；$r_{s,i}$、$r_{s,o}$ 分别为静环内、外半径。

为了对压缩机和密封中的流场进行深入分析，并且考虑到 $CO_2$ 在超临界区的物性变化复杂，本书作者进行了关于非理想流体物性 CFD 仿真模拟及求解器的开发工作，并在下一节展开论述。

## 9.4　非理想流体物性的 CFD 仿真

### 9.4.1　概述

在压缩机及密封的基础上，我们还需要进行详细的 CFD 模拟和分析，这样有助于识别流场特征，可以进一步提高 $sCO_2$ 动力循环的效率。应用 CFD 技术进行数值模拟，这种模拟通过结合流场的基本理论，然后将模拟结果与实验研究进行对比分析，这种方法在涡轮机械的研究中占有非常明显的优势，也逐步成为研究涡轮机械的重要手段。CFD 的计算求解过程如图 9-26 所示。

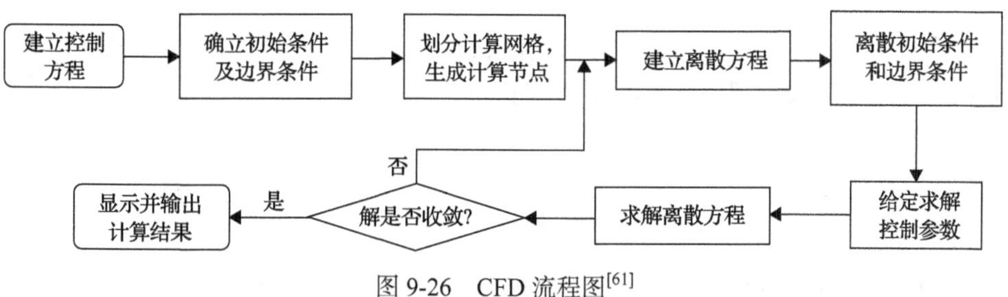


图 9-26　CFD 流程图[61]

在进行 CFD 仿真的过程中，需要对流场中的流体进行分析，但由于 $CO_2$ 在临界点附近的比热容和密度的变化是非常剧烈的，如图 9-27 所示，所以在 $sCO_2$ 压缩机及密封中的非理想气体热力学特性可能会严重影响流动特性，因此有必要对其进行非理想可压缩流体动力学(non-ideal compressible fluid dynamics，NICFD)进行研究，在这个过程中能够准确预测流体流动的模拟工具非常重要。本书作者等[57]基于开源计算流体力学仿真平台 OpenFOAM 开发了一种基于非理想流体物性的黎曼求解器 RGDFoam，这种求解器能够在不局限于特定气体模型的情况下，准确捕捉非理想流体的性质和输运性质，另外还增加了黎曼问题求解的模型，能正确求解非理想可压缩流体流动中产生的激波和膨胀波。新的求解器使用非理想气体 Riemann 求解器，通过增加一个与 OpenFOAM 紧密耦合的新热力学库，并对 HLLC ALE 通量计算器进行了修改，使其可以使用查找表中的气体属性进行操作。这项研究有助于非理想气体计算流体动力学(NICFD)和 OpenFOAM 未来的工程应用。

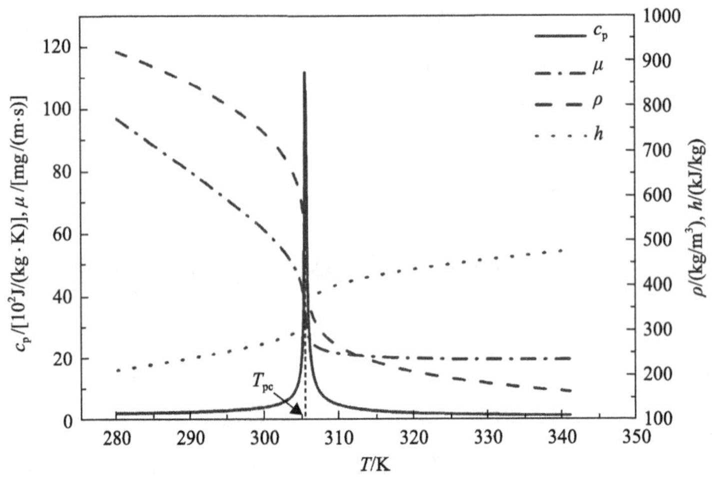


图 9-27　$CO_2$热物性随温度的变化

$c_p$、$\mu$、$\rho$、$h$ 和 $T_{pc}$ 分别为定压比热容、动力黏度、密度、焓和拟临界温度

### 9.4.2　真实气体性质的热物理和输运模型

对于流体的热物理性质，通常由气体状态方程进行确定。如，对于理想气体，其密度可以通过求解理想气体状态方程获得：

$$p = \rho R_g T \tag{9-92}$$

$$h = c_p T \tag{9-93}$$

另外，流体状态可以通过更为一般和复杂的非理想状态方程进行计算，如 PR、PK、Soave-Redlich-Kwong 和 Aungier-Redlich-Kwong 等。在大多数的数值仿真中，运用的非理想气体状态方程为式(9-77)。然而，为了计算当前的流体状态，需要对每个单元和每个迭代步骤迭代求解复杂的非理想状态方程。特别是接近临界点时，需要进行多次迭代，这会导致计算成本显著增加：

$$\begin{aligned}
p(T,v) &= \frac{R_g T}{v-b} - \frac{a\alpha^2(T)}{v^2+2bv-b^2} \\
e(T,v) &= c_v T - \frac{a\alpha(T)(k+1)}{b\sqrt{2}}\tanh^{-1}\frac{b\sqrt{2}}{v+b} \\
s(T,v) &= c_v\ln(T) + R_g\ln(v-b) - \frac{a\alpha(T)(k+1)}{b\sqrt{2TT_{cr}}}\tanh^{-1}\frac{b\sqrt{2}}{v+b}
\end{aligned} \tag{9-94}$$

为了解决这个问题，科研工作者提出了另外一种方法，即是查表法(物性表格 Look up Tables，LuTs)，查表法与普通求解状态方程不同，而是在使用状态方程之前，将流体的物性按索引变量(如 $p$、$T$)排列好，形成一张张二维的物性表。求解器在求解过程中，会像“查表”一样去查询物性，而不是求解状态方程求解物性。可以避免大量的迭代。在这种方法中，使用如下方程来表示：

$$\Phi_3 = \boldsymbol{L}_{\Phi_3}(\phi_1, \phi_2) \tag{9-95}$$

式中，$\boldsymbol{L}$ 为查表法的等效方程表示。

查表法中，一旦两状态属性(如 $\phi_1$ 和 $\phi_2$)已知，就可以计算其他所有的状态属性。在创建 LuTs 时，需要考虑三个问题：①插值过程引入的最大误差；②表格数据节点的分辨率；③自洽性。自洽性是指如果调用两个不同的函数，结果应该是一致的，即

$$\phi_1' = \boldsymbol{L}(\phi_2, \phi_3) \tag{9-96}$$

$$\phi_2' = \boldsymbol{L}(\phi_3, \phi_1) \tag{9-97}$$

式中，如果符合自洽性，那么使用 $\phi_1' = \phi_1$，$\phi_3$ 查询得出 $\phi_2'$，那么 $\phi_2' = \phi_2$。

当求解器访问基于二维插值的非理想气体属性时，会引入插值误差，使用高阶插值方法或更精细的 LuTs 可以明显减小插值误差。但是，这增加了搜索和插值所需的计算成本。因此，选择节点少但误差水平可接受的表是很重要的。在仿真的初始化过程中，OpenFOAM 使用压力 $p$ 和温度 $T$ 的标量场。在第一步中，基于 $p$ 和 $T$ 的表用于设置其他求解参数的初始字段。由于基于 $p$ 和 $T$ 的表只用于初始化字段，在下面的计算过程中将被覆盖，因此这对表格数据的自洽性没有影响。

RGDFoam 求解器中使用物性表(图 9-27)查找的方式进行，每个热物理参数根据另外两个热力参数进行查找，式(9-98)～式(9-101)表明了各个热物理参数通过压力 $p$ 和内能 $e_\mathrm{u}$ 的进行查找。

$$h = \boldsymbol{L}_\mathrm{h}(e_\mathrm{u}, p) \tag{9-98}$$

$$a = \boldsymbol{L}_\mathrm{a}(e_\mathrm{u}, p) \tag{9-99}$$

$$T = \boldsymbol{L}_\mathrm{T}(e_\mathrm{u}, p) \tag{9-100}$$

$$\rho = \boldsymbol{L}_\rho(e_\mathrm{u}, p) \tag{9-101}$$

### 9.4.3　Riemann 问题

Riemann 问题是一个偏微分方程的初值问题，具有初始条件为式(9-102)：

$$\boldsymbol{U}(x,0) = \begin{cases} \boldsymbol{U}_\mathrm{i}, & x < 0 \\ \boldsymbol{U}_\mathrm{j}, & x > 0 \end{cases} \tag{9-102}$$

Riemann（黎曼）问题的示意图如图 9-28(a)所示，其中 $i$ 和 $j$ 分别表示左边和右边的值，$S$ 表示波的传播速度。由于激波在数学上表现为间断问题，所以求解 Riemann 问题是捕捉和求解可压缩流和激波的必要部分。RGDFoam 求解器除使用查表方式获得热力参数外，还对 Riemann 问题进行求解。

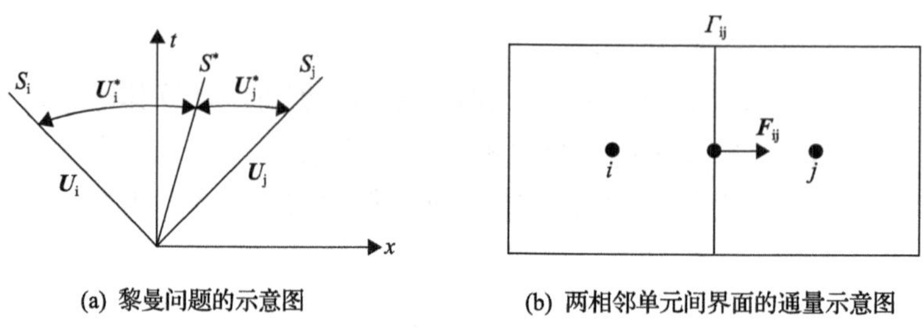

(a) 黎曼问题的示意图　　(b) 两相邻单元间界面的通量示意图

图 9-28　黎曼问题和两相邻单元间界面示意图[57]

为了解决这类不连续问题，在开发中设计了几种通量方案。然而，许多流行的通量格式不能使用一般的流体状态方程。例如，Roe[62]的通量方案和 Van Leer 等[63]的通量方案是在理想气体假设下推导出来的。Luo 等[64]研究了 AUSM+、HLLC 和 Godunov 三种不同格式，用 Arbitriary Lagrangian-Eulerian(ALE)格式求解非定常可压缩欧拉方程。数值结果表明，HLLC ALE 和 Godunov 格式对求解此类问题具有鲁棒性，而 AUSM+ ALE 格式在界面处表现出较强的振荡。对于 NICFD 问题，特别是当用 LuTs 代替解析状态方程时，它更倾向于使用基于界面左右两侧插值属性的通量求解器，而不是通过界面处特定的理想状态方程(EoS)重构属性。这确保了通量计算器对任何与状态方程有关的假设是没有联系的。

综合考虑各种方案后，发现 HLLC ALE 求解通量具有良好的执行能力。两相邻单元间界面的通量示意图如图 9-28(b)所示。HLLC 求解通量的方法已在 OpenFOAM-extend-3.0 版本中使用，并且由于它不需要重构边界条件，因此对于目前的非理想气体求解器，选择 HLLC 求解通量是可行的，HLLC 求解通量也适用于求解非定常旋转叶轮机械的问题。

下面推导 HLLC ALE 通量格式是基于一个运动控制体的非定常可压缩欧拉方程。在这里非定常可压缩 Euler 方程可以用积分形式表示为

$$\frac{\partial}{\partial t}\int_{\Omega(t)}\boldsymbol{U}\mathrm{d}\Omega+\int_{\Gamma(t)}\boldsymbol{F}\mathrm{d}\Gamma=0 \tag{9-103}$$

式中，$\Omega(t)$ 为移动控制体积；$\Gamma(t)$ 为运动边界。两者都随时间 $t$ 变化。另外，定义了流量变量向量 $\boldsymbol{U}$ 和无黏流量向量 $\boldsymbol{F}$ 为

$$\boldsymbol{U}=\begin{bmatrix}\rho\\ \rho\boldsymbol{v}\\ \rho E\end{bmatrix},\quad \boldsymbol{F}=\begin{bmatrix}(\boldsymbol{v}-\dot{\boldsymbol{x}})\cdot\boldsymbol{n}\rho\\ (\boldsymbol{v}-\dot{\boldsymbol{x}})\cdot\boldsymbol{n}\rho\boldsymbol{v}+p\boldsymbol{n}\\ (\boldsymbol{v}-\dot{\boldsymbol{x}})\cdot\boldsymbol{n}\rho E+p\boldsymbol{v}\cdot\boldsymbol{n}\end{bmatrix} \tag{9-104}$$

式中，$\rho$、$p$、$E$ 分别为流体的密度、压力和总内能；$\boldsymbol{v}$ 为流体速度矢量；$\boldsymbol{n}$ 为运动边界的单位外法向向量，其速度定义为 $\dot{\boldsymbol{x}}$。

一旦运动边界的速度设为 0，方程变为静止方程。这组方程是通过添加一个状态方程来完成的，状态方程可以建立三个热力学变量之间的关系。在一般形式下，状态方程为

$$\rho=\boldsymbol{\rho}(e_{\mathrm{u}},p) \tag{9-105}$$

当使用查表法时，该方程变成了式(9-89)，比内能 $e_{\mathrm{u}}$ 和总内能 $E$ 的关系为

$$e_{\mathrm{u}}=E-\frac{\left|\boldsymbol{v}^2\right|}{2} \tag{9-106}$$

在网格运动和变形过程中，为了使流体的性质保持不变，必须满足以下几何守恒定律：

$$\frac{\partial\Omega}{\partial t}-\int_{\Gamma(t)}\dot{\boldsymbol{x}}\cdot\boldsymbol{n}\mathrm{d}\Gamma=0 \tag{9-107}$$

几何守恒定律可以通过对式(9-103)求值来显式更新体积，也可以通过将控制表面积 $\Gamma(t)$ 隐式定义为 $n$ 和 $n$+1 个时间层面的加权平均，从而通过构造自动满足式(9-103)。

物理空间中 Riemann 问题的解如图 9-28(a)所示，采用的 HLLC ALE 通量计算器遵循 Batten 等[65]的研究。通量定义为

$$\boldsymbol{F}_{\mathrm{ij}}^{\mathrm{HLLC}}=\begin{cases}\boldsymbol{F}_i, & S_i>0\\ \boldsymbol{F}(\boldsymbol{U}_{\mathrm{i}}^*), & S_i\leqslant 0<S^*\\ \boldsymbol{F}(\boldsymbol{U}_{\mathrm{j}}^*), & S^*\leqslant 0<S_j\\ \boldsymbol{F}_{\mathrm{j}}, & S_j<0\end{cases} \tag{9-108}$$

$$\boldsymbol{U}_{\mathrm{K}}^*=\begin{bmatrix}\rho_{\mathrm{K}}^*\\ (\rho\boldsymbol{v}_{\mathrm{K}})^*\\ (\rho E)_{\mathrm{K}}^*\end{bmatrix}=\frac{1}{S_{\mathrm{K}}-S^*}\begin{bmatrix}(S_{\mathrm{K}}-q_{\mathrm{K}})\rho_{\mathrm{K}}\\ (S_{\mathrm{K}}-q_{\mathrm{K}})(\rho\boldsymbol{v})_{\mathrm{K}}+(p^*-p_{\mathrm{K}})\boldsymbol{n}\\ (S_{\mathrm{K}}-q_{\mathrm{K}})(\rho E)_{\mathrm{K}}-p_{\mathrm{K}}q_{\mathrm{K}}+p^*S^*\end{bmatrix} \tag{9-109}$$

$$\boldsymbol{F}_{\mathrm{K}}^{*} \equiv \boldsymbol{F}(\boldsymbol{U}_{\mathrm{K}}^{*}) = \begin{bmatrix} S^{*}\rho_{\mathrm{K}}^{*} \\ S^{*}(\rho \boldsymbol{v})_{\mathrm{K}}^{*} + p^{*}\boldsymbol{n} \\ S^{*}(\rho E)_{\mathrm{K}}^{*} + (S^{*} + \dot{\boldsymbol{x}} \cdot \boldsymbol{n})p^{*} \end{bmatrix} \tag{9-110}$$

式中，$i$ 和 $j$ 表示左右网格序号；$*$ 表示星区（$S_i$ 和 $S_j$ 之间的楔形区域，表示积分平均解）的值。$K$ 可以用 $i$ 和 $j$ 代替，得到不同变量的表达式，如 $\boldsymbol{U}_i^*$、$\boldsymbol{U}_j^*$ 等。法向相对速度 $u_{\mathrm{wn}}$ 的计算式为

$$u_{\mathrm{wn}} = (\boldsymbol{v} - \dot{\boldsymbol{x}}) \cdot \boldsymbol{n} \tag{9-111}$$

在原版本的 HLLC ALE 通量计算器中，计算了能量通量 $\rho E$ 为

$$\rho E = \frac{p}{\gamma - 1} + \rho\left(\frac{1}{2}\boldsymbol{v}^2 + \mathrm{TKE}\right) \tag{9-112}$$

式中，TKE 为湍流动能。为了实现新的非理想气体求解器，将 $\rho E$ 改为

$$\rho E = \rho h - p + \rho\left(\frac{1}{2}\boldsymbol{v}^2 + \mathrm{TKE}\right) \tag{9-113}$$

利用 $E$ 和 $h$ 的基本关系来否定对 $\gamma$ 的依赖。其余变量通过状态方程调用(依据查表法)。星区（$S^*$）的积分平均传播速度计算公式为

$$S^{*} = \frac{\rho_j \cdot u_{\mathrm{wn},j} \cdot (S_j - u_{\mathrm{wn},j}) - \rho_i \cdot u_{\mathrm{wn},i} \cdot (S_i - u_{\mathrm{wn},i}) + p_i - p_j}{\rho_j \cdot (S_j - u_{\mathrm{wn},j}) - \rho_i \cdot (S_i - u_{\mathrm{wn},i})} \tag{9-114}$$

式中，左边和右边的传播速度是通过计算得到：

$$S_i = \min(q_i - a_i, (\tilde{\boldsymbol{v}} - \dot{\boldsymbol{x}}) \cdot \boldsymbol{n} - \tilde{a}) \tag{9-115}$$

$$S_j = \max(q_j - a_j, (\tilde{\boldsymbol{v}} - \dot{\boldsymbol{x}}) \cdot \boldsymbol{n} + \tilde{a}) \tag{9-116}$$

式中，$\tilde{\boldsymbol{v}}$ 和 $\tilde{a}$ 为 Roe 方法中速度和声速的平均变量，计算式为

$$\tilde{\boldsymbol{v}} = \frac{\sqrt{\rho_i} \cdot \boldsymbol{v}_i + \sqrt{\rho_j} \cdot \boldsymbol{v}_j}{\sqrt{\rho_i} + \sqrt{\rho_j}} \tag{9-117}$$

$$\tilde{a}^2 = \frac{\sqrt{\rho_i} \cdot {a_i}^2 + \sqrt{\rho_j} \cdot {a_j}^2}{\sqrt{\rho_i} + \sqrt{\rho_j}} + \eta_{\gamma} \cdot (q_j - q_i)^2 \tag{9-118}$$

式中

$$\eta_{\gamma}=\frac{\gamma-1}{2}\frac{\sqrt{\rho_i}\sqrt{\rho_j}}{(\sqrt{\rho_i}+\sqrt{\rho_j})^2} \tag{9-119}$$

$a_i$ 和 $a_j$ 是由(9-99)计算的 $i$ 和 $j$ 侧的局部声速。对于大多数气体，比热容比 $\gamma$ 是一个常数，在 1～5/3，因此 $\eta_{\gamma}$ 可以估计为

$$\eta_{\gamma}<\eta_2=\frac{1}{2}\frac{\sqrt{\rho_i}\sqrt{\rho_j}}{(\sqrt{\rho_i}+\sqrt{\rho_j})^2} \tag{9-120}$$

根据 1988 年 Einfeldt[66]的研究，为了得到更普适和一般化的非理想流体性质，方程式(9-119)中的 $\eta_{\gamma}$ 近似为 $\eta_2$，满足稳定性要求。感兴趣的读者可参考 Einfeldt[66]的研究。这一步非常重要，因为它解耦了计算左右单元格上比热比的数值依赖关系，允许使用更为方便的查找表方法。星区的积分平均压强 $p^*_{\text{ave}}$ 计算如下：

$$\begin{aligned}p^*_{\text{ave}}&=\rho_i\cdot(q_i-S_i)\cdot(q_i-S^*)+p_i\\&=\rho_j\cdot(q_j-S_j)\cdot(q_j-S^*)+p_j\end{aligned} \tag{9-121}$$

由此得到的 HLLC 通量计算器具有以下性质：①精确保存孤立的接触波和剪切波；②确保标量的数值准确性；③确保熵的标准计算。这使通量计算器适用于当前的 NICFD 应用。

### 9.4.4　基于非理想气体特性密度的求解器

利用 Van Leer 的单调上游守恒律中心格式(MUSCL)对无黏项进行插值，得到二阶空间精度。对于加速度，稳态解和非稳态解分别进行局部和双重时间步进，也可采用 Runge-Kutta 时间步进。为了解决湍流问题，求解器采用雷诺平均 Navier-Stokes 方程，对 Favre 平均量的 Navier-Stokes 方程进行求解。旋转参考系下的 Favre 平均 Navier-Stokes 方程的控制方程为

$$\frac{\partial}{\partial t}\int_{\Omega}\boldsymbol{U}\mathrm{d}\Omega+\int_{\partial\Omega}[\boldsymbol{F}(\boldsymbol{U})-\boldsymbol{F}_{\mathrm{v}}(\boldsymbol{U})]\mathrm{d}A=\int_{\Omega}\boldsymbol{S}\mathrm{d}\Omega \tag{9-122}$$

式中，$\boldsymbol{U}=\boldsymbol{U}(\boldsymbol{x},t)$ 是状态变量；$\boldsymbol{F}(\boldsymbol{U})$ 和 $\boldsymbol{F}_{\mathrm{v}}(\boldsymbol{U})$ 分别为对流通量和扩散通量；$\Omega$ 和 $\partial\Omega$ 分别为流体域和流体域边界。

针对旋转非惯性参考系的通量，其表现形式如下：

$$\boldsymbol{U}=\begin{bmatrix}\rho\\ \rho\boldsymbol{v}\\ \rho e^{t}\end{bmatrix},\quad \boldsymbol{F}(\boldsymbol{U})=\begin{bmatrix}n\cdot\rho(\boldsymbol{v}-\boldsymbol{v}^{m})\\ \rho\boldsymbol{v}[\boldsymbol{n}\cdot(\boldsymbol{v}-\boldsymbol{v}^{m})]+p\boldsymbol{n}\\ (\rho e^{t}+p)[(\boldsymbol{v}-\boldsymbol{v}^{m})\cdot\boldsymbol{n}]+p(\boldsymbol{v}^{m}\cdot\boldsymbol{n})\end{bmatrix} \tag{9-123}$$

$$\boldsymbol{F}_{v}(\boldsymbol{U})=\begin{bmatrix}0\\ \boldsymbol{n}\cdot\boldsymbol{\sigma}\\ \boldsymbol{v}\cdot(\boldsymbol{n}\cdot\boldsymbol{\sigma})+\boldsymbol{n}\cdot(\lambda\nabla T)\end{bmatrix},\quad \boldsymbol{S}(\boldsymbol{U})=\begin{bmatrix}0\\ -\rho(\omega\times\boldsymbol{v})\\ 0\end{bmatrix} \tag{9-124}$$

式中，$\rho$ 为密度；$\boldsymbol{v}$ 为笛卡儿坐标系下的速度矢量，旋转参考系的速度 $\boldsymbol{v}^{m}=\omega\times\boldsymbol{r}$；$p$ 为压力；$\rho e^{t}$ 为总能量；$\boldsymbol{\sigma}$ 为应力张量；$\lambda$ 为导热率；$T$ 为温度；$\boldsymbol{n}$ 为网格单元表面法线方向单位矢量。

雷诺时均法(RANS)[24]是目前工程上应用最广泛的方法。不同于大涡模拟(LES)与直接模拟(DNS)，雷诺时均法对初始条件及进口条件的敏感度较低[67]。实际操作中，使用固定值进口边界条件及零法向梯度出口边界条件即可。

雷诺平均的特点是将原有的状态变量分为时均值和脉动值，即

$$\boldsymbol{U}(\boldsymbol{x},t)=\overline{\boldsymbol{U}}(\boldsymbol{x},t)+\boldsymbol{U}'(\boldsymbol{x},t) \tag{9-125}$$

式中，$\overline{\boldsymbol{U}}$ 和 $\boldsymbol{U}'$ 分别为时均值和脉动值。

将式(9-125)代入原控制方程后得到雷诺时均方程，雷诺时均方程与原控制方程相比，在动量方程中引入了 6 个新的未知量(张量 $-\rho\overline{\boldsymbol{v}'\boldsymbol{v}'}$ 的分量，也称为雷诺应力张量)，在能量方程中引入了 3 个新的未知的湍流热通量($q^{R}=-\rho c_{p}\overline{\boldsymbol{v}'T'}$)。因此，雷诺时均方程并不是一个封闭的方程组，为了能够对其进行求解，还需要额外的方程来补充，新增加的方程称为湍流模型。对新增的张量适用湍流动能 $k_{t}$ 来定义，其定义式为

$$k_{t}=\frac{1}{2}\overline{\boldsymbol{v}'\boldsymbol{v}'} \tag{9-126}$$

目前，若干湍流模型是基于布辛涅斯克(Boussinesq)[24]假设的，他们将湍流黏度 $\mu_{t}$ 表示为速度($\sqrt{k_{t}}$)和场长度($l$)尺度的函数，即

$$\mu_{t}=\rho l\sqrt{k_{t}} \tag{9-127}$$

这类湍流模型一共分为四大类，分别是代数模型、单方程模型、双方程模型和二阶闭合模型。目前为止，并没有任何一个湍流模型可以适用于所有的流动条件，每一类模型都有一定的优势和劣势。而在工程中常用的湍流模型是双方程湍

流模型。

双方程模型中最基础的是标准的 $k$-$\varepsilon$ 的模型，其湍流黏度 $\mu_t$ 和扩散系数 $k_s$ 的计算分别为

$$\mu_t = \rho C_\mu \frac{k_t^2}{\varepsilon} \tag{9-128}$$

$$k_s = \frac{c_p \mu_t}{Pr_t} \tag{9-129}$$

其中，由黏性应力导致的单位质量湍流动能耗散率用 $\varepsilon$ 表示。

在标准的 $k$-$\varepsilon$ 模型中湍动动能 $k_t$ 和湍流动能耗散率 $\varepsilon$ 需要以下方程来求解：

$$\frac{\partial}{\partial t}(\rho k) + \nabla \cdot (\rho \mathbf{v} k) = \nabla \cdot (\mu_{\text{eff,k}} \nabla k) + P_k - \rho \varepsilon \tag{9-130}$$

$$\frac{\partial}{\partial t}(\rho \varepsilon) + \nabla \cdot (\rho \mathbf{v} \varepsilon) = \nabla \cdot (\mu_{\text{eff},\varepsilon} \nabla \varepsilon) + C_{\varepsilon 1} \frac{\varepsilon}{k} P_k - C_{\varepsilon 2} \rho \frac{\varepsilon^2}{k} \tag{9-131}$$

式中，$\mu_{\text{eff,k}} = \mu + \dfrac{\mu_t}{\sigma_k}; \mu_{\text{eff},\varepsilon} = \mu + \dfrac{\mu_\varepsilon}{\sigma_\varepsilon}$。对于该模型的赋值情况如下：$C_{\varepsilon 1} = 1.44$，$C_{\varepsilon 2} = 1.92$，$C_\mu = 0.09$，$\sigma_k = 1.0$，$Pr_t = 0.9$。

标准的 $k$-$\varepsilon$ 模型是一个高雷诺数湍流模型，它只对充分发展的自由剪切流有效，且需要壁面函数的辅助，但可以很好地模拟自由剪切流。

针对 $k$-$\varepsilon$ 模型在逆向压力梯度存在可能会失效的情况下，而另一类模型可以充分地描述分离流动，其将 $\varepsilon$ 方程更改为 $\omega$ 方程，其中，$\omega$ 为单位体积和时间内湍动动能转化为内部热能的速率。这一完整的 $k$-$\omega$ 模型由 Kolmogorov[68]提出，其中 $\omega$ 被定义为湍流耗散率，即

$$\omega = \frac{\varepsilon}{C_\mu k_t} \tag{9-132}$$

使用 $k$-$\omega$ 模型代替 $k$-$\varepsilon$ 模型后，对于雷诺应力方程，其更容易进行积分运算，并且在次层积分运算中不需要使用抑制函数，同时可以模拟逆向压力梯度流。其 $k$ 方程和 $\omega$ 方程与 $k$-$\varepsilon$ 方程类似，在此不做详细介绍。

在 CFD 计算中，最常用的是剪切应力输运（SST）$k$-$\omega$ 方程，其对湍流黏度 $\mu_t$ 的定义如下：

$$\mu_t = \frac{\rho a_1 k}{\max(a_1 \omega, \sqrt{2} S_t F_2)} \tag{9-133}$$

式中，$a_1 = 0.31$；$S_t$ 为应变率的大小。$F_2$ 的计算公式为

$$F_2 = \tanh(\gamma_2^2), \quad \gamma_2 = \max\left[2\frac{\sqrt{k}}{\beta^* \omega (L_\perp)}, \frac{500v}{(L_\perp)^2 \omega}\right] \tag{9-134}$$

式中，$L_\perp$ 为壁面最短的距离。

(SST) $k$ - $\omega$ 方程中的 $k$ 方程和 $\omega$ 方程如下所示：

$$\frac{\partial}{\partial t}(\rho k) + \nabla \cdot (\rho \mathbf{v} k) = \nabla \cdot (\mu_{\text{eff,k}} \nabla k) + P_k - \beta^* \rho k \omega \tag{9-135}$$

$$\frac{\partial}{\partial t}(\rho \omega) + \nabla \cdot (\rho \mathbf{v} \omega) = \nabla \cdot (\mu_{\text{eff},\omega} \nabla \omega) + C\alpha \frac{\omega}{k} P_k - C_\beta \rho \omega^2 + 2(1 - F_1)\sigma_{\omega 2} \frac{\rho}{\omega} \nabla k \cdot \nabla \omega \tag{9-136}$$

式中，$k$ 方程和 $\omega$ 方程中的湍流热导率和有效湍流黏度的计算公式为 $k_t = \dfrac{\mu_t}{\text{Pr}_t}$，$\mu_{\text{eff,k}} = \mu + \dfrac{\mu_t}{\tilde{\sigma}_k}$，$\mu_{\text{eff},\omega} = \mu + \dfrac{\mu_t}{\tilde{\sigma}_\omega}$

式(9-124)与湍流模型方程共同组成封闭方程组，再对方程组进行离散，进行迭代求解获得 $sCO_2$ 循环流道内的流动特性。

基于非理想气体物性的求解器的最初实现基于理想气体状态方程。为了创建一个能够求解可压缩非理想气体 RANS 方程的基于非理想气体物性的求解器，需要对其进行修改，从而产生了新的求解器 RGDFoam。RGDFoam 求解器流程图如图 9-29 所示。

第Ⅰ步创建了静态内能的标量场 $e$ 和声速标量场 $a$。紧接着开始一个时间步长的迭代过程(Ⅱ)，并对边界上的旋转参考坐标系(MRF)参数和绝对速度参数进行更新(Ⅲ)。从第Ⅳ步开始进入内迭代循环。第Ⅵ步存储上一次迭代的压力场 $p$，以便使用具有稳定解的波动传递边界条件。第Ⅶ步对非理想气体中的因激波所带来的不连续界面，给定 HLLC 需要的初始场，然后使用 HLLC 求解其通量。第Ⅷ步的压力用割线法求解。在步骤Ⅸ中，在模拟旋转机械问题时使用多重参考系(MRF)。在第Ⅻ步，压力、焓和声速通过对状态方程的调用进行更新，使用理想气体方程更新气体热物性的方法改用查表函数来代替。由此产生的求解器 RGDFoam 能够利用 LuTs(物性表格 Look up Tables)求解非理想可压缩流体动力学问题。

为了验证和证明新创建的基于非理想气体物性的 RGDFoam 求解器在求解定常网格稳态 NICFD 黎曼问题上的能力，在此给出了三个文献中参考案例的结果。

第一个案例利用 NASA 公布的跨声速空气缩放喷管实验数据对 RGDFoam 进行验证。为了验证 RGDFoam，分别进行 4 种不同的仿真，评估求解器选择、湍流模型和状态方程的实现效果。模拟的主要参数总结见表 9-2。

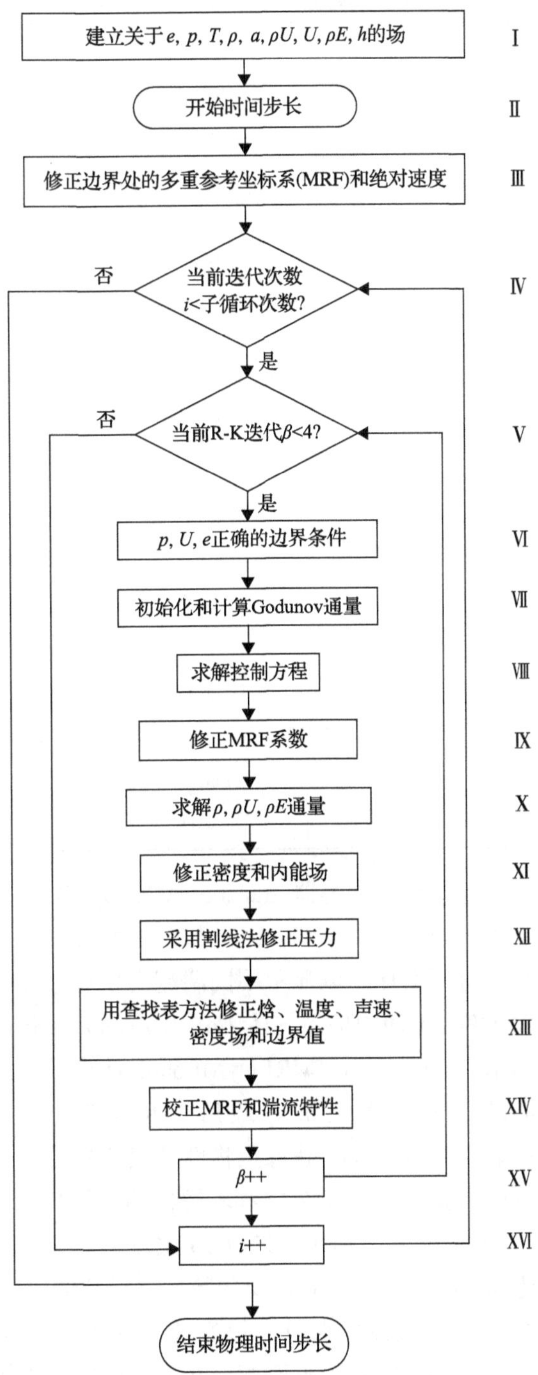


图 9-29　RGDFoam 求解器流程图[57]

表 9-2　NASA 缩放空气喷管的 2D 模拟细节[57]

| 项目 | 数值 | | | |
|---|---|---|---|---|
| 求解器 | transonicMRFDyMFoam | transonicMRFDyMFoam | RGDFoam | RGDFoam |
| 案例标记 | TR-0 | TR-1 | RGD-0 | RGD-1 |
| 工质 | 空气 | | | |
| $T_{0in}$/K | 294.45 | | | |
| $p_{0in}$/Pa | 102387.1 | | | |
| $p_0$/Pa | 42449.07 | | | |
| $c_p$[J/(kg·K)] | 1006.88 | 1006.88 | 1006.88 | LuT |
| $\mu$/(m²/s) | $1.8296\times10^{-5}$ | $1.8296\times10^{-5}$ | $1.8296\times10^{-5}$ | LuT |
| $\gamma$[-] | 1.4 | 1.4 | 1.4 | LuT |
| 压比[-] | 2.41 | | | |
| 气体模型 | 理想气体 | 理想气体 | LuT 理想气体 | LuT 非理想气体 |
| 湍流模型 | $k$-$\omega$ SST | $k$-$\varepsilon$ | $k$-$\omega$ SST | $k$-$\omega$ SST |
| 湍流强度 | 0.0375 | | | |
| 混合长度 | 0.005 | | | |
| 空间离散格式 | Gauss vanLeer | | | |
| 通量格式 | HLLC ALE 通量 | | HLLC ALE 实际通量 | |
| 时间离散格式 | EulerLocal | | | |
| 局部最大 CFL 值 | 0.5 | | | |

首先，利用建立的叶轮机械求解器 transonicMRFDyMFoam 进行仿真。这些模拟采用理想气体 EoS，分别采用(SST) $k$-$\omega$ 和 $k$-$\varepsilon$ 两种不同的湍流模型进行。将计算结果与实验数据进行对比，以显示不同湍流模型对边界层分离位置预测结果的影响。然后，RGDFoam 使用理想气体 EoS 生成的表来获取热物性，完成仿真模拟。将所得到的结果与 transonicMRFDyMFoam 计算得到的结果进行比较，以验证 LuT 的机制是否工作正常。最后，RGDFoam 使用基于非理想 EoS(REFPROP 数据库)生成的 LuTs 获取热物性开展仿真模拟。将这四种模拟结果与实验数据进行对比，验证了 LuT 公式和求解器的有效性。

验证结果如图 9-30 和图 9-31 所示。图 9-30 比较了 4 中不同模拟方法得到的沿喷嘴中心线的压比($p/p_0$)。从图 9-30 的实验数据与模拟情况 TR-0 和 TR-1 的比较中可以看出，(SST) $k$-$\omega$ 湍流模型具有更好地捕捉边界层分离位置的性能。$k$-$\varepsilon$ 模型在上游区域与(SST) $k$-$\omega$ 模型匹配，在分离位置下游较远。然而，基于实验数据，$k$-$\varepsilon$ 模型预测了边界层延迟分离。

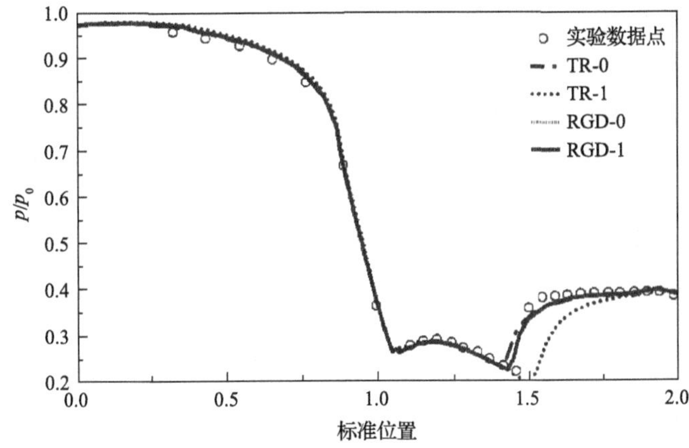


图 9-30 理想气体和非理想气体求解器求解的壁中心线压力比较[57]

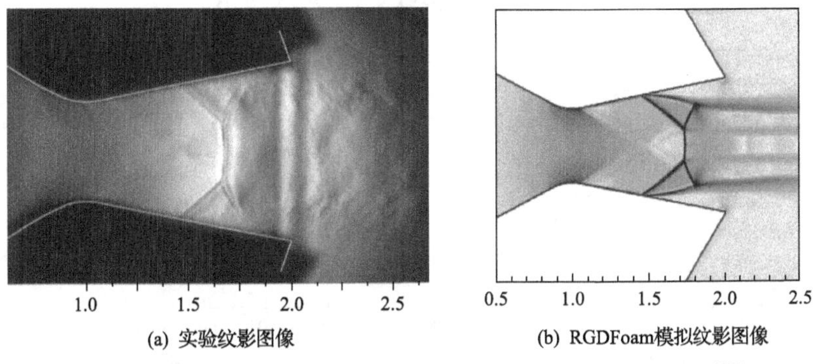


图 9-31 跨声速空气缩放喷管模拟结果与实验数据对比[57]

(SST) $k$-$\omega$ 模型可以更好地进行近壁面处理，所以它更能够预测具有逆压力梯度区域的分离情况，因此采用(SST) $k$-$\omega$ 模型进行后续模拟。对实验数据与模拟结果 TR-0 和 RGD-0 进行比较时，观察到两者对喷嘴中心线压力的实验数据吻合较好，两种预测结果仅存在边际差异。两种模拟的压力大小相同，但分离位置差别不大。由于两种模拟都使用了相同的 EoS(一次通过直接调用，一次通过生成 LuT)、相同的湍流模型和相同的通量计算器，这说明 RGDFoam 可以正确运行。

与理想气体和非理想气体 LuTs 相对应的模拟情况 RGD-0 和 RGD-1 的数据线一般是分辨不出来的。这是因为模拟条件远离空气临界点(405.56K，3.77MPa)。因此，在查找表的流体性质中，捕获的非理想气体性质几乎与理想气体性质相同。

图 9-31(a)给出了 Hunter[69]给出的压力比为 2.41 的实验纹影图像。图 9-31(b)是 RGDFoam 使用非理想 EoS 得到的物性表开展模拟(记为 RGD-1)，通过对结果数据进行空间密度梯度计算所得的纹影图。对比实验图和模拟得到的数值纹影图，数值计算结果与实验数据，如激波脱离点、斜激波角等吻合得较好。马赫盘位置与实验结果相比略有偏移。图 9-31(b)与 Abdol-Hamid 的研究显示出极好的一致

性。结果证实了 RGDFoam 具备可以正确模拟跨声速流动现象和激波的能力。

第二个案例测试了 RGDFoam 预测稠密有机流体(非理想气体)通过 VKILS-89 涡轮静叶栅流动的能力。在缺乏验证非理想流的高质量实验数据的情况下，通过 SU2(Stanford UnStructure 2)和 OpenFOAM 的交叉验证，证明 RGDFoam 能够正确捕获非理想流的特性。为此进行了两个 RGDFoam 仿真，对 30k、60k、120k 和 240k 四种分辨率下的网格依赖性进行了研究，经过比较 120K 的网格在保证计算精度的情况下耗用最少的计算资源，因此选取 120k 网格进行计算。

第一个案例是使用伪实际气体模型(黏度为定值，SU2 的算例使用伪实际气体)进行仿真，注为 OF-1，以便与 SU2 算例进行直接比较；第二个使用完全非理想流体属性，通过 REFPROP 数据库的查找表值，记作 OF-2。三种不同的模拟情况分别标记为 SU2、OF-1 和 OF-2。沿流线沿叶栅通道的温度、压力、密度和马赫数的比较如图 9-32 所示，马赫数等值线如图 9-33 所示。

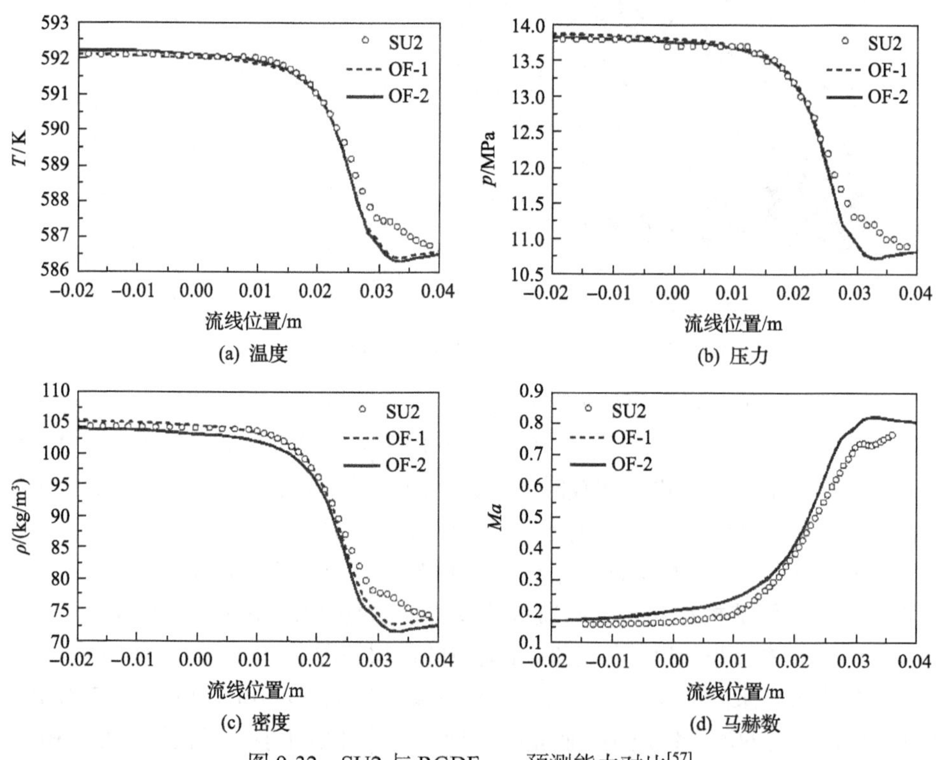


图 9-32　SU2 与 RGDFoam 预测能力对比[57]

由图 9-32 可知，在 $x$=0.025 之前，OF-1 算例与 SU2 的模拟结果在所有性质上都有很好的一致性。在该区域内，与通道中心线垂直的空间属性梯度较小，意味着数据提取位置的不确定性只产生微小影响。因此，这证实了 OF-1 模拟可以正确复现 SU2 的结果。但是，在 $x$=0.025 之后，数据线分离。该位置对应于存在

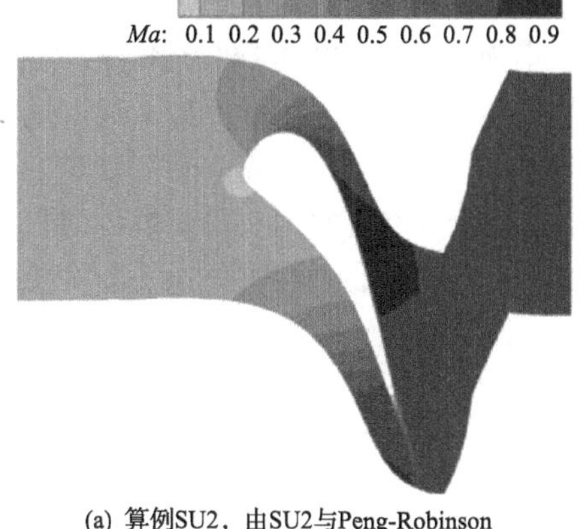


(a) 算例SU2，由SU2与Peng-Robinson状态方程进行

Ma: 0.1 0.2 0.3 0.4 0.5 0.6 0.7 0.8 0.9

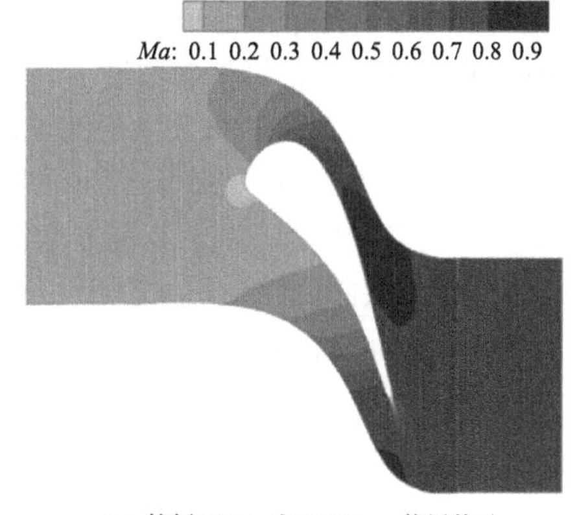

(b) 算例OF-2，由RGDFoam使用基于REFPROP的查找表进行

图 9-33　VKI LS89 透平静止叶栅 SU2 和 OF-2 马赫数等值线的比较[57]

较大空间属性梯度的喷管出口区域。此外，两种模拟采用不同的湍流模型。SU2 选用 Spalart-Almaras (SA) 一方程湍流模型封闭动量方程，OpenFOAM 选用 (SST) $k$ - $\omega$ 湍流模型。这些模型有不同的边界层，在静叶（或翼形）后缘形成湍流和熵尾迹。这些不同的尾迹表现为如图 9-32 所示性质的变化，图 9-33 也可见。

预测的属性在模拟域的下游端再次收敛，证实这是局部效应。总体而言，除湍流尾迹外，SU2 和 OF-1 模拟之间存在较好的一致性，如图 9-33 所示，证实了 RGDFoam 正确模拟涡轮静止叶栅中非理想气体流动的能力。

在 OF-2 模拟中，采用完全非理想气体特性。从图 9-33 可以看出，预测的压力和马赫数在不同的方法之间比较接近，但从一开始就存在压力、温度和密度的偏移，这是由状态方程的不同造成的。另一个原因是通过查找表方法应用的非恒定流体黏度即伪实际气体物性。湍流黏性对温度和密度有重要影响的尾迹中的偏差 ($x>0.025$)，突出了正确的非理想气体建模的重要性。

SU2 和 OF-2 的马赫数等值线如图 9-33 所示，可见，OF-1 和 OF-2 的马赫数无明显差异。SU2 和 OF-2 在尾迹区上游表现出很好的一致性。但 SU2 情形比 OF-2 情形具有更长的低速尾迹（低马赫数），这可以归因于湍流模型的不同。

第三个案例对通过反向斜坡的稠密气体 ($MD_4M$) 进行仿真，模拟的是二维流动。通过的流体为稠密气体 ($MD_4M$)，临界性质为 $T_c$=653.2K，$p_c$=0.877MPa。为了确定通过膨胀进入非理想区域后的流体性质，在 Durá Galiana 等[70]研究的基础上选择滞止温度和压力，即 $T^*=1.025T_c$，$p^*=2.0p_c$，压力 $p=0.001p_c$ 作为出口压力。利用美国国家标准与技术研究院 (NIST) 非理想气体数据库 (REFPROP) 获得的物性，计算沿此等熵膨胀过程的物性解析解。利用等熵假设计算出的结果，对沿流线通过展开的每一点 $Ma$、$T$、$p$、$v$ 进行对照。网格依赖性研究选择了 4 个网格，分辨率分别为 28k、48k、75k 和 131k，选择分辨率最高的网格 131k 进行下面的仿真。

图 9-34 为 $p$、$T$、$\Gamma$ 和 $v$ 与沿等熵膨胀过程的局部马赫数的关系。从图中可以看出，在膨胀初期，局部马赫数随 $p$ 和 $T$ 的减小而增大，如图 9-34(a) 和图 9-34(b) 所示。然而，一旦膨胀进入非理想区域，马赫数又开始下降。因此，最大局部马赫数为 1.962。图 9-34(c) 为基于 $J>0$ 的非理想区域[$J>0$ 为 Thompson[71]划定的一个非理想行为区域，其中 $J$ 与马赫数的关系定义为式(9-123)]。马赫数的峰值与进入非理想区域的流体性质相吻合。当 $J>0$ 时，马赫数减小，直至退出非理想区域。一旦气体性质在非理想区域外，马赫数又增大。

$$J=-\frac{v}{Ma}\left(\frac{\mathrm{d}Ma}{\mathrm{d}v}\right)=1-\Gamma-\frac{1}{Ma^2} \tag{9-137}$$

$$\Gamma=\frac{a^4}{2v^3}\left(\frac{\partial^2 v}{\partial p^2}\right)_s=1+\frac{\rho}{a}\left(\frac{\partial a}{\partial \rho}\right)_s \tag{9-138}$$

$$a=\left(\frac{\partial p}{\partial \rho}\right)_s^{1/2} \tag{9-139}$$

式中，$\Gamma$ 为基本导数；$v$ 为比体积；$a$ 为声速。

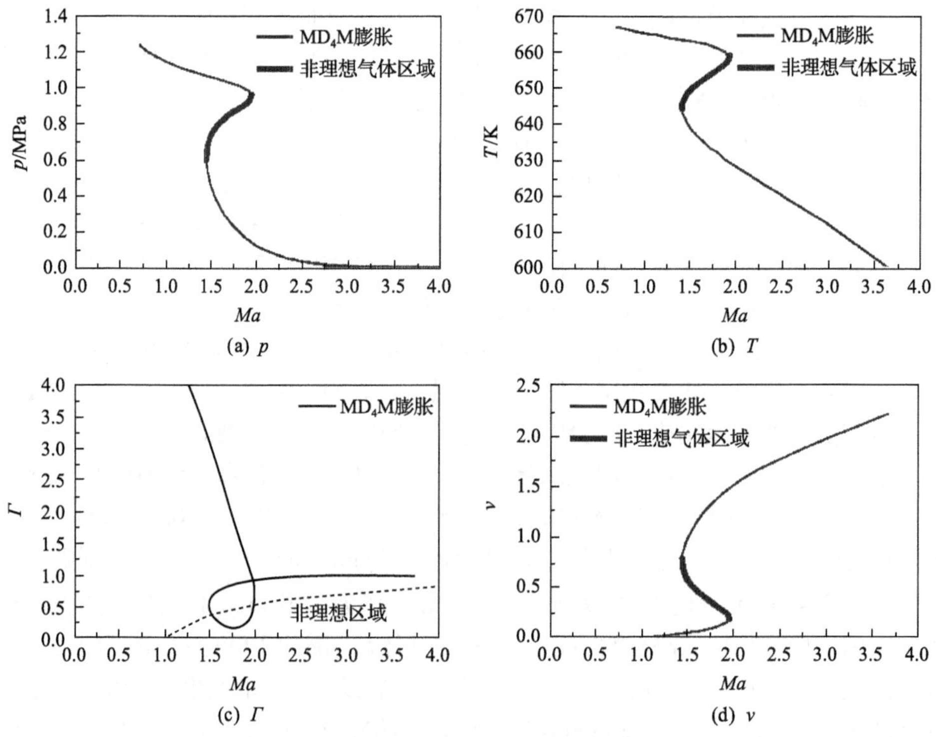


图 9-34　MD$_4$M 等熵膨胀中各参数随 $Ma$ 的变化[57]

为了验证 CFD 求解器 RGDFoam，设计一个允许流体从经典区域扩展到非理想区域的测试算例，算例简图如图 9-35 所示。通过选取角度为 30°的后坡道对流体进行膨胀和加速。仿真细节列于表 9-3。

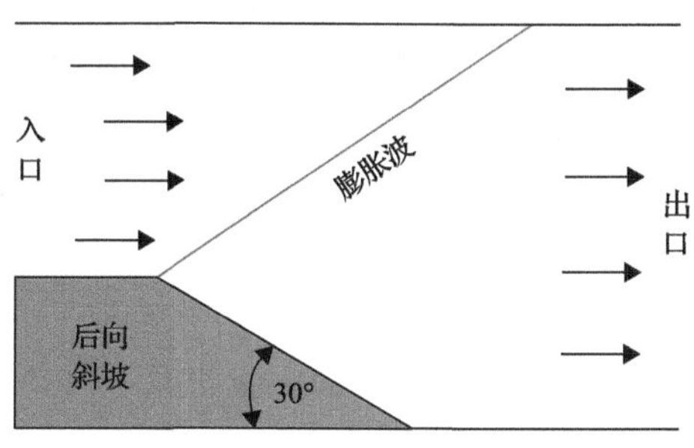


图 9-35　后向斜坡示意图

**表 9-3　使用后向斜坡模拟物性从经典区域经过膨胀进入到非理想区域的 CFD 仿真设定**[57]

| 项目 | 数值 |
| --- | --- |
| 求解器 | RGDFoam |
| 网格数 | 139400 |
| 工质 | $MD_4M$ |
| $T_c$ | 653.2K |
| $p_c$ | $0.877\times10^6$Pa |
| $T_{in}^*$ | $1.025T_c$ |
| $p_{in}^*$ | $2.0p_c$ |
| $U_{in}$ | $Ma$=1.8 |
| 气体模型 | 基于 REFPROP 的 LuT |
| 空间准则 | Gauss vanLeer |
| 时间准则 | Euler Local |
| 通量准则 | HLLCALE Real Flux |
| 黏度模型 | 非黏性 |
| 空间精度 | 二阶迎风格式 |

图 9-36 为通过 RGDFoam 进行 CFD 仿真得到结果与直接求解等熵膨胀方程得到的解析解的对比图，对比了在等熵膨胀下 $p$ 和 $T$ 的变化。从图中可以明显看出 CFD 仿真结果(虚线)与解析解(实线)所得的结果可以吻合。这充分的说明，查找表机制、HLLC ALE 通量计算器和 RGDFoam 求解器作为一个整体可以准确地重新生成接近解析解的数值解。这进一步说明了 RGDFoam 对运行条件接近临界点且处于非理想气体区域的致密气体流动特性进行预测的能力。

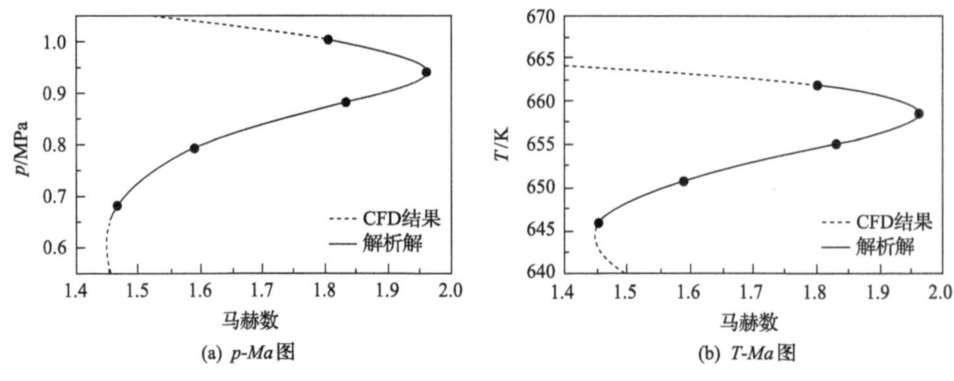


(a) p-Ma图 (b) T-Ma图

图 9-36 $MD_4M$ 膨胀 CFD 仿真结果与 RGDFoam 解析解对比[57]

本节对开源 CFD 代码库 OpenFOAM 进行了扩展，实现了非理想流体跨声速可压缩流动的雷诺平均 Navier-Stokes 模拟，并开发了新的求解器 RGDFoam。新的求解器 RGDFoam 利用查找表的方式更新了非理想气体的物理性质和输运性质，有助于对非理想可压缩流体动力学(NICFD)问题的模拟。

但是，RGDFoam 求解器还存在一些不足，需要在今后的继续发展加以解决，例如，解决旋转网格或多参考框架问题的能力，这将有利于对整个叶轮机械仿真；解决非定常流动的能力，这将有助于理解随时间变化的流动特性；处理三维复杂几何的能力，这将使得该求解器在工程应用中具有更大的灵活性。

## 9.5 本 章 小 结

本章主要介绍了 $sCO_2$ 动力循环中压缩机、密封及非理想气体 CFD 仿真求解器的相关内容。由于 $sCO_2$ 热物理性质的变化剧烈，几何结构对于 $sCO_2$ 压缩机的气动性能影响较大，传统的压缩机不能准确适用，因此本章提出了 $sCO_2$ 压缩机的一维设计方案，对由于工质变化而产生的尺寸偏差进行修正设计。本章作者首先对离心式压缩机的一维设计方法进行详细叙述，本章对不同的密封种类进行了综述，着重介绍了适用于 $sCO_2$ 压缩机和透平的干气密封，并对其研究现状进行了综述，介绍了干气密封的数理模型与参数设计。为了对压缩机和密封中的流场进行分析，并考虑到 $CO_2$ 在超临界区的物性变化复杂，作者在本章进行了关于非理想流体物性 CFD 仿真模拟及求解器的开发工作。对开源 CFD 库 OpenFOAM 进行了扩展，实现了非理想流体跨声速可压缩流动的雷诺平均 Navier-Stokes 模拟。新的求解器 RGDFoam 利用查找表的方式更新了非理想气体的物理性质和输运性质，有助于对非理想可压缩流体动力学(NICFD)问题的模拟，为开源仿真非理想流体的流动打下基础。

# 参 考 文 献

[1] 祁大同. 离心式压缩机原理[M]. 西安: 机械工业出版社, 2017.

[2] 宋应星. 天工开物[M]. 长沙: 岳麓书社, 2002.

[3] 李桂兰. DH-71 型离心式空压机运行节能技术理论及试验研究[D]. 成都: 四川大学, 2005.

[4] 王学军, 葛丽玲, 谭佳健. 我国离心压缩机的发展历程及未来技术发展方向[J]. 风机技术, 2015, 57(3): 13.

[5] 邹正平, 王一帆, 姚李超, 等. 超临界二氧化碳闭式布莱顿循环系统研究进展[J]. 北京: 北京航空航天大学学报, 2022.

[6] 浙江奔明沃机械科技有限公司. 解说容积式压缩机的特点[EB/OL].(2016-4-7)[2022-9-25]. http://www.benmingwo.cn/Article/jsrjsysjdt_1.html.

[7] 襄阳荣景盛机电科技有限公司. 复盛螺杆空压机[EB/OL].[2022-9-25]. https://lxyrjsjdk3.cn.china.cn/supply/5129132304.html.

[8] Liu Z, Luo W, Zhao Q, et al. Preliminary design and model assessment of a supercritical $CO_2$ compressor[J]. Applied Sciences, 2018, 8(4): 595.

[9] Fleming D, Holschuh T, Conboy T, et al. Scaling considerations for a multi-megawatt class supercritical $CO_2$ Brayton cycle and path forward for commercialization[C]//Turbo Expo,Copenhagen, 2012.

[10] 上海国际压缩机及设备展览会. 轴流式压缩机优缺点及应用介绍[EB/OL].[2022-9-25]https://www.comvac-asia.com/news_1/shownews.php?lang=cn&id=302.

[11] Rafeeq M A M, Nagpurwala Q H, Shivaramaiah S. Numerical studies on the effect of gurney flap on aerodynamic performance and stall margin of a transonic axial compressor rotor[C]//ASME Gas Turbine India Conference, New Delhi, 2014.

[12] Du Y, Yang C, Wang H, et al. One-dimensional optimisation design and off-design operation strategy of centrifugal compressor for supercritical carbon dioxide Brayton cycle[J]. Applied Thermal Engineering, 2021, 196: 117318.

[13] Wright S A, Radel R F, Vernon M E, et al. Operation and analysis of a supercritical $CO_2$ Brayton cycle[R]. Sandia National Laboratories(SNL), Albuquerque, NM, and Livermore, CA, 2010.

[14] Elliott H, Bloch H. Chapter 2. Brief Overview of Compression Machinery[M]. Boston: De Gruyter 2021.

[15] Fujisawa N, Ikezu S, Ohta Y. Structure of diffuser stall and unsteady vortices in a centrifugal compressor with vaned diffuser[C]//Turbo Expo, Seoul, 2016.

[16] 郁永章, 姜培正, 孙嗣莹. 压缩机工程手册[M]. 北京: 中国石化出版社, 2011.

[17] 黄怡婷. 超临界二氧化碳压缩机开发及压缩过程性能分析[D]. 上海: 上海交通大学, 2020.

[18] Aungier R H.Centrifugal Compressors: A Strategy for Aerodynamic Design and Analysis. 2000[2024-01-17]. DOI: 10.1115/1.800938.

[19] Gambini M, Vellini M .Turbomachinery, Fundamentals, Selection and Preliminary Design[M]. 2021. DOI: 10.1007/978-3-030-51299-6.

[20] Wiesner F J.A Review of Slip Factors for Centrifugal Impellers[J].Journal of Engineering for Gas Turbines & Power, 1967, 89(4):558.DOI:10.1115/1.3616734.

[21] Hang Z, Deng Q, Zheng K, et al. Numerical investigation on the flow characteristics of a supercritical $CO_2$ centrifugal compressor[J]. Journal of Engineering Thermophysics, 2014, 36(7): 1433-1436.

[22] 朱报祯. 离心压缩机[M]. 西安: 西安交通大学出版社, 1989.

[23] 沈天耀. 离心叶轮的内流理论基础[M]. 杭州: 浙江大学出版社, 1986.

[24] 邵文洋. 超临界 $CO_2$ 离心压缩机多维度气动设计与分析体系中若干关键问题研究[D]. 大连: 大连理工大学, 2020.

[25] Jansen W. A method for calculating the flow in a centrifugal impeller when entropy gradient are present[J]. Inst. Mech. Eng. Internal Aerodynamics, 1970: 133-146.

[26] Coppage J E, Dallenbach F. Study of supersonic radial compressors for refrigeration and pressurization systems[R]. Garrett Corp Los Angeles Ca AiResearch MFG DIV, 1956.

[27] Aungier R H. Mean streamline aerodynamic performance analysis of centrifugal compressors[J]. Journal of Turbomachinery, 1995, 117(3): 360-366.

[28] Daily J W, Nece R E. Chamber dimension effects on induced flow and frictional resistance of enclosed rotating disks[J]. Journal of Basic Engineering, 1960, 82(1): 217-230.

[29] 李军, 王为民, 晏鑫, 等. 透平机械密封技术研究进展[J]. 热力透平, 2008, 108(3): 141-148.

[30] 刘卫华, 林丽, 朱高涛, 等. 迷宫密封机理的研究现状及其展望[J]. 流体机械, 2007, 416(2): 35-39.

[31] 李军, 李志刚, 张元桥, 等. 刷式密封技术的研究进展[J]. 航空发动机, 2019, 45(2): 74-84.

[32] DSF-SDA 型梳齿型迷宫密封[EB/OL].[2022-9-25]. http://www.hbxzseal.com/goods/show-493.html.

[33] Cao X J, Li J L, Liu J L. Bio-inspired optimization design and fluid–solid-thermal multi-field verification analysis of labyrinth seal[J]. Materials and Design, 2022, 220: 110907.

[34] 杨凤霞. 迷宫密封在机泵上的应用[J]. 炼油与化工, 2005, 2: 46.

[35] 阳虹, 杨建道, 李军, 等. 刷式密封技术及其在汽轮机优化设计中的应用[J]. 动力工程, 2009, 29(8): 737-742,764.

[36] 马鞍山安达泰克科技有限公司. 汽轮机蜂窝气封[EB/OL].[2022-9-25]. http://matandertechs.com/proD.aspx?cateid=22&id=55.

[37] 闫斌, 袁国威, 杨敏. 蜂窝密封在高压蒸汽轮机上的应用[J]. 大氮肥, 2004, 6: 389, 390.

[38] 何立东, 袁新, 尹新. 刷式密封研究的进展[J]. 中国电机工程学报, 2001, 12: 29-33,54.

[39] 江苏透平电力技术有限公司. 差压平衡式刷式密封[EB/OL].(2016-6-29)[2022-9-25]. http://www.tpmfkj.com/index.php?case=archive&act=show&aid=47.

[40] Chupp R E, Dowler C A. Performance characteristics of brush seals for Limited-Life Engines[J]. Journal of Engineering for Gas Turbines and Power, 1993, 115(2): 390-396.

[41] Aksit M F, Chupp R E, Demiroglu M C, et al. Advanced seals for industrial turbine applications: Design approach and static seal development[J]. Journal of Propulsion and Power, 2002, 18(6): 1254-1259.

[42] 成都德瑞密封技术有限公司. DG801 离心压缩机单端干气密封[DE/OL].[2022-9-25] http://www.drseal.cn/product.php?id=23.

[43] 魏星. 浅谈离心式压缩机干气密封装置结构原理及应用[J]. 上海煤气, 2019, 337(3): 16-20.

[44] Allison T, Wilkes J, Brun K, et al. Turbomachinery overview for supercritical $CO_2$ power cycles[C]//Proceedings of the 46th Turbomachinery Symposium. Turbomachinery Laboratory, Texas A&M Engineering Experiment Station, 2017.

[45] 司佳鑫, 杨小成, 翁泽文, 等. 干气密封两种典型螺旋槽摩擦振动试验分析[J]. 流体机械, 2020, 48(12): 1-6, 21.

[46] 江锦波, 滕黎明, 孟祥铠, 等. 基于多变量摄动的超临界 $CO_2$ 干气密封动态特性[J]. 化工学报, 2021, 72(4): 2190-2202.

[47] Thatte A, Zheng X Q. Hydrodynamics and sonic flow transition in dry gas seals[C]//ASME Turbo Expo 2014: Turbine Technical Conference and Exposition, Dusseldorf, 2014.

[48] Fairuz Z M, Jahn I. The influence of real gas effects on the performance of supercritical $CO_2$ dry gas seals[J]. Tribology International, 2016, 102: 333-347.

[49] Fairuz Z M, Jahn I, Abdul-Rahman R. The effect of convection area on the deformation of dry gas seal operating with supercritical $CO_2$[J]. Tribology International, 2019, 137: 349-365.

[50] Bidkar R A, Sevincer E, Wang J, et al. Low-leakage shaft end seals for utility-scale supercritical $CO_2$ turboexpanders[C]//ASME Turbo Expo 2016: Turbomachinery Technical Conference and Exposition, Seoul, 2016.

[51] Bidkar R A, Mann A, Singh R, et al. Conceptual designs of 50MWe and 450MWe supercritical $CO_2$ Turbomachinery Trains for Power Generation from Coal. Part 1: Cycle and Turbine[C]//The 5th International Symposium - Supercritical $CO_2$ Power Cycles, Lima, 2016.

[52] Thatte A, Loghin A, Martin E, et al. Multi-scale coupled physics models and experiments for performance and life prediction of supercritical $CO_2$ turbomachinery components[C]//The 5th International Symposium - Supercritical $CO_2$ Power Cycles, Lima, 2016.

[53] 袁韬, 李志刚, 李军, 等. 螺旋槽结构对 $SCO_2$ 压气机轴端干气密封性能影响的数值研究[J]. 西安交通大学学报, 2020, 54(11): 37-45.

[54] 袁韬, 李志刚, 李军, 等. 超临界二氧化碳多槽型干气密封泄漏流动与动力特性研究[J]. 推进技术, 2021, 43(9): 204-212.

[55] 王宇飞, 丁雪兴, 马高峰, 等. 衍生螺旋槽对超临界二氧化碳干气密封微气膜稳态特性影响[J]. 润滑与密封, 2022, 47(8): 90-99.

[56] 杜秋晚, 张荻, 谢永慧. 串联式干气密封对超临界二氧化碳轴流透平气动性能的影响[J]. 中国电机工程学报, 2020, 41(13): 4576-4585.

[57] Qi J H, Xu J L, Han K H, et al. Development and validation of a Riemann solver in OpenFOAM® for non-ideal compressible fluid dynamics[J]. Engineering Applications of Computational Fluid Mechanics, 2022, 16(1): 116-140.

[58] Brunetiere N, Tournerie B, Frene J. Influence of Fluid Flow Regime on Performances of Non-Contacting Liquid Face Seals[J]. Journal of Tribology, 2002, 124(3): 515-523.

[59] Sedy J. Improved performance of film-riding gas seals through enhancement of hydrodynamic effects[J]. ASLE Transactions, 1980, 23(1): 35-44.

[60] 吴波, 陈志, 李建明, 等. 基于 CFD 正交试验的螺旋槽干气密封性能仿真研究[J]. 流体机械, 2014, 42(1): 11-16.

[61] John D, Anderson J. 计算流体力学入门[M]. 姚朝晖, 周强, 译. 北京：清华大学出版社, 2010.

[62] Roe P L. Approximate riemann solvers, parameter vectors, and difference schemes[J]. Journal of Computational Physics, 1997, 135(2): 250-258.

[63] Hussaini M Y, Van Leer V, Van Rosendale J. Upwind and High-Resolution Schemes[M]. Berlin: Springer-Verlag GmbH & Co. KG, Heidelberg, 1997.

[64] Luo H, Baum J D, Löhner R. On the computation of multi-material flows using ALE formulation[J]. Journal of Computational Physics, 2004, 194(1): 304-328.

[65] Batten P, Leschziner M A, Goldberg U C. Average-state Jacobians and implicit methods for compressible viscous and turbulent flows[J]. Journal of Computational Physics, 1997, 137(1): 38-78.

[66] Einfeldt B. On godunov-type methods for gas[J]. SIAM Journal on Numerical Analysis, 1988, 25(2): 294-318.

[67] 周勇. 基于 LES/RANS 混合模型的离心叶轮内流场研究[D]. 杭州：浙江理工大学, 2019.

[68] Kolmogorov A N. The local structure of turbulence in incompressible viscous fluid for very large reynolds

numbers[J]. Proceedings: Mathematical and Physical Sciences, 1991, 434(1890): 9-13.

[69] Hunter C A. Experimental investigation of separated nozzle flows[J]. Journal of Propulsion and Power, 2004, 20(3): 527-532.

[70] Durá Galiana F J, Wheeler A P S, Ong J. A Study of trailing-edge losses in organic rankine cycle turbines[J]. Journal of Turbomachinery, 2016, 138(12): 1-9.

[71] Thompson P A. A fundamental derivative in gasdynamics[J]. Physics of Fluids, 1971, 14(9): 1843-1849.

# 主要符号表

## 英文字母变量

| 符号 | | 含义 |
|---|---|---|
| $A$ | | 面积/ $m^2$ |
| | $A_b$ | 炉膛表面积/ $m^2$ |
| | $A_c$ | 横截面面积/ $m^2$ |
| | $A_f$ | 工质通流截面积/ $m^2$ |
| | $A_l$ | 类液面积/ $m^2$ |
| | $A_g$ | 类气面积/ $m^2$ |
| | $A_n$ | 静叶流道面积/ $m^2$ |
| | $A_{hot}$ | PCHE 高温侧换热面积/ $m^2$ |
| | $A_{coll}$ | PCHE 低温侧换热面积/ $m^2$ |
| | $A_{fp}$ | 回热器总占地面积/ $m^2$ |
| $a$ | | 声速/ (m/s) |
| $\tilde{a}$ | | ROE 方法中声速的平均变量/ (m/s) |
| $B$ | | 槽台宽/ m |
| | $B_r$ | 槽宽/ m |
| $b$ | | 叶高/ m |
| | $b_s$ | 静叶叶高/ m |
| | $b_e$ | 出口截面叶高/ m |
| $C$ | | 绝对速度/ (m/s) |
| | $\bar{C}$ | 平均绝对速度/ (m/s) |
| | $C_t$ | 理想绝对速度/ (m/s) |

| | | |
|---|---|---|
| | $C_u$ | 绝对速度在圆周方向的分速度/ (m/s) |
| | $C_r$ | 绝对速度在子午方向的分速度/ (m/s) |
| | $C_m$ | 透平动叶进口径向绝对分速度/ (m/s) |
| $c$ | | 比热/[ J/(kg · K) ] |
| | $c_p$ | 比定压热容/[ J/(kg · K) ] |
| | $c_v$ | 比定容热容/[ J/(kg · K) ] |
| | $c_{p,fg}$ | 烟气比定压热容/[ J/(kg · K) ] |
| | $c_r$ | 动叶弦长/ m |
| | $c_s$ | 静叶弦长/ m |
| $D$ | | 管道直径/ m |
| | $D_{hp}$ | 水力直径/ m |
| | $D_s$ | 比直径/ m |
| | $D_h$ | 轮毂直径/ m |
| $d$ | | 微通道直径/ m |
| | $d_i$ | 内径/ m |
| | $d_o$ | 外径/ m |
| | $d_h$ | 水力直径/ m |
| | $d_{hot}$ | 高温侧通道直径/ m |
| | $d_{coll}$ | 低温侧通道直径/ m |
| | $d_b$ | 平均水力直径/ m |
| $e$ | | 比㶲/ (J/kg)；误差 |
| | $e_{en}$ | 循环输入比㶲/ (J/kg) |
| | $e_{in}$ | 入口比㶲/ (J/kg) |
| | $e_{out}$ | 出口比㶲/ (J/kg) |
| | $e_{LP,in}$ | 回热器低压侧入口比㶲/ (J/kg) |

| | | |
|---|---|---|
| | $e_{LP,out}$ | 回热器低压侧出口比㶲/(J/kg) |
| | $e_{HP,in}$ | 回热器高压侧入口比㶲/(J/kg) |
| | $e_{HP,out}$ | 回热器高压侧出口比㶲/(J/kg) |
| | $e_{c,in}$ | 冷却器入口比㶲/(J/kg) |
| | $e_{c,out}$ | 冷却器出口比㶲/(J/kg) |
| | $e_{coal}$ | 煤比㶲/(J/kg) |
| | $e_s$ | 均方根偏差 |
| | $e_i$ | 单个数据点的误差 |
| | $e_A$ | 平均相对误差 |
| | $e_R$ | 平均绝对误差 |
| | $e_S$ | 均方根相对误差 |
| | $e_u$ | 比内能/(J/kg) |
| $F$ | | 力/N |
| | $F_i$ | 作用在原子上的总矢量力/N |
| | $F_{M'I}$ | 动量力/N |
| | $F_{M'V}$ | 蒸发动量力/N |
| | $F_I$ | 惯性力/N |
| | $F_u$ | 周向作用力/N |
| | $F_o$ | 开启力/N |
| | $F_c$ | 闭合力/N |
| | $F_f$ | 静环背面弹簧力/N |
| $f$ | | 摩擦阻力系数 |
| | $f_t$ | 范宁摩擦系数 |
| | $f_{inc}$ | 损失修正系数 |
| | $f_v$ | 叶片表面摩擦系数 |

| 符号 | 含义 |
|---|---|
| $f_D$ | 扩散因子 |
| $f_{dh}$ | 轮盘摩擦系数 |
| $f_c$ | 弯曲流道表面摩擦系数 |
| $f_r$ | 动叶激励频率 |
| $f_w$ | 偏心因子 |
| $G$ | 质量流速/[ kg/(m$^2$ · s) ] |
| $g$ | 重力加速度/ (m/s$^2$) |
| $g_{max}$ | 径向分布函数第一峰值 |
| $g_{min}$ | 径向分布函数第一谷值 |
| $H$ | 高度/ m |
| $H_{fur}$ | 炉膛高度/ m |
| $H_b$ | 锅炉高度/ m |
| $h$ | 比焓值/ (J/kg)；对流传热系数/[ W/(m$^2$ · K) ] |
| $h_{in}$ | 入口比焓值/ (J/kg) |
| $h_{out}$ | 出口比焓值/ (J/kg) |
| $h_{c,in}$ | 冷却器入口比焓值/ (J/kg) |
| $h_{c,out}$ | 冷却器出口比焓值/ (J/kg) |
| $h_{HP,in}$ | 回热器高压侧入口比焓值/ (J/kg) |
| $h_{HP,out}$ | 回热器高压侧出口比焓值/ (J/kg) |
| $h_{LP,in}$ | 回热器低压侧入口比焓值/ (J/kg) |
| $h_{LP,out}$ | 回热器低压侧出口比焓值/ (J/kg) |
| $h_{T_s}$ | 类液相与类两相的温度边界处比焓值/ (J/kg) |
| $h_{T_e}$ | 类气相与类两相的温度边界处比焓值/ (J/kg) |
| $h_{ave}$ | 平均比焓值/ (J/kg) |
| $h_b$ | 主流比焓值/ (J/kg) |

| | |
|---|---|
| $h_{pc}$ | 拟临界点位置比焓值/ (J/kg) |
| $h_t$ | 理想比焓值/ (J/kg) |
| $h_0^*$ | 理想滞止比焓值/ (J/kg) |
| $h_c$ | 管内对流换热系数/[ W/(m$^2$ · K) ] |
| $\Delta h$ | 焓差/ (J/kg) |
| $\Delta h_t$ | 类沸腾焓/ (J/kg) |
| $\Delta h_{ts}$ | 总绝热焓升/ (J/kg) |
| $\Delta h_{pb}$ | 超临界类沸腾焓/ (J/kg) |
| $\Delta h_{th}$ | 类沸腾焓显热部分/ (J/kg) |
| $\Delta h_{st}$ | 超临界类沸腾焓结构转化部分/ (J/kg) |
| $\Delta h_{pt}$ | 类沸腾焓潜热部分/ (J/kg) |
| $\Delta h_s$ | 超临界相变焓/ (J/kg) |
| $\Delta h_n$ | 静叶理想比焓降/ (J/kg) |
| $\Delta h_n^*$ | 静叶理想滞止比焓降/ (J/kg) |
| $\Delta h_t^*$ | 动叶理想滞止比焓降/ (J/kg) |
| $\Delta h_{C_6}$ | 余速损失/ (J/kg) |
| $\Delta h_{p/CETI}$ | CETI 流道损失/ (J/kg) |
| $\Delta h_{inc}$ | 冲角损失/ (J/kg) |
| $\Delta h_{vane}$ | 扩散损失/ (J/kg) |
| $\Delta h_{bl}$ | 叶片负载损失/ (J/kg) |
| $\Delta h_{sf}$ | 表面摩擦损失/ (J/kg) |
| $\Delta h_{cl}$ | 叶顶间隙损失/ (J/kg) |
| $\Delta h_{mix}$ | 尾迹混流损失/ (J/kg) |
| $\Delta h_{dh}$ | 轮盘摩擦损失/ (J/kg) |
| $\Delta h_{lk}$ | 泄露损失/ (J/kg) |

| | | |
|---|---|---|
| | $\Delta h_{w}$ | 风阻损失/ (J/kg) |
| $I$ | | 电流/ A |
| $i$ | | 㶲损系数 |
| | $i_{T}$ | 透平㶲损系数 |
| | $i_{C}$ | 压缩机㶲损系数 |
| | $i_{TR}$ | 回热器㶲损系数 |
| | $i_{c}$ | 冷却器㶲损系数 |
| | $i_{h}$ | 热源加热器㶲损系数 |
| | $i_{com}$ | 循环中各部件㶲损系数 |
| | $i_{LV}$ | 汽化潜热/ (J/kg) |
| $k$ | | |
| | $k_{B}$ | 玻尔兹曼常数 |
| | $k_{R}$ | 综合热阻系数/[ $(m^2 \cdot K)/W$ ] |
| | $k_{d}$ | 总传热系数/[ $W/(m^2 \cdot K)$ ] |
| | $k_{r}$ | 粗糙度/ m |
| | $k_{t}$ | 湍流动能/ J |
| | $k_{s}$ | 扩散系数 |
| | $k_{f}$ | 扭矩系数 |
| $L$ | | 长度/ m |
| | $L_{h}$ | 实验段加热长度/ m |
| | $L_{0}$ | 距离加热起始段的长度/ m |
| | $L_{s}$ | 炉膛周界/ m |
| | $L_{l}$ | 水平距离/ m |
| | $L_{v}$ | 垂直距离/ m |
| | $L_{c}$ | 翼形通道 PCHE 弦长/ m |

| | | |
|---|---|---|
| | $L_t$ | 翼形通道 PCHE 最大宽度/ m |
| | $L_x$ | $x$ 方向的长度/ m |
| | $L_y$ | $y$ 方向的长度/ m |
| | $L_z$ | $z$ 方向的长度/ m |
| | $L_a$ | 叶轮轴向长度/ m |
| | $L_{ms}$ | 动叶平均表面长度/ m |
| | $L_{hp}$ | 水力长度/ m |
| | $L_b$ | 流道平均长度/ m |
| $M$ | | 扭矩/ (N · m) |
| | $\Delta M$ | 扭矩误差/ (N · m) |
| | $M_r$ | 分子摩尔质量/ (g/mol) |
| $m$ | | 质量/ kg |
| | $m_i$ | 原子 i 的质量/ kg |
| | $m_{pipe}$ | PCHE 连接管道钢材耗量/ kg |
| | $m_{PCHE}$ | PCHE 芯体钢材耗量/ kg |
| $\dot{m}$ | | 质量流量/ (kg/s) |
| | $\dot{m}_{fg}$ | 烟气质量流量/ (kg/s) |
| | $\dot{m}_{air}$ | 空气质量流量/ (kg/s) |
| | $\dot{m}_T$ | 透平质量流量/ (kg/s) |
| | $\dot{m}_c$ | 冷却器质量流量/ (kg/s) |
| | $\dot{m}_{HP}$ | 回热器高压侧质量流量/ (kg/s) |
| | $\dot{m}_{LP}$ | 回热器低压侧质量流量/ (kg/s) |
| | $\dot{m}_{ave}$ | 平均质量流量/ (kg/s) |
| | $\dot{m}_t$ | 理想质量流量/ (kg/s) |
| | $\dot{m}_{lk}$ | 泄漏流量/ (kg/s) |

| | | |
|---|---|---|
| | $\dot{m}_0$ | 总质量流量/ (kg/s) |
| $N$ | | 转速/ (r/min) |
| | $N_s$ | 比转速/ (r/min) |
| $n$ | | 数量 |
| | $n_h$ | 总加热过程数 |
| | $n_c$ | 总冷却过程数 |
| | $n_{gas}$ | 类气原子数 |
| | $n_t$ | 计算总时间(步数) |
| | $n_{local}$ | 切片内的原子总数 |
| | $n_p$ | “活塞”壁面的总原子数 |
| | $n_{pf}$ | 波峰数 |
| | $n_s$ | 熵产数 |
| $\Delta n$ | | 介于 $r_c \to r_c + \delta r_c$ 间的原子数目 |
| $P$ | | 功率/ W |
| | $P_e$ | 电功率/ W |
| | $P_c$ | 实际热功率/ W |
| | $P_i$ | 透平内功率/ W |
| | $P_{il}$ | 轮周功率/ W |
| $p$ | | 压力/ Pa |
| | $p_{in}$ | 进口压力/ Pa |
| | $p_{out}$ | 出口压力/ Pa |
| | $p'_{in}$ | 计算损失后的进口压强/ Pa |
| | $p_{mv}$ | 主气压力/ Pa |
| | $p_r$ | 约化压力/ Pa |
| | $p^*$ | 滞止压力/ Pa |

| | | |
|---|---|---|
| | $p_{\mathrm{p}}$ | 压力面压力/ Pa |
| | $p_{\mathrm{s}}$ | 吸力面压力/ Pa |
| | $p_{\mathrm{lk}}$ | 泄露压力/ Pa |
| | $p_{\mathrm{ave}}^{*}$ | 星区的积分平均压强/ Pa |
| | $p_0$ | 总压强/ Pa |
| $\Delta p$ | | 压降/ Pa |
| | $\Delta p_{\mathrm{g}}$ | 重位压降/ Pa |
| | $\Delta p_{\mathrm{a}}$ | 加速压降/ Pa |
| | $\Delta p_{\mathrm{f}}$ | 摩擦压降/ Pa |
| | $\Delta p_{\mathrm{res}}$ | 局部阻力损失/ Pa |
| | $\Delta p_{\max}$ | 最大流动阻力损失/ Pa |
| | $\Delta p_{\mathrm{id}}$ | 理想压降/ Pa |
| $Q$ | | 热量/ J；热功率/ W |
| | $Q_{\mathrm{re}}$ | 烟气余热总量/ J |
| | $Q_{\mathrm{h}}$ | 热源换热量/ J |
| | $Q_{\mathrm{c}}$ | 冷却器换热量/ J |
| | $Q_{\mathrm{z}}$ | 单位长总的发热量/ J |
| | $Q_{\mathrm{boiler}}$ | 热力系统从热源吸收的热量/ J |
| | $Q_{\mathrm{bh}}$ | 热力系统回热量/ J |
| | $Q_{\mathrm{EAP}}$ | 外置式空气预热器换热量/ J |
| | $Q_{\mathrm{l}}$ | 泄漏量/ $(\mathrm{m}^3/\mathrm{s})$ |
| $q$ | | 热流密度/ $(\mathrm{W/m^2})$；单位质量流体换热量/ (J/kg)；热负荷/ $(\mathrm{W/m^2})$ |
| | $q_{\mathrm{r}}$ | 单位质量流体热源吸热量/ (J/kg) |
| | $q_{\mathrm{loss}}$ | 热流密度损失/ $(\mathrm{W/m^2})$ |
| | $q_{\mathrm{w,in}}$ | 内壁热流密度/ $(\mathrm{W/m^2})$ |

| | | |
|---|---|---|
| | $q_{ave}$ | 平均热负荷/ (W/m$^2$) |
| | $q_{w,ave}$ | 内壁平均热流密度/ (W/m$^2$) |
| | $q_{w,CHF}$ | 临界热流密度/ (W/m$^2$) |
| | $q_{w,\varphi=0}$ | 镀银侧中点内壁热流密度/ (W/m$^2$) |
| | $q''$ | 界面蒸发热流密度/ (W/m$^2$) |
| $R$ | | 电阻/ Ω |
| | $R_t$ | 单位长的总电阻/ Ω |
| | $R_{cv}$ | 管内对流热阻/[ (m$^2$ · K)/W ] |
| | $R_{cd}$ | 管壁导热热阻/[ (m$^2$ · K)/W ] |
| | $R_g$ | 气体常数/[ J/(kg · K) ] |
| | $R_u$ | 通用气体常数/[ J/(mol · K) ] |
| $r$ | | 半径/ m |
| | $r_a$ | 原子间距离/ m |
| | $r_t$ | 叶顶半径/ m |
| | $r_{et}$ | 出口截面叶顶半径/ m |
| | $r_{eh}$ | 出口截面叶根半径/ m |
| | $\overline{r}$ | 平均半径/ m |
| | $r_c$ | 曲率半径/ m |
| | $r_h$ | 轮毂半径/ m |
| | $r_i$ | 密封端面间隙气膜内半径/ m |
| | $r_o$ | 密封端面间隙气膜外半径/ m |
| | $r_b$ | 平衡半径/ m |
| | $r_{s,i}$ | 静环内半径/ m |
| | $r_{s,o}$ | 静环外半径/ m |
| $S$ | | 总熵/ (J/K) |

| 符号 | | 含义 |
|---|---|---|
| | $S_i$ | 内热源/ (W/m$^3$) |
| | $S_{id}$ | 理想气体总熵/ (J/K) |
| | $S^{ex}$ | 过剩熵/ (J/K) |
| | $S^{(2)}$ | 二体过剩熵/ (J/K) |
| | $S_g$ | 熵产/ (J/K) |
| | $S_t$ | 应变率的大小 |
| $s$ | | 比熵/[ J/(kg · K) ] |
| | $s_1$ | 换热管横向节距/ m |
| | $s_2$ | 换热管纵向节距/ m |
| | $s_i$ | 交错排列节距/ m |
| | $s_s$ | 静叶节距/ m |
| $\Delta s$ | | 比熵增/[ J/(kg · K) ] |
| $T$ | | 温度/ K |
| | $T_{fg,i}$ | 经过 $sCO_2$ 循环吸热后的烟气温度/ K ;高、中温区分界温度/ K |
| | $T_{fg,o}$ | 进入空气预热器前的烟气温度/ K ;中、低温区分界温度/ K |
| | $T_{fg,a}$ | 炉膛绝热燃烧温度/ K |
| | $T_{sec\ air}$ | 二次风温度/ K |
| | $T_{fg,ex}$ | 炉膛出口烟温/ K |
| | $T_{in}$ | 流体进口温度/ K |
| | $T_{out}$ | 流体出口温度/ K |
| | $T_a$ | 高温热源温度/ K |
| | $T_{ave,a}$ | 平均吸热温度/ K |
| | $T_r$ | 低温热源温度/ K ； 约化温度/ K |
| | $T_{ave,r}$ | 平均放热温度/ K |

| | |
|---|---|
| $T_{pc}$ | 类临界温度/K |
| $T_c$ | 临界温度/K |
| $T_0$ | 环境温度/K |
| $T_{mv}$ | 主气温度/K |
| $T_{Cn,o}$ | 末级压缩机出口温度/K |
| $T_\delta$ | 偏差温度/K |
| $T_s$ | 类液相与类两相的温度边界/K |
| $T_e$ | 类气相与类两相的温度边界/K |
| $T_{hot}$ | 热壁面温度/K |
| $T_{cold}$ | 冷壁面温度/K |
| $T_{bot}$ | 下壁面温度/K |
| $T_{up}$ | 上壁面温度/K |
| $T_{sat}$ | 饱和温度/K |
| $T_b$ | 局部主流温度/K |
| $T_{b,in}$ | 实验段进口温度/K |
| $T_{b,out}$ | 实验段出口温度/K |
| $T_w$ | 平均壁温/K |
| $T_{w,out}$ | 外壁温度/K |
| $T_{wo,ave}$ | 平均外壁温度/K |
| $T_{w,in}$ | 内壁温度/K |
| $T_{fin}$ | 膜式壁鳍片端部温度/K |
| $T_f$ | 管内工质温度/K |
| $T_{wo,l}$ | 外壁面温度限制/K |
| $T_{w,l}$ | 平均壁面温度限制/K |
| $T_{w,max}$ | 平均壁面温度最大值/K |

| | | |
|---|---|---|
| | $T^*$ | 滞止温度/ K |
| $\Delta T$ | | 温差/ K |
| | $\Delta T_{p,4}$ | $T_{fg,i}$ 与 $T_4$ 的温差/ K |
| | $\Delta T_{p,air}$ | 烟气与二次风温间的温差/ K |
| | $\Delta T_{LTR}$ | 低温回热器的夹点温差/ K |
| | $\Delta T_{MTR}$ | 中温回热器的夹点温差/ K |
| | $\Delta T_{HTR}$ | 高温回热器的夹点温差/ K |
| | $\Delta T_{sh}$ | 过热度/ K |
| | $\Delta T_w$ | 壁面温差/ K |
| | $\Delta T_{log}$ | 对数平均温差/ K |
| $t$ | | 时间/ s |
| | $t_S$ | 统计数据的开始时间/ s |
| | $t_E$ | 统计数据的结束时间/ s |
| | $t_b$ | 动叶叶片厚度/ m |
| | $t_{bt}$ | 动叶叶片尾缘厚度/ m |
| $U$ | | 电压/ V |
| $u$ | | 圆周速度/ (m/s) |
| | $u_h$ | 叶根圆周速度/ (m/s) |
| | $u_t$ | 叶顶圆周速度/ (m/s) |
| | $u_l$ | 类液相局部速度/ (m/s) |
| | $u_w$ | 相对速度/ (m/s) |
| | $\bar{u}_w$ | 平均相对速度/ (m/s) |
| | $u_{mw}$ | 子午面处相对速度/ (m/s) |
| | $u_{uw}$ | 压力面相对速度/ (m/s) |
| | $u_{sw}$ | 吸力面相对速度/ (m/s) |

| | | |
|---|---|---|
| | $u_{wn}$ | 法向相对速度/ (m/s) |
| | $u_{u,w}$ | 相对速度周向分量/ (m/s) |
| | $u_{u,idw}$ | 叶片零冲角时相对速度周向分量/ (m/s) |
| | $u_{w\theta}$ | 相对速度的切向分速度/ (m/s) |
| | $\Delta u_w$ | 吸力面和压力面相对速度之差/ (m/s) |
| $V$ | | 体积/ $m^3$ |
| | $V_b$ | 炉膛体积/ $m^3$ |
| | $V_m$ | 摩尔体积/ ($m^3$/mol) |
| $\dot{V}$ | | 体积流量/ ($m^3$/s) |
| | $\dot{V}_c$ | 计算体积流量/ ($m^3$/s) |
| $v$ | | 比体积/ ($m^3$/kg) |
| | $v_c$ | 临界比体积/ ($m^3$/kg) |
| $W$ | | 轴功率/ W |
| | $W_T$ | 透平输出功/ W |
| | $W_C$ | 压缩机耗功/ W |
| | $W_{net}$ | 净功率/ W |
| $w$ | | 比功/ (W/kg)；宽度/ m |
| | $w_T$ | 透平输出比功/ (W/kg) |
| | $w_C$ | 压缩机消耗比功/ (W/kg) |
| | $w_{id}$ | 理想比功/ (W/kg) |
| | $w_s$ | 受热面宽度/ m |
| $x$ | | 分流比 |
| | $x_{abs}$ | 锅炉尾部烟道分流比 |
| | $x_{FGR}$ | 再循环烟气流量与烟气总流量之比 |
| $Z$ | | 叶片数量 |

| 符号 | | 含义 |
|---|---|---|
| | $Z_r$ | 动叶叶片数量 |
| | $Z_s$ | 静叶叶片数量 |
| | $Z_e$ | 等效叶片数 |
| $z$ | | |
| | $z_0$ | 流体域 $z$ 方向的起点 |
| | $z_{top}$ | 流体域 $z$ 方向的终点 |

## 希腊字母变量

| 符号 | | 含义 |
|---|---|---|
| $\alpha$ | | 调节流固原子间吸引程度的参数；绝对气流角/(°) |
| | $\alpha_p$ | 通道角度/(°) |
| | $\alpha_u$ | 周向角度/(°) |
| | $\alpha_i$ | 冲角/(°) |
| | $\alpha_{\delta L}$ | 落后角/(°) |
| | $\alpha_h$ | 螺旋角/(°) |
| | $\bar{\alpha}$ | 平均流动角/(°) |
| | $\alpha_c$ | 气膜刚度/(N/m) |
| $\beta$ | | 调节流固原子间排斥程度的参数；相对气流角/(°) |
| | $\beta_h$ | 叶根处相对气流角/(°) |
| | $\beta_t$ | 叶顶处相对气流角/(°) |
| | $\beta_{6b}$ | 动叶出口叶片角/(°) |
| | $\beta_A$ | 叶片安装角/(°) |
| $\gamma$ | | 等熵指数 |
| $\delta$ | | 厚度/m |
| | $\delta_c$ | 厚度附加量/m |
| | $\delta_{LL,h}$ | 热壁面处形成类液层的厚度/m |

| | | |
|---|---|---|
| | $\delta_{LL,c}$ | 冷壁面处形成类液层的厚度/ m |
| | $\delta_{GL,h}$ | 热壁面处形成类气层的厚度/ m |
| | $\delta_{GL,c}$ | 冷壁面处形成类气层的厚度/ m |
| | $\delta_g$ | 螺旋槽厚度/ m |
| | $\delta_f$ | 流体薄膜厚度/ m |
| $\varepsilon$ | | 比值 |
| | $\varepsilon_R$ | 空气与烟气的质量流量与比热容乘积的比值 |
| | $\varepsilon_{or}$ | 能量参数/ J |
| | $\varepsilon_g$ | 径向分布函数第一谷值和第一峰值的比值 |
| | $\varepsilon_d$ | 管外径与内径之比 |
| | $\varepsilon_s$ | 固体的能量参数/ J |
| | $\varepsilon_f$ | 流体的能量参数/ J |
| | $\varepsilon_{st}$ | 静叶进出口半径比值 |
| | $\varepsilon_w$ | 叶轮出口尾迹区占叶轮出口流道比例 |
| | $\varepsilon_{sw}$ | 槽宽比 |
| | $\varepsilon_\gamma$ | 槽长坝长比 |
| | $\varepsilon_{sl}$ | 刚漏比/ $[(N\cdot s)/m^4]$ |
| | $\varepsilon_a$ | 轴向间隙比 |
| | $\varepsilon_r$ | 径向间隙比 |
| | $\varepsilon_C$ | 动叶进出口子午面绝对速度比 |
| | $\varepsilon_{rt}$ | 动叶进出口半径比 |
| $\zeta$ | | 间隙/ m |
| | $\zeta_a$ | 轴向间隙/ m |
| | $\zeta_r$ | 径向间隙/ m |
| | $\zeta_b$ | 背部间隙/ m |

| | | |
|---|---|---|
| | $\zeta_{sr}$ | 动静叶间隙/ m |
| | $\zeta_s$ | 交错数 |
| | $\zeta_l$ | 水平数 |
| | $\zeta_v$ | 垂直数 |
| $\eta$ | | 效率/ % |
| | $\eta_{T,s}$ | 透平等熵效率/ % |
| | $\eta_{C,s}$ | 压缩机等熵效率/ % |
| | $\eta_{th}$ | 热效率/ % |
| | $\eta_{II}$ | 循环㶲效率/ % |
| | $\eta_{th,t}$ | 顶循环热效率/ % |
| | $\eta_{th,b}$ | 底循环热效率/ % |
| | $\eta_{th,s}$ | 顶底循环复合系统热效率/ % |
| | $\eta_i$ | 透平内效率/ % |
| | $\eta_{ts}$ | 总等熵效率/ % |
| $\theta$ | | 角度/ (°) |
| | $\theta_b$ | 动叶实际出口与子午面夹角/ (°) |
| | $\theta'$ | 子午流线倾角/ (°) |
| $\lambda$ | | 导热系数/[ W/(m·K) ] |
| $\mu$ | | 动力黏度/ (Pa·s) |
| | $\mu_{ave}$ | 平均动力黏度/ (Pa·s) |
| | $\mu_V$ | 饱和气相动力黏度/ (Pa·s) |
| | $\mu_L$ | 饱和液相动力黏度/ (Pa·s) |
| | $\mu_b$ | 主流动力黏度/ (Pa·s) |
| | $\mu_{LL}$ | 类液区流体动力黏度/ (Pa·s) |
| | $\mu_{VL}$ | 类气区流体动力黏度/ (Pa·s) |

| | | |
|---|---|---|
| | $\mu_t$ | 湍流黏度/(Pa·s) |
| | $\mu_d$ | 热量分流系数 |
| | $\mu_n$ | 流量系数 |
| | $\mu_s$ | 滑移系数 |
| | $\mu_l$ | 余速利用系数 |
| $\nu$ | | 运动黏度/($m^2$/s) |
| $\xi$ | | 局部阻力系数 |
| $\rho$ | | 密度/($kg/m^3$) |
| | $\rho_{ave}$ | 平均密度/($kg/m^3$) |
| | $\rho_{local}$ | 局部密度/($kg/m^3$) |
| | $\rho_b$ | 主流密度/($kg/m^3$) |
| | $\rho_w$ | 壁面处流体密度/($kg/m^3$) |
| | $\rho_{LL}$ | 类液区流体密度/($kg/m^3$) |
| | $\rho_{VL}$ | 类气区流体密度/($kg/m^3$) |
| | $\rho_{T_s}$ | 类液相密度/($kg/m^3$) |
| | $\rho_{T_e}$ | 类气相密度/($kg/m^3$) |
| | $\rho_e$ | 电阻率/($\Omega \cdot m$) |
| | $\rho_o$ | 模块出口 $CO_2$ 密度/($kg/m^3$) |
| | $\rho_i$ | 模块进口 $CO_2$ 密度/($kg/m^3$) |
| | $\rho^*$ | 滞止密度/($kg/m^3$) |
| $\sigma$ | | 应力/Pa |
| | $[\sigma]$ | 许用应力/Pa |
| | $\sigma_{or}$ | 尺寸参数/m |
| | $\sigma_s$ | 固体的尺寸参数/m |
| | $\sigma_f$ | 流体的尺寸参数/m |

| | | |
|---|---|---|
| | $\sigma_{sur}$ | 表面张力/ (N/m) |
| | $\sigma_{sd}$ | 标准差 |
| | $\sigma_{r}$ | 动叶弹性应力/ Pa |
| | $\sigma_{Y}$ | 材料屈服应力/ Pa |
| | $\sigma_{Ma}$ | 马赫数偏差 |
| | $\sigma_{\alpha}$ | 流动角偏差 |
| $\tau$ | | 特征时间/ s；阻塞系数 |
| $\varphi$ | | 角系数 |
| | $\varphi_{q}$ | 热负荷不均匀系数 |
| | $\varphi_{min}$ | 最小减弱系数 |
| | $\varphi_{mal}$ | 支路不均匀分布系数 |
| | $\varphi_{s}$ | 静叶速度系数 |
| | $\varphi_{r}$ | 动叶速度系数 |
| | $\varphi_{l}$ | 流量系数 |
| $\chi$ | | 含气率 |
| | $\chi_{gas}$ | 质量含气率 |
| $\omega$ | | 角速度/ (rad/s) |
| | $\omega_{n}$ | 叶片尾缘固有频率 |
| $\Pi$ | | 压比 |
| | $\Pi_{c}$ | 计算压比 |
| $\Omega$ | | 反动度 |
| $\Omega(t)$ | | 移动控制体积/ $m^3$ |
| $\Gamma$ | | 基本导数 |
| $\Gamma(t)$ | | 运动边界 |
| $\nabla$ | | 哈密顿算子 |

# 名 称 缩 写

| | |
|---|---|
| SC | 单回热布雷顿循环 |
| RC | 再压缩循环 |
| TC | 三级压缩循环 |
| FC | 四压缩循环 |
| RH | 再热循环 |
| DRH | 二次再热再压缩循环 |
| PRCC | 预压缩循环 |
| SEC | 分级膨胀循环 |
| PACC | 部分冷却循环 |
| SHC | 底循环 |
| HTR | 高温回热器 |
| MTR | 中温回热器 |
| LTR | 低温回热器 |
| FGC | 烟气冷却器 |
| DTR | 除氧器 |
| CND | 凝汽器 |
| EAP | 外置式空气预热器 |
| SF | 超临界流体 |
| HTD | 传热恶化 |
| NHT | 正常传热 |
| MD | 分子动力学 |
| LL | 类液区 |
| VL | 类气区 |
| PCHE | 印刷电路板换热器 |

| | |
|---|---|
| RDF | 径向分布函数 |
| HHM | 许用热负荷-热负荷匹配方法 |
| HTM | 热负荷-温度匹配方法 |
| const | 常量 |
| NICFD | 非理想可压缩流体动力学 |
| LuTs | 物性表格 |
| EoS | 理想状态方程 |
| TKE | 湍流动能 |
| RANS | 雷诺时均法 |
| *Ma* | 马赫数 |
| *Nu* | 努塞尔数 |
| *Re* | 雷诺数 |
| *Pr* | 普朗特数 |
| *Fr* | 弗劳德数 |
| *Eu* | 欧拉数 |
| *Gr* | 格拉晓夫数 |
| *Bo* | 沸腾数 |
| SBO | 超临界沸腾数 |
| *Ca* | 毛细数 |
| *We* | 韦伯数 |
| *Bd* | 邦德数 |
| *Ja* | 雅各比数 |
| *K* | 临界准则数 |
| *Ac* | 加速效应修正因子 |
| *Bu* | 浮升力修正因子 |

| | | |
|---|---|---|
| $H$ | | 物性修正因子 |
| $Bu^*$ | | 改进型浮升力修正因子 |

## 矢 量 变 量

| | | |
|---|---|---|
| $\boldsymbol{a}$ | | 矢量加速度/ (m/s$^2$) |
| | $\boldsymbol{a}_\mathrm{i}$ | 原子 $i$ 的矢量加速度/ (m/s$^2$) |
| $\boldsymbol{F}$ | | 无黏流量向量 |
| | $\boldsymbol{F}(\boldsymbol{U})$ | 对流通量 |
| | $\boldsymbol{F}_\mathrm{v}(\boldsymbol{U})$ | 扩散通量 |
| $\boldsymbol{F}$ | | 矢量力/ N |
| | $\boldsymbol{F}_\mathrm{i}$ | 作用在原子 $i$ 上的总矢量力/ N |
| $\boldsymbol{n}$ | | 运动边界的单位外法向向量 |
| $\boldsymbol{r}$ | | 位置向量/ m |
| | $\boldsymbol{r}_\mathrm{i}$ | 原子 $i$ 的位置向量/ m |
| $\boldsymbol{U}$ | | 流量变量向量 |
| $\bar{\boldsymbol{U}}$ | | 时均值 |
| $\boldsymbol{U}'$ | | 脉动值 |
| $\boldsymbol{v}$ | | 速度矢量 |
| $\boldsymbol{u}_\mathrm{t}$ | | 旋转速度向量 |
| $\boldsymbol{u}_\mathrm{w}$ | | 相对速度向量 |
| $\boldsymbol{\omega}_0$ | | 角速度向量 |
| $\tilde{\boldsymbol{v}}$ | | Roe 方法中速度的平均变量 |
| $\boldsymbol{\sigma}$ | | 应力张量 |